席泽宗文集

第五卷

科学与大众

席泽宗 著
陈久金 主编

科学出版社
北京

内 容 简 介

席泽宗院士是我国著名的科学史家，在新星和超新星、夏商周断代、科学思想史等研究领域做出了杰出贡献，是中国科学院自然科学史研究所的创始人之一、我国天文学史学科的引路人。本文集辑为六卷，所选内容基本涵盖了席院士学术研究的各个领域，依次为《科学史综论》《新星和超新星》《科学思想、天文考古与断代工程》《中外科学交流》《科学与大众》《自传与杂著》，所选内容基本涵盖了席院士学术研究的各个领域，展现了一位科学史家的学术生涯和思想历程，为学界和年轻人理解科学的本质和历史提供了一种途径。

本书可供对科学史、天文学、科普等感兴趣的读者阅读参考。

图书在版编目（CIP）数据

席泽宗文集. 第五卷，科学与大众 / 席泽宗著；陈久金主编. —北京：科学出版社，2021.10

ISBN 978-7-03-068557-5

Ⅰ. ①席… Ⅱ. ①席… ②陈… Ⅲ. ①自然科学史-中国-文集 Ⅳ. ①N092

中国版本图书馆 CIP 数据核字（2021）第 062675 号

责任编辑：侯俊琳　邹　聪　刘红晋 / 责任校对：贾伟娟
责任印制：师艳茹 / 封面设计：有道文化

科学出版社 出版
北京东黄城根北街 16 号
邮政编码：100717
http://www.sciencep.com

中国科学院印刷厂印刷

科学出版社发行　各地新华书店经销

*

2021 年 10 月第　一　版　开本：720×1000　1/16
2021 年 10 月第一次印刷　印张：44 1/4
字数：699 000

定价：296.00 元

（如有印装质量问题，我社负责调换）

编 委 会

出版说明

席泽宗院士是我国著名的科学史家，在新星和超新星、夏商周断代、科学思想史等研究领域做出了杰出贡献，是中国科学院自然科学史研究所的创始人之一、我国天文学史学科的引路人。本文集辑为六卷，依次为《科学史综论》《新星和超新星》《科学思想、天文考古与断代工程》《中外科学交流》《科学与大众》《自传与杂著》，所选内容基本涵盖了席院士学术研究的各个领域，展现了一位科学史家的学术生涯和思想历程，为学界和年轻人理解科学的本质和历史提供了一种途径。

文集篇目编排由各卷主编确定，原作中可能存在一些用词与提法因特定时代背景与现行语言使用规范不完全一致，出版时尽量保持作品原貌，以充分尊重历史。为便于阅读，所选文章如为繁体字版本，均统一转换为简体字。人名、地名、文献名、机构名和学术名词等，除明显编校错误外，均保持原貌。对参考文献进行了基本的技术性处理。因文章写作年份跨度较大，引文版本有时略有出入，以原文为准。

科学出版社

2021年6月

总 序

席泽宗院士，是世界著名的科学史家、天文学史家。新中国成立以后，他和李俨、钱宝琮等人，共同开创了科学技术史这个学科，创立了中国自然科学史研究室（后来发展为中国科学院自然科学史研究所）这个实体，培养了大批优秀人才，而且自己也取得了巨大的科研成果，著作宏富，在科技史界树立了崇高的风范。他的一生，为国家和人民创造出巨大的精神财富，为人们永久怀念。

为了将这些成果汇总起来，供后人学习和研究，从中汲取更多的营养，在 2008 年底席院士去世后，中国科学院自然科学史研究所成立专门的整理班子对席院士的遗物进行整理。在席院士生前，已于 2002 年出版了席泽宗院士自选集——《古新星新表与科学史探索》。他这本书中的论著，是按发表时间先后编排的，这种方式，比较易于编排，但是，读者阅读、使用和理解起来可能较为费劲。

在科学出版社的积极支持和推动下，我们计划出版《席泽宗文集》。我们邀集席院士生前部分好友、同行和学生组成了编委会，改以按分科分卷出版。试排后共得《科学史综论》《新星和超新星》《科学思想、天文考古与断代工程》《中外科学交流》《科学与大众》《自传与杂著》计六卷。又选择各分科的优秀专家，负责编撰校勘和撰写导读。大家虽然很忙，但也各自精心地完成了既定任务，由此也可告慰席院士的在天之灵了。

关于席院士的为人、治学精神和取得的成就，宋健院士在为前述《古新星新表与科学史探索》撰写的序里作了如下评论：

> 席泽宗素以谦虚谨慎、治学严谨、平等宽容著称于科学界。在科学研究中，他鼓励百家争鸣和宽容对待不同意见，满腔热情帮助和提掖青年人，把为后人开拓新路，修阶造梯视为己任，乐观后来者居上，促成科学事业日益繁荣之势。
>
> 半个多世纪里，席泽宗为科学事业献出了自己的全部时间、力量、智慧和心血，在天文史学领域取得了丰硕成就。他的著述，学贯中西，融通古今，提高和普及并重，科学性和可读性均好。这本文集的出版，为科学界和青年人了解科学史和天文史增添了重要文献，读者还能从中看到一位有卓越贡献的科学家的终身追求和攀登足迹。

这是很中肯的评价。席院士在为人、敬业和成就三个方面，都堪为人师表。

席院士的科研成就是多方面的。在其口述自传中，他将自己的成果简单地归结为：研究历史上的新星和超新星，考证甘德发现木卫，钻研王锡阐的天文工作，考订敦煌卷子和马王堆帛书，撰写科学思想史，晚年承担三个国家级的重大项目：夏商周断代工程、《清史・天文历法志》和《中华大典》自然科学类典籍的编撰出版，计 9 项。他对自己研究工作的梳理和分类大致是合理的。现在仅就他总结出的 9 个方面的工作，结合我个人的学术经历，作一简单的概括和陈述。

我比席院士小 12 岁，他 1951 年大学毕业，1954 年到中国科学院中国自然科学史研究委员会从事天文史专职研究。我 1964 年分配到此工作，相距十年，正是在这十年中，席院士完成了他人生事业中最耀眼的成就，于 1955 年发表的《古新星新表》和 1965 年的补充修订表。从此，席泽宗的名字，差不多总是与古新星表联系在一起。

两份星表发表以后，被迅速译成俄文和英文，各国有关杂志争相转载，成为20世纪下半叶研究宇宙射电源、脉冲星、中子星、γ射线源和X射线源的重要参考文献而被频繁引用。美国《天空与望远镜》载文评论说，对西方科学家而言，发表在《天文学报》上的所有论文中，最著名的两篇可能就是席泽宗在1955年和1965年关于中国超新星记录的文章。很多天文学家和物理学家，都利用席泽宗编制的古新星表记录，寻找射线源与星云的对应关系，研究恒星演化的过程和机制。其中尤其以1054年超新星记录研究与蟹状星云的对应关系最为突出，中国历史记录为恒星通过超新星爆发最终走向死亡找到了实证。蟹状星云——1054年超新星爆发的遗迹成为人们的热门话题。

对新星和超新星的基本观念，很多人并不陌生。新星爆发时增亮幅度在9～15个星等。但可能有很大一部分人对这两种天文现象之间存在着巨大差异并不在意甚至并不了解，以为二者只是爆发大小程度上的差别。实际上，超新星的爆发象征着恒星演化中的最后阶段，是恒星生命的最后归宿。大爆发过程中，其光变幅度超过17个星等，将恒星物质全部或大部分抛散，仅在其核心留下坍缩为中子星或黑洞的物质。中子星的余热散发以后，其光度便逐渐变暗直至死亡。而新星虽然也到了恒星演化的老年阶段，但内部仍然进行着各种剧烈的反应，温度极不稳定，光度在不定地变化，故称激变变星，是周期变星中的一种。古人们已经观测到许多新星的再次爆发，再发新星已经成为恒星分类中一个新的门类。

席院士取得的巨大成果也积极推动了我所的科研工作。薄树人与王健民、刘金沂合作，撰写了1054年和1006年超新星爆发的研究成果，分别发表在《中国天文学史文集》（科学出版社，1978年）和《科技史文集》第1辑（上海科学技术出版社，1978年）。我当时作为刚从事科研的青年，虽然没有撰文，但在认真拜读的同时，也在寻找与这些经典论文存在的差距和弥补的途径。

经过多人的分析和研究，天关客星的记录在位置、爆发的时间、爆发后的残留物星云和脉冲星等方面都与用现代天文学的演化结论符合得很好，的确是天体演化研究理论中的标本和样板，但进一步细加推敲后却发现了矛盾。天关星的位置很清楚，是金牛座的星。文献记载的超新星在其“东南可数寸”。蟹状星云的位置也很明确，在金牛座ζ星（即天关星）西北1.1度。若将“数寸”看作1度，那么是距离相当，方向相反。这真是一个极大的遗憾，怎么会是这样的呢？这事怎么解释呢？为此争议，我和席院士还参加了北京天文台为1054年超新星爆发的方向问题专门召开的座谈会。会上只能是众说纷纭，没有结论。不过，薄树人先生为此又作了一项补充研究，他用《宋会要》载“客星不犯毕”作为反证，证明“东南可数寸”的记载是错误的。这也许是最好的结论。

到此为止，我们对席院士超新星研究成果的介绍还没有完。在庄威凤主编的《中国古代天象记录的研究与应用》这本书中，他以天象记录应用研究的权威身份，为该书撰写了“古代新星和超新星记录与现代天文学”一章，肯定了古代新星和超新星记录对现代天文研究的巨大价值，也对新星和超新星三表合成的总表作出了述评。

1999年底，按中国科学院自然科学史研究所新规定，无特殊情况，男同志到60岁退休。我就要退休了，为此，北京古观象台还专门召开了“陈久金从事科学史工作三十五周年座谈会”。席院士在会上曾十分谦虚地说：“我的研究工作不如陈久金。”但事实并非如此。席院士比我年长，我从没有研究能力到懂得和掌握一些研究能力都是一直在席院士的帮助和指导下实现的。由于整天在一室、一处相处，我随时随地都在向席院士学习研究方法。席院士也确实有一套熟练的研究方法，他有一句名言，“处处留心即学问”。从旁观察，席院士关于甘德发现木卫的论文，就是在旁人不经意中完成的。席院士有重大影响的论文很多，他将甘德发现木卫排在前面，并不意味着成就的大小，而是其主要发生在较早的“文化大革命”时期。事实上，席院士中晚期撰写的研究论文都很重要，没有质量高低之分。

“要做工作，就要把它做好！”这是他研究工作中的另一句名言。席院士的研究正是在这一思想的指导下完成的，故他的论文著作，处处严谨，没有虚夸之处。

在《席泽宗口述自传》中，专门有一节介绍其研究王锡阐的工作，给人的初步印象是对王锡阐的研究是席院士的主要成果之一。我个人的理解与此不同。诚然，这篇论文写得很好，王锡阐的工作在清初学术界又占有很高的地位，论文纠正了朱文鑫关于王锡阐提出过金星凌日的错误结论，很有学术价值。但这也只是席院士众多的重要科学史论文之一。他在这里专门介绍此文，主要是说明从此文起他开始了自由选择科研课题的工作，因为以往的超新星表和承担《中国天文学史》的撰稿工作，都是领导指派的。

邓文宽先生曾指出，席泽宗先生科学史研究的重要特色之一，是非常重视并积极参与出土天文文物和文献的整理与研究。他深知新材料对学术研究的价值和意义。他目光敏锐，视野开阔，始终站在学术研究的前沿，从而不断有新的创获。

邓文宽先生这一评价完全正确。席院士从《李约瑟中国科学技术史（第三卷）：数学、天学和地学》中获悉《敦煌卷子》中有13幅星图，并有《二十八宿位次经》、《甘石巫三家星经》和描述星官分布的《玄象诗》，他便立即加以研究，并发表《敦煌星图》和《敦煌卷子中的星经和玄象诗》。经过他的分析研究，得出中国天文学家创造麦卡托投影法比欧洲早了600多年的结论。瞿昙悉达编《开元占经》时，是以石氏为主把三家星经拆开排列的，观测数据只取了石氏一家的。未拆散的三家星经在哪里？就在敦煌卷子上。他的研究，对人们了解三家星经的形成过程是有意义的。

对马王堆汉墓出土的帛书《五星占》的整理和研究，是席院士作出的重大贡献之一。1973年，在长沙马王堆3号汉墓出土了一份长达8000字的帛书，由于所述都是天文星占方面的事情，席院士成为理所当然的整理人选。由于这份帛书写在2000多年前的西汉早期，文字的书写方式与现代有很大不同，需要逐字加以辨认。更由于其残缺严重，很多地方缺漏文字往往多达三四十字，不加整理是无法了解其内容的。席院士正是利用了自己深厚的积累和功底，出色地完成了这一任务。由他整理的文献公布以后，我曾对其认真地作过阅读和研究，并在此基础上发表自己的论文，证实他所作的整理和修补是令人信服的。

马王堆帛书《五星占》的出土，有着重大的科学价值。在《五星占》出土以前，最早的系统论述中国天文学的文献只有《淮南子·天文训》和《史记·天官书》。经席院士的整理和研究，证实这份《五星占》撰于公元前170年，比前二书都早，其所载金星八年五见和土星30年的恒星周期，又比前二书精密。故经席院士整理后的这份《五星占》已经成为比《淮南子·天文训》《史记·天官书》还要珍贵的天文文献。

席院士的另一个重大成果是他对中国科学思想的研究。早在1963年，他就发表了《朱熹的天体演化思想》。较为著名的还有《“气”的思想对中国早期天文学的影响》《中国科学思想史的线索》。1975年与郑文光先生合作，出版了《中国历史上的宇宙理论》这部在社会上有较大影响的论著。2001年，他主编出版了《中国科学技术史·科学思想卷》，该书受到学术界的好评，并于2007年获得第三届郭沫若中国历史学奖二等奖。

最后介绍一下席院士晚年承担的三个国家级重大项目。席院士是夏商周断代工程的首席科学家之一，工程的结果将中国的历史纪年向前推进了800余年。席院士在其口述自传中说，现在学术界对这个工程的结论争论很大。有人说，这个工程的结论是唯一的，这并不是事实。我们只是把关于夏商周年代的研究向前推进了一步，完成的只是阶段性成果，还不能说得出了最后的结论。我支持席院士的这一说法。

席院士还主持了《清史・天文历法志》的撰修工作。不幸的是他没能看到此志的完成就去世了。庆幸的是，以后王荣彬教授挑起了这副重担，并高质量地完成了这一任务。

席院士承担的第三个国家项目是担任《中华大典》编委会副主任，负责自然科学各典的编撰和出版工作。支持这项工作的国家拨款已通过新闻出版总署下拨到四川和重庆出版局，也就是说，由出版部门控制了研究经费分配权。许多分典的负责人被变更，自此以后，席院士也就不再想过问大典的事了。这是自然科学许多分卷进展缓慢的原因之一。这是席院士唯一没有做完的工作。

陈久金

2013年1月31日

序　言

席泽宗院士在科学研究特别是在天文学史研究上成就卓著，享誉世界。他同时还是一位著名的科普作家，一生有大量科普作品见诸各种报纸杂志和书籍，深受读者喜爱。

席泽宗先生的科普作品具有数量多、涉历面广、时效性强的特点。其文章严谨活泼、生动有趣、通俗流畅，关注天文科学发展趋势而具有前瞻性。他提供的科普作品目录达 80 篇之多，我们现在收集到的有 50 篇，汇集成本卷，这些作品涉及的内容包括：天文观测仪器的历史、现状和其中的杰出人物；天文学研究的目的、意义和重要性；宇宙中各种各样的天体，从地球、太阳、太阳系、银河系直到宇宙深处；日常可见的重要天象如慧孛流陨、日月交食、四季星空、太阳活动等；天文学家，天文神话与传说，天体物理学中光谱、射电、天体产能机制等基础知识；日历及历法常识、天文学与现代科学、宇航，以及其他知识与杂谈等。

席泽宗先生的科普作品是写给社会公众的，他认为让公众了解科学关乎“一个民族文化进步的的程度”，他是把科普看作对国家、民族的重要责任才能一生坚持科普创作的。虽然这些作品都发表于多年以前，但今天读起来，仍能给我们以知识的力量，可以从另一个侧面了解天文学的发展历程，可以看到一个科学史大师深厚的知识功底和高尚的品德，这卷文集也是席先生一个重要的学术成就。

杜昇云

2012年6月20日

目录 CONTENTS

星的种种

世事沧桑，瞬息万变，独有那点点明星，耿耿在天。每当夜色漫漫的时候，它们便静悄悄地俯瞰人间，让人们赞赏，让人们歌颂，让人们猜测。

我们的祖先，只能利用天体所发的光，测定各种角度，以描绘太阳、月亮和众星的运动轨迹。近百年来，由于我们对光所报告的消息，了解的本领大大增强，天文学的领域也得到了极大的扩张，利用光谱分析，我们可以确切地明白那远在天边的星的种种。

（1）远近：蜘蛛结网的丝，算是深厚细微非常轻的了，用蛛丝绕地球一周，所需的量只要两斤，可是若把地球与离我们最近的一颗星连起来的话，那便需要 100 万吨，间距之大，从此可得到一个概念。如此遥远的距离，若用千米计，数目太大，为方便起见，便另设三种单位：①天文单位，就是地球和太阳间的距离——约 1.5 亿千米；②光年，光每秒运行 30 万千米，光在一年内所走的路程叫“光年”，想想这距离该多么长，不过距我们 30 光年以内的星，还不到 200 颗；③秒差距，它等于 3.26 光年。

（2）成分：贾宝玉说："男人是泥做的，女人是水做的。"从科学的观点看，这句话对了一半，因为男人和女人的身体里头都有水和泥，水是氢和氧合成的，泥是氧、硅、碳、镁等元素合成的，地球上共有 90 多种元素，太阳和众星，虽然各居一隅，彼此不相干，但其成分，却都不出这 90 多种之外；假若地球上一旦人口过剩，必须向别的星球移民的话，政治、经济、地理和语言等学者都不免另起炉灶，唯独化学家的学问，仍然有效。

（3）大小：人有高矮肥瘦之分，星亦有大小之差，太阳的肚子里可装 130 万个地球，而参宿四那颗星的肚子里又可放进去 5000 万个太阳，比参宿四大的还有！不过在另一方面，也有小得可怜的，如范马南星。

（4）轻重：质量之差不像大小那么厉害，太阳的质量是地球的 33 万倍，最重的星是太阳的 100 倍，最轻的是太阳的 1/10。

（5）稀密：密度等于体积除以质量所得的商，因为星的质量差数小，体积差数大，所以密度便差得很远，密度最稀的星只有太阳的百万分之一，太阳的密度是水的 1.5 倍，而最密的星却有水的 10 万倍。

（6）冷热：常人的体温差不多为 36～37℃，星则差得很多，表面温度从 1400℃到 80 000℃不等，温度向内渐增，中心温度最高，从几百万摄氏度到几千万摄氏度。如果把 80 000℃的那颗星，搬到太阳的位置上来，地球便立刻熔化，万物都被烧成焦炭；可是若把那 1400℃的搬在同样的位置上，我们又要冻死了。

（7）明暗："天无二日。"这句话绝对错误，太阳之光耀夺人，完全是因为它太靠近我们，在明星的群英会里，它只是一颗矮星，矮星就是光度小的意思（当然，另外还含有其他的特征），光度大的叫巨星，更大的叫超巨星，"天鹅一"是颗超巨星，它比太阳亮 1 万倍。

（8）动静：恒星的"恒"字，不过是比较而言的，实际上，它们也在动，其速度不见得比行星慢，不过"天高皇帝远"，我们很难察觉到。

（9）配偶：人间鸳鸯，天上双星，我们希望有情人都成眷属，双星自然也是多多益善；用望远镜和分光镜联合检查的结果，发现双星的确很多。双星之外还有三合星、四合星等，很有点像我们中国封建社会达官贵族和富商纳妾的不正常现象。

（10）家庭：双星是小家庭，星团便是大家庭。星团是由成千上万颗星组成的，可以分球状星团和疏散星团两种，前者较后者所含的星数多，团结力也较强。

潘光旦先生常常把人性分作三方面，曰通性、个性和性别。若把星比作人，那么以上所说的便是通性。星的通性除此而外，尚含有压力、电场、磁场、热力平衡、荧光现象等，不过这些项目所带的专门色彩太深厚，我们这里可以不表。说到个性，星也和人一样，个个不同，很难以叙述。至于性别，星是没有的，刚才之所以把双星比作夫妇，只是为了文章的趣味性，敬请读者勿以词害意。

〔《工商日报》(香港)，1949 年 4 月 9 日，写于广州中山大学理学院天文台〕

关于夏令时

夏令时，现在变成了等因奉此式的例行公文，已失去了它的意义。原来人家实行夏令时，为的是在经济上求节省，所以也叫作日光经济时。而我们呢？全国不知道有多少机关、学校、团体等，把这件事当作儿戏，在实行夏令时的期间，将工作时间延后一小时。这样一提前、一推后，等于原封不动，不但没有节省经济，反而增加了贴布告、行公文、下命令和拨钟的麻烦，天下笨事，莫此为甚。

各国之中，实行夏令时者，以德国为最早，而倡议者则英国在先。这期间的一段历史是这样的。

1908 年，卫立德在英国议会中提出："于每年 4 月的四个星期中，每逢星期日将钟表改早 20 分钟，而于 9 月的四个星期中，每逢星期日改晚 20 分钟。"当时彼所持的理由是：若将时刻改早，则学校、工厂、机关、公司等亦同样提早办公，而一般人民势必早起，早起便有很多好处：①清晨天气凉爽，工作效率高；②空气新鲜，对健康有裨益；③早起则早睡，早睡则可节省灯火。

“习惯成自然。”实行新的时制谈何容易！卫先生提出此案后，便立刻遭到许多人的反对，他们的主要理由有三：①将钟表改早，使人早起，实是一种自欺欺人的办法，不起早的人绝不会因改时间而早起；②学校工厂等若将办公时间提早一小时，亦可达同一目的；③世界各国的“标准时”是以伦敦的“平地方时”为基准的（详后），若英国时制有变化，则全世界都得随之而变，这样对英国的信用不免有损。

在强烈的反对之下，卫先生的提案，虽讨论数年，但均遭否决，彼遂怀恨而死。卫氏死后，“人亡政息”，此案在英国便再无人理会。不料在第一次世界大战的时候，于 1916 年夏，德国、奥地利忽然采用此法，中立国荷兰、丹麦继之。

德国实行夏令时的结果，是一年之间节省了 2 亿多马克，平均每人增加收入 3 马克，英国于惊讶之余，立即再行讨论此案，结果顺利通过。而今，不但英国实行夏令时，很多国家都行夏令时，假若卫立德冥中有灵，则必含笑于九泉。

各国所行的夏令时，其办法大同小异。中国的办法是在每年 5 月 1 日至 9 月 30 日这一时期，将标准时提前一小时。

这里得注意，所谓标准时，不单是指称标准钟上的时刻，而是另有意义。在未解释这个意义之前，须先将“地方时”说明一下。

没有钟表以前，我们中国人知道用日晷来测时：正午的时候，太阳恰在头顶，用术语来说，便是在当地的子午线上，所以在北半球的场合，地上所立的竿的影子，便向正北；反过来说，就是当竿影适向正北的时候，便是正午。正午一决定，其他的时刻，便可以用刻度盘决定，如此所测的时间，便是“地方时”。

当第一天针影指向正北的时候，我们拿来一块很准确的表，把它上在 12 点，等到第二天针影向正北的时候，表上的时间便不一定是 12 点，可能早也可能迟，有时竟会差一刻钟。这个差异是因为地球对太阳的相对运动，除了自转，还有环绕太阳一年一周的公转；太阳的东升西落，便是地球自转和公转合成的结果；如果公转的轨道是个圆形，那也没有问题，可是，公转的轨道实际上是椭圆的，地球和太阳的距离，有时近有时远，这么一来，公转的角速度就有时快有时慢，于是一日的长短就不一律了。

假若我们要造一块表，使每天都在太阳正临子午线时是 12 点，这表便必得时快时慢。这不但办不到，而且也不便利。因此，我们就假想有个行动快慢一律的太阳，每当表 12 点的时候，它恰在子午线上，这样依假想的太阳而定的时刻，便叫作“平地方时”，依日晷的方法所测定者，另名之为“真地方时”或“视地方时”。

子午线也叫作经度或经线。地球上的经线是从伦敦的格林尼治天文台的子午线算起的。从那儿向东有 180 条经线，叫东经；向西也有 180 条经线，叫西经。因为太阳的运动是自东向西的，所以在东经的地方较伦敦先正午，而在西经的地方则后正午。这其间的差数是：经度每差一度，时间差 4 分钟。

因此，凡是子午线不同的地方，其地方时便也不同；而自东向西或自西向东，地球上的每处都有它自己的经度，所以各地地方时便不同。这在“鸡犬相闻，民至老死不相往来”的时候，人类的活动范围很小，当然无关紧要。可是，有了新式交通工具以后，问题就非常严重：①假若各地都用地方时，旅客每到一个地方，便得拨快或拨慢他的表一次，真啰唆；②各火车站开出来的火车都依照各地方时，那么撞车是常有的事，交通便无法维持；③假若有一条战线，西起宜昌东到吴淞口，现在统帅下了道命令，说：某时某刻同时渡江。在这种情形下，如果各种部队都按所在地的地方时去行动的话，那一定会失去分进合击之效的。

刀德先生发觉地方时有这样多的不方便处之后，遂倡议标准时，后经傅来铭之鼓吹，终于得到全世界的采用。

在航空发达的今天，标准时间更加重要。饮水思源，我们得向刀德先生致敬，很不幸，他已被撞身亡（火车）。

在原则上，标准时是将各接近的地方，规定成统一的时刻，办法是自格林尼治起，以每隔 15 度经线为标准，分全球为 24 区，每区相差一小时；但有的为了因地制宜，也有变通办理者。

我国幅员辽阔，所跨之时区有五：①昆仑时区（以东经 82.5 度经线之时刻为标准，比伦敦早 5.5 小时）；②新藏时区（以东经 90 度经线的时刻为标准，较伦敦早 6 小时）；③陇蜀时区（以东经 105 度经线之时刻为标准，较伦敦早 7 小时）；④中原时区（以东经 120 度之经线的时刻为准）；⑤长白时区（以东经 127 度半经线的时刻为准，比伦敦早 8.5 小时）。

广州即属于中原时区，与伦敦的时间相差 8 小时。当我们早上 8 点吃早饭的时候，伦敦的人正在午夜熟睡，而西康和青海则是 6 点黎明起床的时间[①]。

根据标准时，当伦敦在正午 12 点的时候，东经 180 度的地方应该是第二天的开始，而西经 180 度的地方却是前一天刚完结，所以东经 180 度的地方与西经 180 度的地方恰好差一天（2×180÷15＝24）。按说，这两条线应该距离很远，然而，因为地球是个圆球体，这两条线实际上就是一条。这么一来，可就困难了：从西面讲，它的附近应该是昨天已完结，今天刚开始；从东面讲，却又应该是今天已完结，明天刚开始。这个困难，无论怎样也不能免除，因此我们只得规定，在这条线的左右两边相差一天：从西边经过该子午线，日子就得立刻跳进一天；从东经过这条线，日子却得退后一天。这条线也另外给它起了个名字，叫作“国际改日线”。

国际改日线差不多全部都在太平洋中，所以若是一个孕妇在渡太平洋的船上，从中国到美国（即从东经过这条线），恰在过这条线的时候，假定是 4 月 26 日 12 时，产了一个男孩，隔了数分钟又产了一个孪生的妹妹，这位妹妹的生日便是 4 月 25 日，这样，妹妹便可以比哥哥大了。

〔《建国日报》（广州），1949 年 5 月 1 日，
1949 年 4 月 26 日草于中大天文台〕

① 1949 年 10 月 1 日以后，全国统一实行北京时间（即中原时），本文中的五个时区划分，已不再用。

万能的光谱仪

假若你有一架照相机，你便可以把世界上的名山大川、奇禽异兽，永留眼底；也可以把海内孤本、古碑残碣、买不到搬不走的无价之宝，摄回家中；又可以把爱人的梳头倩姿、刺绣摇扇、倚栏赏花、凭琴度曲，乃至一颦一笑，拍成一组光学起居注；艺术精妙的，还可以把它放大，点缀房栊。照相机的功用，可谓之大矣哉。

但是，“强中自有强者在”，在光学仪器里，照相机的能力，若比起光谱仪来，却又不免相形见绌。自然，它两个的用途是不相同的。

最简单的光谱仪，即是利用一个三角形的玻璃柱（三棱镜），将所要研究的光线，譬如说是电灯的光，使它先通过三棱镜前一个狭窄长方形的光缝，再在这光缝与棱镜之间放个凸透镜，使光线经过之后变为平行，这些平行光线一经三棱镜的折射，便形成由红到紫的七彩光带（光谱）。最后在三棱镜的另一方，装置一个小的目视镜，以便用眼睛对之作精细的研究；或在其焦面上装置一感光底片以摄取之。普通的方法多用后者，因为：①将光谱摄成照片，可于闲时从容研究；②眼睛所看不见的红外光和紫外光，可以摄得。

光之有颜色的差别，是由于波长的不同，而波之长短的不同，又为原子或分子的构造所决定，每种元素的原子构造既不同，所以在经热或电的激发之后，便各自放射数种波长之光波，且仅具此数种。化学家便利用了这种性质来做定性分析。用光谱仪做定性分析，有个很大的好处，那就是：如果未知物的含量极微时，用化学方法检验每每得不到结果的，用光谱仪则马到成功，即使小如针尖之黄铜一点，亦足够对 70 种元素存在其内与否，作一确切检定；事实上，至少有十种元素是用光谱仪发现的。

确定了这是何元素谱线以后，请问它们的原子内部又怎样呢？光谱仪对这个问题也可作局部的回答：原子的光谱找出来以后，就其谱线以研究，便可知其有多少电子，又可知其各种能量阶级。根据此能量阶级，又可推知电子的排列情形。

利用光谱仪所研究的原子，不必近在咫尺，因由原子所生的光，虽远逾长空亿万里，但一经光谱仪擒获而分析，所存一切奥秘，咸可披露无余，天文学家由斯得以研究远处天涯的“星的种种”（详四月九日，本版拙文），近代天文学上 90%以上的新发现，皆是因光谱仪之助而得来。

不客气地说，人，不管他是谁，都是一堆原子的组合。光谱仪可以告诉：在这许多的原子中，哪一种是基本的，哪一类是偶然存在的。以铜来说，人身上所具有的量，多则中毒，少则死亡，怎样才算适量呢？质之光谱仪可也。

光谱仪对工程师亦极有用，彼等可用之以窥测正在工作中的汽缸，而研究缸内气体之燃烧，爆炸，以及压力变化之历程。其法是将缸顶击一小孔，而后补以厚块石英，造成小小天窗，再将由此窗射出之光，投至光谱仪上，如此即可随时随刻确定缸内火焰之温度而对燃料之成分与燃烧之速率，均可得以分析。

对于侦探犯罪行为，亦可利用光谱仪。某次阴沟发生汽油爆炸，追查根由，以为乃邻近十数加油站中某站泄漏所致，便可将阴沟中余存之汽油加以光谱检定，观其吸收作用与某站之油的吸收作用雷同，即可判明案情。

一列运货火车，其中满放铁块，分光学者于数小时内即可检验完毕。他拖一电机于身后，手执一光谱仪，然后逐车检验：任取铁一块视其光谱与其手中自备之纯铁者，有无差异，若杂质超过规定之标准，便可弃而就地；倘铁块挑选适当，而又是信手拈来，则全列车中铁质之良莠，短时内即可检定，而毫无卸装之烦。

朱古力与口香糖中所含铅（有毒）量是否过多？罐装啤酒与瓶装啤酒哪种多溶一些容器之物质于酒内？光谱仪对这些问题均能敏捷地给以确切答复。

造纸商寻求洁白无疵的出品上黑粒的来源，面包器具商疑虑其锅盘外新镀品或能沾污面粉，火花插头制造商欲研究微量某金属对于火花增强的关系……这些均须光谱仪来解决。

由于篇幅所限，不能再照这样分门别类地谈下去，总而言之：在所有的科学工具中，光谱仪实为一出类拔萃、攻坚克险的利器，无论对于原子的构造，原子所成的分子排列，分子所能产生的各种物质，人类所造的一切机器，以及物质宇宙的形形色色，凡此种种的研究，皆需光谱仪之帮助，所以亨利·罗素说："光谱仪是科学的锁钥，万能的现代法宝。"

〔《工商日报》（香港），1949年7月19日〕

牛郎织女的新认识

“天阶夜色凉如水，卧看牵牛织女星。”牵牛即牛郎，牛郎和织女，是银河两畔最亮的两颗星。秋夜的银河，是从天空的东北角，一直流到西南角，织女居于其西北，牛郎位于其东南。

织女和她附近光辉稍弱的几颗星，构成了一个由等边三角形和斜方形两尖连接而成的几何形状，名曰“天琴星座”。所谓“××星座”，是古人为了对天空的研究方便起见，用形象的方法，对天空所划分的区域；现今全世界的天文学家，公决把天球分为88个星座，牛郎属于天鹰座。

偶尔认识了一个人，并知道了他的住址，还不能算是知己，所以能够举出星的名字和知道它的位置所在，与明了众星的情形，也是截然两事。实际上，我们对于未通姓名的路人，所知道的已是不少，因为他至少也是有头脑和四肢，会生气和行走的。至于天上的星，我们虽能指出这是牛郎，那是织女，然这闪闪发光满布全天的究竟是些什么东西，却仍然莫名其妙；但是人类想象的本领可不小，越是不晓得的事，编撰的故事便越多。因此天上的星座，每个都有神话故事几套，关于牛郎织女的，在我国已是家喻户晓。“纤云弄巧，飞星传恨，银汉迢迢暗度，金风玉露一相逢，便胜却人间无数。柔情似水，佳期如梦，忍顾鹊桥归路。两情若是久长时，又岂在朝朝暮暮。”（秦观《鹊桥仙》）所以阴历七月初七的夜里，便被人看作男女爱情象征的一夜。白居易的《长恨歌》说唐明皇和杨贵妃“七月七日长生殿，夜半无人私语时；在天愿作比翼鸟，在地愿为连理枝”。这是多么富于诗意，表现了他们的浓情密爱！

但是，科学无情，天文学家竟证明了牛女两星在七月初七的晚上，还是与平时一样，仍然分居银河两岸，彼此各不相干，河上并没有什么鹊桥，而且银河也不是河，在望远镜里看去只是繁星密集。经过了解他们的身世，知道牛郎与织女，也不“门当户对”。兹先列表如下，然后再逐项解释。

	星等		光谱型	体积	质量	光度	运动速度	距离
	视星等	绝对星等						
牛郎	0.9	2.5	A_5	2.2	1.7	8.7	19.31	15.7
织女	0.1	0.6	A_0	9.3	3	52	13.68	26.9

表中体积、质量、光度等，都是以太阳为单位的，换句话说，以太阳为1：运动速度的单位是每秒千米，距离的单位是光年。

由上表可以直接看出：织女比牛郎大 4 倍多，重近 1 倍，亮近 6 倍。就是星等一项，表面上看 0.9 和 2.5 大于 0.1 和 0.6，但事实上，也是织女大于牛郎，因为星等的规定是数值越小者其星等越高。原来古人观天，把天空中 20 多颗最明的星定为一等，把肉眼刚能看到的星定为六等，后人加以科学整理，取角宿一（室女座最明的星）为标准，定其星等为 1.2，并规定一等星之光度为六等星之 100 倍，即相邻两星等的光度比为 2.512。换言之，即星等以等差级数进，光度以等比级数退，这样所得的星等为视星等。平常我们晚间观星，所看到的只有方位，并无远近，但是亮度与距离的平方成反比，而星等又是表示亮度的一种方法，所以星之视星等的测量，只能告诉我们一些星比较某些星看起来有明暗之别，实际上的明暗之差，仍然是不得而知。如果要想比较众星的真正发光本领，便不得不把它们设想在同样远的地方（应该说是天方），这个标准距离经天文学家选定为 10 秒差距（即 32.6 光年），各个星移放在此标准距离处后，所得的星等曰绝对星等。

东汉画像石中的牛郎织女星象图拓本

资料来源：《中国古代天文文物图集》，文物出版社 1980 年 6 月第 1 版

人有血型，星有光谱型。生物学家在晓得了一个人的血型以后，可以推断出他的人种、遗传、疾病等。同样，天文学家在知道了某个星的光谱型以后，也可以推知它的距离、光度、温度、大小、质量、密度、化学成分、运动情形等。星的光谱型分为O，B，A，F，G，K，M，R，N，S等十大类（此顺序可用“Oh! Be A Fine Girl，Kiss Me Right Now，Sweet!”记之），每型又分十小型，如A_0，A_1，…，A_9等。大部分的星，均可归在B，A，F，G，K，M六型内，所以此六型又特名曰“主星序”。属于主星序的星，由B而A而F而G而K而M，温度越来越低，年龄越来越老，所以织女比牛郎，体温要高一点，年龄要小一点。

牛郎大于织女的，除年龄外，还有一项是速度。不过，他若想要以多出的这每秒5.63千米的速度去追上她，那也得在63万年以后，才能紧密携手。或认为今可以电讯联络，极为方便，牛郎根本用不着去见织女的面，只消打个无线电报去问问就可以了。是的，这个办法够巧妙。不过，就是这样，最快也得24年，才能得到回电！

“盈盈一水间，脉脉不得语。”牛郎和织女长年累月这样永不相会，便难免会引起他人对织女觊觎。不幸得很，三角恋爱现在已经发生了，而且这场三角恋爱的另一主角还不是别人，是我们的太阳。

太阳已经是一位年纪很老（G型星）、儿孙成群（行星是儿辈，卫星是孙辈）的星了，按理他不应该再去找对象，并且，为地球着想，我们也很不希望太阳二次结婚，因为假使两星一旦满怀相撞，为祸之烈，不堪设想，全体人类都不免遭池鱼之殃。可是，希望毕竟是希望，根据各方面观测的结果，太阳的确是有追求织女的重大嫌疑而且进行的速度还很快——每小时72 000千米，比眼下最新式喷气飞机要快60倍。

不过，我们也无须惊慌，因为：①太阳与织女相距差不多有27光年之远，太阳走动的方向又没有百分之百的确定，好比远程射击，射手瞄准的精确度，只要差以毫厘，便可误以千里。所以太阳与织女相撞与否，现在仍在两可之间；②退一步讲，太阳恰好对准织女行进，我们也还有40万年可以苟延残喘。当然，这句话有个条件，那就是不要在太阳与织女未碰之前，已自取毁灭。

〔《文汇报》（香港），1949年7月30日〕

谈谈小行星

古代的人们因为没有电影和戏剧可看，每当夜晚闲暇无事的时候，便只有到野外散散步，欣赏清秀的月光、闪烁的明星。明星虽多，但也不外两大类：一种是自己发光的恒星；一种是自己不发光的行星。行星被人发现最早的，要算金、木、水、火、土等五颗，亦即我国历代神仙方士之流所谓的“五行”。五行和太阳的距离，若以天文单位为标准（即将地球与太阳的距离当作1），由近而远，便成下面的关系：设一级数，以 0 起，以 0.3 继之，后从 1 开始递降递倍，再于每数加 0.4，即得各行星与太阳的距离：

行星	级数关系（Δ＝0.3×0.2M+0.4）	实离（天文单位）
水星	（M＝00），0.3×0+0.4＝0.4	0.39
金星	（M＝0），0.3×1+0.4＝0.7	0.72
地球	（M＝1），0.3×2+0.4＝1.0	1.00
火星	（M＝2），0.3×4+0.4＝1.6	1.52
?	（M＝3），0.3×8+0.4＝2.8	?
木星	（M＝4），0.3×16+0.4＝5.2	5.22
土星	（M＝5），0.3×32+0.4＝10	9.54

这个级数关系，在1772年已引起了柏林天文台台长波特的极度注意，过了9年之后，侯失勒发现了天王星，这颗行星与太阳的实际距离是19.2，而用这个关系式计算应是19.6，又是很接近；于是波特便认为，在上表里那个画问号的地方，一定有颗行星，他便约了5位天文学家，把黄道分为6区，各司其事，寻找未知星。

“踏遍天涯无觅处，得来全不费工夫”，天下事往往如此。他们6位专心致志，一意去找，但石沉大海，毫无消息，而所要找的这一颗行星反被一位意大利天文学家，名叫皮亚齐者在无意中发现了。这是19世纪第一天晚上的事，他观测金牛座一带的星，看到一颗八等的星（肉眼不能看见）和星图上的不合，他又继续看了4夜，发觉这颗星不是恒星，以为大概是颗没有尾巴的彗星，以后他天天晚上观测，一直到2月11日，终于累得病了，不能不中辍，可是等到身体复原后再看时，这颗星已被太阳的光芒所掩没而失踪了。

发现而又失去的消息传出去后，轰动了欧洲的天文界。有的急忙用望远镜去找，有的想用数学中求轨迹的方法去寻，不晓得位置，要去找它，海底捞针，哪有希望；用数学方法去找它，因所知道的轨迹太短，也是一件难上难的事，但是还算好，它终于没有逃出天才数学家高斯的巨掌，他那时正想出了一个方法，计算天体在圆的轨道上运动，听到了这颗星失去的消息后，就为它造了一个觅星表，叫天文学家照表上的位置指向天空，这样地，果然找到了这颗失去的星，它是颗行星，4年又9个月环绕太阳一周，离太阳的距离是2.82天文单位，刚好和上述级数推出来的数目相合，皮亚齐把它命名为席李氏（Ceres——谷物女神的名字）①。

席李氏的直径只有480里。和它的两位芳邻（外面的木星88 000里，里面的火星4200里）比起来显然很渺小，于是叫它做小行星，它的质量也只有地球质量的1/8000，所以表面吸力只有地球的1/30，在它上面，如果有人想跳楼自杀，那他一定失望，他跳出去后，就像一片羽毛，在空中慢慢飘扬，尽可从容地想着各种事情，然后才轻轻着地，连皮也不会擦伤；反过来，我们若住在它的上面朝天放枪，子弹便可一去永不落地。

上表中距离2.8的空位，正好由席李氏补缺，大家都很心满意足，不料在第二年（1802年）3月奥伯斯又发现了一颗小行星，取名为柏拉氏

① 指谷神星。——编辑注

（Pallas）——智慧女神的名字[①]，它的直径是 304 里，离太阳的距离是 2.72，又和 2.8 相近。再过两年哈丁又发现了第三颗小行星，取名为朱诺（Juno——主婚女神的名字）[②]，直径仅 120 里，与太阳的距离为 2.36 天文单位。

因为这三颗小行星的轨道，相互在室女座交叉，并且体积质量都很小，于是奥伯斯便假说它们是由一个大行星爆裂而成的，且以为一定还有旁的小行星在它们轨道的附近。奥伯斯的爆炸说，在今日看来，固与事实存在冲突处（小行星之成因迄今未明），但当时却激发了他的勇气，使他认真地再去搜寻，于 1807 年 3 月 29 日发现了第四颗小行星浮士德（Vesta，灶神星），为小行星中之最亮者，当其接近地球时，虽肉眼亦可看见。

摄影术的进步，为寻觅小行星开阔了一条新的捷径，自 1891 年奥尔富开始用照相方法寻找小行星以后，事半而功倍，发现的数目日日增加，因之命名也发生了问题，起初只用女神的名字，后来男神的名字也采用了，再后来，神名也觉有限，于是国名，人名，甚至发现者爱狗的名字也用上去了，这样地，越来越乱，并且不容易记，于是大家公决：不再乱用名称，在小行星发现之后，先给以如 1949 BD 的临时名称，前面数字 1949 表年份，第一个英文字母 B 表月份（将一年之每月分为上下两半月，以 A，B，C……表之），最后一个英文字母 D 表在该半月中的第几次发现，待轨道确定后，再按发现的先后次序，给以永久号数，例如 1513 即被发现的第 1513 号小行星；如果发现人觉得非给它起个专名，不然心里过不去的话，也可以在小行星表的备考栏里注明，如第 434 号是匈牙利（发现者的祖国），第 508 号是普林斯顿（发现者的母校），第 719 号是阿尔贝特（发现者的朋友）。

到 1941 年止，轨道已经算出来的小行星共 1513 个，现在用大望远镜观测到 19 等星止，总数可推定为 4 万多。数目虽然这样多，但其总质量也不过仅地球的千分之一，总体积也不超过月亮的一半，所以它们都是很小很小的天体，有的简直就像一块大石头。

对于这许多的小行星，当然，我们不能因为它们小而轻视它们，但如果把它们个个都在手心里捧着倒也未必，不过，用来测定地球与太阳距离的第 433 号爱神星，却必须一提。

前面我们说过地球离太阳的距离叫作天文单位，行星，小行星，彗星和

① 指智神星。——编辑注

② 指婚神星。——编辑注

恒星的距离都以天文单位为标准；这个基本距离量得越准确，其他天体的距离也跟着越准确，所以从古以来，测量地日距就是天文学的重要课题之一，但又因太阳离地球太远，应用三角测量法所得的结果很是不准确，至伯尔的调和定律出后始有新的发展。调和定律说：行星绕太阳一周所需时间的平方与其与太阳距离的立方成正比，譬如，地球一年绕太阳一周，现在假若有一颗行星 27 年才能绕太阳一周，那么它离太阳的距离便是地日距的 9 倍。各行星的周期我们可以由观测得出，它们的相对距离亦可由调和定律得出，因此，我们只要晓得某行星与地球的正确距离，便可以算出地日距；起初是利用金星或火星，但因为它们的体积太大，看起来是一个球面，不是一点，不容易精确；1898 年威特发现的爱神星便可以补救这个缺陷。

爱神星的直径差不多只有 15 里，形状大概是个瓢状，轨道是个很扁的圆圈，当其在近日点时与地球轨道很接近，1931 年初，她便到离地球最近的地方，那时世界上十几个国家里头，有 25 个天文台联合起来观测这颗小行星，所用的望远镜有 32 具之多，大家把观测的结果（有的人就把拍摄到的照片）都寄给英国格林尼治天文台台长钟斯先生（因为他是国际天文协会太阳距离委员会的主席），由他负责计算和整理，共花了十年工夫，才把结果发表出来；太阳与地球的平均距离约为 1.496 亿千米。

〔《华侨日报》（香港），1949 年 9 月 28 日〕

到月球去

——科学的梦话

一、火箭

游月宫，谒嫦娥，歌舞于桂花下；捉银蟾，追玉兔，沐浴在金波里——要把这个梦想变为事实，先要考虑到两点。①一件东西向上抛，总要落下来，这是地心吸力的缘故。所以我们要到月球去旅行，最重要的问题，便是如何摆脱引力的束缚。经验告诉我们，向空中抛石子，抛的力越强，石子上升越高，就是说，我们赋给石子的初速度越大，则石子离地越远。由理论得到，假若初速度可达时速 40 232.5 千米，物体便可离地球而去。但是，这样大的初速度怎样可以得到呢？②远距离的交通，当然以飞机最为方便；飞机靠着它的螺旋推进机，才能向前，这螺旋推进机需要有一着力之点，供给这点者，就是空气。所以离开空气，飞机就不能飞；但大气层厚不过百千米，而月亮离地球的距离，根据前年应用雷达测探的结果，是 384 400 千米。所以普通飞机绝不能作为到月亮去的工具，得另想办法。

为了解决这两个问题，德国的瓦里野送了命，法国的白特利坏了手。但是，科学研究是不能顾及成败得失的。前仆后继，愈败愈勇。美国的戈达德（H.Goddard）、苏联的齐奥尔科夫斯基，以及被尊为“火箭的伟大老人”的德国教授奥伯斯（H.J.Oberth），依然努力不懈，继续研究。“有志者事竟成。”第二次世界大战中，德国的 V-2 火箭，便是此项研究的心血结晶。

火箭，它那圆锥形的头部里，装着猛烈的炸药，长长的肚子里，装着酒精和液体氧。当酒精和氧混合燃烧的时候，就生成大量的水蒸气与二氧化碳气体。这些气体由尾部冲出来之时，由于反作用力，就把火箭向前推进。

最近美国海军部所建造的“海王星”火箭，速度可达每小时 8000 千米——如能把这个速度加快 5 倍，便可以脱离地球了！加快 5 倍可以办得到吗？让我们回顾一下航空发展史：1912 年，飞机的最高速度是每小时 169 千米；1949 年，喷气式飞机每小时可飞行 5600 千米。37 年之间，增加了 32 倍。以今日航空技术之突飞猛进，再快 5 倍，有谁敢说不可能！

喷射推进有三种方式，就理论说，最好且最简单的一种是火箭。因为火箭的前进是由于内部冲出来的气体的反作用力，不但与外界空气毫无关系，而且，如果在没有空气的地方飞行，反因前方的阻力减小，可增加速度，只要内部的燃料不用尽，它便可一直前进。

至此，我们可以断定火箭喷射推进飞机将是唯一的可用作旅行月球的交通工具。但还有两个问题：①V-2 火箭在 90 秒内需要的燃料就得数吨之多，而到月球所需的时间，据德国火箭专家加德曼的估计，需要 40～100 小时。飞行这样长的时间，所需的燃料，显然是火箭无法装载的，必须另找门路，或者改良燃料（譬如设法利用原子能），或者先人造许多小月亮，作为空中码头；②为了避免与空气的急剧摩擦而燃烧及抵抗宇宙线的辐射，必须寻找一种能耐高热而又不受辐射影响的轻金属来制造这飞机的外壳——关于这两个问题，许多科学家都相信，不久的将来，必能解决。

现在，我们假定，一切问题都已解决，开始“出征”。

二、旅途

当火箭飞机起飞的时候，里边的乘客都要躺在一个很柔软的小床上，以减小巨大加速度的震力（人类所能忍受的速度是没有限制的，有限制的只是速度的突然增减）。驾驶员都是经过特别训练的健壮的人，能在特殊的环境下，来管理各项仪器。火箭飞机是自动控制的，种种复杂的仪器和雷达，将帮助它直向月亮的方向前进。

离开地球以后，在途中，各种东西都失去了重量，杯盘乱飞，除非用小孩用的胶管吸水，否则我们是都不能够喝水的；桌椅板凳都必须用橡皮带捆牢，不然，也有腾空的危险。舱中尘埃满空，清除工作必须经常执行，否则后果不堪设想。因为一切的东西在失了重量之后，飘来飘去，尘埃也浮在空中，不会下落——这些情形，一到将近月球时便会消除。

在飞机走进月球的引力范围之内后，便可利用月亮本身的引力，将飞机的路程弯曲，使它先绕月亮兜圈子，越走越近，最后终于在没有太阳照射的那面着陆。然后我们穿上橡皮衣服，戴上只露出两只眼睛的、圆形的塑料帽子，每个人的胸前还佩着一个装置着氧的盒子以供呼吸。这样子，一个人所带的重量，要是在地球上来称的话，足有 45 千克，但因月心吸力只是地心的 1/6，所以在这里并不觉得重。于是我们便高视阔步地走下飞机，开始月球观光。

三、赏月

很失望，怎么也找不到嫦娥仙子，银蟾玉兔也仅是神话而已：我们只见 3 万多座荒凉沉寂的环形山（也许是火山的遗迹）和许多巍然耸峙的孤峰，以及许多裂纹横切山谷（壑道）。这里虽也有什么丰饶海、阴雨海等，但实际上只不过是些广大的平原。

这里因为一来没有空气和水的调节，二来昼夜的长短和我们地球上的不同，这里有连续两星期那般长的白天，随着便是两星期的漫漫长夜，所以温度变化得很厉害：中午热到 135℃（地球上任何最热的时候，一般也不会超过 50℃）；午夜冷到−117℃，比世上最冷的地方最冷的时候还要冷，正是苏东坡说的：“琼楼玉宇，高处不胜寒。”

四、目的

诚然，月亮上的环境和我们理想中的四季皆春的神仙福地，相差得太远。

不过，我们到月亮上来，也不完全是自找苦吃，而是另有目的。

（1）在军事上，这里可以作为一个很好的火箭发射基地，或者可以找到铀矿。

（2）天文学家可以研究未受大气层遮蔽的太阳辐射与宇宙线。

（3）生物学家可以实验生活现象是否受重力的影响。

（4）电子学家可以建立起一个高度真空实验室。

（5）更重要者，这是人类向其他星球移民的初步成功。从此以后，人们再不受地球的引力束缚了！

五、归来

“胡马依北风，越鸟巢南枝。”人，谁不爱他的故乡，加之月亮上的环境，又是那么样的不宜于人生活，去的人当然不免要回来恳亲。但是回来的时候有个问题，那就是如何和大气接触。

由流星的研究，我们晓得，自由坠入地面的物体，在离地面 200 千米的位置，若速度为每秒 11 千米时，其温度便可达 1000℃以上。这种危险，要想法子避免，便必须使我们所坐的飞机不笔直地经过大气，而是像到月球上着陆的情形一样，使它先绕着地球走几个椭圆轨道。在作第一次环球飞行时，火箭仅入大气之一小部分，而复入太空，即在大气的短期中，飞机已受阻滞，而速度降低，到最后一转时，进行甚慢，可极舒适地降落地面。至此，旅行月球的大功，便算告成。

〔《大光报》（广州），1949 年 10 月 3—4 日，
1949 年中秋前夕草于中大天文台〕

后记：本文所说的“梦话”，在 20 年以后成为现实。1969 年 7 月美国“阿波罗登月计划”成功。这个计划先后动员了 120 所大学、20 000 家企业、400 万人参加，耗资 240 亿美元，是人类科技史上的一件空前壮举。——2001 年 8 月 3 日

原子舞台上的角色

一切的一切，在我们看起来，不管是多么美丽，如何结实，都是由内部的无数小块积聚而成——这一种观念，远在两千多年前，古希腊的哲学家便已经想到过，德谟克利特（Democritus）曾认为宇宙万物是由无限数不可见不可再分的微小粒子所构成，并且他将这种粒子命名为 Atom，我们中国人译为“原子”。原子当时只是个名词，长期未曾被看见，它遇到完全新颖、较为深刻的解剖，也不过近百年来的事。现在，我们已经知道它并不是不可再分的东西，它的内部还有很多的角色。

① 电子：一位活泼伶俐的小姐，什么电的现象呀，化学变化呀，都是她在那里蹦蹦跳跳的结果。电子小姐身材很窈窕，一磅是 453.59 克，而她的体重才 9.033×10^{-28} 克，也就是说，在小数点后面，必须加上二十多个 0，才能达到一位数字 9。在原子里边，她总是毫不休息地，在“核”的周围散步，散步所走的路线也极其规矩。条条大路之间的距离，总是整数性的；当她想从距原子核较近的路跳到较远的路时（激发），甚或要离开原子的家庭时（游离），需要从外边借“能”，这能通常可由热来供给，反过来，当她返回原路

时，把所借的能，仍然“完璧归赵”，转换成“光”而送出。每种元素中的电子数，都不相等，最少的是氢，他家里只有一位小姐。

② 质子：即氢原子的核，所荷的电量与电子相等，同为 4.77×10^{-10} 静电单位，但他是阳电，他的体重是电子的 1838 倍，所以比起电子小姐来，质子可说是位胖子先生。因为他太胖，便不能像电子那样的活泼，只得沉默寡言，因而被人发现得很迟。质子和电子，虽非“郎才女貌”，但也是“天作之合”，不论在哪一个原子的家庭里，电子有多少，质子便也有多少，这个数目等于“原子序数”，例如原子序数为 82 的铅，它的原子核中便有 82 个质子，同时核外有 82 个电子围绕着回转。

③ 中子：这个非男非女的武士，不但是原子核的另一基石，而且是人工击破原子核的有力武器，因为它非女，电子小姐才不吃醋，会让它直入庭园；因为它非男，质子先生也不排斥它。一切元素的原子量，都是由质子、中子和电子联合起来决定的。而中子本身的质量等于质子加电子所得的和，所以某元素的原子量减该元素的原子序数所得的差数，便是该元素的原子核中所含的中子数；因此，凡原子序数同而原子量不同，即所谓“同位素”者，其决定权便操在中子之手。

④ 氦核：氦原子核的本身，似乎又为高级原子核的基石，因为每当放射元素，例如镭，脱变的时候，常常放出三种东西来：α 质点、β 线和 γ 线。这里的 α 质点，实际上就是氦原子核，它是由两个质子和两个中子结合而成的，当由其较重的原子核脱颖而出时，其飞奔速度每秒可达 12 000 里；速度越大的东西，其能量也越大，因而 α 质点，也常被用作轰击原子核的炮弹，第一次的人工原子核转变，卢瑟福教授用以轰击氮原子核的，就是 α 质点。

⑤ β 线：跑得极快的电子小姐，世上的任何女运动员，都没她跑得快，她的速度可达光速的 99%，光的速度是速度的极限，30 万千米/秒。噫！奇怪啦！原子核是由质子、中子组成的（实际上他们二者也是尽可能地结合成氦原核而存在于重原子核之内的），为什么跑出来电子了呢？这里便牵涉到中子的构成问题，或者吧，中子是由一个质子与一个极接近的（相距最多也不能超过 10^{-12} 厘米）电子组成的，β 射线便是由于中子变质子的结果。

⑥ γ 线：与 β 线相伴而生，在性质方面很像 X 光，不过波长更短（也就

是频率更高），所以穿射物质的能力极强，要遮断它的穿射，非有几英寸厚的铅板不可。

⑦ 阳子：与电子小姐配起来，好一对如意的夫妇。他的体重和身材都与电子小姐相称，但所带的是阳电，所以称他为阳子。阳子的身价非常高贵，他骄傲得很，你所贡献的能量若不在 150 万电子伏特以上，他是决不会从原子核里跑出来的。原子核里怎么又有阳子出现呢？大概是因为质子是由中子和阳子构成的，也未可知。（编者注：现称正电子）

⑧ 光子：阳子少年与电子小姐，一见钟情，结合而成为光子。光子是光能的结合，质量小到可以说是没有，他的能量也并不是处处相同，却是随光波的不同而各异，与频率的数目成正比例而增加。电子和阳子相碰冲而生的光子，其能量大约有 50 万电子伏特。

⑨ 介子：原子舞台上的孙悟空，可男可女，可重可轻。原子核内的质子和中子之所以能紧密地聚集在一起，显然是有极强的力在起作用，日本的物理学者汤川秀树为解释此项力起见，曾于 1935 年预言应当有介子存在，但直到现在并未在原子核内发现它，反而在宇宙线内找到了。它的寿命非常短，只有二百万分之一秒的 μ 介子便变成一个电子与一个中微子了。

⑩ 氘子：重氢的原子核，是由一个质子和一个中子组成的，它也是用来轰击原子核的重要弹丸。重氘可以从重水中得到，重水只占普通水的万分之二，所以重水是非常重要的东西，第二次世界大战期间，德国人未能造出原子弹，重水工厂被挪威人炸毁，也不失为原因之一。

〔《工商日报》（香港），1949 年 10 月 10 日，草于 1949 年 10 月 4 日，本文发表后曾蒙吴敬寰教授指正〕

天地之大

你说地球不大吗？七大洲，四大洋，一百几十个国家和几十亿人口，在我们人看来，地球是很大的。

但地球算什么呢？地球不过是九大行星之一。行星中，最大的算木星，它的体积比地球大 1300 倍，只因距离远，才看见它像颗豆的大小。如把木星移到月亮所在之处，那将盖满半个天空，可惜我们移它不动。以质量计算，木星比地球大 300 多倍，因木星质量大，所以吸力也大，地球上一斤重的东西，到了它的上面就变成两斤半。

再说，木星不过是太阳的一个附属品罢了，它的质量还不及太阳的千分之一。太阳的肚子里可以容纳 130 万个地球，6400 万个月亮，我们平时看见的太阳和月亮所以差不多一样大小，那是因为远近不同的缘故。远的东西看起来小一点，近的东西看起来大一点。太阳与我们地球的距离太远了，算起来是 1.5 亿千米，如果能够的话，坐最新式的喷射飞机，去太阳旅行，每小时飞一千千米，那也要 17 年以后，才可到达目的地。

但是木星的距离比太阳与地球的距离小约 40 倍呢，开普勒的行星运动定律说：“行星绕太阳一周所用时间的平方，和它与太阳距离的立方成正比。”因此，冥王星绕太阳一周便需要250年，世界上能看见它转半周的人实在少得很。

日月和行星，加上彗星和流星，合起来叫作太阳系。太阳系对整个的空间来说，也不过是“沧海一粟”罢了。晚上看天空，除了几个行星之外，所看到的都是恒星，它们似乎固定不动，但不是不动，只因距离我们很远很远，所以见它移动极小。每颗恒星都和太阳差不多，而且有的体积特大，像“参宿四”那颗星，它的肚子里竟可以容纳5000万个太阳。

恒星有个很好的德性，就是它们喜欢集体生活，有的成双结对（双星），有的三五成群（聚星），有的组成团体（星团），单身营独立生活的，据调查研究所得，是少得很的。

说到恒星的远近，更是骇人听闻，这距离用尺量不尽，坐喷射飞机也终生到不得。要另造一把尺，名叫“光年”；光行30万千米/秒，光年这个单位，就是以光速这样的快，行一年工夫的路程。这路程的长短是十万亿千米。离我们一光年的星，按说已算极远，但离我们最近的一颗恒星，并不只一光年，而是四光年又四光月。

这只是离我们最近的恒星，算不得什么，别的不多说，像现在秋天里夜晚我们所见的银河（天河），它的领域非常大，直径有20万光年。20万光年这么大的距离，很难以想象，我们不妨另做个譬喻：用最细最轻的蜘蛛丝缠绕地球一周，只需两磅的材料，若要将地球和太阳联起来，也不过4吨，但若想用它扯成银河的直径，便非500亿吨不可。

银河只是涡旋星云之一。每个涡旋星云，都是由成千成万的星组成的。现在观测到的涡旋星云，为数已在200万以上。它们在空间的分布，除少数聚集于一处之外，大体来说，分布得相当均匀，普通每二者之间，相距约200万光年。因分布的情况，和海洋里的岛有点相似，所以又名岛宇宙。距我们最近的一个星云，是仙女座大星云，相距约90万光年，由肉眼可以看到。现在用世界上最大的望远镜，可看到1亿光年远处的星云。

近几十年来，对于宇宙观测的结果，知道它们也和日月星辰一样，在那里不停地自转着，运动着，正如恩格斯所说的：“一切所谓永久的都是可变的，动的物质之永远的周转才是最后的结论。”

〔《联合报》(广州)，1950年9月27日〕

中秋赏月

清秀的月光是自然界的一种美景，尤其中秋的明月，更是一般人欣赏的对象。一年里面，月亮共有 12 次的朔望变迁，但最能引人注目的，为什么只有中秋的明月呢？从科学的观点看，这原因有两点：①最近秋分的望月，常常就是阴历八月十五，这时候，在北半球的人看来，白道（即月亮所走的轨道）离地平最近，因为白道离地平近，所以月出的时间便比较早一点，平常次晚月出的时间总比第一晚迟五十分钟，而此时则只迟三十二三分钟；②“秋高气爽”的季节里，因天空里的尘埃较少，对于光的吸收作用减低，所以“月到中秋分外明”。

皎洁的明月，实际上不是它的天然本色，月球本身是个不发光的死物，只是借了太阳的恩赐，才反射出光明来，使我们能够看得见。用肉眼可以看出月面上有明暗不同的区域，暗的地方很像一个人的面孔，尤其鼻子与眼睛更加显然，这便是所谓的“月下老人”。

但用望远镜一看，所谓“月下老人”也者，便烟消云散，这里也没有什么嫦娥仙子、广寒宫殿，月面的风景写真是：三万多座荒凉沉寂的环形山（也许是火山的遗迹）和许多巍然耸峙的孤峰，以及许多的裂纹横切山谷（壑道），这里虽也有什么丰饶海、阴雨海等名称，但实际上只不过是些广大的平原。

月面上因为一来没有空气和水的调节；二来昼夜的长短和我们地球上的不同，它有连续两星期那般长的白天，随着便是两星期的漫漫长夜，所以温度变化得很厉害；中午热到 135℃（地球上任何最热的时候，一般也不会超过 50℃），午夜冷到−117℃，比世上最冷的地方最冷的时候还要冷得多。

如此说来，月面的环境，和我们理想中的“仙境”相差得太远了！不过，我们人类并不因月面的这种恶劣环境而胆怯，相反地，各科学进步的国家，她们都正以兴奋无比的热情，为进行月球的探险而做着各种试验，苏联的优秀火箭专家苏罗克斯基，对这方面已有很大的贡献。许多的科学家都相信，不久的将来，人类一定可以征服月球，让我们拭目以待吧！

〔《联合报》（广州），1950 年 9 月 27 日〕

恒　星

第一章　天文和人们的生活

恩格斯在《自然辩证法》里说："必须研究自然科学各个部门的顺序的发展。首先是天文学——单单为了定季节，游牧民族和农业民族就绝对需要它。"是的，天文学是一门最古老的科学，当人类开始有历史的时候，对天文已经有相当的研究了。古时候，人们就注意观看美丽的星空。他们之所以要观看星空，完全是从生活的实际需要出发的。例如，当某一明亮的恒星继日落而上升的时候，宜从事农作；在某个一定的地方，某个星座在夜半"中天"（经过天球子午线）的时候，是雨季的开始；以及太阳位置的变化对气候的影响等，这些都是他们最注意的事情。

他们在长期观测太阳出没的过程当中，便渐渐发觉太阳在地平线上升起和沉没的地方，并不是天天一样，而是作周期性的变化的；又发觉昼夜的长短，也是按一定的规则循环的；还发觉这些变化和农事上最重视的季节有密切的关系。接着，他们便将太阳于某期间以后再回到原先的那个位置，所经过的时间定为一年。在我国，更利用太阳位置的变化，定出二十四节气。二十四节气对农事很重要。

一年，这是多么长的时间单位，把它用在记录人类活动的历史中，那还可以，但是在日常生活中却不适用。事也凑巧，由于地球的自转而发生的昼夜也作有规则的循环，可以看作时间计量的小的天然单位，叫作一天或一日。但是一天的长短不等，随着季节而有相当的变化：冬至时白天最短，夏至时白天最长，天文学家为求准确起见，又把太阳中天和下次再中天相隔的时间，叫作一个“视太阳日”。这种视太阳日的长短还是不固定的；于是又把一年中各视太阳日平均起来，得到“平太阳日”①。在日常生活中，所谓一日就是一个平太阳日。再将一日分为 24 小时，一小时分为 60 分，一分分为 60 秒。时、分、秒可用精细的钟表表示出来。但无论如何，钟表总要受温度和空气摩擦等影响，而不能准确，故须由天文台用中星仪观测天体来校正。上海徐家汇观象台就是专门从事测时和报时工作的。上海电话公司报时台的标准钟有专线和徐家汇观象台的天文钟相连。各广播电台所广播的标准时间，也都是根据观象台得来的。所以除非我们取消时间与历法而不用，否则是不能有一天与天文脱离关系的。

由于地球的自转，我们所见的日、月、星辰总是东升西没；所以天体的同一现象所发生的时间，在东西两地便有迟早的不同。例如，当北京已经是正午 12 点时（这时太阳正在子午线上），兰州还在上午 11 点（太阳在头顶以东约 15 度）。这种时间的差别，恰好和两地的东西距离成比例。说具体些，就是经度每差一度，时间差 4 分。所以两个地方的东西距离，可以根据天体的观测来决定。另外，两地的南北距离，也可以由观测某一定的天体来决定。例如，北极星在地平线上的高度，随地方而不同。在北半球越北的地方北极星越高，越南的地方越低，在北极的地方是 90 度（就是正好在头顶上），在赤道的地方是 0 度（就是在地平线上）。这种变化恰好和两地的南北距离成比例。所以北极星不但可以帮助我们测定方向，而且可以帮助我们测定纬度。

在天文学的范围里，除以上所说的实用天文之外，最活跃并且发展最快的便是天体物理学。在本书中介绍的，都属于这个方面。天体物理学是利用物理的方法来研究天文资料的科学。这门学问素来被人看作纯粹科学，换句话说，就是实用的价值很小。但是自从雷达发明和原子能发现后，它的重要

---

① 参看商务印书馆出版的《阴历、阳历、阴阳历》。

性立即提高。现在许多国家都把天体物理学中的某些成就，当作国防秘密而不公开发表。这是因为：①太阳上面的变化对地面上的无线电交通有巨大的影响，而在军事上很重要的雷达（无线电定向测距仪）和短波通信等都是利用无线电波的；②星球供给了物理学以各种在实验室所不能实现的关于物质的密度、温度和压力等条件，由这些条件而产生的光谱，对研究原子的内部构造有很大的帮助。正如英国天文学家爱丁顿所说的："原子的结构固然阐明了恒星的组成，而恒星的行动又说明了原子的性质。"关于这一点，在这本书里，将提出若干例证。

对于人类思想的进步，天文学也起着不朽的作用。哥白尼的地动说，宣告了为宗教和神学服务的经院哲学的破产。牛顿的万有引力定律，初步说明了物质运动的规律。哈雷关于恒星并非不动的发现，也提供了宇宙中一切物质都在运动的例证。现有的天文知识，如天体的运动、恒星的演变过程等，都可以帮助我们建立正确的唯物主义宇宙观。

第二章　研究宇宙的工具

天空里的日、月、星辰，既不像矿物可以放在试管里加以化验，又不像植物可以拿来培植。天上的东西，除去落在地面的陨石以外，都是非常遥远的。要研究宇宙，唯一可依靠的东西，便是从各种天体发出来的光。

光，也是一种电磁波，它具有双重性质，既有微粒性，也有波动性。这种波从光源出发，向外传布开来；在路上被历次遇到的各种物体所散射、反射或吸收。但不论怎样，只要它一进入我们的眼睛，便可以告诉我们关于光源及在路上所经历的种种情形，因而可使我们看见那个物体。

每当晴朗的夜晚，我们抬头向天空望去，所看到的星固然不少，但是人的肉眼，视力毕竟有限，要想看见月亮上面的高山深谷或银河里密集的星辰，便非利用望远镜不可。望远镜不只有着比人的瞳孔（在黑暗中也不超过 7～8 毫米）大得多的镜头（口径可达几米），而且具有巨大的放大能力。

现代天文台所用的望远镜可以分为三大类——折射望远镜、反射望远镜和施密特-马克苏托夫型望远镜。折射望远镜，简单地说，就是由一对大小透镜组合而成，前面大的叫物镜，后面小的叫目镜，两者之间的距离可以随意变更，以便对准焦距。它的作用原理是这样：物镜集合星光成为像，目镜把像放大，如图 2.1 所示。折射望远镜的好处，是可得清晰的物像，以及得到比相同口径的反射望远镜要大的视场及放大倍率，所以多用作放大观测和天体直接照相。

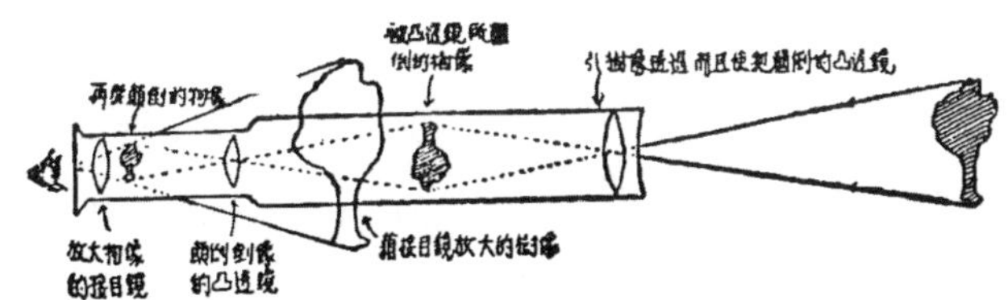

图 2.1　折射望远镜。上图是普通地上用的：构成的像是正直的，天文用的折射望远镜与此不同的只是中间没有把倒像颠倒回来的凸透镜

把折射望远镜的物镜，代以具有抛物线形的凹面镜，就成为反射望远镜。反射望远镜又因目镜装置的不同，大概可分为三小类。①卡塞格林式：星光被凹镜反射以后，又被一个小凸面镜反射。因为这样而造成的像，可从镶在凹镜中心的目镜处观测，如图 2.2 所示。②牛顿式：用一个小的平面镜以 45 度角放在物镜的焦点前，使由物镜所反射的光线，再经小平面镜反射而到它旁边的目镜处来观测，如同 2.3 所示。③罗蒙诺索夫-赫歇尔式：它的特点是把反射镜倾斜（对镜筒轴来说的），使像成于镜筒之外，这样就不需要像前两式那样前面加上一小镜子而把入射光线挡住一部分，如图 2.4 所示。反射望远镜的优点是制造起来比较经济，而且没有色像差。[①]

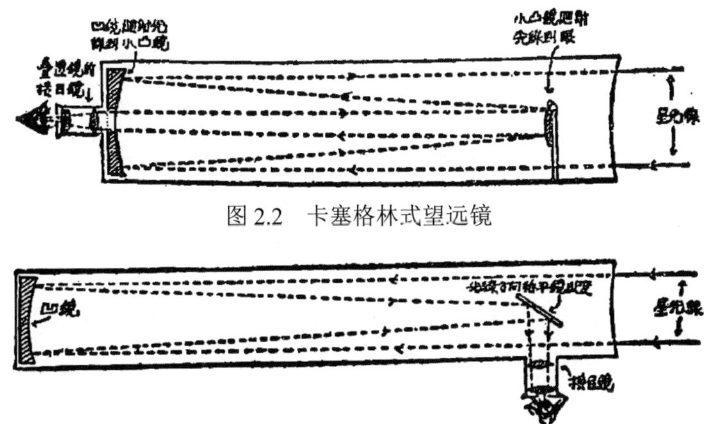

图 2.2　卡塞格林式望远镜

图 2.3　牛顿式望远镜

① 色像差：由于透镜对波长不同的光线折射角不一样，所以通过透镜折成的像是模糊的，并且边缘有颜色，这种现象就称为色像差或色差。

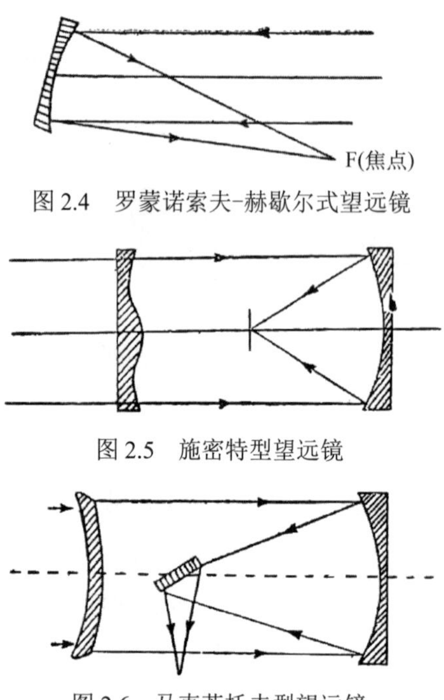

图 2.4　罗蒙诺索夫-赫歇尔式望远镜

图 2.5　施密特型望远镜

图 2.6　马克苏托夫型望远镜

1930 年才发明的施密特型望远镜，是由折射望远镜和反射望远镜配合起来的，前端有个平凸凹透镜，后头有个凹球面镜（比透镜大些）。星光经过透镜，被它稍为屈折，屈折的程度刚好使光线由那球面镜反射回来之后，得到一个很清楚的像（图 2.5）。这种望远镜的好处是视场大、速度快；色像差、球面像差①、彗星像差②等几乎消除。

1941 年在苏联出现的马克苏托夫型望远镜，是有望远镜以来最光辉的成就。马克苏托夫在他自己的著作里，客气地说这是弯月形的施密特系统。不过事实上，施密特的透镜只是近于球面，而马克苏托夫的是严格的球面。马克苏托夫型望远镜的构造如图 2.6 所示，它是由凹球面镜和凹凸透镜组合成功的。

凹凸透镜（弯月形镜）放在凹面镜焦点之后离焦点不远的地方，和施密特型望远镜相比，镜筒几乎可以缩短到一半，这样制造起来就比较经济。并且，弯月形镜的两面都是球面，比较容易磨制，且可以磨得很准确，用普通的冕牌玻璃就可以做。施密特型望远镜所有的优点，它都有。

马克苏托夫型望远镜在苏联已被广泛使用，最大的一个安装在阿拉木图天文台（图 2.7），它的弯月形镜的口径是 50 厘米，凹面镜的口径是 65 厘米。一般地说，弯月形镜和凹面镜的口径比率约为 2/3。最大的一个施密特型望远镜安装在美国巴罗马山天文台，它的透镜口径为 122 厘米，凹面镜口径为 183 厘米。最大的折射望远镜物镜的口径为 1 米，属于美国芝加哥大学叶凯士天

① 球面像差：近于望远镜中心的光线（近轴光线）会聚于离镜较远的点，而近于镜边缘的光线会聚成离镜较近的点，于是使物体所成的像不在同一平面上，这种现象就叫球面像差。

② 彗星像差：如果光源所发生的光不和光轴平行，那么所成的像就不是一点而是一个像彗星头部的斑点，因此这种现象叫彗星像差。

文台。最大的反射望远镜为1948年安装在美国巴罗马山天文台的口径5米的望远镜。我国的最大反射望远镜在南京中国科学院紫金山天文台，它的物镜口径为60厘米，见图2.8a；最大的折射望远镜在紫金山天文台附属的佘山观象台，口径为40厘米，见图2.8b。

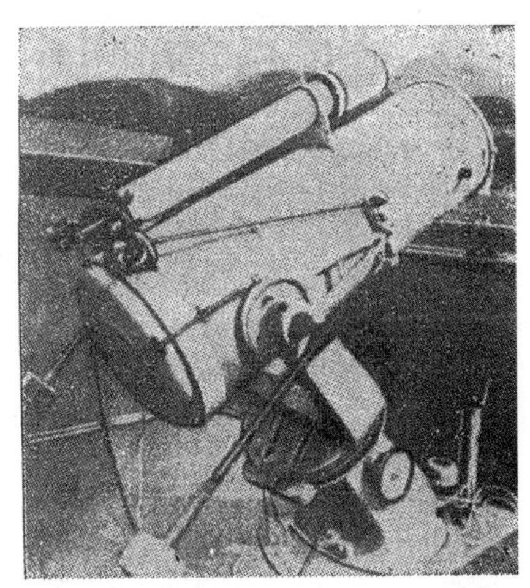

图2.7 苏联阿拉木图天文台的弯月形望远镜

把照相底片放在望远镜的目镜的地方，来代替人的眼睛，望远镜便可以有照相机的作用。很多的天文研究，都是利用这种方法来做的。

由日常照相的经验，我们知道：①当照相的对象正在运动的时候，露光的时间便要减到极短；②凡光线较弱的景物，要想在底片上得到影像，便得加长露光的时间。天上的星辰，东升西没，时刻不停。要想给它们照相，露光的时间必须很短；但星光又是那么弱，非加长露光的时间不可。在这种矛盾的情形下，便得想出补救的方法：用转仪钟使望远镜的镜头跟着所要照相的天体跑，速度既不快也不慢，正好和天体的相等。这么一来，露光的时间，便可以无限延长，因此在望远镜里目力所看不到的微弱的星，也可以在底片上留下痕迹。用口径5米的反射望远镜拍照，可以拍到第二十三等的星；但目力最好的人也只能看到第六等的星！

就是望远镜加上照相的设备，若不和光谱仪结合，所起的效用仍然不大。最简单的光谱仪，如图2.9所示，是利用一只三角形的玻璃柱（三棱镜）。先使所要研究的光线，譬如说是电灯的光，通过三棱镜前面一个狭窄长方形的光缝，在光缝和棱镜之间放一个凸透镜，使光线通过以后变为平行的。平行光线经过三棱镜的折射，便形成由红而橙而黄而绿而青而蓝而紫的七彩光带（光谱）。在三棱镜的另一面，装置一个小的目视望远镜，以便对光谱进行精细的研究。或者搁一个照相机在焦面上来拍取光谱。普通常用第二种方法，这样光谱仪加上照相设备的仪器，名叫“摄谱仪”。

图 2.8a　紫金山天文台的反射望远镜

图 2.8b　佘山观象台的折射望远镜

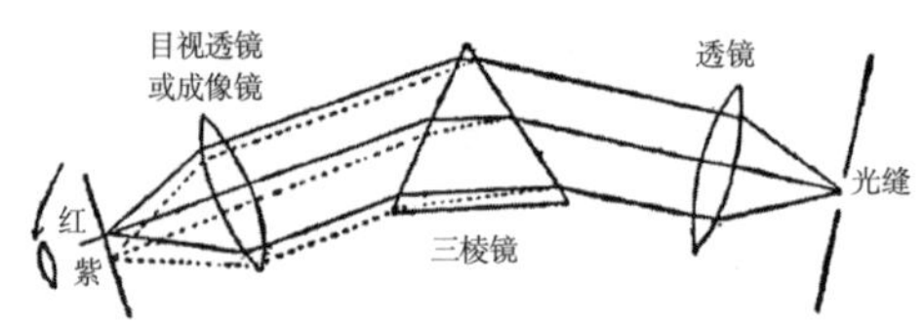

图 2.9　光谱仪原理

应用摄谱仪，得到了星的光谱以后，便可推出星的化学成分和温度等物理情况，并可从事双星的发现和新星爆发的研究（详细情况将在第四章中介绍）。

望远镜和摄谱仪结合之后，就成为研究宇宙的强大的武器。但是必须注意，它们可能感到的只是光波。而各种天体不仅发出光波，也发出别的电磁波：波长比光波短的紫外线、X 射线和 γ 射线等，波长比光波长的红外线和无线电波等。不过由于地球大气层的吸收，比靠近光波的紫外线更短的辐射线，不能在地面上研究，只是近来才用火箭和人造地球卫星把自动摄谱仪送到高空，来记录太阳在紫外区的光谱。比光波更长的红外光，可以应用特殊的照相方法来研究。对天体发出的无线电波的研究，是最近十几年来才发展起来的。它虽然很年轻，但已成为天文学的一个重要分支——无线电天文学。

无线电天文学里所使用的仪器和前面所说过的仪器完全不同。无线电望远镜的主要部分是天线和接受机。现在应用的无线电望远镜基本上有两种类型。第一种常用来接受波长为若干米的无线电波，它的装置是把由许多小的定向天线组成的大型天线安放在高架子上，并且可以自由转动，指向天空的任何部分（图 2.10）。第二种常用来接受波长为若干厘米和若干分米的无线电波。它的天线是由大的抛物面状的金属镜子做成的，不过这种金属镜子往往不是一块整片，而是由小的金属网构成（图 2.11）。在苏联，有许多无线电望远镜在工作着。世界最大的普尔科沃的分片调整镜面式的无线电望远镜，全长达 130 米。

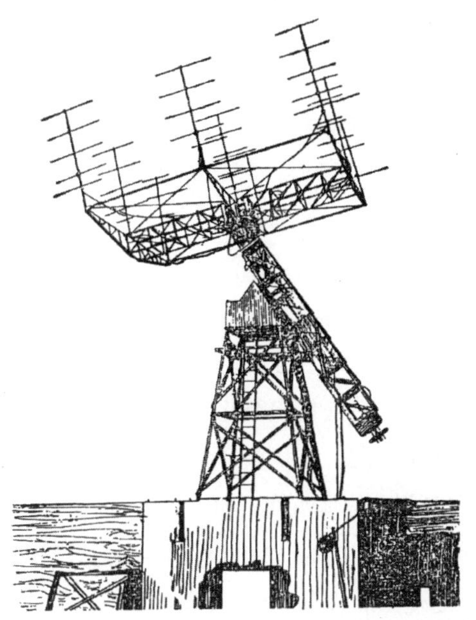

图 2.10　由许多定向天线组成的无线电望远镜

无线电望远镜的天线是和灵敏的接受机连在一起的。天体发出来的无线电波非常微弱，由天线“捕捉”以后，必须经过多次放大，才能把它们在自动记录的仪器（如示波器）上记录下来。

图 2.11　抛物面形的无线电望远镜

在无线电天文学中，和观测天体本身无线电辐射的同时，还发展着其他的研究方法。这种方法是根据对从地球上发出又经天体反射回来的无线电波的观测。对反射波的观测可以定出天体的距离。现在已经用这种无线电测位学的方法，重新测过月球的距离，将来随着仪器的改善，也会对行星来做。无线电测位学也给对流星的观测以极大的方便：在白天和阴天都能测定流星穿过地球大气的方向和速度。最近在人造卫星的观测上也应用了无线电测位学。尽管如此，无线电天文学中最基本的和最主要的方向还是研究天体本身的无线电辐射，这方向也正是自有天文学以来一直发展着的总方向的延续。

第三章　星空巡礼

当晴朗的夜晚，我们看见繁星满天，似乎不可胜数，更不知从何认起。但仔细看起来，便会觉得星星的排列似乎也有系统可寻。它们有的排成斗状，有的排成方形，非常醒目。我们的祖先便根据它们所排列的形状，把天空划分为若干区域，叫作星座或星宿。经过了长时间的演变，到现在，全世界的天文学家，公定把天空分为88个星座。其中有18个星座，位置在南极附近，我国永远看不见。我国人民最熟悉的要算大熊座。

大熊座可以用北斗七星来代表。北斗七星，光辉灿烂，排列整齐。只要你稍加寻觅，没有找不到的。在找到了北斗七星之后，将那距头柄最远的两颗星（指极星），在意想中连成直线，向有头柄的那一面延伸。当这线延长到大约等于那两星距离的五倍的时候，便可遇到一颗比较亮些的星，它的光辉和北斗七星相仿，这便是北极星（图3.1）。

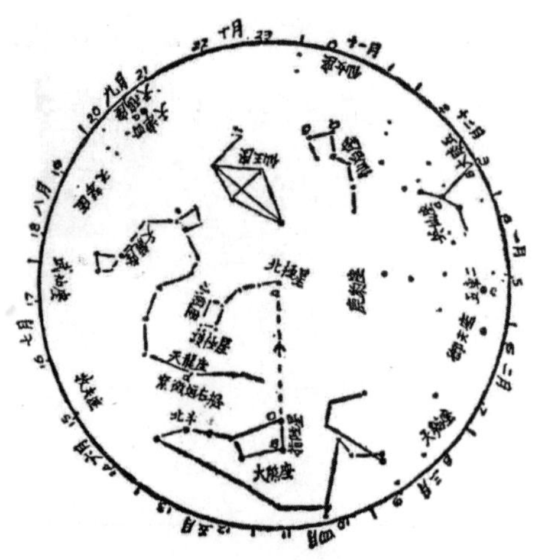

图3.1　几个拱极星座

北极星不只可以利用它来定出夜行的方向，就是地理上的纬度也常是利用它来测定的。这是因为北极星和天球真正北极的位置，只相距一度多，它们都是在小熊星座里，或者说是在小北斗里。小北斗和大北斗的形状相似，位置相反。北极星是小北斗的把子最末的一颗星；离开把子最远的那两颗星（相当于大北斗中的指极星），叫作“护极星”。它们整夜不落地围绕着北极星兜圈子。像护极星这样整夜不落的星叫“拱极星”。一个地方所看到的拱极星的多少，和它的纬度有关，纬度越高，拱极星越多。拿北京来说（约北纬40

度），较亮的拱极星座共有五个：大熊座、小熊座、天龙座、仙后座、仙王座，这五个星座合起来叫拱星群。关于拱星群的星，这里不再多讲，读者可在晚间九时左右，把图 3.1 转动，使本月份转到顶上，然后再按图向北天寻觅就可以了。现在我们再转身向南，选择合乎我们观测的星图。先从春天讲起。

一、春季的星座

春回大地，万象更新。锐利的镰刀也从天空的东方升起，刀柄向南，刀背向东而弯上。它好像在督促正从事春耕的农民们，要加紧生产。

这把镰刀便是狮子座的镰刀。它和在它的东部的一个小直角三角形，组成狮子座。狮子座是黄道十二宫的一宫。地球的绕日运行，使我们看起来，好像太阳每年在天球上环绕一周。这件事情，人们虽然早已知道，但我们的祖先，却费了不少的脑筋，才把这个现象描绘出来。他们想象了一条围绕天球的线，太阳每年依照这条线环绕天球一次，这条线便叫作“黄道”。他们还发现了行星和月亮也都在这条线的附近运行，于是又画出一条带子把黄道夹在中间，这条带子便叫作“黄道带”。日月行星的轨道，都在黄道带以内。黄道带又可以分为十二段，名为十二宫。太阳每月经过一宫。关于黄道十二宫的名称和符号等请看图 3.2。

图 3.2　黄道十二宫的星座和记号（最内圈）。当太阳出现在十二宫中时，例如 1 月 1 日在人马座，这一星座和它邻近的星座都不能看到，因为它们的出现恰好在白昼

摆在狮子座以南的是长蛇座。它是最长的一个星座，从巨蟹座的南端开始，一直延伸到天蝎座附近（图 3.3）。在它的中部附近，有个乌鸦座，它由四颗相当亮的星，组成了一个四边形。另外还有个巨爵座，很像一只大杯子。

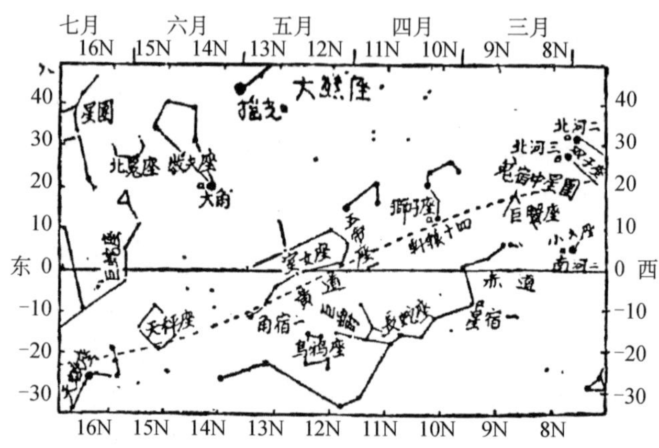

图 3.3　春季的星座。图上月份表示该星座在该月晚上九时左右近中天。图中虚线表示黄道

暂时再回到北天一下。这时候北斗的斗柄已经稍为向东南指。我们若将它的柄所成的曲线从斗柄最末一颗星（摇光）自然延长，便可遇到一颗橙红色的星，名字叫大角，它是牧夫座里最亮的星。若再继续延长下去，又可遇到一颗青白色的星，名叫角宿一，它是室女座里最亮的星。

大角和角宿一，再加上五帝座一（狮子座里最东端的那颗亮星），构成了一个大的等边三角形；而角宿一和轩辕十四的连线，又差不多表示本区黄道的一段。轩辕十四就是镰刀把子上那颗最亮的星，它是航海的人们所熟悉的。古代的人们选它为“王者四星”之一。所谓王者四星，也叫“座星”，是指顶容易辨认的四颗大星。另外三颗是北落师门、毕宿五和心宿二。心宿二是夏季里南天的一颗红星。我们不妨就趁此机会来看看夏夜的星空。

二、夏季的星座

最多变换而又最有趣味的是夏季的星空。牧夫座的东邻便是北冕座。这是由六七颗星连成的一个半圆形，缺口朝向北方。其中最亮的那颗星，名叫贯索一，可以说是冕上的宝石（图 3.4）。

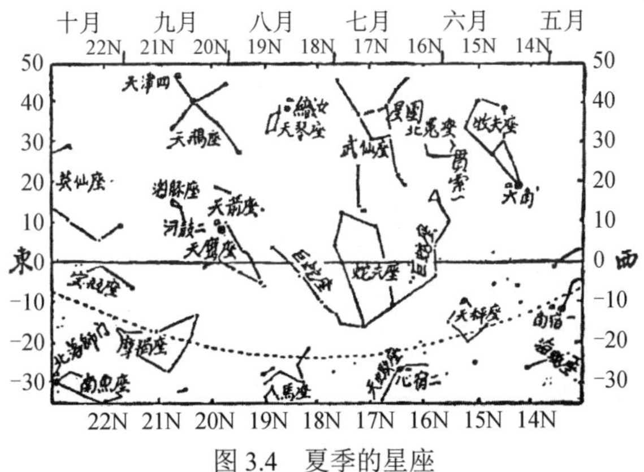

图 3.4　夏季的星座

在北冕和织女（织女是夏季里东天最亮的一颗星）之间，有个范围很广大的武仙座，其中几颗较亮的星连起来，构成一个倒写的拉丁字母“ʞ”。把“ʞ”字母找到后，将各边延长，再仔细看，便可发觉这个星座有点像一只翩翩飞舞的蝴蝶，正向着织女飞去。

织女和牛郎隔着银河，遥遥相对。夏季里，银河从天空的东北一直流到西南。在牛郎和织女之间的天河中，有几个星排成十字架状，那是天鹅座。银河从天鹅座起，分为平行的两个支流。我们且顺流而南下：先经过两个小星座（一是天箭座，一是海豚座）的旁边，再过去便是天鹰座，其中最亮的那颗星（河鼓二）便是著名的牛郎。一直比较亮的银河的西支流，却在这里暗淡消隐了，到南方才重新出现。同时东支流变得亮起来了，在人马座中亮到极点，用望远镜看去，那里有各种各样的天体，这个地方就是银河系的中心。

人马座是黄道十二宫之一，其中由六颗星合成一个较小的斗状，通常叫作南斗。南斗之西的天蝎座，也是黄道十二宫的一宫，它是夏季里最引人注目的星座。这时它正在天空的南方，头是由上端的几颗星组成的，尾巴斜向地平，然后再左转上来，蔚为壮观。天蝎座中有颗通红的大星，那就是前文里所说的心宿二，也叫作“大火”。这颗大星在我国的历史上，3000 年前已有记载；根据现代天文学的研究，知道它的体积非常大，假若把太阳放在它的中心。那么我们所立足的地球，还在它的半径之内。

除夹在天蝎座和北冕座之间的巨蛇座和蛇夫座以外，夏夜的星空可以说已经巡礼完了。现在我们等待秋季的到来。

三、秋季的星座

秋季里牛郎、织女已到西天，正方形的飞马座成了最容易辨识的星座。秋初它出现于正东方；十一月一日晚上九点钟左右，它在南天最高处。正方形东北角的那颗壁宿二，实在并不属于飞马座，而是属于仙女座的。仙女座是由三颗很亮的星组成的，这三颗星差不多成一条直线，从那正方形的角上伸展出去，稍为折向仙后座。飞马座和仙女座联合起来，可以看作放大几倍的北斗星。不过斗柄的星数，或者会看成是四个而不是三个；其实，那第四颗星是属于英仙座的。英仙座在银河中，组成箭头状，对着仙后座（图 3.5）。

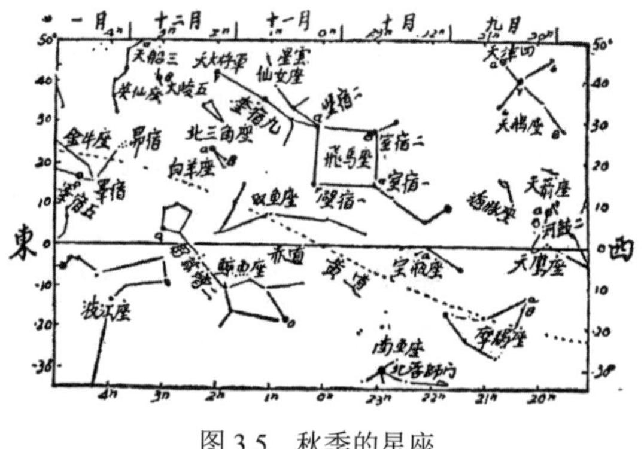

图 3.5　秋季的星座

仙后座、仙王座、仙女座和英仙座，合成所谓“天上的王族”。关于它们有一个故事，这个故事同时也牵涉到飞马座。现在不妨在这里叙述一下：仙王的太太仙后长得非常美丽。可是随着芳名远播，她的虚荣心也越发增加。于是，居然夜郎自大地，对自己的美丽称赞不已。甚至当她生了仙女以后，也在别人面前夸口，说她的女儿的美，更是空前绝后。用咱们中国一句现成话，就是“绝代佳人”了！因此触怒了神仙。他们决心把仙女置于死地，把她锁在海岸上，等巨鲸来把她吞下去。可是仙女命不该绝，在万分危急的时候，幸亏有英仙骑了飞马，及时前来解除她的危难，和她结了婚——这是神话，当然没有这件事。

秋季里，我们要观察的黄道有三宫：宝瓶座、双鱼座、白羊座。黄道和赤道的交点，就是春分点，差不多在壁宿二和壁宿一连线的延长线的一倍的地方。每年三月二十一日，太阳就来到这个地方。

双鱼座的南面是鲸鱼座。其中的那颗红星，名叫刍藁增二，这是颗很有名的变星，外号叫“怪物”。另外还有一颗很亮的星，出现在秋季的南天里，那便是南鱼座的北落师门，也就是我们前边所说的“王者四星”的一个。

四、冬季的星座

冬季，这是全年中星空最光辉显赫的一个季节！在凄凉的漫漫长夜中，许多明星，闪烁成各种颜色，仿佛是在补偿这一季中日光的缺少（图 3.6）。

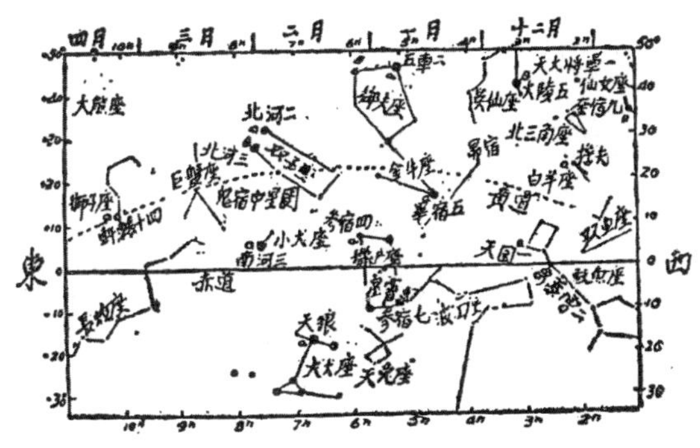

图 3.6　冬季的星座

灿烂的猎户，由四颗星构成一个长方形，直立于南天上。红色的参宿四，在长方形的上方东角；蓝白色的参宿七在下方西角。长方形中部的三颗明星构成了猎户的腰带，而下面的三颗暗星做了他的佩剑。

顺着猎户座的腰带看下去，第一颗碰到的大星是天狼星。它是我们看去最亮的恒星，属大犬座。在猎户座的东方，和天狼星参宿四形成一个等边三角形的另一颗明星，是小犬座的第一星，名叫南河三。

回头来再顺猎户腰带上溯，我们便见到了呈“V”字形的毕宿。毕宿是金牛座的头部，红星毕宿五是牛眼，而东边的两颗明星是角尖；其实，上边的那一颗，却是属于御夫座的。御夫座是一个五边形，其中那颗红星，名叫五车二，它是北部天空的三大明星之一。

再顺着毕宿看过去，便是所谓七姊妹的昴星团了。它是非常引人注目的。因此，各国关于星的民间传说里，几乎都有它的份儿。我国的农民们，也常常用它来定四时：一早起来，如果它已在西方地平线上，就应该准备过冬了；如果它正从东方升起，那就是春天快要回来了。

金牛座、双子座和巨蟹座是本季中所见到的黄道三宫。这是黄道最北的一段。双子座是个睡着的长方形；东端有两颗明星：一是北河二，一是北河三。在北河二和北河三的东面，便是巨蟹座。2000 年前的夏至点就在这个星座里（那时候春分点在白羊座）；因此“北回归线”的英文名字叫“the tropic of Cancer”，“Cancer”就是巨蟹座的拉丁名字。可是因为地轴变动的关系，产生了“岁差”，夏至点渐渐西移，即太阳从今年夏至点起，到明年夏至点时，还不能回到原来的位置；所以到现在，夏至点已经不在巨蟹座，而是在双子座了！

从巨蟹座再往东，便又是狮子座了。到这里，我们已环绕天球一周，主要星座的探查工作，可说已经完毕。认识著名的星座，不但非常容易，而且很有趣味和益处。让我们仰望天空，探讨宇宙的奥秘吧！

第四章　恒星的光谱型

只认得牛、羊、鸡、鸭，不能算是掌握了动物学知识。同样，你认识了天空的星座和能够举出许多星的名字，也只是掌握天文学知识的初步，绝不能说是已经懂了天文学。我们若想百尺竿头再进一步，便要“打破砂锅问到底”，看看那些闪闪发光的东西，究竟是什么。

自从 300 多年前，波兰伟大的天文学家哥白尼把为宗教服务的“地球中心说”打倒以后，人们才渐渐明白：太阳只是无数恒星中的一颗，它看来亮得多和大得多是因为它比其他恒星近得多。反过来说，就是晚间所看见的星，除去几个行星而外，全都是遥远的太阳。因此，我们研究所得的，关于太阳的一切，也都可应用在恒星上。不过，这里也有不同的地方，用肉眼都可以看出来：恒星的颜色，有像太阳那种黄色的，也有蓝色的、红色的。所以，我们不能完全用太阳的特性来代表恒星的特性，对于恒星仍然要分别研究。

要想研究恒星的本质，单靠望远镜是不够的，只有在配上了摄谱仪以后，才可以成功。天体光谱的分析，开始于 1814 年。那一年，方和斐用自制的光谱仪考察日光时，在太阳光的光谱里，看见了那由红而紫的七彩光带上有许多黑线。他对这些黑线的成因还不明白，只挑出最显著的几条黑线，拿 A、B、C、D、E、F、G、H、K 这些字母作为它们的符号。这些符号一部分到今天还在用。再过几年在 1823 年，他观测恒星的光谱时，也发现同样的黑线，而且发现线纹随着星的颜色而不同。这些黑线究竟如何解释呢？一直到了 1859 年，克奇霍夫定律宣布后，才明白了真相。

在叙述克奇霍夫定律之前，为了容易明白，我们先来做两个实验。

［实验一］

第一步：点燃一个酒精灯。灯焰通常是无色的。

第二步：拿几粒食盐（氯化钠）放入灯焰内，灯焰就显出黄色。

第三步：若放入其他的钠的化合物，也得到同样的结果。这是因为化合物一经烧成了炽热的气体便分解为它的原来的组成部分。例如，食盐可分解成氯和钠。钠原子放出黄色的光；氯原子所发的光，我们的眼睛看不见。

第四步：若用光谱仪观测这个具有钠焰的灯光时，在光谱里有两条极相近的黄色明线。

［实验二］

第一步：把一堆石灰加热，使它热到发生白光（温度比酒精灯高得多）。它的光谱是由红而紫的七彩光带。

第二步：将焰内有食盐的酒精灯，放在这堆石灰和光谱仪之间时，所发生的光谱仍然是明亮的七彩光谱，但带有两条黑线，位置恰好在实验一里那两条明线的地方。

以这类的实验为根据，克奇霍夫得出了下面的两条定律。近代天文学的伟大成就，就建筑在这个基础上面。

（1）一种发光气体的光谱，平常是黑暗背景上各种颜色的明线。明线的位置（波长）随着构成这气体的化学元素而不同。因此，发光气体中，每一种化学元素，可以由它所发射的光谱认出来。

（2）白热的固体、液体和高压下的气体产生由红而紫的连续光谱。如果有比较冷的气体夹在光谱仪和这光源的中间，这种气体便从连续光谱里吸收了和它自己所发射的相等的波长的辐射能。这时，连续光谱上面便出现了好些黑线。这种光谱叫作“吸收光谱”。

太阳和恒星的光谱，既然在连续光谱上带有许多黑线，那当然是吸收光谱了。这种吸收光谱的来源是这样的：太阳和恒星的自身温度很高，通常发射连续光谱。这个发生连续光谱的界面叫“光球”。光球外面的那个大气层的温度比较低，明线光谱便被它变成吸收光谱，所以这个大气层叫作“反变层”[①]。

绝大多数的恒星光谱虽是吸收光谱，但在它们的连续光谱的背景上，吸收线的强度和数目，以及连续光谱本身的性质，都有极大的差异。虽然如此，我们仍然可以找出它们的统一性，将它们分门别类，排成一个序列。现在所采用的分类法是德雷珀分类法：把恒星光谱分为十大类，用大写的拉丁字母做符号，就是O、B、A、F、G、K、M、R、N、S这十类，或十个“光谱型”。每型又分十小型，如A_0，A_1，A_2，…，A_9。另外还有两个特别一点的光谱：P代表气体星云的光谱，Q代表新星的光谱。现在把这十型的特性分述如下。

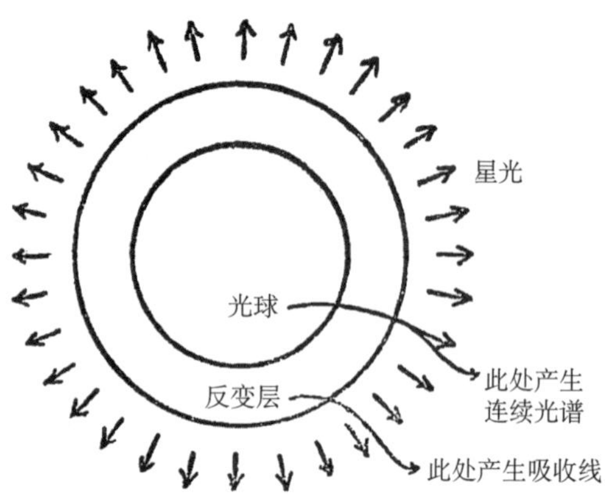

图 4.1　恒星光谱的成因

O 型：蓝白色星，如船舻座ς星。光谱里有电离元素的谱线，主要是氦、氮和氧，没有金属线。这一类星的光谱里如果有明线，那么就叫作沃尔夫-拉叶型星。

B 型：这个类型的星也呈蓝白色，光谱中吸收线比较少，氦线占优越地位，氢线其次，电离的氧线和氮线也出现。猎户座的七颗亮星，除去那颗红色的参宿四，都属于这一型。所以 B 型也叫猎户型。

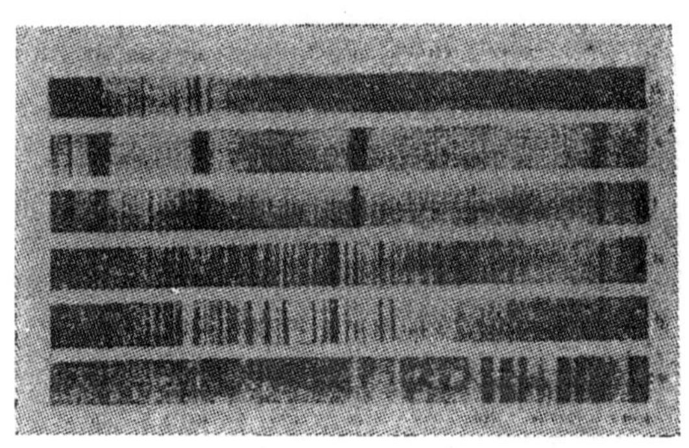

图 4.2　恒星的光谱

A 型：天狼星和织女星的光谱属这一型。光谱内有极显著的氢线和暗弱的电离金属线。氢是各型星中都有的，但在 A 型中特别显著。因为它显得特别宽。这型星都是青白色的。

F 型：北极星和老人星都是 F 型星，白色而略带微黄。光谱内氢线比 A 型弱，有很强的电离钙的谱线、中和钙线，其他金属线也渐趋显著。

G 型：太阳和五车二就是 G 型星，都是黄色的。光谱内的金属线有几千条之多。

K 型：金属线更显著，尤其是电离钙的吸收线。光谱内又有很宽的光谱带，表示大气层里头有化合物存在。这一型的星都呈橙红色。大角星就属于这一型。

M 型：化合物的吸收暗带，是这一型光谱的特征。最主要的吸收光谱带是氧化钛（TiO）所产生的。参宿四就是一个 M 型星。这一型的星都呈红色。[②]

N 型：可以认为是 K 型的分支，如双鱼座 19 星。光谱中有强的碳分子（C_2）和氰（CN）的吸收带。

R 型：具有和 N 型一样的特点，但温度比 N 型高些。鹿豹座 S 星属于这一型。

S 型：双子座 B 星属这一型。光谱很复杂，有吸收线，也有发射线。最强的是氧化钛和氧化锆的光带。近来有人认为这一型星是青年星。

人们常常把 O、B、A 型叫作早型，K、M、N、R、S 型叫作晚型。应该指出：这只是表示光谱分类中各型的相对位置，并不表示它们的年龄关系。各型的次序是这样的：

```
                    R—S
                   /
O—B—A—F—G—K—M
                   \
                    N
```

十种光谱型的特征，已简略地说过了，但其中有一点似乎需要解释一下，那就是：什么是电离的氧线、氮线和金属线？这是一个有关原子构造的问题。原子很像一个太阳系的缩影，它的中央有一个核（相当于太阳），这个核是由质子和中子构成的，几乎整个原子的质量都集中在这里；在核的周围，有许多电子在围绕着它兜圈子，好像行星绕太阳运动一样。核外电子的数目就是原子序数。例如，氢只有一个电子，锂有 3 个，氧有 8 个，而铀有 92 个。

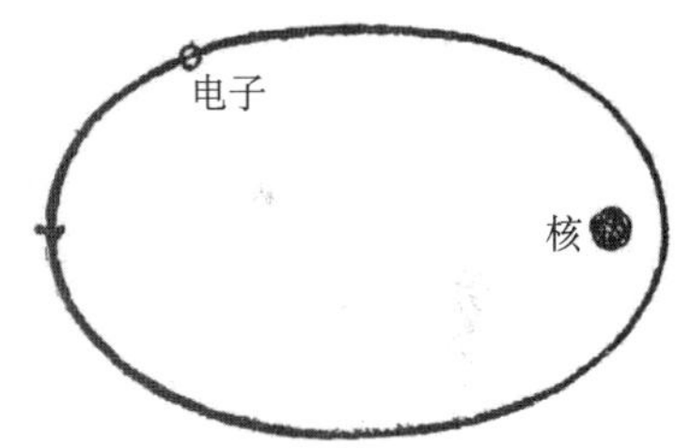

图 4.3a　氢原子的构造。氢为最简单的元素，它的中央的核，是由一个质子构成，外面围绕一个电子

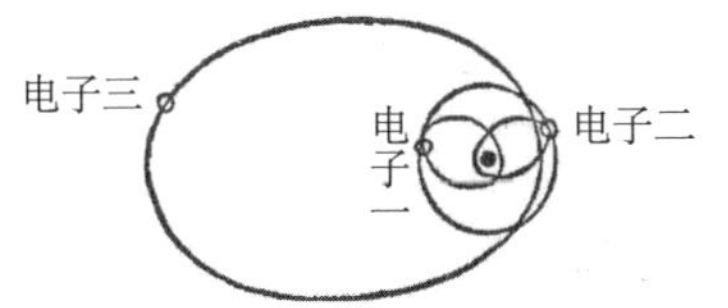

图 4.3b　锂原子的构造。锂的原子序数为 3，故外围有 3 个电子，它的原子核的构造也比较复杂，通常是由 3 个质子和 4 个中子组成的。其他元素的原子构造，较这个还要复杂

原子构造虽有点像太阳系。但也有不同的地方：①行星和太阳之间的作用力为引力，而电子和原子核之间主要的作用力为静电力；②行星绕太阳运动的路径只有一条，但电子绕核运动的轨道，却可以有很多条。

在普通情形下，电子常在最里面的轨道上运行。这时距离原子核最近，位能较小。但一受到外来的刺激时，如加热（热是“能”的一种形式），它便不安于位，而要蹦蹦跳跳了；蹦跳的激烈程度，又要看所加的热量多少来定。在灯焰或电炉样的温度里，它们只能从轨道“1”跳到轨道“2”、“3”或“4”等上，随即返回原处。在返回的过程中，它们又把原来跳出时所借外边的“能”，用辐射的形式送出去，这就是我们所见的“光”。实验一里那两条明线，也正是钠原子里的电子在那儿跳跃的结果。但温度更高时，情形便有所不同。这时候原子内的电子，可能有一个，甚至更多，因为受的刺激太大，便一下子跳出原子核的势力范围之外了。这种电子和原子分家的过程称为电离，电离后的原子所产生的光谱线，称为电离的某原子线。电离的氧线，就是说氧原子内八个电子失去了一个以后，所产生的谱线。同样，电离的钙原子线，就是钙原子失去了一个电子后所生的谱线；双电离钙原子线是失去了两个电子后所生成的谱线：其余可以类推。和电离相反的过程称为复合，也就是离子又和自由电子相结合起来。这种复合过程也会产生辐射能。

到这里，恒星的光谱型和光谱的成因，大致上，已算交代明白。下一章起，我们就要利用这些资料，来解决恒星的种种问题了。

第五章　恒星的物理性质

古今的文学家们对于耿耿在天的明星，不知用多少美丽的词句来描写，但他们只是满足于赞赏和感叹而已，并没有进行深入的研究。正如著名的文学家苏东坡所说的：“茫茫不可晓，使我常叹喟。”近代的天文学家，应用了光谱分析，却可以深入地了解恒星的种种现象。

一、光度

当晴朗的夜晚，可以看出众星的亮度显然很有差别：有的很亮，有的很暗。这明暗不同的程度，天文学上是用“星等”来表示的。他们把牛郎和毕宿五的平均亮度，当作一等星，把肉眼刚能看到的定为六等星；并规定一等星的光度为六等星的 100 倍，即相邻两星等的光度比为 2. 512（$=\sqrt[5]{100}$）。换句话说，就是星等以等差级数增加时，光度以等比级数减少（一等星比二等星亮 2.512 倍，二等星比三等星亮 2.512 倍，依次类推）。这样所定的星等，因为是以“肉眼看”为出发点的，所以叫作“视星等”。平常我们晚间观星，所看到的只有方位，并没有远近。但是亮度和距离的平方成反比，而星等又是表示亮度的一种方法；所以视星等的测量，只能告诉我们：某一个星看起来较别的星亮多少或者暗多少，而不能告诉我们某一个星实际上有多亮。要想比较星星的真实光度，便不得不把它们设想在同样远的位置。这个位置经天文学家选定为距离我们 32.6 光年处。把各星移放在这个标准距离后，所得到的星等就叫作“绝对星等”。详细研究绝对星等和光谱型的关系，就得到图 5.1。视星等亮于六等的星④，绝大部分都集中在由左上角到右下角的带“1”内，于是把带“1”叫作“主星序”。同一光谱型而光度比较大的星叫“巨星”，更大的叫“超巨星”，光度小的叫“矮星”。主星序里的恒星（简称主序星）的光度随着温度的渐低而渐暗，由 G 型开始，都是矮星。在主星序的右上角散列着绝对星等近于零的巨星，见图上的带“6”；这些星的体积很大，密度很小。更高的地方是一些更稀少的红色超巨星，见图上的带“4”和“5”。在巨星和矮星之间的带“7”内分布的是“亚巨星”。在主星序的左下角和主星序完全分开的带“3”区域内存在的是白矮星，它们的光谱属于 A 型或 F 型，按它们的光度来说，应该属于矮星，但是它们温度高、密度大、体积小且有白的颜色，所以叫作白矮星。

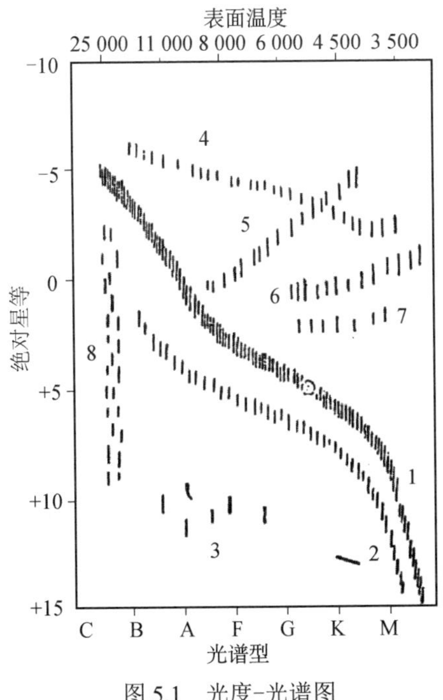

图 5.1　光度-光谱图

这个绝对星等和光谱型的关系图，叫作“光度-光谱图”，它是 1913 年由美国天文学家罗素做出来的，所以也叫作“罗素图”。罗素图在天体物理学上非常重要，因此有许多人研究它，发展它。1935 年亚当斯和他的同事发现了六个在正常白星和白矮星之间的星，叫作“间白矮星”，平均光谱型是 A_5，绝对星等是 5。1938～1940 年，柯依柏证实了在主序星之下不仅有白矮星和间白矮星，而且还有红色和黄色的比同色主序星暗的星，他把这些星都叫作“亚矮星”。1945 年，苏联天文学家巴连那果的研究表明：亚矮星都分布在主星序的下面，星等相差 2.5，组成一个亚矮星序，是图 5.1 上的“2”，这个星序几乎和主星序平行。1947 年苏联天文学家伏隆佐夫-维里亚米诺夫又发现了蓝白序。它是由各种不同光度的高温星（蓝色的和白色的恒星）组成的，见图 5.1 上的“8”，它竖直地处于左方。最近巴那拿果和马谢维奇又指出主星序可分两部分：第一部分包括从 O_8 型到 G_4 型温度较高的星，第二部分包括从 G_5 到 M_6 型的矮星。这两部分恒星在空间分布上、在运动速度上和在物理性质上都有很大的差别。属于第一部分的星（特别是 O 型和 B 型星）在发光时，同时抛射出大量物质，因而处于不稳定状态，迅速地演化。第二部分的星比较安定，没有大量的物质抛射出去。我们的太阳（在图 5.1 中用“⊙”表示）就属于第二部分。

二、能源

星为什么会发光呢？这是天文学家素来很感兴趣的问题，所以历来就有许多学说提出，像陨石说、燃烧说、收缩说等都是。事实证明这些学说都是错误的，直到原子物理学发达以后，才有正确的解释。

从上一章里我们已经知道一切元素的原子都是由电子和原子核所组成的。原子核是由两种微粒——质子和中子所组成的。质子带着单位正电荷，电量等于电子的电荷。这种粒子，事实上就是氢的原子核。因此质子的质量，应等于氢原子质量减去电子的质量，即 1.008 13−0.000 55 =1.007 58。中子是不带电荷的，它对释放原子能有着最重要的关系。它的质量比质子略大，为 1.008 95。

近代原子物理学研究指出，原子核的裂变和聚变都会释放出巨大的能量。原子核是由质子和中子组成的，它们在原子核中的关系是复杂的。在聚变的过程中，合成的原子核的质量，可以稍小于合成前的各原子核的质量的总和。例如，4 个氢原子核合成一个氦原子核时，氦原子核的质量为 4.002 76，比单纯 4 个氢原子核的质量小 4×1.007 58−4.002 76=0.027 56。这个现象叫作“紧束效应”。但紧束效应并不是原子核反应的唯一结果，伴随着它的是大量能量的释放。也就是说，0.027 56 质量表现为物质的能量的形式了。静止质量的减少和能量的放出是合乎质量和能量相互联系的定律的。这个定律的发现通常是归功于爱因斯坦的。其实，从俄国物理学家列别捷夫关于光压的实验中就可以推出来。根据这一定律，每一个物质客体，具有质量便同时具有能量，反之亦然。如果质量以克计，而和质量不可分割地联系着的能量以尔格计，那么能量等于质量克数乘上光速的平方（光速以每秒厘米计）。这样，0.027 56 克原子的质量便具有 248×10^{17} 尔格的能量，相当于 59×10^{10} 卡的热量，可以把 5900 吨的水从 0℃加热到 100℃。罗素在 1929 年发现太阳蒙气里有很多的氢以后，天文学家就觉得紧束效应很可能是星能（光是能的一种形式）的来源。到了 1939 年，贝德便把详细的理论建立了起来。他说星能最重要的来源是一个六步的原子核链反应。

第一步是碳原子核和质子合成氮的一种同位元素 ${}_7N^{13}$，同时放出 γ 射线。第二步因 ${}_7N^{13}$ 是一种放射性的元素，所以很快地就射出阳电子而成为碳的一种同位元素 ${}_6C^{13}$。第三步是 ${}_6C^{13}$ 和质子（${}_1H^1$）聚合而得到氮原子核 ${}_7N^{14}$ 和 γ 射线。第四步是氮原子核和质子聚合而得到氧的一种同位元素 ${}_8O^{15}$ 和 γ 射线。${}_8O^{15}$ 也是放射性的原子，所以第五步就是 ${}_8O^{15}$ 射出阳电子而成为氮的另外一种同位元素 ${}_7N^{15}$。第六步是 ${}_7N^{15}$ 和质子聚合而得到碳原子核和氦原子核。将这六步反应用方程式表示出来，就是

$${}_6C^{12}+{}_1H^1\rightarrow{}_7N^{13}+\gamma\text{射线}$$

$${}_7N^{13}\rightarrow{}_6C^{13}+e^+$$

$${}_6C^{13}+{}_1H^1\rightarrow{}_7N^{14}+\gamma\text{射线}$$

$${}_7N^{14}+{}_1H^1\rightarrow{}_8O^{15}+\gamma\text{射线}$$

$${}_8O^{15}\rightarrow{}_7N^{15}+e^+$$ ①

$${}_7N^{15}+{}_1H^1\rightarrow{}_6C^{12}+{}_2He^4$$

上面的式子中，各符号的右上角数字表示整数原子量，左下角数字表示原子序数。这六步的原子核链反应，简单地说，就是四个氢原子核，合成一个氦原子核，碳和氮都只是触媒，不增加也不减少，可以长久使用，所以叫作“碳氮循环”或“碳氮联系”。由此可见在恒星里头，氢是燃料，氦是灰烬。

① 在这里应该指出有 ${}_7N^{15}+{}_1H^1\rightarrow{}_8O^{16}+\gamma$ 反应式的可能性，但是产生上述第六步的机会要比这个反应多 100 万倍。

上述的循环反应需要 1800 万℃的高温才能进行，所以只能应用于主序星。巨星的中心只有几百万摄氏度，不能应用于碳氮循环。恒星发展早期的能量的来源可能是其他的反应，如氢和轻元素锂、铍、硼的反应等。对于白矮星也不能应用碳氮循环来解释，因为它的温度很高，光度反而小。也就是说，所放出的能量却远比它所能放出的少得多。有人认为，可能引力收缩就是这种密度很大的白矮星的能量来源。不过，关于它的能量来源问题还需要详细研究。此外，这个学说还有一个困难，就是不能解释恒星上面比氮重的元素的存在。

三、距离

遥远得很！用最细、最轻的蜘蛛丝缠绕地球一周，只需要两磅的材料；若要将地球和太阳连起来，也不过四吨；但若想用它来连地球和距离我们最近的一颗恒星，却非 100 万吨不可。各恒星间距离之大，从此可得到一个概念。这样遥远的距离，使我们在测量上发生了很大的困难：以地球和太阳的距离为基线，以星为顶点，把日、星、地所成的最大角叫作恒星的视差。这样子用三角法来测量一颗恒星的距离（原理见图 5.2），起码要费两年的时间，得照 10～50 张的照片，又得经过种种修正，才可得到结果。就是这样麻烦的方法，若能适用于每一个恒星，那也可以；然而又不能。对于视差小于 0.005 的星（视差越小，星越远），就是有最好的技术和设备，也不能用三角法来完成任务，而需要另求援军。事有凑巧，这里正好来了一支生力军，那就是分光的方法。巨星的光谱和矮星有点不同：在同一光谱型的恒星里头，电离线在巨星的光谱内比在矮星的光谱内强，而中性线则弱。所以我们用光谱分析，不但可以晓得它是哪一型，而且还可定出它是巨星还是矮星。在知道了这两个条件之后，再依靠图 5.1 的帮助，就可寻出其相应的绝对星等。由绝对星等 M 和视星等 m，可以用下列公式算出恒星的距离 r：

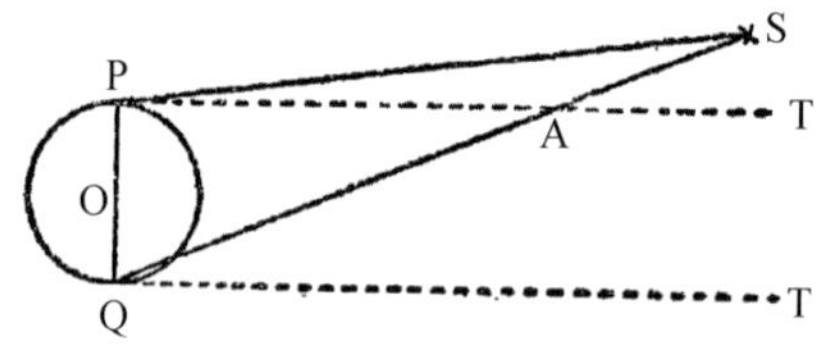

图 5.2　三角测量法。左边小圆代表地球轨道，设 S 为我们想测量的较近的星，虚线代表可认为不变动的遥远的星 T 的方向，当地球在轨道的一边 P 点时，我们测定 SPT 角；当地球到另一边 Q 处时，再测定 SQT 角；这两角之间的差，就是 PSQ 角，（因为 LSQT＝LSAT=LSPT+ LPSQ），用二除，便得到视差

$$\log r = \frac{1}{5}（m-M）+1$$

距离既经测定，其次便轮到表示这个数目的方式，换句话说，就是用什么单位。现在天文学家采用两种单位：一是光年——光行 30 万千米/秒，光在一年内所走的路程叫光年，这路程大约是 10 万亿千米。离我们一光年的星，按说已是很远，但离我们最近的星，并不只一光年，而是四光年又四光月，远的更不必说了。另外一种单位是“秒差距”，上面的式子中，r 就是用这作单位的。它是视差等于一弧秒的距离，也等于 3.26 光年。上面求绝对星等时，所选的那个标准距离就是十秒差距。

四、成分

从前具有唯心论的宇宙观的人，喜欢以人类永不能知道远方天体的化学成分为例，来证明他们的不可知论：可是科学的发展终于驳倒了这个论据！应用光谱分析，我们就晓得：恒星和我们虽然离得很远，但它们所含的化学元素，却都不出我们所熟知的 90 多种之外。至于各恒星的光谱的不同，那是因为它们的温度和密度有差别，并不是因为它们的化学成分有不同。当温度太高时，有些元素的原子内的电子，统统电离了，只剩下光秃秃的一个核，所以不会产生光谱线。另一方面，在温度太低时，则又不能激发某些元素的原子内的电子，使它跃迁，所以也不产生谱线。只有在某一定温度时，某元素才可产生光谱线。如果温度相同而密度不同时，那么在某种条件下密度小的电离线较强。

五、温度

根据日常的经验，我们晓得：当一块金属被烧得发蓝时，要比发红时温度高得多。把这个现象应用到星球上去，我们也可以推断：蓝色星的表面温度要比红色的高。各方面的研究，证明了我们这样的推测不错。光谱序也就代表温度高低的次序。现在将所测得的各型星的表面温度列表如下：

恒星光谱型与表面温度对照表 单位：℃

谱型	O_0	B_0	A_0	F_0	G_0	K_1	M_0	N_0
表面温度	80 000	25 000	11 000	8 000	6 000	4 500	3 500	2 400

由这表可以看出，恒星的表面温度相差极大。我们的太阳属于 G_0 型星，温度在 6000℃左右。如果把 8 万℃的那种星，移到太阳的位置上来，那么地球就会立刻熔化，万物齐被烧成焦炭。但 8 万℃还不是宇宙间的最高温度，

恒星的温度是越到内部越高，中心温度最高，可以达到2000万℃以上。

六、体积

“繁星点点”“星星之火”，这些形容词，都是把星比作很小的东西。然而事实上，它们并不小，只是距离蒙蔽了我们。从1920年以来，天文工作者利用干涉仪来测量恒星的角直径，由角直径和距离可以算出那个星的直径，从而得到体积。体积最大的恒星，根据现在所知道的，要算御夫座 ε 星（中名“柱一”），双星系里的一个星。它的直径比太阳的大2100倍。如果把太阳放在它的中心，那么土星的轨道还在它的体积以内。它的巨大可想而知。

用干涉仪来测恒星的直径，这办法只限用于体积相当大而且近的星；对普通的星，却是英雄无用武之地，得改用间接的方法。恒星的光度，取决于两个因素：一是它的表面温度，温度越高则越亮；一是它的面积，假若每单位面积的光度都相同，那么面积越大便越亮。因此，如果我们能够知道一颗星的总光度——可用绝对星等求得，并知道它的单位面积的光度——可从表面温度算出，那么可用后者除前者，来求得它的面积，从而推算出它的体积。用这种方法所求出来的最小的恒星，根据现在所知道的是万马南星。它的体积只比地球大30倍。若把万马南星当作一个篮球的话，柱一便成为直径有25千米的大球，需要三个北京城才能放得下！恒星大小之差别，由此可见。

七、质量

太阳的质量是地球的33.4万倍。质量最大的恒星不超过太阳的200倍，质量最小的不小于太阳质量的十分之一，普通的质量都和太阳差不多。所以各恒星之间的质量差，比起其他的性质来，如体积、颜色、温度、亮度等，那就小得多了。关于这个问题，我们有个看法：质量是恒星的基本性质，这个性质只要有少量的变化，便会引起其他性质的显著变化。这是从数量到质量的转变规律的一个好例证。

八、密度

密度等于体积除质量所得的商。星的质量差数小，体积差数大，所以密度的差别也很大。密度最小的星是红色巨星，密度只有太阳的一百万分之一。太阳的密度差不多是水的一倍半，所以这类星的内部，简直接近真空！但在另一极端，1935 年柯伊柏发现了一颗白矮星，这颗星的平均密度却有水的 3600 万倍。换句话说，就是一立方厘米内，所含的物质竟有 36 吨！从密度极小的红巨星到极大的白矮星，这是恒星行列中的两极端；大多数的星都介于两者之间。光谱型在太阳（G_0）以前的恒星，如 B、A、F 等，它们的密度都小于 1；光谱型在太阳以后的矮星，它们的密度都大于 1。同型中巨星的密度比矮星小，所以巨星的光谱中电离线比较强。

九、运动

恩格斯说：运动是物质的存在方式和固有属性。[①]只要有物质，就有运动。恒星既是由物质构成的，我们便可断定恒星决非“恒”定不动。不过在泛泛观察之下，它们位置的变化，是很难发现的；必须经长时间的追踪，再细加侦察，然后才有蛛丝马迹可寻。恒星每年在天球上面的移动叫作“自行”的角度，就是一年中恒星在空间运动所经过的距离投影在天球上的角度（用弧秒来表示）。现在所知道的自行最大的星是巴纳德星，它每年自行 10.25 秒。就一般亮星来说，自行的速度是随距离而渐减，随亮度而渐增。根据这一点我们不难看出，恒星的自行，大致上是相等的，它们之所以有差异，只是因为远近不同。正如有两架飞机，它们的速度一样，但一架离我们近，一架离我们远。从我们看来；近的快，远的慢。

自行是恒星在和视线垂直的方向（切向）的运动的表现。恒星在视线方向也有运动，有的向我们而来，有的离我们而去。利用光谱线的位移和物理学里的多普勒原理可以量出视向速度来。大多数恒星的视向速度在 10～30 千米/秒，也有大到 100 千米/秒以上的。从自行和距离可以算出“切向速度”。把视向速度和切向速度当作矢量（有方向的数量），加起来就可得到“空间速度”。图 5.3 中 μ 表自行，V_t 是“切向速度”，就是用千米/秒来表示的自行，V_r 是“视向速度”，V 就是“空间速度”，则 $V=\sqrt{V_\mathrm{r}^2+V_t^2}$，$\pi$ 是视差。属于主星序的恒星，光谱型越晚，空间速度越大。主星序的恒星的质量，它们的光谱型越晚，质量越小。所以也可以说质量大的星的空间速度小。

① 《自然辩证法》中“运动的基本形态”一章的开头。

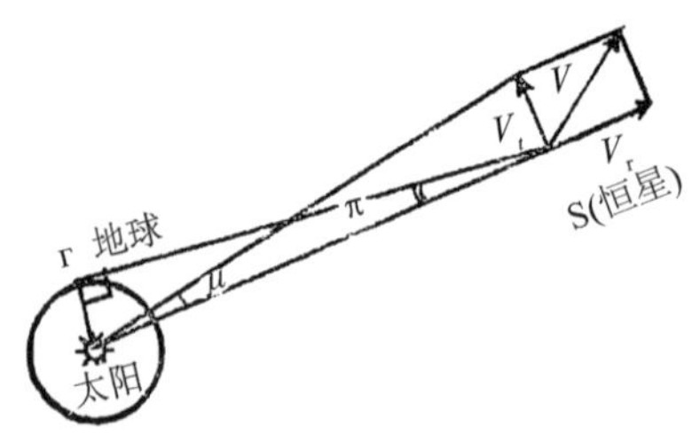

图 5.3　恒星空间速度的分量

太阳系里有好些星球老在自转：太阳、月亮、地球和大部分行星都已经证明有自转。是不是每个恒星都在自转？观测和研究的结果表示的确有一些恒星（牛郎是一个例子）在自转。一般地说，光谱型越早，迅速自转的恒星越多。赤道上的速度大于 50 千米/秒的自转恒星在各型中所占的百分数列表如下。

0–B	A	F_0–F_2	F_5–F_8	G	K	M
73	84	70	30	0	0	0

近年来发现有些恒星上有普遍磁场存在，而且比太阳上的普遍磁场还强（太阳上是否存在普遍磁场，还是个争论问题）。例如，小马座 γ 星，北冕座 β 星，都具有 1000 高斯以上的磁场强度。到 1957 年止，已经测出 86 颗以上的恒星存在着强磁场。特别奇怪的是有些星的磁场的方向和强度具有周期性的变化。例如，亨利•德雷珀星表中的第 125 248 号星，在 9.89 天内北向的 7000 高斯的磁场变为南向的 6200 高斯的磁场（磁有南北两极的）。为什么会有这样的转变，现在还不了解。恒星磁场的研究现在已成为天体物理学的一个重要问题。

十、演化

辩证唯物主义教导我们，宇宙中的一切都有它们的发生、发展和衰亡。那么，恒星的演化过程是怎样的呢？这个问题的确很有趣味，但是很难得到圆满的回答。苏联阿姆巴楚米扬院士认为：主星序里恒星的诞生是成群地进行的。刚生成的恒星在罗素图上是处在主星序平均中央线的上方，它们这时的状态是不稳定的。新生的星强烈地抛射物质，到后来才变得趋向于稳定，移向主星序的平均中央线，终于进入主星序。年轻的星是从主星序的所有各处进入主星序的。进入主星序后，恒星仍然继续抛射物质，但当它沿着主星序从左上向右下移动的同时，质量的减少是越来越慢了。新生的恒星进入主星序所必需的时间是用几千万年计算的，而沿着主星序做一显著的移动却需要几十亿甚至百亿年。

阿姆巴楚米扬的学说成功地解决了主星序的恒星起源和演化问题，但是并不完善。第一，他只讨论了主星序，尽管主星序的恒星占恒星的绝大多数，但我们对其他少数的星也不能不照顾，特别是红巨星和白矮星。第二，形成恒星的星前物质处在怎样的状态，形成的具体方式怎样，这些都只能做一些根据不多的推测。

关于第一个问题，红巨星的演化可能是先收缩成 O 型或 B 型星，然后再沿着主星序前进。至于白矮星，有人认为是恒星沿着主星序渐渐演化到尽头时，再经过突变而成的。有人认为是 O 型和 B 型星沿着蓝白序演化的结果。还有人认为它也是青年星。但是这些说法都有很大的缺点，直到现在还不能为我们所完全接受[5]。

关于第二个问题，目前所能得到的资料还是极少，只能猜想它是体积很小、密度很大的东西，也许其中含有大量放射性的物质。

最后，必须指出：这里所谈的恒星起源和演化问题只是粗略的介绍，详细地追究起来，问题还多得很。但是，“世界上没有不可认识的事物，只有现在尚未认识但将来必然能够由科学和实践力量揭示和认识的事物。”（斯大林语）因此我们完全相信用辩证唯物主义武装起来的苏联天文学家们，一定能够在不久的将来胜利地解决恒星的起源和演化问题。

第六章　变星

亮度不固定的星叫变星。[1]变星可以分为两大类：大序变星和爆发变星。大序变星的光变幅度不大，光变速度不快，多少含有规律性。这一类变星又可以分为：①长期变星；②造父变星；③不规则变星。以下我们分开来谈谈。

一、长期变星

最早被人发现的长期变星，就是我们在前边做星空巡礼的时候，所提到

① 本章所讨论的仅限于物理变星，也就是星本身光度有变化的所谓真变星。另外还有一种所谓光学变星，或叫几何变星，这种变星的亮度变化不是由于本身光度的变化，而是由于某种几何原因，例如星光被星云吸收了，双星中两星相掩食（这叫食变星，下章要讲到）等等。

的那个鲸鱼座的‘怪物”——刍藁增二。有时它只可以在望远镜中看成九等星，有时却加亮了百倍以上，竟在肉眼看来也是一颗二等星。它由明到暗再恢复到明的一个周期所需要的时间是 330 天左右。长期变星都是红巨星或超巨星，亮度的变化往往可以相差五星等。换句话说，最亮的时候比最暗的时候，可以亮过 100 倍。变光的周期从几个月到两年多，但以在 280 天左右的较多。光谱型都是晚型，80%以上是 M 型，其他是 K、R、N、S 型。光谱型越晚，光变周期越长，光度变化也越剧烈。每个周期中，光谱的变化也很复杂。平时只有吸收线和吸收带，但在将达最亮时，却有明亮的发射线（尤其是氢线）出现。

近来发现在这类长期变星的附近，往往伴有白矮星，这种情形真是两个极端的强烈对比。就拿刍藁增二来说吧，它本身是体积大、温度低（光度最暗时，只有 1900℃；光最强时也不过 2600℃），暮气沉沉；但它的那颗伴星，性格却完全不同，光辉虽弱，但短小精悍，温度在 1 万℃以上，朝气勃勃。

二、造父变星

因为仙王座 δ 星是这类星的典型，而这颗星的中文名字叫造父一，所以把这类变星译作造父变星。我们要了解造父变星，还需先研究这颗造父一。

造父一的变光现象，是在 1784 年被一位又聋又哑的青年天文学家发现的。它最亮时的星等是 3.7，最暗时比最亮时约差一等，也就是亮度相差两倍多。变光周期是五天零九小时，非常准确，够得上是一只保用的天然钟表。从最暗到最亮升得很快，只要 30 小时，便经过这一阶段，其余的时间是从最亮降到最暗（图 6.1）。它在变光期间的光谱也随着亮度有规则地变化；亮度极大时，类似高温度星的光谱。电离的金属谱线非常显著；极小时，类似低温度星的光谱。许多别的造父变星的性质和造父一很相同。

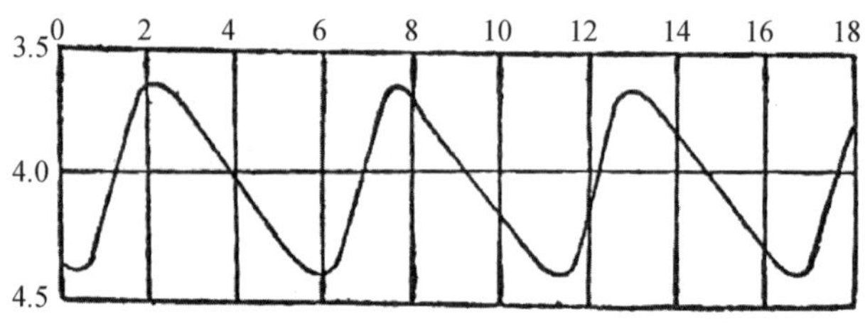

图 6.1　“造父一”的光变曲线

不过，造父变星中约有三分之二却不合这种标准，这是因为造父变星还可以分为两种：一种是“经典造父变星”，一种是“星团造父变星”。前一种以造父一为代表，后一种因常出现于星团（第九章）中而得名。这两种造父变星除有共同点外，还有不同点。①星团造父变星的光变周期大多数都小于一天（0.06～1.5 天），而经典造父变星则在五六天左右，还有长到 80 天的。所以前一种也叫作短期造父变星，后一种也叫作长期造父变星。②短周期造父变星的光谱型多为 A 型，一部分是 F 型，而长周期造父变星则为 F 型到 K 型。光谱型越晚，周期越长。③长周期造父变星的视向速度不超过 20 千米/秒；而短周期造父变星的都在 100 千米/秒左右。④短周期造父变星的绝对星等差不多是+0.5，而长周期造父变星则在−2 左右（也有大到−6 的）。⑤在空间分布上，短周期造父属于球状子系，而大部分（百分之九十）长周期造父则属于扁平子系。

三、子系

子系代表天体的运动特征（就是星在空间的运动情况）和空间特征（就是星在空间分布的情况）。银河系里所有的天体都分别属于三种子系：扁平子系、中介子系和球状子系。属于扁平子系的天体，群集于银河平面及其附近，并且略向银河中心的方向集中，大致形成一个很扁的旋转椭球体。属于球状子系的天体在离银河平面的远近距离上都有，但却强烈地向银河中心集中，形成一个中心在银道面的球体。属于中介子系的天体，分布在球状子系和扁平子系之间，但和扁平子系没有明显的分界。

为了便于了解，再用具体数字说明一下各种子系的空间分布和运动特征。设银河平面上星的空间密度为 1，则在离银河平面一千秒差距的地方，扁平子系天体的密度是十万万分之一，中介子系的是三十分之一，球状子系的是三分之二。再就向银河中心方向的集中来说：每向银河中心走近一千秒差距，球状子系天体的密度增加一倍。但要扁平子系的密度增加一倍，却需要走近 3000 秒差距。不过这里需要注意，在银河的核心部分却没有发现扁平子系的天体。至于对于星的运动情况来讲，苏联巴连那果教授计算出：对于太阳说来，扁平子系里的运动速度为平均 20 千米/秒，中介子系平均 31 千米/秒，球状子系平均 130 千米/秒。

同一子系的天体可能有同一的起源和演化过程，这一点还需要好好研究。

爱丁顿在研究造父变星时，从理论上得出了一条定律，这条定律也适用于长期变星。他说：变光周期和密度的平方根成反比，周期越长的变星，密度越小。用这条定律来直接计算星的密度，和用其他方法所求得的结果很多一致。造父变星都是体积大而密度很小的巨星或超巨星。

通常假定造父变星的光度变化起因于这些星的脉动，就是说变星本身是很有规律地一张一缩的。膨胀时，温度下降，亮度变小；收缩时，温度升高，亮度增加。但是这个学说有个很难通过的难关，就是由视线速度的观测，知道光度最大并不在体积最小的时候，却在以后向外膨胀速度最大的时候。近年来，施瓦茨希尔德为解除这种困难，假设变星各部膨胀的速率不一致，可能是外部膨胀得最厉害时，而中心正处于收缩阶段。施瓦茨希尔德的这个假设，虽通过了一个难关，但过了一关又一关，什么原因使星开始脉动？周光曲线如何解释？这些都是脉动说不能回答的。

周光曲线就是造父变星的变光周期和平均绝对星等的关系。这关系是李维特女士首先注意到的。当1912年，她在研究小麦哲伦云内的造父变星时，发觉了它们的变光周期很简单地随着视星等增加。因为这个恒星云中各个星球彼此之间的距离，比起全群对我们的距离来说是小得很，所以它们的视星等之间的关系，也就和它们的绝对星等之间的关系差不多了。过了几年以后，沙普利把这个关系研究得更详细。图6.2是经过近年来改正后的沙普利曲线，这条曲线在近代天文学里非常重要，它供给了我们一把量天尺。天空里的星团或星云，不管它是如何的远，只要其中含有造父变星，我们便可夜夜观测，将它的变光周期和平均视星等测定，然后应用这条曲线，找出它的相应的绝对星等，从而求出它的距离。

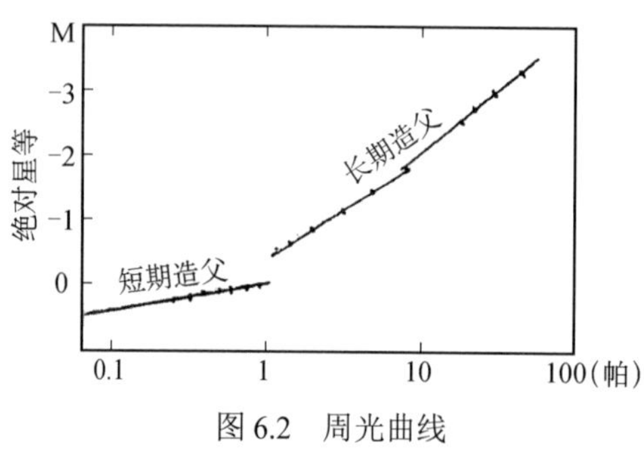

图6.2　周光曲线

四、不规则变星

顾名思义，不规则变星的光度变化的周期是没有法则可循的。如果勉强分类，名目便非常多。如金牛座RV型星，北冕座R型星等；但每一类星数都很少。如北冕座R型星，到现在一共才发现了几十颗。

所谓北冕座 R 型星，是说它们的性质和北冕座 R 星相类似。北冕座 R 星是在北冕座里被发现的第一颗变星。这是变星的一种命名法。这种命名法是这样的：在某星座里发现的第一颗变星，叫“某星座 R 星”，第二颗叫“某星座 S 型”，这样用 T、U、V……继续命名下去；如到 Z 仍不够用时，就再用 RR、RS、BT……RZ 来表示，如金牛座 RV；若再不够，那就用 SS，ST，…，SZ；TT，…，TZ；YY，YZ，ZZ；如还不够，可用 AA，AB，AC，…，AZ；BB，BC，…，BZ；QQ，QR，QZ（J 字母全不用）。这样每一个星座内可排 334 颗变星，以后若再有变星发现，可用 V335、V336……排下去。

北冕座 R 星本身是颗 F_8 型的超巨星。平常是个六等星，有时却突然变暗，暗到只有原来的四千分之一，而成为一个十五等星。这样经过 100～200 天以后，又慢慢恢复原状。这类星的变光原因，在很长的时间内是个谜。近来有人根据光谱分析提出一个假说：在北冕座 R 型星上有时有碳元素从内部抛射出来，当碳分子升到这个恒星大气的上层时，碳分子的吸光作用就引起了星光的减弱。

到这里为止，我们所谈的变星都是巨星或超巨星。近年来发现，矮星也可以具有变光的性质。首先是鲸鱼座 UV 型变星。它们都是红色矮星，光度很小，光谱是 M 型。这类星的特点是它们的亮度能在几分钟内增加两三个星等，然后又迅速变暗下去。当亮度极大时，光谱中有氢的发射线出现。很可能，它们的亮度增加是由类似日珥的东西从恒星内部抛射出来所引起的。

其次是金牛座 T 型变星。这类变星在天空总是成窝出现，光谱型属于 G-M 型。但有人认为有些 O、B、A 型的变星也可归于这一类。亮度变化很不规则。光谱中除去吸收线之外，还有氢和金属（钙、铁、钛、铬等）的发射线，有时也有氦发射线。亮度变化和光谱变化有时不能相适应。阿姆巴楚米扬认为金牛座 T 型星是矮星发展的最初阶段，它在天体演化学上占有重要的地位。

五、新星

新星和超新星都是爆发变星。从新星这个名称来看，似乎是指原来没有而忽然出现的星。但事实上并不如此，只是一颗本来很不显著的星，而突然间辉煌灿烂起来，然后又慢慢地失去光辉，恢复到暗淡的状态。我国古书里所谓的“客星”大多数就是这种星。

《汉书·天文志》载："元光元年六月，客星见于房。"这时正是公元前134年，这年欧洲也有新星出现于天蝎座的记载。这是中外历史上都有记载的第一颗新星。

在所有历史的记载中，最惹人注目的一颗新星是第谷新星。1572年11月11日的傍晚，一位名叫第谷的丹麦青年，在回家的途中，偶然望见仙后座中出现了一颗明星。当时他几乎不能够相信自己的眼睛，等到和他同路的人们，都同声附和时，他才相信是新星出现。由于受了这异常的天象的刺激，第谷才决心从事天文工作。根据第谷的记录，我们知道这颗星在开始发现时，和金星最亮的时候一样亮，中午都可看见；直到1574年3月，它的光度才降到六等以下；到现在，即使用大望远镜来寻找，也找不到它了。

第谷新星以后，被记录下来的新星，到现在只不过100多颗。20世纪以来，天文学家对新星开始做有系统的寻找和研究。近年来的统计表示，在我们的银河系里头，平均每年有200个新星出现，不过大多数新星，就是在最亮的时候也得用望远镜才能看到。在20世纪的前50年中，能为肉眼所看到的只有八颗。所以，新星并不是稀有的，稀有的是能用肉眼看到的新星。

新星突然发亮的时候，都向外射出物质，被射出来的东西成为一个或者几个"膨胀壳"，膨胀速度是几百千米/秒，不过也有高至3000千米/秒以上的。新星光谱复杂的变化，可以用这种膨胀壳学说来解释它。

至于新星为什么会突然发亮，这个问题现在还没有完全解决。有人认为这是由于星球的内部结构的调整，而演成爆发的现象。有些新星不只爆发一次。例如，北冕座T星曾在1866年爆发过，在1946年又爆发了一次。这种能够多次爆发的新星叫作"再发新星"。到现在为止，已发现的再发新星共有七颗。

和再发新星接近的是"类似新星的变星"，简称"类新星"。它们的亮度变化和光谱变化有点像新星，但不是那样显著。双子座U型星和仙女座Z型星都属于这一类。

六、超新星

普通新星爆发时，最大的光度等于太阳的2.5万倍左右。但有一种新星，却发亮到比太阳亮一亿倍以上。这种特别亮的新星叫作"超新星"。超新星爆发时所抛射出来的物质，用约5000千米/秒的速度向外膨胀。光谱非常特殊。

第谷新星就是一颗超新星。

超新星爆发时除抛射大量物质外，还抛射出带电的粒子（电子、质子和各种原子核）。这些高能量的粒子在星际空间内微弱的磁场中运动时，产生了两种不同的情况：带阳电的质子和各种原子核，不断增加速度和获得能量，就成为能量极大的原始宇宙线（或初级宇宙线）；带阴电的电子发生减速现象，把一部分动能转变成电磁波而放射出来，这就是近年来发现的许多辐射电源的一部分。天空无线电辐射的另一些来源，留待以后各章再说。

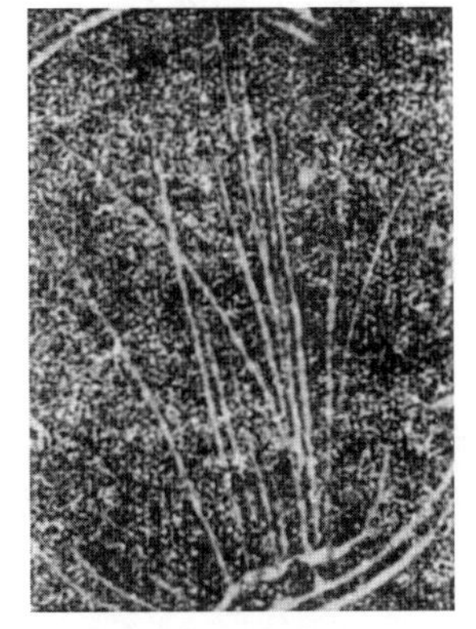

图 6.3　宇宙线的照相

这样一来，无线电天文学和原子物理学中宇宙线的研究就密切地结合了起来，而超新星的观测就成为特别重要的事情了。可惜得很，超新星爆发却是非常稀有的现象。现在全世界天文学家公认的银河系中超新星的爆发只有三次：1054 年在金牛座，1572 年在仙后座（第谷新星），1604 年在蛇夫座（开普勒新星）。关于这三颗超新星，我国历史上都有详细的记录，这说明我国古代天文学家的观测工作是非常精勤的。

现在已经确定：在这三个超新星爆发的位置上都有强烈的无线电辐射。

第七章　双　　星

我们所见的分布在广大空间中的恒星，有的单独存在，有的成双结对（双星），有的三五成群（聚星），有的组成集团（星团）。不过，无论是单独的也好，结体的也好，它们又都属于一个庞大的星的系统，这个系统叫作银河系。现在我们从双星说起。

双星的典型例子是北斗把子中间的那颗开阳星。当没有月光的夜里，我们注目开阳星，便会发觉在它的附近有颗小星。这颗小星的中国名字叫“辅”，阿拉伯名字叫“Alcor”（意思是“试验”，就是说，它可以作为眼力好坏的试验，眼力好的人，可以看出它是双星）。读者不妨试试。等到 1650 年，意大利的天文学家里乔利用望远镜一看，发现开阳本身原来也是颗双星，两个子星的亮度差不多相等。再后来，光谱仪发明以后，皮克林在 1899 年应用分光的方法发现组成开阳的两颗星又都是双星，辅星也是分光双星，总共便有六

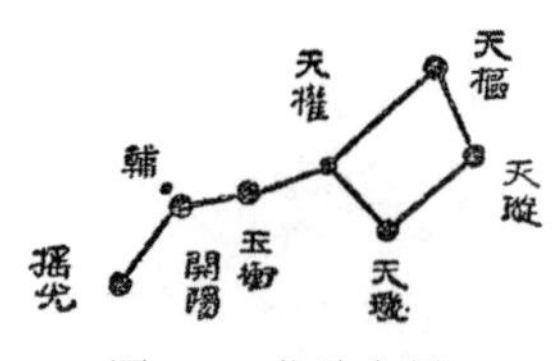

图 7.1　北斗七星

颗星，而成“聚星”了。不过，开阳星和辅星的距离很远，只因为由我们看来，它们是在同一个方向，所以好像是双星罢了。这种只有方向几乎相同而实际上相离很远的一对星叫作“视双星”。视双星彼此之间没有公转运动，没有公共自行，视线速度的平均也不相等，所以没有研究价值。在另一方面，我们把具有这三个条件的双星，叫作“真双星”或“物理双星”或“双联星”。这才是我们讨论的对象，以后简称“双星”。双星又可以分为三种：用望远镜看得出是一对星的叫“目视双星”，如开阳星；用分光方法才发现的叫“分光双星”，如辅星。在分光双星中，有的公转的轨道面差不多和地球在一个平面上，因此，由我们看来，便有交食的现象发生，常常两个星互相遮掩，这种发生交食的双星，可给它们取个特别的名字叫“食双星”或“食变星”。

一、目视双星

自 1650 年里乔利发现开阳星为双星以后的 100 多年时间里，大家都把在望远镜里看到的双星当作视双星。一直到 1803 年，威廉·赫歇尔才看出来，在这些双星之中，至少有些彼此之间是有关系的。从此才开始对目视双星进行有计划和有步骤的搜寻和研究。这项工作一直由各国的天文学家继续着，到现在发现的目视双星已经超过 2 万多对，但轨道已经算出来的，还不到 200 对。双星中，亮的叫主星，暗的叫伴星。每对的两颗星都绕着双星系的重心，在那儿回旋运动，周期差不多都在五年以上。

观测目视双星的时候，常在望远镜的目镜地方换上一个测微器。这个仪器包含一个蜘蛛丝做的线纲，可以在视场中自由平行移动，还可以旋转。移动和旋转的角度，可用精密的旋标尺来量度。观测工作便是用测微器量出两星的分离角度和伴星的方向，有时要测定它们相对位置的变化。这种方法，100 多年来，一直沿用着，只是因为望远镜的分辨本领①有一定限度，并且当主星和伴星的光度相差过大时，很难见到伴星。1862 年克拉克发现天狼星是双星，主星亮度为−1.6 等，伴星为+8.4 等。这两颗星逐渐接近，在 1892～1896 年的 4 年间，它们的角距离应为 4 秒，但因亮度的差别过大，用眼睛怎么也

① 用望远镜所能分开的两颗恒星（或行星表面的细微结构）之间的最小角距，称为这架望远镜的极限分辨角，它的倒数，就是望远镜的分辨本领。

看不到伴星。在这种情形下，只好改用照相的方法。但用照相观测时，随着底片的药物中银粒的大小，观测范围受到限制，并且常有误差发生。所以，到现在，仍然是目视和照相两个方法同时并用。

天狼星不但是颗双星，而且是颗值得特别一提的双星。第一，它是世界上各民族最熟悉、肉眼看来最亮的一颗星，和地球相距 8.8 光年，是最靠近我们的一对双星。第二，伴星的发现经过，和其他的双星不同。在克拉克没有用望远镜看到以前，远在 1844 年，当白塞耳考察过去 50 年内天狼星的行动时，就已经发觉它并不走单星所应走的直线路径，而是呈波状前进。于是他根据牛顿的万有引力定律，做了个很大胆的预言，他说：天狼星必然是颗双星，它的公转周期应该是 50 年。现在，事实证明，他的预言完全准确。在这里，万有引力定律看到了望远镜所没有看到的东西，同时也证明了这个定律可以应用于双星系。第三，天狼伴星是第一颗被发现的白矮星，它的体积只比地球大 50 倍，而质量却比地球大 32 万倍。所以它的密度是水的 3.5 万倍，就是每 1 立方厘米的物质有 35 千克重！这个事实，起初有些人不相信，认为这是不可能的事。但近年来原子物理学的发展，已经圆满地解决了这个问题：原子核的密度比白矮星还要大得多，我们想象白矮星是由完全电离了的原子核或中子构成的。这样问题就很简单了。第四，天狼伴星对近代物理作了很大的贡献：它证实了爱因斯坦的相对论所预测的光谱线所应当有的“引力位移”。这种位移和质量成正比，和半径成反比。所以天狼伴星正好可以做这条定律的试验物。亚当斯观测的结果与由理论算得的位移数值完全符合。因此，普遍相对论就得到了有力的证明。根据第三和第四两件事实，我们不难看出，天文学和物理学在发展过程中是怎样密切相关的。

双星在天文学研究中的主要用途，是能用来测定恒星的质量，而且这是天文学上求恒星质量的唯一的直接方法。就目视双星来说：以弧秒为单位的两星之间平均距离的立方，用以秒为单位的视差的立方和以年为单位的周期的平方的乘积来除，便得出以太阳的质量为单位的两星质量的和。再以空间一点为基准，定公转运动的重心，自重心到各星的距离，跟质量成反比例，因而也就求得这两颗星的质量比。质量和质量比都知道，就可得出两个子星的个别质量。将所得到的许多星的质量，和绝对星等合起来研究，便得到一条质光曲线，图 7.2 所表示的就是：光度越大的星，质量也越大。应用质光曲线，我们一可估计其他单身星的质量，二可推算双星的距离。

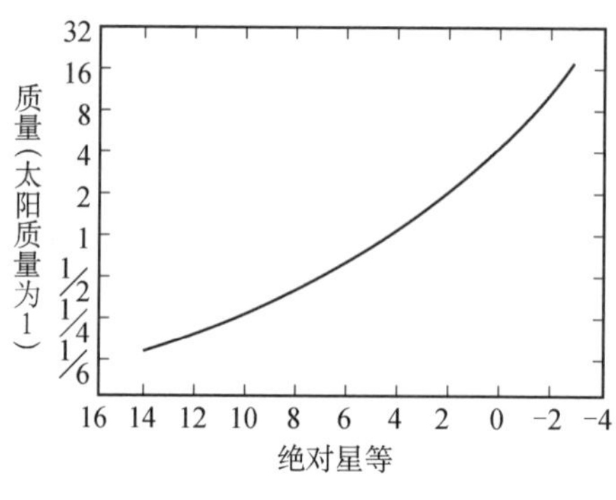

图 7.2　质光曲线

二、分光双星

正像有许多星在肉眼看来是一颗，却被望远镜看出是两颗一样，还有许多在最大望远镜中也只是一颗，却被光谱仪分开了。除非是绕转的轨道平面和我们的视线垂直，否则，主星便要有时接近我们，有时远离我们。当它接近时，它的光谱线便都向紫端移动；远离时，都向红端移动。这就是非常有名的多普勒效应。这效应的实验证明是苏联的科学家别洛波尔斯基作的。所以在一颗恒星的光谱中，谱线有规则地来回移动着，这种现象如果不是由地球公转所引起的话，便可证明这颗星是分光双星，而来回移动的周期便是子星互相绕转的周期。如果伴星的光度不小于主星的 1/3，那么它的光谱也可出现。如果主星和伴星又都属于同一光谱型，那么两组相似的光谱线就以相反的方向来回移动。所以，每条光谱线有时候成双线，有时候成单线。

到现在为止，已经发现的分光双星有 1500 多对，已经算出轨道的占全数的 1/3。它们的周期多半小于 10 天，最长的达 15 年之多。周期越长，椭圆轨道越扁。

目视双星加上分光双星，在全部恒星中所占的比例数非常大。就拿距离我们在 16 光年以内的已知的 42 个星来说，就有 9 个是双星，并且其中 2 个是三合星。剩下的 31 个星里面，又发现 4 个有暗伴星。这 9 个双星系统中，也分别发现有同样的情形。

关于双星的形成，有两种完全不同的看法。一种是分裂说，主张分光双星是由一颗星急速地旋转分裂而成的，以后再由潮汐作用使得两星的距离渐渐增加，而变为目视双星。一种是双胎说，主张两个星同时生成，各自独立发展，成为双星。看来，似乎是第二种说法比较合理些。

暂把这些说法撇开不谈，我们再谈由研究分光双星而发现的一些副产品，就是所谓“星际物质”。在我们细察许多双星的光谱时，发觉当所有的谱线都在那儿向红端或向紫端移动的时候，却有几根黑线不动。这些便是电离的钙原子线（图 7.3 中的 H 线和 K 线）和钠原子线等。产生这些谱线的钠和钙等都是存在于星际空间的物质。近年来的天文学研究，对这方面很注意。

三、食双星

食双星中最先被发现的，而且最有名的，要算大陵五（英仙座 β 星）。它的光度变化的周期非常有规则，周期是 2 天 20 小时 49 分。有 2.5 天停留在最亮的阶段，然后渐渐暗下去。5 小时后便最暗，这时只有平常亮度的 1/3；再过 5 小时，它又恢复常态了。两次最暗期间的中间，也有很显著的变化，它的详细情形表示在图 7.4 里。

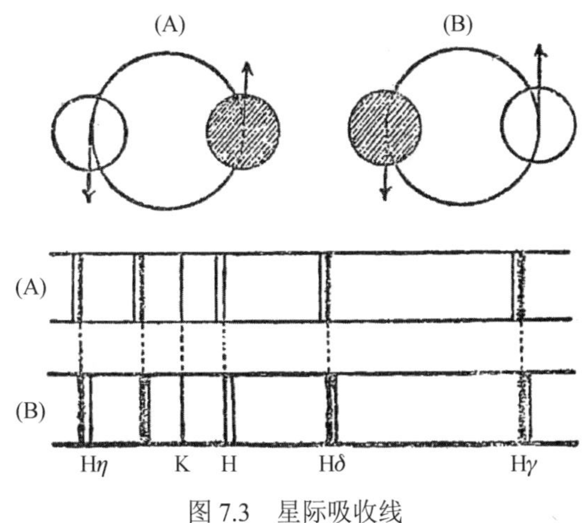

图 7.3 星际吸收线

另一个有名的食双星是渐台二（天琴座 β 星）。这颗星和大陵五不同。大陵五的两个星都是球形的（图 7.4 中的 A、B），但渐台二的两个星是鸡蛋形的，尖端相向。这是由于彼此距离太近和潮汐作用的结果。对这颗星的光谱分析表明：有强大的气体流不断地从主星抛掷出来，这种气体流一部分包围住伴星，另一部分参加到包围整个系统的气体环里（图 7.5）。

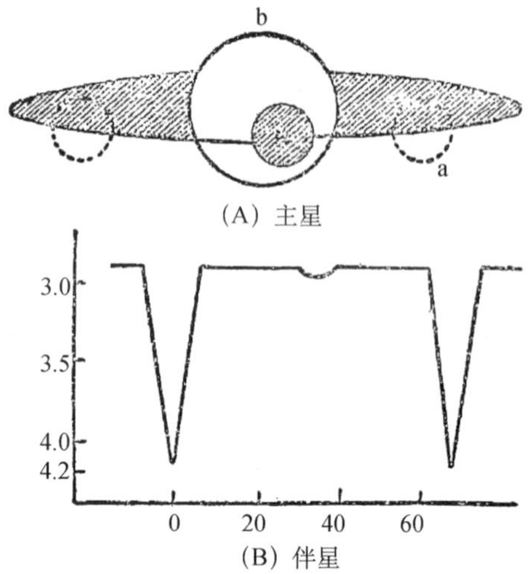

图 7.4　“大陵五”双星系

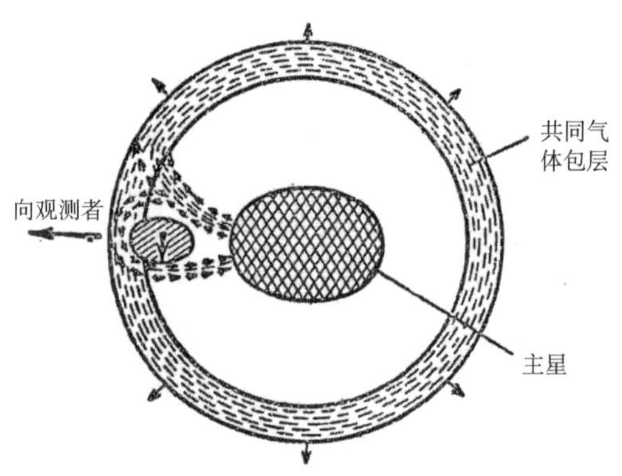

图 7.5　“渐台二”双星系

根据食双星的光变曲线的形状，再加上光谱的观测，双星的轨道及其一切情况差不多就可完全决定。这样算出来的恒星的大小、形状和密度是最有价值的数据。

这类双星到现在为止已发现的有 2400 多颗，光谱多数是 B 型和 A 型，F 型以下的很少。其中的暗星总比亮星大。图 7.4 中 b 为暗星，a 为亮星。它们的变光周期有短到 4 小时 43 分的，如大熊座 UX 星，也有长到 27 年的，如御夫座 ε 星。一般都是两三天的样子。

关于食双星，我们不准备再多说，因为它只是分光双星的特殊情形。除去它们的轨道都差不多以一边对着我们外，其他的性质，和分光双星是相同的。

恒星的行星系统 近几年来，在一些恒星的周围发现了质量很小的伴星。它们的质量是太阳质量的千分之二到十分之二。在质量这样小的情况下，这类伴星很可能是不发光的天体，而成为类似行星的东西了。甚至在这些恒星附近还不只是一个行星。库卡金指出：如果在离太阳最近的恒星上来精确地测量太阳的位置，就会发现太阳在空间所走的路径是呈波浪形状，它的振动周期为59年。这个时间正好是太阳系的两个大行星——木星和土星——绕日公转周期的最小公倍数。如果在离开太阳最近的那颗恒星上观测，仪器的本领还不能发现木星和土星，人们只能凭力学计算来推测，便会认为在太阳附近有一个质量为其几千分之一的一个伴星在绕着它旋转。和所举的这个比方完全一样，在我们发现的具有暗伴星的星的周围也许不只是一个行星，而是有好几个行星。

到1953年年初为止，被发现具有暗伴星的星已有17个。这些都是我们的近邻，如半人马座比邻星和天鹅座61星。不难理解，在距离我们遥远的恒星附近，也应有这种行星系统。因而，类似我们太阳系的组织在宇宙间是很普遍的。

暗伴星往往都是在主序星附近，这一情况在太阳系起源的理论中具有重要意义。前面说过，有些食双星（如渐台二）具有旋转着的气体环。

第八章　星际物质

对恒星集体生活的讨论，这里得暂时打住一下，因为各星球之间，如果真有物质存在，那么许多天文学研究的结果，便需要重新考虑。我们晓得，许多天文学上的推论，都是建筑在距离的知识上面的，但天体距离的计算，除少数较近的以外，都牵连到视星等的测定。任何距离的测定，由视星等和绝对星等的比较而得到的，常假定亮度和距离的平方成反比的定律，有绝对的真实性。例如有路灯两盏，它们的烛光相等，但一个比另一个的距离远一倍，那么较近的一个便应比较远的亮四倍。但这种情形，须在晴朗的夜晚才能存在。若有雾存在，近灯较远灯便不止亮四倍，而且，这种暗度，又和雾的浓淡有关。假若我们不把雾计算在内，只知各灯的烛光相等，就按照它的视亮度来求它的相对距离；这样，所求得的远灯距离，便比实际为远。可见利用这种方法，来测定天体的距离，它的正确性必须看星际空间是否完全真空而定。假使星际空间有物质存在，那么所测得的距离就都大于实际距离：天体越远，误差越大；吸收物质越多，误差也越大。但历来的天文研究，从来没有注意过这件事。直到 1847 年，俄国天文学家斯特鲁维才怀疑到星际空间有物质存在的可能；但他的报告并没有得到人们的注意。直到 1889 年白纳尔发出严重警告后，才引起天文学家的普遍注意。

首先，美国的沙普利，在 1915 年下了极大的决心动手寻根究底，非要找个水落石出不可。他想：星空假使真有物质微粒存在，这微粒对于星体所放出的光辉，一定会有散射作用。散射作用，这个名词虽然陌生，但这种现象却是人人每天都看得到的。天空所以显出蔚蓝的颜色，便是由于空气里面的微粒散射太阳光而形成的。当日光遇到空气的微粒时，一部分便被阻挡，散射回去，另一部分则继续前进。这种情形正如同海洋中的波浪，冲激凸出海中的礁石一样——微小的波浪，撞在礁石上，被散射回去；而较大的波浪，却冲过礁石，再往前进。光波和水波的性质相同，所以当日光遇着空气中的微粒时，分离的作用便发生了。波长较短的蓝色光被散射回到高空中去了，所以天空便现出蔚蓝的颜色。同时，在另一方面，光波较长的红色光，空气的微粒却阻碍不了它的前进，所以清晨和黄昏的日光便显得殷红。而且，变红的程度，和日光所经过的空气的厚度有关。

将这原理应用到星空的物质微粒上去，便可以得到一个推论：如果星空真有物质存在，那么较远的天体便应比较近的显得殷红。在各种各样的天体中，正好有一种球状星团，可以来做这个推论的实验。根据各方面的研究（见下一章），知道它们不但形状相似，就连大小也一律。不过，当我们望去的时候，它们的大小却有显著的差异。这当然是距离不同的缘故——远小近大。假使星空里果真有物质存在，那么外表小的便要显得红一些，但是观测的结果并不是这样。于是，星际物质存在的理论便站立不住了。

但是，分光双星的研究却给了斯特鲁维和白纳尔以强大的援助。德国波茨坦天文台的哈特曼在 1904 年用光谱仪研究参宿三那颗双星时，发现在它的光谱中，有不参与其他谱线移动的黑线。黑线的位置，正好和电离的钙原子线相同。但参宿三是颗 B 型星，B 型星的光谱内通常是没有这种谱线的，于是只得说，这条线是生成于星和地球之间，换句话说，就是空间中分布着电离的钙原子。到了 1919 年，海奇女士又发现了同样性质的钠原子线。以后，发现的更有钙、钾、铁等原子线，电离的钛原子线，以及氰和碳氢化合物等分子所成的谱带，氢原子线尤其丰富。这许多吸收线的存在充分证明星际空间里是有气体的。

星际气体中以氢原子为最多，但它大多是处于中性状态的，就是电子在它应有的轨道上运行。这就给我们增加了观测上的困难，因为在这种情况下，它所吸收的谱线正是处在地球大气所障碍了的光谱区内。直到1951年，才利用无线电望远镜观测到星际氢发射的波长为21厘米的无线电辐射。从此中性状态的星际氢才成为统计研究的对象，并且在近几年中得到了很大的成绩。1955年苏联天文学家格特曼采夫和特劳伊茨基又发现了星际重氢的波长为91.5厘米的无线电辐射。无线电技术给我们带来了越来越广泛的研究领域。根据什克洛夫斯基的计算，不久的将来我们将能发现碳氢（CH）和氢氧（OH）分子的无线电辐射，后者是直到如今还没有在星际空间中发现的。

我们若把星光比作远行的旅客，那么散布在星际空间中的这些吸收物质，便可当作是拦路行劫的强盗。不过这些强盗并不将旅客抢光，而是只就所好的光波，饱掠一番，至于其他的光波，却原封不动地放过。这就是我们在第四章里所说的克奇霍夫定律。就拿电离的钙原子所嗜好的光波来说，星光经它一番掠夺以后，光谱里便产生一条黑线（吸收线）。这条黑线的浓淡要看星光遭受掠劫的次数而定。和我们邻近的恒星，它的光所经过的路途较短，被劫的次数可能少些，这种星的光谱里的钙吸收线便比较浅些。遥远的恒星，它的光必须经过很长的途程才能到我们地球上来，因此中途被强盗劫夺的机会便要多得多，所以这种恒星的光谱里，钙吸收线便应特别浓黑。从这方面看来，假若电离的钙原子果然是满布星空，那么恒星的光谱中的吸收线的浓淡，便应和星体的距离成正比——这种关系由研究英仙座两组恒星的自行而得到了证实。英仙座中恒星的自行，有一批很快，有一批很慢；但我们在第五章里说过：恒星自行的速度，大致上是一致的，看起来有差别，那是因为远近不同。由英仙座这两组恒星自行的速度所估得的距离，和由吸收线的浓淡所估得的，很相吻合。

电离的钙原子吸收线，它的浓淡既和距离成正比，这岂不是给了我们一把量天尺吗？恒星距离的测定，本来是天文学家最伤脑筋的一件事，现在竟能只借估计光谱里一条黑线的浓淡，就可决定，这是件多么痛快的事！不过，应用这种方法所测出来的距离，不很靠得住。这是因为星际物质在空间分布得很不均匀，它们常常集成一块一块的“云”。当这些“云”在恒星和我们之间时，恒星所发的光完全被它们所吸收，而成为漆黑一团，那便是“黑暗星云”，如银河中在天鹅座以下的暗滩。当它住在某些亮星的附近时，就被照亮，形成“弥漫星云”如猎户座星云。

就化学成分来说，星际物质似乎应该分为两组：有些地方金属元素特别多，有些地方则化合物的分子特别多。至于星际空间里温度很低，为什么原子还呈电离状态呢？那是由于星光中的紫外线刺激了它们。这种机会虽然不多，但偶一发生，已经电离的原子就很难复原。这是因为星际物质的密度太小，阳离子很难找到自由电子来结合。所以星际空间里电离原子的百分比，是和星光中的紫外线的多寡有关的，而和可见的光无关。

近来的研究证明，星际物质的确有散射作用，可使星光转红的。以前沙普利发生错误的原因有两点：一是他所用的照相方法，没有现在的光电方法灵敏；二是他假设星际物质到处存在，而实际上则是集中在银河平面上。他所用作研究资料的那些球状星团，在上下两方的，是远超出于银河平面之外。假设在某一方向，有一远一近的星团，它们和地球的距离虽然不同，但它们的光线走到地球时，所穿过的星际物质的厚薄却一样，那么远的星团便不会比近的殷红。最近的研究，拿银河带内的远近星团相比；结果不出所料，果然是远的比较红些。

这种散射是不是由上面所说的气体所引起的？不是的。根据计算，若是由星际气体引起的，那么需要的气体的总质量要比银河系的总质量大好几倍，这显然是不可能的。所以只剩下一个结论：它是由固体质点引起的。这种质点的直径大多数都在十万分之一厘米左右。星空里的这些微小的固体质点，我们常常把它叫作“宇宙尘”或“星际尘埃”。和星际气体一样，宇宙尘的分布也是不均匀的，也有聚集成云的现象。并且往往和气体搅在一起，这时我们称它为“气体尘埃云”。

在银河系里，星际尘埃和星际气体加起来一共有多少呢？根据理论上的研究，它的总质量应该和银河系内所有恒星的质量相等。银河内的恒星数在1000 亿颗以上，太阳只是其中之一，而它的质量却是地球的 33.4 万多倍，地球的质量是 5.974×10^{27} 克。把这个数字乘上 33.4 万后，再乘 1000 亿，该是多么重！但是，若把这些物质平均分配在银河系里的话，每立方厘米仅能得到 10^{-24} 克。这数字和观测的结果正符合。假使有人能收集到和地球等体积的星际物质，也不过4磅重，这说明空间物质稀薄到什么程度。

第九章 星团和星协

第三章里我们所提到的昴星团，它是一切星团中最著名的，可以作为我们讨论星团的出发点，昴星团是肉眼最容易看见的一个星团。昴宿里的这六七颗密集在一起的星，很引人注意，诗人和科学家各从不同的角度注意到它们。希腊的古诗里和我国的书经中都曾提到过。麦德烈等天文学家曾把它当作宇宙的中心。近代的天文学家把它细加研究一番，结果发觉所谓七姊妹并不止7颗星（图9.1），而是密集的很多星；并且这些星也不是偶然聚在一起的，而是真正有组织的团体。它们在长途旅行的路上，有着共同的目标和一致的步调。

图9.1 昴星团（七姊妹）

像七姊妹这样有组织的星的集团，我们叫它作“星团”。不过，昴星团并不是一切星团的模范，它只是星团的一种，和它同类的，一概叫作“疏散星团”。又因为它们都集中于银河内，所以也叫作“银河星团”。另外一种就是上一章所提到的球状星团。这两种星团，有相同点，也有不同点。我们还是分开来谈。

一、疏散星团

肉眼所能看到的星团，大部分都是疏散星团。除去昴星团，金牛座的毕宿星团，巨蟹座的积尸增三，英仙座的双星团，这些都是很容易看到的。此外，如果用望远镜沿银河寻找，我们还会发现更多的疏散星团。

当成千上万人的队伍行军时，如果这队伍离我们很远，那时我们只看见队伍进行，而看不见各人的步伐；但当队伍在我们的近旁时，我们便可细察队伍中各人的行动。对于星团也是这样，离我们很近的星团，其中个别团员的行动，便逃不过望远镜的巨眼。毕宿星团就是一个很好的例子。这样子的星团，名叫“移动星团”。组成金牛座“V”字形的那些星，除去毕宿五，连同附近的星，都一致向东方前进。但各星所行的路径，却不是平行的，而是像铁路的双轨一样，向远方一点会聚（图 9.2）。这表示它在离我们而去。约 100 万年前，毕宿星团离我们只有 65 光年，而现在已经增加到 114 光年了；不到一亿年以后，这个星团便要缩小成为望远镜里的暗淡物体，而到离开猎户座里的参宿四不远的地方去了。

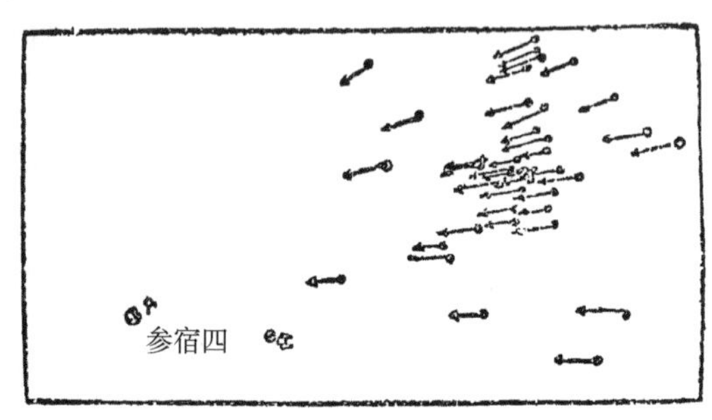

图 9.2　毕宿星团

我们的太阳系本身，现在就处于这样的一个星团中，不过太阳本身不是其中的一员。这个星团包括散布全天的许多恒星，南天的以天狼为代表，北天的以北斗为代表，但要除去柄末的那一颗和指极星的上一颗（图 9.3）。过些时候以后，这星团就要把我们丢在后面，远远地离开而成为平常的疏散星团了！

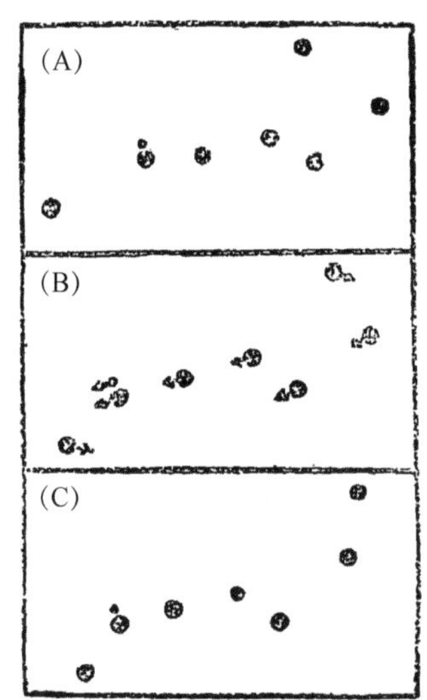

图 9.3　A.五万年前的北斗七星；B.现今的北斗七星；C.五万年后的北斗七星

对于测量远近极有价值的造父变星，却从来没有在疏散星团中发现过。所以，对于这种星团的距离测定，便得另想办法。办法有两种：一种是测定星团中很多同一光谱型的视星等，取得平均值，然后再利用光谱型和绝对星等之间的关系（见第五章）找出绝对星等，由视星等和绝对星等便可以算出距离；另一种是先用星团中的星数和向中心的密集度，算出它的真直径，然后再和视直径比较，从而求出距离。用这两种方法所得到的结果，拿来互相比较一下，便会知道：对于近距离的星团非常一致，但对于远距离的却不同了——用前一种方法所得的远，用后一种所得的近。这是为什么呢？起初大家都莫名其妙。直到 1930 年，杜兰伯勒才肯定地断定，这是星际物质使遥远的星光变暗，于是显得远了，但对于星团的视直径却不产生影响。

二、球状星团

和疏散星团相反，每个球状星团中都有造父变星。利用造父变星可以测得球状星团的距离。最近的球状星团比最远的疏散星团还远，所以球状星团没有成为移动星团的可能。除此以外，球状星团不同于疏散星团的地方，还有如下几个方面。①疏散星团，名如其实，自由散漫，组织力弱，球状星团则相反。②疏散星团完全分布在银河带内，形成扁平子系；而球状星团则在银极方向还可发现，形成球状子系。③疏散星团所含的星数少，并且形状不定，而球状星团的成员却非常多，各个球状星团都一模一样。④疏散星团里的星，普通的视线速度，大概不到 40 千米/秒，而球状星团可达 100 千米/秒多些。⑤组成星不同。疏散星团中有主序星，巨星和超巨星；球状星团中只有巨星和超巨星，没有矮星，也没有 B 型星。图 9.4 表示它们的组成星在罗素图上的位置。影条表示球状星团，密点表示疏散星团。

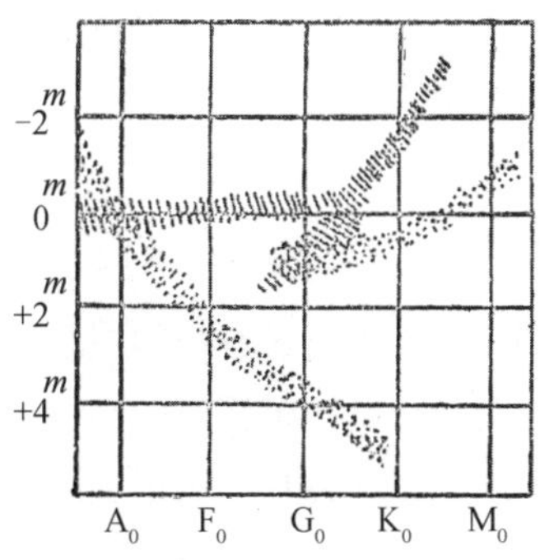

图 9.4　球状星团和疏散星团的组成星在罗素图上的位置

现在所发现的球状星团，其中除去五六个以外，都是肉眼不能见到的；而这五六个可以看见的，也模糊一片。但是用大望远镜来看时，便可以看到星团内一窝蜂似的恒星。当望远镜的倍数再高，尤其是用照相方法观测的时候，便可以看见遥远的星团中有一个个的恒星，好像许多钻石镶成的宝星勋章一样。其实，这所有的恒星都向一个中心集中，在中心处大家都挤成一团，在照片上很难分开。所以我们无法知道球状星团内恒星的确数。其他的个别情况，更难明了。

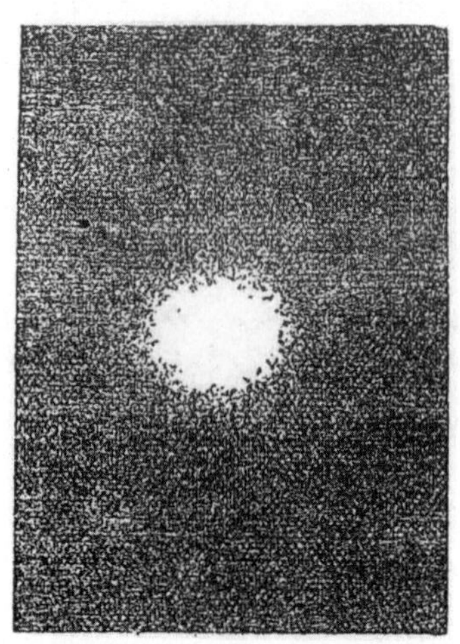

图 9.5　武仙座的球状星团

最近最亮的球状星团是半人马座 ω 和杜鹃座 47 号。可惜它们两个都处在南天，在我国无法看见。在我国境内，用肉眼能勉强看到的球状星团，只有武仙座的一个（图 9.5）。如果把武仙座看成一只蝴蝶的话，这星团便在从北方翼一端到头部的 2/3 处。它和我们相距 3.4 万光年。它所包含的恒星只有比太阳还亮的才可以看见，不比太阳亮的星，那是用最大的望远镜也看不见。虽然如此，能看见的星数也有 5 万以上，比肉眼同时在天空能看见的星数已多出 20 倍。最密部分的直径约有 16 光年，外侧较为稀疏的部分的直径约 100 光年。就是在这稀疏的部分，每单位体积内的恒星数目比太阳周围每单位体积的平均星数还多得多。所以我们如果能够搬到这个星团里生活的话，那夜晚才真是星光灿烂哩！

三、星协

1947 年阿姆巴楚米扬发现，在银河系中除了疏散星团和球状星团以外，还有一种恒星的集体组织——星协。星协是同一物理类型的恒星所组成的疏散星团。虽然星协内星的空间密度比星团内的小得多，但是按某一定物理类型的星的密度分布来调查时，还是容易分辨出来的。在一种情形下是金牛座 T 型变星，在另一种情形下是 O 型和 B 型的超巨星。正因为如此，星协才能被观测到。[⑦]

全天六个亮于 2.5 等的 O 型和 B_0 型恒星中的三个组成猎户的腰带，就是长约三度的一个链子。此外，在猎户座里还有六个亮于五等的 O 型和 B_0 型星。在不到二百分之一的天空面积上集中了亮于五等的 O 型和 B_0 型星的三分之一还多（总共只有 25 个），这不会是偶然的。并且，O 型和 B_0 型星在银河系的分布是向银河平面集中的，而猎户座这个星组的银纬已是−17°，这就更加使我们相信：这群 O 型和 B_0 型星组绝不是偶然相遇的，必然有演化上的关系。

这就是猎户座的O星协，参加这个星协的还有四个疏散星团和一些稍为晚型的星（O星协常常有一个或几个疏散星团作为它的核心）。另外两个著名的O星协是天鹅座O—B星组（包括天鹅P星）和英仙座双星团附近的O—B星组。天鹅座O星协包含几十个沃尔夫—拉叶型星（全天被发现的总共不到100个），而且它们几乎是同一视星等。英仙座O星协中包含几十个Be（B型发射）星。

O型星、沃尔夫—拉叶型星、天鹅座P型量和Be型星都是光度很大的星，而且不断抛射着物质。由于抛射物质，它们在这些阶段停留的时间不能超过一亿年。这表明，这些星和它们所组成的星协是年轻的组织。动力学上的研究也支持这一点：星协因为组成它的星之间相互作用力非常小，应该是不稳定的，在银河系的引力作用下几千万年内就要分散，但现在还没有分散。这显然表示星协——也就是属于它们的星——产生不久。然而进一步的研究又证明，星协的瓦解主要不是由于银河中心的作用，而是由于星协的组成星在一开始就有很大的运动速度，快速地从内部往外跑。现在对许多星协已做了膨胀速度的测定，使得可能更精确地测定星协组成星的年龄。对于许多O星协得到的年龄是100万～500万年，和恒星的平均年龄比起来，它们简直是新生婴儿星。

在天空成群出现的另一种星是金牛座T型变星。由这类星组成的星协叫作T星协。已知的T星协共有二十几个。对于T星协膨胀速度的测定，虽然还没有得到准确的数据，但根据间接的材料，它们的年龄有一两百万年。

两类星协有时很难区分。巴连那果证明猎户产O星协内含有大量的金牛座T型星，数目多到好几百。另一个离我们最近的O星协（麒麟I）的核的周围也含有20多个金牛座T型星。由此可见，O星协同时也可以是T星协。不过，许多T星协中却没有O-B型星，而只是T型星协。

在星协内，常常遇到双星和聚星。拿英仙座O星协来说，属于早型（O-B_2）星的七个星中有六个是双星，至少四个是三合星。T星协内常有“远距目视双星”，而且两个子星都是金牛座T型星。星协内的聚星和星协外的聚星有很大的不同，各个子星之间的距离差不多是相等的。力学的研究表明，在这种情况下，体系不会是稳定的，在100万年左右，或更短的时间内就应当变形或瓦解。在这里又一次说明星协内的恒星也不是同时产生的，而且也给双星和聚星的起源问题以新的启示：它们一产生就是在一起的。也就是说，在星协里，就是在最年轻的星之间，已经有很多的双星和聚星了。因此认为星在它的长期发展过程中获得了伴星的想法是不正确的。事实上，它们或者是单独地产生或者是集体地产生，聚星和太阳系之间很可能没有原则上的不同。在这种情形下，上述的结论对于太阳系演化学也是很重要的。

很可能，参加中介子系和扁平子系的星都是在星协内产生的。形成的星从星协进入银河内，而恒星形成的过程还在星协内继续进行。并且很可能，现在也还在不断产生着恒星。

星协的发现及星协的中心常有聚星和星团等，指出了一条解决恒星起源问题的新道路，而有力地打击了某些西方学者所宣称的所有的恒星都是在同一时刻“一下子被创造出来”的唯心的学说。

第十章 星　云

在广大的宇宙空间中，除去日、月、星辰，还有一种美丽的天体，就是星云，但它是不容易用肉眼发现的，古代又没有望远镜，所以这种天体被人类发现也很晚。星云有多种形状，有的像螃蟹，有的像戒指，有的像新娘所戴的头纱，再加上那浅绿的颜色，非常好看。

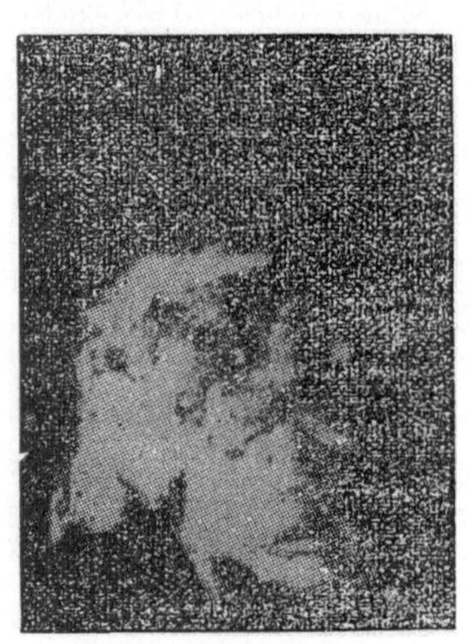

图 10.1　猎户座大星云

对于这些星云的本性，早期的天文学家各有不同的看法。康德认为它们是遥远的星系，威廉·赫歇尔说它们是一种发光的气体。现代天文学研究证明，这两种说法都对，但也都只是说明了事实的一部分。星云原来可以分为两大类：一类是“河外星云”；一类是“河内星云”。这两种星云的本性，完全不同：前一种就是康德所说的星系，它们的光谱是很多恒星集合的光谱，它们都在银河系以外，是和银河系相似的巨大的星系，我们的银河系里头所有的东西，它们都有。后一种就是赫歇尔所说的气体星云，是银河系的附属物，光谱里头有明线。河外星云留待最末一章再来介绍。本章只谈谈气体星云。气体星云可以分为三种，那就是弥漫星云、暗星云和行星星云。

一、弥漫星云

在“猎户”的腰带下面，有三颗暗星，形成一把佩剑（见第三章冬季星座图）。三颗星中位于中间的一颗，若用望远镜一看，便会看到它不是一颗星，而是一块绿色的云，由中央向边缘渐暗。这便是有名的猎户座大星云（图 10.1）。它的直径是十光年，和我们相距 850 光年（有人定为：直径是 26 光年，距离是 980 光年）。

像猎户座大星云这样的星云叫作“弥漫星云”。它们都是由气体分子和微尘所组成的极大的云，其中物质分布的稀疏程度，比最好的真空管的密度还小。不用说，这样稀薄的物质，当然是不会发光的。但为什么它们还很亮呢？这问题起初很伤天文学家的脑筋；后来经过哈伯的一番研究，才知道它的光辉来自邻近的恒星。这颗联属的星越亮，星云被照亮的范围也越广；并且由于分光的研究，发现了星云和它的联属星中间的有趣关系：①若恒星的光谱为 B_2 型，或是它以后的各型，如 A、F 等，那么星云的光谱和恒星的相同；②若恒星的光谱型为 B_1 型，或是它的以前的各型，如 B_0、O 等，那么星云的光谱和恒星的不同，光谱中有明亮的发射线出现。这个理由很简单：恒星的温度随着光谱序而降低。B_1 型以前的星的温度比 B_2 型以后的高，温度高则发射的紫外线多，紫外线是可以激发气体星云内的原子而使它们发光的。所以被 B_1 型及其以前各型的星照耀的星云，除去反射和散射星光以外，还可以被刺激得发光，而 B_2 型及其以后各型的星则没有这种作用。不容易解释的，却是这些明线中，有两条从来没有在实验室里见过。难道能有地球上没有的元素存在于星云中吗？在未能认出它是由哪一种元素所生的以前，天文学家把那种元素叫作氰。但是，化学家却不相信这是新元素，于是他们纷纷做实验。这一问题终于在 1926 年年末，被波温解决了。他证明所谓氰，实际上只是双电离的氧原子。在特殊的情况下，双电离的氧原子能生出上述的那两条明线。

到这时，氧的命运便寿终正寝了。宇宙虽大，但构成的元素却不出 90 多种之外，这又是一个证明。

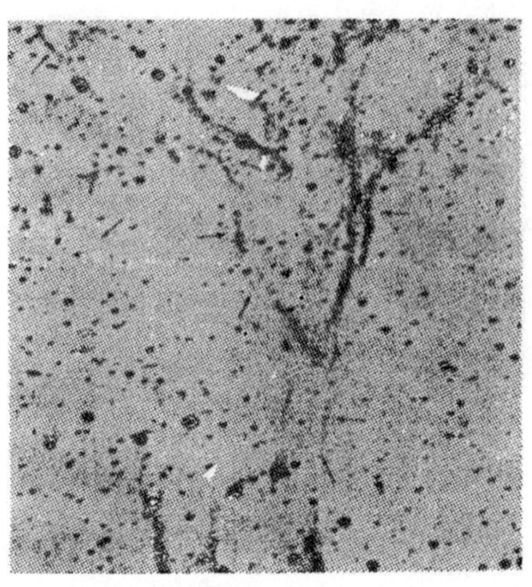

图 10.2 天鹅座的纤维星云。箭头所指的部分是星链

弥漫星云和照亮它的恒星是偶然处在一起呢？还是有演化上的联系？这是一个很有趣的问题，但也是没有解决的问题。从空间分布上来看，星云和 O、B 型星是很类似的，因此可能有演化上的关系。很自然的看法是认为星云是由这些 O、B 型炽热恒星抛射出来的。但是这一假说和由星云质量测定的结果相矛盾：大部分弥漫星云的质量是太阳质量的十倍上下，但也有大到千倍甚至万倍的，恒星不可能抛掷出比它们自身现时所具有的质量大得多的质量。与此相反的另一种看法是：恒星从弥漫星云产生，然而这又和下述观测资料相矛盾，如围绕着英仙座双星的 O 星协包含极少的气体物质，但却有大量的形成不久的恒星。这样，我们就不得不面向第三种情况：恒星和星云是各种性质的星前物质同时产生的，弥漫星云也是年轻的天体。在这方面，苏联天文学家对星云纤维的发现具有重大意义，纤维是一般星云的普通特征，但是也有少数纯然是纤维状的星云，图 10.2 就是一个例子。费森科夫认为：从弥漫星云到纤维星云是星云复杂化的过程。个别纤维的密度要比弥漫星云的大千倍左右。纤维虽然不大，但却特别亮。1952 年发现起初看起来是连续的纤维放大时，发现有些纤维是由单颗星凝聚体组成的。这些凝聚体在某些方面具有恒星的性质，这些凝聚体成串地排列着，很像在星协中的星链（如“猎户”的腰带），不过这里所遇到的不是热巨星。但是从力学的

角度看来，这种成串的东西都是不稳定的组织；因此，在纤维星云里我们又看到了恒星的形成过程。很可能，纤维物质和这些年轻的恒星是同时由某种物质演化成的。

在星际空间中除了弥漫星云，还有微微发光的氢场。它浓度比弥漫星云小，但体积却大得多。发光的氢都是电离的，名为氢云，只是因为氢是最初发现的，现在知道其中还有电离的氧和氮。无论是在弥漫星云中，还是在氢场中，氢的相对含量都和恒星大气中的很一致。

有些弥漫星云也是无线电辐射的来源，如 1953 年秋天发现了猎户座大星云有波长 9.4 厘米的无线电辐射。

二、暗星云

弥漫星云的发光，是气体星云受了附近光亮的星的恩赐，如果得不到恒星的照耀，那它便黯然无光，而成为暗星云。暗星云遍布空间各处，只因它们不会发光，很难觉察；只有和明亮的银河带对比的时候，才可以衬托出来。

在牛郎和织女之间的银河中，有几颗星排成十字架状。那是天鹅座，也叫作“北十字”。从这里起，银河分成了平行的东西两支流，一直到“南十字”附近才再相会。这两支流之间的“暗滩”，便是一个很大的暗星云。另外，在北十字的北边，有一道黑色的裂纹，很容易看出。在南十字附近，也有一块很黑的区域，不过在我国看不见。银河带中，除了这几处很明显的黑暗区，在这条光流的全程中，也处处充满脉络式的暗纹，尤其在蛇夫座区域中，更显出一些奇异的形状。图 10.3 就是蛇夫座的一部分。

图 10.3　蛇夫座的“S”形暗星云

已经发现的这些暗星云，和我们的距离都只有几千光年。难道更远的地方，就没有这种东西了吗？不是的，距离远，在它和我们之间的恒星便加多，因而暗星云也就失掉它那黑暗的本色了！

和暗星云近似的有近年来在明亮的弥漫星云背景上发现的几十个球状黑暗物体，称为“球状物”。它们的直径为 1 万～3.5 万天文单位。但也有小到

4000 天文单位的。一个天文单位等于 1.5 亿千米。有些人认为，球状物可能是原始恒星的形式之一。

如果把球状物撇开不谈，可以认为暗星云都是由星际尘埃组成的。在对这些质点的比重或多或少近于真实情况的假设下，我们得到最大的暗星云的质量在太阳质量的 50 倍左右，小的暗星云的质量不超过太阳的十倍。

三、行星星云

“行星星云”和行星绝对没有相同的地方。这一名称的由来，是因为它们在望远镜中是以椭圆面姿态出现的。远远看去有点像遥远的行星（天王星和海王星）。它们都是很扁的球状星云，它们的直径不但比行星的大，而且比全太阳系的还要大。扁是因为它们有自转（理由等下一章再说），它们的光谱就可以说明这一点。不错，有的也呈真正的圆形面，但显然它的旋转轴是指向地球的。

已经发现的行星星云，约有 400 个。它们的大小很相似，平均直径约九分之一光年，看起来不同只是因为远近不同。最大最近的一个在宝瓶座，距离我们约八十光年，角直径十二分。其他的都小于一分。因此，用望远镜不见得能将它和恒星分开，但用光谱仪却很容易认出来，因为这种星云的光谱，和弥漫星云的一样，其中有明亮的发射线。

这种星云的形状，各有不同，有的像哑铃，有的像猫头鹰，有的像土星和它的光环。天琴座（就是织女所在的星座）中的环状星云，便是用望远镜看来最美丽的行星星云，它像一块微扁的发光小饼，在照片中还现出比较复杂的精微结构，并且中心还有一颗星（见图 10.4）。在中央的这一颗星是非常蓝的星。或许没有例外，每个行星星云都有。这是它们的光的来源，也是它们的特点。

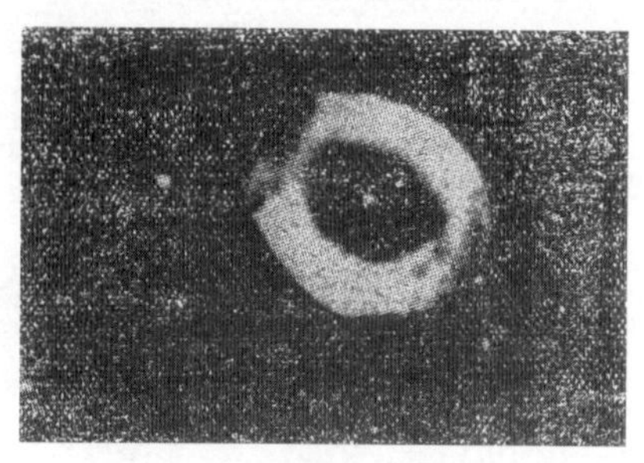

图 10.4　天琴座环状星云

由于这个特点，人们就会联想到新星，因为新星在最后阶段时，和这颗中央星并没有不同，并且周围往往也有气体包围着。于是有人说：行星星云可能是新星的后身。但是这一假说也有和事实相矛盾的地方。从外表上来看，行星星云一点也不像金牛座的蟹状星云，那是 1054 年超新星爆发产生的。就是在实质上也不相同：（1）蟹状星云的膨胀速度达 1300 千米/秒，但行星星云的膨胀速度只 10～20 千米/秒；

（2）蟹状星云和行星星云不仅光谱不同，而且那里有无线电辐射。因此，行星星云的起源问题就还是一个没有解决的问题，需要我们继续研究。行星形状各异，这是因为视角的不同。现在认为，它们是中等质量恒星在死亡前的产物，中间是温度很高的白矮星，外周盘状物是恒星抛出的气体和尘埃。

第十一章　银　河　系

每当夏历七月七日的晚上，人们总会想到牛郎织女鹊桥相会的故事。但是天文学家却证明了两星在七七的晚上，还是和平时一样，分居银河两岸，彼此各不相干。河上并没有什么鹊桥，而且银河也不是河。从望远镜里看去，这条光流，只是密集的点点繁星。当我们在银河的深处，和离银河最远的区域，各取一方相等的面积，来比较其中所含星数的时候，若将十一等以上的星略了不计，那么银河附近的星数约为远离银河区域的 5 倍；若是数到二十一等为止，比率更要增加到 44∶1。可见恒星有向银河集中的倾向，暗星尤其显著。

银河系是有边界、有形状的。远在 18 世纪，威廉·赫歇尔就说它是个扁平形体，而边缘凹凸参差，很不整齐。后来经过许多人的研究观测，现在我们晓得它像一只铁饼，直径约八万五千光年，平均厚度约为一万光年。太阳也在这只铁饼里面，距中心约二万三千五百光年（图 11.1）。

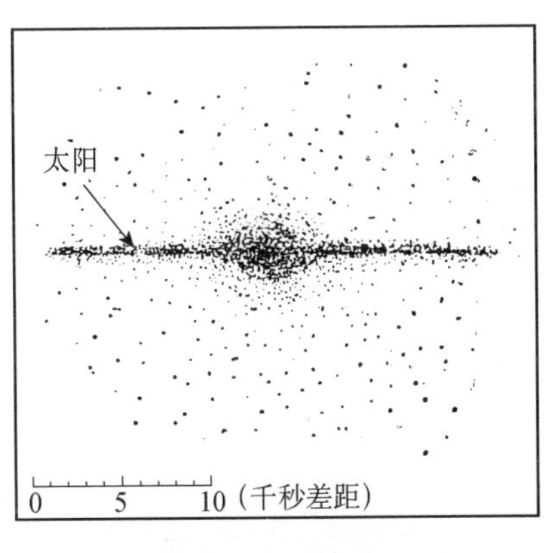

图 11.1　银河外形图

这只铁饼的中心，可以由球状星团的分布看出来。球状星团的分布很特别，它们都会聚在南天一隅。这种关系引起了沙普利的注意。他费尽心思，把所有能观测到的球状星团的距离，作了全部的估定。然后他得出一个结论：这些星团所聚成的集团的中心是在人马座方向。这个结论和各种各样的天体在人马座附近聚集的现象结合起来，我们便可断定银河系的中心是在人马座的方向。这件事实，就是不用望远镜，也可以看出个大概来。你瞧！围绕全天的银河，它在人马座附近又宽又亮。由那里向两端伸出去，在天鹅座（北天）和船底座之间，一般说来，还是比较的亮和宽的，但从天鹅座经金牛座猎户座而到船底座之间，则又窄又暗，尤其在御夫座和金牛座那里，几乎又窄又暗到难以看见。这种情形就足以表明，银河系的中心在人马座的方向；而御夫座是太阳和银河系的边缘距离最小的方向，这个方向叫作“反银心的方向”（图 11.2）。

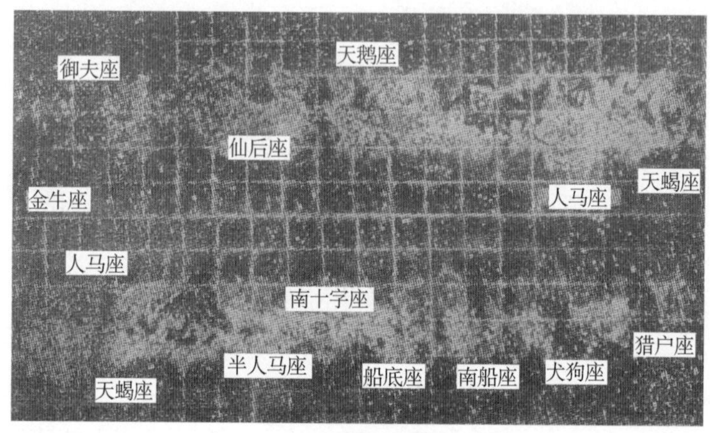

图 11.2　银河全景

虽然用上述统计的方法早已得到了银河中心所在的方向，但观测到银河中心（核）的构造却是最近几年的事。因为核所处的方向，有一部分是遮满了星际尘埃的。这些尘埃的吸光是那样强，以至我们用普通照相方法在那里不能发现什么。直到 1949 年苏联天文学家尼考诺夫等，利用红外光照相的方法，才看到完整的球状的核（图 11.3）。核的角直大约十度多，相当于 4000 光年。在核中充满了各种各样的天体，星的分布密度很大。在核的周围有许多短周期的造父变星。

图 11.3A　普通照相所得银河的核

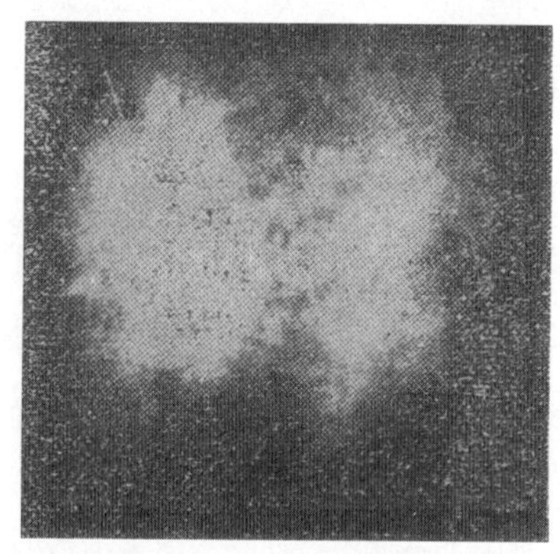

图 11.3B　利用红外光照相所得银河的核

根据牛顿的万有引力定律，可以得到一个这样的推论：一个物体若不自转，它的天然形状便是球形；若自转，它便会变扁，而变扁的程度和自转的速度成正比。地球因每日自转一周，所以两极的直径便比赤道的稍为短一点。土星和木星转得很快，只需十小时左右便自转一周，所以它们的形状很扁。反过来说，我们的银河既然是非常扁的，那么必有自转。

从理论上，我们既已得到了银河自转的结论，现在再回头来看看实测的情形怎样。首先，当我们应用多普勒效应来研究银河区内各星座中恒星的视运动时，便会发觉有如图11.4所表示的情形。要解释这种现象，便需要借助两件事情。

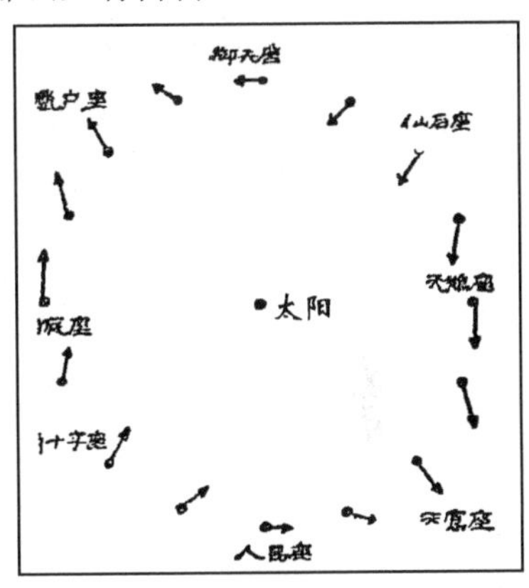

图 11.4　恒星的视运动

一是开普勒的调和定律。他的调和定律说：“行星绕太阳一周所需时间的平方，和它与太阳距离的立方成正比”。也就是说，越近太阳的行星，它的公转的速度越快，越远则越慢。把这个定律应用于银河系，便得到这个推论：比太阳离人马座近的恒星，它绕银河系中心自转的速度，应该比太阳大，而远的则较小。设银河中心在图11.5的下方，情形就像图11.5中黑线和黑箭头所表示的。黑箭头表示运动的方向，黑线的长短表示速度的大小。

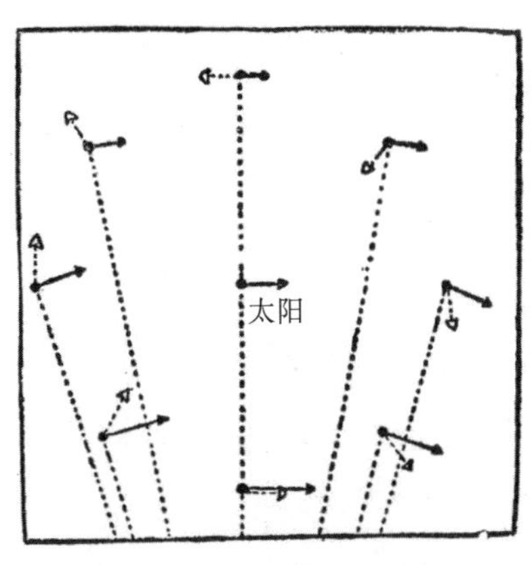

图 11.5　恒星视运动的解释

二是运动会上赛跑的情形：设有张三、李四、王五三个人在赛跑。李四的速度比王五小，但比张三大。当张三和王五都在李四之前时，因为李四要渐渐地追上张三，于是从李四看来，张三是向他而来。但王五则不然，因为王五的速度大，李四不但追不上，而且越拉越远，于是从李四看来，王五便是离他而去。当张三和王五都在李四之后时，情形恰好和在前时相反。把这种情形应用到银河系，把太阳当作李四，和第一种情形结合，便可得到图11.5中的虚线情形。这情形正好和由观测所得的图11.4相一致。因而关于银河的自转，便得到了事实的证明。现在我们晓得：太阳绕银河中心公转的线速度，约为 250 千米/秒。虽然这样快，但是还需要一亿八千万年才能走完一周。而太阳还不在银河的最边缘。银河的广大由此可以想见了。

关于银河系有旋涡结构的理论，近年来得到了一些观测的证明。1952 年苏联天文学家伏隆佐夫-维里亚米诺夫根据 O、B_2 型热巨星和超巨星的分布，得出在太阳附近的两个旋涡臂：一个在太阳的外测，从船帆座开始，经船艄座、天狗座、麒麟座、双子座到御夫座。一个在太阳的内侧，从船底座开始，经半人马座、人马座、盾牌座和天鹅座到英仙座。近来什克洛夫斯基根据银河系内无线电辐射的分布，则得到银河臂在旋闭的结论，银河系无线电辐射包括两方面：一种是原始宇宙线中电子部分的辐射，原始宇宙线可能是由超新星爆发而产生的；另一种是星际电离气体（主要是氢）的热辐射。但是 1953 年摩尔根等从 27 个 O 星协和 8 个远距离的超巨星的空间分布的研究得出有三个旋涡臂存在：一个通过太阳，一个在外侧，一个在内侧。外旋臂和内旋臂各离太阳约 2000 秒差距。他们又说这些臂是旋紧的。因此关于银河系的旋涡结构问题，还没有解决。这是近年来各国天文学家研究的一个重点。同年 9 月国际天文协会在都柏林举行了两个大型讨论会，一是关于天体演化问题的，另一个所讨论的就是这问题，可见它的重要性了。

第十二章　河外星云、总星系

什么变星呀、双星呀、星团呀，我们已经谈了很多很多，但是说来说去，还是没有越出我们的银河系的范围。而我们的银河系并非独一无二的星系。正像地球上不只我国一个国家一样，宇宙里的星系也多着哩！在我们的银河系以外的星系，总称为“河外星云”。河外星云以旋涡状的占多数，用现在最大的望远镜可以看到约一万万个河外星云。从前的人以为这些都是气体星云，直到大望远镜制造出来以后，才发现它们也都是由各种天体所组成的大集团。这些集团和我们的银河系不相上下。又因为它们在天空的分布相当均匀，若把天空比作海洋的话，它们便像其中的岛屿，所以也叫作“岛宇宙”或“岛宇”。

仙女座大星云是旋涡星云中的最著名的一个，它是肉眼所能看到的唯一的河外星云。在秋天夜晚的天空，凡是熟悉飞马座大正方形的人，都容易找到它。飞马座和仙女座结合起来，好像放大了好几倍的北斗星，斗柄向着东北。在斗柄第二颗星的东北，肉眼看去，有一个微弱的光点，那就是仙女座大星云。用望远镜也看不出来它的构造，可是照片中却很清楚地表示了出来（图 12.1）。它是一个扁平的旋涡星云；边向我们约作 15° 的倾斜。在它里面发现有造父变星，利用“周光关系”测出它和我们相距约有 150 万光年。它的直径为 14 万光年。比我们的银河系约大一倍半。

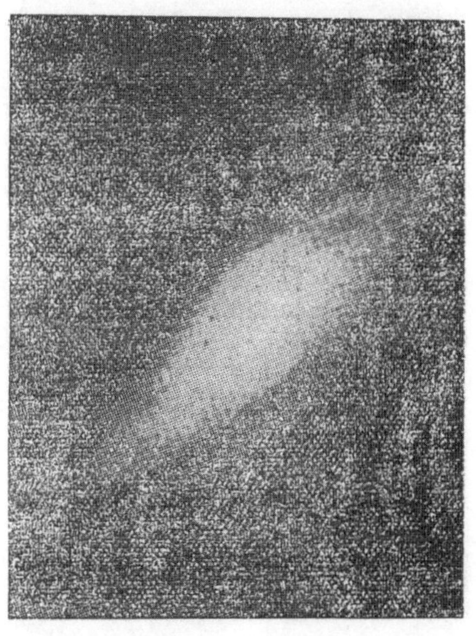

图 12.1　仙女座旋涡星云

各旋涡星云，因它们对我们的视线所成的角度不同，而有种种姿态。以正面对着我们的，如图 12.2 所示，呈现浑圆的状态，从核的中央伸出，分支向同一方向，在同一平面上屈曲。以侧面对着我们的，显出扁长的外表，好似一个纺锤。它的特色是腰里缠着一条暗带，如图 12.3 所示，似乎把它分成了上下两半。这条暗带，正好是我们的银河里黑暗星云的写照，尤其是从北十字到南十字的那条暗滩。同时，在这里，对于旋涡星云不容易在银河一带看

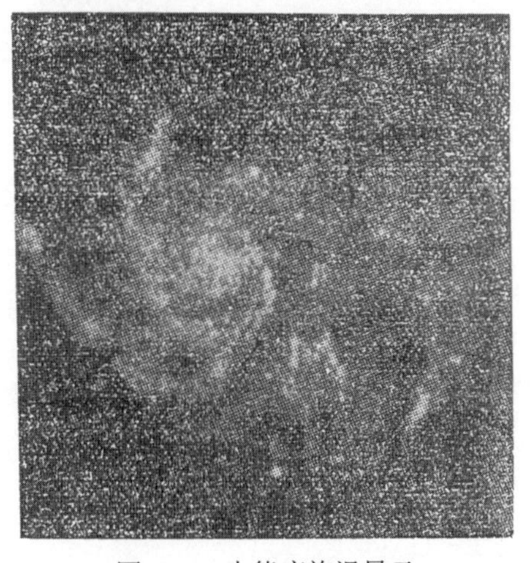

图 12.2　大熊座旋涡星云

见的现象，也作了解释：旋涡星云既然远在银河以外，而银河的四周又受了黑暗星云的包围，所以我们只能够在上下两方望到旋涡星云了！

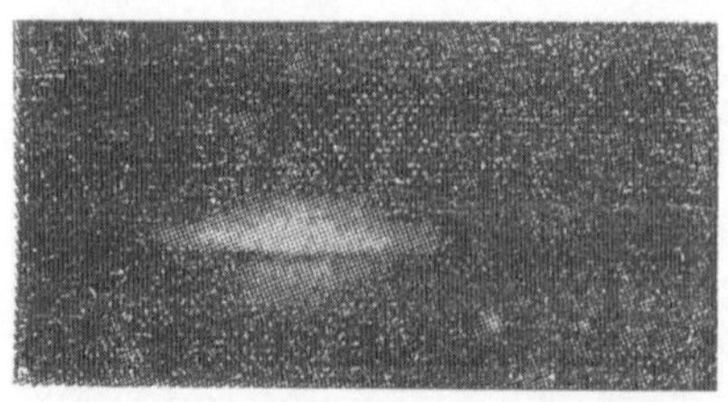

图 12.3　以侧面对着我们的星云

并不是河外星云都是旋涡状的。有一小部分的形状是不规则的，图 12.4 中的河外星云就是一个例子。另有一部分是椭圆形云，叫椭圆星云。椭圆的侧面也各有不同：有的几乎是正圆形（图 12.5），有的很扁（图 12.6），而最扁的，竟像以边对着我们的凸透镜（图 12.7）。这些椭圆星云都是中央明亮，越近边缘越暗淡。应用现在的最大望远镜，已能把其中的星点分开。旋涡星云的中央区域和椭圆星云中的天体，多属于球状子系，而处在旋涡星云臂上的多属于扁平子系。

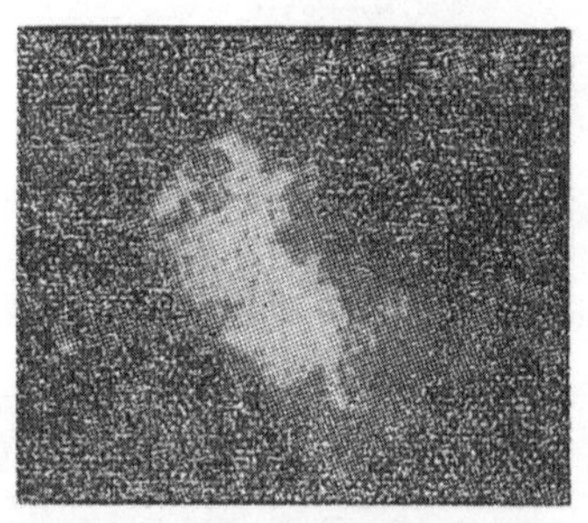

图 12.4　不规则形状的河外星云

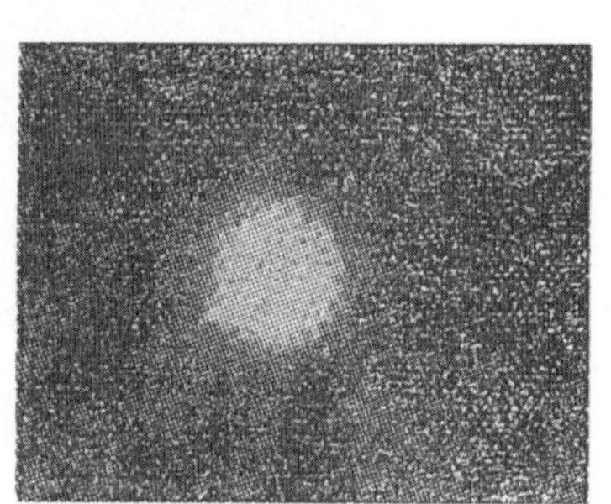

图 12.5　正圆形的椭圆星云

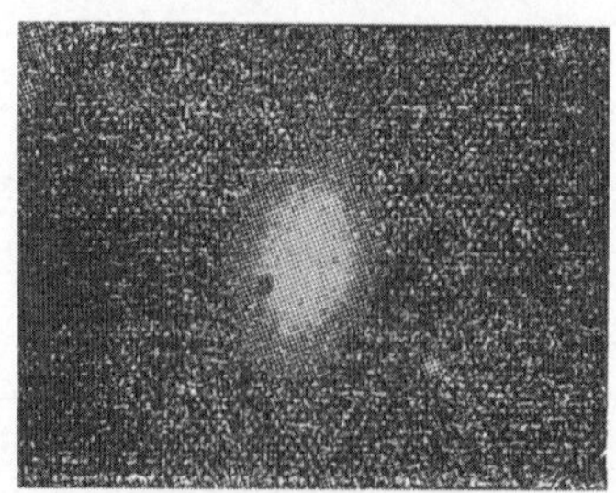

图 12.6　扁形的椭圆星云

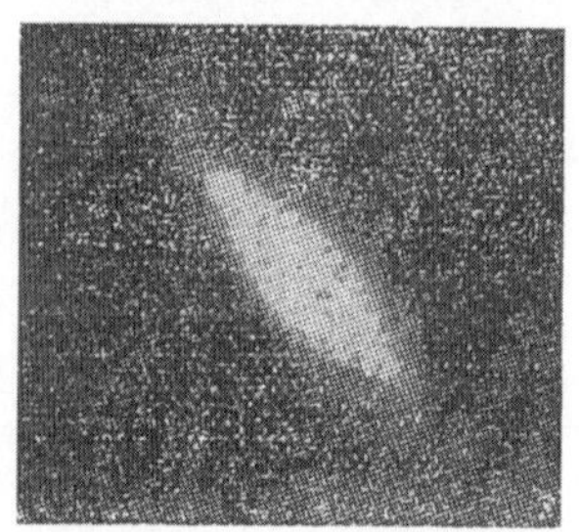

图 12.7　最扁的椭圆星云

对河外星云的距离分析一下，就可知道各河外星云之间也有组成集团的趋势。这种集团叫作“星云团”或“星系团”。我们自己的银河系所参加的星系团叫作“本星系团”或“本星星系”，直径差不多有二百万光年。属于这个集团的星系共几十个。现在我们把知道得比较清楚的十六个成员画在图 12.8 中。图中附有正负号的数字表示要把该星云从纸面上移高或降低多少千秒差距，才能得到它们的真正分布情况。LMC 和 SMC 是大小麦哲伦星云，NGC 代表星云在“新总星表”中的号数，M 代表在“梅西尔星表”中的号数，I.C. 代表在“索引星表”中的号数。

从图 12.8 中可以看出，银河系和大小麦哲伦星云组成一个小集团，而仙女座大星云（M31）和 M32、NGC205、NGC185、NGC147 形成另一个小集团。仅仅十六个星云就有两个小集团。可见就河外星云来说，三五成群的现象也是很普遍的。

在这近二十个成员中，按形状说，有八个是椭圆形；三个是不规则的；四五个呈旋涡状；四个还不能肯定，可能是棒形。按大小来说，像我们银河系和仙女座大星云这样大小的，矮型的占大多数。

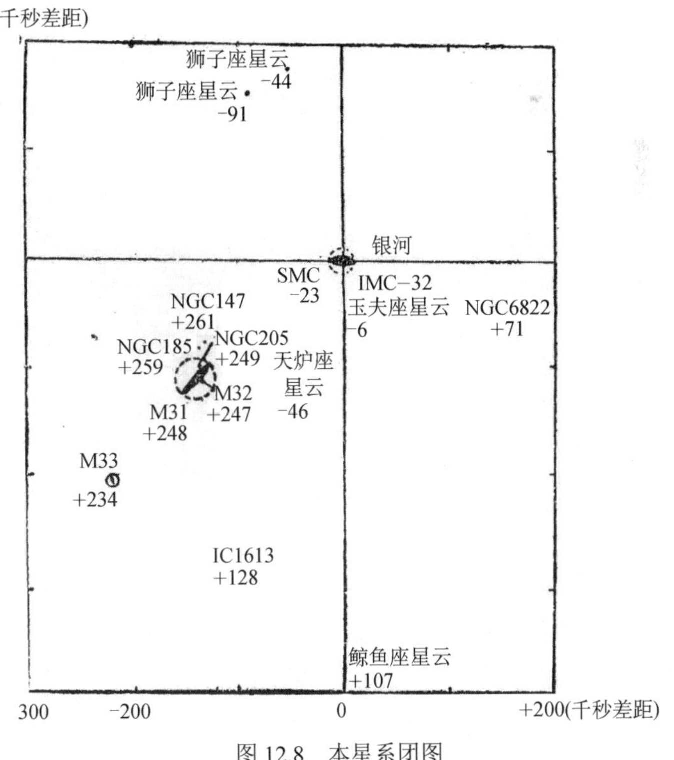

图 12.8　本星系团图

河外星云在星系团里的分布，有的是不规则的，如大熊座星系团（有三百个成员）和室女座星系团（有五百个成员）。这一类并不多。已发现的星系团，大多数都是球状系较亮且质量较大的河外星云有集中于星系团中部的倾而较暗且质量较小的河外星云离中心愈远愈多。后发座团（有 800 个成员）和英仙座星系团（有 500 个成员）都是这种球状星系团。我们的本星系团则呈椭球体，椭球的长轴通过银河系和仙女座大星云。

近几年来，在后发座星系团的中部发现了延伸的发光的恒星云，它的大小有几万光年。在其他的许多较亮的河外星云之间，也发现有发光的物质相联系。这种“星云际物质”可能是恒星、恒星群、恒星云或气体尘埃之类。星云际物质的发现对我们关于星云际物质的密度和星云际空间性质的了解，有很大的帮助。

比星系团更高一级的组织叫“超星系”。我们银河系所在的超星系叫作“本超星系”。本超星系包含了大多数的亮的河外星云，直径为 1500 万～2000 万光年，核心可能在室女座星系团的方向。

已发现的另一超星系，在银河平面的南方。自鲸鱼座开始，经过天炉座、波江座、时钟座，一直伸展到剑鱼座，形成一个扁平系统的侧面图形，厚约 150 万光年，长约 1000 万光年。只比室女座星系团远些，可能是离我们最近的一个超星系。

范围比超星系更大的叫作“总星系”。总星系是用现在最大的望远镜能看到的宇宙范围，它的直径是十亿光年。但是总星系却不是整个宇宙，它只是宇宙中的一个微不足道的小角落。

宇宙在空间上是无限的。在有限的范围内所观测到的规律不一定能运用到无限的宇宙。因此仅仅就总星系里河外星云的光谱线的红向位移这一点来推论说宇宙是有限而膨胀，这是不合理的。很可能，在宇宙的这一部分，观测到的是这种现象，而在另一部分却是另一种完全不同的现象。物质世界是多种多样的。

宇宙在时间上是无始无终的。同一时刻，有的天体在形成，有的在消灭。苏联天体演化学的发展，已经完全驳倒了资产阶级学者关于所有天体都是一次形成的理论。物质世界是永远运动、变化和发展着的。

这样说来，人类的寿命不过百年左右，体高只有五尺，相对无限的宇宙来，岂不太渺小了吗？但是，超越了生活所在的小空间和生命所在的小时间，来研究这广阔无垠的空间、无始无终的时间，以及物质在空间、时间里的一切运动、存在和发展，这只有人类才能够做到。人类不仅善于劳动，而且善于制造工具，这样就使我们有可能在对自然的斗争中，日益扩大我们的胜利。我们不仅征服了所居住的地球，而且凭借我们双手所制成的仪器工具和我们脑力劳动所得的数理果实，逐渐揭开了宇宙的奥密。现在，苏联和美国制的人造卫星已经成功，这是人类进入星际航行的第一步。相信，在不远的将来，人类将对宇宙了解更多，而且他们的活动范围扩大到其他的星球上去。我们要向苏联老大哥好好地学习，准备为人类的共同福利做出贡献。

参考书目

1. Р.Кликовский，Справочннк астронома побнтоля.天文爱好者手册，紫金山天文台译，科学出版社出版。
2. А.Ф.Полак，Курс общей асгрономии，普通天文学教程，戴文赛译，商务印书馆出版。
3. 陈彪著：星体的起源和演化：商务印书馆出版。
4. V.M.Smart，Some Famous Stars. 几颗著名的星，陶宏译，开明书店出版。
5. 陶宏著：每月之星，开明书店出版。
6. П.П.Паронаго，Курс заёэотной астрономии.恒星天文学教程，高等教育出版社将有中译本。
7. В.А.Амбарцумян и лручие，Тооретичоская астрофизина.理论天体物理学，戴文赛、席泽宗译，科学出版社出版。
8. И.С.Шкиовский，Радиоастрономия.无线电天文学，科学出版社将有中译本。
9. В.А.Амбаруумян，Вселенная.宇宙，人民出版社“苏联大百科全书选译”，何仙槎译。
10. 中华全国科学技术普及协会出版的有关天文的整套“科普小册子”。

〔席泽宗著：《恒星》，北京：商务印书馆，1951 年；
北京：科学普及出版社，1958 年修订版〕

月到中秋分外明

月光是自然界的一种美景，尤其是中秋的明月，更是人们欣赏的对象。一年里面，月亮共有十二次的圆缺，最引人注目的，为什么只有中秋的明月呢？从科学的观点看，这原因有两点：①最近秋分的望月，常常就是阴历八月十五。这时候，在北半球的人看来，白道（就是月亮所走的轨道）离地平最近，所以，月出的时间便比较早一点。平常第二天晚上月出的时间，总比第一天晚上迟五十分钟多，而这个时候却没这样多，在北京来说，只迟出二十分钟，这提前的多寡跟纬度有关系，越北越提前。②秋高气爽的季节里，天空里的尘埃较少，也少了尘埃对于光的吸收作用，所以“月到中秋分外明”。

皎洁的明月，实际上不是它的天然本色。它自己是个不发光的物体，只是借了太阳的光辉，才反射出光亮来，使我们能够看得见。用肉眼可以看出，月面上有明暗不同的区域，暗的地方很像一个人的脸，尤其鼻子与眼睛更加显然。

但用望远镜一看，这里也没有什么嫦娥仙子、广寒宫殿。月面的风景写真是：三万多座荒凉沉寂的环形山（也许是火山的遗迹）和许多巍然耸立的孤峰，以及许多的裂纹横切山谷（壑道），看起来暗的地方，实际上只不过是些广大的平原。

月面上因为一来没有空气和水的调节，二来昼夜的长短和我们地球上的不同，它有连续两星期那般长的白天，随着便是两星期的漫漫长夜，所以温度变化得很厉害：中午热到 135℃，（地上最热的时候，也不会超过摄氏表五十度，）午夜冷到-117℃，比世上最冷的地方最冷的时候还要冷。

这样说来，月面的环境，和我们理想中的“天堂”，相差得太远了！不过，我们人类并不因月面的这种恶劣环境而胆怯。相反地，科学进步的国家，都正在为进行月球的探险而做着各种试验，苏联优越的火箭专家苏罗克斯基对这方面已经有了很大的贡献。许多科学家都相信，不久的将来，人类一定可以征服月亮。到那时，过中秋节的时候，我们也可以飞到月亮面上去玩玩，不必像现在这样可望而不可即了。

〔《工人日报》，1951 年 9 月 15 日〕

捷克的整形外科

捷克的整形外科学院，有很长一段时期是世界上唯一的这类性质的机构。最初它的活动仅限于试验工作，特别是以在第一次世界大战当中面部受伤的士兵为对象。试验的成功，引起了公众普遍的注意，许多同病者都来请求医治。捷克红十字会和其他的机构因此都安置了少数病床，专作整形外科手术之用。可是有幸得到捷克整形外科先驱者法兰蒂斯克·菩林的诊治而复原了正常面貌的病人，为数极少；其余的人只好仍旧过着不幸的生活。他们从工作岗位上被驱逐出来，在街头求乞，那是对资本主义制度活生生的控诉。

但是在今天，捷克人民民主共和国的保险机构供给任何需要整形外科手术的人民以治疗的机会。整形外科手术的机构大大地扩充了。现在这样的机构有三个。顶大的一个在布拉格，附属于布拉格医学院，由著名的外科教授法兰蒂斯克·菩林博士领导。

在从前，如果一个孩子生下来是兔唇，或是鼻子破了相，或是手指并合在一起，或是其他的缺陷，那是他和他的家庭终生的不幸。父母要是并不富有，孩子终将成为社会上的游民。而现在，外科医生帮了社会的忙，使得原来不幸的人获得了有生气的健康的生活。

在资本家剥削之下的时候，许多工业上的意外事件使得许多工人成为残疾人。常常发生的皮肤结核性狼疮，不但使患者破了相，而且再也不能找到工作，终于做了乞丐。因为一般男女工人根本没钱做整形手术。可是如今，和其他别的医疗一样，所有捷克人民的外科治疗是免费的。

如今整形外科学院，为那些面部或其他部分有缺陷的人服务，恢复他们的正常形态，使他们重新获得力量和幸福。

〔《科学通报》，1951 年 12 月，署名：希泽节〕

两种科学

在我面前放着两本都是1951年6月的通俗科学的图画杂志，其中一本《科学与生活》是莫斯科出版的，另一本《发现》是伦敦出版的。两者之间的比较是很有教育意义的。

这两本六月号的杂志都论及发电站和水坝。莫斯科的月刊印了很多照片，说明在顿河上齐姆良斯基水利工程的发展，我们看见强有力的起重机正吊起大堆钢铁铸成的工程材料放落到围坝里去，以及它们如何被修起钢骨水泥坝墙的骨架。

而伦敦的杂志叙说如何破坏水坝——用最新的科学方法，最迅速地、最方便地去加以摧毁。《发现》在“科学的进步”的标题下，很认真地刊出这个报道。它叙述1943年5月16日由皇家空军第617中队执行的、有目的地破坏鲁尔河上三个德国水坝的袭击。《发现》洋洋得意地说：

“这袭击的意见是由一个科学家——皇家学会会员、研究兵工学的天才家华里士的丰富想象力所产生的。在那新事业上，他的观点非常惊人，他建议就在近水坝的墙边进行一次不须很大的爆炸任务，如果投弹十分准确，在坝墙上打出一个洞来——这样就使敌人方面的一个坝墙遭遇到了……可是如果他的建议没有由轰炸手——空军元帅哈里斯传到丘吉尔的耳朵里的话，这袭击便将永不能实现。”

跟着是一个漫长的描写，这“科学的进步的杂志”（这是《发现》在它的篇首上的自称）。在破坏重大价值和人类生命的详细情形上大咂舌头：

“在佛洛登堡，一个发电站，铁路与公路的桥梁、小轨道和一个工厂都沉到水里去……十万个工人从事致命的战争工作，由于这一次的袭击，便全部停顿了。”

这杂志小心地不谈到这袭击对于纳粹德国战争潜能的破坏，实在是很识相的。因水灾泛滥而不能开工的大多数工厂是没有军事意义的。位于附近的克卢伯和戈林的兵工厂并没有受损害。当丘吉尔支持“天才”华里士的“丰富的想象力所产生的”惊人与新鲜的意见时，当英国在进行一个反对法西斯的残酷战争的日子里，这难道是没有被丘吉尔预料到的吗？《发现》作结论说：

“这便是这次袭击的结果：证明了一个可能性——在今日，空军已是进行战争的一种有决定性的战斗方法，到广岛和长崎的路是已打开了，是由飞行员的精深技术和高度勇敢配合的科学开辟了这条路。”

够清楚了！《发现》的科学普及者疏忽而泄露出真话，科学在资本主义者的天地里是帝国主义者的俘虏！

我们这一代的未来历史家，无疑会注意到，当苏联和其他民主国家的进步科学家在帮助着建筑大堤坝、电力站和运河，以及灌溉沙漠的时候，一些在英伦岛上的科学人物却在沉湎于“到广岛和长崎的路”的思想中，做着白日梦！

〔《科学通报》，1951 年 12 月，
署名：勒伏夫著，宗祥译〕

地球是怎样来的？*

“地球是怎样来的？”大家会常常想到这个问题。

以前曾有一种错误的学说：当另外一颗恒星走过太阳（也是恒星）附近时，它把太阳上的物质吸引出来了一部分。后来这颗恒星虽然远远地离开了太阳，可是被吸出来的这一部分物质却再也落不到太阳上去了，只得在太阳的周围旋转起来。一面旋转，一面凝结，最后就结成了地球和它的八大兄弟——九大行星。

现在，这套理论，已被伟大的苏联科学家巴利斯基完全推翻了。第一，事实证明，别的恒星和太阳接近的机会平均要 10 万亿年才能发生一次，而太阳最多也只不过活 100 亿年。这种接近的机会太不可能！第二，退一步讲，就算是有这机会，可是从科学计算结果知道：被吸出来的物质，应当是回落到太阳上去，或者是被从太阳旁边经过的恒星带走，绝对不会在太阳周围凝结起来。

苏联的天文学家们，一方面驳斥资产阶级的错误学说，一方面收集材料。

---

* 现在有更新的太阳和太阳系形成说。——编者注

从实际出发，分析、研究。现在，他们已经能够正确地来回答“地球是怎样来的？”

去年 4 月，苏联科学院召开的会议上，施密特所做的报告，已经引起了全世界的注意。

在没有谈施密特的学说之前，我们得先了解一下太阳在宇宙中的位置。夏天的夜晚，大家都看见过一条银白色的光带吧？那就是“天河”，也叫作“银河系”。近来天文学家研究的结果，知道银河系是由许许多多的恒星组成的（太阳也是其中的一个），因为在银河系里边，恒星的分布还是很稀疏，空的地方很多。在星和星之间，有许多灰尘存在着，那就是“宇宙尘”，或者叫作“星际物质”。宇宙尘在银河系里头，分布得很不均匀，有的地方多，有的地方少。

太阳在运行的时候，经过宇宙尘较为密集的地方，就像滚雪球一样，带去了一部分宇宙尘。这部分宇宙尘于是就在太阳的吸引力作用之下，围绕着太阳运动，同时慢慢地分头聚集起来，形成了地球和行星。这就是施密特学说。

根据施密特学说，宇宙尘便是组成地球的材料。事实证明，这个学说是正确的：宇宙尘大部分是铁、氢、碳、氧、氮和硅化合物（即沙子和石头），而地球上这些东西的确很多（地面上碳、氢、氧、氮和硅化合物多，地心铁多）；另外，施密特学说还可以圆满地解释太阳系里的许多事实。

苏联天文学家们在研究这个问题时，是互相帮助集体合作的。许多数学家、地质学家、物理学家、化学家都参加了这个工作。

先进的苏联科学打开了自然界的许多新的秘密，我们相信：天体的起源和天体的发展的科学，将会获得新的成就。

〔《中国少年报》，1952 年 3 月 17 日〕

夜光云性质的新解释

夜光云的研究开始于 1885 年 6 月 13 日，那一天著名的俄国天文学家采拉斯基（B.K.Церaский）第一次观测到这种云。“这种云不同于其他云的形状”——采拉斯基写道——“惹人注意的首先是它的光亮。在夜晚的天空这些云闪着纯银白色的光亮；有时候带着浅蓝的颜色；在地平线附近是金黄色彩。常常变得很亮，把建筑物的墙壁照得通明，使隐约可见的东西看得很清楚。”

对夜光云的进一步观测表明：它有时候有着很大的面积，比 10 万千米^{2}还大；通常也有几万千米^2。它的亮度达到 0.4 国际烛光/厘米^2。速度的平均变化约 100 千米/秒。密度很小，因为通过它还可看见暗星。夜光云最显著的特点是它的高度固定，与观测的时间和地点无关，无数次的观测给出它在 82 千米高度处，或者在这高度的附近。

直到最近夜光云的性质和起源还不明了。

有一种假说认为夜光云是由 1883 年克拉卡道（Кракатау）火山强烈地爆发时抛射到大气上层的火山灰尘的微粒所组成的。当时抛射在 20～30 千米的高度处的灰尘不下 3500 万吨，这些灰尘在大气中浮游了好几年。遗憾的是这个假说不能解释夜光云高度的固定性和它自身的发光。因此，人们认为它是不正确的。

另一假说是利用流星物质侵入地球大气来解释的。但这个假说由于流星雨和夜光云之间没有连带关系，由于夜光云高度的不变，同样也得不到证实。

最后，第三种假说认为和普通云一样，夜光云是由小水点子或冰晶体组成的。但直到不久以前，这假说被认为很少可能性，因为完全不明白水分子怎样能达到这样大的高度，和为什么夜光云只发生在 82 千米高度处，而不高些或低些。

最近苏联科学院地球物理研究所研究出一个新的理论，可以解释夜光云的性质和它的固定性。

根据这理论夜光云是由冰晶体组成的。冰晶体似乎可在约 82 千米的高度处形成，因为在这高度处具有为它形成所需要的条件。为了说明这条件，就需要把温度、密度和水分子的弹性在大气中的高度分布比照一下。

近代关于空气的温度分布材料表示：从约 30 千米的高度起，空气的温度开始迅速增加，在 45～55 千米层内，几乎到达 100℃。在这一层内空气变热到这样高的温度是由于在同温层中所存在的一定数量的臭氧吸收太阳光而发生的。在 55 千米以上，空气中臭氧的成分变得很少，而空气本身却又几乎不吸收到达这些层的太阳光，因此，当高度再向 60～80 千米增加时，温度降低。最低温度在 80～85 千米层内，从此往上温度又增加。这次的增加是由于空气吸收紫外线和太阳所辐射的各种微粒（微粒辐射）。事实上，在大气的上层，即所谓同温层，微粒辐射完全被吸收了。

气体分子（电离层中的空气，和在大气的低层中一样，主要是由氧和氮组成的）所吸收的能量引起分子的电离，产生许多氧原子和氮原子。原子复合为分子时，伴随着以光量子形式出现的能量或粒子动能的增加。第一个现象说明了在地球上任何地方经常看到的、不少于所有的星所造成的亮度的夜光的起源。第二个现象说明了从 85～90 千米高度起迅速增加的相当高的温度在电离层中的存在。

在约 85 千米处是电离层的下界。在同温层和电离层界限之间的区域内，有着完全特殊条件的地方。这条件使得在这儿有形成冰晶体的可能。由冰晶体组成夜光云。

当研究饱和水分子的弹性在各种高度的分布时，这些条件就变得很明白。延伸在从 33～79 千米大气层的广大区域内，由于温度很高，饱和水分子的弹性超过大气压力的数量。在这种情况下，分子不可能凝聚为小点或冰晶体。因此，在 33～79 千米处，从来也观测不到任何云的形成。最高的层云，所谓珠母云，浮游在约 27 千米高处。

电离层中，温度相当的高，压力只有几微米水银柱，因而也没有水分子凝聚的条件。唯一能得到这条件的地方是有着最低温度的 79～84 千米处。计算证明：在 82 千米高度处，饱和水分子的弹性是 12 微米水银柱，而大气压力约为 22 微米。在这种关系下，分子凝聚为小点或晶体原则上已是可能的。但事实上，还需要空气中半数以上是水分子才行。在通常条件下，这情况是不存在的，所以看不见夜光云。不过在自然界中，显著的不同于它的一般平均数字的各种数量的情况还是常有的。似乎当同温层和电离层之间水分子的数量急剧增加时，这条件是可以形成的，于是开始了水分子的凝聚和夜光云的形成。既然这些条件只有当各种情况非常巧合地遇在一起时才能得到，那么夜光云的出现便是自然界中最稀罕的现象之一。

在 82 千米高度处或更高的地方水分子的存在可用几个原因来解释。大多数的水分子可以从大气的低层升到那样的高度。由氧原子与由太阳微粒辐射而落在大气上层的氢原子相结合而形成。专门的研究证明了电离层中氢原子的存在。从太阳飞来的氢原子核，即带正电的质子，要受地球磁场的偏转而向两极。这现象能解释为观测所证实了的夜光云主要是在高纬地区的形成。根据在大气上层中水这样形成的理论，水的数量应与太阳活动有关，即当太阳黑子最多的时期中，夜光云增多。这个想法很好地与观测相符合：太阳活动最大时，夜光云出现。

夜光云的发光还没有得到结论性的解释。大概它是由于冰晶体在太阳的紫外辐射或电离层的影响下发光而产生的。

实验证明：温度约在−50℃的冰，当受波长为 2000 埃或更长些的紫外光辐照时，它就强烈地发光。

夜光云形成的第二种可能，似乎和在大气低层中分子凝聚时一样，凝聚的核也起着明显的作用。这些核可能是火山爆发时抛掷在高空的灰尘微粒和陨星发生的灰粒，所以夜光云的出现与克拉卡道火山爆发时的强烈喷射和大流星的出现（如 1908 年 6 月落在东古斯基的陨星）之间的关联性不是偶然的，而这种关联是当时建立夜光云起源的前两种假说的出发点。

〔《物理通报》，1954 年 6 月，译自《物理教学》1953 年第 6 期，署名：希泽〕

别洛波尔斯基

苏联天文学家、科学院院士阿里斯达罗赫·阿波罗诺维奇·别洛波尔斯基于 1854 年 7 月 13 日生于莫斯科，1934 年 5 月 16 日逝世于普尔科沃天文台。用光谱分析来研究各类天体（这叫作“天体物理学”），开始于 19 世纪 60 年代，但进一步的发展和改进是在别洛波尔斯基的青年时代和成年时代。别洛波尔斯基不仅是和天体物理学一同成长起来的，而且在某些方面来说他还是奠基人之一。

他从小就有多方面的兴趣：音乐、绘画、机械修理和物理实验他都喜欢。中学毕业后，在莫斯科大学物理系学习的时候，就参加了校内天文台的工作。到 1888 年，他转到有“世界天文首都”之称的普尔科沃天文台工作，在那里直到逝世。46 年间，他从早到晚辛勤地守在仪器旁边，白天观测太阳，晚上观测星星；天气好的时候，往往忙得连饭都顾不上吃。他一共发表了 270 篇论文，每一篇都是近代天文学的瑰宝。这里应该特别指出：所有搜集和整理材料的工作都是他亲自做的；只有在伟大的十月社会主义革命之后，他的工作才受到重视，党和政府派了许多助手帮他工作。

别洛波尔斯基的最大贡献是把关于音波的多普勒效应推广到光波上，并给以实验证明。当火车向我们驶近的时候，火车的叫声会越来越尖。而当火车离我远去的时候，火车的叫声便会越来越钝。这是说：声波频率的高低还受到发声物体运动的影响。这就是多普勒效应。别洛波尔斯基证明：发光的物体向我们走来或离我们远去的时候；它所发的光的光谱线也要发生变化。向我们走近，光谱线向紫色的一端移动；离我们远去，光谱线便向红色的一端移动。因此，可从光谱线的大小算出发光物体的速度，这原理我们称为多普勒—别洛波尔斯基原理。由这原理可以算出天体运动的速度和天体的自转速度（因为自转的时候，天体总是有一部分向我们来，另一部分离开我们）。多普勒—别洛波尔斯基原理开始应用于天体运动的研究。1917 年别洛波尔斯基担任了普尔科沃天文台台长。伟大的十月社会主义革命发生后，他与以卡尔平斯基为首的其他院士一起，热情地协助把沙皇时代的科学院转变为苏维埃的科学机关。

别洛波尔斯基是一位科学的现实主义者，他完全相信科学的力量是可以认识世界的。他说过：摆在天文学面前的任务是巨大的，天文学家们应满怀信心地认为有能力克服所有困难，以光辉的成就来丰富人们对宇宙的认识。是的，从那时起，这 40 年来，苏联天文学的光辉成就，为我们揭开了多少宇宙之谜啊！

〔《中国青年报》，1954 年 7 月 20 日〕

谈谈“新星”

一

10月下旬，苏联科学院召开了天体演化学第四次会议。在这次会议上，中国科学院副院长竺可桢教授应邀介绍了我国历史上关于新星与超新星的记载，引起到会各国天文学家的重视。

什么是新星和超新星呢？我国历史上关于新星和超新星的记载为什么引起各国天文学家的重视呢？

新星在我国历史书中往往被称为“客星”。

新星并不是“新”生的星，也不是从遥远的地方跑来做“客”的星。事实上是早已存在的暗淡的星，平时不为人们所注意或察觉不到。到某一个时候，由于星的内部结构失去了平衡，本身发生爆发，突然变得辉煌灿烂起来。新星变亮的时候，它的光度在几天内就可增加几千倍或几万倍，达到最大亮度，然后又慢慢地变暗下去。几年以后，又恢复到差不多原来的亮度。超新星是亮度变化更大的新星，它出现的机会比新星少得多，但其爆发规模却比新星大得多。当它爆发时，亮度可以突然增加几万万倍。最亮时，它的发光本领要比太阳大几千万到几万万倍。

我国汉朝的历史书中所载的“元光元年六月，客星见于房”是中外历史上均有记录的第一颗新星。房是二十八宿之一，在现在的天蝎座。汉元光元年即公元前 134 年。在此以前，我国还有一些有关新星的记载，不过无法与外国历史对照，还难确定。在我国宋朝的历史书中记载有“（宋仁宗）至和元年（1054 年）五月己丑，客星出天关东南，可数寸，岁余稍没”，这里所说的客星就是超新星。

日本历史书中，也有关于这颗超新星的记载，当时它发亮到比金星还亮。大家知道，除太阳和月亮外，金星是最亮的，有时白天可以看见。（我国历史书称这现象为“太白昼见”。）这颗超新星发亮的最初几天，白天也可看见。

在我国历史上，关于天文现象的记录是异常丰富的。去年 11 月间苏联科学院天文史委员会主席库里考夫斯基写信给中国科学院，要我们调查中国历史上的所有客星记载。来信中说：“把中国古代史籍中有关新星方面的材料和其他国家的少数史料综合起来，将是非常重要的。”现在，据我们初步调查结果，迄今为止，世界上发现的九个超新星，在我国历史中有七个有记录。其中包括有名的第谷和开普勒超新星，除此之外，经查出可能是新星或超新星的记录，有四十多项。祖国文化典籍之丰富，从这里又可得到一个证明。不过我国历史书上关于新星的记载，有些缺点，就是把新星和超新星统称为客星，而且又往往和彗星混为一谈。事实上新星和彗星完全不同，因此，我们在利用史书中的材料时就必须小心地把它区别出来。一般地说，不说明行动而位置又近于银河者可能是新星或超新星，有尾巴有行动的一定是彗星。

二

现在，再来谈谈新星的爆发现象。

当我们从望远镜里看到新星开始变亮时，新星的体积不断膨胀，当达最大亮度时，膨胀速度和体积就大到使引力已经控制不住运动着的外壳，于是这外壳就脱离星的本体，而以更大的速度向外膨胀，有的速度竟可达到 3000 千米/秒。膨胀壳脱离开星体后，星体本身又开始收缩，因而亮度也开始变小。初开始收缩时，星体也还继续抛射物质，不过愈来愈少，几个月之后就基本上停止了。被新星所抛射出来的气体膨胀壳的质量，从前的天文学家认为很多，近来苏联天文学家阿姆巴楚米扬和卡莎列夫证明它只是新星总质量的很少的一部分。因此，新星的爆发并不能把它自身毁灭，也不可能引起其基本性质的改变。事实上，无论体积、温度或密度，新星在变前和变后差不多都是一样的。

在我们的银河系里头，平均每年约有 200 个新星出现，不过它们都很暗，就是到达最大亮度时，不用望远镜也还是看不见。在 20 世纪的前 50 年中，能为肉眼看到的只有 8 个。另一方面，银河系内星的总数我们可用统计的方法求出，在知道了这两个数目以后，再假设每个星都有爆发的可能，那么就可得到每颗星至少 5 亿年就应爆发一次。但是，我们的确知道，在这样长的时间内，作为普通恒星之一的太阳没有经过爆发。因为最后一次的爆发，会带来地壳的熔化，地质学家在地质年代的考察里，知道在 5 亿年中并不会发生过这样的事。所以能够爆发的不是所有恒星，而是某一特殊类型的恒星，并且这一类恒星能够不止一次地爆发。苏联天文学家巴连那果和库卡金找到了这种不稳定恒星两次爆发间的时间间隔和爆发时亮度变化的关系：亮度变化愈大，时间间隔也就愈长。巴连那果和库卡金的这一重要发现彻底地粉碎了资产阶级天文学家们关于世界末日的荒谬宣传，并证明了物质世界的多样性。资产阶级的天文学家们硬说每个恒星都要经过爆发，我们的太阳也不例外，那时将是世界末日的到来。这种理论，完全是胡说。

在新星内部由于能量的逐渐聚集，在达到一定程度时发生爆发。一次爆发不能改变新星的性质，但在多次爆发以后，性质就完全改变了。新星在多次爆发之后，将由温度很高且抛射物质的沃尔夫—拉叶型星变为密度很大但体积很小的白矮星。

在这里，再一次地证明了从量变到质变这一普遍真理的正确性。

三

有趣的是：于 1948 年在天关星的东南方蟹状星云的位置上，发现了一个射电源。

天关星是金牛座里的一颗星，它的位置在猎户座和御夫座之间，毕宿五的东方。在它的东南方不远有一个蟹状星云，这显然是 1054 年那一次超新星爆发时抛射出来的外壳，它现在正以1000千米/秒的速度向外膨胀着，另外，还可以看到，星云的中央有两颗暗星，其中之一是其密度比水大10万倍的白矮星，无疑地它是那颗超新星的后身。所谓射电源，就是最近几年来人们所说的无线电星，现在我们认为无线电星这个名词是不正确的，因为在天空无线电辐射较强的地方，并没有发现恒星，而发现了其他的天体。例如，就像金牛座的这个射电源一样，许多射电源和古代爆发过的超新星有着密切联系。莫斯科大学什克洛夫斯基教授将7个较强的射电源和超新星对应起来了（现在全世界有记录的超新星只有9个）。另外，他于今年夏天又将我国唐文宗开成二年（837年）记录的一颗新星对应起来了。因此，天文学家在研究射电源时，对于历史上的新星记载就觉得格外需要。

射电源的研究，和人类的生活有什么关系呢？射电源所发射的能量很小，虽然不能直接用来为人民服务。但是它却与另一种现象——宇宙线有着联系。宇宙线所含的能量比现在世界上最大的原子击破机所产生的原子能，还要大十万亿倍，可惜现在我们还不能利用它。要征服自然，要利用自然，就先得了解自然。因此，对于宇宙线、射电源、新星和超新星的研究，就不单纯是个学术问题，而且有着深刻的实践意义。

〔《光明日报》，1954年12月20日〕

谈谈太阳

今天上午，我国许多地方将看到天空发生的一种自然现象——日食。见食的时间西南地区比东北地区早。越往南所见到的食分越大，在西沙群岛附近可以看到日全食。在北京，日食将于上午 11 时 15 分开始，到 12 时 02 分食甚，太阳直径被遮约 1/5，以后即逐渐复圆，到 12 时 48 分日食结束，太阳恢复常态。

太阳光很强，我们不能直接用肉眼去看日食。应该用烛焰熏黑的玻璃或深色玻璃，或者用几张用过的照相底片叠在一起来看，也可以把太阳投影在水里来看。

趁着大家看日食的机会，这里介绍一些关于太阳的基本知识。

我们平常看得见的那个光耀夺目的太阳表面，叫作“光球”。由于组成太阳光球的物质是不透明的，就是利用最好的望远镜也看不见比光球更深的部分。光球的温度越近太阳中心的部分越高，所以太阳的亮度越到边缘便越暗。

太阳也和地球一样，太阳光球的外面也被很厚的大气层包围着。这个几千千米厚的大气层，按构造的物理性质的不同，又可以分成同心的几层。太阳的各个气体包层是相当透明的，所以我们可以观测到各层内所发生的现象（图 1）。

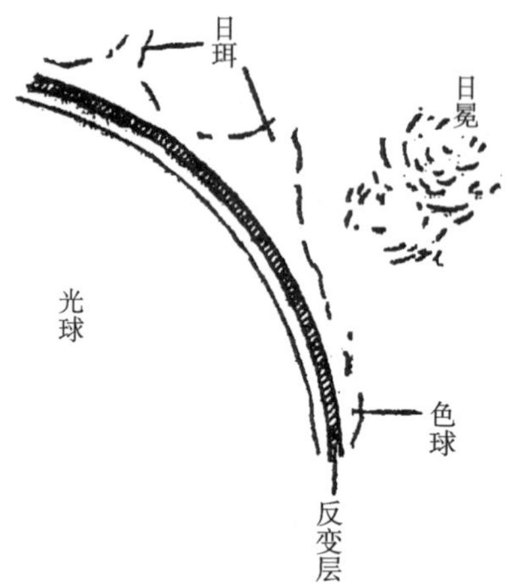

图 1　太阳大气的构造

紧靠着光球而又和光球一部分融合的那个大气层，叫作“反变层”。光谱里的明线通过这层后就转变成吸收线。这层只有几百千米厚。

和反变层的上层相连的是“色球”，它是太阳表面的大气中比较稀薄的一部分。日全食的时候，太阳边缘上出现的那个鲜红色的光环，就是色球在这个时候的外形。色球的温度和压力都比反变层低，压力只有地面上大气压力的一千万分之一，是反变层的五万分之一。

色球以上是“日冕”。从前只有在日全食的时候才能看得见，观测很不方便。为了避免这个困难，遂有日冕仪的发明。把这仪器安装在高山上，任何晴朗的日子都可以观测日冕。日冕的形状很不一定，随着太阳上黑子的多少而有变化：黑子多的时候，日冕是圆形；黑子少的时候，日冕是椭圆形，两极的地方有羽毛状的射线（图 2）。

关于太阳黑子的记录，以我国为最早，就连美国人都不得不承认。美国的天文学家海尔说：“中国人古代观测天象之精勤非常惊人，观测黑子比西方人约早 2000 年，不但历史上记载的很多，而且都是正确可靠的。但西方学者却无一人注意，直到 17 世纪有了望远镜以后才能发现，这真令人惊奇！”是的，伟大的中华民族就是这样的勤劳精细地从事科学工作的。我们的《汉书・五行志》里所载的黑子，比西洋人第一次发现黑子早 1600 多年；而这 1600 多年中间，我们的史书中又有 100 多次的黑子记录。在科学史上，这是多么辉煌卓越的贡献！

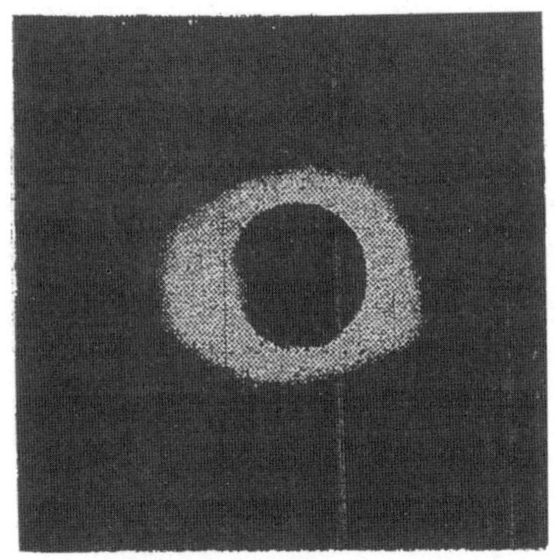

图2 日冕

太阳上黑子有时大，有时小，有时多，有时少。最大的时候，有的黑子直径可以有几十万千米；多的时候，太阳面上会有好几群黑子；少的时候可以一个都没有。每一个黑子或一群黑子并不是经常存在的；一处的黑子消失了，另一处又出现新黑子。黑子数目的增减有一个平均的变化周期，平均是11年到达一次最多数。

初看的时候，黑子好像是固定不动的。但是实际上，这些黑子也是很热的气体组织，只是比光球温度（6000℃）低一些，它只有4500℃；里面的物质是以 1～2 千米/秒的速度运动着，这样的速度，在天文学上虽然很渺小，但在地球上，空气的运动却比这慢得多（40多米/秒的风就会吹掉屋顶）。

观察了黑子，又观察了日面上黑子的位置从左向右的移动以后，才知道太阳也在极慢地、不停地自转着。同时，这些观察又指出太阳并不是各部分都以同样的速度旋转：赤道附近转得最快，越近两极转得越慢。

在黑子附近，还可以看到另一种东西，那就是“光斑”。光斑是在光球的表层上出现的温度更高的气体组织。我们能够看见它的地方，主要是在日面的边缘上。光斑的温度，根据苏联天文学家的推算，比光球的温度约高150℃。光斑的顶部是“谱斑”。谱斑变化得快而又最亮的叫作“日辉”①。当日辉出现的时候，太阳上的无线电辐射增加好几百万倍，这样就干扰了地球上的电离层，因此地球上无线电传播电报和电话等便会发生困难。这也就是为什么

① 现称为“耀斑”。——编者注

许多天文台的工作者天天都守在仪器旁边观察日面活动的原因之一。近年来苏联更设立了“太阳联合观测网”，将全国的许多天文台组织起来，有计划地研究日面上所发生的许多现象和地球上一些现象之间的关系。

谱斑和日辉都必须利用太阳分光摄影仪来观测。利用太阳分光摄影仪又可以看到在太阳边上的“日珥”。我国殷墟甲骨文里“三舀食日”的记载是世界上最早的日珥记录，这次纪事发生在公元前 14 世纪。在没有太阳分光摄影仪以前，只有在日全食的时候才能看到日珥，所以当时就误以为三个火焰是日食的原因，它们吃掉了太阳。现在我们知道，日珥是从色球层上抛起来的炽热气体，日珥可以按照它的形状和运动分为两大类。第一类的变化很慢，叫作“宁静日珥”可以在日面上任何地方出现，有时候和色球相连接，有时候却完全分离，飘浮于天空，几天之内都可以看见。第二类只出现于黑子附近，变化得非常快，叫作“爆发日珥”。1937 年 9 月 17 日有一个爆发日珥的半小时内上升到 100 万千米的高度（图 3），它的速度达 700 千米/秒，比声音的速度大 2000 倍。

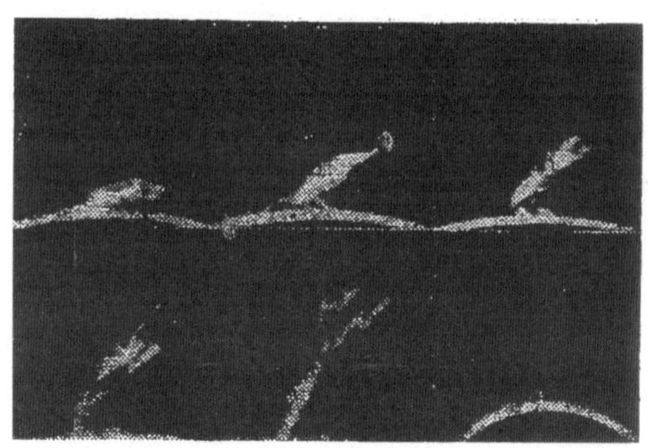

图 3　爆发日珥的变化情形

日珥、日冕、光斑和谱斑都和黑子有关系，另外在没有这些东西的地方，还可以看到很多小的斑点，黑白相间，这种东西叫作“米粒组织”。米粒的直径，据俄国科学家甘斯基的估计，平均都在 700～1000 千米之间。每颗米粒的形状和光度都在变化，没有固定到 3 分钟以上的。日面的情况真可以说是五光十色，变化万千！

〔《光明日报》，1955 年 6 月 20 日〕

月亮的秘密

月亮上有什么东西呢？古代人只凭想象，说月亮上有嫦娥仙子，有吴刚在伐木。其实这些都是神话和幻想，并没有这么回事。随着天文学的发展，人们已经能够知道很多月亮上的情况了。

我们从望远镜里看月亮，第一眼见到的是山脉很多，有些连绵不绝，好像地球上的山脉；有些呈圆环的形状，这叫作环形山。环形山一共有 3 万多个，它们都很高，最高的在 9000 米，比喜马拉雅山还高，普通的也都在 4000 米左右。不过，我们将来到月球上去的时候，这些山却并不难爬，因为月心吸力只有地心吸力的 1/6，那时我们的体重能大大地减轻了。

月亮上的第二景，便是许多大平原。这些平原叫作海，像丰饶海、阴雨海、危海等都是。它们是名不副实的，因为当初伽利略第一次用望远镜看月亮的时候，他认为亮的部分是陆地，暗的部分是海洋。现在虽然知道这个判断是错误的，但是名字却还沿用着。

除此以外，月面上还有上千条的深沟和许多辐射纹。这些深沟有长到 150 千米的，它们大概都是地震（应该是“月震”）时造成的，辐射纹以几个大的环形以为中心，向四面八方辐射出去。最明显的一个，是最南边的第谷山附近的辐射纹。

过去一向认为月亮表面上的地形已经没有什么变化了。但是苏联天文学家近年来的编制月亮表面的详细构造图时发现：一个直径达 30 千米的环形山不见了，在别的地方又有新的环形山出现，并且还发现了一个新形成的深沟。

月亮表面上的这些变化，可能和它的温度剧烈变化有关。月亮上的一昼夜等于我们阴历的一个月，白天和黑夜都长到两星期多。因为昼夜延续的时间太长，并且没有空气的调节，所以温度变化得非常厉害，中午热到 120℃，半夜又冷到−170℃。在这种冷热相差得非常特殊的情况下，无疑地，月亮表面是要发生石层的碎裂和破坏的。

月亮是离我们最近的天体，所谓“近水楼台先得月”，所以它是被我们研究得最清楚的一个天体。虽然是这样，也还是有不少的问题没有解决。为了更深刻地和全面地了解它，苏联科学院已经在设计飞往月球去的交通工具。我们相信在不久的将来，人类一定能够踏上月球世界，那时，月亮的秘密就可以完全揭穿了。

〔《科学小报》，1956 年 5 月 23 日〕

飞到月球上去

要把这个梦想变为现实，先要考虑到两点：①一件东西向上抛，总是要落下来，这是地心吸力的缘故。我们要到月球去旅行，最重要的问题，便是如何战胜地心吸力。经验告诉我们，向空中扔石子，用的力越大，石子向上跑得就越快，上升得也越高。由理论上得到，如果石子的速度达到11.2 千米/秒，石子就不会再掉下来，而飞出地球去了。但是，这样大的速度，我们怎样才能得到呢？②远距离的交通，当然以飞机最为方便。飞机靠着它的螺旋推进机前进，必须在空气中才能飞行。但大气层只有 1000 多千米厚，而月亮离地球的距离是 384 000 千米，可见普通飞机绝不能作为到月球去的交通工具，得另想办法。

为了比较容易地耐受在飞行加快的时候发生的体重增大的现象，我们在起飞以前将被皮带扣住在特殊的躺床上

为了解决这两个问题，历代的科学家们花费了不少的脑力。但直到1903年，先进的俄国学者齐奥尔科夫斯基提出利用火箭航行的建议以后，才得到很快的发展。现在的火箭，很像一颗炮弹，头是尖的，圆圆的肚子里装着酒精和液体氧。当酒精和液体氧混合燃烧的时候，就生成大量的水蒸气和二氧化碳。这些气体从火箭的尾部喷出来，就能推动火箭往前走。利用火箭推进的飞机叫作火箭船，火箭船不依靠空气能飞行，它是到月球去的唯一交通工具。现在火箭的速度是 2.5 千米/秒，再加快 4.5 倍，就可以飞出地球去。以现在航空技术进行之速，把火箭的速度提高 4.5 倍，不是件太难的事，相信不久的将来就可以实现。

但是，问题并没有完。第二次世界大战时，德国使用的 V-2 火箭在 90 秒钟内所需要的燃料就得好几吨，而火箭到月球所需要的时间大约得 5 天。飞行这样长的时间，所需要的燃料，显然是一个火箭不能装载的，必须另找窍门。解决的办法有三个。第一个办法是制造火箭列车。火箭列车有好多节，除了第一节，其余各节都是装燃料，燃料用完后就把整个一节甩掉，最后剩下装着仪器和人的一节，到达月球。第二个办法是人造卫星，作为中途站。这个容易做，大概明后年美国和苏联就要放出第一批人造卫星（关于人造卫星本报在 61 期和 70 期上介绍过了）。第三个办法是利用原子能。一千克铀所发的热量要比一千克的汽油大 100 万倍，利用铀原子核链式反应所产生的高热（4000 多摄氏度）把水分解成氢气和氧气，使它从尾部喷出去，就可使火箭前进。这样，到月球上去，只消一吨铀就够了。

考察队将要在月球上打下三个凿井

最能耐高热的钨、锇和石墨也只能忍受 2000 多摄氏度，而火箭船中原子核反应室的温度却在 4000 摄氏度以上，那该用什么金属来做墙壁？还有，为了抵抗与空气的急剧摩擦、抵抗紫外线和宇宙线的辐射，都向冶金学家提出了新任务——创造能耐高热和抵抗辐射的轻金属合金。

现在，我们假定这些问题都解决了，还需解决到达月球时火箭的减速及如何降落月面的问题，不然火箭船会撞向月球粉身碎骨，登月路上困难多，却拦不住人类实现登月梦想的脚步。

星际飞艇“月球一号”示意图

1—座舱；2—天线；3—座舱出口；4—辅助推进器；5—燃料库；
6—原子发动机；7—稳定面；8—操纵舵；9—气舵；10—整流罩；
11—望远镜支架；12—支撑座

〔《科学小报》，1956 年 9 月 19 日〕

飞到月球上去

几千年来，人们就梦想着能飞到别的星星上去，因为月亮离地球最近，所以人们就先想到月亮上去。还编出了“嫦娥奔月”的故事。

要是人真像小鸟一样，长上一双有力的翅膀，那该多么好啊！可是，人没有翅膀。就是有了翅膀也还是不行，装上翅膀的飞机如果没有空气托着它，一样会掉下来。我们地球的大气层只有 1000 千米厚，而月亮离地球的距离却是 384 000 千米，那上面已经没有空气了。所以坐着普通飞机到月球上去是绝不可能的。

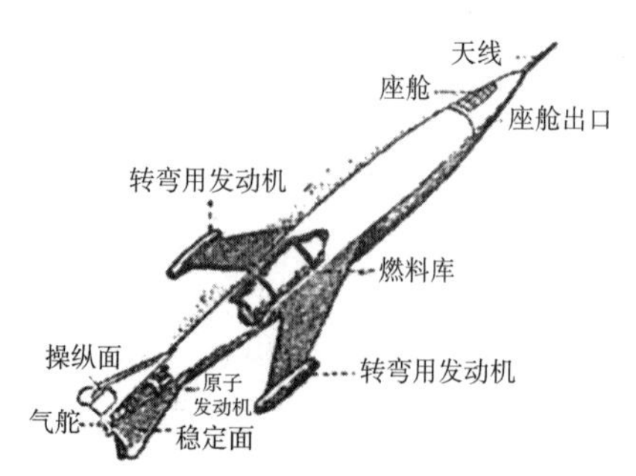

图 1　未来的火箭船

飞到月球上去的交通工具

为了解决这个问题，许多科学家花费了不少的心血和脑力，才想出火箭船的方法。火箭船的样子像一颗很大的炮弹，头尖尖，尾尖尖，长长的肚子里装着酒精和液体氧（图 1）。当酒精和液体氧混合燃烧的时候，就生成大量的水蒸气和二氧化碳。大量的气体从火箭船尾部喷出来时，发生了一种反冲的力量，这股反冲的力量就能推动火箭船往前走（我们过灯节时，玩的“旗火”也是靠这种反冲力才飞得高高的）（图 2）。利用火箭推进的飞机叫作火箭船。火箭船不依靠空气也能飞行，它是飞向月球去的唯一交通工具（图 3）。

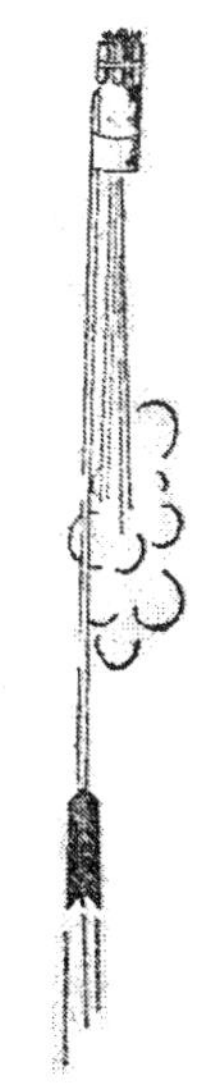

图 2

怎样飞到月球上去

地球有很大的吸引力，把地球上面的东西紧紧吸住。不管是向上抛一件什么东西，它总是要落下来的，火箭船也不例外。就是你能飞出地球的大气层，还是没有办法摆脱地球的吸引力。好像有一条看不见影的绳子，把火箭船在往回拉，怎么也不让它飞出地球去。

要战胜地球的吸引力，就得加快火箭船速度。我们向空中掷石子，用的力越大，石子向上跑得就越快，上升得就越高。石子

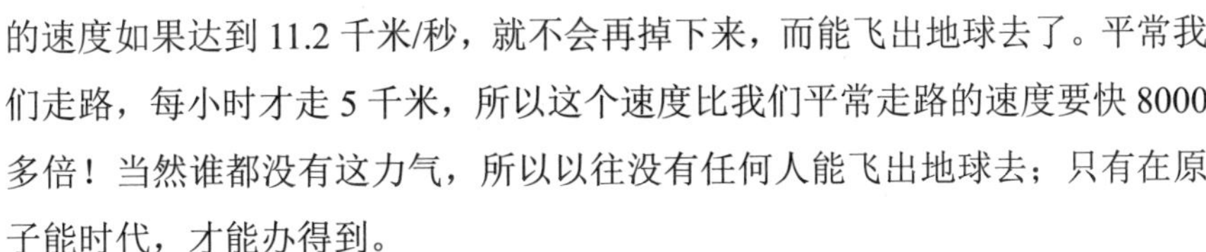

的速度如果达到 11.2 千米/秒，就不会再掉下来，而能飞出地球去了。平常我们走路，每小时才走 5 千米，所以这个速度比我们平常走路的速度要快 8000 多倍！当然谁都没有这力气，所以以往没有任何人能飞出地球去；只有在原子能时代，才能办得到。

火箭船起飞的时候，不能一下子就开到 11.2 千米/秒，这样，坐在里面的人就会立刻死去。虽然地球也在以 30 千米/秒的速度围绕着太阳运动着，我们并没有任何感觉，但是如果速度突然增加或减少，人的身体就受不了。因此，只好慢慢地增加，让火箭船渐渐加快，比如，每秒增加 40 米，10 分钟以后，火箭船的速度终于达到 11.2 千米/秒，等到飞出大气层以后，把发动机门一关。这时候，火箭船的尾巴不再喷气，它好像一架滑翔机一样，在宇宙空间滑翔着（滑翔机和飞机的样子差不多，只是没有发动机，也不必带燃料，靠空气的流动滑行）。至于它在空间飞行的方向，可用种种复杂的仪器和雷达设备来控制。

图 3　火箭船起飞了

飞到了月球上

在火箭船飞进月球的吸引力范围内以后，就把头转过来，尾巴向着月球喷气，这样才能使火箭船慢慢地在月球上着陆（图 4）。然后我们穿上特制的探险服，戴上露出两只眼睛的塑料帽子，每个人还得带氧气、粮食、水和种种仪器。全身装备足有 100 多斤。但是，这并不重，因为月球吸引力只有地球的六分之一，地球上 6 斤重的东西，拿到月亮上只剩下 1 斤了，一个 100 多斤重的人到月亮上只不过 20 来斤，连装备合起来也不过 40 多斤，仍旧比在地球上轻便得多，行动是很方便的。

图 4　火箭船在月亮上，上面的白球是从月亮上看到的地球

图 5　地质学家在月球上采集矿石

走遍了月球，也找不到嫦娥仙子和银蟾玉兔，因为这只不过是神话。这里没有空气，也没有水，白天和黑夜的温度可以相差约 300℃。在这种条件下，是不可能有生命存在的。人来到这里也不能久住，采集一些矿石标本和进行一些必要的天文观测以后（图 5），就应该回到地球上或再到别的星球上去。月球的吸引力小，从它上面再往外飞，只要 2.3 千米/秒就行了。月亮是我们向别的星球去的一个很好的跳板，从此人类再不受地球吸引力的束缚了！

〔《学科学》，1956 年 10 月〕

钟表的祖先是谁?

中外学者认为可能是我国古代天文钟

钟表是从西洋传入中国的说法，现在已经被中外的科学家们推翻了。他们认为中国唐宋时代的天文钟可能是现代钟表的嫡系祖先。

清华大学副校长刘仙洲教授曾经在《机械工程学报》一卷一期和二卷一期上分别发表文章，介绍北宋时代苏颂的《新仪象法要》一书中所叙述的天文钟。英国皇家学会会员、英国剑桥大学李约瑟博士等最近也发表了《中国天文钟》一文。他们在文章中说：过去一般人都认为钟表是14世纪初期欧洲人发明的，最近研究证明，钟表是由中国天文钟演变而来的。根据他们研究的结果，可以确定在7～14世纪，中国已经有制造天文钟的悠久的历史。他们认为：中国的天文钟很可能是后来欧洲中世纪天文钟的直接祖先；天文钟的设计方法像是十字军东征的时候由中国传入欧洲的。

李约瑟博士等写的《中国天文钟》一文，已经转译在6月份的《科学通报》上。

〔《北京日报》，1956年7月21日，署名：冷辛〕

年月日

年、月、日是计算时间的单位。先说“日”，一个黑夜加上一个白天的时间，就是一日，这恰好是地球自转一周所需要的时间。那么，年和月又是怎样来的呢？

一、阳历和阴历

过了阳历年，又要过“阴历年”。日历、报纸上印着阳历的日期，但是也有阴历（又叫作夏历、农历）的日期。到底什么是阳历，什么又是阴历呢？

把地球绕太阳转一圈所需要的时间算作一年，把一年再分成 12 个月，这就是阳历。而阴历，却是按照月亮绕地球运动的时间来计算的。这是我国人民在 4000 年以前创造出来的法子。当初，他们发现月亮的圆缺在有规律地循环变化着，因此，就把月亮圆缺循环一次的时间当作一月，这就是阴历的“月”的来源。月亮圆缺循环变化 12 次的时间，和地球绕太阳转一周的时间差不多，所以阴历也定 12 个月为一年。

二、为什么有闰年和闰月？

阳历把地球绕太阳一周的时间作为一年，再把一年分成 12 个月。但是地球绕太阳一圈的时间，实际上是 365 天 5 小时 48 分 46 秒。如果拿 365 天来说，把每月分成 30 天，那就还要多出几天来，如果每月都定成 31 天，那就要少几天，所以只好把有些月定成 30 天，有些月定成 31 天，31 天的月份是大月，30 天的月份是小月。但是这样又多出两天，于是才又规定二月是 28 天。此外，因为实际上的时间比 365 天还要长 5 小时多，所以又把每年多出来的时间积累起来，差不多每隔 4 年就可以积满一天，假定一年多 6 小时，四年是 24 小时，就是一天，就把这一天加在二月上，这一年的二月便成了 29 天，这年便是闰年。你想知道哪一年是闰年吗？办法也很简便，只要把公元年数用 4 去除，除得尽的便是闰年，除不尽的就不是；为了再校正这里面还有的一点差别（一年不是正 6 小时，而是比 6 小时少 1 分多钟），又规定在公元年数逢到一百的时候，就必须能用 400 除尽才是闰年。

阴历把月相变化一周的时间定为 1 月，实际上月相变化一周只需要 29 天半，所以便把有些月份定成 30 天，叫作大月，有些月份定成 29 天，叫作小月。这样，一年 12 个月只有 354 天。比地球绕太阳一周的时间要差 11 天。如果这样一年一年地差下去，时间久了，季节就变得不准了。所以只得把每年多余的 11 天积累起来，每够一个月的时候，就加在当年的 12 个月上，这年便有了 13 个月，这一个月就叫作闰月。经过这样的调整，节气便不至于差得太多了。

三、还是阳历好

从上面所讲的，我们就可以知道，阴历主要是根据月亮绕地球的运动来决定年月的，所以阴历里月圆月缺的日子很准确，满月必定是每月 15 日，相差也极少错过一天。但是因为它和地球绕太阳的运动，不很相合，虽然有了增加闰月的办法，一年的二十四个节气便不能定出固定的日期，而年年有变化，我们要想知道节气的日子，必须查历书才行。阴历的月大月小也不固定。

阳历主要是根据地球绕太阳的运动来决定年月的，一年的二十四个节气是和地球绕太阳的运动有密切关系的。所以，虽然在阳历里月圆月缺的日子常不在 1 日和 15 日，节气却是很准的。上半年的节气必定在 6 日、21 日，下半年的节气必定在 8 日、23 日，即便差，也顶多只差一两天。因此有“上半年来六、廿一，下半年来八、廿三”的歌诀，这样便十分好记了。种庄稼，顶重要的是赶上节气，使用阳历，不用查历书就可以把节气记住。至于月圆月缺是否有准确的日子，并没有很大的关系。

此外，使用阳历月份大小、天数多少，也很准确，只要熟记下面的歌便可以知道了：

“一、三、五、七、八、十、腊，都是大月永不差；其余都是三十日，唯有二月二十八，每逢闰年加一日，阳历歌儿牢记它。”

像这样记节气，阴历就没有这样简便。另外，应用阳历，国家和人民的工作和生产计划也好安排，阳历闰年和平年只差一天，阴历闰年一下子就多一个月，很不方便。所以现在我们和世界上大多数国家都提倡使用阳历，阳历已经成为世界上公用的日历了。

1953～1957 年冬至的日期

年份	阳历		阴历	
	月	日	月	日
1953	12	22	11	17
1954	12	22	11	28
1955	12	22	11	9
1956	12	22	11	21
1957	12	22	11	2

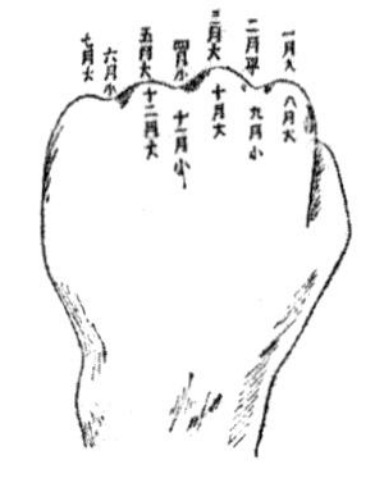

用拳头计算阳历的大小月份

〔《学科学》，1956 年 12 月〕

唐代伟大的天文学家

——一行

一行本来姓张名遂，山东昌乐人。他出生于公元 683 年，年轻的时候，正逢女皇帝武则天执政；武则天的侄子武三思是当时不可一世的红人。武三思虽然不学无术，但却有封建社会里政客附庸风雅的习气，很想和稍具名声的青年学者张遂交个朋友。张遂不愿和由裙带关系而富贵的人同流合污，于是躲避到河南嵩山的寺院里去学佛，并取法名“一行”。

这位青年学者，在他没有出家以前，曾经向尹崇学过天文。做了和尚以后，又利用寺院和清静环境，学习数学和印度历法，掌握了不少的知识。

有一行隐居深山、闭门读书期间，唐朝的政治舞台上争权夺利，闹得一塌糊涂；一直到李隆基掌握了政权，局面才稳定下来。李隆基即唐玄宗，也就是唐明皇；他的统治时期是唐代的鼎盛时期，经济文化得到了高度的发展。这个时期进行过一次历法改革，主持改革的人就是一行。

唐玄宗是位精明能干的皇帝，团结了不少知识分子。他执政后不久，就派一行的族叔把一行请下山来了。

一行初来时，住在宫中做皇帝的顾问。他为人耿直，有意见就提，毫无顾虑。有一次唐玄宗要为公主铺张婚礼，后来因为一行提出意见，就精简了。

历法改革的工作开始于开元九年（721 年），大相元太、南宫说等人分别出发到各地进行测量，梁令瓒在中央制造仪器，一行负责总的领导。

一行和梁令瓒制造了两种仪器：黄道游仪和水运浑象。浑象类似现在的天球仪，大概是汉武帝时落下闳发明的。它是个球状物，球的外面刻有天空的星宿。到了东汉，张衡把一套齿轮系统附加在它上面，并用漏壶滴出来的水发动齿轮；齿轮带动浑象旋转，正好二十四小时一周。一行等继承和发展了这一发明。他们把浑象放在木柜子里，一半露在外面，一半藏在柜内。在柜子和浑象接触的地方，两旁各立一木人：一个每刻击鼓，一个每辰敲钟，都能按时自动（中国古代分一昼夜为一百刻，又分为十二辰）。显然，这一改进是把水运浑象的部分齿轮传动转变为杠杆作用，传达一部分力量到两个木人，以表示时间，这已近于现在的自鸣钟。

中国古代除了浑象以外，还有一种测量星宿位置的仪器——浑仪，相当于现在的坐标仪。表示天体位置的坐标系统有黄道坐标和赤道坐标。我们知道，地球有自转和公转。凡自转的东西都有个自转轴，通过地心而垂直于轴的平面与天球相交的圆周叫赤道。由于地球在公转，我们看起来，仿佛是太阳在众星间由西向东运动（视运动），太阳视运动的轨道叫作黄道。黄道和赤道有两个交点，其中一个就是春分点。春分点是赤道坐标和黄道坐标的原点，也是每年春分时太阳所在的地方。但是春分点不是固定的，它每年沿黄道向西移动五十秒多一点。由于这个缘故，战国时代，每逢冬至时在牵牛星附近的太阳，到了唐代，已经移动到斗宿十二度了。一行为了表示这个现象，就把从前浑仪上黄道和赤道相结合的地方，改为环子套起来，使它可沿黄道移动，成了黄道游仪。在黄道游仪上可以方便地察看任何年代里某一天太阳所在的位置，这对历法的研究和改进有重大帮助。

利用黄道游仪，一行重新测量了 150 多颗恒星的位置。一行测量恒星位置的同时，南宫说和大相元太等在 11 个地方测量了北极的高度和冬至、夏至、春分、秋分时太阳影子的长度。11 个地方分布面很广，最北到河北蔚县，最南到越南中部。南宫说在河南平原上的滑县、开封、扶沟、上蔡等 4 个地方不但测量了日影长度和北极高度，并且用绳在地面上量了这 4 个地方的距离。这 4 个地方，滑县在最北，上蔡在最南。从滑县到上蔡的距离是 526.9 里，但夏至时两地日影只相差二寸一分。这一实际测量的结果，彻底地打破了自刘宋元嘉十九年（442 年）以来已被怀疑的传统看法——日影千里差一寸，是我国天文学的一个跃进。

一行和南宫说的贡献还不止于此。他们又注意到各个地方北极高度的不同，滑县和上蔡两地相差一度半。用这个数目来除 526.9 里，得地上南北每差 351.27 里，天上北极高度相差一度。现在我们知道，在北半球，一个地方的北极高度等于它的地理纬度。因此，推算出北极一度的里差，就是知道了子午线一度的长度，也就是知道了地球的大小。尽管当时他们没有意识到这些，而且所得结果误差很大，但这毕竟是一个伟大的创举。

经过七年的测量和计算，到了开元十五年（727 年），新的历法即将制成。不幸就在这个时候，一行去世了。接着由张说和陈元景等完成了编辑工作。共计写成：历议十篇，略例两篇，历术七篇。历议讨论各种历法的得失，略例说明新历的中心思想，历术谈计算方法。全文长达 2 万余字，条理分明，纲举目张，为后代的历法改革家树立了典范。

新历于开元十七年（729 年）由政府颁布实行，命名为“大衍历”。事实证明，与同时代的各种历法相比较，“大衍历”是最能符合天象的。

“大衍历”虽较同时代的各种历法为好，但也有它的缺点：用玄妙的易象来解释天文数据，牵强附会，致使许多数字不够精密，影响了它的精确性。但这是受了历史条件限制的，我们不能对前人加以苛求。

〔《中国新闻》，1957 年 6 月 6 日〕

太阳系的大家庭

我们住在地球上，头上顶着天，天上有太阳和月亮。太阳和月亮看起来差不多，实际上大不一样。太阳比月亮大得多，重得多。太阳上紧张热烈，大放光芒；月亮上却冷静寂寞，只因为反射太阳的光所以才发亮，地球在不停地围绕着太阳转，而月亮又在围绕着地球转。

同地球一样，绕着太阳转的天体，叫作行星。同月亮一样，绕着行星转的天体，叫作卫星。现在已知的行星有 9 个，卫星有 61 个。①

夜晚看天象的时候，假若你看到有颗很亮的星，这颗星和其他星的相对位置又时时有变化，那么，这颗星便必定是颗行星。这些行星，各以一定的路线（轨道）、一定的速度，围绕着太阳运动。轨道离太阳最近的是水星，其次是金星、地球、火星、木星、土星、天王星、海王星和冥王星。这一大堆名字很难记，为了方便起见，我们不妨把地球以外的八个行星分作五行和三王两类。五行是金木水火土，人人早都知道。三王是天王、海王和冥王，这是近三百年来才发现的。

① 这次重新发表，所有数据都根据 1998 年资料做了修改。

地球的八位兄弟姐妹们，仪表和性情各不相同。水星又瘦又小，她的体积和质量都只有地球的6%。她的脸庞和月亮很像，也有圆缺的变化。

金星特别亮。肉眼看来，在天空中，最亮的除了太阳、月亮，第三便是金星了，她的大小和质量都跟地球差不多。表面上也有大气，不过成分和地球不同，这里二氧化碳特别多。她的脸庞也在随时变化，有时候圆圆的，有时候像个弯钩。

红色火星的表面上，许多线纹构成了有规则的图案。有人说这些线纹是运河，并借此来推断说火星上有人存在。于是他的声名便变得很大，凡是去天文台参观的人，一定会问："火星上有人吗？"天文学家最诚实的回答应该是："没有。"因为火星上有些绿色和蓝色的区域常随着季节的变化而有消长，只说明火星上可能有植物。火星有两个卫星，其中一个叫福波斯，他的个性很特别，从火星上看去，他是西升东落的，与众不同。

木星又大又重，他的肚子里可以装下1300多个地球，体重是其他八位兄弟姐妹总和的两倍半。他虽然这样胖、这样重，但身体却很灵活，自转一周还用不了10小时（地球得要24小时），这个自转周期是行星中最短的，天上和人间真有点不同。

若把木星算作老大哥，土星便是老大姐了。她长得最美丽，腰里围着一个金黄色的光环，从望远镜里看去，非常好看。不过，从20世纪70年代以来，发现木星、天王星和海王星也都有光环存在，只是她的早已惹人注目而已。

对于木星、土星和天王星的卫星应该特别注意一下，这三个行星的卫星最多：已经确知的木星有16个，土星有18个，天王星有15个。土星的卫星当中有一个，个儿仅次于木卫三，是太阳系中的第二大卫星，其表面大气的质量比地球的重10倍，主要成分为氮。

淡绿色的天王星上面，季节和地球上完全不一样。半年是晚上，半年是白天，白天就是夏天，晚上就是冬天。他的一年相当于我们的84年。早年发现的天王星的几个卫星，几乎都在它的赤道上空运行，离它最近的一个，公转一周只需要一天半时间。

海王星的发现经过很特别，是先用数学方法计算出来的。他有8个卫星。1989年8月旅行者2号探测器到达它的附近时，发现海卫一上的火山正在爆发，其喷发物的高度比珠穆朗玛峰还高4倍。

冥王星是九位兄弟姐妹中离太阳最远的一个，比地球远40倍。因为行星绕太阳运动周期的平方和他与太阳距离的立方成比例，所以冥王星绕太阳走一圈就得 248 年，世上能看见他转半圈的人就少得很。

太阳是九大行星上面的光和热的供给者。每秒钟走 30 万千米的阳光射到地球上来，只需要八分半钟的时间，射到冥王星上去也不过花五个半钟头；但是要射到最近的一个恒星（比邻星）上去，却得四年零三个月！况且，这颗比邻星，也不需要太阳供给他光和热，他和太阳完全一样，也会发光发热，而且在他的周围也可能有行星存在。所以，以我们的太阳为首的这些行星和卫星们，实在是一个大家庭，一个有组织的系统，这系统叫作“太阳系”。这个家庭的周围很远很远都没有住家，这个系统里除了太阳、行星和卫星，还有彗星、流星和小行星。

彗星就是从前被人认为不吉之兆的扫帚星。现在我们知道他也是围绕着太阳运动的天体，和九大行星差不多，根本无关乎吉凶。他特别的地方是：身体大、质量小、轨道扁。以体积除质量，得到的数值是“密度”，彗星的体积大，质量小，所以他的密度非常小，平均密度只有空气密度的二十三万分之一，比真空管还空！

流星是晚上从天空一掠而过的那种星点。这是散布在太阳系里头的微小的固体质点，它也在围绕着太阳走。有的单独走，有的成群结队走，走来走去有些总会走进包围地球的大气层。进入大气层以后，因为速度很高，便跟空气摩擦，生出光和热，于是我们就看见了他。有的热得太凶了，没有来得及落到地面就燃烧完了。大一点的烧不完，落在地面上，便成了“陨星”。这种东西在公园或博物馆里常可以看到展览。

小行星是比流星大一点的天体，被我们发现的约有 8000 颗。他们都在火星和木星两轨道之间活动，不过没有九位老大哥那样规矩：有的有时候接近了地球，有的有时候跑到木星轨道的外面。1949 年还发现了一颗，它离太阳最近的时候，居然比水星还近。有些小行星也有自己的卫星。

作品要目

《恒星》　商务印书馆 1951 年出版

《月到中秋分外明》　《工人日报》1951 年 9 月 15 日

《地球是怎样来的？》　《中国少年报》1952 年 3 月 17 日

《谈谈新星》　《光明日报》1954 年 12 月 20 日

《谈谈太阳》　《光明日报》1955 年 6 月 20 日

《钟表的发明人是谁？》　《中国新闻》1956 年 8 月 22 日
《太阳系的大家庭》　《科学小报》1957 年 1 月 26 日
《人类怎样认识了宇宙》　《人民日报》1959 年 2 月 14 日
《火星种种》　《新观察》1960 年第 1 期
《从望远镜到宇宙飞船》　《创造与发明》1960 年 5 月 27 日
《万有引力是怎样发现的？》　《文汇报》1961 年 10 月 3 日
《火箭的家世》　《光明日报》1962 年 5 月 5 日
《年月日》　《前线》1962 年第 16 期
《新星和超新星》　《科学大众》1964 年第 4 期
《我国古代的天文成就》　《科学实验》1974 年第 10 期
《蟹状星云 940 周年》　《天文爱好者》1994 年第 1 期

〔《科学小报》，1957 年 1 月 26 日；又见章道义：《中国科普名家名作（上）》，济南：山东教育出版社，2002 年〕

人造卫星一两年内即将出现

如果说星际航行还要在一二十年以后，那么人造卫星的出现，就是一两年之内的事情了。去年 8 月间在西班牙召开的国际地球物理年筹备会议上，苏联和美国宣布：在从今年 7 月到明年年底的国际地球物理年中，他们将发射人造卫星。

人造卫星是一件很费钱费事的工作，一点很小很小的问题注意不到，巨大的劳动就会白白浪费。现在苏联和美国的科学家们正在进行复杂而细致的准备工作。

据悉：一两年内发射的人造卫星将不止一个；它们用不同的材料制成，有的用金属，有的用塑料。发射出去后，环绕地球运行的轨道也各不相同：有的通过南北极的上空，转一圈，通过所有的经纬度，任何地方的人都能看见它；有的轨道和赤道成斜交；有的沿着和赤道平行的圈子旋转，这时如果它的方向和地球自转的方向相反，那么我们就可以看到一种奇特的现象：这个卫星是西升东落的。

不过，人造卫星都小得很，不像天然卫星——月亮那样，一望就可以看见。

最初发射的人造卫星只有几十千克重，体积也不过像足球那么大。把这样小的东西，高悬在几百千米的高空，当然是看不见的了。不过，现在已经想出了一个很巧妙的办法：在人造卫星的表面涂上钠粉，由于它和稀薄的空气的摩擦，发出一种黄色光，这样，在日出前或日落后用小的望远镜就可以看见。

人造卫星虽然不大，但里面却放有许多最新式的精密仪器。这些仪器可以进行大地测量、地磁测量，可以记录宇宙线的强度、电离层的变化和高空的天气变化，还可以收集各种天文资料。仪器所记录的一切，都可以通过无线电立刻传达到地面。因此，尽管由于和空气的摩擦，经过一个时期后，人造卫星会发热、烧红，闪亮一下而化为乌有，但这对进行科学研究并没有妨碍。

如果在赤道的上空，发射上三颗人造卫星，并使它们彼此相距 120 度，就可以成为很好的无线电广播和电视的转播站。地球上任何一个地方精彩的艺术表演，全世界立刻都可以听到、看到。

不但如此，随着技术的改进，将来人造卫星可以造得更大，发射得更高。那时，我们就可以把它当作跳板，飞向遥远的天方，到月球上去，到火星上去。

〔《科学小报》，1957 年 2 月 16 日〕

太阳上的黑斑

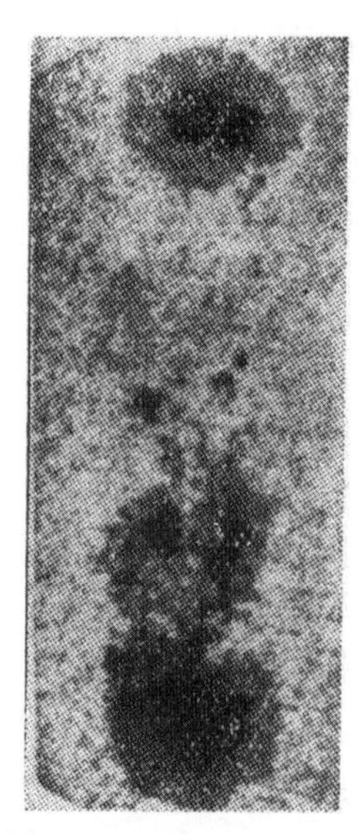
图 1　黑子的本影和半影

光辉的太阳上面常常出现黑色的斑点，这种斑点叫作“黑子”。黑子有时候单独存在，有时候成双结对，有时候形成一群。大黑子的中心部分总是比较黑一些，叫作“本影”或“核”；近边缘的部分比较淡一点，叫作“半影”（图 1）。本影和半影都可能单独存在。在一个大黑子群里面常常会发现在一片半影中有几个大小不同的本影。大的黑子群，在日出或日落的时候，用肉眼也能够看见。黑子在我国历史上就有不少的记载。《汉书》中的“五行志”里说：“汉成帝河平元年（公元前 28 年）三月乙未，日出黄，有黑气，大如钱，居日中央。”这段话说明了黑子出现的时间、形状和在日面上的位置。从汉代起到明末止，在这 1600 多年中间，我国的史书上共有 100 多次这样确切的记录，为近代天文学对黑子周期的研究，提供了丰富的资料。

太阳光很强，除了在日出或日落的时候，不能用眼睛直接去看黑子，也不能直接用望远镜去看。观察黑子的最简单的办法，是隔着一片深色的玻璃望太阳。或者把一盆加有黑汁的水放在日光下，看太阳在水中的像。如果有望远镜的话，可以在望远镜上安装一个投影屏，把太阳的像投影在纸上来观测。我国南京、佘山（上海附近）、昆明和青岛四个天文台、站进行的黑子观测就是利用这种方法。在这次国际地球物理年间，这四个台、站都准备利用原有设备。来进行黑子的观测工作。另外还有一种专门观测黑子的仪器，叫作“太阳照相仪”，用它可以直接得出太阳的照片，然后再在照片上测定黑子的位置、面积，并且根据形状加以分类。

大多数的黑子都处在日面南北纬 5°～35° 范围内，在两条平行的带子范围内；不过日面南半球的黑子往往比北半球的多。1672～1704 年，北半球上没有黑子；1875～1925 年，南半球上的黑子比北半球上多五分之一。还有，黑子在日面上的分布，东西两半球也不一样多，在边缘部分，东边大约多出五分之一。

如果我们对黑子进行连续的观测，便会发现每隔一天，所有的黑子都稍稍向西移动一点，这说明太阳在自转，自转的方向也和地球一样：从西向东转。但是，观测也告诉我们，太阳的旋转速度，全身各处不一样。赤道附近转得最快，大约 25 天旋转一周；越近两极越慢，两极附近大约 35 天旋转一周。从这一个现象，可以证明太阳是个气体球。事实上，它的表面温度大约有 6000℃（中心温度更高），在这种条件下，所有固态的物质都早已化成气态了。

黑子是天天在变化着，它们有时候出现，有时候消失。每当黑子出现以前，先在日面上出现许多小黑孔。这些小黑孔后来互相结合，逐渐变大，发展成为两个大黑子，分列东、西。因为太阳的自转，从我们站在地球上的人看来是由东向西转的，所以，在西边的叫作“前导黑子”，在东边的叫作“后随黑子”。前导黑子比较接近日面的赤道。在起初，前后黑子都很快地变大，距离也在增加。这时候，在它们之间和周围，还分布着许多小黑子。到了最大以后，后随黑子发生分裂，逐渐变小以至于消灭；前导黑子却还可以继续存在一个时期。

黑子的寿命和它的大小有关系，小的寿命比较短。大多数的黑子存在不到一天，但是也有的能够存在 18 个月。平均寿命是两三个月。

黑子的大小也是极端不同的。1946 年 2 月 2 日出现过一个很大的黑子群，面积有 1.55 亿 km^2，等于地球面积的 30 倍。不过黑子最多最大的时候，总面积也不到太阳表面的千分之五。

每年出现的黑子总面积（或总数目）有很显明的周期性。平均每隔 11 年，黑子数目有一次达到最多（极大）。前一次黑子最多的年份是 1947 年，下一次最多可能发生在 1958 年，这就是把国际地球物理年定在 1957 年 7 月到 1958 年 12 月的原因。

要知道，黑子最多的年份，并不是太阳面上每天都有许多黑子，有时候可能一个也没有。因为黑子除了有 11 年的周期，还有许多短的不规则的增减。在同一个周期里，黑子的数目增加比减少要快，增加的时间平均是 5 年，减少的是 6 年。两次相邻的黑子数目极大的年份的间隔是 7～17 年，黑子数目极小的年份的间隔是 9～14 年，所以 11 年只是一个平均数，而且每次极大的数目相差很多，所以预告黑子数目的多少现在还不可能，唯一的办法只有经常不断地进行观测。

每逢极小以后，在新周期开始的时候，黑子总是先在日面南北纬 30° 附近出现。越后出现的黑子，越近赤道。极大的时候，黑子出现在南北纬 15° 附近。一个周期结束的时候，看得见的黑子常常是在南、北纬 8° 附近。这时候，下一周期的黑子又在南、北纬 30° 出现。这个规律首先被斯波勒所发现。

不单是黑子有 11 年的周期，太阳面上许多现象都有这样的周期。我们平常看见的太阳表面叫作“光球”，温度大约是 6000℃。此光球温度低的是黑子，平均温度是 4500℃。比光球温度高的是光斑，温度大约是 6100℃。紧靠在光球上方的是“反变层”，太阳光通过这层以后就被吸收一部分，而在光谱上出现暗线。和反变层的上层相连的是“色球层”。色球层中常常有爆发现象和物质向外抛射，那就是“耀斑”和“日珥”。日珥的上方是“日冕”。日冕是太阳大气的最外层，它延伸到离太阳好远好远的地方（图 2）。黑子和光斑，用一般望远镜都能观测。至于观测日冕要用一种特殊的仪器，叫作“日冕仪”，目前我国还没有。观测耀斑和日珥的太阳分光仪，我国有两架，安装在佘山和昆明。另外，在国际地球物理年间为了进行观测工作，最近又向苏联购置了一架色球望远镜，即将安装在北京，对色球层中的一切现象进行电影拍摄。

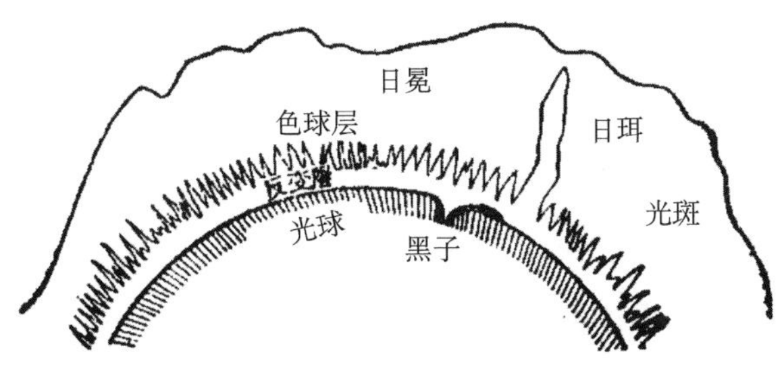

图 2　太阳大气的构造

光斑常常和黑子相伴随，有黑子的地方一定有光斑，所以黑子变化的周期，也就是光斑变化的周期。耀斑常在黑子旁边或上方出现，而且随黑子数目的增多而增多。日珥也有 11 年的周期变化，不过它的极大要比较黑子的极大落后一二年。日冕的形状也随着黑子的多少而变化；黑子一多，日冕呈现圆形；黑子一少，日冕呈现椭圆形，伸展在太阳的赤道面上。最后，黑子多的时候，从太阳射出来的无线电波也显著地增强。

日面上的这些现象有着同样的变化周期，必然有着共同的原因（虽然目前我们还不了解），所以现在不把 11 年的周期单叫作"黑子周期"，而叫作"太阳活动"周期。

太阳活动周期和地球上好几种现象有密切的关系。我们知道，地球是一个大磁体，它的磁极和地理上的南北极不一致，所以磁针所指的南北和真正的南北线形成了一个夹角，这个夹角叫作"磁偏角"。某一个地方的磁偏角，并不固定而是要发生一些变化的。不过这种变化通常都很小，非用精密仪器不能觉察出来。但是有时候会发生很大的变化，这种情形就叫作"磁暴"。磁暴具有很大的能量，它可以在地壳中引起电流，扰乱电报、电话的通信，太阳黑子多的年份，磁暴发生的次数也多。磁暴常常在大而迅速变化的黑子群转到日面中心的时候发生。

太阳黑子多的年份里，"极光"出现的次数也增多，并且很显著（图 3）。

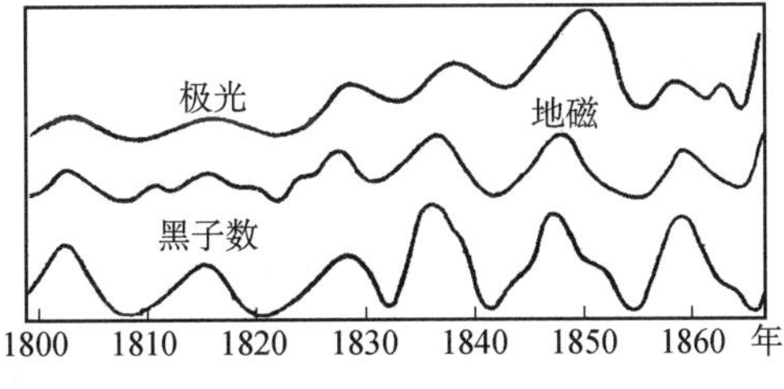

图 3　黑子与地磁、极光的关系

无线电波的远距离传播，全靠地球上高空大气层“电离层”的反射作用。有些人把电离层叫作“无线电镜”。电离层是从太阳射来的紫外线和带电的粒子流的袭击使这个区域的空气发生了电离的结果。太阳活动强的时候，它辐射的紫外线和带电的粒子也多，因而使电离层发生变化，这样就形成了一种干扰，使无线电收音发生困难。

目前还有许多问题等待着解决。例如，黑子多的时候，是不是雷雨也多，是不是地面上的温度会高一些，是不是植物会长得快一些。这样一来，摆在天文学家面前的重要任务就是：联合起来，彻底解决“日地关系”——太阳活动和地面上各种现象之间的关系的问题。

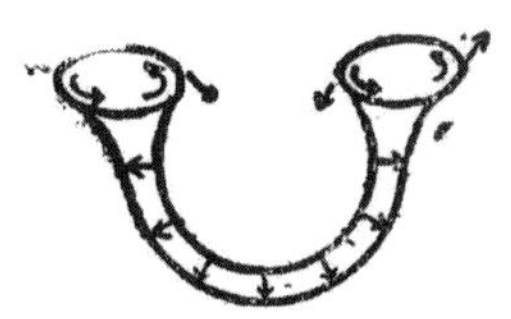

图 4　海尔对太阳黑子的假说

各个天文台的联合观测，对解决日地关系问题有着重大意义。由于夜晚的来临和气候的影响，世界上没有一个天文台能够对太阳做连续的观测；只有大家合作才能完成这项工作。在苏联，早已建立了“太阳联合观测网”。在这次国际地球物理年中，将由全世界的天文台、站共同合作，每隔三分钟对太阳至少做一次观测记录。如果发现日面有特殊的变化，将由中心机构发出紧急通知，号召各地同时加强观测。

世界各国对太阳的研究都花费了很大的力量，但是有许多根本性的问题还是没有解决，黑子的起源问题就是一个。为什么黑子比它周围光球的温度低呢？海尔曾经提出过一个假说。他认为黑子是太阳上的大旋涡，在这种旋涡状的管子里，气体一面旋转，一面向上升。上升到管口时候，气体突然膨胀，温度降低、亮度减少，形成了黑子的本影。因为黑子常常是成双地出现，他又假设这种管子弯曲成马蹄形（图 4），整个管子埋在太阳内部，只有两端露在光球面上。在两个管口，物质向相反的方向旋转，因为其中的粒子是带电的，就在两个管口形成了不同的两个磁极，如果前导黑子是 N（北）极。后随黑子必然是 S（南）极。

海尔的这个假说可以勉强解释一些问题，但是还有其他许多问题，不能回答。也许这个假说根本不对。尽管如此，我们深信，在世界科学技术不断发展和各国科学家的共同合作下，我们一定能进一步揭穿太阳黑子的奥秘。

〔《科学大众》，1957 年 7 月〕

11月7日晚上看月食

今年11月7日晚上有一次月食。

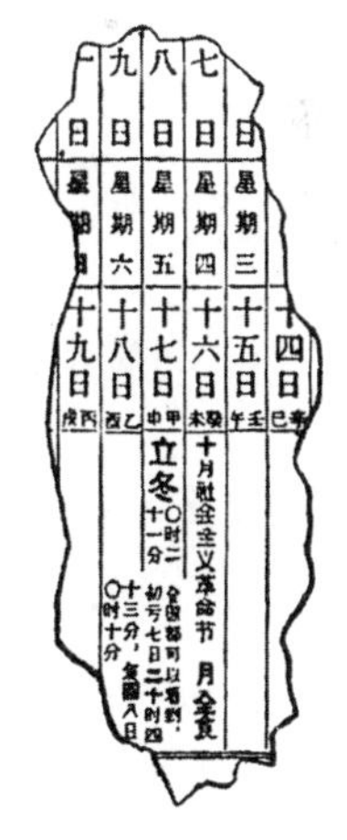

这次月食是全食，整个月面都将被阴影遮住。下午8点43分6秒，月亮的东边缘和阴影开始接触（“初亏”，也就是月食开始），到半夜12点10分24秒，月亮才复圆，全部过程约三小时半，其中全食时间也有半个多小时，很值得看一看。

如果那天不是满天黑云，大家一定会发现，在月亮完全被阴影遮住以后，还是可以看到它的轮廓的。这时月亮现出古铜色，那是因为地球高空中的大气，把太阳光的一部分折射到月面上的缘故。

月食是一种有规律的自然现象。科学家告诉我们：月食既不是“天狗吃月亮”，也不是“野月吃家月”；它发生的根本原因是：地球把月亮遮住了，太阳光照不到月亮上。因为月亮本身是不会发光的，全靠太阳将它照亮。地球又是个很大的不透明的物体，当太阳照亮了这一面的时候，另一面背着太阳拖着一个影子。月亮绕着地球运动，一旦走进了地球的影子里阳光照不到了，就会发生月食（图 1）。因此，月食发生的时间，必须是当太阳，地球和月亮在一条直线上，并且地球在中间的时候。具备这个条件的时间，是在阴历每月十五或它以后一两天（这次是在阴历九月十六日），也就是望月（满月）的时候，所以月食一定发生在望月。

但是，每当望月的时候，却不一定都发生月食。这是因为月亮绕地球的轨道和地球绕太阳的轨道并不正在一个平面上，而是互相倾斜着的。

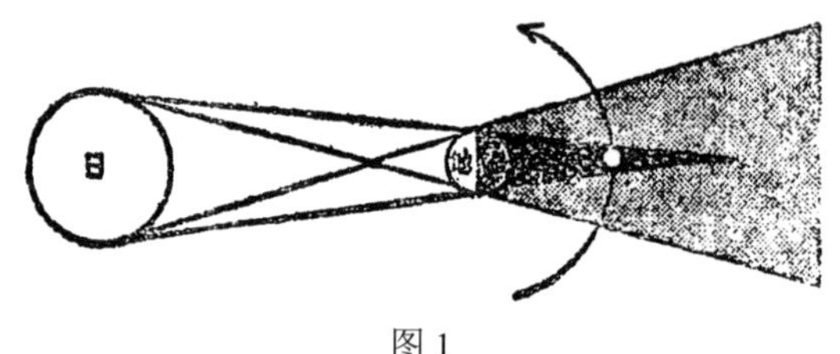

图 1

月亮运行的轨道，在天文学上叫作“白道”；地球也在绕太阳转动，而我们从地球上看去，好像是太阳在绕着地球转，在天文学上就把这看来好像是太阳在移动的行径叫作“黄道”。当然，“白道”和“黄道”都是假想出来的，在天空中是无法找到的！

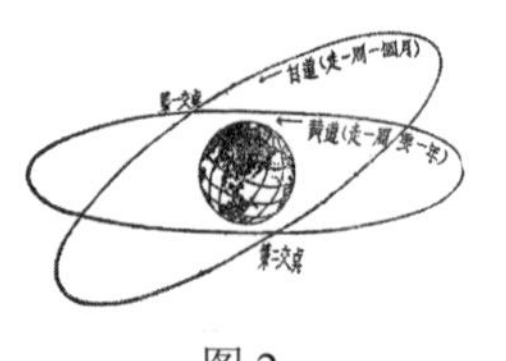

图 2

黄道和白道是互相交错的，它们有两个相交的地方，这就是交点（图 2）。

“望”的时候，如果月亮不走在交点附近，而是在黄道的上方或下方，那么，月亮就不会走进地球的影子里，因而也没有月食发生。这个情况好有一比，如你站在太阳光下面，背向太阳，握着拳头。然后你伸直了手臂，在前面慢慢移过。这时你可以看到拳头会进入你头的影子里。但是，要是你把拳头伸高一点，头的影子就遮不住它了。

如果“望”的时候，月亮恰好在某一个交点上，那么必然会发生月全食。如果在交点附近，那就可能是全食，也可能是偏食（月面被遮去一部分），要看离交点的远近来决定。所以每逢望月的时候，是不是发生月食，是偏食还是全食，就要靠天文学家来计算。现在，天文学家们已经把从公元前 1207～公元 2162 年所有的月食发生的日期，时刻和种类都已经算出来了。这 3000 多年里，一共要有月食 5200 次，平均每一百年有 154 次。最多的时间每年可以发生三次，如1917年；最少的时候，可以一次也没有，如1951年。今年有两次：一次在5月14日（阴历四月十五日），一次在11月7日。

每逢月食的时候，天文学家们常从地面上几个不同的地方，观测光度微弱的恒星被月球遮掩的时刻，来计算月亮的大小，距离和位置。同时，在月食的各个阶段，他们又利用仪器来测量由月面反射出来的热量，来计算月面的温度。这些观测资料的收集，对于将来到月球上去探险，是很有用处的。

〔《学科学》，1957年10月〕

苏联在天体演化学上的伟大贡献

天体的起源和演化是个很古老的问题，也是个最复杂的问题，“盘古开天辟地”“上帝创造世界”——这些说法只是优美的神话，不是科学地解决问题，一直到了18世纪下半期，才有人开始从科学的观点来讨论这个问题，那就是康德和拉普拉斯的星云假说。

按照星云假说，太阳系开始时是一团转动着的气体星云，它的形状是两极方向扁平、中心逐渐浓密的椭球体。由于自身冷聚和缩扁的缘故，自转的角速度逐渐增加，直到在星云赤道离心力的作用下脱离而形成一个一个的气体环。以后，每个气体环分裂为许多部分，彼此互相吸引着，直到其中最大的部分吸收了其他部分；这样，每个环成为一个行星。再后，它们又在缩小的范围内重复同样的过程，又分出环而形成卫星。这样剩下来的中心物质就收缩而成为太阳。

这个假说在人类文化史上，起过特别重大的推进作用。它是科学中的第一个天体演化学说，它把当时形而上学的自然观打开了一个缺口，从而证明宇宙是在不断地发展着的。因此，无产阶级的导师恩格斯对这个学说作了很高的评价。

但是，以后渐渐发现了太阳系的许多特点，这些特点是和拉普拉斯的假说矛盾的。拉普拉斯指出，他的假说需要所有的行星和所有的卫星都向同一方向运转；但是，我们现在知道，有些卫星和彗星却是按照相反的方向运转的。特别严重的困难是关于太阳和行星间的角动量的分配问题。如果行星是按照拉普拉斯假说而形成的，则太阳和行星的角动量应当各自保持星云分出环以前那样的大小；就是说，质量越大，自转得越快。但是事实上，总质量只合太阳质量千分之几的各行星，却保持了太阳系总角动量的98%以上。

拉普拉斯假说所遇到的这一严重困难，使天文学界不得不寻求新的途径。1917年，英国天文学家金斯创立了一种流行极广的新说。如果说康德和拉普拉斯一般地表述了物质内部发展不受外界因素影响的思想；那么，相反地，金斯则可以说是表述了发展要在外力影响下实现的思想。按照金斯的说法，行星的形成是太阳和另一恒星接近的结果。在太阳和恒星接近时，这个恒星以它的引力由太阳中吸出一部分物质，这种物质以后就分散在太阳的周围，而凝结成为行星和卫星。

金斯的学说是为了克服角动量分配的困难而提出的，但他却没有考虑太阳和其他恒星接近的概率。苏联天文学家巴利斯基用严格的数学方法证明：太阳和其他恒星接近的机会，是微乎其微的。如果在银河系里，太阳系是个特殊现象，那么，太阳系还有可能是按照金斯所设想的方式形成的。但是，近几年来的研究，特别是苏联普耳科沃天文台节依奇的工作，却毫无疑义地得出如下的结论：在离太阳最近的恒星周围，也有行星存在。这样一来，太阳系的存在并不是一种特殊的例外；相反地，却是一种普遍现象。因此，金斯的学说和附和金斯学说的变相说法，就都破产了。

就在这种青黄不接的时候，苏联科学院地理物理研究所所长施密特院士提出了一套新颖的学说。他认为：太阳在它形成的初期，或者在它围绕银河系中心运动时，穿过尘埃云并俘获其中的一部分。这种尘埃中包含大大小小的微粒、在太阳的引力作用下，微粒群在一定的轨道上运行而且互相碰撞，随即黏结在一起，最后形成了行星，碰撞的过程中，有平均化的作用，因而质量越大的行星轨道越圆，并且轨道面越与太阳的赤道面相合。近太阳的区域，由于温度高，许多质点都蒸发了，所以水星和金星的质量比较小；远离太阳的区域，本来俘获的东西就少，所以冥王星也小；只有木星和土星所在的区域适中，所以形成了两个大行星。施密特又假定：太阳本来不会自转，只是被俘获的尘埃落在它上面带来了角动量以后，才开始自转，所以它的角动量很小。

这样看来，施密特的学说是很完善的了。1951 年 4 月苏联科学院举行了盛大的专门会议。参加会议的天文学家、地质学家、地球物理学家以及其他学科的代表们都热烈地祝贺施密特的成就，认为他的学说是站在唯一正确的辩证唯物主义立场上的苏维埃科学强大的鲜明示威。但是具有批评和自我批评精神的苏联科学家们，在肯定施密特成绩的同时，也指出了他的学说的缺点。伊得利斯由施密特学说道出，所有行星的质量都是一样，这显然与客观事实不符。

有些苏联学者认为施密特学说只考虑了太阳系内的现象，而没有和恒星演化联系起来，显得有点孤立地看问题，费森科夫院士提出的太阳系起源假说，却避免了这一缺陷。费森科夫认为：恒星和行星的差别，只是质量差别的飞跃，它们都是由同一种原始物质形成的。恒星之一的太阳，在它初形成时，质量比现在大 8～10 倍，那时太阳急速地自转，并且强烈地抛射物质；在抛射物质的同时，它也把角动量传给被抛射的物质。这些抛出的物质，大部分离开了太阳的引力场，小部分留在它的周围转动。留在太阳周围转动的物质，后来形成几个凝块，凝块最终变成了行星。以后，行星发展的道路，被它的质量和它离太阳的距离所决定。类地行星（水星、金星、地球、火星）损失了大量的较轻元素（挥发），类木行星（木星、土星、天王屋、海王星）却在很大的程度上，保存了较轻的元素。所以就化学成分来说，行星分成了两类，而且类木行星的成分，很像太阳。这些都与事实符合，可见费森科夫学说，也能解释一些太阳系的结构和行星的运动规律。

费森科夫的学说和施密特的学说有着很大的不同；但这两个学说，都是唯物主义的。因为他们的研究方向和思想方法，都贯穿了从实际出发的精神。他们不像西方的一些学者那样：首先幻想一些原因，然后花许多时间把这些原因凑成一幅图案。他们是从现有的太阳系的实际情况出发，看一看究竟怎样才会必然地产生太阳系，然后建立理论。理论在推演的过程中，又不断地用观测资料来验证。这种“实践—理论—再实践—再理论”的研究方法，是我们应该学习的。

和在太阳系演化学领域里一样，苏联在恒星演化学领域里也取得了巨大的成就，苏联科学院院士阿姆巴楚米扬对星协的发现是恒星演化学的一个跃进。在此以前，各国在这方面的成就是微不足道的。

1928 年金斯第一次提出恒星和星系的起源学说。后来许许多多的发现和理论上的推算证明：金斯把问题看得太简单了。1941 年惠普又建立起一个在现时银河系状态下，恒星形成的理论。他认为星际物质中的固体质点，在现有恒星辐射压力的影响下，会在 10 亿～20 亿年左右，聚集成恒星。惠普的理论虽然指出了恒星形成的一个可能途径，但却是臆想。只有阿姆巴楚米扬的星协理论，才是有充分的观测事实作为基础的理论。

1949 年阿姆巴楚米扬在研究炽热恒星（O 型星和 B 型星）的空间分布时候发现，这些星在空间有成窝存在的现象。从理论上算出，同一窝中的恒星在速度不同的影响下，以及由于其他原因，它们应当很快地散伙，在一起最多也只能维持几千万年；但是现在还没有散伙，这证明它们的年龄不会超过几千万年。比起一般恒星的平均年龄（几十亿年到几百亿年）来，几千万年的星简直是“呱呱坠地”的婴儿。阿姆巴楚米扬把这种成窝出生的婴儿星群，叫作“星协”。

除由炽热恒星组成的星协（O 星协）外，他还发现有另一类型的星协，其中都是 G 型到 M 型的矮星。不过和普通的矮星不同，这些矮星的亮度呈现不规则的变化，光谱中有明线存在。这类星的典型例子是金牛座 T 变星，因此也就把由这类星组成的星协，叫作“T 星协”。

莫斯科的天文学家巴连那果发现：在 O 星协里常常遇到金牛座 T 型星，如猎户座 O 星协内就有好几百个；但是在 T 星协内，却从来没有发现 O 型星和 B 型星。这一事实很重要，它表明：恒星一产生可能就是各种光谱型的都有，这时它们处在主星序平均中央线的上方。它们从主星序外的各个部分进入主星序。在进入主星序以前，恒星演化较快；在进入主星序以后，恒星演化比较慢；这时它们沿着主星序由 O 型向 B 型、A 型……M 型演进。在演进的过程中，起初是强烈地抛射物质；随着物质的抛射，恒星的质量逐渐减小，光度渐低，自转速度渐慢。

这样一来，星协的发现可以说是基本上解决了主星序的起源和演化，但是问题并没有结束，第一，演化到主星序的尽头以后怎么办？第二，星前物质是什么？

关于第一个问题，现在还难以回答；关于第二个问题，很容易使人想到弥漫星云。但是由于星协是在扩散着的这一事实，应该认为星前物质的体积要比星协小得多；然而某些弥漫星云的体积却是非常之大，所以很少有可能认为星前物质就是弥漫星云。

1951年费森科夫在阿拉木图天文台用500毫米的马克苏托夫式望远镜拍摄了许多弥漫星云的照片。他发现，在个别的纤维状星云中，有星链或星串的存在；他认为这就是由纤维物质形成恒星的证据，但是近来用各种方法估计出纤维状物质的质量小于太阳的质量，因此不可能认为恒星是从纤维状物质形成的。也许纤维是和星链同时形成的。这里应该顺便指出，克里米亚天体物理观象台的沙因院士认为：所有已知的弥漫星云，都是年轻的。

那么星前物质究竟是什么呢？阿姆巴楚米扬认为星前物质可能是密度极大而且具有放射性的物质，这种东西也许就是近年来在明亮的恒星和星云的光所造成的背景上所发现的球状黑暗物，这种东西的角直径只有一分，有的还更小；不过目前还不敢肯定。

我们所观测到的恒星，绝大多数都属于主星序；然而有一些例外，那就是巨星、超巨星和白矮星等。阿姆巴楚米扬认为超巨星起源于巨星产生的星协中，然而又不知道巨星如何产生。至于白矮星，那就更难说，它究竟是年老还是年轻，目前都不能肯定。

谈到由恒星组成的星系（例如银河系）的演化，那更是复杂多端。现在只能确定一点：在某些河外星系中，也观测到了星协，这表明变化和发展，是宇宙的普遍规律。

天体演化学是一个极端复杂的科学部门，它需要天文学家、物理学家、数学家和地球物理学家等配合作战。这种各学科的协同研究，只有在社会主义国家才能办到，苏联在天体演化学领域里能够居于世界的领导地位，这是一个主要原因。其次要归功于辩证唯物主义认识论的正确方法。

虽然解决了的问题是少数，没有解决的问题是多数；但是四十年来苏联天文学家所取得的这些丰富成就，使得我们充分相信所有问题迟早都会解决，世界是可以认识的。

〔北京天文馆：《苏联天文学的辉煌成就》，
北京：科学普及出版社，1957年〕

天狼星的故事

天上的动物园

为了容易认星星，人们很早就给星星编了组，并且给他们起了各式各样的名称，这就是星座。我们最熟悉的星座，有由北斗七星组成的大熊星座，包括北极星的小熊星座，包括织女星的天琴星座……天上的星座共有 88 个。它们的名字，多半是按动物名称起的，除了大熊、小熊以外，还有白羊、金牛、狮子和长蛇等。你看，天上多么像是一个“动物园”啊！

我们居住的地球在不停地转动，一年四季，我们所看到的星座也不相同。

冬天最亮的星

晚上，在南方的天空，我们可以看到，有四颗亮星排列在一起，好像一个直立的长方形，这就是猎户星座。在长方形的中部，三颗星星一字排开，好像是猎户的腰带。顺着这条“腰带”向东南看去，就可以看到全天最亮的一颗星在那里闪烁，这就是天狼星。

天狼和阳历

在遥远的古代，人们就已经注意到了这颗最亮的星。我国古代的大诗人屈原在他的《离骚》里曾经说过："举长矢兮射天狼。"5000 多年前，埃及的劳动人民发现：每当天狼星和太阳同时在东方升起的时候，尼罗河水就要开始泛滥了。为了生存，他们注意了这个现象的周期性，结果发现每隔 365 天零 6 小时，就重复一次，于是他们就把这个时间定为一年，成为世界上最早使用阳历的国家之一。

它比太阳热得多

罗马人把天狼星叫作"狗星"，把每年 7 月 13 日到 8 月 11 日的一段时期叫作"狗日"。他们错误地认为，天狼是造成炎热的夏天的原因。现在我们知道，天狼星表面温度是 2 万℃，比太阳（表面的温度是 6000℃）热得多，但是它对地球上的温度的变化并没有什么影响，因为它离我们太远了。天狼星离我们有 90 万亿千米远，比太阳远 360 万倍。要是能把它移到太阳的位置上来，它比太阳还要亮 23 倍。可惜，我们移不动它！

不过是个中等身材

天狼星不但比太阳亮，而且比太阳大，它的肚子里，可以容纳八个太阳。虽然如此，天狼星在满天星斗中，也不过是个中等身材。猎户星座东肩上的那颗红星，叫参宿四，它比天狼星大 500 万倍，此外，还有比它更大的！

为什么不走直线?

1844 年，有一位叫白塞尔的天文学家，他考察了过去 50 年内天狼星的行踪，发现它不像别的星星一样，沿直线前进，而是顺着波浪形的曲线前进的。白塞尔当时认为，天狼星一定是一对双星，它和它的伴侣，在一起周旋跳舞。18 年后，大的远望镜制造出来了；用大的望远镜头看天狼星，果然在它的旁边，找到了一颗比它暗得多的星——天狼伴星。天狼伴星的体积，只有太阳的三万分之一，亮度只有天狼的万分之一，难怪人们不好找到它。

特殊材料做成的

像天狼伴星这样的天体，我们把它叫作"白矮星"，"白"是指的颜色，"矮"是说体积非常小。到现在已经发现了一百多颗白矮星，它们都是太阳的近邻。

别看白矮星的体积非常小，它们的重量却不比太阳轻。随便从上面拿下针尖大的一点物质来，就有几吨重。密度这样大，怎么能令人相信，可是天文学家却一次又一次地证明了这是事实。因此科学家断定：白矮星一定是由特殊材料做成的。

〔《学科学》，1958 年第 2 期〕

我国伟大的天文学家

——张衡

张衡字平子，河南南阳人，生于公元 78 年，逝世于公元 139 年；今年是他诞生的 1880 周年。公元第一世纪末和第二世纪初，是东汉王朝的繁荣时期，那时它是世界上的四大强国之一（另外三个是匈奴、大月氏和罗马帝国），在经济上、文化上和交通上都有相当的发展。这样的和平环境提供了良好的条件，使张衡在学术上得以有辉煌的成就。在他的一生中，供职于当时朝廷的时间约占 37 年。37 年间做过八种工作，其中以担任太史令（类似于天文台台长）的时间最长，前后两次共 14 年，在祖国的天文学史上写下了极其宝贵的一页。

这位伟大的天文学家给我们留下了两部重要著作，一个是《灵宪》，一个是《浑天仪图注》。《灵宪》一书代表了张衡的天文学说，在《灵宪》里面，他简要地总结了当时的天文知识和提出了许多独到的见解：主张宇宙在空间和时间上是无限的，他说，“宇之表无极，宙之端无穷”；测出太阳和月亮的角直径是半度；继承了京房和王充的正确见解，认为月亮光是太阳光的反照，月食是由于大地遮住了太阳光；统计出肉眼能看到的星数约是 2500 颗，其中，特别明亮的星有 124 颗。现代天文学的发展，是从 16 世纪中叶开始的，很多天文学上的现象，从这时才开始得到比较肯定的解释；可以想象，张衡早在1800多年以前就得出这些精辟的见解，是很不容易的。

《浑天仪图注》是浑天学说的一部经典著作。浑天学说创始于前汉时代的落下闳，完成于张衡。这个学说主张“天圆如弹丸，地如鸡中黄，孤居于内，天大而地小；天之包地，犹壳之裹黄”。这只是我国古代对天地看法的一种学说而已，当然是不正确的；但在《浑天仪图注》里，有许多东西，就拿今天球面天文学的要求来看，也还是正确的。例如，在北纬36度的地方[①]，赤纬大于72度的恒星常见不落；太阳于夏至时出辰（方位角300度）入申（60度），冬至时出寅（240度）入戍（120度）。

《浑天仪图注》是为他所制的浑天仪而写的说明书。浑天仪这个名称，古代用以表示两种不同的仪器。一种是用来测定天体位置的浑天仪，类似于现在的坐标仪；一种是用来表示天象的浑象，类似于现在的天球仪。张衡所制造的浑天仪，大概就是后一种。根据史书的记载，在他担任太史令的第二年，就着手制作浑象。先用一些薄薄的竹片，编的编，圈的圈，再用针线把它们串联起来，造成一个模型；试验准了以后，又用铜铸成正式仪器。仪器是个球形，里面有个铁轴贯穿球心，轴的方向就是天轴的力向，也就是地球自转轴的方向。轴和球有两个交点，即天球上的北极和南极。北极高出地平36度，这就是当时的首都洛阳的地理纬度。在球的外表面上刻有众星列宿，赤道和黄道。在赤道和黄道上各列二十四节气；黄道与赤道成24度的交角。从冬至点量起，分圆周为365.25度，每度刻四格。此外，他又利用齿轮把浑象和漏壶联系起来，用漏壶滴出来的水发动齿轮，齿轮带动浑象绕轴旋转，一天一周。因此这个仪器就能把天象正确地表示出来。人在屋子里看着仪器，就可以知道某星正从东方升起，某星已到中天，某星就要在西方下落。这不但说明了张衡的制作技术高明，也说明了张衡所作的天文观测是很精确的。

除了水运浑象，张衡还有一个大发明，那就是候风地动仪——世界上的第一架地震仪。这个仪器用铜铸成，很像一个大酒樽，顶上有个凸起的盖子，周围铸着8个龙头，对准东西南北和东南、东北、西南、西北8个方向。每条龙的嘴巴里，都含着一粒小铜球。地上对准龙嘴蹲着八个铜蛤蟆，昂着头，张着大嘴巴。哪儿发生了地震，对着哪个方向的龙嘴巴就会张开，龙嘴巴里

① 本文中的度数，凡是用中文数字表示的，都是分圆周为365.25度。换句话说，它的一度比现在的一度略小。

的铜球，就“当啷”一声落在铜蛤蟆的嘴里，这样，就知道哪儿发生了地震。这架巧妙的仪器是在公元 132 年发明的，这个重大的发明比欧洲创造的地震仪要早 1700 多年。可惜的是张衡的地动仪没有留传下来，我们知道这是利用重心高、支面小，稳度就小的这一特性，但是，关于它的内部结构我们知道得不详细。王振铎先生已经根据一些简略的记载和汉代的机械水平，把它恢复起来。内部的结构如图所示表示的：竖立在地动仪底盘中央的那根振摆，上粗下细，支面小重心高，因此很容易倒下（图 1）。当从某个方向传来了地震波振动了地动仪的时候，振摆就朝着地震波的那个方向倒去，撞在曲杆上（图 2），使龙头的上颚张开，铜球就从龙嘴落下来，落入铜蛤蟆的嘴里。如果从上面看下去的话，候风地动仪的构造如图 3。

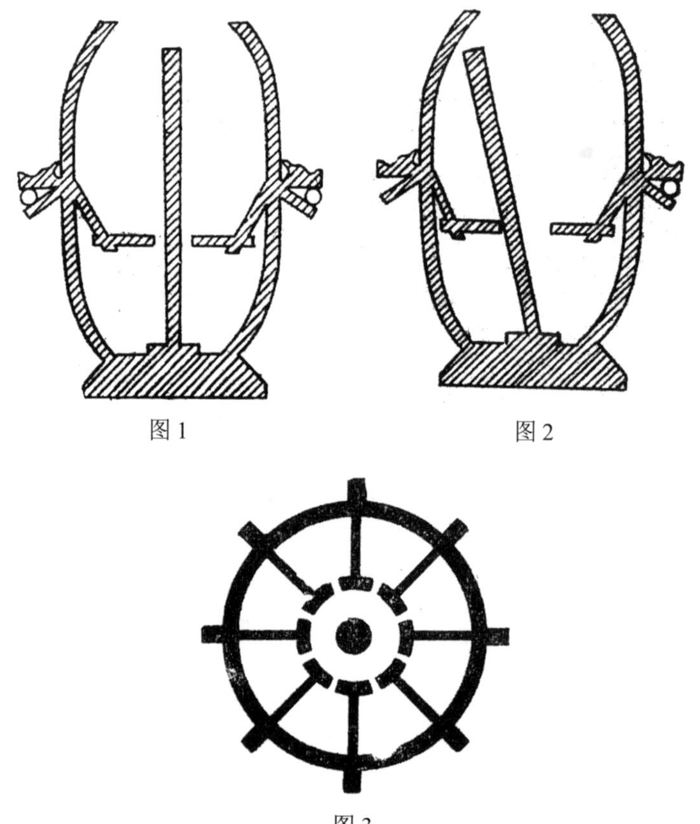

图 1　　图 2

图 3

张衡制造了浑天仪，发明了候风地动仪，又写了《灵宪》。这是他的主要成就，但是他的贡献还不止于此。他是一位多才多艺的科学家，他曾经制造过自飞木鸟，鸟中有发动机，能使它飞好几里，这可以说是飞机的雏形。

他又是有名的文学家，遗留下来的文学著作有22篇，他的讽刺当时朝廷和社会的《两京赋》，在东汉的文学上有着优越的地位。

他对史学也很有兴趣，曾经对司马迁的史记和班固的汉书提出十几条修改意见。

他也研究过地理学，并且根据他研究的心得，绘出一幅“地形图”，流传了好几百年。

他又是东汉时代的名画家之一。张衡用脚画兽的故事，虽然近于神话，但足以说明他常登山涉水，游览林泉，吸取大自然的优美风景，作为写生的蓝本。

在哲学方面，他反对唯心主义的“图谶之学”。当时许多人主张利用“图谶之学”来修改“四分历”（在当时是比较科学的一种历法），张衡和周兴则坚决反对。张衡认为“天之历数，不可任疑从虚，以非易是”。这就是说历法只能按照自然界的本来面目来编订，而不能凭主观愿望给以任何附加。经过一场激烈辩论以后，历法才没有被牵强附会地修正；这是我国天文学史上唯物论对唯心论斗争的一次胜利。

在数学方面，张衡对圆周率很有研究，著有《算罔论》，可惜早已失传。

勤劳的中国人民，以祖国历史上有这样一位在多方面做出重大贡献的科学家而感到骄傲。1955年全国发行了纪念邮票。1956年重修了他的坟墓和墓后的读书台，在高大的墓的周围砌了秀丽的围墙，前面原来的两座碑记也加了碑楼。墓前又新立起一个石碑，碑上有中国科学院郭沫若院长的题词：

“如此全面发展之人物，在世界史中亦所罕见。”

“万祀千龄，令人景仰。”

郭院长的这几句话是对张衡的最好评价，也代表了全国人民对他的敬爱，我们是永远纪念着他的。

〔《天文爱好者》，1958年第2期〕

人类怎样认识了宇宙

一、地球中心说

太阳东升西落，月亮圆了又缺；灿烂的白天，诡谲的星空；春夏秋冬，寒来暑往。这种目乱五色、变化多端的现象，都是因为什么呢？远古以来，我们的祖先就产生过许多猜测和幻想，力图回答这些问题。有的古人认为，世界好像是个圆形的大房间，这房间的地板就是我们所居住的大地，墙壁和天棚就是太空。我国古代也长期流行着“天圆地方”的说法。按照这种说法，天是以天中北极为中心而旋转的，而地则静止不动。

以从事农业为主的古代中国、埃及和巴比伦人，通过对天象的观察来确定播种和收获的季节，这就推进了人类对宇宙的认识。后来巴尔干半岛上的希腊民族，在为了同埃及通商和占据富饶的移民地而进行的远洋航行中，学会了根据星星和月亮来测定路线和方向，这也使得天文学得到了很大的发展。

希腊的天文学家们综合了许多观测的结果，创立了朴素的唯物主义的宇宙观。第一次提出了关于宇宙的无限性、物质世界的统一性、地是球形而且在运动、生命世界不止一个等卓越的猜想。例如，赫拉克利特说："世界全体是统一的，既不是神也不是人创造的；无论过去、现在还是将来，它都是永恒的烈火，有规律地燃烧起来，又有规律地熄灭下去。"又如阿利斯塔克（公元前4 世纪末～前 3 世纪前半期）认为大地有两种运动：绕太阳的公转运动和绕轴的自转运动。

此外，希腊的科学家们还提出了一个在天文学发展上十分重要的思想，就是：大地是悬在空间的一个球体。毕达哥拉斯（约公元前 571～前 497）说：地和日月五星皆为球形，没有支柱而悬于太空，地球是它们的中心。后来尤多克斯（约公元前 408～前 355）发展了这个地球中心说，他设想了一个相当复杂的宇宙模型，有 27 个假想球，并有对这些球的旋转方向和速度的选择，以及对旋转轴的倾角的选择。

接着，亚里士多德（公元前 384～前 322）又将尤多克斯的宇宙模型加以改进。他把旋转球的数目从 27 个增加到 56 个，并在大球的外面，安放了一个"原动机"，好像是它引导着所有的球体运动的。

后来阿波隆尼（约公元前 200 年）用圆代替球来解释行星运动，他认为每个行星是做着圆的运动，而这个圆心又绕着地球做圆运动。阿波隆尼把行星运动的圆叫作本轮，把本轮圆心运动的圆叫作均轮。两个轮运动的速度经过选择以后，可以算出在当时说来是相当精确的行星方位。本轮均轮学说后来被托勒密（公元 2 世纪上半期）研究得更加完善了。他总结了前人的全部天文知识，写成十三大卷的《天文集》。这本书在 16 世纪以前几乎是西方天文学家们的圣经。我国明代的《崇祯新法历书》，也曾译载过它的大纲。

关于天旋地动的认识，我国在西汉末年也早已有过片断的记载。《春秋纬元命苞》中说："天左旋，地右动。"《考灵曜》中说："地常动不止，譬如人在舟中而坐，舟行而人不觉"。但是这些正确的臆想并没有得到发展。差不多和托勒密同时代，我国出现了一个难得的天才；他就是主张浑天学说的张衡（78～139）。张衡主张"天圆如弹丸，地如鸡中黄，孤居于内"；"天体于阳，故圆以动；地体于阴，故平以静"。我国在明末采用西法以前，历书所用的计算方法的理论根据，就是这个浑天学说。

二、新的宇宙观

商业和航海事业的发展，需要更精确地计量时间和在广阔的海洋上确定船只的位置的方法，于是不符合事实的地球中心说就没有立足之地了。这样，在资产阶级把封建贵族从统治的地位赶下来的同时，新的宇宙观也出现了，地球不再被认为是宇宙的中心，它只是围绕太阳运转的行星之一。

这个卓越的发现是伟大的波兰科学家哥白尼（1473～1543）在16世纪的上半期完成的。哥白尼的《天体运行论》是一部革命性的著作。这个学说一经传播，就立刻引起了教会的仇视，认为是邪说异端，并且严加禁止。

但是禁止并不能停止科学的发展，接着著名的科学家布鲁诺（1548～1600）和伽利略（1564～1642）又对哥白尼的学说做了光辉的发展。布鲁诺认为，宇宙是无限的；恒星是巨大的天体；太阳也不过是恒星中的一个，并不是宇宙的中心；恒星周围也有像地球一样的行星，上面也可能有和人一样的生物。伽利略用自己发明的望远镜发现月球上的高山和太阳上的黑子的事实，驳斥了“完善的天体”和“罪恶的大地”的宗教胡说。他以木星连同它的四个卫星环绕太阳运行的实例，彻底打垮了所谓“月球既然环绕地球运行，就不可能再和地球一道环绕太阳运行”的谬说。

布鲁诺和伽利略对宗教迷信观念进行的这种勇敢的挑战，惹起了教会深刻的仇视，受到了残酷的迫害。布鲁诺被关了8年监狱以后，又在1600年2月17日被烧死在罗马的花之广场上。伽利略在受到宗教裁判所的审判以后，只好战战兢兢地度过了自己的晚年。但是，真理总是要胜利的，支持哥白尼学说的天文发现，一个接着一个地出现了。

开普勒（1571～1630）修正了哥白尼的行星运动轨道是圆形的学说，提出了星球运动轨道是椭圆形的学说，开创了所谓“开普勒第一定律”。同时，他还发现行星离太阳近时走得快、离太阳远时走得慢的情况，确定了“开普勒第二定律”。他遵循哥白尼的离太阳较远的行星有较长的绕日公转周期，发现行星公转周期的平方跟行星与太阳距离的立方成正比，提出了有名的“开普勒第三定律”。开普勒三定律的发现，从根本上推翻了托勒密的本轮均轮学说，推进了哥白尼的宇宙学说。这三条定律可以说成了行星运动的宪法，苏联人造行星也不例外地遵守着它。

开普勒虽然确定了行星轨道的几何特性，但是这种运动的物理原因是什么，为什么行星沿着一定轨道绕太阳运动而不远走高飞，这些问题仍然不能解答。直到牛顿（1642～1727）根据观测资料和行星运动的规律得出了万有引力的定律，才回答了这些问题。

牛顿不但利用他发现的万有引力定律，详细地分析了行星、月亮和地面上一切物体的运动，而且还计算出 8 千米/秒的第一宇宙速度和 11.2 千米/秒的第二宇宙速度。但是，由于当时最快的交通工具只是马车，所以牛顿没有料想到人类有飞上天空的本领。

在牛顿之后出现了俄罗斯的伟大学者罗蒙诺索夫（1711～1765）。他在自己一系列的著作中维护和发展了哥白尼学说。1761 年他观测到了一次比较罕见的现象，就是：绕日运动的金星通过日地之间。通过这次观测，他发现金星是被浓厚的大气层包围着的。这就证明了金星是和地球相似的，从而给哥白尼学说以有力的支持。

三、天体的形成

罗蒙诺索夫不仅坚决地支持哥白尼学说，而且确定了物质宇宙普遍演化的思想。他说："在地上看到的有形的东西以及整个宇宙，起始都不像我们今天发现的这种状态，而是发生过巨大的变化。"这就把当时流行的形而上学的自然观打开了一个缺口。17 世纪下半期和 18 世纪上半期科学界普遍的看法是：行星沿着不变的椭圆轨道运动，过去或将来都像现在这样。

在反对这种观点方面起过重大作用的，要算是康德（于 1755 年）和拉普拉斯（于 1796 年）提出的星云假说了。按照星云假说，太阳系开始是一团转动着的气体星云。由于自身变冷和收缩的缘故，自转速度逐渐增加。在星云赤道离心力的作用下，一些物质从太阳分裂出来，形成了一个个行星。剩下来的中心物质，收缩为太阳。

但是，以后不断发现太阳系的新的特点，这些特点和拉普拉斯的假说发生了矛盾。例如，有些卫星和彗星却是按照相反的方向运转的。特别是如果行星是按照星云假说形成的，则太阳和行星的角动量应当各自保持星云分出环以前那样的大小；就是说，质量越大，自转得越快。但是事实上，总质量只合太阳质量千分之几的各行星，却保持了太阳系总角动量的 98%以上。

面对着这个严重困难，资产阶级的天文学家们，由于阶级的局限性和方法论的错误，束手无策。只有以辩证唯物主义武装起来的苏联学者，才提出比较合理的方案，这就是施密特学说。施密特院士认为：太阳在它形成的初期，或者在它围绕银河系中心运动时，穿过尘埃云并俘获其中的一部分。这种尘埃中包含有大大小小的微粒。在太阳的引力作用下，微粒群在一定的轨道上运行而且互相撞冲，随即黏结在一起，最后形成了行星。碰撞的过程中，有平均化的作用，因而质量越大的行星轨道越圆，并且轨道面越与太阳的赤道面相合。近太阳的区域，由于温度高，许多质点都热发了，所以水星和金星的质量比较小；离太阳远的区域，本来俘获的东西就少，所以冥王星也小；只有木星和土星所在的区域适中，所以形成了两个特别大的行星。施密特又假定，太阳本来不会自转，只是被俘获的尘埃落在它上面带来了角动量以后，才开始自转，所以它的角动量很小。

四、天外还有天

对于太阳系以外恒星的研究，一直到了 19 世纪中叶才有较大的发展。在此以前，天文学家们的主要兴趣都局限在太阳系的研究上，只有赫歇尔（1738～1822）和斯特鲁维（1793～1884）提出过一些关于银河系结构的想法和对恒星距离的测定。

19 世纪中叶，由于物理学的发展，产生了光谱分析法。通过对从星球上射来的光线的分析，可以研究恒星的化学成分和物理状态（温度、密度、压力等），测定恒星的运动速度，以及研究天体的许多其他性质。到了 20 世纪的 20 年代，天文学利用了原子物理学的成就，还能从观测得来的恒星表面现象，推测它的内部结构和能量来源等等。第二次世界大战后，由于无线电技术的发展，又补充了光学观测方法的不足。光谱分析法向人类显示出了宇宙物质的多种多样性。人们看到：有亮度突然增加几亿倍的超新星，有呈周期性的一胀一缩的脉动星，有成双结对的双星，有三五成群的聚星，有几百、几千或几万颗星组成的星团。有直径大到太阳的 2100 倍的“柱一星”，也有小到直径只有太阳的 3‰的“万马南星”。有密度大到水的 3600 万倍的白矮星，也有密度稀薄得和真空差不多的红巨星。有表面温度高到 80 000 度的早型星，也有仅 2000 度的晚型星。

通过这些复杂的现象，天文学家们也发现了不少的内在联系。例如，1900

年发现，按光谱的特征来区别，恒星可分为十大类，即十个“光谱型”，各类型之间又存在着联系。1913 年罗素在研究恒星的光谱型和它真正的发光本领（用“绝对星等”表示）的时候，得到了一个极为重要的关系，即“光度—光谱图”，又叫“罗素图”，在光度—光谱图上绝大多数恒星都处在由左上角到右下角的一条对角线上，这叫作“主星序”；在对角线的右上方是巨星和超巨星，在对角线的右下方是白矮星。

罗素图发现以后，人们就纷纷猜想这个图必然代表演化上的联系，但是并没有得到科学的根据。一直到 1947 年苏联天文学家阿姆巴楚米扬发现了星协以后，人们才认识到：恒星在银河系内还在不断地形成，刚形成的恒星从主星序的全线进入主星序，然后沿主星序从左上角向右下角演化。阿姆巴楚米扬的这一发现，给唯心主义的关于恒星是“同时创造”的观点和西欧流行的“恒星是从虚无中产生”的妄说以致命的打击，显示了辩证唯物主义无往而不胜的革命性和科学性。

五、认识无止境

我们肉眼所看到的恒星，都属于银河系。银河系内现在大约有 1500 亿颗恒星。太阳也在这个银河系里头，但不在中心，大约离中心有 23 500 光年（一光年约等于 100 000 亿千米）。太阳跟它的行星们一道，以 250 千米/秒高的速度在围绕银河中心旋转，但是，它走一圈还得 1.8 亿年。银河之大，由此可见。

然而，银河并不等于宇宙，银河之外还有银河，那叫作“河外星系”或“星系”。关于河外星系的研究，现在刚开始，不过已有不少发现，例如，每个星系都和银河一样，其中有各种各样的恒星；星系之间也有三五成群的现象；各种类型的星系之间似乎也有演化上的联系。

资产阶级的天文学家们常常根据爱因斯坦的相对论，设想宇宙是有限的，然而新型天文仪器的观测一次又一次地突破了他们所设想的界边。例如，1927 年英国有人认为：宇宙的边界好像在离我们四百万光年的地方；但不到两年，到 1929 年，望远镜就看到了离我们 1.4 亿光年的河外星系。现在世界最大的望远镜，已经可以看到离我们 5 亿光年的河外星系。并且，已经发现在以 5 亿光年为半径的这个宇宙球体范围内，河外星系数目在一亿以上。由此可见，在这个范围以外的河外星系，就更不知有多少了。

面对着这种人类认识宇宙范围的不断扩大和新事物的不断发现，资产阶级的科学家们显得多么的软弱无力和感到前途茫茫。有人说："天文学永远不能在自己的研究中得到结论，它所得到的唯一结论是在宇宙中没有任何是可靠的。"英国伦敦大学科学史教授辛格，在总结 100 年（1850～1950 年）来的科学成就时也说："如若以为科学是要探索宇宙的秘密和知道自然界的规律，那么，这一百年来辛勤研究所得的结果就是：我们的宇宙是不可知的，而且是自相矛盾的"。资产阶级的学者囿于他们的形而上学、不可知论的认识论观点，是这样地对人类认识世界的能力、对科学的发展前途丧失了信心！我们辩证唯物主义者却对人类的认识能力充满着信心，对科学发展充满着信心。我们认为：宇宙是无限的，人类认识宇宙的能力也是无限的，"我们的知识向客观的、绝对的真理接近的界限是受历史条件制约的，但是这个真理的存在是无条件的，我们向它的接近也是无条件的"。（列宁"唯物主义和经验批判主义"）"世界上没有不可认识之物，只有现在尚未认识，但将来却会由科学和实践力量揭示和认识之物"(斯大林"辩证唯物主义与历史唯物主义")。不是吗，现在苏联宇宙火箭已经飞上天、星际航行的时代即将到来，太阳系的范围成了地理学的边界。未来在水星和冥王星上的天文观测将会得到许多新资料，而一旦光子火箭成功，恒星际的旅行更不知要揭开多少宇宙秘密。

〔《人民日报》，1959 年 2 月 14 日〕

天上星连星

在天空的北方，有七颗亮晶晶的星星，排列得整整齐齐，组成一个熨斗的样子，这就是有名的“北斗七星”（图 1)。在无云无月的晚上，你可以在斗把子中间的那颗开阳星的附近发现一个小星，它的中国名字叫“辅”，阿拉伯名字叫“阿耳考”。阿耳考的意思是测验，古代阿拉伯国家在征兵的时候，就用它来测验新兵的目力。

要是你的眼力好，经过仔细观察，会发现，辅和开阳还在那里不停地跳舞呢。自然不是真的跳舞，而是在绕着一个共同的重心旋转。这种两颗星围绕着同一重心旋转的现象，天文学上叫“双星”。但你要是通过天文望远镜一看，会立即发现，辅也是双星组成的，而开阳则是由两对双星组成的。所以从肉眼看来是双星的开阳和辅，实际竟是一组六合星。

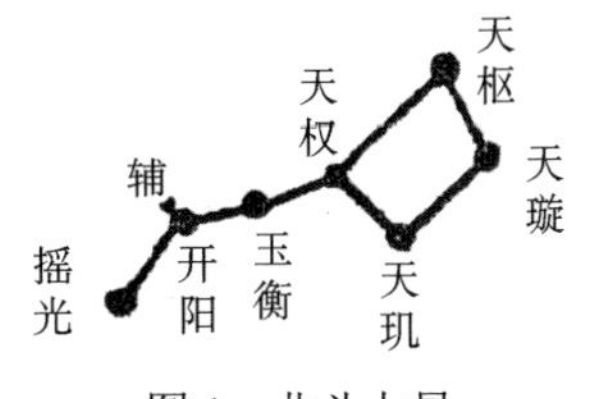

图 1　北斗七星

六合星或比六合星更多的星组织，叫作“聚星”。比“聚星”更高一级的是“星团”。每个星团包含几百到几万颗星。这些星的运动速度和方向都相同。

要知道几个星是否属于同一个星团，从它们运动的速度和方向就可以判断出来。“北斗星团”是离我们最近的一个星团，它包含许多很亮的星。但北斗把子上的摇光和斗尖的天枢却不包括在内。因此北斗七星的样子在很久以前和现在不同，在很久以后也将和现在不同（图2）。

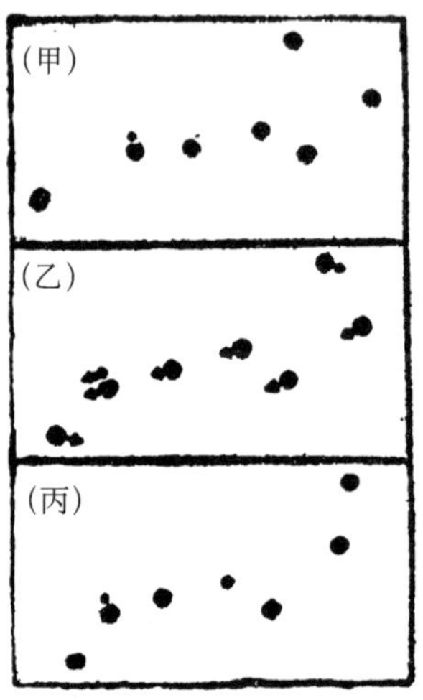

图2　（甲）五万年前的北斗七星
（乙）现今的北斗七星
（丙）五万年后的北斗七星
图（乙）箭头表示星球运动的方向

比星团更大的星组织叫作“星系”。一个星系可以包含几千万万颗星。我们肉眼看到的一切星星，当然包括北斗星团，都处在一个星系——银河系——里头。秋天的晚上所看见的银河，就是银河系的一部分。银河系以外的星系，叫作“河外星系”。用现在世界上最大的望远镜，可以看到约一亿个河外星系。河外星系又有成群结队的趋向，这叫作“星系团”。在北斗斗杓占据的空间里面就有一个星系团，它由五百个星系组成，另外还有15万颗恒星和一百多个孤立星系。北斗斗杓所占的面积是多么小呵，但已经包含了这样多的东西，可见整个宇宙是如何的无边无际！

〔《创造与发明》，1959年7月31日，第53期〕

到月球上去过中秋节

一年里面，月亮共有十二次圆缺，最能引人注目的，要算那中秋的明月。从科学的观点看，这原因有两点：第一，旧历八月十五日总是在秋分前后，例如今年在秋分前七天。秋分时节，在北半球来说，月亮的轨道离地平最近，而且月亮的赤纬天天在增加，所以月出的时间便比较早一点。旧历八月中旬正是农民忙于收获的时候，而天时却昼渐短夜渐长。在这个情况下，正好黄昏时分月亮早出，便于农民在田间可以多做几十分钟工作，所以外国人称中秋月为收获月。我国向来以农立国，二十四节气就是为农业服务的，注意和利用中秋的月亮自然不在话下。第二，八月间正是雨季过后，秋高气爽，天空里的灰尘特别少，减小了尘埃对于光的吸收作用，所以，“月到中秋分外明”。其实，若单从天文学的观点看，月亮并不是只在八月中秋才“分外明”，而且也不见得每一个八月中秋都“分外明”。如果空气一样透明，而且每逢月圆的时候月亮又恰巧走在近地点，那么阴历十一月十五或十六的月亮才是最明亮，不过那时已经天寒地冻，北风凛冽，人们已经不便于在院子里和江边湖畔欣赏罢了。

苏联天文学家们的研究表明，月面并不像过去人们所想象的那样，是一个沉寂静止的世界，而是在不断变化发展的。他们在编制月面地图时发现，过去的一个直径达 3000 千米的环形山不见了，在别的地方又有新的环形山出现，并且还发现了一个新形成的深沟。要弄清楚月面上的详情细节，当然是坐宇宙火箭到上面去考察一番最好。

到月球上去，不仅对天文学有益，就是对其他科学也大有帮助，顺便举一个与人体直接有关的例子：这里带来了新的医学研究，我们的寿命由于心脏和重力的斗争，的确缩短了不少。可能，在月球上因为重力只有地球上的六分之一，心脏衰弱的人变得正常，正常的人更能延年益寿。这样，把月球变成全世界人民的空中公园，在上面开些疗养院倒是蛮好的。

这不是空想。苏联发射第二个宇宙火箭成功的事实，已经向我们指出到月球上去是完全可能的。在不久的将来，再过中秋节的时候，我们也可以飞到月亮上去玩玩，不必像现在这样可望而不可即了。

〔《人民日报》，1959 年 9 月 17 日，署名：周芬〕

伟大的理想

——看苏联科学幻想片《天空在召唤》

汉代的著作《淮南子》里有嫦娥奔月的故事，唐朝遗留下来的敦煌石窟中有“飞天”的壁画。几千年来，人们就想着能飞到别的星球上去看看。但是，这些都只是神话和幻想。唯有在原子能时代的今天，在社会主义的苏联，才能把这些幻想变成科学的现实。1957～1958年，不到两年中间，苏联成功地发射了三个人造地球卫星，一个比一个大，一个比一个高。今年一年又发射了三个宇宙火箭：头一个变成了太阳系的第一个人造行星；第二个准确地命中了月球；第三个更是绕到月球背面，在离地球47万千米远的地方，拍下了有史以来第一张月球“看不见面”的照片，照片传到地球上来又是那样清晰，揭开了一个千古不解的哑谜。原来月球背我们的一面和向我们的一面，在形态上有所不同：背面的高山多于平原凹地，山不仅多而且高，那里有一条苏维埃山系长达2000千米；有一个宽300千米的大海，这就是莫斯科海，它南面的海湾就是宇宙航行家湾。宇宙航行家飞往月球、火星和金星上去的计划，已经提到日程上来了。最近放映的苏联彩色故事幻想片《天空在召唤》，就是叙述苏联科学家开辟通往火星的道路的故事。故事本身虽然是幻想，却具有很大的现实可能性，因为影片中出现的星际交通站等东西，目前都已是基本上解决了的问题。

影片描写苏联“祖国号”宇宙飞船，停落在旋转在几万千米高空的苏联星际交通站上。正当站长杰穆琴科和飞往火星去的科尔涅夫一道研究航线时，西方国家的记者维尔斯特和准备乘飞船飞往火星去的星际旅行家克拉尔克向他要求，希望利用苏联的星际交通站，作为飞往火星去的中途站。杰穆琴科答应了他们的要求，并接待了他们。但是当驱使科学家为他们卖命的资本家晓得了苏联“祖国号”宇宙飞船也要飞往火星时，就临时改变计划，不顾人的生命危险，命令他们立即起飞。起飞后的“台风号”迷失了方向，走到太阳附近，又遇着流星雨的袭击。在这十分危急的时候，苏联“祖国号”冒险抢救了克拉尔克他们，这种热爱和平和友谊的行动深深感动了克拉尔克。影片形象地说明了在两种不同的社会制度，有着两种不同的科学研究目的。正如苏联科学院院长涅斯米扬诺夫在最近一期《苏联科学院通报》上所指出的：“苏联火箭是研究宇宙的强大工具，它绝不会被用来做出危害人类的事。社会主义国家利用人类无限智慧的可能性只是为了和平的目的，造福全体人民。”因此影片中苏联科学家们还是认为在通往宇宙的道路上，双方不应该是互相竞争的对手，而应该密切合作。只有和平利用科学技术的最新成就，才能大大增进人类的幸福。而西方资本家们却把他们的冒险乐园扩大到了星际，连宇宙飞船起飞的日期，也要由股票的行情来决定。

苏联科学家处处为别人着想的热情、大公无私的态度，我想不仅使电影中的维尔斯特和克拉尔克受到感动，恐怕连西方世界的有良心的人们都应该有所感动吧！

星际航行学的奠基者齐奥尔科夫斯基曾说：“地球是人类理想的摇篮，但人类不能永远停留在地球上。”天空在召唤，无限的宇宙空间等待着我们去开拓，然而我们现在还只是宇宙的侦察员。但是从苏联火箭技术发展的速度来看，人类登上月球、火星、金星将会是20世纪以内的事。未来的航行所遇到的将不是新的国家、新的大陆，而是新的星球世界。前进吧，天空在召唤，宇宙是属于我们的！

〔《人民日报》，1959年11月26日〕

天上的星钟

六月里，晚上八九点钟的时候，在我们头顶的北方天空，有七颗亮晶晶的星星，排列得整整齐齐，像是一个熨斗的样子，这就是有名的北斗七星。在远古的时候，五万年以前，人类就认识它了。考古学家在欧洲中部原始人类所居住过的洞里，找到了画有北斗星图的痕迹。我国殷代的甲骨文中，也有一个象征北斗星的字。在北美洲的印第安人中间，直到现在还流行着关于北斗星的神话。可见，在北半球的各民族中，老早就熟识了北斗七星。

北斗七星，各有其名，从斗前边算起，便是：天枢、天璇、天玑、天权、玉衡、开阳和摇光。天枢、天璇两星很有用途。在这两颗星当中联成一条假想的直线并从天枢的方向向外延长，当这线延长到等于天璇和天枢间距离五倍的时候，便可看到一颗比较亮些的星，那就是北极星。在北极星附近，又有七颗星（包括北极星在内）组成一个小北斗，形状和大北斗一样，但斗把所指的方向相反，北极星就正好处在把子的末端。

由于地球的自转，天空里的日月星辰每天都在东升西落，唯独北极附近的星，整夜不落。你瞧吧，北极星一动也不动地稳坐在北方天空，好像一点儿也不知道疲倦。正因为北极星靠近正北方，它又没有显著的移动，所以在没有指南针以前，它就成了夜间指示道路的明星。靠了它沙漠里的行路人和航海的水手，才不至于迷失方向。

北斗星不但可以帮助我们辨方向，而且可以帮助我们定时间。由于地球的公转，斗把子所指的方向是随着季节而变化的：比如，晚上八九点钟的时候，春天指向东方，夏天指向南方，秋天指向西方，冬天指向北方。你知道了晚上一定时刻斗把的方向以后，再以北极星为中心，画一个大圆圈，圆周正好通过摇光星（也就是斗把）。现在再把圆周分为二十四等分，每段等于十五度，这正好是北斗把子（摇光星正好在斗把上）在一小时内所走的路程。这样一来，就可以根据斗把子离开最初位置的度数，来确定时刻了。例如，在晚上九点钟的时候，斗把子指向南方，现在指向西南方，那就是晚上十二点了（因为由南到西南是 45 度，相当于三小时）。用这种方法所测出来的时间，大概相差不了一小时。虽然误差很大，但在没有钟表的时候，总是知道时间的一种方法，所以有人称为“手掌星钟”。

在北斗星把子中央的那颗开阳星旁边还有一颗小星。这颗小星的中国名字叫“辅”，阿拉伯名字叫“阿耳考”。阿耳考的意思是测验，古代阿拉伯国家常常用它来测验人们的目力。现在，你如果有兴趣，不妨在无云无月的晚上，试一试能不能看见这颗小星星。

北斗七星是我国人民最熟悉的星，也是容易寻找的星。认识了北斗星以后，就可以再进一步认识北斗之东有什么星，北斗之西有什么星，一步步地推到全天，去和星星交朋友，去探索宇宙的奥妙。

〔《学科学》，1960 年第 10～11 期〕

今年为什么闰六月

农历常常有闰月，今年就是闰六月，为什么要有闰月呢？原来农历把月亮绕地球一周的时间定为1个月，实际上月亮绕地球一周的时间约29天半，为了方便起见，又把有些月份定成大月（30天），有些月份定成小月（29天）。这样，如果一年按六个大月六个小月算，十二个月共有354天，比地球绕太阳旋转一周的时间（365天即一年）少11天。一年差11天，三年差一个多月，照这样下去，到不了十五年，春节就要在夏天过了；而端午节正赶上数九寒天，这有多不方便。为了把月份和季候的关系固定下来，便不得不采取补救的办法。这就是把每年所少的11天累积起来，每够一个月的时候，就把它填进去，使那一年成为十三个月。多出来的这一个月，就叫作闰月。

最早的时候，常是把闰月放在一年的末尾。后来发现这样做，还是有缺点，便改成以没有中气的月份为闰月。地球每年围着太阳绕一个圈子，我国古代的天文学家们把这个圈子分成了二十四段，太阳每走完一段，就是一个节气。走完一圈正好是二十四个节气。二十四节气中，又有节气和中气之分，开头一个是节气，后面的一个是中气。比如立春是节气，雨水就是中气，惊蛰是节气，春分又是中气，推下去彼此相间排列。这样，一年十二个月，每月都可以分到一个节气和一个中气。农历规定，为了适应节气和月份的关系，每个月的中气必须在每个月内，但节气可以在上个月内，如立冬本来是十月节气，但今年的立冬就在九月十九日（阳历 11 月 7 日）。

但是，两个中气间的日数并不是相等的，平均说来，约是 30.4 天。可是一个阴历月的平均日数是 29.5 天，这样赶来赶去，就可能碰上某一个月没有中气。比如今年六月的中气大暑，是在阳历 7 月 23 日（阴历六月三十），而七月的中气处暑是在阳历 8 月 23 日（阴历七月初二），于是 7 月 24 日到 8 月 22 日这 30 天当中就只有一个节气（立秋）而没有中气。这样下去，下半年的中气和月份就不相适应了，把闰月安排在这时候，正好解决了这个问题，所以今年安排了一个闰六月。

〔《学科学》，1960 年第 12 期〕

火星种种

天上的东西，除了太阳和月亮，最受人注意的，恐怕就是火星了。英国作家威尔斯的小说《大战火星人》于 1938 年 10 月 30 日的晚上在纽约广播的时候，使得美国成千的人惊慌起来，他们以为火星上的人来侵犯地球了。著名的俄罗斯作家托尔斯泰也曾写过火星上生活的幻想小说《阿艾里塔》。去年 5 月，苏联天文学家什克洛夫斯基更说火星上有人造卫星。这些动人的说法对不对、他们的科学根据是什么，我们可以研究一下。

火星是太阳系九个大行星中的一个，它和太阳的平均距离是 2.28 亿千米，在地球轨道的外面围绕着太阳运转，每 687 天走完一周。它和地球的距离最近可以近到 5500 万千米，最远可以远到 3.78 亿千米。最近的时候叫作“大冲”，这时候地球走在它和太阳的中间，太阳一从西方下山，它就从东方升起，整夜可见。大冲每隔 15～17 年发生一次，上一次在 1956 年 9 月 11 日，下一次在 1971 年 8 月 10 日。大冲前后的一两个月内是观测火星的最好机会。不幸的是，大冲的火星总是处在南半球的上空，在北半球不容易观测，而世界上的大天文台却又都处在北半球。再说，就是用世界最大的折光望远镜（口径一米）看火星，所看到的直径也只有 2.5 毫米，把它放大是可以的，但放得太大就模糊不清了。火星又不好照相，照相至少需要几秒钟的时间，在几秒钟内由于空气的流动，火星表面的细节就拍不出来，所以对火星的观测是一件极难的工作，就是最有经验的观测者，用同一仪器也常常得不到一致的观测结果。

根据现有的材料来看，火星和地球有许多相似的地方：①它上面有空气；②它也有四季变化，只是每一个季度比地球上的长一倍；③它自转一周是 24 小时半，只比地球多半小时，假若它上面有人的话，也可以实行三八制的作息制度。更有趣的是用望远镜看去，首先出现在我们眼前的是两个白色的极冠和蓝绿色的所谓海的斑点。极冠随着季节有变化，当那半个星球上是夏天时，那半个星球上的极冠就缩小了很多，甚至几乎完全消失。到冬天它又会长大，直径可以达到三四千千米。随着极冠的变化，海也随着变化。当春天极冠溶化的时候，海的面积变大，颜色变绿；到了秋天，极冠出现和变大的时候，海的面积缩小，由绿色变成棕色。把这些现象联系起来看，就使得我们有这样一些想法：极冠是盖满了冰雪和霜的地区，海的部分是植物区域，夏天时植物受到水分的滋养而变得繁荣茂密；秋天由绿色变成棕色，正像地球上的秋天树叶变黄一样。不过苏联天文学家齐霍夫指出火星上的植物一定不会和地球上的植物相似，其间必有许多重要的差别。因为火星得自太阳的热量不到地球得到的一半，温度很低，年平均在−27℃，大气压力只有 65 毫米水银柱（地球上是 760 毫米），在这样的压力下，温度为 43℃时，水就可以沸腾，所以在那里鸡蛋是煮不熟的。根据这些特殊条件，齐霍夫认为火星上的植物一定不高，一定挨近泥土生长，主要都是草类和蔓生的灌木，甚至更简单的形式，如苔藓之类。这些植物为了更节省地利用太阳能，就尽量吸收含热最多的红外光，而只反射绿色和蓝色光，所以它们具有浅蓝的颜色，就像苏联北部及高山上的植物那样。

既有植物，就可能有动物，这是火星上有“人”的理论根据之一。另一方面，我们刚才所谈的白色的和绿色的区域只占火星表面面积的五分之一，剩下的全是指红色的大沙漠。也正因为如此，我们中国人才把它叫作火星，火就是形容颜色的。1877 年火星大冲时，意大利文学家司基阿巴里发现在红色大沙漠上纵横地贯穿着许多黑色线条，这些线条把邻近的海连接起来，这些线条在相交的时候，在交点上形成一个略带圆形的暗斑，好像沙漠中的“绿洲”。司基阿巴里的这一发现，轰动了全世界，有一位美国外交官因此而弃职，自己在美国阿利桑拿州建立了一个天文台，专门来观测火星，这就是罗威尔天文台。

罗威尔的观测证实了火星上运河系统的规则的几何形状，同时也使得他坚信：这些运河是火星上的工程师们建造的，它是火星上居民有高度技术水平的确凿的证据。按照罗威尔的意见，火星上运河的作用是把融化了的极冠的水汲引向赤道带的人工灌溉系统。他甚至计算了火星上的工程师们建造的落差系统的功率，得出它至少是闻名世界的美国和加拿大之间的尼亚加拉瀑布所产生的功率的四千倍（尼亚加拉瀑布的功率约为700万匹马力）。罗威尔的所有这些意见，都写在他的《生物居住的火星》与《火星及其运河》这两本书中。于是广大的天文爱好者群被火星上有理想生物存在的主张引导得悠然神往，种种故事便从这里编造出来了。

然而事情并不是这样简单。苏联天文学家巴拉巴舍夫自1920年以来在哈尔科夫天文台所作的一系列工作，充分地表明在特别好的相片上，火星运河的形状都消失了。代替它们的是许多微细结构的集合体。这些微细结构具有种种不同的颜色，形状和分布都不规则。利用很好的相片，经过特别放大，可以将微细结构作单个研究。如果在同一个晚上用不好的底片拍照，则微细结构的地方又出现规则状的运河。所以带状和线状的运河实际上只是微小和不规则结构的错觉结合，并不是什么人工灌溉系统。

再看火星上海的实质又是什么？有人认为，不能根据颜色的变化，来说明海的地方一定有植物存在，因为含硫、磷、铝、锶、矿的铁矾土在受潮的时候也会变蓝色。近年来有些观测结果，也是和有植物存在的学说矛盾的。例如，海的温度通常总比周围沙漠的温度高10～15℃，然而地球上沙漠中的绿洲和长在路边的青草，温度总是比周围低些，因为植物的本质，在于将获自太阳的能量用到光合作用中去，绝不是用到简单的加热上面。

根据这些新的观测结果，苏联天文学家费森科夫根本否定了火星上有生命（包括动物和植物）存在的可能性。他说：生命的基础是氢、碳、氧、氮这四种主要元素和硫、磷等元素所组成的蛋白质分子。因此，要有生命的出现，就必须要有这些元素，要有溶解各种化合物的水，还要有一定的温度。回头来看看火星上的情形怎样？火星上是没有这些条件的。火星大气中的氧含量不到地球上的千分之一，水只有地球上的十万分之一，温度又常在零度以下。

但是，话又得说回来，就是火星上现在没有生物，也不可能出现生命，这并不排斥在过去某一时期，火星上的条件比现在好，那时曾经有过生物。所以苏联天文学家什克洛夫斯基又于前年 5 月间发表谈话说：火星上的两个卫星是二三十亿年前火星人发射上去的。

谈到火星的卫星，却是蛮有趣味的，它和我们的月亮迥然不同，也和太阳系里其他行星的卫星不同。第一，它们离火星很近。月亮离地球的距离是 38.44 万千米，其他行星的卫星离行星本身至少也在 10 万千米以上，而火卫一离火星只有 6000 千米，火卫二也不过 2 万多千米。第二，除去人造地球卫星，它们是卫星中最小的了。卫星的直径一般都在几百千米以上，（月亮是 3476 千米），很少见有几十千米的，而火卫一只有 16 千米，火卫二更小，只有 8 千米。第三，火卫一围绕火星旋转一周的时间，比火星本身自转一周的时间还要短，这是太阳系中绝无仅有的现象。它只需要 7 小时又 40 分钟就可绕火星一转；因此从火星上看去，它是从西边出来，东边落下，而且在一昼夜之中可以西升东落两次。第四，火卫二的公转周期又恰巧比火星的自转周期稍为大一些（30 小时 21 分钟）；所以从火星上看去，火卫二好像老挂在天空，没有什么动静似的，它从东边升起来三天以后，才会落到西方地平线以下，在这期间它有两次圆缺的变化。第五，根据近 50 年来的观测，火卫一的运动速度是在不断地加快，如果以这样的速度加快下去，那么在 1500 万年以后，火卫一就要掉落在火星上面，这对于以亿年为单位的天文学来说是为期特短了。

什克洛夫斯基根据这些特点断定：火星上的两个卫星不是天然形成的，而是火星人在几十亿年前发射上去的。苏联科学家卡赞切夫从此又进一步推论说：既然能有这样高的文化，能发射 2 万千米高、几亿吨重的人造卫星，那么这种文化是不可能消灭的。因此他认为火星人会在火星表面下的密封洞穴中生活，在洞内种植一种能够“产生”氧气的植物以供呼吸的需要。他们到火星表面去活动的时候，就穿上一种特制的服装。

总而言之，关于火星的一切还都是一个谜。火星海的实质是什么？有没有运河?有没有植物？有没有高级动物？火卫一和火卫二是不是人造的？这一系列的问题都等待宇宙火箭去解决。

究竟什么时候才能实行火箭侦察火星的飞行？这里不来预测。但是只要回忆一下，1957 年 10 月苏联第一个人造地球卫星上天的时候，最乐观的科学家还认为，要发射向月球去的火箭，至少也得五年时间。但不到两年，苏联的宇宙火箭就到达了月球，也测探了月球。现在，到达火星去的日子已经不太远了。

〔《新观察》，1960 年第 1 期〕

从望远镜到宇宙飞船

今年是伽利略第一次利用望远镜观测天空的 350 周年。1610 年 3 月，在意大利的威尼斯地方出版了一本书，书名叫作“星际使者”。在这本书中，伽利略宣布：他用自己制的口径 53 毫米的望远镜，发现了月面上有高山和平原，木星周围有四个卫星，银河是由许多恒星组成的。同一年秋天，他又发现金星也和月亮一样，有圆缺的变化；他也系统地观测了太阳的黑子，发现太阳在自转。

伽利略的这些发现的重要意义之一是工具上的革命。在没有发明望远镜以前，人类只能用瞳孔如豆的肉眼观天。瞳孔越大，聚光越多，看到的东西也就越多越清楚。成年人在黑夜看东西的时候，瞳孔的直径平均是 7 毫米，伽利略造的望远镜直径却达到 53 毫米，按聚光本领和瞳孔直径的平方成正比例的关系，它比人的眼睛聚光多 57 倍。现在世界上的最大望远镜的直径是五米，即聚光本领比人眼大 50 万倍！

望远镜的本领：一是聚光多，能使肉眼看到本来看不到的东西；二是有强大的分辨本领，能把眼睛看来是模糊一团的东西，分辨得清清楚楚。这个分辨本领也和直径成正比例，所以世界各国都想造越来越大的望远镜。

如果只有望远镜，没有照相设备和其他附属仪器，如测微器等，那就只能欣赏欣赏美丽的星空，而不能做定量的研究。1852 年照相术应用于天文学，又是人类在研究宇宙的工具方面的一大进展。从此天文学家们不但可以看得多、分得清，而且可以留下一个永久记录，供更多的人研究。

望远镜加上照相设备，虽然可以进行许多工作，然而仍然没有超越出肉眼天文学的范围，即只有关于天体的位置和光度的测量，所不同的不过是把工作做得更加细致和深入。直到 1860 年光谱仪和望远镜联系起来以后，才打开了一个新的局面，天体物理学诞生了。利用光谱分析可以了解各种星球上的化学成分和物理状态（包括温度、密度、压力、电磁现象等），粉碎了唯心主义者康德说人类永远也不能知道星球上的化学成分的谬论。

望远镜和光谱仪都是利用天体发射的光波而进行研究的，这只是人类通向宇宙的一个“天窗”，我们不妨把它称作光学天文学。还有另一个“天窗”，当时还没有被人发现，直到 1931 年以后，由于无线电技术的进展，才被人们打开，那就是利用无线电望远镜，接收由天体所发射出来的无线电波，再经过加强而进行研究。无线电天文学诞生后 30 年来的成就是巨大的，它发现了许多新的宇宙现象，做了许多光学天文学所不能做的工作，如关于星际中性氢的分布。

但是，无论光学天文学或是无线电天文学，都是人类在地上观天，始终没有改变天文学的被动状态。1957 年 10 月 4 日，是一个新的起点。从那一天起到现在，苏联有计划地发射了三个人造地球卫星，三个宇宙火箭，两个多级弹道火箭，而在今年五月十五日又发射了重达 4540 千克的卫星式宇宙飞船。这个宇宙飞船载有人在宇宙飞行时所必需的一切设备，还有一个模仿人重的载荷装在里面，它为制造保证人在宇宙中安全飞行的宇宙飞船创造了良好的开端。现在，火箭飞往月亮、金星已经不是遥远的事，天文学的被动状态眼看就要改变了，我们为苏联的这一巨大成就而欢呼！

〔《创造与发明》，1960 年 5 月 27 日，第 96 期〕

探索星星的起源

——关于天体演化学的一些知识

一、研究星星起源的科学

天上的星星是怎么形成的？自古以来人们就感到困惑而又兴趣盎然。这个问题引起了哲学家、科学家的广泛注意。许多世纪以来，唯物主义和唯心主义围绕着这个问题进行着不调和的斗争。

为了探索星星的起源，一门专门的科学诞生了，这就是天体演化学。所谓天体包括地球、月亮、太阳和星星等。天体演化学探讨着这些天体是在什么时候、从什么物质、以什么方式产生的、产生以后又经过了怎样的演变发展阶段，等等有趣味的事情。

这是个相当复杂的问题，研究起来相当困难。我们要研究的是几十亿年以前的自然现象，许多演变过程是观测不到的；也难以用实验的办法来解决。只能利用所能得到的关于它们的形态特征（温度、光度、质量、密度等）、运动情况和空间分布等方面的知识，进行综合分析，得出天体起源和演化的答案。

天体演化学是天文学的一个分支，它是在天文学的乃至自然科学的各个方面的成就的基础上发展起来的。而它的发展，在哲学和自然科学领域里，又具有相当重要的意义。

星星的起源、存在和发展是怎样的呢？从不同的世界观出发，对这个问题的回答也就截然不同。我们是唯物主义者，我们认为天体的演变是物质发展的必然结果。但是唯心主义者，却说什么世界是上帝或者是什么精神所创造的。天体起源和演化问题的研究的真正科学的成就，标志着人类对宇宙认识的深化；它们粉碎着唯心主义的谬论。

天体演化学的研究，也能帮助我们解决自然科学和生产上的许多问题。比如说，研究太阳系起源，研究地球起源和发展，可以帮助我们解决许多关于地球的科学的重大问题（大地构造、地磁成因、火山成因、地震成因和矿物形成等等），从而服务于地质勘探工作、地震和火山的预报。又像原子能和热核反应的研究和太阳、恒星的能源的研究，能量极大的宇宙线的来源的研究和超新星的爆发的研究，都有密切的关系。许多天体上还存在着和等离子区（物质第四态）有关的现象。这都说明，天体演化学者有必要也有可能探索新的能源，为生产建设和国防建设服务。

这就是说，天体演化学的研究不仅涉及世界观，而且具有很重要的实践意义。

二、太阳系的起源问题

太阳系是由太阳、包括地球在内的九个大行星及其周围的卫星和许多小行星等组成的一个星星的集体。这些天体的运动和分布具有高度的规律性。

（1）在物理性质方面，除了离太阳最远的冥王星，八个大行星可以分为两类。水星、金星、地球和火星属于类地行星，它们都比较靠近太阳，卫星少，自转慢，质量小，密度大，主要是由重元素组成的。类木行星（木星、土星、天王星和海王星）完全是另一回事，它们的卫星多，自转快，质量大，密度小，主要是由最轻的气体（氢和氦）组成的。

（2）在运动情况方面，所有行星都朝着同一方向（由西向东），以近乎圆形的轨道，并且几乎在同一平面上，围绕着太阳公转。这个轨道的共同面又和太阳的赤道面很一致。

（3）在空间分布方面，行星离太阳的距离和行星的质量有关系。类地行星，一个比一个约远一半；类木行星，一个比一个约远一倍。

太阳系起源学说必须能够解释这些并非偶然的现象。

1755 年，德国哲学家康德发表了他的《一般自然史和天体理论》，他认为太阳和行星是由原来体积很大的弥漫物质收缩和凝聚而成的。康德的学说基本上是唯物的。它的缺点是，康德仍然认为宇宙的原始是上帝创造了物质，以后物质才按客观规律发展。

40 年后，法国著名数学家拉普拉斯又重新提出了太阳系的起源理论，他纠正了康德认为原始物质是上帝创造的这个观念。认为太阳系的形成是庞大的星云物质发展的必然结果，并且在人类历史上，第一次对太阳系的运动情况做了简单的解释。

康德和拉普拉斯的理论，乃是科学的天体演化学的开端。恩格斯对于这个假说做了很高的评价，认为这是继哥白尼之后，在天文学上的又一伟大贡献，恩格斯还指出了康德的功绩在于，把发展的思想带到自然科学领域里来，把那种认为自然界是一成不变的形而上学观点冲开了一个缺口。

但是，到了 19 世纪末期，一些新的发现和星云假说发生了矛盾，于是，20 世纪开始以后，关于太阳系起源假说，又纷纷出现。

在西方国家内又出现了不少的太阳系起源理论，但是由于他们阶级的局限性和方法论的错误，这些学说大都是唯心主义的拼凑，可取之处并不太多。只有社会主义的苏联，在辩证唯物主义的指导下，才提出了两个比较科学的太阳系起源理论，那就是施密特和费森科夫所提出的太阳系起源学说。

施密特认为：太阳在它形成的初期，或者在它围绕银河系中心运动时，穿过尘埃云并俘获其中的一部分。这种尘埃中包含大大小小的微粒。在太阳的引力作用下，微粒群在一定的轨道上运行而且互相碰冲，随即黏结在一起，最后形成了行星。碰冲的过程中，有平均化的作用，因而质量越大的行星轨道越圆，并且轨道面越与太阳的赤道面相合。近太阳的区域，由于温度高，许多质点都蒸发了，所以水星和金星的质量比较小；远离太阳的区域，本来东西就少，所以冥王星也小；只有木星和土星所在的区域适中，所以形成了两个大行星。按照施密特的这一说法，地球原来是冷的，后来由于放射性元素的蜕变才逐渐变热，这样就引起了关于地球科学的许多理论的大变革。

费森科夫认为：恒星和行星的差别，只是质量差别的飞跃，它们都是由同一种原始物质形成的。在几十亿年以前，由气体尘埃云中的某一稠密区域形成了太阳，不过由于迅速的自转，原始稠密物不可能集中在一个物体内，而留在外面的东西将分布在这个物体的赤道面上，如果包围太阳的这个原始云的平面不很小，那么由于不可避免的区域密度不同，就产生区域性的凝块，凝块最终变成了行星。以后，行星发展的道路，被它的质量和它离太阳的距离决定。类地行星由于离太阳较近，温度高，损失了大量的较轻元素；类木行星却在很大程度上，保存了较轻的元素，所以就化学成分来说，行星分成了两类，而且类木行星的成分，很像太阳。这个学说也可解释行星在空间分布上的特征。

费森科夫学说和施密特学说有着很大的不同，但都能说明太阳系许多现象，而且比较一致的看法是：行星起源于包围太阳的某种相当浓密的气体尘埃云。至于气体尘埃云是冷的，还是热的？它又是怎样形成的？由气体尘云经过什么样的具体过程结成行星？这些问题都仍然没有一致的看法，太阳系的许多特点也还没有得到满意的说明。

三、恒星的起源问题

20 世纪初才开始把恒星的演化作为一个科学问题提出来讨论。首先是恒星在光谱方面的差别使人们自然地想到它们具有演化上的意义，不同的光谱类型代表着不同的年龄。

但是，自从 1928 年英国天文学家金斯第一次提出恒星的起源学说以来，许许多多学说都不是把问题看得太简单了，就是没有观测的根据，直到 1947 年苏联天文学家阿姆巴楚米扬发现了星协以后，才证实目前恒星还正在成群产生。

星协是由某些物理性质相同的恒星组成的恒星集团。它所占的空间范围很大，但内部的恒星分布密度很稀。详细的研究指出：星协分为两类：一种是由炽热的高温星（巨星）组成的，叫作 O 星协；一种是由比较冷的低温变星（矮星）组成的，叫作 T 星协。因为星协内恒星分布的密度很小，不能依靠各个成员星之间的相互吸引力，把它们维持在一起很久。根据计算，单是银河中心的引力作用，在几千万年内就能把星协拆散，但现在还没有拆散。

这显然表示星协——包括它的成员星——产生不久。然而进一步的研究又证明：星协的瓦解主要不是银河中心力的作用，而是星协的成员星本身就有很大的运动速度，快速地从内部往外跑。现在已对许多星协做了膨胀速度的测定，使得可能更精确地确定星协中成员星的年龄。对于 O 星协，得到是 100 万～500 万年，对于 T 星协，是一两百万年。这个年龄只是恒星平均年龄的几千分之一，它们只不过是“呱呱坠地”的婴儿星。

这个从动力学上得到的结论，很快也被天体物理学的观测资料证实了。①在星协中的星都猛烈地抛射物质，每个星每年所抛射出的物质占太阳质量的百万分之一，这样强烈的抛射物质过程，在星生成以后不能维持到几百万年。②O 星协内常有梯形聚星（即由四颗星组成一个梯形），这种梯形是极不稳定的，在 100 万年左右或更短的时间内就应当变形。③在 T 星协中常遇到一种似星非星似云非云的天体，特别值得注意的是何比格于 1947 年 1 月在猎户座发现了一个这样的天体，到 1954 年 12 月再去拍照时，这个东西就已经变成了一颗星，亮度比以前增加 16 倍。由此可见，就是在同一星协中恒星的年龄也是不同的，在好几十亿年以前就开始的恒星形成的过程，到今天一直还在继续着。这个结论特别重要，它有力地打击了资产阶级学者们宣称的“所有恒星都是在同一时刻被创造出来”的谬论。

虽然不是所有恒星都是以星协的方式形成的，但大部分是如此。至于星前物质是什么，这个问题还没有一致的看法。许多天文学家（如费森科夫）认为恒星是由星云凝结成的，但阿姆巴楚米扬一直坚持恒星和星云都是由一种密度极大、能量也极大而性质还不清楚的星前物质（“星胎”）形成的。关于星胎的本质，以及恒星演化到最后阶段又转化成什么样的物质形态，这些问题都还是今后相当长时间的研究课题。

四、天体演化学和辩证唯物主义

总的看来，在天体演化学领域内，虽然我们只解决了有数的难题，还有更多更难的问题留待解决。然而 60 年来成绩已是够伟大的了。这些成果进一步地证明了辩证唯物主义哲学的正确性。天体不是种一下子创造出来的，也不是一成不变的。每一种天体都是一定形式的物质，发展到一定时期的必然产物。产生以后又按照一定的自然规律演化着。若说产生和衰亡是质变，那么演化就是量变。量变的过程中积累着质变，质变是量变的必然结果。发展的过程是由量变到质变，决定这个过程的主要原因是内部矛盾的统一和斗争。在这里内部主要矛盾的两个方面是吸引力和排斥力。拿恒星来说，主要的吸引力就是万有引力，主要的排斥力就是气体压力和辐射压力。当气体压力和辐射压力与引力平衡时，这就是普通的恒星。当气体压力和辐射压力大于引力时，星体就要爆发。当气体压力和辐射压力小于引力时，星体就要收缩，收缩的能量使外部膨胀，普通恒星就要变成冷巨星。

天体的发展过程主要取决于内部矛盾，但这绝不是说与外因无关，如恒星的辐射就把恒星和外界环境联系起来了，不过这种联系在恒星的发展过程中不起决定性作用。只有正确地掌握了天体的内部矛盾，才能顺利地解决天体的起源和演化问题。

由此可见，天体演化学的发展丰富了辩证唯物主义。自然，天体演化学者也只有在辩证唯物主义的指导下，才能顺利地开展工作。这两方面的关系是极为密切的。

〔《科学大众》，1960 年 10 月，署名：周田芳〕

月面学

一、历史的回顾

月亮是离我们最近的天体，也是人们最早注意到的天文现象之一。在没有发明灯火以前，在漫长的黑夜里，它是唯一的照明工具，所以原始社会的游牧民族为了生产和生活上的需要，一定要注意到它的圆缺变化。以月亮的圆缺为依据的阴历，是许多文明古国的最早的历法。很早就有人指出："天文学诞生于月明之夜。"这句话虽然不全面，但有一定的道理。远在公元前 14 世纪，我国殷代的甲骨文中，就已经有了月食记录。公元前 5 世纪，希腊爱奥尼亚学派的哲学家阿那克萨戈拉（公元前 500～前 428）认为和地球一样，月亮是由岩石构成的，它上面有高山，有深谷，有平原，也有人居住。他竟因此被它的仇敌控告为亵渎神灵，被判死刑。幸得他有力的门徒佩利克耳的救赎，才被放逐，最终死在小亚细亚。公元 2 世纪，我国伟大的天文学家张衡在他的《灵宪》里面精辟地写着"月光生于日之所照，魄生于日之所蔽；当日则光盈，就日则光尽"。关于月面的知识，是在 17 世纪初伽利略发明望远镜以后，才逐步丰富和肯定起来的。而在1800多年以前，张衡就能有这样正确的见解，是难能可贵的。

1609年冬天，伽利略用自己发明的望远镜瞄准月球，着手绘制月面图，揭开了月面学的第一页。月面学最初是单指用地理学的观点来定月面上各种地形的月面经度、纬度和山的高度的学问，但现在也包括对这些地形成因的解释及月面上各种物理过程的研究。另外还有一门从力学观点研究月亮运动的学问，叫作“月离理论”。伽利略发现，月面上比较暗的部分，原来叫作“海”的地方，事实上连一滴水也没有，只是比较低一点，比较平坦一些。30多年后，J.赫伟吕斯（1611～1687）根据他十年的辛勤观测结果，绘出了一幅比较详细的月面图，这幅图的复本一直保存到现在。不过他给月面所起的名称，除了少数几个，现在都不用了。现在所用的月面地形命名法，是J.B.里乔利（1598～1671）于1651年在编制月面图时提出的，如哥白尼环形山等。

里乔利以后的100多年间，由于仪器所造成的象太模糊，对于月面更详细的结构不能分辨，月面学在这一个时期便沉寂下来。十八世纪中叶由于消色物镜的发明，望远镜的这项缺点得到克服以后，月面学又活跃起来。新阶段是由德国天文爱好者J.什略特（1745～1816）开始的。他于1779年开始努力描绘月面图，并对月面上山的高度进行了较为精确的测量。他所用的测量方法一直沿用到今天。不幸的是，什略特所从事工作的天文台，于1813年被拿破仑的侵略军焚毁，以致他的尚未发表的观测结果没有保留下来。

J.H.梅特勒（1794～1874）继承了什略特的事业。1837年他出版了一本巨著：《月亮：一般的和比较的月面学》，在这本书中，他将月球世界的主要物理特性第一次表示出来了。他说那是一个没有空气、没有水、没有生命、没有变化的沉寂世界。他的图绘得很好，当时甚至有人认为这已是月面学的最后文献，梅特勒本人从此也放弃了这项工作。30年以后，另一位德国天文学家J.施密特（1825～1884）才做出了更好的成绩。1878年他在担任雅典的希腊国立天文台台长期间，出版了由25幅组成的大月面图，记载了32 856个环形山，只有在若干年以后的月面照相图才比它更完善一些。

对于月面的照相工作，开始于19世纪末叶，这工作在许多国家几乎同时独立进行。这工作为月面的详细研究提供了客观资料，并且为月面特征的起源奠定了理论的基础。但是直到第二次世界大战结束以前，月面学的研究由于与现实生活联系不大，故一直是从个人兴趣出发行进的，并没有什么计划。

二、星际航行的第一个目标

第二次世界大战以后，随着火箭技术的迅速发展，星际航行被提到日程上来了。而月亮又是离我们最近的天体，从古以来，就是人们向往的地方。在中外的神话传说里，都有飞往月亮的幻想。星际航行的第一个目标便自然而然的是月亮。到月球去旅行，这里面有许多复杂的科学和技术问题，其中包括对月面情况的详细了解。例如，为了选择安全的火箭降落场所，就必须更细致地研究月面微小地形，因为就是在月面最平坦的平原上，也还有大小长宽不同的沟谷、坑穴和凸起，而这些，对于火箭的降落都是有危险的。再如，为了正确地设计火箭缓冲起落架，也要了解月面土壤的化学成分和力学性能。因此，在战后，苏、美、英、法等国就都各自制订了研究月面的计划。苏联在Н.П.巴拉巴舍夫的领导下，由天文学家和地质学家合作，编制了月面的详细地图，法国在日中峰天文台也得到了许多有益的结果。然而最主要的是苏联三个宇宙火箭所取得的辉煌成就。1959 年一年苏联成功地发射了考察月球及其周围空间的三个宇宙火箭，第一个于 1 月 4 日走到离月球最近的一点，距离月面约 7500 千米，从月球的左面（即东面）穿过去，变成了太阳系里的第一个人造行星，探查了月球的磁场和放射性。第二个于 9 月 14 日到达月球表面，安装在火箭上的无线电台向全世界宣告：人类双手的创造物第一次按照创造者的意志，越过了一个长达 371 000 千米的宇宙区域降落到离月面中心只有 800 千米的地方。

根据第一和第二宇宙火箭的探查，在月球附近没有发现磁场，但是，当与月面接近到一万千米的时候，在四个离子捕集器中，记录到电流有所增强。这说明，在月球周围可能存在稀薄的电离层。

当全世界人民正在以钦佩的心情欢呼苏联两个宇宙火箭所取得的成就的时候，在火箭到达月球表面的 20 天以后，1959 年 10 月 4 日，苏联又成功地发射了第三个宇宙火箭，这个火箭上装有自动行星际站。在火箭进入预定轨道，发动机工作停止以后，行星际站就脱离开最后一级火箭，继续前进。10 月 7 日行星际站绕到月球背面，在离地球 47 万千米远的地方，拍下了有史以来第一张“月球”看不见面的照片，照片传到地球上来又是那样清晰，揭开了一个千古不解的哑谜。原来月球背我们的一面和向我们的一面，在地形上有所不同：背面是大陆性质的，海非常少[①]。为什么有这样的差别，这又成了月面学的一个新问题。

苏联发射第三个宇宙火箭的那天，正好是它建立第一个人造地球卫星的两周年。在研究宇宙空间工作连续两年大跃进的基础上，1960 年苏联取得了更为辉煌的成就。这一年，苏联在太平洋区域进行了两次威力强大的火箭试验，发射了一个带有 2100 千克装备的单级高空考察火箭，发射了三个重达四吨半以上的宇宙飞船，太平洋火箭的试验创造了火箭返回地面和准确度的记录。第一个宇宙飞船揭开了人类发射可以载入的宇宙飞行器的新页。第二个宇宙飞船每一次成功地实现了使生物经过围绕地球的宇宙航行后平安返回地面的试验，第一次进行了宇宙飞行各种因素对生物长期影响的整套试验。第三个宇宙飞船第一次对紧靠大气层外缘的空间进行了长期考察。今年一开始，就又取得了两项惊人成就。2 月 4 日发射了一个 6483 千克的重型人造地球卫星，它的重量较去年的宇宙飞船骤增两吨，而轨道却和第三个宇宙飞船吻合，这说明苏联在火箭的推力、高能燃料、控制系统等方面，又向前迈进了一大步。2 月 12 日又发射了一个重型人造地球卫星，在同一天，从这个卫星上射出了一个可操纵的宇宙火箭，这个火箭把一个自动行星际站送到了通向金星的轨道。预计自动行星际站将在今年 5 月下半月到达金星区域。这一飞往金星方向的宇宙火箭的发射成功，更加显示出苏联的技术水平已经有能力开辟太阳系内旅行的航线了。

据苏联著名宇宙医学家帕林指出，征服太阳系可以分为三个阶段。第一个阶段，利用仪器考察地球周围空间。第二阶段，研究宇宙空间各种因素对活机体的影响，创造在飞行和返回地面时能保证最大限度安全的系统。第三个阶段，人飞入宇宙空间。苏联最近的成就证明，苏联科学家已

---

① 苏联科学院将第三个宇宙火箭探查月球背面的结果，经过一年的详细研究以后，于 1960 年 10 月出版了“月球背面地舆图”。其中包括 30 张原版照片，和对释解方法、确定坐标和制图方法的介绍。分类图共有三部分组成：第一部分包括对月球背面的 251 个地区介绍，其中每一地区都可在三张以上的照片上看到，这些地区的轮廓和位置是无可怀疑的。在第二部分里，有在两张照片上同时发现的 190 个区域，其中某些区域的轮廓和坐标在再进行拍摄时可能会更加明确。最后一部分包括 57 个地区，其中每一个地区只能在一张照片上看到，而在其他照片上因底片模糊而无法看清。这 500 个对象，有 400 个在背面，有 100 个在可见面，是人类早已研究过的。这一百个区域的位置和大小同现有的月面图上所画的完全符合，这充分证明利用宇宙火箭所拍得的月球背面图是绝对可靠的。这本书的出版是科学界的一件重要的大事。

经进行第二阶段的试验工作了。相信在不久的将来，人类就会把嫦娥奔月的故事，变成科学的事实。在这样一个伟大时代的前夕，回顾一下我们对于月面已有的知识，特别是最近十年来用种种方法所得到的关于它的情报，将是非常有意义的。

三、崇山峻岭，沟纹纵横

利用现在世界最大的望远镜，我们有把握把月面上直径一千米的东西分辨出来，在情况特别好的条件下还可以分辨出直径只有 200～500 米的东西。当太阳光斜射时，微小的不平都可生出显明的影子，利用这影子连相差几十米的高低起伏都可测量出来。所以对于月亮的可见面，可以说是研究得够详细了。至于背面，根据苏联第二宇宙火箭的拍照，与正面也没有本质上的不同，所不同的只是海所占的面积较少，而环形山更多。

肉眼看起来比较暗的部分，叫作海。这些都是大平原，比月面的其余部分低一点。在它的比较平坦的平面上有时也有不高的皱纹。在海和大陆交界的地方常是山脉蜿蜒，这些山脉在向海的一侧笔直下降，而向陆地的一面则比较倾斜。这些“海”都有奇怪的名称，如“危海”“雨海”等。海中大的叫“洋”，小的叫“湖”或“湾”。最大的海是“暴风洋”，在月面东侧的北半部，面积约 500 万千米^2。

月面上的山脉又长又高。最长的是苏维埃山脉，它从月球背面的北半球穿过赤道一直延伸到南半球，长达 2000 千米。最高的是莱布尼茨山脉，处在它的南极附近，其间有最高峰高达 9000 米，比我们的珠穆朗玛峰（8882 米）还高！但是，人类将来到了月球以后，要登这样的高山却很容易，因为月心吸力只有地心吸力的六分之一。

除了和地球上一样的山脉，月面上还有一种面貌特殊的山，即环形山。而且这种山占压倒多数，据 H.P.威金斯的统计，总数在五万以上。对于这些环形山有种种不同的分类，最简单的分法，是按大小和结构分为三类：①圆谷，即封闭的圆形山系。被它包围的地方（即谷底）不但平坦，而且颜色和海差不多，比较暗。最大的圆谷是格拉马第环形山，直径 235 千米，盆地的面积相当于整个比利时的国土。②环形山，除了个别的几个以外，都比圆谷小。它的特点是在盆地的中央常有圆锥形的高峰耸起，有时还不只是一个。

最大的环形山是哥白尼环形山和第谷环形山。③爆孔，这是没有围壁或围壁很小的圆形凹地，它布满了月面大陆，直径几百米、几十米，再小的我们目前仪器的能力还不能发现。

和环形山相联系的是辐射纹。这不是月面上凹下去的地方，也不是高起来的地方，而是光亮的宽窄不同的带，由个别的环形山向不同的方向发散出去。它们经过海、山脉、沟谷和环形山，而宽度和方向没有任何改变。最美的辐射纹是从第谷环形山发散出来的，总共有 100 多条，最长的达 1800 千米，用双筒望远镜很容易看到。

在亮度好的条件下，在月面上还可以看到许多黑色的沟谷，弯弯曲曲地绵延数百千米，宽度和深度从几百米到几千米。这些沟纹和地形没有关系，有时甚至穿越过环形山。例如，在月面中央的海金奴斯沟纹就把十几个环形山连接起来了。不大的望远镜可以看到，在特里斯涅克环形山附近的整个月面上形成了一个稠密的沟网，那里有一条沟谷竟长到 350 千米以上。

四、众说纷纭，议论未定

为什么月球上有这样多的环形山？为什么有些海也是圆形的？沟谷和辐射纹又都是怎样形成的？为了解释月面这些地形上的特征，一百多年来，出现了许多假说，彼此争论不休，但是直到今天还没有一个令人满意的答案。这些众多的假说，可以归纳成两类：①内部发生论，如火山说、火成说、泡沫说；②外因论，如陨星说、潮汐说、复冰说。其中火山说和流星说最有名，并且引起了长久的讨论，这种讨论在近几年更加热烈起来。

火山假说认为月亮上过去曾经产生过猛烈的火山爆发——喷火，压缩、裂开、巨大的气泡从内部发生而爆裂，结果月面就形成了环形山，并且有时还形成中央峰。这从环形山的照片和地球上已经熄灭的火山的空中照片的对比，可以得到证明。比方说尼亚波利地区，在那边还有许多和月面上很相同的环形山，其中一些也有中央峰。月面上山脉的形成过程和地球上的山一样，由外壳断裂而生。海是宽广的低地，在遥远的时代里山的形成中自然产生，当时月球的内心还处在熔化的状态。辐射纹则是在环形山形成时，由火山口喷出来的微小质点流，由于月心吸力很小，而落到很远的地方，故与地形无关。1958 年 11 月 3 日晚上，苏联天文学家 H.A.科兹列夫在拍摄阿耳芬斯环形山的中央峰的光谱时，发现突然出现了明亮的连续光谱，时间延长有 30 多分钟。这一新的发现，对于火山假说似乎是一个有力的证据，科兹列夫本人也认为这是月面上还有火山活动的直接证据。但是问题并不是这样简单，它也可能是一种荧光现象（亦即"光致发光"）。我们知道，许多矿物在短波辐射的作用下，可以在可见光谱区放射出相当强的光。事实上，火山假说遇到一系列的困难无法解决，例如：①像地球上的火山带在月面上没有；②地球上的火山坑，中央峰总比圆壁高，而月球上则相反，没有例外；③圆壁外侧的斜面和地球上的全然不同；④月面上少有褶曲山脉，大概地下没有多量的岩浆，而且熔岩的海和月面的高低是不一致的；⑤产生火山爆发的能源问题无法解决。

流星假说认为月面上环形山是因为落在月面上的大流星的冲击和爆炸而产生的，如同炸弹所生的弹坑一样。这个假说的根据是，月球不像地球有一层浓厚的大气包围，因此流星会以很大的速度落到月面，而造成很大的破坏，最近苏联学者 К.П.斯答纽考维奇和 В.В.费得斯基曾就这个过程作过详细的理论计算。有利于这个假说的事实是，在地球上的确有由流星的陨落而造成的环形山，最著名的一个在美国亚利桑那州的达不罗峡谷附近，直径有 1200 米，深有 175 米。但是反对这个学说的人很多，他们可以举出许多的理由，例如：①月面的环形山分布得很有规律，但是流星的陨落或多或少总是一种偶然现象，由于它的陨落而形成的痕迹也不应该有某种系统性的分布；②环形山中央峰的顶部通常总有小的孔眼存在，这可能是喷火口；③有时在同一组织中可以发现各种不规则的成层现象，它们分属于不同的地质时期；④有些环形山分明地呈现出多边形，由许多折线构成，这些折线就是裂纹和断层线；⑤大的环形山和圆形的海绝不可能是由流星的降落而产生的。

因此，长期以来，进行着争辩的这两派学说都有根据，也都有其弱点。许多天文学家为了慎重起见，常常两说兼采，认为两种现象同时在起作用，环形山大的是由火山活动形成，小的是由流星的冲击形成。但是这样只是一个权宜之计，并未能解决月面整个地形的起因。只有苏联地质学家 A.B.哈巴科夫于 1949 年提出的假说才是比较全面的彻底的解决问题，可惜这个假说没有引起各方面应有的重视。哈巴科夫认为月面上的造山运动和造海运动是互相交替进行的，而这个周期性的过程，是和月球胀缩相联系的。在膨胀时产生山，在收缩时产生海。胀缩的过程也在月面上产生许多裂线：膨胀时形成的是开口形的，即沟谷；收缩时形成的是闭口形的，即“海”面上的皱纹。他并且很具体地把月面上的地质演化分成了六个时期。他认为环形山可以分为年轻和年老的两种，年老的产生在第四期，如托勒密环形山，它们没有辐射纹，有的已被破坏；年轻的产生在第六期，如哥白尼环形山，它们比较小，辐射纹的存在是其特征。不过月球为什么会胀缩，哈巴科夫没有说明，而且从天体演化学的角度来看，月球似乎也未胀缩过。因此这个学说也还只能是假说，事实究竟如何，还待进一步研究。

五、大气密度，有等于无

月面上没有空气，这可以用许多事实证明：①月球上没有散射光存在，明暗界线非常清楚；否则一定会像地球上一样存在着晨昏蒙影带；②当月掩星时，星光的消失总是很突然的，没有折射或吸收现象；③月面上的各种特征都很清晰，从来没有看见被气体的薄雾遮盖；④月亮的光谱和太阳的光谱完全一样，证明它纯粹是太阳光的反照，没有任何新的吸收线出现或对原有吸收线加强。

但是从理论上来看，一个天体保持大气的能力决定于它的第二宇宙速度（即脱离速度）和气体分子运动的均方速度。若均方速度大于脱离速度的 1/5，则气体就迅速地散逸到空间去，若均方速度小于脱离速度的 1/5，则散逸极慢，大气圈就可保持几十亿年。对于月球来说，脱离速度（2.38 千米/秒）的五分之一为 0.48 千米/秒。气体分子的均方速度和绝对温度的平方根成正比和分子量的平方根成反比，在 0℃时，分子量较小的几种气体，如氢、氦、水蒸气、氮、氧、二氧化碳的均方速度都比这个数值大，故在月面上这些气体是早已不存在了，但是分子量超过 60 的气体还能得以残存。例如，与火山活动有关系的二氧化硫在月亮上可能有，它的分子量是 64.1。这种气体在地球的大气中虽然不多，等值厚度只有一毫米，可是能以 3000～3100 安光谱区的吸收带表现出来；但是 G.P.柯伊伯在月球光谱中仔细寻找这种吸收线时，并未得到任何结果。

苏联天文学家 B. Г. 费森科夫想出一个办法来求月面的大气密度。即在下上弦时，测量月面中央明暗界线附近的光的偏振。在优良的情况下，根据光的偏振量可以判断散射质点的总量，也就是月面大气的质量。他在阿拉木图高山天文台用这个方法所得的结果是：单位面积上立体柱内月亮大气的质量最多不超过地球同体积的百万分之一。法国天文学家A.多尔佛斯在日中峰天文台，用同样的方法，但仪器的灵敏度较高，所得的结果更小，最多不超过地球的万万分之一。

射电天文学的发展为测量月面的大气密度提供了更为准确和灵敏的方法。因为月亮在天空运动不但会遮掩普通的恒星，而且会遮掩射电源。当掩始或掩终时，射电源所发的电波要穿过月球的大气层。如果月球果然有大气，那么由于太阳的紫外辐射作用，它将是被电离了的，犹如地上的电离层。苏联宇宙火箭的考察，已经证实了这一论断。这种电离的气体，尽管密度很小，但对无线电波的折射作用是很大的。1956年1月24日英国天文学家C.H.考士他因和B.伊利士毛尔等人在剑桥大学用大型射电望远镜在3.6厘米波段观测月掩金牛座的蟹状星云[①]，得出水平折射量为13秒，与此相应的电子浓度是一立方厘米内1000个。在这基础上求得的月面大气密度是地球的20万亿分之一，密度这样小的气体，是感觉不到的，它既没有着力点，也没有阻力，连最小的微流星运动也无法阻挡，对于任何辐射也没有保护作用。所以说月面大气有等于无。

六、温度变化，也大也小

月亮上面没有空气没有水，所以温度变化得很厉害。月亮总以几乎同一面对着地球，这证明月亮也老在自转，而且自转的周期等于公转的周期，所以月亮上的一昼夜就是地球上的一个（阴历）月。这样白天和黑夜都长到两星期，又使得温度变化得更厉害。月面的温度变化可以用非常灵敏的温差电偶来测定。测得的结果是：在“中午”时，温度高到132℃；如果月面有水的话，它在普通气压下也会沸腾，何况月面上还没有大气。所以一位天文学家写道：“在月球上，我们不必用炉子做饭，任取一块岩石，都可以代替炉子。”随着太阳的下降，温度逐渐降低，越到“傍晚”降低得越快，到了“午夜”，可以降低到−153℃。温度这样的迅速变化，表明构成月面的物质所具的热容

---

① 蟹状星云是宋仁宗至和元年（公元1054年）我国天文学家发现的超新星的遗迹，它是靠近黄道的强烈的无线电辐射源。利用它也可以研究用光学方法难以观测的日冕的密度，原理和研究月亮的大气密度一样。

量很小，传热本领也很差。月食时，对月面温度的测量也证明了这一点。1927年6月14日的月全食时，从初亏到食甚开始的时期，温度从+70℃降到−85℃。在食甚时，继续不断地下降，食甚完毕时达−117℃。也就是说，在1.5～2小时内，几乎降落了200℃。由这个数据可以算出，月面物质的导热率大概只有花岗石、玻璃或玄武岩等的千分之一。

这样小的导热率，绝不是通常的导热机构产生的。通常的导热是由一个分子的振动把热量直接传递给其他分子。由此可以得出一个推论，覆盖着月面的物质所处的状态，不应当是完整的而是零碎的，可能就是一层灰尘。灰尘的相邻质点间有的不相接触，有的接触面积很小，这样，热传导只能在很小的面积上进行，而热辐射则在大面积上进行，所以导热率很小，表层的温度变化得很快。但是在覆盖层以下的月球本身，温度变化并不剧烈。

射电天文学的发展，证明了这一推论的正确性。自1946年以来，利用射电望远镜，已经先后发现了月亮在1.5毫米、4.5毫米、8毫米、1.25毫米和33厘米波段的射电辐射，并且利用这些电波定出了月亮在“一昼夜”（即阴历一个月）内的温度变化，以及在月食时的温度变化。结果发现，这与由温差电偶所测得的大不相同，用射电天文学方法所测得的月亮温度变幅要小得多，而且电波越长，温度变幅越小，温度极大越落后在太阳垂直照射（即“中午”）以后。例如，就月食时温度的变化来说，对于1.5毫米波是从130℃降低到0℃，比太阳照射能的变化晚45分钟；而对于8毫米波，则温度没有任何变化。再说“昼夜”温度来说，对于1.25毫米波是从+30℃到−75℃，变幅是105℃，最热是“中午”后的3.7天，而对于33厘米波，变幅则只有66度，这只及用温差电偶在10微米波（红外区）外测的变幅的23%，而且在这里温度变化与太阳的照射几乎没有关系。

这些有趣的观测结果表明：月面上覆盖着一层物质，这层物质约厚10厘米。覆盖层对于10微米波左右的热辐射是完全不透明的，对于射电波是半透明的，而且对于波长越大的波透明度越大。所以早年人们用温差电偶所测得的温度变化，只是月亮的表面现象。今天用无线电方法测得的才是月亮本身的温度变化。而且观测的波长越大，越能代表月面更深处的实况。由此可以得出结论：在月表下的不深处，温度就没有了变化。这个结论对于未来人类在月球上生活很重要，那时我们可以在月球上建立地下室，不受温度变化的影响进行一切工作。

七、似白非白，褐黑一团

“床前明月光，疑是地上霜”，这说明月光是白的。但是满月时的月光只有日光的五十万分之一。在其他的时候，比这还要少得多，比方说，在上下弦的时候，亮度并不等于满月的一半，而只有1/8～1/10。这又说明月面的反光本领是很小的，只能把落到它上面的日光的7%反射出来。这个百分数，叫作反照率，反照率这样低的岩石，据列宁格勒大学（今圣彼得堡国立大学）天文台的研究，目前在地面上还没有，因为最暗的岩石——玄武岩的平均反照率还有14%，比月面的平均反照率大一倍。我们知道，物质的颜色越黑，反照率越小，因此，月面表层一定是很黑的物质，过去认为月面的雪白色或者灰色的说法，都是一种错觉。

对月面的分光光度的研究表明：月面对于不同颜色的光，反射本领不同，反射紫色光的本领最差，随着波长的增加而逐渐增强，反射红外光的本领最大。这个事实说明，月面不单纯是暗黑色，而是暗中略带微红，在通常条件下，具有这样反射本领的物质应是暗褐色的。因此可以认为：月面到处散布着暗褐色的物质，只是在陆上较亮些，在海的地方较暗些。若能从月面上拿来一块岩石放在我们周围物质之间，则按颜色来说，就像巧克力糖或者圆面包的皮，若从矿物学中拿一个例子来比喻，就像褐铁矿的暗变形。

既然如此，那么为什么看起来月面又是银白色呢？这完全是由视觉造成的。当看夜晚天空一片黑暗的时候，而月亮表面却充满着辉明的日光，在这样一个明暗对比的情况下，就是最黑的物质也可以现出犹如雪白的颜色。至于白天看见的月亮也呈白色，是由另一种原因造成的，月亮被衬托在浅蓝色的天空上，月面的暗黑色和天空的蔚蓝色相结合，就给出一种浅白色的感觉。

八、月面到底覆盖着一层什么

上述一切研究结果表明：月面表层覆盖着一种颗粒很小（直径从几毫米至几厘米）、传热本领不大、反光本领很低的暗褐色的非常多孔的海绵状的疏松物质。至于这物质的化学成分怎样，以及它是如何形成的，则现在还在争论之中。最重要的有以下几种学说。

（1）风化作用说。英国天文学家 T.戈耳德认为月面上虽然大气很少，但是类似地面上的风化侵蚀作用依然存在，因为太阳光的作用特别强烈：在猛烈加热之后又迅速变冷，骤冷骤热使得岩石发裂和粉碎，被粉碎了的岩石逐渐变成暗灰，并从高处流向低处，海的地方就聚积得特别多，大概有几千米厚。戈耳德并且算出，这种作用在 100 万年内可以将月面上的高山削平一千米。这个学说最大的困难是无法说明月面的颜色和那极低的反照率。实验证明：岩石磨碎以后，反照率不但不降低，反而增加。

（2）火山灰说。这一学说与月面的环形山由火山爆发而形成的假说相联系。认为在环形山形成时所喷出的火山灰遮满了月面。众所周知，当 1883 年地球上克拉卡塔奥岛上的火山爆发时，灰尘被抛射到 50 千米的高空，落在周围几百千米的范围以内。拉依特算出：从月亮的火山口喷出的物体的轨道，在同一初速度和抛射角的情况下，射程应该比地球上的大 20～50 倍。如果月面上的环形山，大多数都是喷火口，那么全月面上覆盖着一层火山灰，是很容易说得通的。月面偏振光的观测结果倒是很符合这一假说。

（3）流星尘说。流星的速度非常快，它掉到地球上来的时候，因为跟空气摩擦，发生高热，大多数在没有到达地面时就烧毁了。月亮却没有大气的保护，不论渺小的微流星，还是能够造成环形山的大流星，只要落在月亮上，就都得和月面猛烈相冲，造成铁和镍的黑色粉末。这样，久而久之，在月面上就会形成一个均匀的覆盖层。这个覆盖层的反光本领到处是一样的，与被它遮盖的月面本身的物质无关。不同意这个说法的人认为：如果月面覆盖层果然是流星尘，那么一定会有空白点，在这空白处我们就会看到月球岩石的本色，可是事实上没有。

（4）陨星熔化说。苏联天文学家 H.H.赛金斯卡娅根据她十多年来对月亮的光度和颜色的研究，得出月面的覆盖物质既不像岩石的粉末，也不像火山灰，也不像流星尘，而是一种多孔性的特殊物质，这种物质是在流星撞击月面时形成的。她认为大大小小的流星和月面冲击时都会产生激烈的爆炸，这种爆炸，不仅使流星本身变成气体，而且使爆炸地附近的许多岩石也发生气化。如果月面是由火成岩构成的，那么由于气化时，从硅酸盐中分解出氧化铁，气化后的物质就是黑色的，这种黑色物质回落的时候，就成为疏松而多孔的海绵状物质，附着在月亮表面的每一个地方，甚至在最峻险的地方。

九、光辉的前景

如上所述，月面学诞生于遥远的古代，中间经历了目视观测、望远镜观测、摄影观测、分光观测等时期，现在又面临着一个崭新的阶段：利用火箭把能够自动行走的自动科学站送上月面的日子就在眼前，然后是载人的火箭前往探险。到那时，月面学就将发展成为许多独立的科学，如月面地理学、月面地质学、月面化学、月面物理学、月面天文学、月面建筑学、月面医学等。今天许多争论的问题，那时将很容易得到解决，而许多新的问题又会发生。但是毫无疑问，现在我们所具有的关于月面的一切知识，将是进一步研究月面和在月面上建立生活条件的依据和起点。在没有办法直接在月面着陆以前，我们也还是应该积极扩充这一部分的间接知识；而在这一方面，我国目前还几乎是一个空白点，希望各有关方面在党的领导下，积极组织力量，迎头赶上。“游月宫，谒嫦娥，歌舞于桂花下；捉银蟾，追玉兔，沐浴于金波里。”——这是我国人民几千年来的理想。在中国共产党的领导下，在伟大的社会主义时代里，我们一定能够把这些理想变成现实，而且还会超出这个理想，把月球建成一个最现代化的科学基地和全世界人民的空中公园。

〔《科学通报》，1961 年 2 月，1961 年 3 月 9 日《文汇报》以《席泽宗谈月面学的历史、范围和存在问题》为题对此文作了报道〕

关于金星的几个问题

现在，苏联的自动行星际站正沿着椭圆形的轨道，向金星区域挺进，开辟着通向行星的第一条航线。它将要飞越 2.7 亿千米的距离，于 5 月 19～20 日在金星附近（约 10 万千米的地方）通过。很有可能，在那时，行星际站将拍得的金星照片，以及关于它的一系列知识，用无线电的方法传递到地球上来，帮助我们揭开这个行星的一些秘密。

金星是离我们最近的一颗行星，也是除太阳和月亮以外最亮的天体，而且还是人类最早认识的天文现象之一。但是我们关于它的知识却很少，比对天王星（1781 年发现）和海王星（1845 年发现）知道得也并不多多少。例如，除了 1930 年发现的冥王星，它是我们唯一还不知道自转周期的行星。关于地球的自转周期，现在连十分之一秒的不均匀性都可以发现，关于火星的自转周期，也可以准确到几分钟以内，但是对于金星的自转周期却说法不一，有人认为只有 1.5 小时，也有人认为是 225 天。为什么各家的估计会有这样大的悬殊？这是因为金星被一层浓密的大气层包围着，我们无法透过它看见金星的真面目，找出一些地形上的特征，作为标记，来决定它的自转周期。木星和土星虽然也有浓密的大气层，但它们的大气上层却有一些比较固定的斑点，可以利用来确定自转周期，而金星却没有。金星的大气上层呈现出一片均匀的光亮状态，没有任何固定的亮斑或暗斑，偶尔出现的一些云状物，也是很模糊，而且时间很短，难以观测，更无法用来研究它的自转周期。

金星的这个浓密的大气层不但妨碍了我们测定它的自称周期，而且也妨碍了我们了解它的表面情况，使得测定它的温度工作也复杂化起来。因此，今天对于金星就成了一团谜，本文将讨论这个谜团中的五个问题：①如何自转？②温度怎样？③大气的成分如何？④表面情况怎样？⑤生命是否已经发生？

一、自转的周期和方向

自 1666 年 G.D.卡西尼用目视方法确定金星的自转周期为 23 时 21 分以后，一直到 19 世纪中叶以前，大多数人都认为卡西尼的测定是正确的。这是很自然的。因为金星的体积是地球的 92%，质量是地球的 81%，这样在大小、质量等方面和地球很像的行星，在自转周期方面也差不多一样，不是没有可能的，如火星的自转周期就是 24 时 38 分。可是到了 1877 年，司基阿巴里提出了一个完全不同的数据，他认为两个内行星——水星和金星的自转方式与月亮的自转同一类型，即绕轴自转的周期等于其在轨道上公转的周期；这些行星常以相同的一面对着太阳。此后的观测很快地证明了水星的运动的确是这样的，它的自转周期和公转周期都是 88 天。可是对于金星，一直到今天也未得到最后的肯定，虽然此后不久 G. H.达尔文曾经用数学的方法说明内行星运动的这种特性是由太阳而来的潮汐作用阻挡了它们的自转的缘故，和这效应类似的结果就是由月亮而来的潮汐使地球的自转变慢，从而在月亮的视行上表现出长期的加速度现象。

同是用目视方法，而所得到的观测结果却有这样大的不同，这说明必须在观测方法上进行改进。为了解决这个问题，别洛波尔斯基于 1900 年应用了分光方法和多普勒原理。如果行星在自转，那么在同一时间内，就有一个边缘走近我们；一个边缘远离我们。根据多普勒原理，从走近我们的边缘所来的光的谱线就向紫端移位，而从远离我们的那个边缘来的谱线就向红端移位，利用这些谱线移位的数量，就可算出行星的自转周期和方向。这个方法对于火星、木星、土星，甚至海王星，都行之有效，可是对于金星却失灵。别洛波尔斯基和以后用同样方法进行观测的人，都没有得到显著的谱线位移，这说明金星的自转周期至少大于 24 小时。1958 年，R.S.李切尔生宣布金星自转得很慢，观测误差大于金星谱线的多普勒效应，他利用最现代化的分光设备得出：如果金星是由西往东转，它的周期将大于七天，如果由东往西转，可能大于三天半。

其实，在很早以前，就有人提出金星的自转周期是几天或几星期。例如，1727 年 F.毕滕尼提出 24 天 8 小时，1921 年 W.H.皮克林提出 2 天 20 小时。近 300 年来，共有 80 多人就这个问题进行过观测和研究，所得结果大致可以归纳成三类：①和地球一样，差不多在一天左右；②从几天到四五星期；③和公转周期一样，即 225 天。1956 年的一项射电观测，支持了第一种意见。J. D. 克劳斯发现，来自金星的 11 米波，做周期性变化，每 13 昼夜能观测到它 14 次。这就好像我们在金星表面上摸到了一个斑点，它辐射 11 米波。这个斑点的旋转周期表明，地上的 13 天等于金星上 14 天，换句话说，金星的自转周期是 22 小时 17 分。但是这个现象并没有得到其他观测者的证实。现在坚持第三种意见的有 A. 多尔佛斯等人，不过若果真是这样，则金星的照亮面和黑暗面的温度应该相差很大，但是测量温度的结果并不是这样。再者，G. H. 达尔文的潮汐理论，对于金星不一定合适，因为金星和水星的条件不同，金星的质量比水星大 16 倍（水星的质量仅只是地球的 5%），而且金星离太阳比水星离太阳远一倍。很可能，金星的自转周期介于一天到 225 天之间，但是究竟是多少天，还需要进一步的观测证明。

关于金星的自转轴和它的公转轨道面的倾角也是意见极不一致，从 0° 到 98° 都有人主张。近几年来，在利用紫外光拍摄的金星照片上发现有许多明暗相间的平行带，而利用普通光照相时则完全没有，这说明这些暗带是大气上层的云状物。我们知道，由于地球的自转，产生了与它的赤道平行的大气环流。假定金星的这些平行带也是平行于它的赤道，那么就可得出它的赤道和黄道的交角。由于这些暗带的迅速变化和它都不是严格的平行，所以不同的观测者所得的结果也不一样，有人得出是 32° ，有人得出则是 14° 。若取其平均值，则为 23° ，这倒和地球的黄赤交角（23° 27′）差不多，也就是说，和地球一样，金星上也有四季变化。不过这个平均值很不可靠，有待进一步研究。

二、温度怎样

从理论上看，这个问题很简单，但是并不简单。一个行星的温度和它离太阳距离的平方根成反比，如果这个行星自转周期等于公转周期，它被太阳垂直照射面的温度 T_1（以绝对温标表示）$=393°/\sqrt{R}$，其中 R 是行星离太阳的距离（取日地距离＝1）。若行星在相当迅速地自转，则表面的平均温度 $T_2=278°/\sqrt{R}$。由此求出，水星的 T_1=356℃，T_2＝174℃。观测结果，水星被太阳垂直照热点的温度是 347℃，这与理论计算得的 T_1 很相符合。但是对于金星所得结果却相差很远。从理论上算得：金星的 T_1=189℃，T_2＝54℃，但是利用温差电偶观测结果却是零下 40℃左右。理论和观测结果相差这样悬殊，是因为在上面的计算中，没有考虑到行星的反射本领。事实上行星并不吸收落在它上面的全部太阳辐射，用来加热它的自身，而是把一部分反射出去了。金星的反射本领是行星中最大的，它的反照率等于 59%。所以在金星的场合里，计算温度时，必须把反射出去的这一部分能量减去。由于能量和温度的四次方成比例，所以应将上述绝对温度乘以 $\sqrt[4]{(1-59\%)}$，这样得到 T_1＝97℃，T_2＝−11℃，但这与观测结果还不一致。

事实上，在这里所遇到的情况很复杂，而上面所进行的计算则过于简单。行星的表面温度不仅仅决定于它与太阳的距离及反照率，而且还决定于行星有没有大气层及组成这大气层的化学成分、行星本身所含放射性物质的多寡，以及行星的自转速度。关于金星自转的问题，如前所述，还是个悬案。关于它所含放射性物质的多寡，目前还不知道。现在只谈大气对温度的影响。

大气对于行星，好像一床棉被，它可以保暖。如果地面没有大气，则平均温度只有−18℃，而今则为+15℃。尤其是在金星上，它的大气中含有二氧化碳特别多，而这种气体的温室效应又特别显著。所谓温室效应即这种气体能使太阳的短波辐射通过它而到达行星表面；但不能使行星的热辐射通过它放射出去，就像装在温室窗户上的玻璃一样，有保温作用。根据这一点，金星的表面温度估计可能高达 100℃以上。但是表面温度，并不等于大气温度。我们知道，在地球上，随着高度的增加，温度逐渐降低，在 80 千米的高度处为−70℃，此后又逐渐上升，到 120 千米高度时又到达 0℃以上。金星上的温度随高度的变化，除了用观测方法，无法从理论上确定。

观测的结果又是各种各样，答案极不一致。根据二氧化碳在红外区吸收线的结构，得出被照亮部分的温度是 50℃，不被照亮部分是−23℃。利用温差电偶，有人得出照亮部分是−33℃，不被照亮部分是−38℃；有人则得出照亮部分和不被照亮部分一样，都是−40℃。科兹列夫曾利用金星掩星的机会，测量恒星的亮度变化，从而推导出金星的温度为−9～−93℃，但要看金星大气中氮、氧等的含量而定。1956 年 6 月以来，许多观测者利用射电望远镜，观测金星的厘米波和毫米波射电，得出金星温度为 140～310℃，与其他方法所得的结果相差很大。很可能，射电观测的结果是属于金星表面的，而温差电偶等方法所测得的是属于云层的。但是，各种观测的结果代表怎样高度上的温度，仍旧还不知道。有人认为有种机制可以使二氧化碳上升到上层，而氧则保留在下层。按照费尔索夫的意见，在金星大气的下层，氧是十分丰富的。但是应该指出，这个学说的理由是不充分的。第一，二氧化碳这种重气体，由于行星的引力只能是下降，而不是上升，在地球大气中，下层所含二氧化碳就比上层多。第二，金星的磁场强度是利用下合时，从太阳来的荷电粒子的减少而求得的，假定这时太阳荷电粒子的减少是因为金星磁场弯曲了荷电粒子的路线，使得它没有能够到达地球上来，这个方法也还很不精确。因此，关于金星的大气成分及磁场的强度，还要进一步的观测和研究。

至于大气的厚度，那更是一个未知数，只能根据许多假设来估计。例如，取云层上方的温度为−40℃，表面温度为+300℃，假定从表面算起，每升高一千米，温度降低 10℃，则可得出金星大气的厚度为 34 千米。但是，在这里，就有两个数字值得商讨：第一，+300℃是用射电方法测量的，误差大到±160℃；若取表面温度为 40℃，则在同样温度梯度下，大气只厚 8 千米。第二，每升高一千米，温度降低 10℃，这样的温度梯度是在地球上就干燥空气而得到的，随着湿度不同，温度梯度也不同，就潮湿的空气来说，每升高一千米，温度才降 4℃。若取这个数值则同样是+300℃和−40℃的温度差数，所得大气厚度就可大一倍多而是 85 千米。金星大气的许多参数，我们还不晓得，这个非常简化的计算，只能是一个参考数值。

三、表面情况怎样

关于这个问题知道得更少，浓厚的大气层使我们无法看见金星的表面情况。早年有一些人说，他们看到了金星上的高山和运河，但那只是一种错觉，并无其事。现在只能根据已经知道的大气成分做一些推论，而推论结果又得到两种完全不同的情况。谁是谁非，也许都不对，现在还不能判定。

一种是风沙说。该学说认为整个金星表面上都是干燥而长期受旱的大沙漠，一点潮湿的气味也没有，并且常刮狂风。这一假说的理由是：金星表面温度很高，在大气中氧一直没有发现，水蒸气也很少。根据地球大气中氧主要来自植物的光合作用的理论，可以认为金星上干旱不毛，没有植物，氧无法产生，因而才保持了它原始的二氧化碳和氮的成分。

一种是海洋说。与风沙说完全相反，它认为金星表面是一片汪洋大海，连一点陆地也没有。这一假说的出发点也是金星大气中二氧化碳特别多，水也有一点。在有水的时候，二氧化碳很容易和硅酸盐化合而成为碳酸盐。这一作用叫作碳的固化过程。这一过程在地球上曾经大规模地发生过，它把碳以煤、炭、石灰石、白云石等各种碳酸盐的形式作为矿产储藏起来；而且碳的这种储量远远超过大气中的含量。这种过程的发生虽然是由于几百万年来植物的长期作用，但在早期，特别是在温度很高时，湿润的大陆表面的水的存在也起了一定的作用。如果埋藏在地下的矿质碳再全部释放到大气中，地球大气中的二氧化碳含量就完全可以和金星上的相比。因而，似乎必须这样想：碳的固化过程在金星上没有进行，阻碍它进行的原因就是金星表面全被水覆盖。这样，在海底一层薄的碳酸盐缓冲层形成以后，碳的固化过程就不再进行了，所以金星大气中二氧化碳特别多。再者，由于表面全是水，没有植物进行光合作用，所以大气中也没有氧。

金星表面的温度既然很高，但水为什么没有气化？关于这个问题，可以这样回答：水的沸腾不但和温度有关系，而且还和压力有关系。当压力为 1 标准大气压（即 1.013 帕）时，水在 100℃沸腾；压力为 10 帕时，180℃才开；在 200 帕时，363℃还不开。根据二氧化碳吸收带，可以算出，金星大气上方的压力为 0.17 帕，越往下，大气的密度越大，同时积累在上方的气体也越多。在知道了大气的成分和厚度以后，可以估计出金星表面的大气压力。如果大气全是由二氧化碳组成的，则压力在 4 帕以上；若含有一定量的氮，则在 10 帕以上。所以金星表面温度虽高，水仍然以液态存在。

四、生命是否已经发生？

在 19 世纪末和 20 世纪初广泛地流行着一种观点，认为金星现正处在地球发展的石炭纪（约 2 亿年前），有着温热而潮湿的气候，水分丰富，天空常常布满阴云，大地上长着茂盛的植物，生活着两栖动物和爬行动物。这是一幅吸引人的图画， 但是现在已经没有人信了。因为那时相信金星大气的化学成分及百分比都是和地球的一样的，而从 1932 年以来的光谱分析断然否定了这一点。

行星上是否有生命，不仅决定于它的大气成分，还决定于它表面的物理状态。关于金星表面的情况，既有上述那样悬殊的不同意见，不言而喻，关于金星上的生命问题，意见也不一致。费森科夫坚决反对金星上有任何生命形式存在，而尤里则认为过去有过，现在却没有了。但是主张有生命存在的仍不乏人。季霍夫说：由于温度不同，各个行星上植物的颜色也不同，火星植物呈蓝色，地球植物呈绿色，金星植物呈橙色；巴拉巴舍夫在被太阳照亮的金星部分，观测到颜色特别显得赤黄，这证明金星上是有植物的。

应该指出，季霍夫的说法是和金星大气的成分相矛盾的。前面说过，植物会吸收二氧化碳，放出氧，同时把碳固化在矿物中。还有，植物大多要生长在陆地上，陆上还得有水分，这两个条件又促进了碳的固化过程。但是在金星大气中，一直没有发现氧，而二氧化碳又特别多。

这样看来，金星上是不会有植物的。没有植物，就不可能有动物，因为动物都是直接或间接以植物作为食物的。但是问题还有其另一方面：也许生命正在海洋中发生。大约在 5 亿年前，那时地球上正处在寒武纪，海洋所占面积比今天大得多，在水中繁荣着原始生命，这些原始生命后来就发展成为陆生动物、哺乳动物，最后发展成为人。很可能，金星今天就处在这样一个时期，原始生命已在海洋中发生，而陆生动物，甚至昆虫也还没有出现。

若果真是这样，则金星大气成分就很容易得到解释，因为那时地球大气中二氧化碳也是很多的，可与今天的金星相比。但是，这也只是一幅想象图，如果像费尔索夫的推测，金星大气下层氧气很多，如果海洋说不成立，这幅图画就得完全重绘。

总而言之，关于金星的一切，今天有的知道得不够确切，有的纯粹是臆测，问题多得很。现在，探测金星的自动行星际站已在途中飞行，不久就会得出一批比较可靠的资料。我们不能指望一次就能解决一切问题，然而这是一个成功的开端。随着探测金星的各种火箭的发射，所有问题都会得到最后解决，人类认识宇宙的能力是无穷无尽的。

〔《科学通报》，1961 年 4 月〕

金星之谜

现在，一件科学技术上的大事正在进行：苏联的自动行星际站沿着椭圆形的轨道向金星区域挺进，开辟着通向行星的第一条航线。它将要完成 2.7 亿千米的航程，在 5 月 19～20 日到达目的地。这样，这个谜样的行星就在众星之中成了人们注意的焦点，而它的秘密也就将逐步地被我们揭穿。

一、启明和长庚

太白金星，在我国是无人不知的，它是离我们最近的行星，也是除太阳和月亮以外最亮的天体。它和地球最接近时，距离只有 3900 万千米。在最亮的时候，它比天狼星还亮 13 倍，白天都可以看见。所以在世界各民族中，金星都是最早被注意的天体之一；不过，起初常常把早上日出之前和晚上日落之后见到的金星，误认为是两颗星。比如我国最早的一部诗集《诗经》，就把早晨所见的金星叫“启明”，而把黄昏所见的金星叫“长庚”。

因为金星环绕太阳运行的轨道是在地球轨道以内，并且它的轨道半径只有地球轨道半径的72%；所以，从地球上看去，金星离开太阳角度最大时只有48度，只能在日落或日出前的三小时内看到，很不容易在其他的时候看见。

二、行星际站到金星附近时

这次苏联发射自动行星际站时金星是昏星。4月10日发生“下合”时，它处在太阳和地球之间，掩在日光里，无法看见。再往后，到5月19日～20日火箭到达金星时它将成为晨星。

在下合时，金星离地球最近；但那时用光学方法和无线电方法都难以观测。所以，苏联不把行星际站到达金星区域的时间设计在下合附近，而设计在下合以后39天。这时金星也最亮。

同时，5月北半球的天气较好，易于观测；并且这时苏联境内同安装在自动行星际站上的频率为922.8兆周的无线电报机联系的条件也最好。

三、知道得还太少

虽然从远古以来，人们就认识了金星；然而对它的情况却知道得很少，不比对遥远的天王星和海王星知道得多多少。这是因为我们观察它的条件很不好。一方面，它只能在晨昏较短的时间内看到；另一方面，有一层浓密的大气包围着它。当金星圆面全被太阳照亮、太阳处在金星和地球之间时（即上合），和当金星最接近地球时（下合），金星都掩没在日光中，根本无法看见。就是在相当好的条件下（当金星同太阳的角距离比较大时），同一时间也只能观测到不大的一部分面积。

四、云雾弥漫

浓密的大气层包围着金星，使它好像蒙着一层面纱。这也好也坏。好的是增强了金星反射光的本领，使它光辉夺目，容易引起人们的注意。坏的是它阻碍了我们对金星表面的观测，无法通过它识出金星的真面目。

金星大气圈的上层主要是由二氧化碳组成的；氧的含量估计不超过地球

大气的千分之一，不过一直没有观测到；水蒸气的含量也很少。但是，这只是大气的上层情况，下面并不一定也是这样。云层下的大气层一定比云层上的气流温度高一些；这样，二氧化碳是有可能聚集在云层之上的，地球大气中二氧化碳的分布就有这种现象呢！金星接受的太阳辐射量比地球大一倍，同时金星的磁场又可能比地球的大 5 倍。在这种情况下，抗磁性强的二氧化碳会在某种程度上被排斥在云层上方，而顺磁性强的氧将留在云层以下。

五、明亮的夜天光和骇人的雷电

金星表面不仅仅是被太阳照亮，而且还自己（主要是大气的电离层）微微地发光，这是金星的夜天光。金星的夜天光比地球的夜天光亮 50 倍。而且，在金星夜天光的光谱中，最强的是电离氮放出来的谱线；而在地球夜天光的光谱中，氧是最强的谱线。金星的夜天光比地球的亮，是因为金星距太阳较近，太阳辐射到金星上的带电离子要比射到地球上来的多得多的缘故。正是这些离子使行星高空的大气发生夜天光。

此外，还观测到金星大气中所发生的雷电现象，其强烈程度竟要比地球上的大 1000 倍！这真是万分骇人的雷电了（而木星上的比它还要强烈，太阳系里真是无奇不有）。

六、昼夜和四季

1956 年一个天文学家发现，金星辐射出波长为 11 米的无线电波，其强度周期性地变化，每经十三昼夜，地上的无线电望远镜能观测到 14 次。这造成一种印象，好像我们在金星表面上“摸”到了一个斑点，这个斑点辐射 11 米波。这个斑点的旋转周期表明，地球上的 13 天等于金星上的 14 天，即金星的自转周期为 22 小时 17 分。这是一个很大的发现。以前还一直认为金星自转得非常慢，它的自转周期等于公转周期（225 天），而常以同一面向着太阳。不过这一发现，并没有得到其他的观测证实。也有人提出自转周期是 30 天。因此，金星的自转周期，至今仍然是一个谜。在九大行星中，只有金星和冥王星是我们不晓得自转周期的。

最近测得金星自转轴对于它的轨道面的倾角是 67 度，换句话说，它的黄道和赤道的交角是 23 度。请注意，地球的黄赤交角是 23 度 27 分。如果这个测算符合事实，那么金星上的四季变化，就和地球上类似；不过每季的时间不到地球上的两个月，因为它的一年只有 225 天。

七、冷暖和水分

早在 1924 年，就有人用灵敏的温差电偶测得，金星被照亮的部分的温度是−33℃，不被照亮的部分是−38℃。不过，这是金星同温层的温度。地球上同温层的温度为−60～80℃！

1959 年秋天，苏联学者库茨明和萨洛莫诺维奇应用无线电望远镜观测来自金星的无线电波时，发现金星表面的温度中午可以升高到 200～300℃，半夜温度大概是零度。这才是金星本身温度（金星发射的无线电波可以透过它的大气层而射到地球上来）。

金星表面既然有这样高的温度，如果它上面有水的话，早就全化为气体了。但是并不是这样的。水的沸腾，不但和温度有关系，还和压力有关系。当压力为 1 标准大气压（即 1.013 帕）时，水在 100℃沸腾；当压力为 10 帕时，180℃才开；当压力为 200 帕时，363℃还不开。根据计算，金星上的大气压力可能达到几十帕，所以虽然温度很高，那里的水还是能以液态存在。因此，就有许多天文学家认为：金星表面可能是一片无边无际的汪洋大海。1960 年利用气球在高空拍摄金星的光谱，发现在金星大气中确有水蒸气存在，这些水蒸气若冷凝而降成雨，其雨量为 0.019 毫米（地球同温层里的水蒸气全部降而为雨，雨量为 0.04 毫米）。

一对“双生姐妹”

最后必须指出一些肯定的观测结果：金星的直径是地球的 97%，体积是地球的 81%，密度是地球的 84%，表面重力加速度是地球的 88%。

综上所述，我们可以看出，金星同我们地球简直是一对双生姐妹。根据金星温度比较高这一点来看，也许金星目前正处在地球上几百万年以前的发展阶段，生命可能刚刚诞生，也可能以一种我们所不知道的形式存在。关于这些疑问，随着宇宙火箭一个一个地飞往金星，都会逐步弄清楚。

〔《科学大众》，1961 年 4 月〕

印第安人也有“四灵”之说

最近马南邨等同志在《北京晚报》上连续发表文章，讨论在哥伦布发现新大陆的一千年前，中国僧人已经到了墨西哥的问题，引起了众多读者的浓厚兴趣。现在我想从天文学方面来提供一点线索，供研究中国文化对美洲古代文化的影响问题的参考。

我国古代将黄道附近的星星，分成二十八组，叫作二十八宿。每七宿组成一大组，共四大组，分配在东、南、西、北四个方向，即所谓四象，也叫作四灵。“四灵”这个名词最早可以追溯到战国时人著的《礼记·礼运》。该篇中说：“何谓四灵？麟、凤、龟、龙，谓之四灵。故龙以为畜，故鱼鲔（同鳝）不淰（不惊走）；凤以为畜，故鸟不獝（不惊飞）；麟以为畜，故兽不狘（不惊走）；龟以为畜，故人情不失。”在这里，凤与鸟相通，麟与兽相通，所以到了汉代，就以鸟代凤，以兽中之王（虎）代麟。西汉人著的《三辅黄图》中说：“苍龙、白虎、朱雀（即朱鸟）、玄武，天之四灵，以正四方。”张衡在《灵宪》里说：“苍龙连蜷于左，白虎猛居于右，朱雀奋翼于前，灵龟圈首于后。”刘安在《淮南子·天文训》里说得更具体：“东方木也，其兽苍龙；南方火也，其兽朱鸟，西方金也，其兽白虎，北方水也，其兽玄武。”由此可见，从汉代开始，中国对天空四象的划分，系由《礼记·礼运》的四灵演变而来，而且有固定的颜色：东方苍（青）色，南方朱（红）色，西方白色，北方玄（黑）色。

在印第安民族中间，对天空也有四象的划分。就颜色来说，只有北方与中国的不同，中国的玄武代表黑色，而印第安人则以黄色代表北方，其余全同。至于四象，则与《礼记·礼运》中的完全一样：东方为鱼，南方为鸟，西方为兽，北方为人。为了容易明白起见，画一比较表如下：

	颜色		四灵		
	中国	印第安人	中国	礼记·礼运篇	印第安人
东	青	青	龙	龙—鱼	鱼
南	朱	朱	鸟	凤—鸟	鸟
西	白	白	虎	麟—兽	兽
北	黑	黄	龟	龟—人	人

中国和美洲相隔如此遥远，而在星空的形象方面这样一致，这该不是偶然的吧！

〔《北京晚报》，1961 年 10 月 6 日〕

万有引力定律是怎样发现的？

凡是稍微学过一点自然科学知识的人，都知道牛顿这个名字，也知道万有引力定律。苹果落地使牛顿发现万有引力定律的故事，更是广为流传。这个故事起源于法国文学家伏尔泰在1738年写的小说，据说这话是牛顿的侄女亲口告诉他的。但是这个故事并不是真实的。生在牛顿之后50年的德国数学家高斯（1777～1855）就对这个故事深表不满，他说："你爱信随你去信，事情一定是这样的：有一位外行客人询问牛顿怎样发现万有引力定律，牛顿为了节省时间，便说一个苹果打中了我的脑袋而发现。"高斯是一位杰出的数学家，深知科学研究工作的继承性和艰巨性，所以才说了这番话。事实上，牛顿万有引力定律的发现，用了约20年的时间（当然，20年中间他不是单做这一件事），而且是建立在开普勒和伽利略的研究成果之上。牛顿自己曾说："假若我能比别人瞭望得略微远些，这是因为我立足在前辈巨人的肩膀之上。"

在牛顿以前，开普勒利用了25年的时间，分析著名天文学家、他的老师第谷（1548～1601）对行星方位所作的观测结果，从而得出了行星运动的三条定律：①行星沿椭圆轨道绕着太阳运动，太阳在椭圆的一个焦点上；②行星和太阳之间的连线，在相等的时间内扫过相等的面积；③各行星绕日周期的平方和它轨道半长径的立方成正比。和开普勒同时，伽利略在力学方面也发现了物体的几个运动定律。他知道了“物体在不受外力作用时，静者恒静，动者恒沿直线做等速运动”。他也知道了是受了地球的吸引。另一方面，牛顿又从伽利略的运动定律得出这样一个公式：物体运动的加速度跟作用力成正比，跟物体的质量成反比。这就是牛顿第二运动定律。地面落体的加速度，伽利略已经测出是每秒 980 厘米。如果月亮和苹果同时受地球的吸引，而引力的大小又和距离的平方成反比，那么月球落向地球的加速度，就应该是地面落体加速度的 1/3600，因为月地距离是地球半径的 60 倍。但是当牛顿作这计算的时候，地球半径的数值知道得不够准确，因此他所得月球的加速度，并不恰等于地面落体的 1/3600。因此牛顿便怀疑到他的见解或许有错，便把它搁置一边。后来法国有位天文学家，重新测量了地球的半径，得到了更为精确的新数值。牛顿利用这数值一算，果然不差。由此可见，这引力定律，不仅可以应用于太阳、行星之间，也可应用于地球、月亮之间，以至于地面上的一切物体，真可以够得上“万有”。

不过，这里所证明的还不就是万有引力定律。这只是证明了球状的物体之间，彼此吸引的力量和球心距离的平方成反比。而万有引力定律还包括任何两点物质之间，都有遵守这条定律的引力。做到最后这步功夫，还是牛顿的功劳。他应用数学方法，从两点间有平方反比的引力出发，证明了密度均匀（或者只是各层的密度均匀）的球体吸引外物的力量，就等于把球体压缩成一小点，放在中心时对于外物所有的引力。

以上是万有引力定律发现的经过情形。毛主席在《实践论》里说：“许多自然科学理论之所以被称为真理，不但在于自然科学家们创立这些学说的时候，而且在于尔后的科学实践所证实的时候。”

根据理论力学的研究，一质点在受着中心力作用时，质点和力心之间的连线，在相等的时间内必定扫过相等的面积，只要作用于质点的力的方向是和联结质点、力心间的直线一致就行，至于这力是引力还是斥力，却完全无关。如果再作进一步假定，设这力是引力，力的强弱和质点、力心间距离的平方成反比；那么该质点运动的轨道，便必然是圆锥曲线，即椭圆、抛物线或双曲线。开普勒自己就曾一度拟议说：太阳吸引行星的力量和距离的平方成反比。不过后来他又认为是和距离成反比。开普勒以外，当时还有不少的人提出平方反比的关系，但是都不免带有一些推测的性质。直到1684年，牛顿用数学方法证明给哈雷（1656～1742）看，按照平方反比的关系，行星一定要沿着椭圆轨道绕太阳运动，这才定了案。

事实上，约在哈雷去请教牛顿的20年前，1665～1666年，牛顿已经解决了平方反比的问题。但是，他迟迟不肯发表，他认为这还不是万有引力定律，这只是借开普勒的行星运动定律证明了太阳和行星间的引力与距离的平方成反比。他从行星联想到月亮。他想：行星因为受到太阳的吸引而绕着太阳转；现在月亮绕着地球转，可见月亮必定是受了地球的吸引。他又想：苹果和地面上各种东西都向下落，这一定也是受地球吸引的缘故。牛顿从研究天体的运行，发现了万有引力定律。后来又应用他自己所发现的定律，解决了天文上的许多问题，如岁差、潮汐、木星形状、地球质量，等等。这些问题本来好比是一盘散漫的珠子，万有引力定律就是一条丝线，成功地把它们串成了一条珠链，使形形色色的现象，统一于同一规律之下。不过万有引力定律可以应用的范围太广了，牛顿以后好几代的天文学家和物理学家，才把它的效果充分地发挥出来。1846年海王星的发现就是一个光辉的例子。这颗行星是由勒威耶和亚当斯根据万有引力定律先算出位置来，然后才观测到的。在这里，理论对于实践起了重大的指导作用。而在此以前，英国物理学家卡文迪许已测定了引力常数，从实验上证明了万有引力定律。

今天，科学的进一步发展虽然证明，万有引力定律的应用范围是有限的，它不能应用到微观世界的现象上，也不能应用到速度接近光速的运动上。但是，在我们的日常生活中，它仍然是一条有效的自然规律。在利用这条规律的时候，我们也应该正确了解它的发现经过，而不为神话般的传说所迷惑。科学上的任何一个重大发现，都不是一蹴可成的，而是要在继承前人的基础上，经过一番长期的艰苦的努力才能达到。牛顿对于万有引力定律的发现正好证明了这一点。

〔《文汇报》，1961年10月8日〕

年月日

1962年8月25日——这个短语包含着三个时间单位：年、月、日。年月日的计算是从地球、太阳和月亮的相互关系得到的。在没有钟表以前，白天可以在平地上立一个标杆，看杆子的影子所在的方向和长短来决定时间。大约在2500年以前的春秋时期，我国的天文学家就已经应用这种方法来测量冬至和夏至的日期，并且计算出一年的长度为三百六十五又四分之一日。春秋的时候，鲁国把包含冬至的月份作为一年的开始，叫作正月；南方及东方殷民族所处的区域以冬至后的一个月为岁首，山西、陕西一带夏民族所处的区域以冬至后的第二个月为岁首。按照每月北斗星斗柄所指的方向，包含冬至的月份（北斗星斗柄指向正北）叫作子月，下一个月叫作丑月，如此子丑寅卯，辰巳午未，申酉戌亥往下排，最后第十二个月叫作亥月。这种利用斗柄所指的方向来定的月名，叫作“月建”，所以后来汉朝人把春秋时期三个不同地区的不同岁首，叫作“三正”，说是“周正建子，殷正建丑，夏正建寅”。这里说的夏、殷、周是指春秋时期不同地区的夏民族、殷民族和周民族，而不是上古的夏、商、周三代。所谓“夏历”，只是说我们所用的岁首，是和夏民族所用的岁首一样，即以冬至后的第二个月，寅月为一年的开始，叫作正月。

秦并六国以前用夏正；统一全国以后，改以亥月为岁首，但仍按原来夏正的次序叫它十月。汉朝初年仍然如此。到汉武帝元封七年（公元前 104 年）改用邓平、落下闳等人合制的“太初历”，它是我国历史上第一部比较完整的历法。“太初历”规定：①以冬至后的第二个月，即寅月，为一年的开始，叫作正月。②一年有二十四“气”，以没有中气的月份为闰月。这两条规定，一直到今天还是旧历中的基本法则。

什么是气和中气？这又是怎么来的？大约在春秋时期，我国已经按照寒来暑往把一年平分为春夏秋冬四季，把春分、夏至、秋分、冬至当作四季的中点。到了战国末年，又把四季的起点取了四个名字，叫作立春、立夏、立秋、立冬，这样就有了八个节气。到了西汉初年，为了适应农业生产上的需要，节气的数目就增加到二十四个，这就是我们现在俗话所说的二十四节气。在“太初历”中，又规定从冬至算起，逢单数的叫作中气，逢双数的叫作节气。例如，冬至是中气，小寒是节气，大寒是中气，立春是节气。可以简单说一句：四立都是节气，二分二至都是中气。“太初历”规定所有中气必须放在指定的月份里，例如冬至在十一月，雨水在正月。但是两个中气之间的天数，是一年的十二分之一，也就是三十天半弱一点，这比阴历一个月的日数要大，因此就可能有某个月内碰不到中气，碰不到中气的这个月就闰月，这一年就是十三个月。这样可以使得所有中气和本月月半，所有节气和本月月初相距不到半个月，使月份和生产季节得到更密切的配合。

宋朝的时候，伟大的科学家沈括提出了一种历法：“以立春为正月初一，惊蛰为二月初一，大尽三十一日，小尽三十日，十二气常一大一小相间，纵有两小相并，一岁不过一次。如此岁岁齐尽，永无闰月。”现在全世界通行的阳历和沈括的提议就基本上相似，不过不是把立春当作一年的开始，而是把冬至后的第十天当作一月一日。

现行的阳历，起源于埃及，定型于罗马帝国。尼罗河的定期泛滥，给了当地人们以注意季节的启示。远在 3000 年前，他们就发现了：当恒星中最亮的一颗——天狼星，在隐没不见两个月之后，重新在早晨于曙光熹微之际出现于东方的时候，尼罗河的洪水就要来临。他们就把这个现象的周期，作为历法的根据，规定一年为十二个月，每月三十天，只有十二月是三十五天，这样一年总共 365 天。这是世界上最早的阳历。

罗马的第一个独裁者，儒略·恺撒于公元前 46 年下令修改历法的时候，采用了埃及历，但作了如下的修改：①一年 12 个月，单月都是 31 天，双月都是 30 天，但春分前的一个月（即二月）是 29 天[①]；②每四年一闰，在 2 月末加多一日。这样一来，平年为 365 日，闰年为 366 日，平均为 365.25 日，这比地球围绕太阳一圈所需要的确切时间 365.2422 日，要多 0.0078 日。看来这个数目不大，但年深日久，积累起来，就不得了。公元 325 年，在尼古斯考举行宗教大会，决定采用儒略历为基督教的历法时，春分是在 3 月 21 日，到了 1582 年罗马教皇格里高里第十三世的时候，春分就已提前到 3 月 11 日。时间相隔一二五七年，节气就差了十天，格里觉得这样下去，太不成话，于是就采纳了当时天文学家们的意见，决心改历：①为了消除 1200 多年来所积累下的错误，他命令那年 10 月 4 日以后，立刻就是 10 月 15 日，这样，第二年的春分就又在 3 月 21 日了。②为了将来不再造成错误，决定每四百年中少闰三天。规定凡公元年数能被四除尽的是闰年，但碰到 100 的倍数时不闰，而碰到四百的倍数时又闰。例如：1960 年和 1964 年是闰年，1900 年不闰，2000 年又是闰年。

格里所改革后的这种历法，叫作“格里历”，也叫新历。世界各国采用新历的时间不同，苏联是在 1918 年 2 月 1 日才开始实行的，这时新旧历的差别已经积累到 13 天。所以列宁当时签署的命令是：将 1918 年 2 月 1 日改为 2 月 14 日。这样一来十月社会主义革命节（旧历十月二十五日）也就变在 11 月 7 日了。我国自辛亥革命后，也采用格里历。但由于我们的旧历和西洋的旧历完全不同，所以只有中西历对照的需要，而不必像别的国家那样，要跳过十几天。

一般人把我们的旧历（夏历）叫阴历是不妥当的。夏历并不是阴历（阴历只照顾月亮的圆缺，把初见月亮的一天当作初一），而是阴阳历。它既照顾月亮的圆缺变化（把日、月同在一个方向的日子当作初一），又把中气放在固定的月份。

因为阴历一年和阳历一年要差 11 天多，为要二者配合，就得闰月，平

---

① 后来奥古斯都又从二月里抽出一天加在 8 月之末，使 8 月成为 31 天，而 2 月在平年就只有 28 天了。又因为 7、8、9 三个月都成了大月，和原来大小月相间的原则相差很远，于是又把 8 月以后，改成单数是小月，双数是大月。于是就成了现在的形式。

均五年内得设两个闰月。这样，夏历有时一年就有 13 个月，年的长短差得很多，是一个大毛病。还有，日子和二十四节气，没有固定的配合，必须看历书才得知道。阳历却是固定的：上半年的节气必定在 6 日、21 日，下半年的节气必定在 8 日、23 日，顶多也只差一两天。不过，现在的阳历也并不是十全十美，毫无缺点。它的主要缺点是：①各月长短不齐，一月和二月就相差三天之多；②上半年和下半年的天数不等；③某月某日和星期几之间没有固定关系。

现在阳历所用的公元年号，并不是从公元元年开始用的，而是从公元 532 年开始的。过去在罗马，也和在我们中国一样，每个新皇帝一即位，纪年就重新开始。这样对于推算历史年代很不方便，于是又同时并用一种长期纪年法，在我国叫作干支纪年，在罗马叫作“罗马奠基”纪年。甲乙丙丁戊己庚辛壬癸，叫作十干；子丑寅卯，辰巳午未，申酉戌亥，叫作十二支。把十干和十二支相配，如甲子、乙丑……就得到数字为 60 的周期，俗话叫作“六十甲子”。利用甲子周期来纪日，在 3000 多年前的殷代就已经开始；利用它来纪年，则在汉朝初年，到了东汉元和二年（公元 85 年）才用政府命令的形式，在全国范围内实行。从那时起，一直到现在，没有间断。

“罗马奠基”纪年法，在罗马帝国崩溃以后在欧洲还被沿用着。直到“罗马奠基”后的 1284 年，僧侣乔尼西才提出基督徒用“异邦”的纪年法是不适宜的，必须由基督诞生那一年算起，没有作任何证明他就声称：“基督诞生于 532 年前，下一年应该是基督诞生后的 533 年”。不过，由于 532＝4×7×19，其中 4 是闰年的周期，7 是一星期的天数，19 是月相的大周；这一年和 532 年前的节气不但发生在同一日子、同一时刻，而且星期日名也相同。由此可见，乔尼西提出 532 这个数字确有他的科学根据，基督诞生只是一个骗人的外衣。

〔《前线》，1962 年第 16 期〕

王锡阐的严谨治学

王锡阐，字寅旭，号晓菴，生于公元1628年，殁于1682年，是清朝初年的一位杰出的天文学家。他兼采中西历法之优点，去其糟粕，创立新法。在35岁的时候（1633年）就完成了一部天文学著作，叫作《晓庵新法》，共6卷。在这部著作中提出了金星凌日的计算方法，改进了日月食的计算方法。利用他的方法，计算1681年9月12日发生的日食，结果比用其他方法所算得的都为密合。此外，他还写了《大统历法启蒙》和《五星行度解》等书。

王锡阐有这样的成就，是和他勤勤恳恳、刻苦好学分不开的。他从青年时代起，每逢晴朗的夜晚，就爬上屋顶，观测天象，直到天明。他说："人明于理而不习于测，犹未之明也；器精于制而不善于用，犹未之精也。"他的观测经验是："人习矣，器精矣，一器而使两人测之，所见必殊，则其心目不能一也。一人而用两器，测之所见必殊，则其工巧不能齐也。心目一矣，工巧齐矣，而所见犹殊，则以所测之时，瞬息必有迟早也。"这真是经验谈，不是行家不能知道的。人差、仪器差在今天的许多实验、观测工作中都仍然存在。现在科学研究工作中要求固定的人员使用固定的仪器设备，就是避免发生误差的有效措施。

他注重观测，但又不局限于观测。观测是为了检验理论和改正理论。他在计算1681年9月12日的日食时曾说：“每遇交会（日月食），必以所步（算）所测，课校疏密，疾病寒暑无间，于兹三十年所。（今）年齿渐迈，气血早衰，聪明不及于前时，而黾黾孳孳，几有一得，不自知其智力之不逮也。”这几句话显明地刻画出了一个学者的严肃态度和老当益壮的精神。他平时很严格地要求自己，运用严密的方法来处理问题。

许多人往往认为观测工作很简单。王锡阐则认为：“虽谓之易也可，然语其大概。而余之课食分也，较疏密于半分之内。半刻半分之差，要非躁率之人、粗疏之器所可得也。”当他发现观测结果与计算所得不一致时，他一定要找出原因，而一致时，犹恐有偶合之缘，他的经验是：“测愈久则数愈密，思愈精则理愈出。”

王锡阐十分谦虚，他曾对自己的工作评价说：“人智浅末，学之愈久，而愈知其不及；入之弥深，而弥知其难穷，纵使确能度越前人，犹未足以言知天（文）也。况乎智出前人之下，因前人之法而附益者乎。”他在为《晓庵新法》写的序里说：“以吾法为标的而弹射，则吾学明矣。”不把自己的创见当作真理的终结而强加于人，只当作寻求真理的开始而供大家讨论，这种谦虚态度，是永远值得我们学习的。

王锡阐的严谨治学精神，也永远是我们每一个自然科学工作者所应具有的，我们应该继承它，并且，予以新的发扬。

〔《科学报》，1962年1月31日〕

爱国科学家徐光启

今年4月24日，是我国伟大的爱国科学家徐光启诞生400周年。徐光启出生在上海的一个穷人家庭中，从小艰苦朴素，好学不倦；长大做官以后，他热爱祖国，热爱科学，根据当时科学技术和生产发展的需要，翻译和编写了许多科学著作，在我国科学史上写下了重要的一页。

徐光启认为农业是国家富强的根本，是人民生活的来源，必须好好研究。于是他每到一处地方，就考察那里的地理环境，了解当地的土壤性质，调查农作物的种类和生长的情况。既访问老农，又亲自进行实验。根据调查研究的结果，再加上对历代农学书籍的批判继承，徐光启写了一部巨著《农政全书》。这部书分60卷，共70多万字，谈到了农、林、牧、副、渔等各个方面，有些见解直到今天仍有参考价值。例如，他一方面把棉花丰产的经验概括为农民容易记诵的十四字歌诀:“精拣核,早下种,深根短干,稀科肥壅(种得要稀、肥料要足)”;一方面又指出棉花减产是种子不好、种得太密、肥料不够、管理得不好等原因造成的。

一个国家只有农业还不行,还得有国防,有科学,有工艺。徐光启对这些方面也都很注意,并且也有贡献。1691 年关外清兵崛起,明廷派杨镐率兵 13 万出关抵抗,结果大败。徐光启激于爱国热诚,越级上书指出当时明军的弊病在于:军官骄而无能,士兵素质低劣,武器钝朽;要想战胜敌人必须选练精兵和制造新式武器。他曾经预料到将来日本可能假道朝鲜侵略中国,建议在多煤多铁的山西设立兵工厂,铸造洋枪大炮。当时短见无能的政府,并没有接受他这些建议。但是由他亲自在北京通县训练的 4000 多名士兵,后来被派赴辽东作战时曾屡建奇功,也可以看出徐光启在军事方面是很有才能的。

对于天文、物理、气象、水利、建筑、机械、测量、制图、医学和统计等各种学科,徐光启都很提倡。他认为要发展这些学科,首先得发展数学。所以他和意大利传教士利玛窦合作,翻译出了欧几里得的《几何原本》。虽然由于利玛窦的故意拖延,《几何原本》只译出了前六卷,但却是我国历史上第一次翻译过来的外国科学著作。

在译了《几何原本》以后,徐光启又翻译了《测量法义》和《泰西水法》等书,介绍西洋在测量学和水利学方面的知识。

明朝末年的历法,仍然沿用 300 多年前元朝的“授时历”,许多数据本来就有小的误差,影响到计算日月食等的准确性,徐光启根据西洋方法推算结果却符合天象,于是明廷就命令他在北京宣武门内设立历局,进行改历工作。他一面聘请传教士,进行翻译工作;一面制造望远镜等仪器,积极进行观测;同时又大力培养青年。由于这些工作人员的共同努力,工作进展得很快,在短短的 5 年中间,就编译了 100 多卷书,即《崇祯历书》。《崇祯历书》第一次承认大地是球形的,地球上有经纬度的划分,并在计算中应用了球面三角,这在我国天文学的发展上,是一个重要的里程碑。

徐光启研究科学,编译科学书籍,是为了使国家富强,不是为了追求个人名利。到了晚年,虽然做了宰相,但生活始终很俭朴,住的房间只有一丈宽,床上没有帐子,冬天不生火炉。对于这样一位艰苦朴素、热爱祖国的科学家,祖国人民永远纪念着他。

〔《工人日报》,1962 年 4 月 19 日〕

火箭的家世

近几年来，洲际导弹、人造卫星、宇宙飞船陆续发射成功，“火箭”这个名词已是家喻户晓，尽人皆知；但是火箭诞生于我们伟大的祖国，知道的人还并不多。它的家世是这样的：古代打仗常用火攻，也就是放火烧敌人的营寨、城楼和船只等。怎样把火种发射到远远的敌人那里去呢？有一种办法是，在普通的箭上扎一些耐烧的艾叶、油脂和松香一类的东西，点了火，用弓发射到敌方的阵地上去。三国时鱼豢著的《魏略》中说：“魏明帝太和二年十二月（229 年 1 月）诸葛亮进兵攻郝昭，起云梯冲车以临城。昭于是以火箭逆射其云梯，梯燃，梯上人皆燃死”。这里所说的火箭就是这种带着火种的普通的箭。

弓射火石榴箭

火药发明以后，军事家就用火药代替艾叶、松香，把火药包装成一个球，扎在箭头上，点着了引火线、立刻用弓发射到敌方去。火药爆炸燃烧，比艾叶、松香更猛烈，放火的效果更好。这种火箭虽然装上了火药，但还是靠人力用弓发射。

到了宋代，冯继升和岳义方发明了直接利用火药的力量来发射火箭的办法。这种火箭和现在过节时玩的“起火”一样：在纸筒里装满火药，尾部拉出一根引火线，再把纸筒缚在一支箭上，点着引火线，火药燃烧，变成一股猛烈的气体从尾部喷射出来，喷射气体的反作用力作用在火箭上，就使得火箭向前运动。这种喷射推进的办法和现在的火箭原理相近似，只是所用的燃料和技术装备不同。

古代用火箭作战的情形

这种原始的火箭，从公元 969 年（宋太祖开宝二年）发明以后，很快地就被广泛地应用到战争中去，成为最新式的火攻武器，并且得到了很大的发展。根据历史的记载，在戚继光防御倭寇的战争中，在郑成功收复台湾的战争中，火箭都起了相当的作用。明代天启元年（公元 1621 年）茅元仪在他著的《武备志》中，对火箭技术做了很好的总结。他说；“做火箭的关键在于线眼，眼正则出之直，不正则出必斜；眼太深则后门泄火，眼太浅则出而无力，定要落地；每个以五寸长言之，眼须四寸深。杆要直，而去颈二寸称平；翎要劲，羽长而高。”《武备志》用了整整 16 卷的篇幅来叙述火器，（全书共 240 卷，凡 200 万字），谈到了形形色色的火箭，例如用弓发射的“弓射火石榴箭”，32 支同时发射的“一窝蜂”，49 支同时发射的“飞廉箭”，100 支同时发射的“百虎齐奔箭”，等等。每种都有制法，有用法，有说明，有插图，条理分明，通俗易懂。现在挑选最有趣的四种来介绍一下。

现代飞弹的雏形——“飞空击贼震天雷炮”。先用竹篾编成一个直径为三寸五分的圆球，在圆球外面糊十多层纸，两旁安上滑翔的翅膀，内装炸药一筒；筒长三寸，筒外安上引火线。在攻城时，顺风点着引火线，能一直飞入城内。引火线烧尽时，引起炸药爆炸，烟飞雾障，迷目钻孔。

“神火飞鸦”，也是一种飞弹，但较前一种更为进步。先在用竹篾扎的乌鸦身内装满明火炸药，然后用棉纸糊好，再在两只翅膀下各斜钉两只起火，

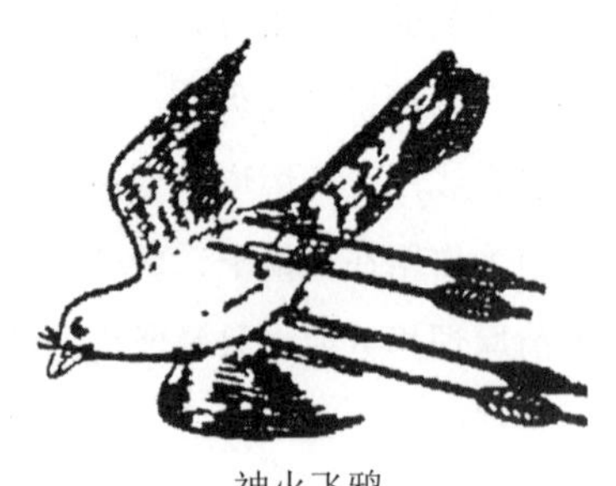
神火飞鸦

在背上钻眼一个，放进药线四根，长尺许，分开与四根起火底相连接。发射时，先点着起火，待飞 100 多丈远后，将落地时药线引身爆炸，火光遍野，在陆烧营，在水烧船。

往返火箭——“飞空砂筒”。将两筒起火颠倒地缚在一根杆子上，前筒口向后，后筒口向前。前用炸药一筒，置前筒头上，药透于起火筒内。用时先点前起火，向敌放去，到达目标后，头部炸药爆炸，爆炸时自动点燃起后起火，火箭沿原方向飞回。这样既炸掉了敌人，又免掉了叫敌人把火箭得去，从而泄露了构造的秘密。

多极火箭的始祖——“火龙出水”。离水面三四尺高的地方发射，能在水面上飞二三里远。龙身是一个五尺长的大竹筒，竹筒前面安有木龙头，后面安有木龙尾，筒内装有火箭数支。火箭的引线总连在一起，由龙头下部一个孔中引出。又在龙身下面前后各倾斜钉上两个大火箭筒。龙腹内引出的总药线又和前面两个大火箭筒的底部相连。发射时先点燃四个大火箭筒，推动龙前进；等四个大箭筒内的药烧完以后，腹内火箭又点燃发火，飞出腹外，射向敌人。这显然是一种二极火箭了。

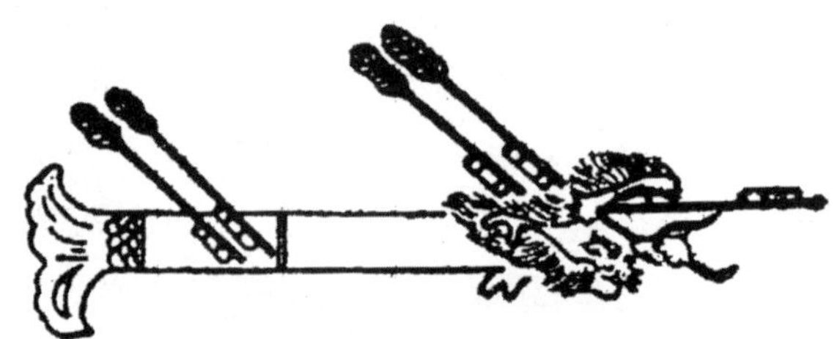
原始的多级火箭——火龙出水

这些“火箭”武器，已制出模型，陈列在北京的中国人民革命军事博物馆的兵器馆里了。这些“火箭”虽然和推力强大的现代火箭具有本质上的不同，但它可以充分说明我国人民的智慧，只要我们发奋图强，艰苦奋斗，我们一定也可以创造出最新式的火箭来，攀登现代科学的高峰。

（文中插图除《古代用火箭作战的情形》一图外，其余全采自《武备志》）

〔《光明日报》，1962 年 5 月 5 日〕

天文学和现代科学

天文学是一门探索天体和宇宙的结构与演化的科学。它和工农业生产、交通运输、各门科学研究乃至人们的日常生活，都有密切的关系。在各民族科学发展的初期，它总是走在最前面。恩格斯曾经说过，单单为了定季节，游牧民族和农业民族就绝对需要它。近代科学的兴起，也是从天文学开始的，那便是哥白尼的不朽的著作《天体运行论》的出版。到了 20 世纪，天文学在科学技术中的作用，不但没有减少，反而增大了。天文学在其发展中，曾经得到了一系列的学科，特别是光学和电子学等的巨大帮助。但天文学的发展，又反过来大大促进其他学科的进步。在这篇文章里，我们着重谈谈天文学在现代科学中所起的重要作用。

一、标准时间的供给者

用天文学的方法，可以准确地确定时间。如果没有正确统一起来的时间计算方法，人类的科学技术活动就不可能进行下去。

在科学实验中、在自动化工厂中，更需要精密的时间计量。在这里，光知道几点几分甚至几秒也不够了，往往需要准确到十分之一、百分之一、千分之一……秒。

我们可以依靠钟表来决定时间。但是钟表走得有快慢。怎样来校正呢？幸得宇宙本身是一个相当准确的钟表。我们可以根据天体运行来校正钟表。因此，天文台就成为标准时间的供给者。授时乃是它的一项重要的经常性的工作。对于时间有严格要求的现代科学技术的每一项成就，实际上都无形中包含着进行授时工作的天文学家的汗水呢！尽管氨分子钟和铯原子钟，还有将来可能制成的“核钟”，可以提供精确度更高的频率标准，但在目前它们还是代替不了天文工作者测时、授时工作。

二、以天测地

开垦荒地和进行基本建设，探查矿山和开凿运河，修建铁路和灌溉系统，谁人是先锋？测量工作者。但你是否知道，大地测量学就是根据天文学上的材料来测量地球并绘制地图？可以说，大地测量学和制图学是从天文学的一部分发展起来的。因此，进行这些建设，也还是与天文学家的工作有密切关系！

天文学家不但要为国民经济建设直接服务，而且还要做一些对人类具有长远利益的工作。例如，利用对人造地球卫星的观测来进行人类足迹难以到达地区的大地位置测定和地方重力异常测定，从而推测那里的矿藏。同时，利用天文学的材料，我们还可以将地球与其他行星进行比较，从而更加清楚地了解地球上各种地质构造的形成过程。现代地质学也是离不开天文学的。

三、帮助相对论的建立

不仅如此，天文学在现代物理学的建立中也有不少的汗马功劳呢！

20 世纪前 60 年中物理学里最伟大的三项成就是：相对论和量子力学的建立，以及原子核能的掌握。但是还有很多人并不知道，这三项成就的取得都和天文学的研究有着密切的联系。

爱因斯坦的狭义相对论中，有一个著名的质、能关系公式：$E=mc^2$。它说明了，任何物质内部蕴藏的能量（E），在数值上等于它的质量（m）乘上光在真空中的速度的平方（c^2）。这个公式是原子核物理学的理论基础。而它的建立就是和天文学观测分不开的。

又如爱因斯坦的广义相对论中，有这样三个结论：水星绕日运行的近日点发生变动，光线通过引力场时会发生弯曲，光在引力场中运动时频率发生变化。这些结论的证实一向只有依靠天文学观测。只有最后一项，在 1957 年发现了穆斯宝威效应 ①以后，验证才可以在实验室中进行；但天文学观测仍有重大意义。

四、与量子力学的礼尚往来

量子力学的建立使我们能够洞察微观世界的规律性，如解释原子光谱。研究天体物质亦可求助于量子力学，比如利用光谱分析。但天文学对此不是“有来无往”的，它也对量子力学做出一些有价值的贡献。由于宇宙空间存在着地球上所没有的物理条件，所以在那里物质所处的物理状态往往和地球上不一般。比如，从温度很高而密度极其稀薄的星云射来的光线中，拿分光仪一看，在光谱中就有为地球上所没有的很强的“禁线”出现。后来查明，这些线是来自电离氧和电离氮等。这样就有助于人们去更全面地深入探索物质的奥秘。

可以一提这样一桩科学上的趣事。1944 年荷兰天文学家万德赫斯特从氢原子的超精细结构的理论研究，指出氢原子会发射 21 厘米的无线电波。但一个氢原子平均要在一千万年里才能发射一次这样的电波。这在地球上当然是根本无法观测到的。但他预言，从星际氢原子的发射可以观测到。1951 年，三个大陆上的天文学家果然同时在银河系里发现了这种电波。这一发现是无线电天文学中的巨大成就之一，同时它也验证了量子力学的正确性。

五、对原子能科学的启发

① 今译为“穆斯堡尔效应”。

天文学与原子能研究的关系是十分密切的。看一看热核反应的发现史就足以说明问题。

在天文学中，早已证明太阳和恒星彪炳千秋，其能量来源是无法用任何已知的现象解释的。在1929年，发现太阳大气里氢最多而氦其次以后，许多天文学家就觉得氢原子核合成氦原子核的过程，可能是太阳能的来源。到了1939年，贝特便把详细的理论建立了起来，他说星能最主要的来源是一个六步的原子核链式反应：由碳和氮做触媒，把氢聚变成氦。这个变化必须在1800万度时才能进行，所以叫作热核反应。利用碳氮循环可以解释太阳和早型恒星的能源。但在晚型恒星中却是另一种热核反应在起作用，即质子—质子反应。质子就是氢原子核。首先由两个质子合成一个氘（D^2），再由一个质子和一个氘合成一种氦的同位素（$_2He^3$），最后由两个 $_2He^3$ 合成一个氦（$_2He^4$）。这一质子—质子反应，实质上就是制造氢弹的理论根据，因而氢弹的发明又是受了天文学研究的启发。同样，未来的取之不尽的能源——热核反应的和平利用，“饮水思源”，也有天文学的一功。

六、难以想象的巨大能源

现在世界上最大的同步稳相加速器，只能将粒子加速到1000亿（10^{11}）电子伏特的能量。如果要造一架把粒子加速到1000万亿（11^{15}）电子伏特的这种类型的加速器，它的环形磁铁就要做得跟地球赤道一样大，这是很难办到的。但是，现在在宇宙线中已经观测到了能量高达百亿亿（10^{18}）电子伏特的粒子。这些粒子是从哪里来的？产生的机制如何？这些问题都要求天文学家来回答。关于这个问题还没有肯定的答案。但一般人都认为是起源于超新星的爆发。当超新星爆发的时候，恒星的放能本领在几天之内就可增加千万倍。这相当于在同一时间里在每一平方千米上，爆炸一万个一亿吨级的氢弹！可以想见，这种使太阳望尘莫及的巨大能源的来历最终被人弄清楚以后，其意义该有多大！

但是，超新星的爆发是非常罕见的事。在我们的银河系里，近一千年中间可能才只有过七次。虽然在河外星系中我们也时常观测到超新星，但距离太远，而且常是爆发之后才发现，因此，我们难以详细研究这种伟大的激烈放能过程。不过，太阳上也有爆发现象，可给我们提供一点线索；尽管太阳上的爆发和超新星的爆发相比，是小巫见大巫。

至于宇宙线的观测，不论其来源是超新星还是别的天体的爆发过程，今天就可以对基本粒子物理学做出重大贡献了。这种研究不需巨型加速器，而粒子能量又可比加速器得到的大得多。这实在是一个多快好省的办法。

七、多方面关怀的日地关系

太阳观测还有更重要的一面。太阳上的爆发，引起了地球上的三种物理现象。第一，爆发时产生紫外线和X射线，这些辐射引起地球电离层电离度的增加，这样有时可使短波无线电通信中断。第二，爆发时产生微粒辐射，这些粒子在进入地球上空时，引起极光和磁暴（地磁场强度和方向急剧变动）。第三，爆发时产生无线电波，它有时会干扰地球上的雷达的工作。此外，太阳爆发还会影响气候和地球自转等。因此，太阳活动的研究，也已经是地球物理学家、无线电工作者和军事技术专家关心的对象。日地关系已经成了天文学、地球物理学、无线电电子学等学科联合研究的尖端课题。

八、宇宙航行的舵手

最新材料表明：太阳一次爆发所释放的能量，相当于爆炸300～1000个1亿吨级的氢弹。这种爆炸所产生的X射线和质子，其能量可达1亿电子伏特，它对人体是很危险的，将来进行星际航行时，必须考虑到这一点。因此，天文学家就成了宇宙航行的情报员。

天文学家可以帮助宇宙航行的地方很多，譬如宇宙火箭在太空里应该走怎样的路线，怎样才能安全到达目的地，目的地上的环境怎样，这些都要天文学家来进行计算和观测。由于火箭技术的迅速发展，游月宫、探火星的时代即将到来，天文学中一门古老的分支——天体力学，现在又重新活跃起来，它将要成为宇宙航行的舵手。

这是一个方面。另一方面，天文学也沾了火箭技术的大光。由于火箭技术的发展，天文学将要由观测的科学变成实验的科学。

九、无尽的启示

和天文学相邻的学科的出现和蓬勃发展，是天文学有助于科学事业的表现；这还可以从更多的方面得到证明。比如 1961 年发现，太阳的爆发是由于日面上磁场的迅速收缩。这种收缩可以把一小部分气体的温度加热到 3000 万度，并把它从日面抛向太空。换句话说，在太阳的爆发中存在着磁场转化为热能的过程。这一过程如能在实验室中用人工方法再现，将会在未来力能学的研究中起革命性的作用。

〔《科学大众》，1962 年 5 月〕

在斜面上滚动的小球

这是意大利学者伽利略在做斜面实验。伽利略是近代实验科学的奠基者。他在《关于两门新科学（力学和弹性学）的讨论和力学证明》中，详细叙述了他的著名的斜面实验。他首先把机械运动分成匀速运动和匀加速运动两种；并且假定作匀加速运动的物体，某一瞬时的速度和它由静止开始到此一时刻所经历的时间成比例。接着他又在这个假定的基础上，用几何学的方法推导出一个重要的结果：作匀加速运动的物体所经过的距离和它所经历的时间的平方成比例。

为了验证它的这一理论，伽利略在斜面上做了实验。他在一块长约 11 米的木板上刻了光滑的槽子，又在槽子上铺了光滑的羊皮纸。然后把板从一端抬起，令一个小球自由地从顶上滚到底，并且把滚下所需的时间记下。接着再做同样的实验，但是小球滚到一定的距离（如全长的 1/4）处后，就立刻让它在紧接着的光滑的水平槽内运动。记下小球到达转折点的时刻，并且测量小球在水平槽内的运动速度，这速度就是小球达到转折点时的速度。利用不同的倾斜度和不同的长度，做了 100 多次实验，结果表明：某一瞬间的速度

（v）的确和它由静止开始运动所经历的时间（t）成比例，即 $v=kt$，这里 k 是比例系数（现在我们知道，它就是加速度 a）；而所经过的距离（s）和时间的平方成比例，即 $s=k't^2$，这里 k' 是比例系数（现在我们知道，它等于加速度的一半）。于是假设就成了定律。物体在斜面上运动时服从这个定律，自由落体运动也服从这个定律，因为当倾角等于 90° 时，斜面就成了垂直面，物体就变成垂直降落，所不同的只是在这个情况下加速度最大。

斜面实验还带来了另一个重要的结果。伽利略发现，一个小球滚下一个斜面之后，可以滚上另一个斜面到它出发点的高度，只是摩擦力要小到可以忽略的程度，而且与第二个平面的倾斜度无关。不管第二个斜面的长度如何，只要它的高度不超过第一个斜面的高度，小球总可以到达它的终点。如果第二个平面是水平的，小球将以均匀的速度不停地在它上面跑，直到摩擦力或其他相反的力使它停止。这个结果和前人的想法相反，不是运动，而是运动的开始、停止或改变速度，需要外加的力量。后来牛顿把它概括成三大运动定律的第一条：物体在不受外力作用时，静者恒静，动者恒沿直线作匀速运动。它又叫惯性定律。

惯性定律和开普勒发现的行星运行的三个定律结合起来，就引导到万有引力定律的发现，许多学科借此而建立起来。由此可见，观察和实验在科学发展中的作用是很重要的。

〔《科学大众》，1964 年 6 月〕

新星和超新星

宋朝的历史书中，有这么一段记载："（宋仁宗）至和元年五月乙丑，客星出天关东南，可数寸，岁余稍没。"这段文字近几年来引起了全世界天文学家们的注意。宋仁宗至和元年五月乙丑，相当于1054年6月10日。"天关"是金牛座里的一颗星。"客星出天关东南可数寸，岁余稍没"，这就是说：客星出现在天关星东南附近，经过一年多以后才不见了。

客星现在叫作新星，但新星并不是"新"生的星，也不是远来做"客"的星，而是早已存在的暗淡的星，平时不为人们注意或觉察不到。到某一个时候，由于内部结构失去了平衡，突然爆发，变得辉煌灿烂起来。新星变亮的时候，它的光度在几天内就可增加几千倍或几万倍，然后又慢慢地变暗，几年以后，又恢复到差不多原来的亮度。

和变亮同时开始的，是新星的体积不断膨胀，当达最大亮度时，膨胀速度和体积就大到星的引力已经控制不住，于是膨胀的外壳就脱离星的本体，以更大的速度向外膨胀，有的速度竟达到3000千米/秒。膨胀壳脱离开星体后，星体本身又开始收缩，因而亮度也开始变小。

爆发规模比新星来得更大的是超新星。超新星爆发时，光度可以突然增加几亿倍。最亮时，它的发光本领要比太阳大几千万到几亿倍。1054 年金牛座出现的客星就是一颗超新星，当时它变亮到比金星还亮，在最初几天，甚至白天也可以看见。

当时这颗超新星因爆发脱离出来的外壳，现在用望远镜看去，很像一只螃蟹，所以叫作蟹状星云。这个星云仍以 1000 千米/秒的速度向外膨胀着。

有趣的是，1948 年在这个蟹状星云的位置上发现了一个射电源。所谓射电源，就是近几年来人们所说的无线电星。现在我们认为，这种说法是不正确的，因为在天空无线电辐射较强的地方，并没有发现恒星，这显然和超新星有着密切联系。现在已经确定，除上面说的这个超新星爆发的位置外，1572 年在仙后座和 1604 年在蛇夫座所出现超新星的位置，也都有强烈的无线电辐射。

在无穷的星际海洋里，已经发现的射电源共有 2000 多个，它们发射的能量都很小，不能直接用来为人民服务。但是它却与另一种现象——宇宙线有着联系。宇宙线所含的能量比现在世界上最大的原子击破机所产生的原子能，还要大十万亿倍，可惜我们现在还不能利用它。要征服自然，要利用自然，就先得了解自然。因此，对于宇宙线、射电源、新星和超新星的研究，就不单纯是个学术问题，而是有着深刻的实践意义了。

〔《创造与发明》第 74 期，1959 年 12 月 25 日，署名：周芬〕

新星和超新星

一、突然发亮的星

仰望夜空，繁星万点。以地球上的时间尺度来看，这些星星仿佛是永恒的天体。事实上，在几百万年当中，一般恒星的亮度变化的确也是微不足道的。可是有一种星，亮度在几天之内突然增加几千倍到几万倍，然后慢慢暗下去，过了若干年，有的又再次变亮。这种星叫新星，它们不是新生的婴儿星，而是本来很暗，突然发亮而惹人注意的星。

在我们银河系里，每年约有 200 颗新星出现，但是用肉眼可以看到的极其稀少，在 19 世纪里只有一颗，在 20 世纪头 50 年有 8 颗，最近一次是在 1963 年 1 月，位于武仙座和天琴座交界线上。

仙女座大星云是同我们银河系类似的天体系统——星系，1885 年，在这个离银河系最近的河外星系中出现了一颗明星，它几乎和这包括几百亿颗恒星的星系一样明亮！这是一颗超新星。超新星爆发时，亮度在几天之内可以增加几千万到几万万倍。在宇宙中，我们还不知道有比超新星爆发更剧烈的自然现象。

我们所知道的关于超新星的材料，大都是观测其他星系得到的。自 1885 年起到 1963 年 6 月 30 日为止，在河外星系中一共发现了 135 颗超新星。它们都距地球极远，多在几千万光年之外，要在最亮时用大型照相望远镜长时间露光才能拍下来，因此难以详细研究。

在我们银河系里，1956 年 9 月小熊座出现的亮星可能是超新星，但尚未肯定。肯定是超新星的，最近一次是 1604 年在蛇夫座看到的。德国天文学家开普勒发表过对此星的 17 个月观测结果，因此一般人称它“开普勒新星”。中国和朝鲜的学者对这颗超新星也有观测记录，据《明史》记载，我国观测近一年。

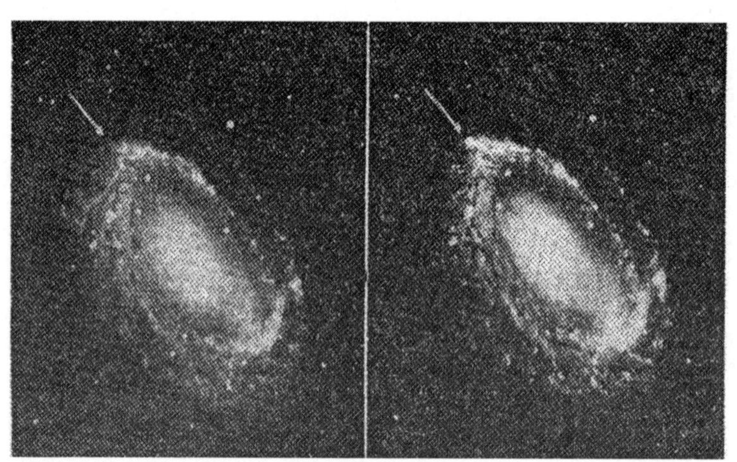

图 1　用 100 英寸望远镜摄得的旋涡星系 NGC 4725 的照片。左：超新星（箭头所指）爆发前，右：超新星爆发后。

二、我国历史上的新星记录

我国古代把新星叫作客星。“元光元年六月，客星见于房”，这是中外历史上都有记录的第一颗新星。房是二十八宿（我国古代把星座分为二十八组，把组称为宿，东南西北各有 7 宿）之一，为现今天蝎座一部分。汉元光元年是公元前 134 年，这一年，希腊天文学家伊巴谷也发现了这颗新星。此前，我国古代学者已经记录过几颗新星，最早的一次可以追溯到公元前 1300 年左右，是用甲骨文刻下的。

自公元前134年以后，历代史不绝书，记录更多。到1700年，约记下90颗客星，其中可能有11颗是超新星。例如："（后汉）中平二年十月癸亥，客星出南门中，大如半筵，五色喜怒，稍小，至后年六月消。"（《后汉书》）记录说明，这颗超新星在公元185年12月7日出现在半人马座，到186年7月才不见。这是世界上最早的超新星记录。

1572年，在仙后座出现的超新星，现在叫作"第谷新星"。它是26岁的丹麦青年第谷无意中发现的。从此，第谷才决定终身从事天文工作，最后成为一名杰出的天文学家。但是从《明史稿》中的记载看来，我国古代天文学家发现这颗超新星比第谷还早三天，而且多观测了一个多月。我国古代天文学家劳动的辛勤而富有成果，由此可见一斑。

三、蟹状星云的前辈

1054年，金牛座中出现了一颗超新星。关于这颗超新星，只有中国和日本有观测记录：

"嘉祐元年三月辛未（1056年4月6日），司天监言：自至和元年五月己丑（1054年7月4日），客星出东方，守天关（金牛座ζ星），至是没。"（《宋史·仁宗本纪》）

这个记录在将近1000年之后，导致了一个新发现。经过是这样的：1758年，法国天文学家梅西耶在观测彗星时，在这颗超新星曾出现的位置上发现了一个星云，因它的形状略似螃蟹，起名叫"蟹状星云"。20世纪20～30年代的观测证明，这个星云正以1100千米/秒的速度膨胀着。把这个星云如今的角直径（约5′）除以它的边缘膨胀的角速度（每年0″.23），得知这个星云是在大约1000年前从中心一点开始膨胀的，恰好是这个时候超新星爆发，两个时间一致。因此可以肯定：蟹状星云是1000年前看到的超新星的遗迹。如果再加上光线从那颗超新星传到地球要用3500年计算，那么这个星云不过是4500岁，年轻得很，如果把一般数以亿年计的天体的高龄比作百岁老翁，蟹状星云不过是个刚刚出生的幼婴而已。

射电天文望远镜出现后，1949年发现，蟹状星云还是宇宙中的一个自动电台，它发出强烈的无线电波；波长从7.5米到3.2厘米，越短越弱。有趣的是，如果把这个星云的射电强度的变化曲线和光强度变化曲线画在一张图上，两者正好衔接起来，后者是前者的继续。

这是一个引人入胜的发现，它表明蟹状星云发出的光波和无线电波是同一个原因造成的。这不是通常的恒星高温引起的光辐射，而是高能电子在磁场中加速时产生的辐射。可以这样设想：超新星爆发时，在抛射出气体星云的同时，也抛射出大量电子、质子和各种原子核等带电粒子，这些粒子因得到星云中磁化纤维物质的能量而不断被加速，它们在星云的磁场中运动时就发出电磁波，电子能量不同，有的发出光波，有的发出无线电波。

这个假说还可以解释宇宙线的来源。星云不断膨胀，终有一天会完全弥散，这时，星云中的粒子就被“释放”到星际空间中去了。这些在宇宙中高速运动的高能质子和原子核飞到地球上来，就是我们观测到的宇宙线。如果以蟹状星云作为宇宙线源泉，根据它可能供给的高能粒子数量，再假定银河系中每百年有一颗超新星爆发（这是有一定根据的），那么，可以算出，超新星爆炸产生的宇宙线，能够维持银河系内宇宙线强度不变。至于宇宙线为什么不只是来自超新星方向，而是均匀地来自四面八方，这是由于粒子受到星际磁场等因素的作用而改变了方向，在银河系中游荡很久之后才到达地球的。

四、仙后 A 之谜

金牛座蟹状星云和射电源对证起来之后，人们迫不及待地问：其他超新星爆发的位置上现在有没有射电源？现在有射电源的位置上从前有过超新星吗？

果然不错。在 1572 年和 1604 年超新星爆发的位置上，拍得了星云照片，收到了无线电波。反过来，在某些射电源的位置上，也发现过去有超新星出现的记录。例如，后汉中平二年（公元 185 年）的超新星，就可以和半人马座的一个射电源对证起来。

然而，最成问题的是仙后 A 射电源，从这个射电源到达地球的射电强度强得可以和太阳的射电强度相比，可是太阳才距离地球 8 光分，而仙后 A 远在一万一千光年之外。仙后 A 射电源是超新星爆发的产物吗？自然引起天文学界的兴趣。

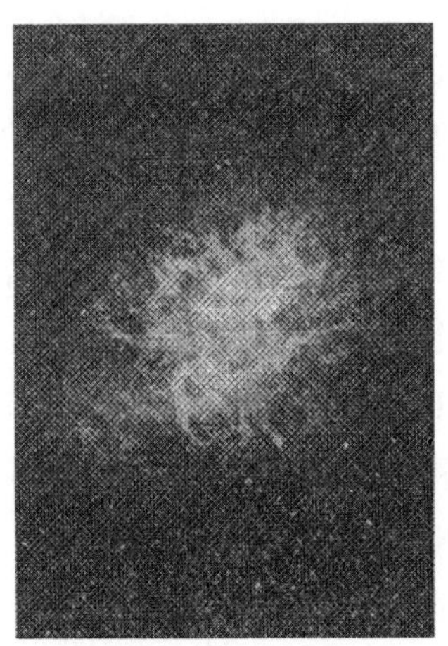

图 2　用 200 英寸望远镜摄得的蟹状星云照片。这个星云就是 1054 年我国学者观察到的超新星爆发的残余

最初，苏联什克洛夫斯基指出，它是公元 369 年中国历史上记录的一颗超新星的遗迹，德国闵可夫斯基和巴德对此表示反对。后来，本文的作者发现，公元 369 年超新星出现的位置不在仙后座，什克洛夫斯基因此放弃了他的论点。但是到了 1958 年，闵可夫斯基又说："毫无疑问，仙后 A 是超新星的遗迹。"原来，他拍到了约有 200 块极暗的纤维物质和星云碎片，它们所占的范围与射电源的大小也差不多。据计算，这个超新星大约是在公元 1700 年左右爆发的，爆发时抛射的物质的质量比金牛座的蟹状星云要大 10 倍，膨胀速度 7440 千米/秒。

五、超新星爆发的原因

超新星大致上可以分为两类。金牛座 1054 年一类的超新星，可能由质量和太阳差不多的较老的恒星变成，抛射的星云的质量约为太阳的 1/10，膨胀速度 1000～2000 千米/秒；爆发时放出的能量较多。这类超新星之所以爆发，可能是因为它 95%的物质是密度极大、完全电离的气体——简并态物质。星球内部进行热核反应时，简并态受热后不能膨胀，引起温度升高，这又加快了热核反应，如此循环往复，终于引起强烈的大爆炸。

仙后 A 一类超新星属于第二类。它们出现的机会比第一类多。这类星体的质量大概比太阳大几十倍，抛出的物质质量与整个太阳相当，膨胀速度常在 5000 千米/秒左右。它们之中有的辐射无线电波尽管极为强烈，但是发光的本领较小，所以光学望远镜难以发现。这类星球的爆发原因可能是这样的。当星球中心的氢用完后，便开始合成重元素的核反应。通过核聚变形成重元素和产生能量的过程到铁便停止了。当温度到达七百万摄氏度时，铁迅速裂变成氦原子和中子，这个裂变过程需要吸收能量，因此中心温度迅速降低，气体压力变小了。气体压力和辐射压力使星球膨胀，重力使星球收缩，现在压力突然减小了，压力和重力失去了平衡，于是核心部分就急遽收缩，由此产生的巨大能量使外壳膨胀，光度随着增强。后来一部分外壳因膨胀脱离本体，这就是我们看到的星云。

六、新星可能都是双星

超新星爆发的原因我们谈过了，那么新星的爆发是否同超新星原因相同，不同的只是规模较小呢？以前的确有这种看法。但是最近研究结果表明，新星可能都是双星。

例如，1934 年武仙座出现的新星就是双星。一个是白矮星，质量为太阳的 1/4，直径 1/100；一个是红巨星，质量也是太阳的 1/4，但直径比太阳大 100 倍。两颗距离很近的双星，一大一小，大的用完十分之一的氢含量后，开始膨胀，发出强光，到一定程度就向小的输送气体。大的损失物质，演化较快；小的聚集物质，演化变慢。结果红巨星变成了白矮星，原来的白矮星却变大变红了，于是又重复起方才的过程来。这样“狗咬狗”循环不已，就形成了新星的再发。观测证明，1866 年和 1946 年两度发亮的北冕星座再发新星也是双星。亮度变化较小的类新星，如双子座 U 星，天鹅星 SS 星，也已证明是这类的双星。

我们的太阳不是双星，因而不会有新星式的突然发光。太阳既不像一类超新星有那样多的简并态物质，也没有另一类质量那样大，所以也不会遭到超新星式的灾变。

〔《科学大众》，1964 年 4 月〕

宇宙剪影

一、天是什么

天是什么？我国晋代的学者张湛在注《列子》的时候，下了个定义说："自地以上皆天也。"这句话现在看来是正确的。我们可以说，处在地球以外的一切客观存在都是天。天和地又是相对的，从别的星球上来看，我们的地球也是天上的一个东西——天体。

其他天体，如太阳、行星、恒星等，和我们地球的位置关系，自古以来人们都很关心。在我国有所谓"盖天说"和"浑天说"。盖天说起初主张天像一把张开的伞，地像一个棋盘，也就是说天圆地方。这个说法后来遭到曾子和屈原等人的反对，又修改成天像一顶圆帽子，地像一个倒扣着的盘子，天在上，地在下。浑天说主张："天圆如弹丸，地如卵中黄；天之包地，犹壳之裹黄。"这两派学说相互斗争了好几百年，最后浑天说才取得了胜利。在欧洲，从亚里士多德和托勒密开始，认为天是一个巨大的水晶球，我们所看见的万点明星，都镶嵌在这个大球上，地球则处在大球的中心。

以上这些看法，包含三大错误：一是把天当成了固体的圆球，是有限的；二是天动地静；三是把地当作了宇宙的中心。我国在汉朝的时候，有一派学说，叫作“宣夜说”，它避免了第一个错误。宣夜说主张，天高穷于无穷，日、月、星星飘浮于太空之中，无所根系，自由运动。第二和第三个错误，到了哥白尼才基本上得到克服。哥白尼认为太阳处在宇宙的中心，地球一方面绕轴自转，一方面绕着太阳公转。我们所看到的昼夜变化和四季变化，就是地球自转和公转的反映。

哥白尼死后，他的学说由意大利学者布鲁诺作了进一步的发挥。布鲁诺认为，天是无边无际的；恒星是巨大的天体；太阳也不过是恒星中的一个，并不是宇宙的中心；有些恒星的周围可能有地球一类的行星；这些行星上也可能有和人一样的生物。布鲁诺的这些说法是和当时的传统观念针锋相对的，因而受到了教会的极端仇视和迫害。罗马宗教裁判所在把他关了八年监狱之后，于 1600 年 2 月 17 日用火刑把他烧死在罗马的百花广场上。

但是，真理是不以人们的意志为转移的，再残酷的刑罚也阻止不了科学的发展。布鲁诺死后不到九年，另一位意大利学者伽利略就发明了望远镜，开辟了人类探测宇宙的新时代。从那时起，这 300 多年来，人们用望远镜和光谱仪等探测天空的结果，越来越证明布鲁诺的观点是正确的。今天我们知道：地球是太阳系的一个成员，在太阳系外面还有千千万万个太阳，这些太阳组成银河系；在银河系外面还有千千万万个银河系；宇宙是无限的。

二、关于月亮的新闻

月亮是离我们最近的天体，又是星际航行的第一个目标。自 1958 年以来，全世界对它的研究大大加强。现将一些重要结果分述如下。

（1）不圆。初看起来，月亮是圆的，其实不然。月亮老以同一面对着地球，地球的引力作用使它向着地球的一面有一个隆起部分，这方向的直径最长。月球在自转着，自转的东西要使它本身变扁。对月亮在地球上的投影的精确观测表明：月亮不是正圆形。

（2）不白。“床前明月光，疑是地上霜。”这说明月光是白的。但月光是日光的反照。观测表明，月亮的反光本领是很小的，只能把落到它上面的日光的百分之七反射出来。大家知道，物质越黑，反光本领越小。地面上最暗的岩石（玄武岩）的反照本领比月面还大一倍，所以月面表层一定是漆黑一团。

（3）过去认为，月亮上最高的山莱布尼茨山是9000米，比我们的珠穆朗玛峰还高。1962年精确测量的结果，它实际上只有5970米，比处在坦噶尼喀的非洲最高峰（5967米）略高一些，比珠穆朗玛峰低得多。

（4）月球的引力很小，不足以保持住周围的大气，但是还有一点大气。观测表明，它的密度大概是地球大气的10亿分之一到1万亿分之一。它有两个来源：一个是由内部喷出的气体，一为太阳风。1958年11月3日发现阿尔芬斯环形山中央峰有爆发，喷出了一些气体。一些环形山和其他特征的忽隐忽现，也被认为同喷气过程有关。太阳风就是太阳的微粒辐射，它使得月亮周围经常有一个密度约为每立方厘米10万个质子和其他质点的大气。

（5）月亮上的一昼夜等于我们夏历的一个月，白天和黑夜都长到两星期多。因为昼夜延续的时间太长，加上空气稀薄，所以温度变化非常厉害。中午热到116℃，半夜又冷到−151℃。但是，这样的剧烈变化只发生在月亮表面很薄的一层，表面下一米多深的地方，温度几乎是固定的，约为零下几摄氏度。因此，将来人到月亮上以后，只要挖一个不深的地洞（应该说是月洞），就可以解决温度问题。

（6）月亮的运动规律是天文学家最伤脑筋的事。20世纪初年，布朗推出的月亮运动公式包含有1000项以上，写满了256页，但还是不能令人满意。这几年用电子计算机进行计算，准确度有所提高，但还是有偏差。为了满足星际航行学的需要，还得进一步改善。

从上述可以看出，由于星际航行学的需要，由于新技术的出现，近六七年来在月球研究方面取得了许多新进展，但也还存在不少问题。有些问题，在人登上月球以后可以较为容易地解决，如月面表层的结构和月面的物理条件等；有些问题，就是到了那个时候，也还得长期努力，如月球的内部结构和月球的历史等。正如毛泽东在《实践论》里所说："客观现实世界的变化运动永远没有完结，人们在实践中对于真理的认识也就永远没有完结。"

三、太阳的年龄和寿命

用科学仪器可以测量出，太阳每分钟垂直落在地面一平方厘米上的热量，等于 1.94 卡，这叫作太阳常数。从太阳常数和太阳的平均距离，很容易算出太阳每秒钟辐射的总能量是 90 亿亿亿卡，这数值相当于一秒钟内燃烧 1 亿亿吨煤所产生的热量！而落到地球上来的只是它的 20 亿分之一。

这样大的能量是从哪里来的？如果太阳是一个巨大的煤球，那它的质量只能维持现在这样的辐射强度约三四千年之久。在此以后，这个煤做的太阳便会消失掉。否则，就必须每月往这巨大的“炉灶”里添加 20 个地球这么大的煤球，才能使太阳光不至于减弱，这显然是不可能的。

为了解决这个问题，1854 年以来，科学家们先后提出了不少学说，如体积收缩说、陨星降落说、放射性元素蜕变说，等等。但是计算表明，这些能源只能维持太阳几百万年或几千万年。可是地质学的考察资料告诉我们，太阳至少已经 40 亿岁了。这个理论与实践上的矛盾，到了 1939 年才由于相对论和原子核物理学的发展，基本上得到了解决。现在我们知道，太阳的能源是氢聚变为氦的热核反应。在太阳的中心，温度高达 1500 万℃，密度达水的 100 倍。在这样的条件下，4 个氢原子核会聚变为 1 个氦原子核，同时放出巨大的能量。例如，1 克氢转变成氦的时候，放出的能量相当于燃烧 15 吨汽油。原子能虽然如此巨大，但在太阳上，每 1 秒钟仍然需有 5 亿吨的氢聚变成氦，才能维持住现在这样的辐射本领。

1 秒钟消耗 5 亿吨，1 年就得消耗 1 亿亿吨！幸而氢是太阳上含量最丰富的元素，占总质量的 80%以上。过去维持了 40 亿年毫无问题，今后呢？太阳上的氢含量还有 1000 亿亿亿吨，也就是说，太阳的寿命还有 1000 亿年。

不过，不能这样形而上学地进行计算。从理论上和观测其他恒星得知，当聚变形成的中心氦区增长到占太阳总质量的 10%的时候，量变会引起质变，这时，它的内部矛盾激化起来：中心温度急剧升高，体积收缩，收缩时产生的能量促使外层里的矛盾向它的对立面转化，外层体积膨胀，表面温度降低，于是，太阳就要由现在的状态转变为体积大、密度小的红巨星，像参宿四或心宿二那样。

太阳离这一质变阶段，约还有 70 亿年。到了那时，太阳要比现在亮 100 倍，但这是“回光返照”，只能维持约 10 亿年的时间，然后就要暗淡下去，最后走上熄灭的道路。

太阳熄灭以后，人类怎么办？我们并不悲观。在有史以来几千年的发展中，人类已经掌握了原子能，发射了宇宙火箭。几十亿年和几千年相比，简直可以说是无穷大；而人类在消灭了剥削制度以后，科学技术又将以更高的速度发展，到那时，人类一定能创造出新的能源来代替太阳的。

四、行星世界

在太阳周围，围绕着太阳转的有九个大行星。离太阳由近到远，它们是水星、金星、地球、火星、木星、土星、天王星、海王星和冥王星。这九大行星，仪表和个性各不相同。木星既胖且重；水星非常瘦小；土星的腰里围着一个大圆环，从望远镜里看去，很是好看；火星是个粉红色的世界，表面上有许多线纹构成网状的图案。从特性之中找共性，我们仍然可以发现，它们之间的共性还是不少：

在物理性质方面，除了离太阳最远的冥王星外，八个大行星可以分为两类。水星、金星、地球和火星属于地类行星，它们都比较靠近太阳，卫星少，自转慢，质量小，密度大，主要是由重元素组成的。木类行星（木星、土星、天王星和海王星）完全是另一回事，它们的卫星多，自转快，质量大，密度小，主要是由最轻的气体（氢和氦）组成的。

在运动情况方面，所有的行星都以近乎圆形的轨道，并且几乎在同一平面上，朝着同一方向（由西向东）围绕着太阳公转，太阳本身也朝着这一方向自转，而且它的赤道面又和行星轨道的平均平面很相一致。

在空间分布方面，行星跟太阳的距离和行星的质量有关系。地类行星，一个比一个约远一半；木类行星，一个比一个约远一倍。

面对着这样多的规律，人们不免要问，它们是否有起源和演化上的联系？康德首先试图回答这个问题，恩格斯给了他很高的评价。近几十年来，观测资料越来越丰富，学说又提出了十几个，但还没有得到一致的结论。目前多数人的看法是：太阳和行星是由同一团弥漫物质形成的，这团物质被称为“原始星云”。组成原始星云的质点的运动速度是多种多样的，它们逐渐按照速度而分化，速度小的集结于中心，这部分后来形成太阳；速度大的集中于外围部分，后来形成行星和卫星。太阳和行星的物理性质不同，是由质量的不同而引起的，当质量不到太阳的 1/20 时，所形成的天体就不可能进行热核反应，就不会发光发热，而成了行星。至于行星和太阳在化学成分方面的差异，则决定于行星形成以后的发展道路，被它的质量和它离太阳的距离所决定。地类行星由于离太阳较近，温度高，损失了大量的轻元素；木类行星离太阳远，温度低，轻元素损失少，所以这些行星的成分，很像太阳，氢和氦最多。

原始星云在分化的过程中，可能先形成一个恒星，如果剩下的物质还有很多，就再形成另一个恒星，而得到双星；如果剩下的物质很少，则只能形成环绕恒星转动的彗星和流星；如果剩下的物质不多也不少，则形成一个行星系统。今日观测到的年轻的恒星，有许多周围都还有弥漫物质，似乎都有可能形成行星系。在一些年老的恒星附近，近几年也发现可能有行星系统存在。天文学早已证明：太阳只是千千万万恒星中的普通一兵；现在又证明，我们的行星系统在宇宙间也是普遍存在的。

五、北极星的变迁

大家都知道，北极星可以给我们指示方向。然而，这也是历史的、有条件的。事实上，没有一颗星能够永远保持北极星这一特殊称号。5000 多年前，埃及人建造金字塔的时候，天龙座 α 星（右枢）是北极星。2000 多年前，司马迁在《史记·天官书》里所说的“中宫天极星，其一明者，太一常居也”，又指小熊座贝塔星（帝星）是北极星。今天我们所说的北极星是小熊座 α 星（勾陈一），目前它离北极不到一度，而且还正在接近，到 2100 年时，它离北极最近，只有半度；从此以后又渐渐离开。到 13 600 年时，大名鼎鼎的织女星将成为北极星，这个称号在其头上约可保持 3000 年，然后又得让位给别的星。

由于北极星的变迁，一个地方所看见的天象也随时代而不同。例如，现在冬季里辉煌灿烂的天狼星和参宿七，到 13 000 年时，将永远处于北京的地平线以下，我们的后代将会看不见。所以如果相隔的时间较久，我们便不得不重新描绘我们的星图。

对于北极星的这种变迁，以及由此而引起的恒星位置的变化，可以由很精确的数学公式计算出来，这叫作岁差。这种岁差运动，早在公元前 2 世纪已被希腊天文学家依巴谷发现；公元 4 世纪，我国晋代天文学家虞喜也独立地发现了这一现象。但是，一直到 1687 年牛顿才说明了它的原因。

原来，岁差运动并非恒星本身所有，而是地球一种运动的反映。地球除了自转和公转，它的自转轴还循着与地球自转相反的方向在天空里运动，每

26 000 年 1 周。这是由太阳和月亮对地球赤道隆起部分的吸引而产生的。假若地球是个正圆形，就不会有这现象。现在地球两极扁平，赤道部分隆起，当太阳或月亮处在地球赤道平面以外的时候，它对于隆起部分远近两边引力大小不同，因此就有扳动赤道平面的倾向，而地球的自转又对这倾向进行反抗。这情况很像小孩子玩的陀螺，其结果是使它的自转轴在空间里扫出一个圆锥面，也就是说天极在星空里画出一个圆，而黄极就是圆的中心。

但是，太阳和月亮位置变动很大，有时在地球赤道的平面上，有时离平面相当远；有时在平面的这一边，有时在那一边。因此，地球赤道隆起部分所受的力常有变动，而天极也就不能平稳地沿圆周运动，只得左右摆动、时快时慢地前行。这种摆动现象，叫作章动。章动具有周期性，周期为 18.6 年。

还有，作为岁差运动圆心的黄极，在天空里也不是不动的。由于地球遭受别的行星的吸引，地球绕太阳运动的轨道（黄道）平面也在缓慢地摆动，所以黄道平面的极（黄极）也在移动，虽然每百年只移动 47 秒。

这些现象的联合作用，就使得天极在星空里走螺旋形曲线，而永远不能再回到它的出发点。

六、恒星在运动中

在自然界里没有绝对的静止，一切都在运动着。恒星的这个“恒”字并不完全确切。1718 年，英国天文学家哈雷把他所测定的天狼、大角等四颗亮星的位置和公元 2 世纪希腊天文学家托勒密所测定的相比时，发现了这四颗星在天球上的位置确有变化，而这变化不能用岁差、章动等现象来解释。

哈雷所发现的这种现象叫作自行，它是一年中恒星在空间所走过的距离在天球上的投影。用照相方法，现在已经测出 20 多万颗恒星的自行。一般说来，离我们近的恒星自行大，远的自行小。已知自行最大的是巴纳德所发现的“飞星”，它每年移动 10 1/4 秒，大约要 370 多年才能移动一度。肉眼看得见的星，自行的平均值只有 1/10 秒，所以星座的形状几千年来看不出有什么显著的变化。时间更长一点，就可以渐渐看出不同来了。20 万年以后的北斗七星和现在将要差得很多，认都认不出来了。

除了自行，恒星还有一种向我们走近或离开我们的运动，叫作视线运动。从恒星光谱的谱线位移可以算出恒星的视线速度。目前已经测出约 16 000 颗星的视线速度，其中绝大多数是每秒几千米或几十千米，但也有快到每秒500千米的。

如果测定了恒星的距离、自行和视线速度，便很容易算出它们在空间对于太阳而言的运动速度，也叫作空间速度。研究的结果是：质量越小的星，空间速度越大，最快的可能超过每秒800千米！

太阳是一颗恒星，当然也在运动。太阳和太阳系里所有的天体都在以每秒20千米的速度向织女星附近的一点前进，这一点叫作奔赴点，每年前进的距离约等于6亿千米。

把太阳的运动速度从恒星的空间速度里扣除掉以后，就得到恒星的真正运动情况，叫作本动。恒星的本动也是有规律的：沿银河平面运动的恒星多，垂直于银河平面运动的少。这和马路上的行人一样：顺着大街走的多，速度也比较快；横穿马路的少，速度也小。

恒星不但在空间运动，同时也在自转。一般地说，黄颜色的星转得比较慢，例如，太阳赤道上的转动速度只有每秒2千米；蓝色星或白色星自转较快；转动最快的，赤道速度可达每秒300千米！

一切所谓永恒的都是可变的，动的物质之永远的周转才是最后的结论。恩格斯在《自然辩证法》里说的这句名言，在恒星的研究中，得到了令人信服的证明。

七、太阳系的小天体

在太阳周围，围绕着太阳运行的，除了九大行星，还有众多的小行星、彗星、流星和各种各样的气体及尘埃。小行星中最大的一个叫作谷神星，质量只有地球的八千分之一，直径是770千米。彗星虽然体积很大，但质量只有地球的几百万分之一，有的甚至只有十亿分之一。

用现在世界上最大的望远镜所能看到的最小的小行星，直径只有1000米。就大小来说，这已经和最大的流星很相近。流星落在地球上，叫作陨星。美国亚利桑那州的陨星坑，周围就有1.5千米，深约200米。

流星和小行星在形状、颜色、反光本领等方面，也有很多相似之处。有人认为，这类小天体的直径越小，数目越大。例如，直径在200千米以上的大型小行星只有6个，而已知小型的小行星已有1600多个；落到地球上来的大流星不多，但你若去注视夜晚的星空，每小时总可以看到好几个小流星。

最小的流星和行星际尘埃并无区别。正是聚集在黄道上（行星轨道平面上）的大量的尘埃造成了有名的黄道光——微弱发光的锥形体。在春季没有月亮的晴天，夕阳西下以后，在西方天空可以看到黄道光；秋季旭日东升以前，在东方天空也有这种光。

流星和彗星显然具有演化上的联系。1846年人们看见比拉彗星一分为二，分裂后的两个小彗星之间的距离不断增加，最后达到 38 万多千米。1852 年两个彗星再度回来，它们间的距离又增大了 10 倍。那一年以后，再没有看到这两颗彗星。但根据计算，每隔六年半这两颗彗星应回来一次。1872 年比拉彗星最接近地球，经天文工作者细心观测，并未发现。而在同年 11 月 27 日的夜里，当地球穿过比拉彗星的轨道时，却看到一阵极大的流星雨，所有流星好像是从仙女座里一点散开似的。计算结果表明，这一点正好是当时比拉彗星所在的位置。这表明，比拉彗星已经粉身碎骨，而转变为一群流星了。这个流星群直到今天还在每年 11 月底出现，不过由于它在轨道上逐渐散开，从地球上看来，这个流星雨已经一年比一年来得弱了。我国自古以来，就把“彗、流、陨”相提并论，今天看来，这些小天体的确具有统一性，彼此联系，而且不断转化。

八、星的数目、亮度及其他

晴朗的夜晚，我们仰望天空，只见繁星满天，似乎不可胜数。这个印象不很对。肉眼能见的星不是数不完的，眼力顶好的人，可以看到 6500 多颗星；眼力差一点的人，就看不到这么多。又因为在同一时间里，只能看见天球的一半，还有近地平的部分被房屋、树木、高山遮住，再加上城市灯光的干扰和大气的吸光，所以一个人用肉眼看星，在同一时间，还见不到 3000 颗。但若用望远镜看，星的数目便大为增加，而且望远镜越大，所能看到的星越多。

我们看星的第二个印象是星的亮度相差很多，有的很亮，有的几乎看不见。公元前 2 世纪依巴谷就按照这种亮度的不同，把星分为六等。但一直到 1850 年，星等才有了准确的定义：把牛郎和毕宿五的平均亮度当作一等星，一等星比肉眼刚能看到的六等星亮 100 倍，所以星每差一等，亮度便差两倍半多一点（成等比级数）。比一等星还要亮的叫作零等星，更亮的叫作负一等星、负二等星……太阳最亮，是负 27 等星。比六等星更暗的叫七等星、八等星……用现在最大的望远镜，经过几小时的露光，在照相底片上能看到 23 等星，它的亮度只有一等星的 10 亿分之一。

但是这绝不意味着恒星的发光本领相差 10 亿倍。由于距离不同，看起来很亮的星并不一定真的很亮。假若甲乙两星的发光本领相等，而甲星和地球的距离比乙星远一倍，那么在地球上的我们看来，甲星的亮度便只有乙星的四分之一，这就是光学里的平方反比定律。

说到恒星的距离，那真是遥远得很！用最细最轻的蜘蛛丝缠绕地球赤道 1 周只需要 1000 克的材料；若要将地球和太阳连起来，也不过 4 吨就够了；但若想用它来连地球和离我们最近的一颗恒星（比邻星），却非 100 万吨不可！对于这样遥远的距离，用千米做单位来量度，数目就太庞大，很不方便。所以天文学家采用了一个新的单位：光年。光每秒钟走 30 万千米，在 1 年中约走 10 万亿千米。离我们 1 光年的星，按说已经很远，但比邻星的距离并不是 1 光年，而是 4 光年又 4 光月。在银河系中，离我们最远的恒星相距约 7 万光年。

对于这些远近不同的恒星，我们可以用数学方法把它们换算到同一距离上来比较它们的亮度，从而求得它们的真正发光本领——光度。所得的结果是：太阳只是一个中等角色。比太阳亮的叫作巨星或超巨星，超巨星的光度可达太阳的 50 万倍。光度比太阳小的叫作矮星或亚矮星，亚矮星的光度有的只有太阳的几十万分之一。

后来进一步的研究表明：巨星的体积很大，矮星的体积很小。已知体积最大的星的直径为太阳的 2000 倍，可以把远至木星在内的太阳系六大行星连同太阳一起包含在内。1964 年发现的最小的一颗白矮星，其直径还不到月亮的一半，而月亮的直径只有太阳的四百分之一。

巨星的体积虽然很大，但质量并不特别大，这就使得它的密度很小。最大恒星的密度只有地球大气的 12 万分之一，简直接近真空。矮星刚好相反，最小恒星的密度是水的 1 亿倍，换句话说，就是 1 立方厘米内所含的物质竟有 100 吨！

太阳的质量是地球的 33.4 万倍。质量最大的恒星不超过太阳的 200 倍，最小的不小于太阳的十分之一，彼此悬殊并不大，普通的都和太阳差不多。

由此可见，恒星的物质含量（质量）是它的主要性质，它决定着其他的性质。质量只要有少量变化，便会引起其他性质（体积、光度、密度等）的显著变化。

九、恒星的“集体生活”

在北方的天空，有 7 颗亮晶晶的星星，排列得整整齐齐，组成一个熨斗的样子，这就是有名的北斗七星。在无云无月的夜晚，我们注目斗把子中间的那颗开阳星，便会发觉在它的附近有颗小星。这小星的中国名字叫“辅”，阿拉伯名字叫“阿尔考”。阿尔考的意思是测验，古代阿拉伯国家在征兵的时候，就用它来测验新兵的目力。

天文学家们的长期观测发现，开阳和辅并不只是由于从地球上看来它们的方向差不多，所以在天球上才靠得很近，而是确有联系：它们运动的方向和速度都一样，而且一面走，一面在围绕着一个公共重心旋转。两个星在一起而又符合这三个条件的，天文学上叫作双星。

1650 年意大利天文学家里乔利用望远镜一看，发现开阳本身也是一对双星，它们的亮度差不多相等。光谱仪发明以后，自 1899 年以来，陆续发现开阳本身是由 5 颗星组成的，辅也是由两颗星组成的。这样，从肉眼看来是一对双星的开阳和辅，竟是由 7 颗星组成的一个小组，这在天文学上叫作聚星。凡是 3 颗星以上组成的星组，都算聚星。

时至今日，人类发现的双星和聚星已达数万之多。平均每 3 颗星中便可能有 1 颗是双星或聚星。拿距离我们 16 光年以内的 42 颗星来说，就有 9 颗是双星，2 颗是三合星。在剩下的 31 颗星里面，又发现 4 颗有暗伴星。可见双星和聚星在恒星世界里是一种普遍现象。

比聚星更高一级的组织是恒星的集团，简称星团。按照成员星的多寡和组织的松紧程度，星团又可以分为两类：球状星团和疏散星团。同一星团里的恒星，其运动方向和步调都是一致的，而且靠着彼此间的吸引力组织在一起。

金牛座里的昴星团是疏散星团中最著名的一个，我国民间称它为七姊妹。但是用望远镜来看时，就会发现七姊妹并不止 7 颗星，而是由 280 颗星组成的。这个星团距离我们约 300 光年，它的成员正以每秒 20 千米的速度朝参宿七的方向前进。

最近最亮的两个球状星团都处在南天，我国境内无法看见。在我国境内，用肉眼能够勉强看到的球状星团，只有武仙座的一个。它和我们相距 3.4 万光年，它所包含的恒星只有比太阳还亮的才可以看见；不比太阳亮的星，就是用最大的望远镜也看不见。虽然如此，能看见的星数也在 5 万以上，比肉眼同时在天空能看见的星数已多出 20 倍。最密部分的直径约有 16 光年，外侧较为稀疏部分的直径约 100 光年。就是在这稀疏的部分，每单位体积内恒星的数目比太阳周围每单位体积的平均星数还多得多。所以我们如果能够搬到这个星团里生活的话，那夜晚才真是星光灿烂哩！

十、不稳定星

“无论什么事物的运动都采取两种状态，相对地静止的状态和显著地变动的状态。两种状态的运动都是由事物内部包含的两个矛盾着的因素互相斗争所引起的。”（《矛盾论》）恒星内部的主要矛盾是吸引和排斥，这两个矛盾着的因素在互相斗争着，当双方势均力敌时，恒星就处于稳定状态。太阳目前就处在这样的状态。当然，这个稳定也是相对的。事实上，太阳表面也经常发生局部爆发，这时候，排斥成了矛盾的主要方面，大量的微粒辐射和电磁辐射猛烈地抛出。1960 年 4 月 28 日我国南京紫金山天文台就观测到了一次大爆发，爆发面积占太阳表面积的千分之一左右。

和太阳这类相对静止状态的恒星来比，有些恒星则具有显著变化的特点。这类恒星叫作不稳定星，也叫作变星。变星的种类很多，大致上可以分为爆发式和非爆发式两大类。非爆发式变星的特点是：光变幅度不大，光变速度不快，光变原因是恒星本身不断地膨胀和收缩，所以也叫作脉动变星。

脉动变星的典型例子是“造父一”。它在最亮时比在最暗时亮两倍多，光变周期是 129 小时。从最暗到最亮升得很快，只要 30 小时便经过这一阶段，其余的时间是从最亮降到最暗。这类变星有两大特点：一是光变周期越长，密度越小；二是光变周期越长，光度越大。这两个特点非常重要，前者可以用来求出该星的直径和密度，后者为我们提供了一把量天尺。天空里的星团或星系，不管它是如何远处天之涯，只要其中含有这类变星，我们便可夜夜观测，将其光变周期和平均视星等测定，从而求出它的距离。

爆发式变星中最突出的两种是新星和超新星。一颗恒星，它的亮度在几天之内突然增加几千倍、几万倍的，叫作新星；增加几千万到几亿倍的，叫作超新星。我国古代保存有世界上最早和最多的新星和超新星记录。远在殷代的甲骨文中就有新星出现于天蝎座的记载。公元 1054 年出现于金牛座的超新星，只有中国和日本有记录。根据这些记录所绘出的光变曲线，和近代天文学观测别的超新星所绘出的光变曲线几乎完全一致，这充分说明东方古代的天文学家们是有其卓越贡献的。

超新星爆发时，都要抛射出大量物质，在其周围形成一个膨胀的气体外壳。著名的蟹状星云就是 1054 年超新星爆发时喷射出来的。考虑到这个星云跟我们的距离是 4000 光年，也就是说，我们今天所看见的它的光，实际上是 4000 年以前发出来的，它也不过 5000 岁，年轻得很！如果把一般数以亿年计的天体的高龄比作百岁老翁，蟹状星云便是呱呱坠地的婴儿！

这个新生的婴儿，给我们带来了广阔的研究领域。1949 年发现它是一个无线电辐射源，1960 年发现它是一个伽马射线源，1963 年发现它是一个爱克斯射线源，从理论上讲，它又是一个宇宙射线源！为什么它能产生这些东西呢？这需要原子核物理学等许多尖端科学来回答。

十一、星际物质

恒星和恒星之间，肉眼看来好像是没有东西的地方，实际上也不是一无所有。到处都有物质，不过密度很小而已。分布于星际空间里的物质，叫作星际物质。又因为这种物质没有形状，没有明显的边界，所以也叫作弥漫物质。弥漫物质是由小的固体质点和单个原子或分子构成的。前者称为星际尘埃或宇宙尘，后者称为星际气体。

星际气体中以氢最为丰富。氢以外还有氦、氧等许多种元素的原子和离子，还有氰、碳氢化合物等多种分子。氢虽然最多，但发现得最晚，因为它大多是处于中性状态，它所产生的吸收线位于光谱的远紫外区，用光学办法我们观测不到。幸而无线电天文学为我们打开了另一扇天窗，1945 年有人从理论上预告，这种中性氢应该放射出波长 21 厘米的无线电波，1951 年三大洲的无线电天文观测站同时发现了这种电波。从此中性状态的星际氢才成为可以直接研究的对象，并且在近几年中取得了很大的成绩。

除中性氢以外，在星际空间还有电离了的氢原子，不过是在高温恒星的附近。高温恒星的紫外辐射使氢原子的电子与原子核（即质子）脱离，即使氢原子电离。电离氢区域的大小决定于恒星的大小和温度，也决定于星际气体的密度。恒星的温度越高，体积越大，则造成的电离氢区域也大。另一方面，星际气体的密度越大，则能造成的电离的范围越小。

由于高温恒星在空间的分布是极不均匀的，所以由氢原子的电离而产生的自由电子的密度也就各处不一样，于是微弱的电流产生了，微弱的电流又引起微弱的磁场。磁场一经产生，就和星际气体中的带电质点（如质子）相互作用，交换能量，这是一个复杂的过程。对这些问题的研究，现在形成了一门新的学科，叫作宇宙电动力学。

有星际气体的地方，也就有星际尘埃，它们常常是混杂在一起的，不过各个地方的比例可能不同。星际尘埃大多是由半径为十万分之一厘米的固体质点构成的，它像烟雾一样横亘在我们和遥远的恒星之间，使星光或多或少地减弱和变红。就像有雾的夜晚，我们看见遥远的路灯变暗变红一样。

这些气体和尘埃在星际空间的分布也是不均匀的，它们常常集成一块一块的“云”。当这些云在遥远的恒星和我们之间时，恒星所发的光完全被它们吸收，而成为漆黑一团，那便是“暗星云”，夏天我们在天鹅座以下所看到的银河中的暗滩就是。当星云处在某些亮星的附近时，则形成明亮的“弥漫星云”。这又有两种情形：如果恒星的表面温度高于 1.8 万℃，恒星的紫外辐射便可刺激星云本身发光，即恒星吸收了星云的紫外光以后，再发射出可见光，猎户座大星云便是一个例子；如果恒星的表面温度低于 1.8 万℃，则星光只单纯地照亮星云，昴星团中围绕一些恒星的云状物质便是这样。

最后还应说一说星际物质和恒星之间的联系。一方面，有些恒星连续地或不连续地向空间抛射物质，增加星际物质的密度；另一方面，有些恒星又可能从星际空间俘获一些粒子，减少星际物质的密度。还有，在某种条件下，星际物质也可能凝聚起来，变成恒星。因此，就是在目前，星际物质的“消费”和“生产”，以及与之相应的恒星的形成和演化，也还在继续着。

十二、恒星的形成和演化

处于相对静止状态的恒星，事实上也是在变化着的，不过变化很微小，需要几亿年甚至几十亿年才能显现其变化。虽然如此，天文学家们还是有办法来研究它。因为恒星数目很多，而且性质是多种多样的，各种类型的恒星很可能处于不同的发展阶段，通过对大量观测资料的分析，由此及彼，由表及里，就有可能描绘出恒星从形成到衰灭的一幅图画来。这幅图画的大致轮廓如下：

处在星际空间的大块弥漫物质，由于万有引力使质点相互吸引的结果，使发生凝缩现象。在凝缩的过程中，由引力产生的位能转化为热能。热能一部分辐射到太空中去，一部分用来升高内部物质的温度。由于向外辐射热能，亦即开始向外发光，这就形成了恒星。由于恒星内部的温度在逐渐增高，物质的密度和压强也在逐渐增大，等到中心温度接近 1000 万摄氏度时，量变便引起质变：收缩停止，从此恒星便进入一个吸引和排斥两方势均力敌的相对稳定阶段。太阳目前就处在这个时期。

处在相对稳定阶段的恒星，叫作主序星。恒星的一生，处在主序星的阶段最长。主序星的能量来源是由四个氢原子核聚变为氦原子核的热核反应。质量越大的，内心温度越高，热核反应越快，氢的消耗越厉害，因而稳定阶段越短。短的可以短到几百万年，长的可以长到几百亿年。质量像太阳这般大的恒星，稳定阶段大约可以有 100 多亿年，目前我们的太阳只过了它的稳定期的一半，可以说还处在中年时期。

从理论推知，当恒星的质量有百分之十由氢聚变成氦时，量变又引起质变。在恒星内心，矛盾激化起来，这时吸引又再一次成为矛盾的主要方面，使内部收缩。收缩时产生的能量促使外层里的矛盾向它的对立面转化：排斥成为矛盾的主要方面，于是外层体积膨胀，表面温度降低，恒星由主序星转变为体积大、密度小的红巨星，像参宿四成心宿二那样。

红巨星内心温度继续升高，到了一定时候，又出现新的热核反应，发生较重元素的合成，形成碳、氮、氧、镁、硅等，一直到铁为止。以后如何进一步演化，目前还不清楚，可能是通过抛射物质的方式，转变成白矮星。白矮星的体积很小，密度很大，发光本领已很微弱，已是恒星的衰亡阶段，再往后发展，可能就是不发光的“僵尸”了。

在红巨星转变为白矮星的过程中（可能要通过超新星的爆发），抛射到空间的物质又补充了星际空间的气体和尘埃，成为形成第二代恒星的原料。第二代恒星和第一代恒星不同之处在于，第二代恒星含氢量较少，面有一些重元素。太阳可能不是第一代星，面是第二代或第三代星。如此循环往复，直至把银河系中的弥漫物质用完，就不再形成新的恒星。目前，在银河系中，恒星的形成过程还在继续着，而且是成窝产生的。

十三、银河和银河系

夏季夜晚，一条白色光带横跨天空，这条光带叫作银河，也叫作天河。银河早就引起了人们的幻想和思索，我国古代有牛郎织女每年七夕鹊桥相会这样一个优美的神话，希腊哲学家亚里士多德更是异想天开，认为银河是地上水蒸气上升时所凝成的白雾。但是到了 17 世纪，伽利略用望远镜一看，发现它既不是有水的河，也不是水气凝成的雾，而是由彼此靠得很近的许多恒星构成的。100 多年以后，有 4 个国家的学者先后提出，银河现象是恒星世界组成一个扁平而有限的系统的反映，这个系统叫作银河系。我们所能看到的恒星、双星、聚星、星团和星际物质，都处在银河系之中。

银河系呈扁平形状。从上面往下看，它像一个铁饼；从侧面看过去，它又像一个织布用的梭子。我们之所以把它看成一个带子，那是因为我们处在这个系统之内，“不识庐山真面目，只缘身在此山中”。我们不处在银河系的中心，而是在离中心约 3 万光年的地方。银河系的最长直径，从梭子的这一头到那一头约 10 万光年；最短直径处，也就是梭子的厚度约 1 万光年。我们太阳系也不处在铁饼的对称平面内（即中央平面上），而是在对称面之北约 100 光年的地方。

银河系中央有一个核心组织，直径约 2 万光年，叫作银核。银核内恒星的空间密度特别大，还有几个强烈的无线电辐射源。从银核开始，在银河平面内有四条旋涡状的臂膀伸展出来，这叫作旋臂。太阳就在一条旋臂的附近，离其内侧只有 100 光年左右。另外，还经常有物质从银核抛射出来。因此有人认为，在银核之内可能还存在着某种密度极大的超密物质，这种物质有时会发生猛烈的爆炸，抛出大量物质。这种看法是否正确，还有待于观测证实。

根据万有引力定律，可以得到一个推论：一个物体若不自转，它的天然形状便是球形；若有自转，它便会变扁，而变扁的程度和自转的速度成正比。银河系既然扁得像个铁饼，便必有自转，也就是说，它的成员在绕着银河系中心运动。这种运动是不是和太阳系里行星绕太阳运动一样呢？研究的结果是：又一样，又不一样。在边缘部分一样，即服从开普勒定律——离中心越

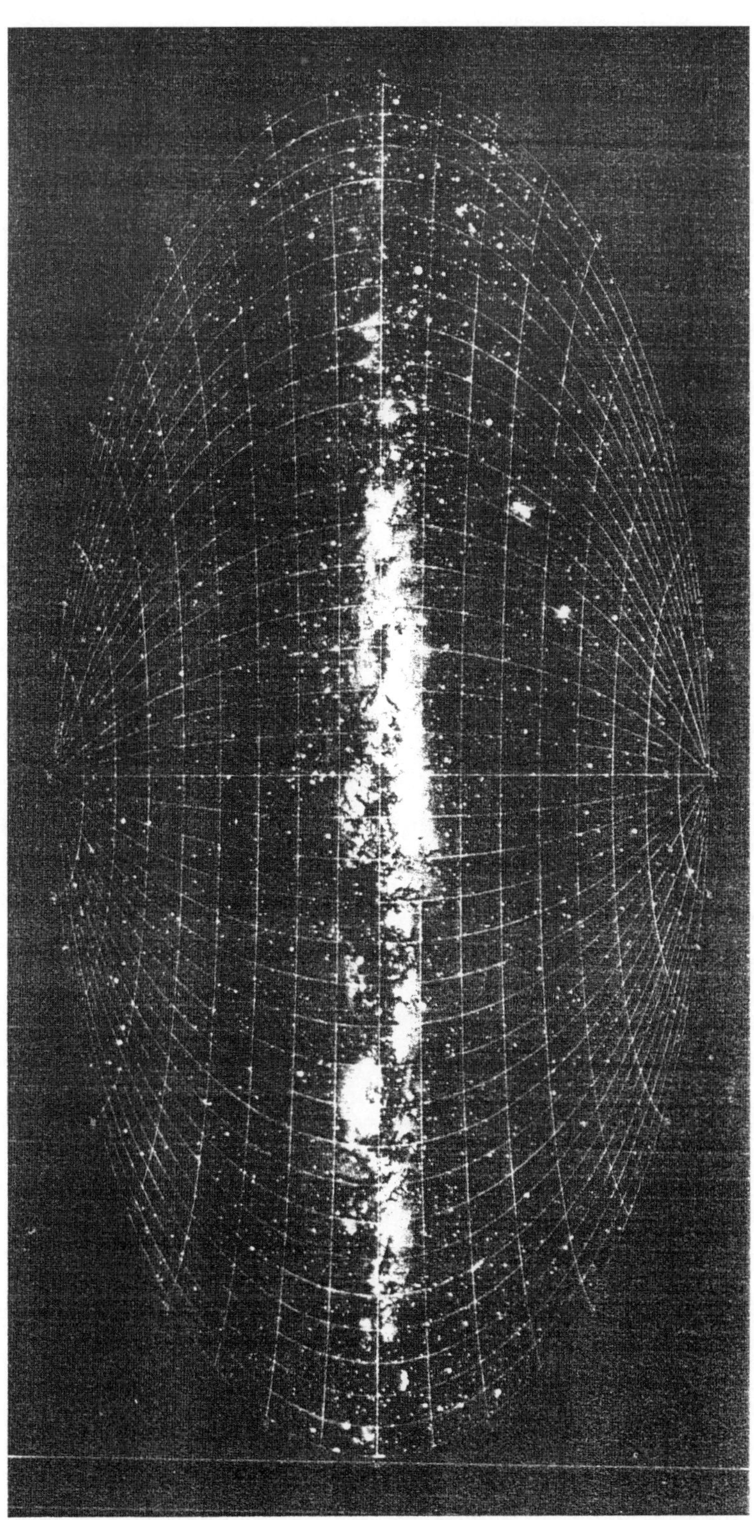

银河系全景图

（选自《中国大百科全书·天文学》）

远，旋转的角速度越小，旋转一周所需要的时间越长。在靠近中心部分，则有点像留声机唱片的运动（刚体运动）：旋转的角速度到处一样，线速度和离中心的距离成正比。把这两种情形合起来，可以这样说：银河系自转的线速度是从中心开始，起先向外增加，达到某一极大值后，又向外减小。

根据银河系的自转情况，可以算出它的总质量约为 1000 亿个太阳的质量，即 200 万亿亿亿亿吨。太阳绕银河系中心转动的线速度约每秒 200 千米，虽然这样快，但还需要 2.2 亿年才能走完一周。而太阳还不在银河系的最边缘，银河系的大小由此也可以得到一个印象。

十四、河外星系

我们肉眼所见到的天体，几乎全是银河系的成员。难道银河系就是我们所说的宇宙吗？不，远远不是。如果把现在已经观测到的宇宙范围当作一个大西瓜，银河系便只能是一颗芝麻。在银河系的外面，还有一个个类似于我们银河系的庞大的物质系统，叫作河外星系，简称星系。凡是银河系中有的东西，别的星系中也都有。大麦哲伦云和小麦哲伦云是离们最近的两个河外星系，可惜处在南半球的天空，在中国看不见。对于北半球来说，最显著的河外星系要算仙女座大星系，肉眼勉强能够看到。它距我们约 220 万光年，直径约 13 万光年，比我们银河系还大一点。

从形态上来看，星系可以分为椭圆星系、旋涡星系和不规则星系三种。1926 年哈勃在进行这种分类以后不久，就有人认为这种分类也代表着年龄上的次序。最初，所有星系几乎都是正圆形，由于迅速旋转，离心力使它们在两极方向逐渐变扁；最后，当赤道上的离心力超过引力的时候就分出螺旋状的旋臂，而成为旋涡星系。不过最近多数人的看法正好与此相反，而是认为有结构的不规则状的星系最年轻，发展的次序是由不规则状到旋涡状，最后到椭圆状。也有人认为，这两种看法都不对，实际上可能是不同的星系走着不同的演化道路：旋涡星系是一种，非旋涡星系又是一种。这些看法究竟哪个正确，还有待于未来的观测事实检验。

和恒星一样，星系也聚集成各种大大小小的集团。由 2 个组成的叫双重星系，由 3 个组成的叫三重星系。大、小麦哲伦云是一个双重星系，它又与银河系一道组成三重星系。仙女座大星系和它附近的 4 个小星系组成一个五重星系。这两个三五成群的小集团，又隶属于一个更大的系统，叫作本星系群。现在已经查明，属于本星系群的成员共有 19 个星系。

宇宙在召唤

（选自《中国大百科全书·航空　航天》）

星系群中星系的数目一般少于 100 个。星系群一般没有中心组织。星系数目在 100 个以上的组织叫作星系团。星系团往往有一个或几个中心组织，在那里星系的空间密度特别大。离我们最近的一个星系团在室女座，距离约 2000 万光年，其中包含 1000 多个星系。目前发现的星系团已有 2700 多个。

星系团还有再结集成堆，而属于更高一级物质系统的现象。首先是绝大部分较亮的星系团构成一个很大的扁平系统，叫作本超星系，直径大概有 7000 万光年。室女座星系团可能是它的核心；本星系群也是它的一个成员，但不在中心，而在靠近边缘的地方。

超星系也不止一个。在超星系之上，更高一级的组织是什么？目前还不知道。我们暂时把今天所能观测到的宇宙范围叫作总星系，半径约为 100 亿光年。在这 100 亿光年的范围内，已发现的星系在 10 亿个以上。总星系是否独自成为一个系统，它是否在膨胀，这些问题都还没有得到肯定的答案。

十五、宇宙间的生命

生命是蛋白体存在的形式。在某一天体上有无生命，要看该天体上有无蛋白化合物形成和存在的可能。蛋白化合物的形成和存在需要一定的温度，需要有足够的氧气和液态的水。同时，生命是物质存在的高级形式，即使具备了这些必要条件，也还得经过长时期的发展才能够产生。因而，并不是所有天体上都会有生命出现。首先，在表面温度很高并且处于气态的恒星上就不会有生命；其次，在弥漫物质上也不可能有生命。生命的起源和演化的过程只可能在固态的行星或卫星表面上，而且这些行星和卫星还必须符合下列八项条件，缺一不可。

（1）行星必须处在像太阳这样的稳定的而且年龄较老的恒星周围。如果太阳是一颗不稳定星，它的辐射强度变化太大，周围行星上的生命便无法生存。如果太阳太年轻，则没有足够的时间来使其行星上完成生命出现的条件。须知地球已经存在了 50 亿年，但 20 亿年前才出现了生命。

（2）行星和中央星的距离不能太近也不能太远。太近了温度太高，太远了温度太低，都不行。对于太阳系来说，只有金星、地球和火星满足这个条件。

（3）行星的轨道必须近于圆形。如果行星的轨道像彗星的那样，则接受中央星的辐射，变化太大，仍然不可能有生命存在。凡是处在双星和聚星附近的行星，都不符合这个条件。

（4）自转周期不能太长。例如，月球跟太阳的距离和地球跟太阳的距离差不多相等，但月球的自转周期太长，中午和子夜的温度相差约 250℃，那里也很难有生命。

（5）行星赤道平面和轨道平面的交角不能太大。如果是 90 度，那么在一个半球上便有半年是白天，半年是黑夜，温度变化也太大。

（6）行星的质量不能太大，也不能太小。我们知道，宇宙间最丰富的元素是氢，其次是氦；而在活的有机体中占主要地位的则是氧，其次是碳，而氢只占第三位。如果行星的质量太大了，像木星那样，就无法完成元素丰富度的这一转变。另一方面，如果质量太小，像水星和月球那样，在适应生命的正常温度条件下，又不足以保住大气层。

（7）行星表面上必须有足够的氧气和水。金星上可能有氧和水，但大气里的二氧化碳比地球上的多 1 万倍，很不宜居住。火星上氧可能有，但不会超过地球上的千分之一，水只有地球上的十万分之一，也不理想。

（8）没有大气层不行，大气层太厚也不行。大气层太厚了，巨大压力会破坏分子结构，使结构复杂的蛋白质高分子根本无法形成。

把这些条件都算上，可以得出结论，在太阳系里只有地球才有生命，特别是有生命的高级花朵——人所居住的地方。但是我们并不因此认为，只有地球才是唯一有生命居住的天体。已经发现，太阳附近的一些恒星周围有行星系统存在。在这些行星系统中，也可能有一些行星符合这八项标准。有人从概率论上做了一些研究，认为在银河系内，在任选的一颗恒星周围，有生命存在的可能性只有十万分之一，甚或百万分之一。这个概率虽然很小，但银河系的恒星在 1000 亿颗以上，因而有生命出现和发展的行星在银河系内便有几十万颗。而银河系只是尚不知其数目的星系之一。由此可见，在无限的宇宙间，也应该有无限多的有生命的行星。

在这里，我们再一次看出，自然界没有唯一的、特殊的天体，生命现象在宇宙间也是普遍地存在着。

〔《宇宙剪影》的前七篇曾以笔名“周芬”刊于《人民日报》
1965 年 10 月 16 日、10 月 28 日、11 月 4 日、11 月 22 日、
12 月 13 日，1966 年 3 月 22 日、4 月 2 日〕

关于天体史的对话

甲：《红旗》杂志在关于坂田昌一的文章的编者按语中指出："宇宙，从大的方面说，在太阳系外面还有千千万万个太阳，在银河系外面还有千千万万个银河系，它是无穷无尽的。"详细情形怎样？请您告诉我一些关于大宇宙的知识。

乙：大宇宙是无限的。许多有限的说法，都一一破产了。例如，1927 年英国的天文学家金斯断定：宇宙的边界在离我们四百万光年的地方。但不到两年，到 1929 年，望远镜就看到了离我们一亿四千万光年的河外星系。现在世界上最大的射电望远镜，已经能探测到离我们一百亿光年的河外星系。

不过，在一定的历史时期，人们所认识的宇宙范围是有限的，这个范围又是随着生产水平和观测技术的发展而逐步扩大的。19 世纪中叶以前，人们所谓的宇宙，往往是指太阳系。伽利略的《关于（托勒密和哥白尼）两种宇宙体系的对话》所讨论的，就是太阳系问题。

19 世纪 50 年代以后，随着光谱学的出现，天文学家的注意力才集中到恒星世界和银河系的结构上：太阳是不是银河系的中心？银河系有没有边界？如果银河系没有边界，而是无限数目的星球均匀地分布在无限大的空间中，这就发生引力矛盾和光度矛盾。为了解决这两个矛盾，瑞典天文学家沙立叶在 1908 年到 1922 年间提出了无限阶层式的宇宙模型。按照这个模型，银河系并不是宇宙，而是构成无限宇宙的无限阶层的一个。事实也是这样，现在我们知道银河系的直径是十万光年，太阳是它的一个成员，但不在中心。

20 世纪 20 年代开始，人们又进一步发现，在银河系外面还有千千万万个银河系，它们的形状、大小和质量都与银河系相似，叫河外星系，或简称星系。星系世界仍然是无限宇宙的无限阶层的一个，它叫总星系。现代宇宙学所探讨的规律实际上是总星系的规律。

甲：在总星系里有些什么东西？

乙：形形色色，东西很多，但归总起来不外两大类：由气体和尘埃组成的弥漫物质，和由弥漫物质形成的、不同大小、不同性质的天体，如行星、恒星。天体，它又不是孤立的，它们常常组成各种系统，如行星系、（恒）星团、（恒）星系、星系团，等等。各个天体、各个天体系统之间又都是相互联系、相互制约的。例如，行星总是处在恒星的周围，依靠引力和斥力（离心力）的对立统一而运行不息。

甲：您说天体是由弥漫物质形成的？这个说法的可靠性怎样？

乙：现在大多数天文学家有这样的看法。他们的根据是许多年轻的恒星都经常和弥漫物质云处在一起，二者的化学成分也很相似。最有趣的是滕比格于 1947 年 1 月拍得一张在猎户座弥漫物质云附近似星非星似云非云的照片，1954 年 12 月再拍同一天区时，发现那里产生了一个恒星，亮度比以前增加了 16 倍。

甲：恒星形成以后，它们又是怎样变化、发展的？

乙：恒星形成以后，可能都要经过以吸引为矛盾的主要方面的一个收缩阶段。收缩时由引力产生的位能逐渐减少；减少的位能一部分转变为物质的热能，一部分辐射到太空中去。因此，物质，尤其恒星中心的物质密度和压强逐渐增大，温度逐渐升高，等到中心温度快到一千万度时，量变便引起质变；收缩停止，从此恒星便进入一个吸引和排斥两方势均力敌的相对稳定阶段。太阳目前就处在这个时期。但是，就是在这个时期，矛盾的双方也并没有“合二为一”，它们仍然在不断地斗争着。现在我们知道，太阳表面是由许多小的米粒状物质组成的，每一颗粒的形状和光度时时刻刻都在变化，没有固定到三分钟以上的。这还不算，有时候太阳上某个区域还会突然发生大爆发，这时候排斥占了上风，大量的微粒辐射和电磁发射猛烈地抛出。1960 年 4 月 28 日我国紫金山天文台就观测到了一次大爆发，爆发面积占太阳表面积的千分之一左右。

处在相对稳定阶段的恒星，叫作主序星。恒星的一生，处在主序星的阶段最长。主序星的能量来源是由四个氢原子核聚变为氦原子核的热核反应。质量越大的，内心温度越高，热核反应越快，氢的消耗越厉害，因而稳定阶段越短。短的可以短到几百万年，长的可以长到几百亿年。质量像太阳大的恒星，稳定阶段大约可以有一百多亿年，目前我们的太阳只过了它的稳定期的一半，可以说还处在中年时期。

从理论推知，当恒星的质量有 10%由氢聚变成氦时，量变又引起质变。在恒星内心，矛盾激化起来，这时吸引成为矛盾的主要方面，使内部收缩。收缩时产生的能量促使外层里的矛盾向它的对立面转化；排斥成为矛盾的主要方面，于是外层体积膨胀，表面温度降低，恒星由主序星转化为体积大、密度小的红巨星。红巨星内心温度继续升高，到了一定时候，又出现新的核反应，发生较重元素的合成，形成碳、氦、氧、镁、硅等，一直到铁为止。以后如何进一步演化，目前还不太清楚。

甲：不是有许多人说，能源枯竭、密度很大的白矮星是恒星发展的最后阶段吗？

乙：是的。不过怎样由红巨星转变成白矮星，目前还不太清楚。组成白矮星的超密物质，叫作简并物质。由简并物质的性质，并考虑到白矮星的相对稳定性，可以算出白矮星的质量不能大过太阳的 1.5 倍，否则，排斥就占上风，星球就要爆炸。今日已知的白矮星的质量，和太阳的差不多，或比太阳小。质量很大的恒星要变成白矮星，必须抛射出大量的物质。抛射可能有两种方式：一种是连续不断地缓慢流出，一种是通过超新星那样的爆发形式。比铁更重的元素也许就是在超新星爆发的一刹那在恒星内心形成的。超新星爆发时，抛射出的物质，其质量可以和太阳同数量级。通过这两种形式抛射到太空中去的物质，又补充了星际空间的气体和尘埃，成为形成第二代恒星的原料。这样循环往复，以至于无穷。

甲：从形态上来看，星系可以分为椭圆星系、旋涡星系和不规则星系三种。这三种之间有没有演化上的联系。

乙：一般地认为有联系。1926年哈勃在进行这种分类以后不久，就有人认为这个分类也代表着年龄上的次序。最初，所有星系几乎都是正圆形的，由于迅速旋转，离心力使它们在两极方向逐渐变扁；最后，当赤道上的离心力超过引力的时候就分出螺旋状的旋臂，而成为旋涡星系。不过最近的看法正好与此相反，而是没有结构的不规则状的星系最年轻，发展的次序是由不规则状到旋涡状，最后到椭圆状。这个说法的根据有好几个：第一，从颜色上来看，不规则状的和旋涡状的较蓝，这表示其中多为刚形成的蓝色星，而椭圆状的则呈红色，这表示其中多为年老的红巨星和质量比太阳小的红星（年龄也较老）。第二，构成星系和恒星的原始物质：气体和尘埃在椭圆星系中几乎没有了，而在不规则星系中还很多，在旋涡星系中也不少。第三，已经拍到好几个不规则星系的照片，从它们的形态来看，肯定还是正在形成中的星系。

甲：能不能说，所有星系都按照您所说的这个顺序，由不规则状测演到椭圆状？

乙：当然不能。现象是无比丰富的，任何一个假设或理论都不能概括一切。形状奇特的棒梳状星系，无论如何也列不到这一演化序列之内。天鹅座有一个大的射电星系，它是一个星系正在分裂为两个呢？这是两个星系埋头相继，相互斗争，排除它们自身中的弥漫物质，最后再分开？两种说法目前正在争论之中。

甲：我们所居住的地球，扩而大之，围绕着太阳的这个行星系吧，是怎样形成和发展的？

乙：假使同意恒星是由气体尘埃物质密集而形成的这一假说，那么就有充分的理由认为行星也是由同样的原始素材形成的。行星和恒星的物理性质不同，是由于质量的不同而引起，当质量不到太阳的1/20时，恒星就成了行星。至于行星和太阳在化学成分方面的差异，则决定于行星形成以后的发展道路，被它的质量和它离太阳的距离所决定。水星、金星、地球和火星，由于离太阳较近，温度高，损失了大量轻元素。木星、土星、天王星和海王星，离太阳远，温度低，轻元素损失少，所以这些行星的成分，很像太阳。

甲：这不是又回到210年前康德提出的星云假说了吗？

乙：这不是简单的恢复，而是认识过程的螺旋式上升。这里有批判的继承，又有新的探索。按照康德的方式，星云是不可能凝结成为行星的。现在我们知道，组成星云的质点的运动速度是多种多样的，它们逐渐按照速度而分化，速度小的集结于中心，这部分后来形成太阳；速度大的集中于外围部分，后来形成行星和卫星。星云在一分为二的过程中，可能先形成一个恒星，如果剩下的物质还有很多，就再形成另一个恒星，而得到双星；如果剩下的物质很少，则只能形成环绕恒星转动的彗星和流星；如果剩下的物质不多也不少，则形成一个行星系统。今日观测到的年轻的恒星，有许多周围都还有弥漫物质，似乎都有可能形成行星系统。

甲：在其他年老的恒星附近，有没有观测到已经形成的行星系？

乙：对这个问题，观测暂时还不能作出直截了当的答复。利用现有的天文仪器，不能看到其他恒星附近的行星，即使这行星比太阳系中最大的行星大许多倍，也不可能看到。不过有一种间接的方法可以发现恒星附近的伴星，那就是具有伴星的恒星在天空里所走的路线不是直线，而是波浪状曲线，根据这曲线可以判断出伴星的质量。近几年来，在离我们较近的一些恒星附近，已经发现了质量很小的伴星，它们的质量是太阳质量的千分之二到十分之二。在质量这样小的情况下，这类伴星很可能是不发光的天体，而成为行星了。

如果在离太阳最近的恒星上观测（仪器的本领还不能看见木星和土星，只能凭力学计算来推测），便会认为在太阳附近有一个质量为其千分之一的伴星在绕着它旋转。和所举的这个比方一样，在我们发现的具有暗伴星的恒星周围也许不只是一个行星，而是有好几个行星。

甲：这样说来，行星系的存在也是普遍的。

乙：是的。不过不是每个行星上都可以有生命存在。要有生命出现，要发展到像人这样的高级生物，那还有许多条件：行星的轨道应该近于圆形，离它的中央星不能太近也不能远，质量不能太大也不能太小，中央星要有相当的稳定性和相当长的年龄，等等。把这些条件都算上，那么，在我们银河系内，在任选的一个恒星的周围，有生命存在的可能性只有十万分之一，甚或百万分之一。但是，我们并不因而认为，只有地球才是唯一有生命居住的天体。在已观测到的总星系内，有千千万万个星系。在我们所居住的星系（银河系）内，约有 1500 亿个恒星；就按百万分之一算，也还有 15 万个以上的行星，都可能有生命的出现和发展。在无限的宇宙间，也应该有无限多的有生命的行星。

〔《文汇报》，1965 年 10 月 4 日，署名：周芬〕

我国古代的天文成就

毛主席教导说："我们这个民族有数千年的历史，有它的特点，有它的许多珍贵品。"在这许多的珍贵品中，丰富的天文遗产是一个重要的组成部分。和古埃及、古巴比伦、古希腊一道，我国是世界上天文学发展最早的国家之一，而且历史最久，在有文字可考的将近4000年中，连续不断有发现，有发明，有创造，有记录，为人类积累了一批宝贵财富。其文献之多，仅次于医学和农学，单是二十四史中就占有很大篇幅。这里只就历法、仪器、天象记录和宇宙理论四个方面，做一简单介绍。

一、精密的历法

古代的农业生产和季节气候有着密切的关系，人们在积累农业生产知识的同时，也逐渐积累起来天文历法知识。远在传说中的尧舜时代，我国劳动人民大概就已经注意到，每逢黄昏时在南方天空所看到的亮星随着季节的变化而有所不同，这是关于"年"的概念的开始。夏代（公元前21～前16世纪）可能已经有极为简单的历法知识。殷代（公元前 16～前 11 世纪）的甲骨文中使用最大的数字到了三万，那时已用干支纪日（即用甲子、乙丑……癸亥来排列日子的次序）。西周（公元前 11 世纪到前 771 年）的金文中有大量关于月亮圆缺变化的记载。长期的日子积累，再加上对月亮圆缺和日影长短变化的仔细观察，就使得回归年和朔望月的周期准确起来，因而历法也就日趋精密化。《诗·小雅》中“十月之交，朔日辛卯，日有食之”的记载，表示那时的历法已经相当准确，我们现在使用的农历中的一些基本概念都有了。据近代计算，这次日食发生在周幽王六年（公元前 776 年）。战国时代（公元前 403～前 221 年）已经普遍采用“四分历”，即取一年的长度为 365.25 日，约 300 年后罗马人于公元前 43 年采用“儒略历”时才用这个数字。宋代的“统天历”以 365.2425 日为一年的长度，这和现今世界通用的“格里高利历”完全一样，但颁行的时间却比“格里高利历”（1582 年）要早 383 年。而明代邢运路于 1608 年测得回归年的长度为 365.242 190 日，已经准确到十万分之一日了！

在历法逐渐精密化的过程中，与农业生产有密切关系的二十四节气也在逐步形成，随着秦始皇统一全国（公元前 221 年），也就完全系统化了。从那时起到今天，2000 多年来，“清明下种，谷雨插秧”等歌谣普遍流传，对我国的农业生产起了很好的作用。

值得注意的是，自汉武帝元封七年（公元前 104 年）研制“太初历”开始，历代的历法工作并不单纯是计算朔、望、二十四节气和安置闰月等编排日历表的工作，而是包括日月食的计算和观测，行星位置的计算和观测，以及恒星位置的观测等一系列方位天文的工作，这就相当于现在编算天文年历的工作。例如，“太初历”中所列五大行星的会合周期，就已经很准确，误差最小的水星，只比今测值大 0.03 日，误差最大的火星也只大 0.59 日。

二、先进的仪器

观测的准确性是和仪器的创造与发明分不开的。远在公元前 1000 年左右，西周初期即已发明了最原始的天文仪器：土圭。这是垂直立在地上的一根标杆，可以用来定方向、季节和一年的长度。它后来演变成圭表。表是直立的柱子，圭是一支南北平放的尺，用来量度在太阳光照射中表影的长度。河南登封的测景台和量天尺就是元朝时按照圭表原理建成的。巍然耸立的测景台相当于一个坚固的表，平铺地面的量天尺即为石圭。圭长30.3米，台面与圭面相距8.5米。台上的房屋系明代所建，与观星、测影无关。

随着手工业的发展，在公元前100年左右，又发明了浑仪，由刻有度数的圆环和望筒（窥管）组成，可以用来测量天体的位置。表示天体位置的坐标系统可以有好几种，而我国从这时开始就采用赤道坐标，这一传统坚持了1000多年，到16世纪才为全世界所通用，至今仍是天文学中最基本的坐标系统。浑仪最初可能只有赤道圈和活动赤经圈，后来则逐步加多，又是二分圈，二至圈，又是黄道圈，又是地平圈、子午圈，结果是互相交错，用来测量天体时，常为阴影所遮掩，很不方便。到元代，进行了简化，把地平坐标和赤道坐标分别安装，叫作简仪。简仪有同时并测的效用，但没有相互遮掩的缺点，是我国天文仪器史上的一项重要贡献，它比第谷于1598年发明同样仪器要早300多年。

到了公元100多年，又发明了水运浑象（天球仪），把天上的星星布置在一个球面上，并用水的力量发动齿轮系统，带动它转动。某星始出，某星到了中天，某星快要落到地平线以下，浑象所表演的和实际天象很一致。这项仪器，后来经过发展，到了宋代，建造成一个高约12米的水运仪象台。共分三层：上层放浑仪，进行天文观测；中层放浑象；下层设木阁。木阁又分五层，层层有门，每到一定时刻，门中有木人出来报时。例如，第一层共三个木人：每过一刻钟，有一个木人出来打鼓；每逢“时初”，一个木人出来摇铃：每逢“时正”，一个木人出来敲钟（古时分一昼夜为12个时辰，每个时辰又分为时初和时正两部分）。木阁后面放有水力发动的机械系统，使观测仪器（浑仪）、表演仪器（浑象）和计时仪器构成一个统一的体系，按部就班地动作。据近人研究，这个仪器在世界天文学史和钟表史上占有非常重要的地位：第一，它的屋顶是活动的，这是现今天文台圆顶的“祖先”；第二，浑象的旋转，一昼夜一圈，这是转仪钟（现今天文台的跟踪机械）的“祖先”；第三，这个计时设备中有个擒纵器（卡子），是近代钟表的关键部件，因此，它又是钟表的“祖先”。

三、丰富的天象记录

现在，全世界公认，中国是欧洲文艺复兴以前天文现象最精确的观测者和保存者。今年年初在长沙马王堆三号墓中出土的帛书中就记载有从秦王政元年（公元前 246 年）到高后元年（公元前 187 年）之间凡 60 年的木星位置和从秦王政元年到汉文帝三年（公元前 177 年）之间凡 70 年的土星和金星位置。

早在伽利略利用望远镜观测到黑子以前，自汉代起，《二十四史》中已做了 100 多次记录，有位置，有日期，有变化。最早的一次是“（西汉）成帝河平元年（公元前 28 年）三月乙未，日出黄，有黑气，大如钱，居日中央”，（《汉书・五行志》）。和黑子活动有联系的极光现象，我国也有丰富的记录。从《汉书・天文志》里记载的建始元年九月戊子（公元前 32 年 10 月 24 日）的一次开始，到公元 10 世纪为止就有 145 条。利用这些资料可以研究地球磁场的变化和日地关系等问题。

殷代的甲骨文中已有日、月食记录（是公元前 13 世纪刻在牛胛骨上的一片卜辞，意思是说癸酉日的傍晚有日食）。从汉代起，对日食的观测，已有日食时太阳的位置，初亏和复圆的时刻、亏起方向。例如：“征和四年（公元前 89 年）八月辛酉晦（即月末一天），日有食之，不尽如钩，在亢二度；晡时（即申时）食，从西北；日下晡时，复。”（《汉书・五行志》）总计我国历史上的日食记录，约在 1100 次左右。对这些记录的详细研究，将会对万有引力常数是否在减小的探讨有所帮助。

我国历史上约有 600 次彗星记录。《晋书・天文志》中已经明确地说到，彗星本身不发光，尾巴永远背着太阳（“彗体无光，反日而为光，故夕见则东指，晨见则西指”）。从秦王政七年（公元前 240 年）到清宣统二年（1910 年），哈雷彗星共出现过 29 次，每次我国都有记录，为世界提供了一份宝贵资料，利用它可以研究哈雷彗星轨道的变化，可以探讨冥王星以外还有没有行星等问题。在唐朝，还记录了一次彗星分裂现象：“乾宁三年（896 年）十月有客星三：一大，二小，在虚、危间，乍合乍离，相随东行，状如门。经三日，而二小星没，其大星后没虚、危。”（《新唐书・天文志》）

和彗星相联系的流星雨，我国也有大量记录。最早的要推《竹书纪年》中记载夏朝末期的一次流星雨：“帝癸（即桀）十五年（公元前 16 世纪）夜中星陨如雨。”有些记录非常详细，如《宋史・天文志》中关于狮子座流星雨的一次记载：“咸平五年九月丙申（1002 年 10 月 12 日），有星出东方，西南行，大如斗，有声若牛吼，小星数十随之而陨。戊戌（10 月 14 日）又有星数十，入舆鬼，至中台，凡一大星偕小星数十随之。其间两星如升器，一至狼，一至南斗灭。”

流星坠落在地上，便叫作陨星。陨星按其成分，有陨石和陨铁之分。沈括的《梦溪笔谈》卷 20 中，有关于一块陨铁的详细记载，说“其大如拳，一头微锐，色如铁，重亦如之。”不但在二十四史上，在各地的地方志中，也都有关于陨星的记载。

彗星、流星、陨星，我国古时合称“彗孛流陨”。现在知道，这些都是属于太阳系的天体，而且彼此有演化上的联系。另外，古时还有和彗星常常相混的一种天象，叫客星。它是恒星的一种，远处于太阳系之外，本来很暗，因为内部结构突然改变，忽然辉煌灿烂起来，在几天之内有的亮度增加几千倍到几万倍，这叫作新星；有的增加几千万到几万万倍，这叫作超新星。甲骨文中已有新星记录。《汉书·天文志》中的“元光元年（公元前 134 年）六月，客星见于房”，是中外历史上都有记录的第一颗新星。从此以后，到 1700 年为止，我国约记录了九十颗新星或超新星。其中最引人注意的是 1054 年出现在金牛座的超新星。关于这颗超新星，只有中国和日本有观测记录：“嘉祐元年三月辛未（公元 1056 年 4 月 6 日），司天监言：自至和元年（公元 1054 年）五月，客星晨出东方，守天关（金牛座 ζ 星），至是没”（《宋史·仁宗本纪》，见插页图 4）。根据这一段记录和其他记录，画出来的光变曲线，和近代天文学中所测得的超新星的光变曲线很相一致。有趣的是，在这颗超新星出现的位置上，用光学望远镜看到了一个蟹状星云，这个星云的年龄只有“一千岁”，恰好是 1054 年超新星爆发的产物。更有趣的是，蟹状星云本身还是一个“自动电台”，既发射无线电波，又发射 X 射线和 γ 射线；在蟹状星云的中心又有一个规则的、快速重复的“脉冲体”，它既有射电脉冲，又有光学脉冲。这种脉冲体现在被认为正是根据恒星演化理论推断出的演化到晚期的中子星。这个中子星的质量和太阳差不多，体积却非常小，直径仅 20 千米左右，因此密度高达每立方厘米一亿吨；自转非常快，一周只需 0.033 秒；表面温度高达 1000 万℃，辐射能为太阳的 100 倍；而且具有极强的磁场（10^{12} 高斯）。这种超高密、超高温物质的发现，进一步证明了宇宙间物质的多样性，对解决恒星的演化、基本粒子和化学元素的形成都有重大意义，成了 1968 年以来高能天体物理研究的一个前沿阵地。1973 年又发现蟹状星云的中心可能不限于这一个中子星，还有别的残骸，因此更加引起了人们的注意。

四、朴素的宇宙理论

我国古代天文不仅在实用方面和观测方面是先进的，在理论方面也有许多杰出的见解，具有朴素的唯物主义性质。在战国时期，法家代表人物荀子就写出了《天论》这篇著名的著作，文章一开头即提出“天行有常，不为尧存，不为桀亡”，也就是说宇宙是按照其本身规律发展的，无论是尧还是桀，都影响不了它，这是非常鲜明的唯物主义观点。又说，星坠、木鸣、日食、月食和怪星的出现，“是无世而不常有之”，“怪之，可也；而畏之，非也”。最后，并提出了“制天命而用之”的响亮口号，显示了唯物主义者“人定胜天”的战斗气概。

另外，相传商鞅的老师尸子曾给宇宙下了一个比较科学的定义：“上下四方曰宇，往古来今曰宙”，即宇宙包含着时间和空间，是物质存在的形式。同时他又模糊地提出了地动的思想：“天左舒而起牵牛，地右辟而起毕昴。”大概是说：天的左旋（即日月星辰的东升西落），也可以看成是地右动引起的。

这一时期还有惠施提出地圆的思想：“南方无穷而有穷”，“我知天下之中央，燕之北，越之南是也。”而最重要的是屈原的《天问》，从天体起源到宇宙结构一连问了一大串的问题。虽然他仅仅提出问题，并没有给出答案，但是，怀疑就是对真理的追求，它既反映了人们当时对这些问题的看法，也促进了以后对这些问题的研究。秦始皇统一中国以后，封建社会前期关于宇宙结构的热烈讨论，和屈原的《天问》不能说没有关系。

在汉代争论最激烈的两个学派是“盖天说”和“浑天说”。这两个学说都是以地为中心，都是错误的。但从相对真理和绝对真理的辩证关系来看，浑天说则比盖天说进步。盖天说主张“天圆地方”，浑天说则主张“天圆如弹丸，地如卵中黄”。盖天说所用的仪器只有土圭，浑天说则有浑仪和浑象。盖天说只有地平坐标，浑天说则增加了赤道坐标和黄道坐标。争论的结果是浑天说取代了盖天说。

在浑天说发展的同时，还有一种“宣夜说”，在思想上更先进一些。它认为，天没有形状，所看见的蓝色也非真色，日月众星飘浮在无限的空间里。所谓空间，也不是真空，到处充满着气体，只不过不会发光而已。

关于宇宙无限的思想，王充和张衡也都有过议论，但说得最好的还是唐代的柳宗元。柳宗元在《天对》中认为，宇宙既没有边界，也没有中心（“无中无旁，乌际乎天则”）。到了元朝，邓牧在《伯牙琴》中又提出了多重世界的想法。他说：“天地，大也，其在虚空中不过一粟耳。虚空，木也，天地犹果也。虚空，国也，天地犹人也。一木所生，必非一果；一国所生，必非一人。谓天地之外，无复天地，岂通论耶？”20 世纪关于河外星系的研究，几乎完全肯定了他的预言。

关于宇宙在时间上的无限性，明代的《豢龙子》里有一段很是有趣：“或问‘天地有始乎？’曰：‘无始也。’曰：‘天地无始乎？’曰：‘有始也。’自一元而言，有始也；自元元而言，无始也。”就一个天体系来说是有始有终的；但就无限多的天体系来说则是无始无终的。《豢龙子》对这个深奥的问题是说得多么清楚啊！

我国古代的天文还有许多成就，如对恒星位置的观测、星图的绘制（插页图 6 是唐代绘有二十八宿的一面镜子，当时星图非常普及，在现存的敦煌星图中绘有 1300 多颗星）、子午线长度的测量等，都是具有世界历史意义的。毛主席教导说：“学习我们的历史遗产，用马克思主义的方法给以批判的总结，是我们学习的另一任务。”我们一定要遵照毛主席的教导，本着“古为今用”的精神，并结合儒法斗争史的研究，深入系统地整理研究祖国的天文学，为使我国的天文事业迅速赶上和超过世界先进水平做出应有的贡献。

〔《科学实验》，1974 年 10 月〕

奇技伟艺　令人景仰

——纪念张衡诞生一千九百周年

在中华民族的文明史上，有许多伟大的科学家。他们的卓越成就，在人类认识自然，改造自然的历史上，闪耀着灿烂的光辉。东汉时候的张衡，就是其中的一个。

张衡字平子（78—139），河南南阳石桥镇人。他一生孜孜不倦地学习，刻苦钻研科学技术，注重实践，富于幻想，勇于创新，敢于斗争。张衡制作的水运浑象和候风地动仪，在当时世界上遥居首位。他留下了科学、哲学、文学方面的著作 32 篇，其中《灵宪》《浑天仪图注》可称得上是浑天学说的经典著作，《思玄赋》是一篇难得的人类到星际旅行的畅想曲，《二京赋》在汉代文学史上占有重要地位，《黄帝飞鸟历》《算网论》可能是有关制图学方面的著作，可惜已经失传。张衡由于在许多学科领域做出了杰出贡献，至今受着人们的景仰和怀念。

1956 年南阳人民政府重修了他的墓，墓碑上刻着已故中国科学院院长郭沫若同志的题词：

如此全面发展之人物，在世界史中亦所罕见。

万祀千龄，令人景仰。

中华人民共和国成立后，我国出版了好几种介绍张衡生平的书籍，报刊上也发表过许多文章。1953 年和 1955 年先后发行了印有张衡头像和地动仪的纪念邮票。1960 年美国普林斯顿大学翻译出版了张衡的《二京赋》；1968 年国外出版了一本《恒星物理》，说：“他在人类文化早期发展的时候，就有了在实验科学上的伟大发现，实为不可思议的奇迹！”1970 年国际上用张衡的名字命名月球背面的一个环形山。1977 年太阳系中一个编号为一八〇二的小行星，又用他的名字命名。

今年是张衡诞辰 1900 周年。从治学态度和治学方法等方面，回顾一下他的事迹，对于我们赶超世界科技先进水平，将是一个历史的借鉴。

约己博艺，无坚不钻

张衡从小爱好学习，据他的朋友崔瑗讲，张衡读起书来，就好像河里的水一样，日夜奔流、片刻不停。但是张衡并不迷信书本，曾指出《史记》《汉书》中十几条错误；并且大胆提出，西汉末年扬雄的《太玄经》可以和儒家的五经并列，这是何等的勇敢！

按照东汉选拔人才的制度，根据张衡的出身和水平，年轻的张衡，可以得到一官半职。但是张衡却认为“不患位之不尊，而患德之不崇；不耻禄之不伙，而耻知之不博”（《后汉书·张衡列传》）。十七岁那年，他离开家乡，到西汉故都长安及其附近地区，考察历史故迹，调查民情风俗和社会经济情况。后来，又到首都洛阳，参观太学和求师访友，结识了不少有名的学问家，如著名的经学家马融，《潜夫论》的作者王符，懂得天文历算的崔瑗。尤其崔瑗，对张衡后来的兴趣和爱好，有很大的影响。

公元 100 年，张衡回到南阳以后，一方面帮助南阳太守鲍德处理文书事务，一方面把在长安和洛阳收集的材料，写成《西京赋》和《东京赋》，合称《二京赋》，一直流传到今天。从此，汉赋由专门歌功颂德的形式，变为对封建统治某些方面进行暴露和讽谏的工具。《二京赋》只有五六千字，从深入生活，搜集材料，参阅文献，到最后定稿，却用十年时间，可见张衡的写作态度是多么严谨。

在科学研究方面，张衡更是抱着“约己博艺，无坚不钻”的决心，脚踏实地地进行工作，不为外界的热嘲冷讽所动摇，他有一句名言：“子忧朱泙曼之无所用，吾恨轮扁之无所教也。”（《后汉书》）就是说，你们担心我像朱泙曼学屠龙技术一样，三年技成而无所用；我却只怕轮扁做车轮的高超技术学不到手。（朱泙曼和轮扁的故事，出自《庄子》）。因此对技术要精益求精，“虽才高于世，而无骄尚之情”（《后汉书》），“捷径邪至，我不忍以投步”。（《后汉书》）对于那些投机取巧，搞邪门歪道的人，张衡是十分鄙视的。

轻视神学，倡导科学

公元 108 年鲍德调离南阳后，张衡去职留在家乡，用了三年时间钻研哲学、数学、天文，积累了不少知识，声名大振。公元 111 年，他再次来到京城。从此以后，张衡两次担任太史令的职务，在科学上取得卓越的成就。

在汉代，太史令的职责首先是替皇家的婚丧嫁娶和朝廷的各种典礼选择“吉日良辰”，其次是为国事占卜吉凶。为了做这两件事，就要观测天象，推算历法和记录全国各地报来的各种奇异自然现象。列宁说：“科学思维的萌芽同宗教、神话之类的幻想有一种联系。而今天呢！同样，还是有那种联系，只是科学和神话间的比例却不同了。”（《列宁全集》第 38 卷第 275 页）。在张衡那个时代，科学是神学的婢女，但张衡做了太史令以后，着重倡导和发展的是科学，而不是神学。

天文学方面，张衡完成了浑天说。与同一时代的希腊著名天文学家托勒密的宇宙理论相比，浑天说要先进得多。首先，在天地关系问题上，张衡认为天好像一个鸡蛋壳，地好比鸡蛋黄，天大地小。这个看法属于地球中心说的范畴，现在我们知道是错误的；但是在当时，这个看法比托勒密的地球中心说要进步。张衡认为大地是浮在水上的，这很容易使人联想到大地在水面上漂浮游动，这是我国比较早地产生地动思想的条件之一。在欧洲，整个中世纪，受托勒密的地球在宇宙中心静止不动思想的统治，很少有人想到地还会动。其次，张衡认为天有一个硬壳，日月星辰都附着在这个硬壳上，而硬壳并不是宇宙的边界，硬壳之外的宇宙在空间、时间上都是无限的，不过我们还没有认识，或不能认识。张衡的看法比较接近宇宙的本来面目。托勒密却认为离地球最远的恒星之外是神住的天堂。这样，托勒密就给自然界蒙上了神秘的色彩，为宗教利用这个学说开了方便之门。第三，在托勒密的《天文集》里，完全没有涉及天地的起源和演化问题，而张衡在《灵宪》一开头就回答这个问题。他的看法虽然是一种唯心主义的虚无创生论，但比起当时董仲舒的“天不变，道亦不变”来，却是一种朴素的自然发展观，具有一定的进步意义。第四，托勒密用本轮、均轮来解释行星的运行快慢变化；张衡却说“近天则迟，远天则速”，用距离变化来解释行星运行的快慢。近代科学证明，托勒密的本轮、均轮是一种虚构，而张衡的看法则有可取之处，行星运动的快慢是由它们同太阳距离的远近决定的。

勤于实践，富有幻想

张衡不但注意理论研究，而且注重实践。在他担任太史令期间，直接领导了洛阳南郊的灵台的天文工作。他在灵台观测天象，进行科学实验，还亲自设计了浑天仪和候风地动仪。浑天仪是张衡的浑天说的表演仪器，相当于现在的天球仪，又叫浑象。张衡还把浑象同计时的漏壶用齿轮联结起来，漏壶滴水推动浑象均匀地旋转，一天刚好转一周。这样，人在屋子里看浑象，就可以知道哪颗星当时在什么位置上。

张衡为了正确地把天文知识模拟在水运浑象上，曾经亲自动手，操刀弄斧，制成模型，反复试验。最后铸成直径为四尺六寸（每度等于四分）的正式的浑象。

此外，张衡还对许多具体的天象做过观测和研究。例如，太阳远近大小问题。根据张衡的测量，太阳在早晚和中午都是一样大。但是为什么太阳在早晚看起来大，中午看起来小呢？他用一团火做实验。这团火夜里看就大，白天看就小；于是得出结论：这是一种光学作用，早晚观测者所处的环境比较暗，由暗视明就显得大，中午时天地同明，看天上的太阳就显得小。当然，张衡对这一现象的解释，是理由之一，尚不是全部理由，到了晋代的束哲才作了比较完整的解释，但是，先用观测取得数据，再在实验室内进行模拟、对比，这是现代天体物理学中揭开宇宙奥秘的一个重要方法。一千八百多年前的张衡，就在使用这种方法了，确实是难能可贵的。

如上所述，张衡在制造仪器和观测天象当中，是非常严密和认真的，但是另一方面他又有丰富的幻想，他的一篇《思玄赋》，幻想飞出太阳系之外，遨游于星际空间，今将有关段落译述如下（引号内均为星名）：

我走出清幽幽的“紫微宫”，
到达明亮宽敞的“太微垣”；
让“王良”驱赶着“骏马”，
从高高的“阁道”上跨越扬鞭！
我编织了密密的“猎网”，
巡狩在“天苑”的森林里面；

张开“巨弓”瞄准了，
要射杀嶓冢山上的“恶狼”！
我在“北落”那儿观察森严的“壁垒”，
便把“河鼓”敲得咚咚直响；
款款地登上了“天潢”之舟，
在浩瀚的银河中游荡；
站在“北斗”的末梢回过头来，
看到日月五星正在不断地回旋。

这是多么美妙的一首幻想曲！现在，我们也只是初步做到了行星际旅行，要飞出太阳系，到星际空间去旅行，恐怕至少也得等到21世纪，而张衡的幻想，早把人们带到光辉灿烂的星座中间去遨游。

敢于斗争，反对图谶

自西汉末年开始，在社会上流行着一种预卜吉凶的迷信预言和隐语，叫作“谶”。这种“谶”既有文字，又有图画，所以也叫作“图谶”。图谶本是当时的一些巫师和方士编造出来的，却托名孔子或其他“先圣”所做。王莽为了做皇帝，曾利用图谶。东汉光武帝也利用图谶作为自己继承西汉王朝的合法根据，以后的东汉历代皇帝也都是笃信图谶的。当时的知识分子除了要精通儒家经典以外，还需懂得图谶之学，即“博贯五经，兼明图谶。”

公元123年，围绕着当时行用的“四分历”，展开了一场大辩论。梁丰、刘恺等八十余人，认为“四分历”不合图谶，应该恢复西汉时期的“太初历”。另一方面，李泓等四十余人主张继续使用“四分历”，理由是“四分历”就是根据图谶来的，最正确。张衡则认为，这两派的意见都是错误的，历法的改革与否，不应以是否合乎图谶为标准，而应以天文观测的结果为依据，他和周兴观测的结果是九道法最为精密。经过一场激烈辩论以后，九道法虽没有被采用，但妄图用图谶来附会历法的做法也归失败，这是我国天文学史上唯物论对唯心论斗争的一次胜利。

张衡反图谶的斗争在天文学领域取得胜利以后，又于公元132年进一步揭露太学考试的各种弊病时，极力反对把图谶作为太学考试的内容；第二年又进一步提出，要求禁绝所有的图谶之书。当然他是为了纯洁儒家经典。

张衡杂有儒、道、墨、阴阳诸家思想，但他对于图谶的斗争，有利于自然科学唯物主义的发展，而他在科学上的成就，对于唯物论战胜唯心论，更是有推动作用。例如，在候风地动仪制成以后，有些人不相信它能测知地震。公元 138 年的一天，地动仪的一个铜球突然落了下来，但在洛阳并没有感到地震。几天之后甘肃来人报告说，当日那里发生了大地震。在事实面前，大家都不得不承认地震是能够用仪器测知的。现在，全世界一致公认，张衡是地震学的鼻祖。

地动仪（王振铎复原）

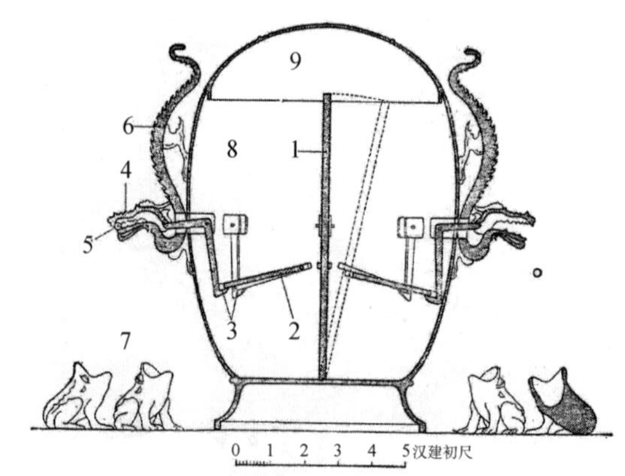

地动仪原理示意图

1.都柱　2.八道　3.牙机　4.龙首　5.铜丸　6.龙体　7.蟾蜍　8.仪体　9.仪盖

〔《人民日报》，1978 年 9 月 26 日〕

科学有险阻 苦战能过关

一个向科学技术现代化进军的热潮正在我国兴起。白发苍苍的老科学家，朝气蓬勃的中年和青年科学工作者，以及正在努力学习准备投身于科学技术行列的青少年一代，都在摩拳擦掌，要在这场史无前例的大进军中贡献力量。

从备受“四人帮”摧残和破坏的现有基础上，我国的科学技术要赶上和超过世界先进水平，绝不是轻而易举的事情。因此敬爱的叶副主席把它比喻为“攻关”。从中国和世界科学发展的历史看，人们要认识和掌握自然界的规律，在改造自然的斗争中夺取胜利，需要从事大量细致艰苦的劳动，有时还要冒生命的危险。今天世界上高度发展的科学技术，就是沿着世世代代广大劳动群众和科学工作者历尽千难万险开辟出来的道路前进的。“科学有险阻，苦战能过关”，正是历史经验的科学概括，又是对我们今天投身于伟大的社会主义革命和社会主义建设的科学工作者的鞭策和激励。

“世上无难事，只要肯登攀。”胜利属于不畏险阻、知难而进的人们。

一

马克思主义认为："科学是一种在历史上起推动作用的、革命的力量。"（《马克思恩格斯全集》第19卷第375页）有许多重大的科学发明，的确曾经震撼了世界，推动了历史的进程。这些重大的科学发明，都不是凭科学家个人的"天才""灵感"或偶然的机遇得来的，而是许多代人辛勤劳动、前赴后继、共同努力的结果。

我们看看著名的万有引力定律的发现历史。有人说，牛顿看见苹果落地，发现了万有引力。这是不符合历史事实的。其实，远在1543年，伟大的天文学家哥白尼提出太阳中心体系说的时候，就已经把重力的概念扩大到太阳系了。开普勒在第谷大量观测天体运行的基础上，总结出行星运动的三大定律，并且提出，支配行星运动的力来自太阳，它可能与行星同太阳的距离平方成反比。1661年，英国皇家学会成立了一个专门委员会，从事引力的研究。当时投入这一课题的研究者，比较著名的就有波勒力、虎克和哈雷等。1665年，正在剑桥大学读书的年轻的牛顿，因为剑桥发生瘟疫，学校被迫停课，便回到家乡。在农村，他摒除了城市生活的干扰，孜孜不倦地钻研力学，逐渐形成引力的概念。他反复计算，反复验证，前后竟达16年之久。牛顿本人也并不承认这是他个人的"灵感"或"天才"，他坦率地说："假若我能比别人瞭望得略为远些，那是因为我站在巨人们的肩膀上。"

同样的事例在历史上并不少见。作为欧洲产业革命的一个重要标志的蒸汽机，也并不是瓦特因看见蒸汽冲开壶盖，"灵机一动"而发明的。早在公元前120年左右，希罗就曾经利用水蒸气的力量，制成简单的机械传动装置。文艺复兴以后，社会上进行蒸汽动力装置的试验越来越多。达·芬奇提出了蒸汽发动机的设计思想；1630年，有一个叫拉姆谢依的人也设计过利用蒸汽作动力的机器；1680年，荷兰物理学家惠更斯曾经设想过利用火药在汽缸内爆炸来推动活塞运动；他的学生巴本接受了由莱布尼茨提出的应用汽缸和活塞的思想，又以蒸汽代替了惠更斯拟议中的火药，于1690年在德国制成了蒸汽机，这是"第一个把热转化为真正有用的机械运动的装置"（恩格斯：《自然辩证法》第92页）。1698年，士兵出身的矿山技师赛维利设法加大蒸汽压力，改进了用于排水的蒸汽泵。1705年，英国铁匠纽科门和考利合作，综合了巴本和赛维利等的设计优点，制造成了一种当时较先进的蒸汽机，用于矿井和农田灌溉上。瓦特正是在这样的基础上完成自己的发明的。他原是英国格拉斯哥大学的仪器制造技士，在修理纽科门的机器的实践中，熟悉了蒸汽机的构造和原理，并且发现纽科门的蒸汽机有不少缺点，于是，他和波尔顿合作，大大加以改进，经过两年紧张的劳动，才发明了瓦特式蒸汽机；又过了六年，做了两次重大的革新，才制造成各厂矿普遍采用的蒸汽机。

对于人类认识物质的结构起了重大作用的元素周期律，同样不是门捷列夫玩纸牌时偶然发现的。19 世纪初年，道尔顿把原子量概念引入化学中去；1815 年，英国青年医生卜劳特，开始从原子结构和原子量的关系来寻找元素间的关系。此后，段伯莱纳、皮登科弗、格拉德斯通、库克、奥德林、杜马等，对于元素分类及其原子量间的关系的研究，都各自做出了贡献。1862～1865 年，法国尚古都和英国的纽兰兹都曾经把所有元素按原子量递增的次序排列起来，发现了元素的某种周期性。德国的迈耶尔的工作更十分接近于发现元素周期律。门捷列夫就是在许多国家、许多人前赴后继、刻苦钻研元素分类的基础上，认真总结分析经验教训，直至 1869 年，才最终完成了这一发现。

上述事实充分证明了马克思的论述：“一般劳动是一切科学工作，一切发现，一切发明。这种劳动部分地以今人的协作为条件，部分地又以对前人劳动的利用为条件”。（《马克思恩格斯全集》第 25 卷第 120 页）因此，在“攻关”的战斗中，固然要依据自己的科学实践，也要刻苦地学习前人和同时代人的研究成果。

二

自然科学来源于真正可靠的实践经验。科学家们总结前人的经验，要经过自己的艰苦实践，经过深刻调查研究，才有可能获得真知。

公元 6 世纪，我国农学家贾思勰写了一本《齐民要术》，总结了古代农业耕作的知识和经验，提出了科学种田的基本原理。贾思勰曾经把他的治学方法概括为十六字：“采捃经传，爰及歌谣，询之老成，验之行事”。就是说，参阅前人有关的文献资料，收集民间的谚语、歌谣，访问有经验的老农，又通过自己的实践加以验证。据统计，《齐民要术》中引用的前人著作有 150 种以上，收集农谚 30 余条，并在自己实践的基础上，对前人著作中不正确的地方进行了改正。例如，汉代《氾胜之书》记载着，种黍子，密度“欲疏于禾（谷子）”，贾思勰通过亲自种植，对比了稀植依靠分蘖和密植依靠主茎的利弊得失，否了氾胜之的稀植主张，在实践上和理论上都大大提高了一步，取得了新的研究成果。

伟大的生物学家达尔文提出的进化论，在科学史上是个划时代的贡献。他一方面批判地继承了前人布丰、圣提雷尔、拉马克等人的生物进化思想，另一方面又长期深入实地进行科学考察、调查研究，努力掌握第一手资料。他于1831～1836年五年间，乘坐贝格尔号军舰，做了环球航行，这对于建立生物进化论起了决定性的影响。如他自己所说：“贝格尔舰的航行，在我一生中，是极其重要的一件事，它决定了我的整个事业。”

达尔文在环球航行中，每到一地，便登岸搜集植物标本，并向当地居民询问：本地有什么动物植物？它们有哪些特点？用什么方法可以捕捉或采集到它们？等等，并把学习到的东西和心得体会做了详细记录。由于他的足迹遍及许多国家，横跨三大洋和几个气候带，所以当环球旅行结束的时候，已搜集到了极其丰富的动植物材料。这些动物和植物种类繁多，品种复杂。于是，在大量物种变异的事实面前，他受到启发，做出了“物种是可变的”这样的判断，有力地冲击了《圣经》所说上帝创造了地上万物的宗教神学观点。达尔文回到英国以后，除了把环球日记和心得整理成书出版外，还深深地思索一个问题：是什么力量在推动着生物的变化发展？物种究竟是怎样形成的？一句话，生物究竟如何进化？为了解决这个问题，他亲自建造了温室，开辟了试验园地，进行了大量科学观察与试验。与此同时，他又经常向有实践经验的农学家、园艺家和劳动人民学习新的动植物品种，经过20多年的艰苦努力，终于揭示了生物进化的客观规律，在1859年出版了巨著《物种起源》，成为生物学革命的起点。

宋代的科学家沈括，也是强调通过实地考察和亲身实践获得真知灼见的。他的百科全书式的著作《梦溪笔谈》中，记录了劳动人民的许多发明创造，提出了许多有独创性的见解，其中有些在世界上遥遥领先，成为我国科学史上的一盏明灯。

恩格斯在《自然辩证法·导言》里无情地鞭挞了“书斋里的学者”，认为他们是一盏“唯恐烧着自己手指的小心翼翼的庸人”（《自然辩证法》第8页），而真正在科学上有贡献的，都是乐于实践，通过顽强的劳动，深入调查研究，去探索自然界的各个领域，从而成为开拓新世界的英勇战士。

三

马克思指出："在科学上没有平坦的大道，只有不畏劳苦沿着陡峭山路攀登的人，才有希望达到光辉的顶点。"（《资本论》第1卷第26页）科学研究是一项艰苦的劳动，需要百折不挠的毅力，即使遭到了暂时的失败，也绝不灰心丧气，绝不半途而废，而是坚持下去，夺取最后的胜利。

南北朝时候的数学家祖冲之，曾经求出了当时世界上最好的圆周率的数值，准确到小数点后第七位。他为了得到这个数字，付出了大量的劳动。他先从圆内接正六边形的周长算起，一直算到圆内接正二万四千五百七十六边形的周长，也就是说，要把一运算程序反复进行12次，而每一次运算程序中又包括对九位数字的大数目进行加减乘除以及开方等 11 个步骤。就是在今天，用笔来进行这样的计算，也不是一件容易的事，何况当时还是用小算筹摆来摆去呢。可见祖冲之为了求得这个圆周率值，付出了多少艰苦的劳动！

明末清初的民间天文学家王锡阐，有不少卓越的建树。他的顽强学习的毅力也是很突出的。从青年时代起，一直到他去世的前一年，30多年间，只要天气晴朗，他总是从黄昏到黎明，一直观测着天象。他曾经概括自己的经验为："测愈久则数愈密，思愈精则理愈出。"这可以说是科学研究工作的十分深刻的格言。

近代我国卓越的工程师詹天佑，更以不屈不挠的毅力，修筑京张铁路而震惊世界。要打通连接"塞外"的通道，在北京和张家口之间，穿越悬崖峭壁，修筑一条铁路，困难是很多的，某些资本主义国家的人在等着看笑话，他们说："建筑这条铁路的中国工程师，还没有出世呢！"詹天佑不听这一套，他不畏险阻，深入群众，紧张地进行工程施工。一天傍晚，工程队正在号称"天险"的红色岩壁上测量，忽然从西北方刮来六七级的大风，满天飞沙，人眼难睁，大家急着结束工作，匆匆忙忙地记下了测得的数字。詹天佑冒着狂风，又重测一次，核正了极小的误差。别人劝他说："大致差不多，何必再测呢？"詹天佑说："技术第一要求严格，不能有一点含糊和轻率。'大概''差不多'这些说法不应该出自工程技术人员之口。"就这样，参加施工的人员在他这种认真负责精神的带动下，对工程质量精益求精，使长 400 米的居庸关隧道、长 1145 米的八达岭隧道，以及青龙桥附近的人字形铁路铺路工程，如期完成，外国人认为“不可能铺路”的京张线，四年内便通车了。

在外国科学家当中，法拉第对于电磁感应现象的发现也经历了十分艰苦曲折的过程。最初，奥斯特、戴维等人发现了电转化为磁的现象，这一事实引起法拉第的思考：既然电流能够产生磁，反过来磁能不能产生电呢？但是，当他一次又一次地进行试验的时候，却总是面临失败。他以顽强的精神坚持试验，屡败屡试，经过了好几年的奋战，终于有一次，当他把磁铁插入铜线圈中的时候，发现电流计上指针动了，于是他赶快把磁铁抽出，指针又动了一下。一种由磁感应的电流产生了。在这基础上，法拉第制成了世界上第一架磁感应发电机。

镭的发现是与女科学家玛丽·居里的名字联系在一起的。在资本主义社会里，居里夫妇过着贫困的生活，只待在一间堆置废物的破棚子里工作，实验仪器也十分简陋。当他们看到柏克勒尔关于铀的放射性的研究报告后，便决定检查已有的化合物。大量实验以后，发现钍的化合物也能自动地放出射线。接着他们又进一步检验了许多矿石，特别是沥青铀矿和辉铜矿，发现这两种矿物的放射性强度，比根据其中铀或钍含量估计的强度要大得多。这说明这些矿石里面含有新的放射性更强的元素。由于新元素含量甚微——不到百万分之一，提炼工作是十分繁难的。他们废寝忘食，昼夜不辍，进行了大量的试验研究，在含铋的那部分矿石里，发现了新的放射性元素钋。其后，在检验含钡的部分矿石时，发现其放射性极大，比纯铀强 900 多倍。他们进一步把钡化合物加以浓缩，最后得到一种不纯净的白色粉末，在黑暗中闪着白光，这就是镭。

这两种放射性元素的发现，动摇了当时流行的一些物理、化学经典概念和原理，有些墨守成规的化学家挑衅说：“没有原子量，就没有镭！镭在哪里？”面对这些挑战，居里夫妇以极大的毅力从事镭原子量的测定。他们的条件是十分艰苦的。破烂的厂棚的玻璃屋顶，在下雨天不能完全挡住雨水的渗漏，夏天闷热异常；到了冬天，用一只小火炉并不能使较远的角落感受到任何温暖。他们没有排除有害气体的设备，大部分炼制手续必须在院子里操作；每遇大雨，他们就匆忙把仪器搬进厂棚，打开窗户，让讨厌的气味出去。就在这样的条件下，他们夜以继日地工作了三年多，虽然镭的射线烧坏了玛丽的双手，但是，他们终于从数吨沥青铀矿中提炼了一克氯化镭，初步测定了镭的原子量是

225，给反对派以有力的回击，在人类认识客观物质世界的历史上做出了划时代的贡献。

四

除了艰苦的劳动、坚忍不拔的毅力以外，科学研究需要大无畏的精神。因为科学实验的对象，是我们还不完全了解的、严酷的自然界，它往往会给予我们意想不到的打击，有时甚至要以生命为代价。在旧社会，许多科学发明还会受到压制，受到打击，受到迫害，必须随时随地准备作出牺牲。马克思曾经援引但丁的《神曲》中的诗句，说："在科学的入口处，正像在地狱的入口处一样，必须提出这样的要求：'这里必须根绝一切犹豫；这里任何怯懦都无济于事。'"（《马克思恩格斯选集》第 2 卷第 85 页）

著名的哥白尼太阳中心说的命运就是如此。按照古希腊的亚里士多德—托勒密体系，地球是位居宇宙中心的。这种不正确的说法由于受到中世纪基督教会的利用，尽管破绽百出，无法解释行星复杂的视运动，却直到 16 世纪在天文学中还占统治地位。哥白尼在经过无数次观测和大量计算以后，写成了《天体运行论》，却不得不把手稿收藏了 36 年之久才敢于拿出付印。在那个历史年代里，宣传科学真理就会触犯教会的利益，否认"上帝"创造的地球位于宇宙中心，就是"渎神"。哥白尼以后的物理学家伽利略，就因此受到审判。而另一个太阳中心说的宣传者布鲁诺竟被活活烧死在火刑架上，发现了血循环的塞尔维特也遭遇到相同的命运。在从黑暗的中世纪向近代文明的转变过程中，为科学而献出生命的人是很多的。

历史上有些科学家虽然没有遇到被烧死、被审讯或遭受酷刑的折磨，但是在科学研究中也常常冒着失去生命的危险。发现雷电本质的富兰克林便是如此。在富兰克林时代，人们对于天上的雷电现象还是一无所知的。富兰克林根据他的多次细心观察，认为云中的闪电和物体摩擦产生的电是相同的。为了证明这一点，1752 年 7 月，他冒着生命危险利用风筝做了一个震动全球的吸取天电的实验，因而成为研究电学的先驱，但就在他实验之后一年，俄罗斯学者黎赫曼做同样的试验的时候，竟触电身死。

提取一种叫"氟"的化学元素的历史也历尽了坎坷曲折，并且还付出了生命的代价。戴维、盖・吕萨克和太那尔曾因要把氟从氮化物中释出，吸入少量氟化氢蒸汽而受到很大的痛苦；托马斯·诺克斯在实验时因氟中毒而几乎丧命；乔治·诺克斯在那不勒斯休养三年后，方才恢复健康；鲁耶特和尼克雷虽然十分谨慎，注意不重蹈诺克斯两兄弟的覆辙，但是因长期从事这种危险的研究，终于为科学事业而献身。

在奋不顾身向科学进军、置生命于度外的人的行列里，也有一系列中国科学家的名字。著名的明代药物学家李时珍为了了解贵重药材白花毒蛇的特性，曾经不畏艰险，几次攀登他家乡附近的龙峰山，观察白花蛇的活动，亲自捕捉这种蛇，并且于捕到之后，剖腹去肠，洗涤干净，截头去尾，屈曲盘起，扎缚烘干等一系列过程都亲自实践一遍，把蕲蛇与外地白花蛇的异同之点，搞得一清二楚，在这基础上写成《蕲蛇传》，成为不朽之作。

明代地理学家徐霞客的活动，也显示出了一个科学工作者为科学献身的大无畏气概。徐霞客几乎走遍我国的名山大川，对自然地理进行了深入的考察。他虽多次遇到生命危险，但未能挫折他的雄心壮志。他登山一定要攀上最高峰，研究河流一定要追溯河源，游历岩洞也要钻入最深处，至于来去途中要经历什么危险，却从来不加以考虑。在广西，为了考察柳江的一条支流，他在悬崖上失足，跌入洪水中，陷身没顶，许久才被水冲出来，但他并不因此而耽误预定的行程。徐霞客在每日步行数十里甚至上百里以后，晚上还要执笔写当日的见闻，有许多天的记录都超过两千字。这些日记，文学价值很高，又有丰富的科学内容，其中关于石灰岩地形的考察与研究，比欧洲要早 200 年左右。

以上事实说明，一些科学家之所以能在攀登科学高峰的道路上，有所发现，有所发明，有所创造，有所前进，是与他们的刻苦钻研、勤于实践、深入调查研究、百折不挠、不畏牺牲的精神分不开的。这种精神至今还值得我们学习。同时，我们又要看到，这些科学家生活在封建制度和资本主义制度下，他们的科学研究往往只是个人的活动，得不到社会的支持，常常是事倍功半。如今，在我们的国家，社会主义制度为我们发展科学事业提供了有利的条件，四个现代化的宏伟前景鼓舞我们去登攀现代科学技术的高峰。我们必须充分发挥社会主义制度的优越性，在党中央领导下，在抓纲治国的伟大战略决策的指引下，统一规划，全面安排，组织千千万万的大军，调动浩浩荡荡的队伍，向着现代科学的高峰迈进。

〔《光明日报》，1978 年 2 月 8 日，作者：席泽宗、郑文光、邢润川〕

汉代伟大的科学家张衡

张衡（78～139），字平子，今河南南阳石桥镇人，是我国东汉时期一位著名的科学家。在他一生中，担任太史令（掌管天文和地震工作）的时间比较长，先后两次共计 14 年。他在天文学上和地震学上的成就比较大，发明了水运浑象和候风地动仪，著有《灵宪》和《浑天仪图注》。

浑象是个直径 8 尺的空心铜球，里面有根铁轴贯穿球心，轴的方向就是地球自转轴的方向。球和轴有两个交点，象征天球上的北极和南极。北极高出地平三十六度（相当于现今 34° 56′），这就是东汉时期首都洛阳的地理纬度。在球的外表面上刻有二十八宿和其他恒星。紧附在球的外面有地平圈和子午圈，天球半露在地平圈之上，半隐在地平圈之下，天轴即支架在子午圈上。另外还有黄道圈和赤道圈，互成二十四度（相当于现在 23° 42′）的交角。在赤道和黄道上，各列有二十四节气，并且分刻成三百六十五又四分之一度，每度又分四格，太阳每天在黄道上移动一度。

浑象是西汉时耿寿昌发明的，张衡又把它加以改进。他利用齿轮系把浑象和表示时间的漏壶联系起来，随着时间的推移，发动齿轮，齿轮带动浑象绕轴旋转，一天一周。因此这个水运浑象就能把天空的周日运动近似地表示出来，人在屋子里看着仪器，就可以知道某星正从东方升起，某星已到中天，某星就要在西方下落。这个仪器不但表明张衡精通天文，而且深明机械原理。张衡的这项发明，后经唐代一行和梁令瓒，宋代张思训、苏颂和韩公廉的发展，成为世界上最早的天文钟。

此外，张衡又做了一个瑞轮蓂荚，把它和水运浑象联系在一起。这个仪器从每月的初一起，一天转出一片木叶出来，这样到十五日共出现 15 片；然后每天转入一片，到月底落完。因为阴历月是和月亮的圆缺配合的，所以看了瑞轮蓂荚既可以知道日期，也可以知道月相，一举两得。

为了说明他所发明的这一套水运浑象系统，张衡写下了《浑天仪图注》，可惜这部图文并茂的著作，早已失传。根据清人洪颐煊在《经典集林》中所引的材料来看，它确是浑天说的经典作品，在我国天文学史上占有重要地位，内容大致如下：①它所描绘的天地关系较盖天说接近于真实："天体圆如弹丸，地如鸡中黄……天之包地，犹壳之裹黄。"这里并没涉及天与地的距离，天只是为说明现象时方便而设想的，相当于现在球面天文学中所设想的天球。②《浑天仪图注》是我国第一部球面天文学著作。③在这里有了南、北极和赤道，以入宿度（赤经差）和去极度（极距）表示太阳的位置，组成了完备的赤道坐标系。④赤道、黄道成二十四度的交角，有两个交点，一个叫春分点，一个叫秋分点。若将黄道上一段弧长投影在赤道上，在由黄道度数求赤道度数时，二分点附近需要减一个改正数；与此相反，在夏至点和冬至点附近（此处黄道离赤道最远），需要加一个改正数。这个加或减的改正数，张衡叫作黄道进退数。东汉"四分历"和张衡所给的数据与我们现在由球面天文学所算得结果很相近。不但如此，张衡还注意到，由于这个原因，即使太阳在黄道上做匀速运动，在用时角量度时也是不均匀的，"日行非有进退，而以赤道量度黄道使之然也"。

东汉时候，中国发生地震的次数比较多。据《后汉书》记载，在从公元 96～125 年的 30 年中，就有 23 年发生过较大的地震，有的就发生在京师洛阳附近。张衡认为，人是完全可以掌握地震动态的。他从工作需要出发，经过六年的细心研究，于公元 132 年发明了世界上第一架测量地震的仪器，叫作候风地动仪。候风地动仪是用铜铸成的，圆径 8 尺，外形像个酒坛子，中央立有"都柱"（上粗下细的棍子），顶上有个凸起的盖子，周围铸着 8 个龙头，对准东、西、南、北和东南、东北、西南、西北 8 个方向。每条龙的嘴巴里，都衔着一粒小铜球。地上对准龙嘴蹲着八个铜蛤蟆，昂着头，张着大嘴巴。在都柱和 8 个龙嘴之间各有机械相连。哪儿发生了地震，由于纵波的先行到达，都柱就倒向它那一方，机械就使对准那个方向的龙嘴巴张开，龙嘴巴里的铜球，就“当啷”一声落在铜蛤蟆的嘴里，管理的人听到声响，跑去一看，就知道那个方向发生了地震。从这个仪器结构来看，张衡已经利用了水平摆的原理，并对地震波的传播和方向性有一定的了解。欧洲直到 1880 年，才制成与候风地动仪相类似的仪器，比张衡晚了 1700 多年。

必须指出，张衡在发明这些仪器的时候，是突破重重阻力才得以实现的。当时有人说他搞候风地动仪是“屠龙之技”，做水运浑象是徒劳无益。张衡为了批驳这些流言蜚语，专门写了一篇《应间赋》。在候风地动仪制成以后，有些人又不相信它能测知地震。然而，实践是检验客观真理的唯一标准。公元 138 年 3 月 1 日，朝向西边的那个铜球突然“当啷”一声落了下来，但在洛阳并没有感到地震，于是议论纷纷，都认为张衡是吹牛。过了几天以后，甘肃果然来报告说，那里发生了大地震。在事实面前，大家都不得不承认候风地动仪的巧妙。但是在封建社会里，发明创造总是得不到应有的重视，这架仪器早已失传了，直到中华人民共和国成立后才把它复原出来。

每一个新的进步，都是斗争换来的。张衡除在创制仪器过程中进行斗争外，在历法方面也进行了斗争。延光二年（公元 123 年），中谒者亶诵、太尉刘恺等 80 余人，为了压制农民革命，转移人民视线，大肆宣扬“天人感应”的图谶迷信，把地主阶级的剥削给人民带来的深重灾难，连同自然灾害一起，统统归罪于当时行用的“四分历”，而主张倒退到西汉时期的“太初历”。他们说“太初历”是由那些知天命的“众贤所立”，与天相应，合图谶，因而那时上天把皇福赐给人间，天下太平。后来改用“四分历”，同“是非已定”的“太初历”相违背，这就得罪了上天，上天才降临灾祸给以惩罚。因此，必须废止“四分历”，复用“太初历”；否则，“灾异卒甚，未有善应”的状况就不会改变。在反对亶诵、刘恺等人的斗争中，太子舍人李泓等 40 余人主张继续用“四分历”，但他们所持的理由是“‘四分历’本起图谶，最得其正，不宜易” 。这种用迷信反对迷信的办法，不是唯物主义的。只有黄广、任佥等少数人和张衡、周兴站在一起，不附会图谶，用观测和计算的办法，证明了九道法（即考虑到月亮运动的不均匀性）最符合天象（“衡、兴参案仪注，考往校今，以为九道法最密”）。尚书令陈忠在就这场大辩论进行总结时，既不主张恢复“太初历”，也没有采纳张衡的九道法，还是继续实行“四分历”。张衡的建议到刘洪的“乾象历”中才被采用，但只是用来计算日月食；正式用来计算历日，到隋朝才实现。

张衡已经基本上掌握了月食的原理。他在《灵宪》里说：“月光生于日之所照……当日之冲，光常不合者，蔽于地也，是谓暗虚，在星则星微，遇月则月食。”这就是说，月亮自己不会发光，它的光是太阳光的反照；望月的时候，月光常常没有了，这是被地影遮了的缘故。地影叫作“暗虚”，星碰上暗虚则变暗（这是张衡的猜想，不是事实），月亮转到暗虚就发生月食。但由于“月行有九道”，即已知月亮绕地运行的轨道（白道）和黄道有交角。所以张衡也会知道，并不是每逢望月，月亮都会碰上暗虚，发生月食。

在《灵宪》里面，还说出了太阳和月亮的角直径：“悬象著明，莫大乎日月，其径当周天七百三十六分之一。”周天 360° 的 1/736 是 29′24″，现在我们知道，太阳的角直径平均是 31′59″26，月亮的角直径平均是 31′5″2，可见张衡的测量，误差并不算大。

《灵宪》还接触到宇宙论问题，认为所观测到的浑天范围是有限的，但宇宙是无限的，“通而度之，则是浑矣……过此而往者，未之或知也。未之或知者，宇宙之谓也。宇之表无极，宙之端无穷”。但它在天地起源问题上却陷入了唯心主义的泥坑。《灵宪》把天地的形成分成两个阶段：太素以前是一片空虚，当中只有一个“灵”，此外什么也没有。以后“自无生有”地建立了个“道”的根，这才进入第二阶段——太素阶段。在这个阶段里，混沌不分的气刚刚开始萌发。此时“道”就像一棵树一样，从根发育至干，于是元气分开清浊、刚柔，形成天地。这个唯心主义的虚无创生论，在我国历史上产生了不好的影响，直到今天，还有人认为西方的稳恒态宇宙学是张衡的继承者呢！

张衡在天体演化问题上陷入唯心主义泥坑是和他哲学思想上的唯心主义分不开的。他虽然反对谶纬神学，但是却又维护了另一种迷信，认为“九宫风角，数有征效”，“圣人明审律历以定吉凶，重之以卜筮，杂之以九宫，经天验道，本尽于此”。可见，他的思想并不是彻底的无神论。

〔《小传》编写组：《科学技术发明家小传》，北京：人民出版社，1978 年〕

月面上的几个“天文学家”

我国古代，在天文学方面有着辉煌的成就。在传说中，几千年以前的尧舜时代，人们就已经发现，每当天快黑的时候，在南面天空中所看到的亮星，是随着季节的变化而有所不同的。在3000多年前的甲骨文中，就已经有日食和月食的记录了。公元前722～前481年，正是我国历史上的春秋时期，这中间的242年里，单是日食记录就有37次。到了战国后期，我国进入了封建社会。生产力的提高，更需要天文学，因此它得以进一步的发展。后经汉、唐，直至宋、元，我国在天文学方面，都处于领先地位。在这中间，有过不少杰出的天文学家，他们的辛勤劳动取得了不少优异成果，这些不仅是我国的宝贵财富，同时也在世界科学史上做出了不可磨灭的贡献。为了纪念他们的功勋，现在月球上的环形山的命名就有他们的名字，他们是石申、张衡、祖冲之、郭守敬。

石申是战国时期楚国人。他写了一本书叫《天文》。书中叙述了121颗恒星的位置，比希腊天文学家做同样的工作约早60年，这是世界上第一个星表。在2000多年以前，能做出这样的工作，实在是出色、可贵。

张衡

张衡是东汉时人，1978年是他诞生的1900周年，和希腊的著名天文学家托勒密属于同时代。他在宇宙理论方面创立了浑天说，比起托勒密的宇宙理论，在某些方面还要高出一筹。托勒密认为：地球是宇宙的中心，静止不动。张衡则认为：天好像个鸡蛋壳，地像蛋黄，天大地小，天包着地。当然，在这一点上，两个人的观点基本上是相同的，但另外两点是托勒密所不及的。第一，张衡还认为，大地好像是浮在水上的，是动的，这就使人容易想到地球可以动。我国比较早地产生地动思想可能与此有关。而接受托勒密思想的人，很少有人想到地球会动。第二，张衡虽认为天像蛋壳，日、月、星辰都附在这个硬壳上。但他认为，硬壳不是宇宙的边界，硬壳之外，还有别的世界，只是我们还没有认识到而已。这种想法就不是僵化的，而显得很活跃，富有生命力。托勒密却认为，离地球最远的恒星天之外，是神住的天堂。这样，就给自然界蒙上了神秘的色彩，为宗教利用这个学说开了方便之门。

祖冲之

祖冲之是我国古代另一个在天文学上贡献比较大的科学家，生活在南北朝时代，明年是他诞生1550周年。他除了在数学上把圆周率计算到小数点以后七位数字，在数学史上占有重要地位，在天文学上也有杰出的成就，最主要的是他把“岁差”引进到历法里。汉代以前的天文学家们认为，太阳在星空中的位置，每年要重复一次。初看起来，好像是这样；但是一经长期的仔细观察，并不是这样，每年总是要差一点，这一点很小，只有50″.2，这个微小的差数，叫岁差。汉朝时，刘歆、贾逵等人，就已经注意到，当时冬至时太阳在星空中的位置和前人记载的不同，可谁都没有明确提出这个问题。到东晋初年有个叫虞喜的人，总结了前人的观测结果，得出冬至那一天，太阳在天空中的位置，每50年向西移动一度，这是我国古代讨论岁差的第一个数据，可惜他没有把这个结果应用到历法中去。祖冲之首先提出，在计算历法时要考虑岁差现象，经过他的努力，岁差就成为历法计算中不可缺少的内容之一了。

郭守敬，元代人，他对天文学的贡献比较全面，无论是在制造仪器方面，还是组织研究队伍，修建天文台、进行天文观测等方面，都是我国历史上的最高水平，也是当时世界上的先进水平，充分显示了中华民族高度的聪明才智，在世界科学史上有着重要地位。

郭守敬

郭守敬发明和改进的天文仪器有 20 多种，其中简仪的制造最为重要。汉代以后，我国观测天文的浑仪越来越复杂，由于增加了许多圆环，遮掩了观测范围，而且使用起来也不方便，针对这些缺点，郭守敬进行了大胆的革新和创造。现代的大型望远镜，较普遍的一种安装方法，就是按郭守敬设计的基本结构进行的。他的这种创造，在当时世界上是遥遥领先的，直到三百多年以后，丹麦天文学家第谷的仪器才能和它相比。

郭守敬利用自己制造的仪器，装备了大都司天台（北京建国门附近），有 70 多位工作人员，是当时世界上最大的天文台。另外，他还在元朝的疆域内，设立了 26 个台、站，进行了世界历史上空前规模的天文测量和大地测量工作，取得的成果是相当惊人的。大地测量除几个地方外，其他的纬度值的误差都小于一度。经过四年多的观测和研究，在 1280 年制成了新的历法，叫“授时历”。“授时历”有很重要的科学价值，具有一些十分准确的数据。如对一年的时间有多长的计算，和我们现在通行的阳历所规定的时间长度完全一样，仅仅比实际数值多了 26 秒钟。当时能达到这样高的精度，实在令人敬佩。

我国历史上有成就的天文学家，绝不止上面谈到的几个人，我国历史上的天文成就，也绝不仅仅是上述这些，其他方面还很多。就像宋朝的时候，我国记录到在天关星（金牛座ζ星）附近，有一颗星忽然明亮起来，过了一年零十个月又看不见了，现在许多外国人都把这颗星叫作“中国新星”。欧美天文学家，根据中国的记录，对这颗星做了新的研究，得出结论，说它是一次超新星的爆发。在这颗超新星爆发的位置上，现在有一个形状像螃蟹那样的星云。1968 年在蟹状星云的中心，又发现了一个规则的快速旋转的脉冲体，这是一种超高密、超高温、强磁场的物质；这种物质的发现，进一步证明了宇宙间物质的多样性，对解决恒星的演化、基本粒子和化学元素的形成，都有重大意义。因此，我国历史上关于新星和超新星的记录，就更加引起了人们的注意。去年，国外出版了一本 200 多页的书，叫作“历史上的超新星”，书里主要是研究我国历史上的材料。由此可见，我们的祖先所创造的科学业绩，已经成为全人类的财富。

我国古代对世界科学的贡献，是很值得我们自豪的；这说明我们中国人民是有能力，有可能对人类做出更大贡献的。今天，在毛主席的革命路线指引下，华主席已向我们发出号召："树雄心，立壮志，向科学技术现代化进军。"这是巨大的鼓舞和鞭策，我们一定要努力学习，刻苦钻研，为祖国四个现代化的实现，为人类科学事业的繁荣做出自己的贡献。

四个环形山的位置表

环形山	月面经度	月面纬度
石申	东 105°	北 76°
张衡	东 112°	北 19°
祖冲之	东 144°	北 17°
郭守敬	西 134°	北 8°

注：经度绝对值大于 90°，表示在背面

〔《天文爱好者》，1978 年第 1 期（复刊号）〕

浑仪和简仪
——中国古代测天仪器的成就

在 17 世纪发明望远镜以前，浑仪是所有天文学家测定天体方位的时候都缺少不了的仪器，不过中国的浑仪和希腊的不同。我国最原始的浑仪可能是由两个圆环组成的。一个是固定的赤道环（$E\gamma RE'R'$），它的平面和赤道面平行，环面上刻有周天度数；一个是四游环（$PMRP'M'R'$），也叫赤经环，能够绕着极轴（POP'）旋转，赤经环上也刻有周天度数。在赤经环上附有窥管（$M'OM$），窥管可以绕着赤经环的中心旋转。观测某一天体 M 的时候，先按东西方向旋转四游环使它对准 M，再把窥管上下旋转使人目从窥管中看见 M。这时候，大圆弧 $\widehat{PM}$ 便是天体离北极的距离 p，古时叫“去极度”。$\widehat{MR}$ 便是天体离赤道的距离，天文学上叫作赤纬，用希腊字母 δ 表示，显然 $p+\delta=90°$。图上的 γ 表示春分点，从春分点起沿赤道量度的大圆弧 $\widehat{\gamma R}$，叫作天体 M 的赤经，用希腊字母 α 表示。两个天体的赤经差 $\alpha_2-\alpha_1$ 叫作距度，若 M_1（α_1，δ_1）是二十八宿的距星，那么 $\alpha_2-\alpha_1$ 就是 M_2（α_2，δ_2）的入宿度。我国古时就用入宿度和去极度来表示天体的位置，公元前 4 世纪中叶成书的《石氏星经》中就有这些数据了，这证明那时就已经有浑仪了。在欧洲，首先系统地观测恒星方位的人是希腊天文学家阿里斯提鲁斯和铁木恰里斯，他们比石申约晚60年，而所用的仪器，现在已经是一无所知了；据托勒密《天文集》中的叙述，他们用的可能是以黄道坐标为主的浑仪。

利用沿赤道量度的大圆弧来表示恒星的位置是很方便的，因为所有恒星的周日运动（就是每天的东升西落）都是平行于赤道进行的，但是对于太阳来说就不合适了，因为太阳在恒星背景上的视运动轨道——黄道——和赤道有个23度多的交角。为了更方便地测量太阳的位置，东汉中期的傅安和贾逵就又在浑仪上安装了黄道环。张衡又加上地平环（*NFSF'*）和子午环（*NPE'SP'E*），于是便成了完整的浑仪。后魏的斛兰用铁铸浑仪的时候，在底座上添置了十字水趺，用来校正仪器的水准，这又是一个进步。

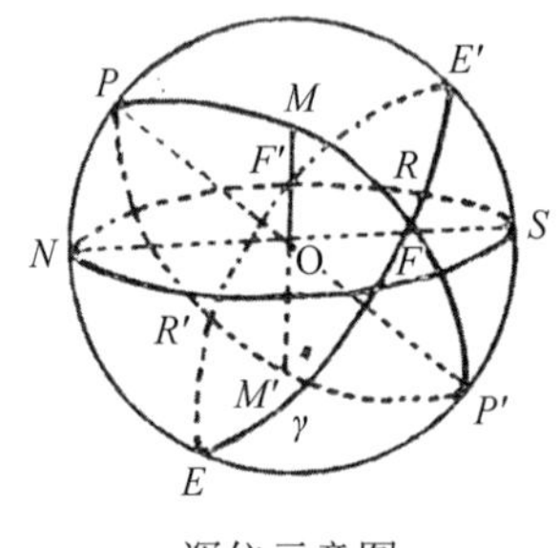

浑仪示意图

保存在南京紫金山天文台的浑仪

到唐代初年，由于工艺水平和科学技术的发展，李淳风进一步把浑仪由两重改变为三重，就是在六合仪和四游仪之间再安装一重三辰仪。李淳风把张衡浑仪的外面一层——地平圈、子午圈和赤道圈固定在一起的一层叫作六合仪，因为中国古时把东西、南北、上下这六个方向叫作六合；把里面能够旋转用来观测的四游环连同窥管，叫作四游仪。在这两层之间新加的三辰仪是由三个相交的圆环构成的，这三个圆环是黄道环、白道环和赤道环。黄道环用来表示太阳的位置，白道环用来表示月亮的位置，赤道环用来表示恒星的位置。中国古时把日、月、星叫作三辰，所以新增的这一重叫作三辰仪。三辰仪可以绕着极轴在六合仪里旋转；而观测用的四游仪又可以在三辰仪里旋转。现在保存在南京紫金山天文台的明代正统年间复制的浑仪，基本上就是按照李淳风的办法做的，所不同的是把三辰仪中的白道环取消了，另外加了二分圈和二至圈（过二分点和二至点的赤经圈）。二分圈和二至圈是宋代的苏颂加上去的，白道环是沈括取消的。

沈括取消白道环，是浑仪发展史上的一个转折点，具有重要意义。在沈括以前，往往是增加一个新的重要天文概念，就要在浑仪上增加一个环圈来表现这个概念，仪器发展的方向是不断地复杂化：仪器上的环越来越多。这样就产生了一个缺点：环圈相互交错，遮掩了很大的天区，缩小了观测范围，使用起来很不方便。为了克服这个缺点，沈括一方面取消月道环，把仪器简化、分工，再借用数学工具把它们之间的关系联系起来（“省去月道环，其候月之出入，专以历法步之”）；另一方面又提出改变一些环的位置，使它们不挡住视线，他说：“旧法黄赤道平设，正当天度，掩蔽人目，不可占察；其后乃别加钻孔，尤为拙谬。今当侧置少偏，使天度出北际之外，自不凌蔽。”（《浑仪议》）

沈括把浑仪发展的方向由综合和复杂化改变为分工和简化，为仪器的发展开辟了新的途径，元代郭守敬于至元十三年（1276年）创制的简仪就是在这基础上产生的。简仪不但取消了白道环，而且又取消了黄道环，并且把地平坐标（由地平圈和地平经圈组成）和赤道坐标（由赤道圈和赤经圈组成）分别安装，使除了北天极附近，全部天空一望无余，不再有妨碍视线的圆环。

简仪的赤道装置是：北高南低的两个支架托着正南北方向的极轴，围绕着极轴旋转的是赤经双环（就是浑仪中的四游仪）。赤经双环的两面刻着周天度数，中间夹着窥管，窥管可以绕着赤经双环的中心旋转。窥管两端，架有十字线，这便是后世望远镜中十字丝的祖先。这样，只要转动赤经双环和窥管，就可以观测空中任何方位的一个天体，并且从环面的刻度上读出天体的去极度数。把去极度数乘以 $\frac{360}{365.25}$，再从 90° 减去这个乘积，就得到现代用的赤纬值。

保存在南京紫金山天文台的简仪

至于赤经数值，那可以由安放在旋转轴南端的赤道环求出。这种把赤道环不放在旋转轴的正中腰而搁在南端的方法，在今天各国的天文台上安装望远镜的时候，还广泛地使用着。当然，今天的赤道环很小，而不是像简仪中那样，赤道环的尺寸和四游环的完全一样。赤道环的环面上刻有二十八宿的度数；另有两根“界衡”，每条界衡的心就是赤道环的中心，可以绕中心沿环面移动。每条界衡的两端都用细线和极轴北端连接起来，构成两个三角形，两个三角形平面的夹角就是赤经差。观测的时候把一个界衡形成的平面对准某宿的距星，把另一个界衡平面对准所要观测的天体，就得到这个天体的入宿度。把入宿度加上从这个天体西侧宿起到春分点所在宿止相应各宿的距度，并且减去春分点位置的宿度，然后乘以 $\frac{360}{365.25}$，就是现代用的赤经值。

在赤道环的内部，还固定着一个百刻环，用来承托赤道环，使它旋转方便。百刻环等分成一百刻，又分成十二个时辰，每刻又分作三十六分，这是古代任何仪器上都没有达到的。用界衡来观测太阳，从百刻环上得到的读数就是真太阳时时刻（由于太阳的视运动沿黄道，而百刻环和赤道面是一致的，因此，从简仪上读到的时刻和用漏壶测得的时刻实际上会有一些差别）。

至于地平装置，简仪把它安放在赤道装置北面支柱的横梁底下。它由一对圆环组成。一个是平铺的“阴纬环”，代表地平圈，环面上刻着方位。一个是“立运双环”，代表地平经圈，垂直立于阴纬环上，并且可以绕轴旋转；双环中间夹有窥管，窥管可以绕立运环的中心旋转。这样，只要转动立运环和窥管，就可以测出任一天体的地平经度和地平纬度。

简仪的设计和制造水平，在世界上遥遥领先300多年，直到1598年丹麦天文学家第谷所发明的仪器才能和它相比。著名的《新总星表》（N.G.C.星表）的作者德雷耶尔在评价简仪的历史重要性的时候指出，不少伟大的发明，常常在西方国家享有它们以前的许多世纪，中国人民就已经做出了。我们看现代化天文台里大望远镜的赤道装置，尤其是英国式的类型，简直就是从简仪脱胎而来，不过和四游环、赤道环、百刻环相当的刻度盘不太瞩目而已。近代工程测量、地形测量和实用天文测量所用的经纬仪，从它的型式来看，方位角和仰角的地平装置，也是简仪阴纬环和立运环的结构。而航空导航用的天文罗盘，构造也和简仪属于同一类型。因此可以说，简仪是所有这些近代仪器的原始形态。

郭守敬等创制的简仪，于清康熙五十四年（公元1715年）被传教士纪理安当作废铜给熔化了。现今保存在南京紫金山天文台上的简仪和浑仪一样，也是明代正统二年到七年（1437～1442年）的复制品。就是这两件复制品也是饱历风霜，备受帝国主义的蹂躏。清光绪二十六年（1900年），八国联军侵入北京，法军把简仪抢去，运进法国大使馆，过了几年才归还；德军把浑仪运到德国波茨坦，第一次世界大战战败后才归还我国。

公元1921年浑仪才由欧洲运回北京，1931年又发生了“九·一八”事变，国民党反动派抱不抵抗主义，又把浑仪和简仪南迁南京“逃难”。1937年12月南京沦陷，日本侵略者到了紫金山，又把仪身损坏，龙爪砍断，把许多附属仪表和零件弄得荡然无存。

“萧瑟秋风今又是，换了人间。”中华人民共和国成立后，在毛主席革命路线的指引下，党和政府在积极发展现代科学的同时，也高度重视保护古代文物。天文台、系、站、馆不断新建和扩充，保存在南京紫金山天文台的浑仪和简仪以及其他天文文物也受到着意的保护和整修。如今，这些仪器也和长江大桥一样，是到南京的人最爱参观的对象，作为祖国在天文学上伟大成就的象征，激励着我们攀登新的科学高峰。

〔自然科学史研究所：《中国古代科技成就》，
北京：中国青年出版社，1978 年〕

中国古代天文学的极盛时期

（宋、辽、金、元至明初时期）

唐末的农民大起义把中国封建社会大大向前推进了一步。在农民起义打击下封建生产关系发生了较大的变动，促进了这一历史时期社会生产力的蓬勃发展。

和唐代相比，宋以后的经济无论在农业、手工业、商业、国外贸易等方面都有巨大的发展。水利工程不断兴修，全国垦田面积大大增加，耕作技术有很大改进，采矿和冶炼业大有发展，纺织、陶瓷、造纸、造船等工业部门的发展也很快，在一些大型手工业作坊中已有较细致的分工。城市经济迅速发展，出现了扬州、泉州、广州等对外贸易中心。随着国内经济的发展，中国的远洋商船来往于印度洋上，直到非洲的东海岸，促进了中国与沿途国家的经济、文化的交流和人民之间的友好往来。

经济的发展、生产的要求，导致宋以后科学技术的发展高潮。在这一科技发展高潮中，天文学的地位是很显著的。

农业生产的发展提出了精确测定节气的要求，航海业的发展提出了精确测定天体位置的要求。由于社会经济的发展、冶炼和机械制造技术水平的提高，这一时期的天文工作者有可能不断制造一些大型、精密的天文仪器，从而天文观测的精度不断有显著提高，历法计算中的矛盾和缺陷也不断地暴露，因此在这一时期中进行了频繁的历法改革。这说明人们的生产斗争和科学实验把观测和理论计算之间的矛盾揭露得越来越深刻。于是人们进行了巨大的努力，或者改进天文常数的精确度，或者改善计算方法，或者更深一层，发现新的天文规律，提出新的天文历法理论等。这样，在这一时期，天文学在不断前进着，取得了极为光辉的成就，可以说达到了一个新的高峰。

国内各民族的融合、国家的统一，是促进这一时期天文学发展的又一项有利因素。北宋时中原和南部地区的统一，就使得北宋能集中较大的物质力量来发展天文学。没有这一点，北宋就不能接连不断地制造大型天文仪器，并为人才的选拔提供了更有利的条件。而在辽、金地区，契丹族、女真族和汉族等各族人民的融合也丰富了中国文化的内容，促进了天文学的发展。特别在元朝初期，民族融合和国家统一的力量发挥得最明显。例如，为编纂“授时历”而组织起来的队伍中包括南宋和金的天文历法工作者。在建造当时世界最大的天文台之一——元大都（今北京）太史院中的人有汉族、蒙古族等许多民族的工匠。人力、物力的高度集中，各族人民智慧、才能的互相汇合，是元初天文学之所以能取得高度成就的一个重要原因。

这一时期天文学获得迅猛发展的另一个重要原因，是有很多来自民间的知识分子加入了天文工作者的队伍。由于印刷术的发展和民间教育的发展，天文学在民间有了很有利的传播条件，出现了一批像韩显符、张思训、丑和尚等来自民间的做出一定贡献的天文学家。元初最杰出的天文学家王恂、郭守敬等也是来自民间的，他们是在太行山东麓的私家书院里受的教育。天文学在民间的传播，为这一时期中的天文学高度发展扩大了群众基础，培育了天文学人才。

这一时期数学的高度发展和天文学的发展起着互相促进的作用。天文历法向数学提出了问题，数学的发展把天文学向前推进了一大步。元初的“授时历”之所以能成为中国古代历法中最卓越的一部，是与当时数学的高度发展密切相关的。

天文学在这一时期有着极大的发展，但这并不是说当时的发展是没有阻力的。恰恰相反，阻力常常是很大的，这个很大的阻力就来自封建统治阶级。

中国的封建社会发展到这一时期已经进入了后期，生产力的高度发展，使封建生产关系越来越不适应生产力的高度发展。农民阶级和地主阶级的矛盾越来越尖锐。封建地主阶级为了维护自己的反动统治，在变本加厉地镇压农民起义的同时，更加拼命地宣扬天人感应谬论，并且力图把天文学牢牢地控制在自己手里。例如，北宋和元朝都颁行了禁止私习天文的法令。而那些官方的天文机构，则和整个封建机构一起，很快地被官僚化了。北宋的著名科学家沈括曾经尖锐地揭露过，一些腐朽的天文官员不做认真的天文观测，而是把预推的结果假充观测数据；政府为了防止一个观测机构发生错误而设立了两个机构，把他们的结果互相对照，但是，这两个机构却串通起来，互相商量好了以后再上报。这样腐朽的官僚机构不但不能促进天文学的发展，反而成为天文学发展的一个障碍。例如，它们曾经拼命反对、抵制沈括提出的建立天文观测记录簿的合理建议，拼命排挤、打击像卫朴这样的来自民间的天文历法工作者，等等。

此外，宋代产生了唯心主义的哲学体系——理学，它的影响所及之处，科学的发展就受到打击和阻碍。例如，沈括发现的地壳地质演化的科学事实，到了南宋理学家朱熹口中就成了宇宙循环论的根据，这是一个典型例子。

当然，这些阻碍天文科学发展的消极因素在这一时期还没有占主导地位，但是这说明在古代天文学发展的极盛时期已经包含着日后衰落的种子。到明初以后，封建势力所造成的种种阻碍因素逐渐占据主导地位，中国古代天文学也就不可能再出现像极盛时期那样丰富活跃的创造发明了。关于这些情况我们将在下一章里论及。

一、愈益精巧的天文仪器

这一历史时期中，手工业生产水平，尤其是冶炼和机械制造技术水平的提高，为天文仪器制作提供了良好的条件。我国传统的浑仪、浑象、漏壶、圭表等，在宋元两代都有重要的发展。

宋太平兴国四年（979 年），民间天文学家张思训在汉代张衡和唐代一行、梁令瓒的水运浑象的基础上加以改进，制成了水运浑天。张思训发现，用水作为原动力在冬天有凝滞冻结的现象，于是改用水银作为原动力。张思训又进一步把报时设备搞得更加完善："起为楼阁之状数层，高丈余。以木偶人为七直神，摇铃、撞钟、击鼓。又作十二神各直一时，至其时，即自执辰牌循

环而出。”（《玉海》卷四）

这样的仪器就不单是一架浑象，而且同时又是一架复杂、精巧的时钟。张思训这一革新浑象的成功，是他长期观察、实践的结果。正如以后沈括在总结劳动人民的创造、批判封建统治阶级轻视劳动人民的智慧时说的：“至于技巧、器械、大小、尺寸、黑黄苍赤，岂能尽出于圣人！百工、群有司、市井、田野之人莫不预焉！”（《长兴集·上欧阳参政书》）

图1　沈括

沈括（1031～1095）是北宋时期的一位杰出科学家，他在自然科学的许多领域中都有重要的贡献。他在天文学上的贡献是多方面的。当时的司天监由司马光主持，以司马光为代表的守旧派多次使用“天人感应”的反动理论拼命攻击王安石变法，遭到了王安石的坚决回击。熙宁五年（1072年）九月，王安石推荐沈括提举司天监，沈括立即对司天监进行了整顿，并开展了大量重要的研究工作。

天文仪器是进行天文历法工作的基础，沈括研究了当时所使用的一些重要天文仪器，他发现都有许多缺点，不便于使用。为了精确地观测天象和推算历法，就需要改进和重新制造仪器，为此，沈括写了《浑仪议》《浮漏议》和《景表议》三篇论文，其中不但阐述了他亲自参加改进创造的新仪器的原理，而且对过去许多错误的见解一一加以辨正，这些论文，是我国天文仪器制造史上的重要著作，在《宋史·天文志》中还可以看到它们的主要内容。沈括还运用这些新仪器进行了一系列细致入微的观测。例如，为了确定北极星绕真正的天球北极的转动，他曾花了三个月时间，每夜于初夜、中夜、后夜各观测一次，为了保持总在窥管中看到北极星，沈括把窥管不断扩大，共绘图 200 多幅，直至极星常在窥管内运动，夜夜不差为止，终于测出当时的极星（纽星）离北极有三度多。沈括这种坚持从实测出发研究天文学的态度是十分可贵的。

当时，北宋有著名的“四大浑仪”，即至道年间（995～997 年）韩显符主持制造的至道仪、皇祐年间（1049～1053 年）舒易简主持制造的皇祐仪、熙宁年间（1068～1077 年）沈括主持制造的熙宁仪和元祐年间（1086～1093 年）苏颂主持制造的元祐仪。这些浑仪结构都已十分复杂和精密，并有不少创造。在水运浑象方面，在张思训的改革基础上，元祐初年苏颂根据普通小官韩公廉等人的设计又制成了举世闻名的“水运仪象台”。

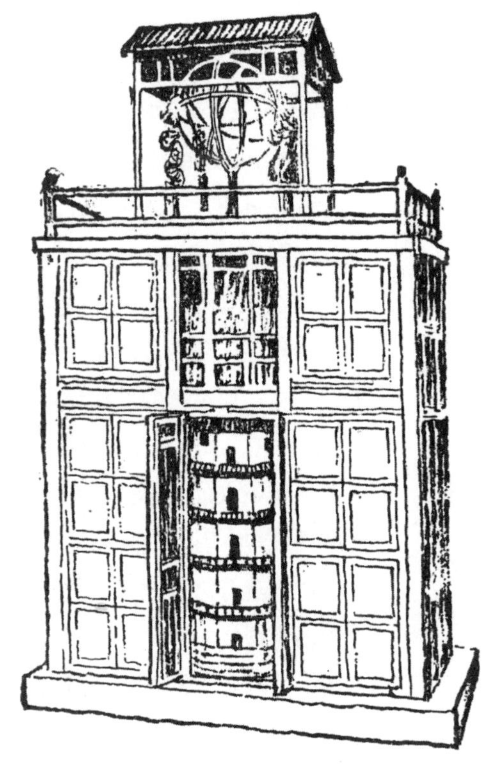

图 2　水运仪象台

韩公廉等人的设计集中了当时科学家和劳动人民的聪明才智。在仪器的构思上总结了宋以前各家的优点；在机械制造方面吸取了劳动人民使用筒车、水车、桔槔、凸轮等机械的丰富经验，把观测、表演天象和报时设备集中在一起，组成一个整体。“水运仪象台”约高 12 米，宽 7 米，共分三大层，就像现在的三层楼房。上层放浑仪，进行天文观测。浑仪用龙柱支持，下面有水槽定水平。浑仪所在的屋顶可以自由掀开，以便于观测，使用起来十分方便。浑仪还附有机轮，能够自动运转。中层放浑象，其中有昼夜机轮，能够自己运转，真实地反映天象。下层设木阁，为报时系统。木阁又分五层，层层有门。每到一刻，门中有木人出来报时。例如第一层有三个木人，每过一刻钟，有一个木人出来打鼓；每逢“时初”，有一个木人出来摇铃；每逢“时正”，有一个木人出来敲钟（古时分一昼夜为十二个时辰，每个时辰又分为时初和时正两部分，每一部分就是现在的一小时）。第二层和第三层则有木人拿着牌子出来报时；第四层有木人击夜漏金钲；第五层有木人报夜漏更筹。木阁后面有水力发动的机械系统，使浑仪、浑象和报时设备协调一致，按部就班地动作。

据近人研究，这个仪器在世界天文学和钟表史上都占有非常重要的地位。第一，它的屋顶是活动的，这是现今天文台活动屋顶的“祖先”；第二，浑仪的旋转一昼夜一圈，这是转仪钟（现今望远镜等仪器跟踪机械）的“祖先”；第三，这个计时设备中有“擒纵器”（卡子），是近代钟表的关键部件，因此它又是钟表的“祖先”。

图 3　郭守敬

韩公廉等人创造了这样具有世界先进水平的仪器以后，还由苏颂编写了《新仪象法要》一书，这本书把仪器的结构讲得一清二楚，提到的机械零件有 1500 多个，插图 60 多幅，是我国历史上遗留下来的最早的一份机械设计图纸。根据这些图纸，中华人民共和国成立后复制了一个大小为原来五分之一的水运仪象台模型，现陈列在中国历史博物馆内。

元代杰出的天文学家郭守敬（1231～1316），为了适应制定新历的需要，提出了“历之本，在于测验，而测验之器，莫先于仪表”。（《元史》卷一百六十四，《郭守敬传》）因而从改革仪表着手，设计制造了一系列精致、灵巧的天文仪器，如“简仪”、“仰仪”、“圭表”、“窥几”和“景符”等，这些天文仪器“皆臻于精妙，卓见绝识，盖有古人所未及者”。（《元史·天文志第一》）它们大大提高了天文观测的精度，扩大了天文仪器的应用范围。

在郭守敬以前，我国已有人提出了创造“简仪”的设想，那是一个绰号叫“丑和尚”的平民，他在金章宗承安四年（1199 年）向朝廷进呈了“简仪”、“影仪”和“浮漏水称”等天文仪器的图样，可是结果却被湮没了，直到郭守敬，才创制了第一架“简仪”。

图 4　明制简仪

“简仪”是什么呢？原来，浑仪发展到宋代，其结构已经十分复杂：又是地平圈、子午圈；又是赤道圈、赤经圈；又是黄道圈，还有白道圈，如此圈圈套圈圈，遮掩了很大一部分天区，缩小了观测范围，使用时很不方便。应该说浑仪的复杂化在浑仪发展史上是一个进步，但是复杂化也随之带来了这些不可避免的缺陷，沈括已经体会到这一点，他便把白道圈取消了。郭守敬更进一步，他减去了浑仪中的许多环，但又设法保留具有多种用途的优点。他留下了浑仪中两套最必要的环，而且把地平坐标和赤道坐标分别安装，这样便成了著名的“简仪”。

此外，“简仪”还在窥衡两端架上细线，又将百刻环、四游环上的刻度分得更细，这样，便大大提高了观测和记录的精确度。简仪的设计和制作水平在世界上是前所未有的，直到 300 多年之后，丹麦天文学家第谷所制造的仪器才能与它相比。

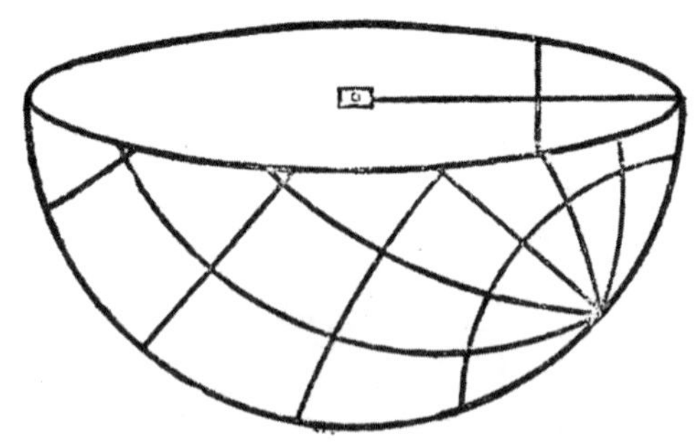

图 5　仰仪示意图

郭守敬还创制了“仰仪”。“仰仪”，是一个铜制半球面，形如大锅，上有刻度。在半球面的球心处搁一块小铜片，铜片中心开一个小孔。太阳光经过小孔在半球面上成一个倒像，这个现象在物理学上叫针孔成像。使用“仰仪”，可以使观测者避开强烈的太阳光直射带来的困难而准确地测出太阳的坐标，还可以直接观测日食的全过程，定出日食的方位、亏缺的程度，以及日食发生的时刻。“仰仪”同时也是一种测定地方真太阳时的日晷。这是郭守敬创制的又一有高度科学性的天文仪器。

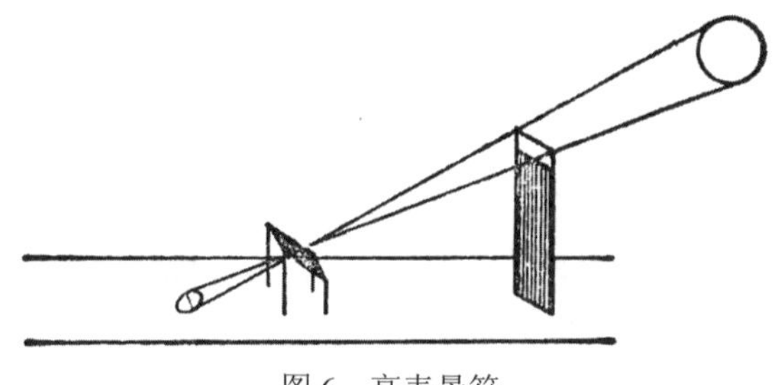

图 6　高表景符

最古老的天文仪器——“圭表”，在元代又有了新的发展。郭守敬把表加高，并在表上再加一根由二龙抬着的横梁，从梁到圭面共四十尺，是传统的八尺高表的五倍，影长也随着增长到五倍，这样，大大减少了测量影长时的相对误差。其次，他又运用针孔成像原理发明了“景符”。为了使“圭表”不仅能观测日影，同时也能观测星星和月亮，郭守敬设计了夜间测星月“高下”位置的另一辅助仪器——“窥几”。

上述种种，都充分证明了中国古代天文仪器的制造水平发展至元代已经十分先进。当时在河南登封建立的观星台至今犹存。那巍然耸立的观星台的砖壁相当于一个坚固的表，就在壁顶上架一根横梁。平铺于地面的量天尺即为石圭，圭长 31.19 米，台面与圭面相距 8.9 米，它既可以用于测量日影，又能在台上观天。（台上的房屋是明代建造的，与观星、测影无关。）

图 7 河南登封观星台

此外，1279 年在元大都（今北京）还建立了规模巨大的天文台，其设备之精良，机构之完备，当时在全世界都是首屈一指的。现在北京建国门旁边的观象台，是明、清两代所建，其地址就在元代天文台旧址的附近。

二、日趋准确的天象观测

在仪器制作日趋精密的基础上，这一历史时期天象观测也较前代大大准确了。

这一历史时期，对恒星进行了大量的观测。我国古代对恒星位置的观测，是以观测二十八宿的距星为基础的。二十八宿的赤道距度，即两个相邻宿的距星间的赤经差，在落下闳等编制“太初历”的时候观测过一次，以后很长时间没有重测。唐初李淳风虽已发现数值有变化，但没有进行更改。到了唐开元年间一行造“大衍历”时测得毕、觜、参、鬼四宿赤道距度与旧的数值不符，方才进行了改革，此后又复相沿袭用了几百年，直到宋代，才又开始进行五次大规模的观测。

第一次在公元 1010 年，即宋真宗大中祥符三年，韩显符用他自己制造的浑仪对各官星的位置进行了一次观测。这次观测的记录已经遗失。据记载，他对外官星测的是去斗、去极度数。斗，即斗宿，代表当时的冬至点。他用冬至点作为坐标的原点，所得到的数据即为赤经（现在是以春分点为原点）和现代天文学中的系统一致，这是此次实测的特点（我国古代传统的测量方法是量这些天体与所在宿之间的入宿度——赤经差，而不是量赤经）。

第二次在公元 1034 年，即宋仁宗景祐元年。这是为编《景祐乾象新书》而观测的。这次观测的精度较第一次稍差，但《宋史》中关于这次二十八宿距星的观测却记录得很详细。

第三次在宋仁宗皇祐年间（1049～1053 年），由周琮、于渊、舒易简等人进行。测量的结果已发现斗、牛、女、危等十四宿与唐代一行所测的不同。但周琮等人新编“明天历”中未用这些数据，此次实测结果载于北宋王安礼等修订的《灵台秘苑》一书中。

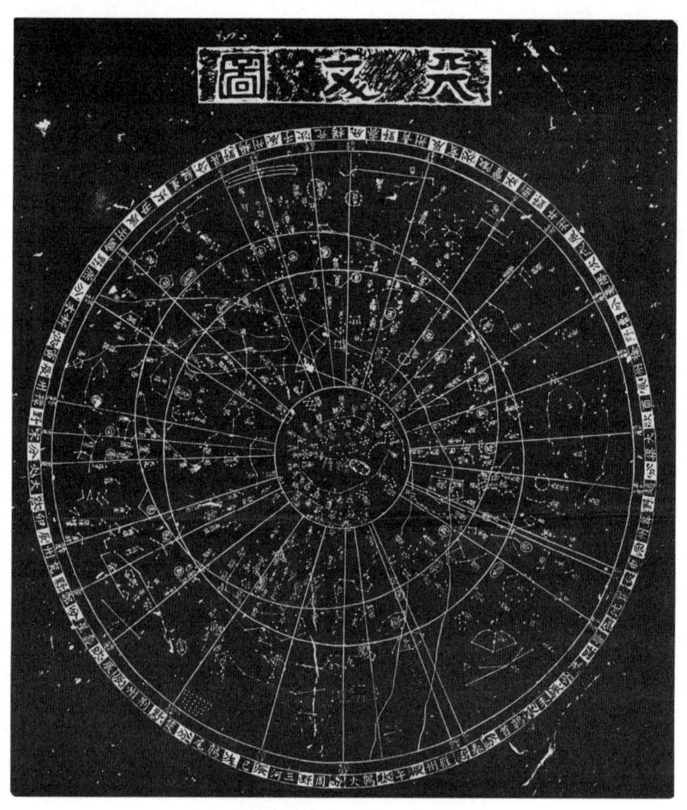

图 8　苏州石刻天文图

第四次在宋神宗元丰年间（公元 1078～1085 年）。此次观测的结果画出了星图，刻在石碑上保存下来了，这就是闻名世界的苏州石刻星图。这图总高八尺，宽三尺半，上部绘一圆形星图，共有 1440 颗星，下部有简单的说明文字。星图以北极为中心，画有三个同心圆，分别代表北极常显圈、赤道和南极恒隐圈。此外，又有 28 条辐射线从北极引出，每条线经过一个距星：标示出了二十八宿的距度。图上还有和赤道斜交的黄道和横跨天空的银河。

同时，这次观测记录还以星图的方式保存在苏颂的《新仪象法要》一书中。图有二套。其一是一幅圆图和两幅横图，分别画出紫微垣、东、北方中外官星和西、南方中外官星的星图，总计 283 组，1464 颗星。其二是两幅圆图，都以赤道作为最外界的大圆，分别绘出北半球和南半球的星空（南极附近 35 度以内的星，我国黄河以北看不见，图中是空白）。

第五次是在宋徽宗崇宁年间（1102～1106 年）进行的，它的记录载于姚舜辅的“纪元历”中。这次观测初次使用了度以下的单位来表示：少=$\frac{1}{4}$度，半=$\frac{1}{2}$度，太=$\frac{3}{4}$度。它的准确性当然较前提高不少，如果比较一下景祐年间（第二次）和这次观测结果的话，就会发现，在短短的 70 年间，观测的精度就提高了四倍以上。

总的来说，宋代进行的这五次大规模的恒星观测，无论是方法、范围、还是精度，都较以前的各代进步得多。

到了元代，元世祖至元十三年（1276 年），著名天文学家郭守敬为完成巨大的改历工作（即创造“授时历”）又对全天恒星进行了一次实测。这次测量由于仪器精度的提高，所以二十八宿距星的精确度较崇宁年间姚舜辅的观测记录又提高了一倍。另外从恒星星数方面来看，宋代王安礼等重修的《灵台秘苑》中列出了 345 个亮星的入宿度和去极度，这是继战国时石申星表以后又一份更系统、星数更多的星表。而郭守敬更进一步，即测量了二十八宿中杂座诸星，又测量了前人未命名的星，这样就使观测的星数大大地增加了，只是可惜郭守敬的观测资料没有保存下来。

如果我们把《元史·历志》中列出的汉、唐、宋皇祐、元丰、崇宁的记录和元代的观测结果相比较的话，就可以清楚地看到，天文观测的精度是不断提高的，它又一次证明了“在生产斗争和科学实验范围内，人类总是不断发展的，自然界也总是不断发展的，永远不会停止在一个水平上”（毛泽东：

《人的正确思想是从哪里来的？》）这一条真理。

对恒星中一类特殊的“变星”，在这一历史时期也有了十分精确的记录。变星的光度一般变化不大，不太引人注目。有一种光度变化特别大的，叫作新星。新星爆发的时期，几天之内亮度可以增加几千倍到几万倍；还有爆发规模更大的，亮度可以增加几千万到几亿倍，叫作超新星。在有文字可记的历史期间，银河系内爆发过的超新星一般认为有八颗，其中四颗是爆发于我国宋代和明代年间，而这四次超新星的爆发我国都有记录。

（1）“（宋）景德三年（1006 年）五月一日，司天监言：先四月二日夜初更，见大星，色黄，出库楼东，骑官西，渐渐光明，测在氐三度。”（《宋会要辑稿》）

（2）“嘉祐元年（1056 年）三月，司天监言：客星没……初，至和元年（1054 年）五月晨出东方，守天关，昼见如太白，芒角四出，色赤白，凡见二十三日。”（《宋会要辑稿》）

（3）“（明隆庆六年）（1572 年）十月初三日丙辰夜，客星见东北方，如弹丸。出阁道旁，壁宿度，渐微，芒有光。历十九日。壬申夜，其星赤黄色，大如盏，光芒四出，日未入时见。十二月甲戌礼部题奏……十月以来客星当日而见，光映异常。按是星万历元年二月光始渐微，至二年（公元 1574 年）四月乃没。”（《明实录》）这颗客星即著名的第谷新星，但我们比第谷早发现三天，而且比他多观测了一个多月。

（4）“（明万历）三十二年九月乙丑（1604 年 10 月 10 日），尾分有星如弹丸，色赤黄，见西南方，至十月而隐。十二月辛酉，转出东南方，仍尾分。明年二月渐暗，八月丁卯（1605 年 10 月 7 日）始灭。”（《明史 • 天文志》）这星即著名的开普勒新星，我们与他同一天发现，观测了同样长的时间。

历史上的超新星记录是当代研究天体的变化、发展等问题的重要资料，它们受到各国天文工作者的重视。这四颗超新星中，最重要的是公元 1054 年出现在天关星（金牛座 ζ 星）附近的那一颗。18 世纪末，在这颗超新星的位置上发现了一团星云，样子很像一只螃蟹，便给它起名叫“蟹状星云”。20 世纪 20 年代，利用这个星云的膨胀速度推算它的年龄只有约 1000 岁，恰好是 1054 年超新星爆发的产物。60 年代以来，随着无线电技术的发展，又发现了蟹状星云有许多奇特的现象：它不单发射可见光，而且还发射无线电波、X 射线、γ 射线。这些辐射都伴有周期极短、极稳定的脉冲。1968 年，又在蟹状星云中心发现了一个范围极小的具有上述同样脉冲的射电脉冲源，称为脉冲星。现在，人们普遍认为脉冲星就是快速自转的中子星*。这颗中子星的质量和太阳差不多，体积却小得多，直径仅 20 千米左右，因此密度高达每立方厘米一亿吨！它旋转极快，每秒自转 31 周，表面温度高达 1000 万℃，辐射能为太阳的 100 倍，而且具有极强的磁场。这种超高密、超高温物质的存在，进一步证明了宇宙间物质的多样性，对解决恒星的演化、基本粒子和化学元素的形成都有重大意义，成了 1968 年以来高能天体物理研究的中心课题之一。1973 年又发现蟹状星云的中心可能不限于这一个中子星，还有别的残核，因此更加引起了人们的注意。而我国的记录为研究蟹状星云提供了重要的历史资料，它是我国古代人民为世界天文学发展做出的又一重大贡献。

三、优秀的历法和空前规模的测地工作

这一历史时期中出现的优秀历法很多，其中如北宋周琮的“明天历”改进了圭表测景定节气的方法；姚舜辅的“纪元历”采用新的、更精确的二十八宿距度数值；南宋杨忠辅的“统天历”，进一步提高了回归年长度的精确性，并发现了回归年长度的变化；金代赵知微的“重修大明历”，把对月亮视运动的测定提高到一个新的精确度。但是，在这些进步的历法中最重要的是沈括的“十二气历”，以及元代王恂、郭守敬等人的“授时历”。

作为一个杰出的自然科学家，沈括在历法工作方面充分地显露出他敢于冲破旧习惯势力的束缚，敢于坚持科学、敢于创新的战斗精神。

沈括支持民间天文学家卫朴到司天监改历，就是一个例子。当时，司天监充斥着倚仗封建官僚家族的特权混进来挂名领薪的历官，这些人自己不懂历法，却嫉妒卫朴的才能。沈括为了支持卫朴的工作，就坚决和他们斗争。历官们攻击卫朴定的节气不准，没有明显的效验可作为根据；沈括支持用圭表测景，证明了卫朴定的冬至时刻是准确的。历官们抓住卫朴预报的月食偶然有一次出了差错，企图全盘否定卫朴的历法；沈括指出，由于司天监不提供观测记录，卫朴的历法不可能没有缺陷。沈括还要求把记录簿建立起来，

---

* 在超新星爆发过程中，外层物质被抛到宇宙空间，形成星云；内部物质急剧地向中心收缩，形成体积极小、质量和密度极大的核心。由于强大的压力使核心物质全部由中子（压力很大密度很高时，原子外层电子被挤压到原子核里面与质子结合成中子）所组成。这样的核起名为“中子星”。

交给卫朴参校改正；果然，改正之后，以后的月食预报就比卫朴从前的旧历准确。可惜，由于宋神宗赵顼抵抗不住旧势力的进攻，在卫朴草草完成“奉元历”的编撰和修定后，就把他送回家去了，致使沈括、卫朴的建立长期观测记录簿和全面改历的计划不能实现。虽然“奉元历”的改革受到了很大的限制，但是它仍然行用了十八年之久。从这里也可以看出，“奉元历”的确是具有一定科学革新内容的，可是在北宋守旧势力的破坏下，这部“奉元历”竟然没有多少东西留传下来，使我们无法更具体地知道它所包含的革新内容。

沈括的革新战斗精神，更多地表现在他自己的一些工作中，其中最主要的就是“十二气历”。

沈括经过长期周密细致的研究后，指出，在传统的阴阳历中，节气和朔望月的关系总是不能固定；而一年中气候的变化，生物的生长活动主要决定于节气，与朔望却没什么大关系。因此，他大胆地提出了一种不以月亮的朔望来定月份而以节气定月份的“十二气历”。

“十二气历”以立春为元旦，把一年分成四季，每季分孟、仲、季三个月，“以立春之日为孟春之一日，惊蛰为仲春之一日，大尽三十一日，小尽三十日，岁岁齐尽，永无闰余。十二气常一大一小相间，纵有两小相并，一岁不过一次”。有“两小相并”的一年共有365日，没有“两小相并”的一年为366日，至于月亮的圆缺，只要在历书上注明“朔”“望”就行了。以元祐元年（1086年）正月、二月为例，历日安排如下：

“孟春小，一日壬寅，三日望，十九日朔。

仲春大，一日壬申，三日望，十八日朔。”

这一历法非常有利于农事的安排。也比西方历法先进。当时西方通用的“儒略历”，有许多极不合理的地方。例如，27年，奥古斯都当了罗马皇帝，为了“留名百世”，便将他生日的八月叫作奥古斯都月，但又嫌八月是小月，不能和以罗马统治者恺撒的名字命名的儒略月，即七月相媲美，于是从二月里抽出一天加在八月之中，把八月改成大月；接着，又把八月之后的大小月次序颠倒了一下。这种改变丝毫没有科学道理，完全是统治者把自己的意志强加到历法中去，弄得月份大小参差不齐，既不合理，也不方便；而沈括的历法则既简单又科学。

沈括还有一项突破传统观念的发明创造，那就是他发现了一年里每一天的时间长度是不相等的。这个问题在沈括之前人们从未想到过。在近代天文学这叫作“真太阳日”和“平太阳日”之间的时差问题。

日常生活中我们用钟表计算时间，一天 24 小时（古时用铜壶滴漏计算为 100 刻），这叫作一个“平太阳日”；而实测太阳视圆面中心两次过子午线的时间间隔，在天文学上叫作一个“真太阳日”。两者之间有个差数。这里有两个原因。一个是太阳在黄道上的周年视运动是不等速的。冬天时，地球走到近日点附近，走的速度就快，因而人眼看起来，太阳每天向东移动得多。夏天则相反，太阳每天向东移动得少。由于一个真太阳日的时间是地球自转一周再加上赶上太阳向东移动了的那段距离所需要的时间，所以太阳向东移动得少的日子，真太阳日就短；而太阳向东移动得多的日子，真太阳日就较长。沈括的认识和推论就正是如此。

沈括的发现有很重要的意义。因为时间是天文学上一个最基本的量，而古代的时间测量主要是根据太阳的周日视运动，也就是说测定的是真太阳日。沈括认识到真太阳日的长度有变化，这就有利于时间测量精度的提高，从而有利于各项天体运动测定精度的提高。

可惜的是，沈括没有把他的认识发展得更全面。因为真太阳日长度的变化还有第二个原因。这就是太阳是在黄道上运动的，而地球的自转是沿赤道运动。所以，即使太阳在黄道上的运动是均匀的，但它在赤道上的投影的变化仍然是不均匀的。在春分、秋分时，黄道和赤道斜交，太阳每天向东移动的赤道度数要少些；在冬至、夏至时，黄道和赤道平行，太阳向东移动的赤道度数就要多。因此，春分、秋分时一个真太阳日的日子来得短，冬至、夏至时日子要长，沈括没有能够指出这个原因，这是很可惜的，虽然如此，沈括能第一个提出真太阳日长度变化的问题，这个创始之功还是不可磨灭的。

沈括的“十二气历”，是历法制度方面的一项带根本性的革命；而元初郭守敬、王恂等人编制的“授时历”，则在其他方面总结、发展了这一时期中优秀历法的成就，成为中国古代历法的又一个优秀的典型。

“授时历”起名于“敬授民时”这一古语。郭守敬等人自 1276 年开始编历。他们一方面对历史文献做了认真的研究和总结，批判地继承和发扬前人的研究成果；另一方面，他们更重视通过自己的实际观测来做出结论。因此，他们曾先后花了三年时间来制造仪器，修建天文台，扩充研究力量，进行实地测量，才于 1282 年制定新历，颁布于全国。

“授时历”所采用的一些重要数据在当时世界上几乎是最精确、最先进的，因此它一直沿用到明末，达 360 年之久，这在我国历史上是少有的。

“授时历”的成就很多，仅列举几点。

第一，它的主要数据大多是选取历史上最先进的，或者由当时的天文工作者自己测定的，它们具有较高的精确性。例如，“授时历”的回归年采用南宋杨忠辅“统天历”定的 365.2425 日；现今世界通用的“格里历”就是用的这个数值，但它是十六世纪才定的，已在“统天历”“授时历”之后三四百年。“授时历”还采用金“重修大明历”的朔望月、近点月等月亮运动数据，它们和近代测定的值都极为接近。“授时历”的二十八宿距度，业已提到，是当时实测的，具有很高的精度。

第二，“授时历”把过去历法改革的某些成功之处继续进行下去。例如，它继承唐末曹士蔿“符天历”的改革，彻底废除了人为的各种天文周期的共同起算点——上元积年；它发扬唐朝南宫说“神龙历”提出的百进位小数，使主要的天文数据都采用十进制的计数系统，等等。

第三，“统天历”首先发现回归年的长度在逐渐变小，“授时历”也接受了这一观点，规定“上考百年长一分，下推百年消一分”。一分就是万分之一日。说一百年中回归年的长度应减小 0.0001 日，虽然减得太多（回归年实际上百年只减小 0.000 006 14 日），但毕竟是一个重要的发现。从哲学上来讲，这也是对“天不变，道亦不变”的形而上学的观点的一个很好的批判。

第四，创立了相当于球面三角公式的算法，来计算天体的黄道坐标和赤道坐标的互相变换等。

第五，把刘焯开创的二次差内插法推广到具有三次差的情况，而这种方法（当时称为招差术）从原则上讲，还可以推广到有任意次差的情况。

为配合“授时历”的编制，郭守敬于 1279 年（至元十六年）向忽必烈提出建议，要求进行大规模的测地工作。他说：“唐一行开元年间令南宫说天下测景，书中见者凡十三处，今疆宇比唐尤大，若不远方测验日月交食分数时刻不同，昼夜长短不同，日月星辰去天高下不同，即目测人少，可先南北立表取直测景。”（《元史・郭守敬传》），这项建议被采纳后，郭守敬等人便在南北长一万一千里，东西宽六千余里的广阔地带上，建立起二十七个观测站，参加这项工作的负责官员（监候官）就有十四名，可见观测活动范围之广。在实际测量工作中，郭守敬等人还创制了野外观测用的四种行测仪器：正方案、九表、悬正仪和坐正仪；采用了测拱极星的地平高度求纬度法；测量的范围，南起南海（北纬十五度）北至北海（北纬六十五度）。这次测量的面积之大空前未有，观测站比唐代多一倍。在精度方面，也有很大提高。七百年前能进行这样规模的天文测地工作，达到这样的水平，这在当时世界上是很难得的，这充分说明了我国古代人民的杰出智慧和致力于科学研究的决心。

四、航海天文学的应用

我国古代的造船业和航海术在世界航海史上一直居于先进的地位。500多年前，由明初航海家郑和率领的七次远航就是当时世界上的宏伟壮举。郑和的船队拥有大、小船只 100 多艘。其中的大“宝船”长达 44 丈，载重量多达 800 余吨。这支浩浩荡荡的船队劈开汹涌的波涛，航行在南中国海和印度洋上。它们经过祖国的南海诸岛，驶往东南亚、南亚、阿拉伯和东非等地区，促进了我国和亚、非许多国家的友好关系和贸易往来。郑和船队的远航是世界航海史上极其光辉的一页。

我国的航海事业发展得很早。早在两三千年以前，勤劳勇敢的我国人民就已经在沿海从事捕鱼、运输等生产活动，逐步发展了造海船和航海的技术，开辟了海上交通线。在长期的航海实践中，人们逐渐掌握了天文导航的知识。《淮南子·齐俗训》中说“夫乘舟而惑者不知东西，见斗、极则悟矣”，就是一个例证。公元前 2 世纪，汉武帝派人从海路到过印度洋沿岸的黄支国。此后，远洋航行日渐发达，加速了航海天文学的发展。到了公元十一二世纪，我国伟大发明之一的指南针已经应用到航海上。宋人朱彧在《萍洲可谈》中说：“舟师夜则观星，昼则观日，阴晦则观指南针。”遗憾的是，当时海员们看的是哪些星，怎样看星，怎样看日等，都还没有发现文献记载。因此，宋代以前我国人民丰富的航海天文学知识还无法考实。给我们留下了天文导航知识具体记载的是郑和航海所留下的航海图。这些图载于晚明茅元仪所编的《武备志》中。从这些图上留下的观测记录表明，当时所用的天文导航方法是一种叫作“牵星术”的方法。

根据另一部明代著作——李诩的《戒庵漫笔》记载，牵星术用的仪器叫作“牵星板”。牵星板有十二块边长等差递减的四方木板和一小块挖去四角的方象牙板。最大的一块叫十二指，下面依次是十一指、十指等。最小的叫一指。象牙板挖去的四角分别相当于那块一指木板边长的$\frac{1}{8}$、$\frac{1}{4}$、$\frac{1}{2}$、$\frac{3}{4}$。其中$\frac{1}{4}$指叫一角，$\frac{1}{8}$指叫半角等。每块板的中心都穿有一根绳子。使用时一手拢着绳子，抵住木板；另一手掐在绳子的固定位置上把绳子拉直，放到眼边。使木板上边缘对准天体，下边缘和地平线相合。这样，从所拿木板的大小就知道了天体的地平高度。如果所要测的天体离水平面很近，那么就可以用那块小象牙板来测。

考察一下郑和航海图可以看到，郑和船队从长江口出海直到苏门答腊岛的途中，都只用罗盘针指示方向。从苏门答腊往锡兰（今斯里兰卡）的途中开始使用牵星术作天文导航。图上还记录了在沿途一些地点所进行的天文观测。这些记录都是拱极星或北极的地平高度，它们可以反映出观测地的地理纬度。

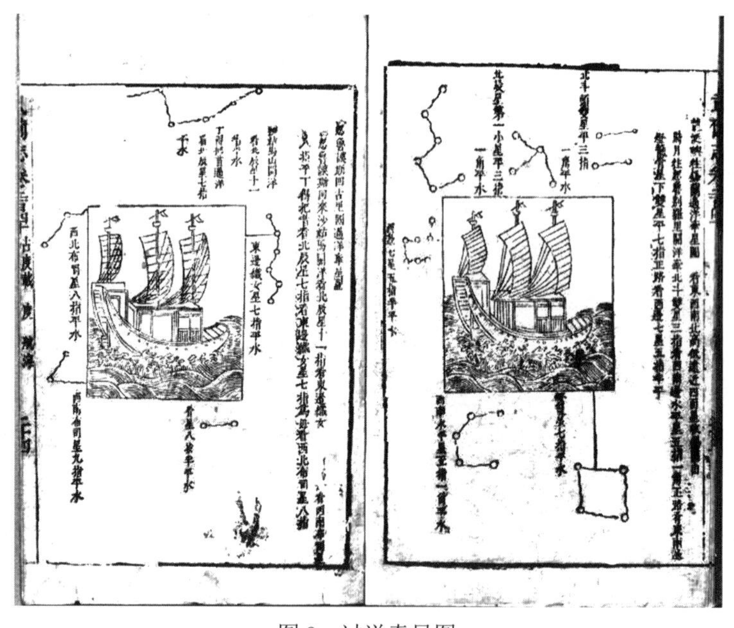

图 9 过洋牵星图

郑和航海图中还画有四幅过洋牵星图，表示船经某地时所见的星象。其中包括的恒星名称有华盖星、北斗、小北斗、西北布司星、西南布司星、牛郎星、织女星、南门双星、灯笼骨星、水平星等。这些星名和历代官方的天文机构中所用的星名有许多不同，它们是从民间的天文学知识中汲取营养的。

关于这些星名的研究应该到我国东南沿海的渔民、水手中去调查。

除了郑和航海图，还有一部叫“顺风相送”的明代作品，其中记录了象观星法、定太阳出没歌等资料，这些都是研究我国古代航海天文学知识的重要史料。

五、宇宙理论中唯物主义和唯心主义的斗争

在宋辽金元这一历史时期中，唯心主义阵营中有两个派别。

以北宋的周敦颐、程颢、程颐和南宋的朱熹等为代表的客观唯心主义，提出了“理在气先”的反动理论。朱熹说：“未有天地之先，毕竟也只是理。有此理便有此天地。若无此理，便亦无天地、无人、无物。”（《朱子语类》卷一）。按朱熹那些理学家来说，“理”就是生成天地万物的本原。

另一派主观唯心主义则提出“心”即“理”的命题。南宋的陆九渊说：“宇宙便是吾心。吾心即是宇宙。”（《象山先生全集》卷二十二）他把心说成是世界的本体。只要把我心中固有的道理发挥出来，那么充满宇宙的，无非就是我心中的道理。也就是说，人世间的所有事物无非是我心中的“理”的体现。

两个派别，一个目的，都是用唯心主义的一套来解释宇宙，用“天理”来修补“天命”，压迫人民，把维护封建统治的那一套纲常伦理绝对化，为封建统治者提供压迫和剥削劳动人民的反动理论根据。

和这些理学家的观点相反，进步思想家王安石明确提出了宇宙是由元气所产生的，“生物者气也”（《王临川集》卷六十五）的观点，气是第一性的，由气产生万物。从这个观点出发，王安石坚持了“天地与人了不相关”这一“天人相分”的唯物主义观点，指出“薄蚀、震摇皆有常数，不足畏忌”（《司马温公传家集·学士院试李清臣等策目》），即认为日食、月食和地震都是有规律性的，与人事无关，所以也没有什么可怕。王安石的唯物主义观点是对“天人感兴论”的有力批判，而对科学天文学的发展也具有一定的意义。

具有朴素唯物主义思想的张载在元气本体论的基础上对天体演化思想又有所发展。他认为世界的本原是物质性的气。宇宙万物都是由气聚合而成的，而且它们最终又都会散归为气。他既肯定了空间到处充满物质，又提出了宇宙在时间上的无限性，并且还指出了宇宙万物都在永恒的运动和变化中。

对宇宙在时间上无限的问题，唯心主义者和唯物主义者的观点也是根本不同的。

反动理学家邵雍提出了一个宇宙循环论。他以 129 600 年为一周期，叫作一“元”，每一元就是宇宙的一次始终。一元之后，一切又从头开始。这种理论的反动目的是要人们相信，宇宙间的一切，包括每个人的命运都是早已安排好了的，以此来镇压人民的造反和改革政治的要求。这个反动的宇宙循环论还得到了朱熹的所谓“论证”。他说，我们今天在高山上见到的螺、蚌壳等都是前一元留下的，是前一元结束的见证。

杰出的科学家沈括早在朱熹之前就考察过高坡上有螺、蚌壳的现象。他从唯物主义的观点出发，得出了这是一种沧海变桑田的地质变化现象。这个结论是自然科学上一个有意义的进步，它打击了宇宙神创的反动谬论。可是朱熹却把沈括的科学成果加以歪曲，把它纳入了宇宙循环论的轨道。朱熹的思想实质，也可以用恩格斯在批判居维叶的地质学理论时所说的话来概括：“它以一系列重复的创造行动代替了单一的上帝创造行动，使神迹成为自然界的根本的杠杆。”（《自然辩证法》）

但是，即使在封建统治者大力推崇理学的当时，也有不少人对邵雍、朱熹一类的宇宙循环论进行抵制和批判。元代的赵友钦就是一个。他在《革象新书·元会运世》中指出，邵雍等人的说法“实不可准”。

反之，宇宙在时间和空间上的无限性问题，在元代的《伯牙琴》《琅嬛记》和明代的《豢龙子》等书中都有十分精彩的论述。

元代的进步思想家邓牧在《伯牙琴》一书中说，我们所看到的天地尽管很大，但和无限宇宙相比，只不过是沧海一粟。如果无限宇宙犹如一棵树，我们所看到的天地就只是树上的一枚果实。如果无限宇宙是一个国家，我们看到的天地则好比是国中的一个居民。邓牧的这些话反映了宇宙在空间上的无限性。我们今天知道，太阳系之外有众多的恒星，它们组成银河系。银河系之外，有众多的河外星系，它们组成总星系。总星系之外又有无限的宇宙。宇宙是无限的，但每一个天体系统的范围又是有限的。这样，宇宙构成了有限和无限的统一。

恩格斯说：“无限时间内宇宙的永远重复的连续更替，不过是无限空间内无数宇宙同时并存的逻辑的补充。”（《自然辩证法》）宇宙没有总的起源和消灭，宇宙在空间上的无限性，必然包括无限多样的发展状态，具有无限发展的前景，因而在时间上也必然是无限的。但宇宙间每个天体或天体系统都有一个发生、发展和消亡的过程，就如它们在空间方面是有限的一样，在时间上也是有限的。

对于时间的有限与无限，我们可以从元代的《琅嬛记》中看出当时人们的认识。书中假托一个姑射谪女向九天先生发问说：天地会不会毁坏？九天先生回答说：天地也是一种物体，每个物体都要毁坏，天地还能独独永存吗？问：既然天地要毁坏，那么还会重新生成吗？答：这儿死了人，你能断定那儿不又生了人？天地在这儿毁了，你能断定不在另一个地方又形成吗？问：人是这样，天地也一定是这样吗？答：正是这样。就像蛔虫藏在人的肚里，它就不知道人外还有人；人在天地中间，就很难了解天地之外还有天地了。实际上天地永远是在产生和消亡之中。

而明代的《豢龙子》中说得更概括。问：天地有始终吗？答：就单个来说，有始终；而整个宇宙是没始终的。

总结一下《琅嬛记》和《豢龙子》的两段话，有三个意义。第一，它肯定了世界的物质性——“天地亦物也”；第二，肯定了物质世界的规律性——“有成有毁”；第三，由无限多的天体系统组成的宇宙则是无始无终的，而且宇宙的无始无终和具体天体系统的有始有终是统一的。这些思想是我国古代宇宙无限思想的高度发展。

总的来说，在宋辽金元到明初这一历史时期，我国天文学成就丰富多彩，这是我国古代天文学在长期实践和总结经验的基础上达到的一个新的高峰。比起同一时期的世界其他各国，我国在天文学上的成就也有很多卓越的地方。这是我国优秀的历史遗产的组成部分，值得我们很好地总结、研究并加以批判地继承。

〔《中国天文学简史》编写组：《中国天文学简史》，
天津：天津科学技术出版社，1979 年〕

封建社会末期和我国近代天文学

（明初至清末）

明代以后，特别自晚明以后，我国封建社会进入了末期。封建制度已日趋腐朽。在封建社会的母体中逐渐萌发出资本主义生产方式的幼芽。由于濒临死亡的封建地主阶级千方百计强化其反动统治，沉重的阶级压迫和剥削阻碍着我国资本主义幼芽的发展，还没等到它的发展成长，西方资本主义列强的炮舰就来叩打中国的大门了。资本主义列强的入侵破坏了我国封建社会的自然发展，使我国变成了半殖民地半封建社会。

我国天文学的发展这时也进入了一个极为艰难的时期。在封建制度的重重束缚下，明清时代的天文学只能在古典天文学的范围里缓慢地发展。比起当时正经历着普遍的社会革命而进入资本主义的欧洲来，日渐显得落后。然而，中国人民是勤劳勇敢的人民，在恶劣的社会条件下，他们仍然奋力向前，使我国的天文事业继续有所发展，有所前进。这些冲破了重重阻力而取得的成绩，显示了我国人民的勤劳和智慧。

鸦片战争后，中国的天文事业受到了帝国主义更大的摧残和破坏。在三座大山的严酷压迫下，天文学面临着气息奄奄的绝境。处于水深火热之中的中国人民，迫切的任务是推翻这三座大山。在长达 100 多年的英勇奋战中，天文学作为一种斗争手段，曾经多次被革命人民运用。但是，随着旧民主革命的历次失败，天文学也不可能改变它的命运。它和中国人民一样，迫切地期待着自己的解放。

一、封建社会末期的我国天文学概况

明王朝初期，封建专制统治的强化也延伸到了像天文历法这样的领域。明人沈德符在《野获编》中记道："国初学天文有历禁，习历者遣戍，造历者殊死。"这个禁令对天文学的发展起了极大的破坏作用。《野获编》接着说："至孝宗驰其禁，且命征山林隐逸能通历学者以备其选，而卒无应者。"可见这禁令对中国天文学的发展造成的后果多么严重！甚至直到晚明，封建上层官吏邢云路上书请求改历时还受到钦天监官员的攻击，说他私习历法。这就更可想象，在晚明以前的民间天文学家要受到多大的压迫了。在中国天文学发展史上民间学者是一支重要的力量，这支力量遭到摧残，天文学的发展就不能不受到影响。至于在官方的钦天监里，占统治地位的是"祖制不可变"的守旧势力。整个明代的 200 多年间，始终只沿用一部"大统历"。尽管发现了多次历法推算与实际天象不符合的现象，也有不少学者多次提出过改历的意见，但都遭到封建统治者和钦天监御用学者们的冷遇和打击。直到明末崇祯（1628～1644 年）以前，历法改革始终没有进行。明初以来的这 200 多年是中国古代天文学史上发明最少的一个时期。

明清天文学的发展迟缓，有一个很重要的外来因素是耶稣会传教士对中西文化交流的垄断和对清钦天监的把持。

耶稣会是 16 世纪欧洲封建势力反对宗教改革运动的保守派组织。它是欧洲进步思想的死敌。它们随着欧洲殖民帝国的军舰和商船开往亚、非、拉广大地区进行侵略扩张，充当殖民势力的急先锋。由于当时的力量对比，它们不可能用武力征服中国。于是，他们改用文化侵略、精神侵略的阴谋手段，打入中国内部。耶稣会在欧洲反对以哥白尼学

图 1　徐光启

说为代表的革命的自然科学，他们本来就是近代自然科学的势不两立的仇敌。但是，来华的耶稣会传教士看到，当时掀起的改历运动，反映了中国社会对天文学的需要，于是便想从天文历法方面插手来开展活动。有个耶稣会传教士在 1605 年曾写信给欧洲教会说："如果能有一位天文学家来到中国，我们可以先把天文书籍译成中文，然后就可以进行历法改革这件大事。做了这件事，我们的名誉可以日益增大，我们可以更容易地进入内地传教，我们可以更安稳地住在中国，我们可以享受更大的自由。"（转引自裴化行：《中国的天文学问题》）于是耶稣会派遣了不少懂得天文历法知识的人来中国活动。开头礼部尚书徐光启（1562～1633）把这批人引作改历的依靠，入清以后，这批人更一度窃据了钦天监的大权。虽然后来清政府夺回了钦天监的领导权，却仍然把他们当作学术权威而予以重用。从而，这些耶稣会传教士垄断了中西天文学知识的交流渠道，封锁了当时欧洲正在蓬勃发展的近代天文学。哥白尼的太阳中心体系，开普勒的行星运动三定律，牛顿的力学等，都被他们封锁了一两百年之久。为了维护自己的地位，骗取中国人民对他们的崇仰，他们不得不抛出一些零碎、片面、过时的天文学知识，如托勒密的地心体系。这样，中国的天文学完全被隔绝于正在蓬勃发展的欧洲近代天文学之外，很长时期无法摆脱古典天文学的局限。

综上所述，我们可以看到，从经济基础到上层建筑，从国内到国际，明清两代的社会条件总的来说是不利于天文学的发展的。

但是，在这艰难的环境下面，仍然出现了一些新的苗头。例如，邢云路在兰州建立了六丈高的高表，测出了回归年的长度是 365.242190 日，达到了空前的精度。他还在《古今律历考》里提出了行星运动受太阳牵引的思想。民间学者王英明在他撰的《历体略》（三卷）前两卷中批判了某些顽固派死抱不放的天圆地方说，批判了以天命论为基础的星占术。

另一方面，尽管存在着传教士对欧洲天文学的封锁和垄断，中国人民尽可能对当时的欧洲天文学知识也进行了一些翻译工作，从中吸取有用的东西。在明末的时候，人们对"大统历"一再提出了改革的要求，而且呼声越来越高。终于，在崇祯二年（1629 年）开始了由徐光启领导的历法改革工作。它的结果就是编制了《崇祯历书》137 卷。

《崇祯历书》虽然仍采用传统的阴阳历结构，但是引进了丹麦天文学家第谷的宇宙体系（地球在宇宙中心静止不动，五星绕日旋转，日、月绕地球旋转）和几何学的计算方法，并对欧洲古典天文学做了全面的介绍，诸如平面和球面三角术；明确了地理经纬度概念和测定方法；视差、蒙气差等的计算和改正方法；世界通用的 360° 制、24 小时 96 刻制和 60 进位制；日月五星的远近距离等，这些对促进我国天文历法的发展都是有益的。徐光启不失为引进西方科学技术用于天文历法研究的第一人。同时，我们应该看到，徐光启的改历工作也有缺点。编制的《崇祯历书》虽然继承了传统历法的形式，但对传统的计算方法，诸如内插法这种至今仍有意义的近似计算方法，并没有继承；《崇祯历书》对耶稣会传教士的种种谬误，诸如地球中心说、虚幻的"恒星天"概念 *，误差很大的各种直线距离数据等，都一概照搬，缺乏应有的批判。

入清以后，由于明末农民大起义和清初农民革命军的抗清斗争沉重打击了封建统治，推动了社会生产力的发展。到 18 世纪 60 年代，耕地面积比清初增加了 35%，工商业也有缓慢的发展。在这个基础上，文化事业也有所发展，康熙以来，编纂了一些大型的类书、丛书和专门著作，其中也包括天文学方面的内容。

清代制造了大量的天文仪器，仅大型的就有八件。它们是康熙十二年（1673 年）造成的赤道经纬仪、黄道经纬仪、地平经仪、地平纬仪、纪限仪、天体仪；康熙五十四年（1715 年）造的地平经纬仪；乾隆十九年（1754 年）造成的玑衡抚辰仪。至今这些仪器仍保存在北京建国门内的古观象台上。

清代还编有好几部大部头的天文学专著。例如，《灵台仪象志》（1673 年）、《历象考成》（1722 年）、《历象考成后编》（1742 年）、《仪象考成》（1752 年）、《仪象考成续编》（1844 年）等。

清朝前期做了大量的天文工作。那些天文仪器的精美，也反映出清代手工业的发达和劳动人民的智慧，但是总的来说，它们都是属于古典天文学的领域。由于鸦片战争之前我国仍然是封建社会，海禁和耶稣会传教士的垄断又使中国天文工作者完全被隔绝于欧洲正在蓬勃发展的近代天文学之外，因此阻碍着我国天文学朝近代天文学方向发展。

尽管如此，在清代的天文工作中，《历象考成后编》和《仪象考成续编》还是值得一提的。

---

* "恒星天"概念，即认为所有恒星都在一个离地球距离为一万四千倍地球半径的天球上，这个球叫"恒星天"。

《历象考成后编》的编辑起因于雍正八年（1730 年）六月初一日（7 月 15 日）的日食预报和结果不符，于是，钦天监责成监中两个耶稣会传教士负责修订历法。这两人根据法国天文学家卡西尼的方法推算了一份历表，包括太阳和月亮的运动。他们把这份表直接附在《历象考成》一书的书末，既不说明编表的理论根据，也不说明表的使用方法。但是，钦天监中有一位蒙古族的天文学家明安图掌握了这份历表的使用方法。于是清政府下令组织明安图和监内外天文学家十来人，连同那两个传教士一起，增修理论说明和使用方法，这就是《历象考成后编》。它的编成是中国各族天文工作者反对耶稣会传教士垄断天文历法的一个胜利。尽管这个胜利还是有限的，但是又一次证明了中国人民是有智慧有能力的。

道光六年（1826 年）在钦天监中任职的最后一个传教士葡萄牙人高守谦告病回国。此后清政府就不再聘用洋人了。至此钦天监的工作才摆脱了传教士的控制。如果说《历象考成后编》终究还不能完全摆脱耶稣会士的影响的话，那么《仪象考成续编》就完全是中国天文工作者自己独立研究的结果，而正是在这部书里我们看到一些新的见解。

明末以来的耶稣会传教士，把恒星星等错误地认为是恒星本身直径大小的反映，并且由此推出恒星半径和地球半径的比例。《仪象考成续编》对这种荒谬观点提出了批判。事实上恒星离地球非常非常遥远，根本不可能直接求出恒星半径对地球半径的比例来。传教士们是用土星和地球的距离再主观地加上一个不太大的数值，来作为恒星和地球的距离，这样做是完全没有根据的。

《仪象考成续编》的编者们观测到了各个恒星的黄经变化并不一样，因而肯定了恒星有自行；并且提出，恒星也有和行星轨道运动相类似的运动。这个认识，不但进一步批判了“天不变，道亦不变”的反动思想，在哲学上有很大意义，而且在天文学上来说它已经接近近代的恒星天文学了。

二、活跃的民间天文工作

明清之际，民间出现了不少天文工作者。他们在艰难的条件下为我国天文学的发展做出了贡献。

据史书记载，明万历年间，崇明县有一少年，15 岁就“精研天文，象数”

(《崇明县志》)。还有一位江阴张廷燮“自制浑天铜仪，加日月轮以候晦朔弦望”，节气时刻与当时颁布的时宪书“不差累黍（意为细微之量）”(《江阴县志》)。还有，盐城王家弼博览群书，精于历算。他反对迷信西法，敢于把西人制造的专用来测太阳的简平仪加以改造，创造出可兼测恒星的简平夜仪。

在这批民间天文学家中，尤以孙云球、薛凤祚、王锡阐，对天文学的发展做出了较大的贡献。

孙云球是明末清初江苏吴县（今苏州）的民间手工艺人，据有关资料考证，他是我国民间独立创制望远镜的先驱。在此以前，元代人用“水晶映物”，明代人用“单照”观察物体。明末清初，随着中西交流的发展，西方眼镜开始从甘肃、陕西、广东一带传入我国。这些“西洋镜”为数不多，价格昂贵，被视为珍品，只在士大夫阶层中流传。就在这一时期，孙云球创造性地采用水晶为原料，手工磨制镜片，制成了根据患者不同需要的“眼镜”，人们“随目对光，不爽毫发”，远视、近视皆有，很受人民欢迎。

在磨制镜片的同时，孙云球巧妙地把凹凸两块镜片进行组合，发明了“千里镜”，登上虎丘试看，“远见城中楼台塔院，若接几席，天平、灵岩，穹窿诸峰，峻嶒苍翠，万象毕见。”在场试看者，连连称赞：“神哉，神哉。”(《吴县志》)，这是我国自制望远镜的开端。

孙云球不但研制望远镜，而且“精于测量”。他制造了一种利用太阳投影来测定时刻的仪器——“自然晷”。“自然晷”是一种较精密的日晷。据说用它来测定时刻，可以“不违分秒”(《吴县志》)，为当时生活、生产活动提供了有效的计时工具。

孙云球制造的光学仪器达 70 种之多，后人称他所制的各种镜子为“神明不可思议”。(《吴门补乘》）后来孙云球把自己制镜子的经验加以总结，写成《镜史》一书，“坊市依法制造，遂盛行于世”，为我国光学天文仪器的发展做出了贡献。可惜《镜史》失传，我们已看不到它的丰富内容了。

薛凤祚（1600～1680）也是明末清初时人。清朝初期，西方的天文历算之学，愈益在我国流传。不少人通过翻译研究，介绍了西方天文学的一些理论和方法。到清顺治年间，民间天文学家薛凤祚在翻译西法的基础上，著有《天学会通》十余种，除介绍一些理论外，还系统、详尽地介绍了各种计算天体运动的方法。其方法的显著特点是运用对数。为了计算方便，他把西法中的 60 进位制改成 10 进位制，为此，他又重新编制了三角函数表等数学用表。

薛凤祚年轻时曾随旧派学者魏文魁游学，研究历法。但是，具有革新进步思想的薛凤祚，没有被魏文魁墨守成规的思想束缚，勇敢地研究当时新传入的欧洲天文学知识，致力于吸取其中有用的东西，取得了可喜的成绩，被誉为当时北方历算名家。

在南方，当时也被誉为历算名家的，就是与薛凤祚同时代的王锡阐（1628～1682）。在批判地吸收西法方面，王锡阐取得了比薛凤祚更大的成就。

王锡阐反对当时流行的崇洋思想，在撰写《晓庵新法》一书时，首先，他批判了以《西洋新法历书》为代表的西法。例如，他指出：①传教士汤若望等攻击“大统历”有两春分、两秋分。实际上他们不懂得“大统历”用的是平气，与西洋惯用的定春分、定秋分自然不同。把两者硬凑在一起，自然就出了两个春分、两个秋分了。②汤若望等攻击古法把周天分为三百六十五又四分之一度的分法是错误的，其实分度全属人为，根本无所谓错不错的问题。③按小轮体系计算月亮运动时除了定朔、定望，其他时刻都应有改正数。但是汤若望等在推算日、月食时不用这些改正数，好像日、月食一定发生在朔、望。然而，事实并非如此。④《西洋新法历书》以为月在近地点时视半径大，因而月食食分就相对地要小。然而，月过近地点时月球本身大小是不变的，可是地球影锥的截面却肯定要大，因此，食分不会反而减少；等等。王锡阐揭露了西法的缺陷，从学术上打击了耶稣会士的狂妄气焰，对充斥当时天文界的崇洋思想也是一个有力的批判。

在批判崇洋思想的同时，王锡阐也反对守旧。他对“授时历”“大统历”的缺点做了探讨。正是在对中、西方法都作了透彻研究的基础上，他所撰的《晓庵新法》才能吸取两者优点，并有所创造。在《晓庵新法》中王锡阐提出了正确计算日、月食时初亏、复圆的方位角的方法；他独立地发明了计算金星、水星凌日的方法；他还提出了细致计算月掩行星和五星凌犯的初、终时刻的方法；等等。这些都是比过去的中西方法有所前进的。王锡阐还在《五星行度解》一书中推导出一组计算行星位置的公式，计算结果的准确度也较前人为高。

王锡阐之所以能取得这样大的成绩是与他的唯物主义哲学思想分不开的。他坚决反对理学家王阳明的主观唯心主义，指出，“阳明良知二字不过借名，其重只在不学、不虑”，他力主人生应以“躬行实践为主”，亲自进行各种天文观测，有时甚至整夜不眠。由于他深入地研究了中西学说，又有着自己的观测经验，这样他就有可能做出许多创造性的贡献。王锡阐还反对把天文学和星占术联系在一起，当有人以水旱之占问他时，他说，这个，我肚里漆黑一团，一无所知。但一旦有人问他天文知识时，则手画口谈，滔滔不绝。对历史上的许多天文学家的迷信行为，王锡阐明确提出，有时天象的预报不符合观测实际，是因为计算错了，而不是预示什么灾祸，否则天文工作者就成了能够制造祸福的人。这是多么鲜明的唯物主义态度！

在封建社会里，广大妇女受到“男尊女卑”的封建礼教的束缚，被压制在社会的最底层。但是，有压迫就必然有反抗。在中国历史上，妇女奋起投入反封建斗争的事例是屡见不鲜的，在政治、军事、经济和文化各个领域里，广大妇女都曾显示出豪迈的志气和杰出的才能。在天文学上也有一位杰出的代表人物，她就是清乾隆嘉庆年间的王贞仪（1768～1797），她在短暂的一生（只活了 29 岁）当中，不但进行了许多天文学的工作，而且在气象学、地理学、数学、医学和诗文方面都有一定的造诣。

王贞仪的天文著作不少，可惜由于封建社会的破坏和对妇女的压抑，大多已被湮没了。现存的只有收集在《金陵丛书》《德风亭初集》卷五、卷六和卷七里的一些著作。有关天文方面的有《岁差日至辩疑》《盈缩高卑辩》《经星辩》《黄赤二道辩》《地圆论》《地球比九重天论》《岁轮定于地心论》《日月五星随天左旋论一、二、三》《勾股三角解》和《月食解》等。

但即使从这些残存的著作中，我们也可以看到王贞仪对中国的天文学和历法是很有研究的。她对岁差的原理、测定和推算方法有比较清晰的了解；对里差的概念及其产生的原因，也有比较正确的认识；对日月食的成因和地圆的观念，能做生动的论证和通俗易懂的说明。她的作品既宣传了科学知识，也对守旧的“地方”思想做了很好的批判。

王贞仪很注重实践。每当晴朗的夜晚，她就坐在院子里仰观天象，注意星星的变化及月食同望月的关系。她也很注意批判地学习前人的经验。她最喜欢攻读清初著名历算家梅文鼎著述的《筹算》和《历算》两书。对当时刻印的一些历书中的错误观点，能勇于批驳。例如，她曾指出：天周（恒星年）、岁周（回归年）这两周并非起于“太初历”，而是自从晋朝虞喜发现岁差以后才把这两者区别开来。还指出：“岁渐差而东者”的观点是错误的，正确地认为“岁差渐而西”，即一定节气时刻太阳的位置每年都在逐渐向西移动，不在原处；又认为“岁之有差亦必于中星测之，岂用圭可以测之者乎”？论述了岁差必以中星测得，而不能用圭表测定的道理；推算出："日短东壁，当在万余年以后"的结论，对当时胡士栓著《日至释义》中说当今冬至点在东壁提出了异议。

三、围绕着哥白尼学说的斗争

波兰天文学家哥白尼（1473～1543），以大量的观测事实为基础，经过长期的分析和研究，提出了科学的日心地动说。他用他的不朽著作《天体运行论》，向反动的教会势力挑战，使自然科学从神学中解放出来，并使其大踏步地前进。然而，"哥白尼关于太阳系的学说，达尔文的进化论，都曾经被看作是错误的东西，都曾经经历艰苦的斗争"（《关于正确处理人民内部矛盾的问题》），这种斗争不仅在欧洲经历过，而且在它们传入中国之后也经历过，特别是哥白尼学说，它传入的过程本身就是一场复杂的斗争。

17 世纪 30 年代，哥白尼的名字开始为中国人所知道。当时的中国人只知道哥白尼是一位精于观测的天文学家，而不知道他提出什么革命性的科学理论，这是怎么回事呢？

原来，明末的传教士既然确定了"学术传教"的策略，那么，他们就必须使自己所介绍的学术知识在实践中不要出漏子，他们就不得不承认哥白尼是欧洲天文学家之一，并求助于哥白尼的劳动成果，在编译《崇祯历书》时，大量地引用了哥白尼《天体运行论》中的材料。但是耶稣会传教士毕竟是中世纪神权与教权的维护者，他们不可能把动摇神学基础的日心地动说介绍到中国来。他们带来的最初是托勒密的地心说，这是公元 2 世纪希腊天文学的老古董，在欧洲早就声名狼藉了。托勒密体系在欧洲破产后，传教士在中国仍然拒不介绍哥白尼体系，而抬出第谷的体系，这就充分暴露了他们害怕真理、害怕革命、害怕进步的反动本质。

清朝封建顽固势力也和耶稣会传教士一样，敌视和抵制哥白尼学说在中国的传播。18 世纪中叶，哥白尼学说在欧洲与反动的教会势力的斗争中已经取得决定性的胜利，连极端反动的罗马教廷也不得不宣布废除对哥白尼《天体运行论》一书的禁令了，而在中国又过了两年才有所介绍。

1687 年牛顿发现万有引力定律以后，哥白尼学说更加深入人心。18 世纪初，在英国就出现了表演哥白尼学说的仪器。后来，有两个这样的仪器传到了中国，在1759年成书的《皇朝礼器图式》中有所著录：一个叫“浑天合七政仪”，一个叫“七政仪”。七政仪还配有钟表机械，可以自动表演地球和行星绕太阳的运动。这两件仪器现今仍保存在故宫博物院里。

本来，正如前面所介绍的，在《历象考成后编》中耶稣会传教士已经介绍了开普勒定律，但他们却把开普勒定律用在地心体系中。可是这样做是困难的，因为在计算如五星运动时，常常要把事实上的地球运动作为太阳的运动来进行修正，客观事实已经使地心体系到了难以维持的地步。而现在又来了表演日心说的仪器，这就使耶稣会传教士们处于更尴尬的地位。于是后来的传教士不得不出来更正被他们的前辈歪曲了的东西。1760年，法国人蒋友仁借着向乾隆皇帝献《坤舆全图》的机会，在地图的四周布置了天文学内容的精美插图和文字说明。其中宣布哥白尼学说是唯一正确的，介绍了正确的开普勒定律等。但是牛顿的万有引力定律和布拉德雷发现的光行差现象却仍没有介绍。

献给乾隆的《坤舆全图》和两个表演哥白尼太阳系的仪器被锁进了皇宫内院，并未与广大群众见面。过了三四十年之后，才由当时参加过润色《坤舆全图》说明文字的钱大昕，把那份润色稿定名为“地球图说”加以出版，可是由于钱大昕本人对哥白尼学说持实用主义态度，而他请来为《坤舆全图》作序的封建统治阶级的御用学者阮元，是顽固反对日心地动说的。阮元在序里抓住地球的“球”字不放，大谈“地为球形，居天之中”的谬论，制造混乱，并且还鼓动读者“不必喜其新而宗之”，其作用是很坏的。至于他自己主编的《畴人传》（成书于1799年）里，更是攻击哥白尼的日心说是“上下易位，动静倒置，则离经叛道，不可为训，固未有若是甚焉者也”。与阮元相配合，另一个封建官僚、镇压太平天国革命的刽子手戴熙也写了一本《圜天新说》，攻击哥白尼学说。

但是，真理的威力是不可抗拒的。知识分子中的进步人士，在清政府封建统治日益衰败、帝国主义侵略日益加深、中国日益沦为半殖民地半封建社会的时刻，纷纷起来向西方寻求救国的真理。他们不但研究西方资产阶级民主主义的社会学说，而且学习西方的科学技术，其中包括近代的天文学知识。

鸦片战争时期的进步知识分子魏源（1794～1857），主张“洞悉夷情”，用从西方学得的军事技术抵抗西方国家的侵略。他在1845年编辑了一本《海国图志》，对西方各国的政治、经济、军事技术进行了全面的介绍，还译载了好几篇关于哥白尼学说的文章，并附有地球沿椭圆形轨道绕日运行的图。在序言中魏源强调，《海国图志》这本书是“为以夷攻夷而作”，“为师夷长技以制夷而作”，表现出鲜明的爱国主义立场。

1859年，李善兰（1811～1882）和传教士伟烈亚力合译了英国天文学家约翰·赫舍尔（1792～1871）的著作《谈天》（原名《天文学纲要》）。在当时的西方来说，赫舍尔的这本书也是比较先进的，在英国曾广为流传，风行一时。全书共十八卷。不仅对太阳系的结构和运动有比较详细的描述，如光行差、黑子理论、行星的摄动及其轨道根数改变的几何解、彗星的运动等，而且对恒星系也有相当内容的介绍，如变星、双星、星团、星云等。特别值得一提的是李善兰为这个中译本写了一篇序言，把批判的锋芒直接指向阮元等封建礼教卫道士，又以力学原理和大量事实（如恒星的光行差和视差，煤坑的坠石实验等）证明地动和椭圆理论，已是铁证如山，不可动摇，任何调和、折中的办法都是错误的。最后并直截了当地宣布：“余与伟烈君所译《谈天》一书，皆主地动及椭圆之说，此二者之故不明，则此书不能读。”

有趣的是，与李善兰合译《谈天》的传教士伟烈亚力，也写了一篇序言。这篇文章的主旨却截然相反。在1300多字的文章中，伟烈亚力竟八次赞美造物主的伟大，三次感叹宇宙的“不可思议”，最后声言他翻译此书的目的是：“欲令人知造物主之大能，尤欲令人远察天空，因之近察己躬，谨谨焉修身事天，无失秉彝，以上答宏恩，则善矣。”学习科学最后竟归结于要“修身事天”，甚至要人去报答上帝的“宏恩”！在这里，和约翰·赫舍尔的原作的科学精神正好背道而驰。

《谈天》一书和李善兰的序言的发表，再加上一些通俗的天文、地理书籍的陆续出版，地球绕太阳运动的真理逐渐深入人心。但是顽固的守旧派并不甘心。1878年，有一个叫吕吴调阳的人写了《〈谈天〉正义》，仍然要求天文学要“本之大《易》”，但他自己也失去了信心，只好哀叹道：“呜呼！天道之不明，圣教其将绝矣！”这乃是没落阶级对其没落的哀鸣！历史潮流是不可抗拒的，无论守旧派如何抱残守缺，科学真理必将得到胜利。

继李善兰之后，另一位学者王韬（1825～1897）继续对阮元、吕吴调阳等人进行批判。他于1889年写了一篇《西学图说》，用最新的天文成果，说明哥白尼学说是颠扑不破的真理，并翻译了一本《西国天学源流》，从历史发展的观点，批判了阮元的形而上学观点和钱大昕的实用主义态度。王韬认为：历史是不断前进的，后人总要超越前人；行星沿椭圆轨道运动，乃是万有引力的作用，绝非假象。

经过长期激烈的斗争，哥白尼学说终于在我国取得了胜利。到了 1897 年有人编出歌谣说：

万球回转，对地曰天。日体发光，遥摄大千。
地与行星，绕日而旋。地体偏圆，亦一行星。
绕日轨道，椭圆之形。同绕日者，侧有八星。

这首歌谣概括了哥白尼学说的基本内容，表明哥白尼学说这时已广为传播了。

环绕着哥白尼学说在我国传播的斗争，晚清的华世芳（1854～1905）于 1884 年在《近代畴人著述记》中，引用了西晋天文学家杜预（222～284）的两句话，做了恰如其分的概括。他说，哥白尼-开普勒体系是“顺天以求合，而非为合以验天”。“顺天以求合”，就是按照自然界的本来面貌去认识自然规律，这是唯物论的反映论；“为合以验天”，就是先验地臆想一些条件强加于自然界，这是唯心论的先验论。这两句话代表了天文学发展中两条对立的认识路线。哥白尼学说的胜利，就是唯物论的反映论的胜利。

四、帝国主义的侵略对我国天文事业的摧残

远在鸦片战争以前，外国侵略势力已从我国东南沿海和北部边疆进行侵略骚扰。在北方，从 17 世纪 40 年代起，沙俄侵略者越过外兴安岭，开始了对中国领土的侵略蚕食。在东南沿海，从 16 世纪起就有荷兰、葡萄牙等的入侵。此后，西班牙、法国、英国、美国也都先后侵入中国东南沿海。他们有的强占中国岛屿城市，有的以扩展宗教势力进行文化侵略。这些西方殖民主义者，都把中国作为他们在远东进行掠夺和侵略活动的重要对象。由于当时中国还是一个独立的主权国家，也还有一定的自卫力量，西方殖民者的图谋大多未能得逞。

从 1840 年的鸦片战争开始，形势发生了质的变化。在这次侵略战争中，

由于清朝政府投降卖国，使得中国人民反抗外国侵略的正义斗争遭到失败。

鸦片战争是中国由封建社会进入半殖民地半封建社会的历史转折点。外国资本主义势力的入侵，就“使中国一步一步地变成了一个半殖民地半封建社会”(《毛泽东选集》)。从此以后，中国的社会矛盾更加复杂。这里除了原来就存在的人民大众和封建主义的矛盾，还有中华民族和帝国主义的矛盾、无产阶级和资产阶级的矛盾、农民及城市小资产阶级和资产阶级的矛盾、各反动统治集团之间的矛盾等。其中，帝国主义和中华民族的矛盾，封建主义和人民大众的矛盾，是近代中国社会的主要矛盾，而帝国主义和中华民族的矛盾，则是各种矛盾中最主要的矛盾。近代史上的一切革命和斗争都是在这些主要矛盾的基础上发生和发展起来的。这些矛盾斗争在天文学领域里也有充分的表现。

帝国主义在用洋枪大炮轰开了中国的大门之后，文化侵略就成了他们的殖民政策的一个重要组成部分。而天文学是一个很重要的领域。

1845 年美国圣公会（教会组织）在上海创立的约翰书院中开设了天文科，1846 年美国长老会在山东登州开办的同文会馆，里面也设有天文、数理等学科。它们开设天文课的目的，根本不是向中国介绍西方的近代天文学，而是使他们培养出来的学生掌握一点天文知识以后，更好地替帝国主义服务。

帝国主义在中国各地也办了一些天文台，这些天文台更是直接为他们的侵略目的服务的。例如，1877 年，法国在上海建立了徐家汇天文台。徐家汇天文台建成后，由法国传教士控制，专门收集中国沿海地区的气象等情报。所搞的授时，也是直接为帝国主义的军舰和商船队服务的。建台仅七年——1884 年，法国侵略中国的“中法战争”爆发，徐家汇天文台为法军提供了大量科学情报。1900 年，法国侵略者又在上海郊区佘山建造了另一个天文台，他们以搞天文为名，收集我国各方面的情报。

1894 年，日本在台北建立测候所。同年，中日甲午战争爆发，第二年中日签订《马关条约》，台湾地区就为日本帝国主义所侵吞，直至 1945 年抗日战争胜利，台湾地区才归还我国。台北测候所的建立，也完全是出于日本军事侵略者的需要。

1896 年德国强占我国胶州湾。第二年（1897 年）就在青岛设立了观象台。名为观象台，实际上是情报所。他们收集我国华北沿海一带的气象、地磁、地震等情报，为德军舰艇在中国沿海活动服务。

帝国主义在中国建立天文台，是帮助中国发展天文事业吗？当然不是。他们在中国建立天文台，完全是一种与当时形势相适应的更加巧妙的侵略方式。它既可以冠冕堂皇地在中国盗窃情报，又可以加强对各地的控制。对于这些，帝国主义分子也是直言不讳的。例如，1919年，代表徐家汇天文台的江南教堂检祭神父在给法国海军部部长的信中说："徐家汇天文台时刻努力为法国增光，尽一切能力为在中国海内航行服务……我敢向你保证，部长先生特别是我们可敬佩的法国海军可以深信天文台领导人的忠心和良好愿望。"

帝国主义者除了在中国领土上建立天文台、站，为他们的军事侵略服务，他们还摧残和掠夺中国天文文物。早在清朝康熙五十四年（1715年），耶稣会传教士纪理安竟将元代郭守敬等人制造的简仪当作废铜处理掉，这是殖民主义者任意践踏我国古代科学技术成就的不可容忍的罪行之一。

1900年，八国联军侵入北京以后，清朝钦天监的全部设施被洗劫一空，几个帝国主义国家就地分赃：德军抢走玑衡抚辰仪、浑仪、天体仪、地平经仪和纪限仪；法军抢走了赤道经纬仪、黄道经纬仪、象限仪和简仪。帝国主义的强盗行径激起了中国人民的满腔义愤，纷纷要求追还抢走的天文设备。在中国人民的强烈反对下，法国侵略者被迫把抢走的还没有来得及运往巴黎的仪器，于1903年在东交民巷法国使馆内送还我国了。德国将仪器仓皇运回了柏林，直至第一次世界大战后，根据《凡尔赛和约》，才于1921年运还我国。经过帝国主义这场洗劫以后，腐朽的清朝天文机构，也就名存实亡，奄奄一息了。

五、太平天国的历法改革

中国人民是不可侮的。面对帝国主义的侵略及清朝政府的封建统治，中国人民反帝反封建的革命斗争风起云涌。从三元里人民的抗英斗争，到太平天国和义和团的农民革命战争，都具有强烈的反帝反封建意义。1851年，洪秀全领导的太平天国革命，在长江流域一带开展武装斗争，大败清朝军队，大灭洋人威风，并且建立了农民革命政权。这一革命，在政治上沉重地打击了中外反动派，在科学技术上也进行了许多突破封建束缚的革新。太平天国农民政权宣布："凡一切制度，无不革故鼎新，所有邪说异端，自宜扫除净尽。"（洪仁玕《天历序》）。新的农民政权，以风卷残云之势，横扫腐朽的封建制度，荡涤地主阶级的意识形态，废弃了清政府颁布的“时宪历”，自 1852 年起自行颁布有名的“天历”。

图 2　《太平天国癸好三年新历》封面

“天历”的颁行，建立了农民阶级自己的“正朔”，也标志着广大农民在太平天国革命旗帜下，当家做主，把制历大权从地主阶级手里夺了回来。后来，太平天国领导人洪仁玕在为“天历”写的序里庄严宣布：“我天朝新天新地，新日新月，用颁新历，以彰新化。”这充分体现了农民起义军敢于埋葬旧世界的英雄气概，在我国历法史上写下了光辉的一页。

“天历”冲破反动的“天命论”，认为“本天道之自然，以运行于不息”。“天历”明确提出，以“便民耕种兴作”和“农时为正”作为制历的指导思想。自古以来，历代反动统治者十分重视制历这件大事。他们为了愚弄人民，在各类历书的日、月栏内都注上了“吉凶宜忌”“祸福休咎”的迷信说教。他们歪曲干支记法，把朴素的阴阳五行说篡改为占卜算命术，极力宣扬迷信。清朝反动统治者炮制的“时宪历”更是集其大成者。“天历”针锋相对斥责说：“从前历书，一切邪说歪例，皆是妖魔诡计”，并将它们“尽行芟除。”（《太平天国颁行历书》）。“天历”还豪迈地宣布：“年年是吉是良，月月是吉是良，日日时时也总是吉是良，何有好歹？何用拣择？……随时行事，皆大吉大昌也。”（同上）这充分表现了革命人民制天为用，破除迷信的英雄气概！洪仁玕在“天历”序中还痛斥了那些炮制“推测占验之术”的方士巫徒，“彼既不能自为趋吉避凶，岂有后人传之而能使人趋吉避凶之理”！有力地戳穿了他们的骗局，真是大快人心！大大鼓舞了革命人民反压迫、反剥削、反封建的斗志。

“天历”是以阳历为基础的，它抛弃了旧历中以月亮盈亏定月份的办法，规定一年为366日，分十二个月，单月三十一日，双月三十日，大小月相间，不设闰月。把每月月初称为节气，月中称为中气，以元旦为立春。这样，“天历”既简明，又整齐，便于群众记忆和使用。还沿用了古历中比较科学的干支纪年、纪月、纪日法，很符合农民的习惯。当然，“天历”在太平天国农民起义的风暴中诞生，不可能一出现就十分完善。随着太平天国革命的不断发展，“天历”在实践的过程中也不断地得到改进。例如，地球绕太阳一周只需要365.2422日，而“天历”即以一年为366日，因此，“天历”的节气会越来越落后于天象。到太平天国已未九年（1859年）。节气迟后于天象六天多。根据实际情况，天王洪秀全便采纳洪仁玕的建议订正历法，称《太平新历》，规定：“每四十年一斡年，逢斡之年每月二十八日，节气俱十四日。”于是每年平均为365.25日，与回归年长度大致相等。为了能更好地服务于生产，洪秀全又下诏制月令，把每年各季节草木萌芽、气象变化、农事活动及典型的农谚等都记录下来，附在下一年历书中有关日期的后面，以供参考。

“天历”一经颁行，就受到广大劳动人民的欢迎。据《武昌纪事》记载，太平天国癸好（即癸丑）三年（1853年），武汉庆祝元旦的盛况是：“金鼓鞺鞳（音汤答），楚垣俨然一大剧场。城内爆竹如雷，街巷地上爆竹纸厚寸许。”充分显示了广大劳动人民拥护农民革命政权，拥护“天历”，庆贺胜利的热闹情景。“天历”把干支中的“丑”改为“好”，“卯”改为“荣”，“亥”改为“开”，得到人民的赞赏。太平天国革命失败后，这些改革还在群众中广为流传，杭州就有“不觉草茅忘忌讳，亥开丑好未全芟”的歌谣。这说明群众对“天历”十分怀念。但是，在太平天国管辖区内的一些地主阶级顽固分子，却“恪奉清朝朔”，暗地里私庆旧历新年，妄图以此对抗“天历”。革命政权采取果断措施，发动群众侦察反动顽固分子的破坏活动，一经查获，便狠狠地“打了他们一顿屁股”。清朝反动派对“天历”更是恨之入骨。清政府的钦天大臣、到广西围剿太平天国起义军的刽子手赛尚阿，气急败坏地攻击太平天国“妄改正朔，实属罪大恶极”（《剿平粤匪方略》卷十）。曾国藩认为“天历”是“蠢尔狂寇，竟至更张时宪”，“逆天渎（不恭敬）天，罪大恶极”“是贼之悖（混乱），为亘古所无”（《贼情汇纂》卷六）。敌人的疯狂攻击，正好说明“天历”

好得很。在太平天国的革命旗帜下，“天历”在长江流域一带实行了十七年之久。如果不是后来为国内外反动派所扼杀，“天历”一定会更趋完善的。

惊天动地的太平天国革命运动，虽被清朝反动政府勾结帝国主义侵略势力镇压，但是太平天国的光辉业绩是不可磨灭的。太平天国所颁行的“天历”也以灿烂的篇章载入我国天文学史册！

六、我国近代历史时期的宇宙理论

鸦片战争之后，我国封建统治阶级内部也发生了分化，出现了顽固派和洋务派。同时，伴随着民族资本主义工商业的初步发展，中、上阶层中逐步分化出一个向资产阶级转化的改良派。

处于帝国主义侵略而造成民族危机的时候，各个阶级、阶层都有不同的反应。沿海各地人民坚决反对帝国主义的侵略，维护民族尊严。代表封建统治阶级利益的顽固派和洋务派出卖民族利益，与帝国主义结成反动同盟，走殖民地化的道路。改良派则要求变法维新，采取自上而下的改良主义。这虽不同于人民群众自下而上的革命斗争，但在一定程度上带有爱国救亡、抵抗帝国主义侵略的意义。康有为、严复、谭嗣同等资产阶级改良运动的领导人，他们那时要求进步，研究当时西方的社会学说和从哥白尼到达尔文这一时期欧洲最新的科学成就，其中包括天文学的成就，作为批判封建顽固派的思想，批判“祖宗之法不能变”的形而上学思想的武器，为他们的“戊戌变法”制造舆论。

康有为（1858～1927），早年是中国近代史上向西方寻找真理的代表人物之一，起过一定的进步作用。但是，他后来成了搞封建复辟的保皇党，反对资产阶级的民主革命，最后堕落为阻碍历史前进的反动派。康有为的世界观矛盾重重。他在青年时代接受了一些进化论的思想，但掺杂着不少唯心主义的成分。

康有为在写《大同书》之前，28 岁的时候（1885 年）写了一本《诸天讲》，共十五卷。晚年又加以修改，在他死后于 1939 年出版。书中夹杂了不少佛教思想，又有“论上帝之必有”的章节。但是剔除这些糟粕以后，仍不失为我国近代一本较早的宣传先进宇宙理论的著作。这本书是我国第一个介绍康德——拉普拉斯“星云说”的著作。

康有为还接受了康德和朗白尔的无限等级式宇宙模型，这是历史上第一个经过论证的宇宙无限论。而且康有为还用宇宙无限和有限统一的观点驳斥了爱因斯坦和利曼的宇宙有限论。

严复（1853～1921）是我国近代史上较为系统地翻译、介绍西方科学思想的人。他在《译〈天演论〉自序》中，提出了“天运”——以物质的运行代替天作为最高主宰的说法，承认运动是物质的基本属性。在严复看来，宇宙之间，物质和力相互作用，没有物质显不出运动的力，没有运动也显不出物质来。这就承认了运动是物质的基本属性。严复又按照西方自然科学的假设，把“以太”作为物质的本原，认为我国古代哲学家所说的“一清之气”就是“以太”①，并且认为宇宙间“以太”总量是不增不减的，这是物质不灭原理的阐明。他用进化论的观点，反复强调搞维新变法的必然性和必要性，为资产阶级变法运动大造舆论，起了一定的进步作用。但是，他夸大了感性经验在一定条件下的局限性，导致了否定事物的客观性，最终成为一个不可知论者。

资产阶级改良运动的激进分子谭嗣同（1865～1898），对宇宙在空间上和时间上的无限性的认识，比起我国古代的宇宙无限观点，有更具体的描述和论证，并且包含一定的辩证法因素。他对宇宙无限性的论述，虽然用了一些佛教术语，但从主流看，他的主张仍然是无限等级式模型，而且阐述得比他的老师康有为更具体而明确。他认为，宇宙整体是无始无终的，但宇宙间每一个具体事物都是有始有终的。他认为，地球是要消亡的，因为地球是宇宙间一个物体，物体都有发生、发展和消灭的过程。但是消亡不是物质消灭了，而是转变为另一种形态。谭嗣同又进一步指出，日、地未生成前的物质形态是“浑沌磅礴之气”，“充塞固结而成质，质立而人、物生焉”。

从 1898 年“戊戌变法”失败，到 1911 年“辛亥革命”前夕，这是中国资产阶级民主革命的准备时期。站在资产阶级革命派的立场上，同改良派进行了尖锐斗争的章太炎（1869～1936），在综合我国古代特别是王充《论衡》中的唯物主义观点和当时天文学理论的基础上，写了一篇《天论》。其中指出，“恒星皆日，日皆有地”，“地生于日”。然而地上人的“祸福，则日勿与焉。若夫天与帝，则未尝有矣”。这是十分鲜明的反天命论、反占星术的观点。前

① 以太是物理学为了解释电磁场的存在和光波传播而假设的充满在一切空间和物质中的一种物质。现在证明以太并不存在，电磁场是物质存在的特殊形式。

期的章太炎作为一个先进的革命民主派，还继承并发展了荀况“人定胜天”的思想，提出了“革天”说。要革老天爷的命，这是他主张用革命暴力推翻封建统治的政治主张在自然观上的直接表现。

在资产阶级民主革命时期，伟大的革命先行者孙中山（1866～1925）对“以太说”和“星云说”也有论述。孙中山指出，“以太”只存在于有精神的生命存在以前。由“以太”发展到地球，其间的年代是无法计算的。

在另外的地方，他又说：“地球本来是气体，和太阳本是一体的。始初太阳和气体都是在空中，成一团星云，到太阳收缩的时候，分开许多气体，日久凝结成液体，再由液体固结成石头。”（《孙中山选集》下卷第662页）

由此可见，孙中山的天体演化观点是接受了“星云说”的。“以太”这个概念，在他的论述中也相当于宇宙万物的本原。孙中山把西方的自然科学，纳入自己的革命学说中，为自己的政治路线服务。他领导的辛亥革命，推翻了反动腐朽的清朝政府，结束了统治中国2000多年的封建帝制。

但是，辛亥革命未能建立起一个资产阶级共和国，中国人民仍处于半殖民地半封建社会的水深火热之中。从鸦片战争到辛亥革命的半个多世纪里，进步的知识分子先后介绍了那么多的西方资产阶级的民主革命学说和近代自然科学知识，既没拯救中国，也没有使中国的科学事业得到发展。正如毛主席所说：“中国人向西方学得很不少，但是行不通，理想总是不能实现。多次奋斗，包括辛亥革命那样全国规模的运动，都失败了。”“康有为写了《大同书》，但他没有也不可能找到一条到达大同的路。”（《毛泽东：论人民民主专政》）

“十月革命一声炮响，给我们送来了马克思列宁主义。”（《毛泽东：论人民民主专政》）中国人民在伟大领袖毛主席和中国共产党的领导下，推翻了三座大山，建立了新中国。中华人民共和国成立后，贯彻执行毛主席的“独立自主，自力更生”，“古为今用，洋为中用”的方针，我国天文学事业正日新月异地向前发展。历史和现实都证明，只有社会主义才能救中国。

〔《中国天文学简史》编写组：《中国天文学简史》，天津：天津科学技术出版社，1979年〕

明末爱国学者徐光启

今年 11 月 8 日，是首先把西方科学系统地引入我国的明末爱国学者徐光启逝世 350 周年纪念日。届时，上海各界人士将举行纪念活动，徐光启墓地所在的南丹公园将改名为光启公园，南丹路将改名为光启路，并为他塑像；中国科学技术史学会等五个团体将联合举行徐光启研究的学术讨论会；上海古籍出版社线装影印的《徐光启著译集》将于 10 月底出版。

徐光启继承了我国传统的农本思想，认为农业是“生民率育之源，国家富强之本”。他从 1384 年算起，到 1594 年为止，统计了朱元璋直系子孙吃宗禄的人数，发现人口“大抵 30 年而加一倍”，这比马尔萨斯于 1798 年发表的《人口论》早了将近 200 年。他所处的那个时代，全国税收已不够供养宗室禄米的一半，粮食问题非常严重，为了解决这一困难，他提出了首先发展农业的主张，认为皇帝子孙也不能游手好闲，必须自己种田。

种田得有技术，徐光启穷毕生之力，调查农作物的种类和在各地生长的情况，既访问老农，又亲自实验。根据调查研究的结果，写出了好几种农学著作。其中《农政全书》是最大、最全的一部，涉及农、林、牧、副、渔各个方面，有些见解今天仍有参考价值。

一个国家只有农业不行，还得有国防，有工业，有科学。徐光启在这些方面都有重要贡献。对于天文、物理、气象、水利、建筑、机械、测量、制图、医学和会计等各种学科，徐光启也很关心，认为它们都是“济世适用”之学；而要发展这些学科，首先得研究“众用所基”的数学。于是他和利马窦合作。翻译了欧几里得的《几何原本》。虽然此书只译出了前六卷（原书共十五卷），却是我国第一次翻译过来的希腊科学名著。

1629 年（崇祯二年），明廷令他在北京宣武门内设立历局，改革当时沿用了 300 多年的“授时历”。他一面聘请传教士翻译书籍，一面制造仪器，积极进行观测。在短短的五年中，他们共编译书籍 137 卷，这就是中国天文学史上有划时代意义的《崇祯历书》。它不仅引进了许多先进的科学技术，而且成了清代用了二百多年的“时宪历”的基础。

徐光启出生于上海，于 1633 年卒于北京，享年 72 岁。晚年虽然做了宰相，但每来晚上还要读书到深夜，住的是一间一丈见方的房子，盖的是一条补了补丁的破被子。临终时身边所剩下不到十两银子。这样一位廉洁奉公、勤恳治学、做出重大贡献的学者，是永远值得纪念的。

〔《光明日报》，1983 年 10 月 26 日〕

爱国科学家徐光启的伟大贡献

徐光启是明代杰出的科学家，我国现代科学的先驱者。他生活的时代，正是明王朝急剧崩溃的前夕，外有西方殖民主义者和倭寇骚扰沿海地区，内则水、旱、虫灾不断发生，民族矛盾和阶级矛盾十分尖锐。面对这一危在旦夕的形势，徐光启从忠君爱国的思想出发，以“富国强兵”为己任，上了不少奏疏，写了不少著作，并且躬行实践，奋斗终身，在中国历史上写下了光辉的一页。

徐光启继承了我国古代的农本思想，认为农业是“生民率育之源，国家富强之本”。要发展农业，既有政策上的问题，也有技术上的问题。当时粮食问题十分严重，“南粮北运”的矛盾非常突出。西北田地荒芜不垦，而东南赋税越来越重。为了解决这一矛盾，他建议在西北兴修水利，进行屯垦，并四次亲自到天津进行种植水稻的试验，以实际行动突破“风土论”的束缚，积极提倡在北方种水稻和推广刚传到福建的高产作物甘薯。

对于水、旱、蝗这三项自然灾害，徐光启认为蝗虫为灾最惨，但只要政府重视，充分发动群众，是能够根治的。他统计了我国记载的 111 次蝗灾发生的时间和地点，在《治蝗疏》中提出一整套灭蝗方法，今天看来也是正确的。

《农政全书》是徐光启留给我们的一份丰富的遗产。“政”就是用政治的力量来促进农业生产和保证农业劳动者的生活，因而《农政全书》比以前的农书有更广阔的内容，它不仅讲农业技术，还讨论开垦、水利、荒政等问题，形成这部书的一个特色。当然，它在农业技术方面的贡献也是很多的。例如，徐光启把棉花丰产的经验总结为“精拣核，早下种，深根短干，稀科肥壅（即种得稀、肥料足）”。这个只有 14 字的口诀，很容易被农民记忆。

在徐光启的思想中，富国强兵是并重的两个政策，而这两者又是统一的。当杨镐率兵 13 万出关抵抗清军，大败而归时，他立刻上疏指出，这次失败的原因，除战略上的差错外，更重要的是：军官骄而无能，士兵素质低劣，武器钝朽。要想战胜敌人，必须选练精兵，制造新式火器。他曾亲自在通县和昌平选练士兵和督造火器，在练兵过程中，他给我们留下了两部军事著作：《徐氏庖言》和《选练条格》。《选练条格》以前以为遗失了，这次编《徐光启著译集》，莫文骅将军献出了他的珍藏，使我们有机会研究这部军事著作，这也是纪念活动中一件有意义的事。

除农业科学和军事科学外，徐光启对天文、气象、水利、建筑、机械、测量、医学和会计等各种学科都很重视，认为它们跟国计民生都有关系，而要发展这些学科，首先就得发展“不用为用，众用所基”的数学，于是他和利马窦合作翻译了欧几里得的《几何原本》，虽然只译了前六卷，但其意义是非常巨大的。第一，它开辟了与历来传统大不相同的演绎推理的思维方式，与后来严复所介绍的归纳法相结合，成为马克思主义辩证法传到中国以前的主要科学方法；第二，它是我国首次翻译过来的希腊科学名著，使中国学者耳目一新，影响了有清一代的数学发展；第三，它定出的许多数学名词，如垂线、锐角、相似、外切等，一直应用到今天。继《几何原本》之后，他又与利马窦合译了《测量法义》，与熊三拔合译了《泰西水法》，把西方测量和水利学方面的知识引进到我国来。

徐光启的另一重大贡献，就是主持编译《崇祯历书》，进行历法改革。在改历过程中，他和守旧派进行了激烈的论战，同时，又与人为善，希望他们能够深入学习，共同讨论。他主持历局工作中，一面聘请传教士翻译书籍，介绍西方天文理论和计算方法；一面制造仪器，昼夜进行观测，同时延揽人才，培养后进。《崇祯历书》在我国天文学史上有划时代的意义：它明确了大地是球形的概念和球面上有经纬度的划分；有了包括南天星座在内的全天星图；引进了望远镜和钟表、三角学和有五位小数的三角函数表；采用了蒙气差、地半径差等改正值；采用了分圆周为 360° 和分一日为 96 刻（即 24 小时）的度量单位。它使中国天文学和世界天文学相结合，从此以后，我国天文学即不再成为一个独立体系。

徐光启在对待西方科学的引进上，并不是简单移植，而是要求“超胜”。他学习西方科学于利马窦、熊三拔等人，但其造诣和贡献远比这些人突出，而其思想境界之高，更是这些人所不能比拟的。至于徐光启以后的中国，未能产生受控实验与数学化相结合的近代科学，这是一个社会问题，不能由科学家本人负责。今天，中国人民在中国共产党的领导下，终于推翻了压在自己头上的三座大山，为科学发展开辟了广阔的道路。我们相信，在历史上出过张衡、一行、郭守敬、徐光启等伟大科学家的中华民族，在建设社会主义物质文明和精神文明的实践中，一定能够涌现出更多的杰出科学家，为人类做出更大的贡献。

〔《上海科技报》，1983 年 11 月 11 日〕

中国古代天文学成就

中国古代在天文学上的成就是多方面的，当代科学家们最感兴趣的是持续了2000多年的天象记录。最有名的一个例子，就是在北宋时期的1054年，我国记录到天关星附近，有一颗本来看不见的星忽然辉煌灿烂起来；过了一年零十个月又不见了。现在许多外国人都把这颗星叫作“中国新星”。20世纪20～40年代，欧美天文学家们根据中国和日本的记录，对这颗新星做了新的详细研究，得出结论说，它是规模更大的超新星的爆发。在这颗超新星爆发的位置上，现在遗留下了一个蟹状星云。1968年在蟹状星云的中心，又发现了一个规则的快速旋转的脉冲体，这个脉冲体可能就是恒星演化到晚期的中子星，为当今高能天体物理学研究的重点对象。因而，宋代天文学家的观察对全世界做出了历史的贡献。

超新星是一种极其罕见的现象，现在公认的银河系内的超新星只有四颗，除上述那颗以外，其余三颗分别出现在1006年、1572年和1604年。我国是唯一对这四颗超新星都拥有记录的国家。英国著名科学家李约瑟甚至认为，中国在公元前11世纪以前的殷商时代的甲骨卜辞中，已有关于超新星的记载。

战国早期曾侯乙墓出土的二十八宿箱盖，距今已有2400多年。箱盖中间绘北斗，北斗周围标有二十八宿的名称和位置，是涉及我国二十八宿的最早文物。古人为了系统观测日、月及水、金、火、木、土五星的运行，取绕天一周的二十八个星座作为观测标志，叫二十八宿。它对划分季节、制作历法有重要作用。

罗文发　摄影

北京隆福寺藻井星图，约绘于明景泰四年（1453年）以前，但其底本却是唐代（618～907年）或唐代以前的星图。

孙志江　摄影

铜圭表，乾隆九年（1744年）利用前代遗留部件改造而成。其中铜圭是元代原件，上面刻有自公元6世纪北周起沿用下来早已失传的天文专用尺度，因久经风雨侵蚀，几难辨认。近年，我国科学工作者偶然发现了刻痕，测出了尺值，这使复原我国古代天文仪器成为可能。

孙志江　摄影

自殷商时代起到20世纪初的清末为止，我国记录了日食1600多次，月食1100多次，月掩行星200多次。利用这些记录可以研究地球自转变慢的速率和万有引力常数是否在渐小的问题；前者与地震的研究有一定的联系，后者则与宇宙学有关。

现在，全世界的天文学家正在忙于迎接哈雷彗星的到来。哈雷彗星每 76 年回到太阳附近一次，下一次过近日点的时间是在 1986 年 2 月 9 日，那时它最为明亮。哈雷彗星上一次经过近日点是在 1910 年，从此一直上溯到公元前 240 年，共出现 29 次，而中国又是每一次都拥有记录的唯一的国家。

河南登封元代测景台，建于 1279 年前后，是我国现存最早的天文台建筑，台高 9.46 米，台前由石圭组成的“量天尺”长 31.19 米，主要用于测正午日影长短变化、定二十四节气和太阳周年常数，以编算历法。

中国古代天文学家不但勤于观测，而且精于观测。1610 年伽利略把望远镜指向天空，发现了太阳的黑子和木星的卫星，这是任何一本天文学史都要大书特书的事，但在伽利略以前两千年，我国战国时代（前 475～前 221 年）的甘德就记载了木星“有小赤星附于其侧”；在伽利略以前 1600 年，《汉书・五行志》中就记录了黑子，而且从此以后，史不绝书，至伽利略时已经记录了一百多次。

除了对这些奇异天象进行监视，予以观测和记录外，我国古代天算学家更多的工作则是用仪器进行天体位置的测量，据以编制历书。春秋时代（前 770～前 476 年）我国的历法已经相当准确。战国时，我国已普遍采用“四分历”，即取一年的长度为 $365\frac{1}{4}$ 日，这比罗马人采用“儒略历”早约 360 年。宋代的“统天历”以 365.2425 日为一年的长度，这和现今世界通用的“格里高利历”完全一样，但比“格里高利历”颁行（1582 年）早 383 年。明代邢运路于 1608 年测得回归年的长度为 365.242 190 日，已经准确到十万分之一日了。

要取得这样精密的数据，当然非用仪器不可。回归年的长度可以用圭表和漏壶得到。表是直立的柱子，圭是一支南北平放的尺，用来量度在太阳光照射中表影的长度。河南登封现存有一巨型测景台，是元朝（1271～1368 年）按照圭表原理建造的。同样的一个设施也建立在元大都（今北京）的太史院里。元代的太史院是当时世界上最大的天文机构，占地 11 200 多平方米，有一座高 17 米的天文台，台上安装有郭守敬设计的、由传统的浑仪改进而来的简仪，它是当时世界上最先进的仪器。

元代著名天文学家、数学家和水利学家郭守敬（1231～1316），曾创造出十几件观测天象的仪器，并参与编制了我国历史上使用最久、影响深远的“授时历”，使古代天文学发展达到了高峰（孙志江　摄影）

用浑仪测出恒星的坐标值以后，把它用文字叙述，就是星表，绘在图上，就是星图；绘在圆球的表面上就是浑象（天球仪）。我国在战国时期已有包括 121 颗星的所谓“石氏星经”，这比希腊人约早 60 年。唐代（618～907）敦煌星图的画法已和现在的方法一样，而宋代（960～1279）的苏州石刻天文图，更是以星数多、位置准闻名于世。汉代张衡利用水力推动齿轮系，齿轮带动浑象绕轴均匀地旋转，一天刚好旋转一周。这样，人坐在屋子里看着浑象，就可以知道这个时候哪颗星在什么位置上，其巧妙程度在当时也远远居于世界前列。

郭守敬发明的圭表附件之一——景符（复原制品），曾用于登封测景台。它利用针孔成像原理显示表影在圭上的准确位置，大大提高了精度，达到同时代测影的最高水平。（黄韬鹏　摄影）

郭守敬发明的简仪，使观天仪器的环架从一个共同的中心解放出来，测用时环架不致互相遮挡，结构和工艺也大为简化，从而成为世界近代天文仪器赤道装置的先导。（孙志江　摄影）

附件之二——窥几（复原制品），把它放在石圭上，人伏几下，透过几面孔隙与台上横梁取直，可以夜测星月，扩大了测景台原先只测日影的使用范围。（黄韬鹏　摄影）

东汉著名天文学家张衡（78～139），精通天文历算，曾两度担任执管天文的太史令。他最早创制了用水力推动的浑天仪和测定震源方位的地动仪，提出宇宙无限的主张，对我国古代天文学的发展作出了卓越的贡献。（孙志江　摄影）

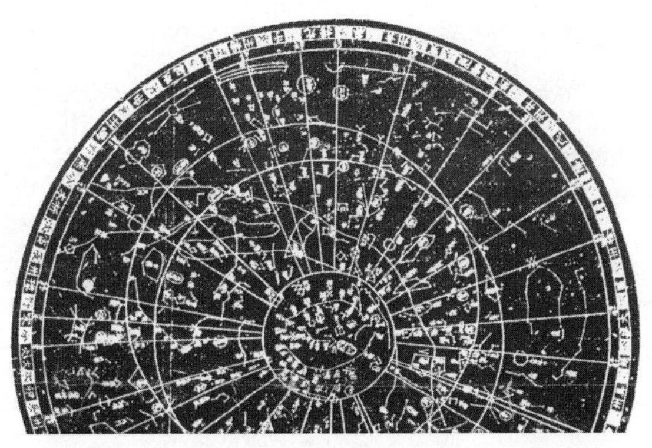

苏州石刻天文图，刻于南宋淳祐七年（1247 年），外圈直径 91.5 厘米，共刻恒星 1434 颗，并刻出银河的界线，以星数繁多，位置准确闻名于世。（孙志江　摄影）

延祐铜壶滴漏，元延祐三年（1316 年）铸造，是我国现存最早的一组多级铜壶滴漏。自上而下为日壶、月壶、星壶，受水壶，通高 264.4 厘米。受水壶盖中央插铜尺一把，上刻十二时辰，铜尺前插放木制浮箭，水升则箭上，据以度尺计辰。（孙志江　摄影）

八世纪上半叶成书的唐《开元占经》，汇集了先唐天文观测记录，其中有约公元前四世纪时关于木星“有小赤星附于其侧”的记载（图中加黑线处），比伽利略发现木星卫星约早两千年。

汉代帛书《彗星图》，长沙马王堆三号墓出土，抄绘时代约在公元前 205 年左右。图上有不同的彗头和彗尾，说明对彗星形态的观察已很精确，分类也很科学，反映了当时天文学的突出成就。

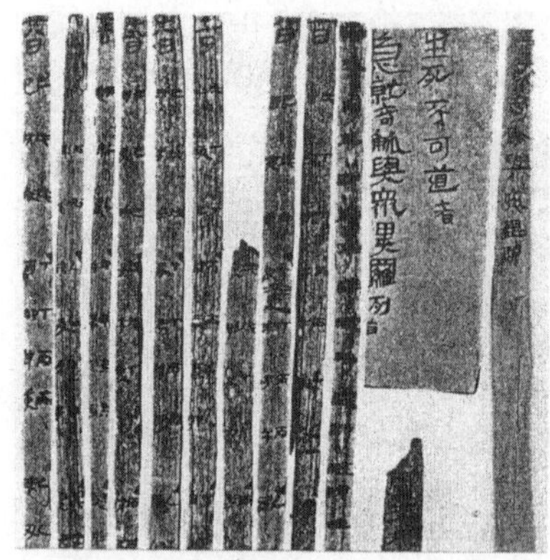

敦煌汉代木简中神爵三年（前 59 年）的历谱。

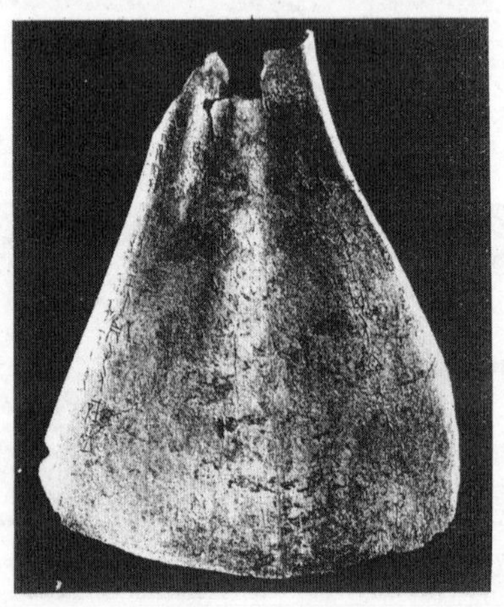

商代甲骨卜辞中的天象记录，上有“壬寅贞月又戠”字样，记述的是商代武乙文丁时期的一次月食，距今已有三千多年，是我国最早的天象记录。

〔《人民画报》，1983 年第 11 期〕

现存观测时间最久的北京古观象台

今年 4 月 1 日，坐落在北京火车站东面，建国门立交桥南侧的北京古观象台又重新开放了。前来参观者兴致勃勃，络绎不绝，这座经历了 540 多年风雨的古代天文台为什么如此引人注目呢？这里有必要介绍一下它的历史和科学地位。

北京有天文设施，开始于金天会五年，即 1127 年，距今已有 850 多年的历史，但当时所用仪器已不存在，放置仪器的天文台，是否就在现在这个台的附近，目前尚未考察清楚。

建国门附近有天文机构，可上溯到 1279 年，即元世祖至元十六年。这一年，在著名天文学家王恂（1235～1281）和郭守敬等的主持下，在今天中国社会科学院所在的地方，建立了当时世界上最大的天文机构——太史院和司天台。太史院占地面积 11 300 多米 ^{2}，主体是一座高 17 米的司天台（比现在的古观象台高 2 米）。台分三层。最上一层放置郭守敬设计的当时世界上最先进的简仪和仰仪等，中、下两层环以房屋建筑。中层放置图书、仪器、资料，是研究用房。下层是办公用房，除太史院领导人员和行政机构外，专业人员有 70 名，分属推算局、测验局和漏刻局。另外，在主台的东南方有一小台，置玲珑仪；在主台的西南方“立高表，表前为堂，表北敷石圭”，类似河南登封的观星台；南方有一排房屋为印刷厂，负责印制历书。图为伊世同同志于1981年根据《元文类》卷17所载杨桓写的《太史院铭》所绘的元太史院复原图。

明朝开国皇帝朱元璋于洪武元年（1368年）定都南京以后，在那里设立司天监，并把北京的天文人员迁到南京。到1384年，又把北京的仪器南迁，于次年在南京鸡鸣山建立了一个新的天文台，隶属于钦天监，把搬去的仪器安装在这个台上。与此同时，元代的司天台连同建筑，可能也大部分被拆除了。

永乐十九年（1421年），明成祖把首都迁回北京。南京的钦天监仍然保留，天文观测继续进行，另在北京设立行在钦天监，暂借元代太史院残余下的房屋办公，并在附近的城墙上进行目视观测。明英宗正统二年（1437年）春，依行在钦天监监正皇甫仲和的请求，派人去南京用木料仿制前代仪器，运回北京校验后，于正统四年用铜铸造。正统七年（1442年）利用元大都城墙东南角楼旧址修建观星台（至清代又改名为观象台），并在城下建紫微殿等房屋，将铸成的浑仪、简仪、浑象放在台上，将圭表和漏壶放在台下。正统十一年（1446年）又增修晷影堂。至此，北京古观象台和附属建筑群，大体上即具备了今天所见到的规模和格局，以后主要是仪器设备的变化了。

1644年清政权建立之初，接受了德国人汤若望（Adam Schall，1592～1666，1619年抵华）的建议，改用欧洲天文学的方法计算历书，并采用了现在通行的分圆周为360度和60进位制。这样一来，中国古时分圆周为365十度的仪器就不适用了。康熙皇帝便于1669年命比利时人南怀仁（Ferdinand Verbiest，1623～1688，1659年抵华）设计和监造新的仪器。至1674年，南怀仁造成了六架仪器：赤道经纬仪、黄道经纬仪、地平经仪、地平纬仪（亦名象限仪）、纪限仪和天体仪。其中黄道经纬仪和能直接测量两个天体之间角距离的纪限仪，是中国古时所没有的，完全是欧洲式的。遗憾的是，南怀仁把测量地平坐标的仪器分解成了两件，使用起来很不方便。到了康熙五十四年（1715年）法国人纪利安（Kilianus Stumpf）又设计制造了一架地平经纬仪，来补救这个缺陷。纪利安在制造这架仪器时，曾把保留在台下的一些元代仪器充作废铜使用。这一点曾引起当时我国天文学家的义愤。

这七架仪器制成后都放在台上，原来的仪器就移到台下，废而不用了。

乾隆皇帝于 1744 年到观象台上视察，一看所有仪器都是西方的构造、制度，不以为然，便下令按照中国传统的浑仪再造一架新的仪器。这架仪器后来被命名为玑衡抚辰仪，它与中国传统浑仪不同的地方主要是：传统浑仪共分三层，它在最外层（六合仪）取消了地平圈，在第二层（三辰仪）取消了黄道圈；用 360 度和 96 刻时制取代古时的 365 十度和百刻制（即分一昼夜为 100 刻）。

1900 年八国联军侵入北京，德、法两国侵略者曾把这八件仪器连同台下的浑仪、简仪平分，各劫走五件。法国搬走的赤道经纬仪、黄道经纬仪、地平经纬仪、地平纬仪和简仪，只运到法国驻华大使馆，在舆论的压力下，到 1902 年即归还。德国搬走的地平经仪、纪限仪、天体仪、玑衡抚辰仪和浑仪，则被运到波茨坦离宫展出，直到第一次世界大战后，才根据《凡尔塞和约》第 131 条的规定，于 1921 年运回我国，重新安置在观象台上。

在所有仪器被侵略者抢劫一空以后，为了维持最起码的日常观测工作，这里的工作人员又赶制了两件小型仪器——折半天体仪和小地平经纬仪。所谓折半，意思是大小只有清初仪器的一半。

1911 年辛亥革命以后，北洋政府将这里改组为中央观象台，由在比利时布鲁塞尔大学得工学博士学位的高鲁（1877～1947）任台长。中央观象台内分设天文、历算、气象、地磁四科。在天文方面，添购了多能经纬仪、等高仪、小型望远镜等设备，并拟在北京西山建立现代化大型天文台，已勘察台址和进行初步设计，但因经费没有着落，未能成功。1927 年，高鲁去南京筹建紫金山天文台，乃于 1929 年将这里改为天文陈列馆。1931 年“九一八”事变发生，日本侵略者进逼北京，我国天文工作者为了保护文物，又把原来放在台下的浑仪、简仪、漏壶（两个）、圭表、小地平经纬仪和折半天体仪等七件仪器运往南京。至此，北京古观象台就只剩下现在陈列在台上的八件清代仪器了。运往南京的七件仪器，现在分别陈列在紫金山天文台和南京博物院。

新中国成立以后，古观象台划归北京天文馆管理，从 1956 年 5 月 1 日起接待国内外来宾参观。1959 年 4 月因要筹建中央科技馆，又由中国科协接管。其后几经周折，始终处于关闭状态。1978 年 4 月邓小平同志批示，这里应该重新划归北京天文馆管理，但占用单位迟迟未迁走。1979 年 8 月 17 日凌晨，大雨滂沱中轰隆一声，古观象台的东侧倒塌。此事震惊中外。9 月 15 日古观象台终于正式移交北京天文馆。经过 3 年多的努力，现在修葺一新，重新开放，并经国务院批准，列为国家重点文物保护单位。特别值得介绍是，修复后的台体与以前有所不同。为了充分利用空间，在保持外形不变的条件下，把台体挖成了三层空心，将第一、二层开辟成展览室，连同台下的建筑群，一并用来展览我国古代的天文成就。

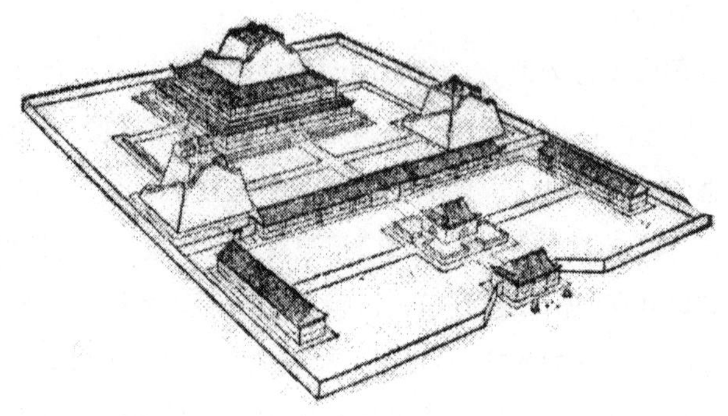

元太史院复原图

以上是北京古观象台的历史沿革，现在再说说它的科学地位：

第一，不算建在附近的具有当时世界最高水平的元代天文机构，仅从明正统七年二月壬子（1442 年 4 月 1 日）在这里建观象台开始，到 1929 年 5 月 26 日改为天文陈列馆不再进行观测为止，其间也有 487 年的历史，是世界上现存的唯一的一个在同一地点保持观测时间最久的天文台。在这近 500 年时间里，中国天文学家们“观察唯勤”（康熙帝题词），在这里夜以继日地工作，给人类积累了丰富的天文观测资料，其中有些对今天的科学研究仍有一定的意义。例如，他们发现 1572 年出现在仙后座的超新星，即所谓第谷新星，比第谷早三天，而且比他多观测了一个多月；而关于开普勒新星，即 1604 年出现的蛇夫座的超新星，这里的观测期限也只比欧洲少两天，总共看到的时间是一年。在这两个超新星出现的位置上，现在都发现有光学遗迹和射电源，前者还是一个 X 射线源，它们都是当今天文学家研究的重要观象。

第二，清代天文学家们除了进行日常观测工作，还进行了两次规模巨大的恒星位置观测，编成了以 1744 年为历元的《仪象考成》星表和以 1844 年为历元的《仪象考成续编》星表。前者包括 3083 颗星的星等、赤道坐标值和黄道坐标值，后者又增加到 3240 颗星。今天我们仍在沿用的恒星的中文名称主要是依据这两部星表确定的。

第三，辛亥革命以后，中央观象台在这里工作的18年间，做了几件大事。①出版了中国人写的第一部关于相对论的著作，即高鲁的《相对论原理》(1922年)。该书共分两卷，上卷为《相对简论》，即狭义相对论：下卷为《相对通论》，即广义相对论。②编辑《观象丛报》《观象汇刊》，系统地介绍了近代天文学知识和气象学知识。③于1922年10月30日正式成立中国天文学会，在这里召开了前四届年会，并派人参加国际天文协会等学术会议，为中国近代天文事业的发展准备了条件。

第四，在现存的天文古迹中，这是能够反映我国古代天文学全貌的唯一的一个地方。洛阳的汉魏灵台只剩下一个土堆，河南登封告成镇的观星台没有仪器保留下来；这里则是建筑完整，仪器成套，既可以看到当时天文学家工作的情况，又可以看出当时的冶金铸造和机械工艺水平，是研究天文学史和工艺史的好地方。

第五，由于清初接受了西方天文学知识，在仪器制造方面也由欧洲人来设计、监制。因此，这些仪器也反映了望远镜发明以前的欧洲古典天文仪器的水平。加之在欧洲，17世纪以前的仪器保留下来的也已不多。因此，这些清代仪器既是文化交流的见证，也是研究世界天文学史的重要文物。由国际天文协会和国际科学史协会联合主编的四卷本的《天文学史》中，将对这些仪器进行详细记载。

据统计，从1930年7月1日到1936年6月30日来这里参观的人数中，外国人占70%。那时中国人民处于水深火热之中，北京危在旦夕，来看的人很少。今天，解放了的中国人民物质、文化生活水平普遍提高，我们相信，今后来参观的国内外观众都会很多，这里将和故宫博物院、自然博物馆等一样，成为一个引人注目的科学文化中心。

〔《百科知识》，1983年第5期〕

继往开来　任重道远

中国科学院自然科学史研究所建所已经30年了。回顾以往，真是苦乐备尝，展望未来，更觉任重道远。

30年前，在前副院长竺可桢的积极倡导和组织下，中国科学院中国自然科学史研究室于1957年1月1日正式成立了。我国著名科学家叶企孙对这个研究室的创建也作出了很大的贡献。敬爱的周恩来总理亲自批准将李俨和钱宝琮两位科学史家调进研究室，并由李俨任室主任，开始了有组织、有计划的研究工作，我作为这个研究室最初的8个成员之一，饮水思源，永远怀念周总理和竺、叶、李、钱诸老对我国科学史事业和我所建设的开创之功。

我所目前建立科技通史、数学天文史、生物学地学史、物理化学史、技术史和近现代科技史6个研究室，全所人员由30年前的8人发展到今天的140余人（其中专业人员111人），高级研究人员48人（其中研究员16人，副研究员32人），近年来又培养了科学史硕士和博士30多人，成为具有一定规模的、我国唯一的多学科及综合性有技术史专门研究机构。

科学史研究属于基础科学研究，是一门自然科学和历史科学相交叉的学科。它不仅需要现代科学的训练，还需要历史学的背景。而目前，它越来越密切地同考古学、人类学、社会学、哲学等学科建立了联系。科学史研究就是这样从诸多学科的综合和分析出发，搜集中外科技史文献和实物，调查传统工艺和进行复原复制，研究和探索人类历史上科学技术的产生、发展的规律性等问题，以便从成功的因素中获得启示，从失败的原因中吸取效益，对科技工作、科技政策和科技管理提出借鉴和建设性的意见，为四个现代化服务，为社会主义物质文明和精神文明建设服务。

科学史研究的成果主要是以学术论著的形式表现出来的。30 年来，我们研究人员编著（或参与编著）出版了 50 多部学术著作，在各种学术刊物上发表了上千篇专题论文，创办了《科学史集刊》《自然科学史研究》《科学史译丛》《科技史文集》等刊物，取得了一大批在学术上有价值、对国内外科学史界有影响、对四化建设的贡献的科研成果。如，《中国科学技术史稿》荣获 1982 年全国优秀科技图书二等奖；《中国古代科技成就》（中、英文版）荣获 1984 年优秀外文书刊二等奖；《中国古代建筑技术史》（中、英文版）荣获 1986 年首届中国图书奖；《李约瑟文集》（中译本）荣获 1986 年首届中国图书荣誉奖等。另外，还有我所参与写作的《中国古代矿业开发史》获 1983 年全国优秀科技图书二等奖；《中国古桥技术史》获首届中国图书荣誉奖。关于古代新星和极光等天象资料的研究则对现代科学的发展有重要的参考价值，其论文在国内外被上千次引用。淅川编钟的研究与复制荣获 1980 年第一机械工业部重大科技成果二等奖；曾侯乙编钟的研究与复制荣获 1983 和 1984 年度文化部重大科技成果一等奖。舞台用十二平均律华夏 I 型仿古编钟的研制受到音乐界、考古界、冶铸界和技术史界的好评，并由四川省歌舞团用于国内外演出，受到热烈欢迎。

近年来，我所在组织全国科技史研究力量和国际学术交往中，日益发挥重要的作用。1980 年成立的中国科学技术史学会以我所为挂靠单位，学会拥有 800 多名会员，举行过几十次全国性的综合或分科的科学史学术会议。1984 年我所举办了第三届国际中国科学史讨论会，获得圆满成功。我们有两人被选为国际科学史研究院通讯院士，有两人曾被国外著名大学聘为客座教授，现有两人在国际组织中任职，每年都有人出国访问，讲学，出席各种学术会议，与五大洲的科学史界有广泛的联系。

在建所 30 周年之际，我们深感自己肩上的责任重大。我们要充分发挥我所多学科、多兵种的优势，进行 30 卷本“中国科学技术史丛书”的编纂，大力加强中国和世界近现代科技史的研究，努力为四化建设服务，将我所办成一个面向国内外的、开放性的研究所。

〔《科学报》，1987 年 9 月 22 日〕

落下闳

著名历史学家班固在编写《汉书》的时候说:“汉之得人……历数则唐都、落下闳……兴造功业，制度遗文，后世莫及。”唐都是司马谈的天文学老师;司马谈是汉武帝的太史，负责掌管天文工作。司马谈死后，其子司马迁继父职做太史。当时的太史，不仅管天文历法，也管文物典籍、祭祀和编写史书。司马迁用了 20 多年时间，总括自黄帝到汉武帝的历史，写成《史记》130 卷，其中天文学内容除散见于各卷外，还有三卷专门叙述，即《天官书》《历书》和《律书》。自此以后，凡是历史著作，都仿照此例，对天文学设有专门篇章。2000 多年我国天文史料得以大量保存，司马迁创造的功绩是不可磨灭的。

在司马迁担任太史的时候，从秦朝继承下来的“颛顼历”已经用了 100 多年，显得十分落后，非改不可。为了改革历法，司马迁主张从民间招聘天文学家，破格用人。据记载，先后从全国各地招来 20 多人。落下闳是其中之一。

落下闳，字长公，今四川阆中人。汉武帝元封年间（公元前 110～前 104 年）经同乡谯隆推荐，由四川到中央后，与唐都、邓平密切合作，制成“太初历”。“太初历”优于同时提出的其他 17 种历法，经过淳于陵渠鉴定，为汉武帝所采纳，于元封七年（公元前 104 年）五月颁行，并改此年为太初元年。

“太初历”施行后，汉武帝想请落下闳担任侍中（顾问），但他辞而未受。

落下闳是浑天说的创始人之一。“浑天”一词最早见于扬雄（公元前 53～公元 18）《法言・重黎》篇。扬雄说：“或问浑天。曰：落下闳营之，鲜于妄人度之，耿中丞象之。”这里的“浑天”是指浑天仪，现在我们简称浑仪。经落下闳改进的赤道式浑仪，在我国用了近两千年、以浑仪和浑象为象征的浑天说，是我国古代占统治地位的宇宙学说。

落下闳不但精于制造仪器，而且善于观测。经他测定的二十八宿赤道距离（赤经差），一直用到唐开元十三年（公元 725 年），才由一行重新测过。此外，“太初历”中的行星会合周期，都测得很准，如水星为 115.87 日，比今测值（115.88 日）只小 0.01 天。

落下闳最擅长的还是运算。《史记・历书》说“落下闳运算转历”。《汉书・律历志》说：“观新星度、日月行，更以算推，如闳、平法。”“太初历”第一次提出日月食周期问题，称 135 月为“朔望之会”。认为 135 个朔望月中，至少有 23 次日食，如果今天发生日食，那么 135 个月之后还会发生日食。“太初历”当时能得出这个周期，显然不是单凭经验，一定与落下闳的善算有关。

落下闳还预见到“太初历”的缺点——所用回归年的数值（365.2502 日）太大。他曾指出：“后八百年，此历差一日，当有圣人定之。”事实上，“太初历”每 125 年即差一日，到东汉元和二年（公元 85 年）就进行了改历。但是落下闳不以自己的成就为满足，希望科学向前发展的精神是可取的。

清代以来，许多人认为谭桓（公元前 40～公元 30）《新论》中提到的扬雄问天文于“黄门作浑天老工”即问落下闳，这是一个误解。据《汉书・扬雄传》，雄年四十余，始至京师，给事黄门（宫廷），也就是说，扬雄供职黄门最早应在公元前 12 年。这时黄门老工自称是 70 岁，那么他应该出生在公元前 82 年，即落下闳制成“太初历”之后 22 年，是比落下闳晚的另外一个人。吕子方先曾对此事作过考证，蒙文通先生在《巴蜀史的问题》（见《四川大学学报（哲学社会科学版）》1959 年第 5 期）中详细引用过，可惜未引起人们的注意，特在此一提，希望以后不再混淆。

〔《天文爱好者》，1980 年 9 期〕

台湾讲学归来

1990 年，我在美国加利福尼亚大学圣迭戈分校工作期间，曾应台湾天文学会邀请，以“大陆杰出人士”身份到台湾地区讲学两周。

在台湾地区期间演讲的题目分别为“中国科技史研究的回顾与前瞻”“科学史和历史科学”“中国古代天文成就”“天文学在中国传统文化中的地位”“孔子与科学”。这些演讲受到与会者的热烈欢迎。

一、台湾天文界一瞥

台北“中国天文学会”于 1958 年成立，第一任理事长为蒋丙然（1883～1966），现任理事长为吴心恒，安徽人，台湾“中央大学”物理和天文研究所教授。现有会员 160 多人，严家淦、吴大猷、李国鼎等都是会员。会员入会时交入会费 100 元（新台币，以下均如此），然后每年交 200 元，团体会员每年交 1000 元，但费用主要还是依靠“教育主管部门”和“中研院”补贴，前者每年补贴 75 000 元，后者每年补贴 12 000 元。按会章规定，每年举行会员大会一次，实际上不一定，最长的一次曾间隔九年（1965～1974 年），不过最近几年比较正常。理事会由九人组成（其中四人为常务理事），监事会由三人组成（其中一人为常务监事），常务监事出席常务理事会。理事、监事任期均为二年，连选得连任。从 1988 库 5 月起，创有《天文会刊》一种，每期印 1000 份，免费赠予会员，零售每期 30 元。本拟每年出 4 期，但因稿源、经费和编辑等困难，实际上一年只能出 1～2 期。

天文学会从 1988 年起，创办连续编号的“天体物理研讨会”，已办过太阳物理、超新星、中微子天文学、暴涨与宇宙弦、相对论宇宙学等题目。

有县、市学会六个，在台北市、台中市、台南市、高雄、嘉义县、嘉义市。另有一猎星者天文联谊会，在台北。大专院校中有天文社团 27 个，不但理工科学校有，“中国工商专科学校”、醒吾商专等学校也有。高中有天文社团 17 个。

台湾地区有天文望远镜圆顶 30 个，其中有 6 个属小学。最大的一个在中坜市，属中央大学天文与物理研究所，物镜 60 厘米（24 英寸），反射赤道式，其圆顶直径为 6.5 米。其次为台北市圆山天文台，物镜 41 厘米（16 英寸），圆顶 5.5 米。中正理工学院和私立明道中学的 30 厘米，圆顶 4 米，则并列第三。小学最大的望远镜有 21 厘米（8 英寸）圆顶 3 米。台湾最大的折射望远镜为 25 厘米（10 英寸），圆顶 5.5 米，属台北市圆山天文台。金门高中有一 12.5 厘米折射望远镜，圆顶 3 米。

台湾地区现有天象厅七座。最大的一个在台中，属自然科学博物馆，圆顶直径 23 米，有 304 个座位。其次为台北圆山天文台，圆顶 16 米，有 210 个座位。剩下的都很小，圆顶 6～8 米，40～50 个座位。将要兴建的一个最大的，圆顶 25 米，350 个座位，属台北天文科学博物馆。

台北天文科学博物馆是圆山天文台的发展。圆山天文台实际上是一个科普机构，类似于北京天文馆。它位于圆山大饭店的门前，海拔 31 米，1960 年观测圆顶落成，1980 年天象厅开幕。现在每星期开放六天，每天演六七场，星期一休息。每星期六晚上天文台开放，观赏一般天象。另外还有特约开放和临时开放。观测设备除 41 厘米反射望远镜和 25 厘米折射望远镜外，还有 20 厘米太阳望远镜，12.5 厘米天体照相仪和 12.5 厘米双筒彗星寻找仪等。出版物有《天文通讯》《天文快报》《天文年鉴》等。人造卫星观测精度于 1964 年被国际人造卫星观测总部评为第 11 名。1982 年 10 月曾举办庆祝“中国天文学会”成立 60 周年系列讲座。1985～1986 年哈雷彗星回归期间，俞大维等均来观看；空军派专机凌空观察。据介绍通过这次活动，使大多数人对天文学有了更多的认识，自此台北市决定投资 16 亿新台币，兴建一座天文科学博物馆，工程现正进行，预定 1993 年完工开放。新建筑连地下室共五层，天象仪买自德国，展览设备由日本承包，但要价很高，因此，他们强烈地希望两岸能够三通，直接来大陆定做，这样既便宜，又好。

二、自然科学博物馆简介

自然科学博物馆位于台中市中港路，从 1981 年开始筹建，总预算为 40 亿元。1983 年动土，第一期工程于 1985 年完成，1986 年 1 月 1 日开馆，包括科学中心和太空剧场两部分。科学中心是个八层大楼，连地下室共九层。六层以上办公用。地下室和一楼为演讲厅、餐厅、监控中心等；二楼为图书区、咨询中心、视听室等；三、四层为展览厅，主题是“我们所居住的宇宙”，包括天文、地学、空间科学等；五层为幼儿科学园，辅导学前儿童从观察、实验、工作、记录之中，学得正确的科学态度与方法，从游戏中了解日常生活中一些简单的科学原理。第二期工程生命科学馆为四层楼，也于 1988 年 1 月建成开馆，此部分系由英籍博物馆设计专家葛登纳设计制造，内容包括生命起源、恐龙世界、人类演化、我们的身体、大自然的声音、彩色的世界、数与形（有机生命的各种几何图形）等八大部分。第三期工程和第四期工程正在进行中。第三期工程为中国科学史，展示中华民族以其智慧在生存环境中奋斗的历程，及其物质上的成就与精神上的适应，包括理工农医，以及科学家等项目。第四期工程展示当前大家最关心的环境、能源与生态的相互关系。为达到最理想的教育效果，这一部分准备采用剧场展示形态。

太空剧场又名全天域影院，最受欢迎，票价每张 60 元，每天七场，场场客满，团体预约要在 20 天以前。剧场是一座圆顶式建筑，有四层楼高，内部呈 30° 倾斜，圆顶直径 23 米。有 304 个阶梯式座位，包围在穹隆式银幕之中。内部有两套放映系统。一套是日本五藤光学研究所产的最新式天象仪（太空模拟系统），由大型电脑控制，配合 50 多部多媒体放映辅助设备，可以逼真地表演各种天象。另一套是全天域电影放映机，由加拿大艾美公司独家生产，以 15 000 瓦强光将超大的 70 毫米影片透过 180° 鱼眼镜头投射到整个圆顶银幕上（可达 86%面积），使观众被画面包围，恍如置身在现场之中，其真实感和临场感非一般电影所能及。我去时正在放映的两部电影是：《登峰造极》和《四季》。天文影片《四季》，系美国明尼苏达科学博物馆拍，共 33 分钟。除解释地轴 23.5° 倾斜所导致四季变化的原因外，要以动植物、人类及自然界各种现象对季节变化所作的适应为主题，将春耕、夏种、秋收、冬藏等都表演出来。“登峰造极”则是由博物馆影片组织耗资 300 多万美元拍摄的杰出影片，令人看了以后还想再看。内容是介绍人类如何竭尽全力，鞭策自己，以更细密、更具挑战性的方法拓宽自己体力的极限，所举三个例子是托尼（Tony）在美国约塞米蒂（Yosemite）溪谷攀登高峰的惊险场面，世界滑雪冠军玛丽亚（Maria）的训练及比赛场面，苏联芭蕾舞演员妮娜（Nina）的表演。通过观看这些体育比赛和文艺表演来学习人体科学，实在是一种享受。

除了自然科学博物馆和天文科学博物馆，海洋科学馆将在基隆兴建，工程技术科学馆将在高雄兴建，均已批准预算，准备上马。这使我想起在美国圣迭戈看过的海洋世界公园，在芝加哥看过的科学工业博物馆；接待的人说：“美国有的，我们也能有，但不是照搬，还要加上中国特色。”在台湾地区看到许多东西，确是如此。

三、几点感受

我去台湾地区之前心里有点担心，但从我走下飞机办理各种手续开始，接待的人都很客气。我眼镜坏了，到眼镜铺去配眼镜，一说是大陆来的，马上优先给配，当场做好。在台中，当我走进太空剧场，负责接待的人阮国全（现已接替蔡章献成为台北圆山天文台台长）把我介绍给在场的观众时，全场起立，热烈鼓掌，经久不息。在游日月潭时，一位高山族妇女非请我到她家吃饭不可，一再婉言谢绝，才算作罢。

台湾学术界普遍认为当地水平不高，无法与大陆相比，对大陆学者做出优异成绩，为国争光，感到钦佩。他们很希望有更多的大陆学者前去讲学、传经送宝、交流经验。

祖国的统一是大势所趋，人心所向，势不可当。1981 年当我在日本访问时，忽然看到了台湾地区出版的许多科学史书刊，而其论点和我们有惊人的一致性，遂以十分兴奋的心情，写了一篇《台湾省的我国科技史研究》发表在我们的《中国科技史料》1982 年第 2 期上，没想到这篇文章竟成了海峡两岸科学史工作者进行沟通的第一个信号。在这篇文章的末尾，我曾表示希望两岸的科学史工作者能够互相访问，进行直接交流。不到 10 年，这一愿望已经实现。两岸的距离会越来越近，总有一天会合拢的。

〔《海峡科技交流研究》，1992 年第 2 期〕

让祖国天文遗产重放光芒

我从1954年以来，成天和古书打交道，重点是研究中国天文学史。1955年和1965年在《天文学报》上发表的《古行星新表》和《中朝日三国古代的新星记录及其在射电天文学中的意义》（与薄树人合作）被译成英文、俄文等多种译本，在世界上被大量引用。1977年10月，美国《天空与望远镜》杂志载文评论新中国的天文工作时说："对于西方科学家来说，在中国《天文学报》上发表的论文中，最为熟知的可能是席泽宗在1955年和1965年关于中国超新星记录的两篇。"它们为当代天文学的一系列新发现（射电源、脉冲体、中子星、X射线源等）的研究提供了丰富的历史资料，正如苏联科学院通讯院士什克洛夫斯基在他的《射电天文学》一书中所说："建筑在无线电物理学、电子学、理论物理学和高能天体物理学的'超时代'成就的最新科学发现，和伟大中国的古代天文学的观测记录联系起来了。这些人们的劳动经过几千年后，正如宝贵的财富一样，把它放入了20世纪的科学宝库。我们贪婪地吸取史书里一行行的每一个字，这些字的深刻和重要的含义使我们满意。"（王绶琯等1958年中译本第172～173页）

1609年伽利略用望远镜观天，发现了太阳上有黑子，木星周围有4颗卫星，成为划时代的大事。许多人注意到在伽利略以前中国已有100多次黑子记录，但没有人想到在伽利略之前中国也有人观察到木星的卫星。1981年我在《天体物理学报》上发表《伽利略前二千年甘德对木卫的发现》，提出在公元前364年甘德就观察到木卫三，并组织青少年到河北兴隆进行观测验证。此文虽仅2000字，但国内外报刊进行报道和翻译的不下数十种，日本学士院院士薮内清还写了专门文章介绍。10年来国内外有许多人提供线索、组织观测和进行论证，认为是可能的。1991年7月美国《太平洋天文学会会刊》（PASP）上还有舍费尔（B.E.Schaefer）一篇长达15页的文章，论证木星的4个伽利略卫星，目力好的人都能看到。台湾“清华大学”教授黄一农仿制中国古代窥管，用以观星，竟然看到八等星，证明甘德能看到木卫，更不成问题。

我的注意力不仅放在图书馆保存的古书上，还随时留心考古发现的新材料。1973年从长沙马王堆墓中出土了帛书，我对其中有关行星的材料予以考释和研究，在《文物》上公布以后，立即受到各方面的重视，至今已被用不同的版本和文本重印过多次。尤其是形象逼真的29幅彗星图，可以说是望远镜发明以前关于彗星形态的唯一珍品，几乎成了撰写有关彗星书籍的必引文献，1986年在澳大利亚召开的第四届国际中国科学史讨论会就用它作会标，其时哈雷彗星正闪耀在头顶上。哈雷彗星每76年来到地球附近一次，从秦王政七年（公元前240年）到1986年出现30次，每次我国都有详细记录，为后人研究它的轨道演变提供了丰富的资料。

中国古代丰富的观测记录，使现代所得的一些天文现象的研究得以大幅度“向后”延伸。这种“古为今用”的方法在太阳活动、地球自转变慢、超新星遗迹探索等领域都取得了引人瞩目的成就。而且，中国古代天文学家和哲学家在宇宙理论方面的探讨，虽然具有原始的、朴素的思辨性质，不能与现代科学比匹，但一些天才的猜想仍有参考意义。1982年我写的《古代中国和现代西方宇宙学的比较研究》就很受一些研究现代宇宙学的人的重视；在此之前，郑文光和我合写的《中国历史上的宇宙理论》，出版后也很快就被译成意大利文。

〔《中国科学院院刊》，1993年第8卷第3期〕

科技史八讲

序言

本书的作者席泽宗，早年在广州中山大学，跟随名师张云学天文，毕业后在北京中国科学院编译局工作，不久就被派往哈尔滨俄语专科学校学习俄语。他 1954 年回到北京，被派到科学出版社任助理编辑。当时苏联著名天文学家什克洛夫斯基（Shklovsky）相信古籍所载的中国天文记录有助于新星爆发的研究，同一年他写信给中国科学院副院长竺可桢，建议中国学者从史籍中找寻有关新星的资料；接到这份差事的人就是席泽宗。他很快就交差，1954 年和 1955 年先后在《天文学报》发表《从中国历史文献的记录来讨论超新星的爆发与射电源的关系》和《古新星新表》这两篇报告，博得国际天文学界的好评，《古新星新表》也由美国史密松研究所译成英文刊登在 1958 年 *Smithsonian Contributions to Astrophysics* 第二期上。

1958 年我正在英国剑桥协助李约瑟博士编写他的《中国的科技与文明》，工作之余搜集资料以备书写一篇有关彗星和客星的报告，后来这篇报告就登在 1962 年的 *Vistas in Astronomy* 第五期上。所以我在 1958 年早已熟知席泽宗的著作了。1965 年，席泽宗和薄树人在《科学通讯》刊登一个增订新星表，把资料范围扩展到日本、韩国、朝鲜的史籍记载；除却美国史密松研究所再把这篇文章译成英文以外，美国国家航空航天局也另外有一节译本。可是译者用两种不同译音方法，一位采用流行在欧美的韦氏方法，一位采用中国大陆的拼音法，许多不懂中文的天文学家都误认为他们看到的是由四位不同作者所写的两篇不同的文章，也有人怀疑其中一篇是抄袭的。当时我刚在美国耶鲁大学任客座教授，不止一次替美国的天文学家解开这个谜，Tse-tzung Hsi 和 Zezong Xi 原来是同一个人！

席泽宗的两篇天文学史处女著作使他一举成名，他的研究兴趣也转向科学史。他协助中国科学院筹备成立一个专门研究科学史的单位，1957 年该院设立一个中国自然科学史研究室，聘任他为助理研究员；1975 年这个机构发展成为中国自然科学史研究所，直属中国科学院。席泽宗历任助理研究员、副研究员、研究员、组长、古代史研究室主任等，直至 1983 至 1988 年间任所长，1988 年底荣休。退休后他接到美国加利福尼亚大学圣迭戈分校和澳大利亚墨尔本大学的邀请，先后往新大陆和南半球做些合作研究。归途中他接受台湾“清华大学”的邀请赴台讲学，这部书所载的就是他的讲稿，一共有八讲，在他的自序中已有介绍。从这部书我们可以看出作者在科学史上的学问广博，不仅限于得以成名的天文学史。

席泽宗是第一位访台的大陆科学史学者，而且是最早享有国际声誉的中国科学史专家。我在 1978 年 12 月访问北京的时候首次和他会面，我们一见如故；后来又在中国香港、中国北京、澳大利亚、美国多次相见。他来信托我替他这部书写序，我立刻回说序我是写定了；他近来眼疾就医，希望他早日痊愈！

何丙郁
英国　剑桥李约瑟研究所

自序

今年春天我以“大陆杰出人士”身份应邀来台访问，带来八篇讲稿，先后在“中研院”、台湾“清华大学”和台北圆山天文台做了五次演讲，其余三篇因时间关系未来得及安排。台湾“清华大学”人文社会科学院院长李亦园先生和历史研究所所长张永堂先生一致建议我，将这些讲稿，无论讲过的或未讲过的，都整理成文，作为“清华文史讲座”丛刊之一，请联经出版公司出版，以便能有更多的读者阅读。

这八篇讲稿可以分为上、下两篇。上篇是科学史总论。第一讲讨论科学史的学科性质、研究方法以及它和一般历史科学的互补关系。第二讲回顾20世纪以来国人研究科学史的情况，着重介绍40年来大陆（特别是中国科学院）的工作，并对未来应该开展的工作提出设想。第三讲概要介绍先秦科学思想。春秋战国是中国学术史上的黄金时代，影响两千多年来中国科学发展的一些基本哲学理论，如阴阳、五行、气等，此一时期均已形成。因此这一讲所讨论的虽然只是一个时期的问题，但这些问题对中国科学的发展有全局影响。第四讲以《论语》中所引孔子的言论为根据，通过对孔子思想的系统分析，认为孔子的言行对科学的发展并无妨碍作用，近代科学未能在中国产生和中国近代科学落后要从当时的政治、经济等方面找原因，不能归罪于两千多年前的孔子。

下篇集中讲天文学史。第五讲介绍天文学在中国传统文化中所处的特殊地位，以及它和其他文化领域的相互影响。第六讲概要介绍古代中国的天文成就。第七讲展望未来，对今后的研究工作提出设想。第八讲从《庄子·天运》《楚辞·天问》一直讲到今日的大爆炸宇宙学，跳出中国范围，从思想史的角度对世界天文学的发展给予概括，并得出几点发人深思的结论。

书中的资料和观点，不全有把握，欢迎读者批评和指正。

这八篇讲稿大部分起草于美国加利福尼亚大学圣迭戈分校，修改定稿于澳大利亚墨尔本大学。没有这些大学的鼓励和资助，我是难以完成这一任务的。这使我想起科学史这门学科的奠基者萨顿（G. Sarton，1884～1956）关于科学史研究的“四项基本思想”（four fundamental ideas）的论述[①]。四项基本思想的第一条是统一性（unity）。他认为自然界是统一的，知识是统一的，

---

① D. Stimson ed.，*Sarton on the History of Science*，p.15-22，Harvard University Press，1962；刘兵等中译：《科学的历史研究》，p.119，北京：科学出版社，1990。

人类是统一的。不同种族、不同国籍、不同信仰、不同语言的人，在研究自然现象时所得到的认识的一致性，说明自然界是统一的、知识是统一的。这些人的研究虽然没有组织、没有计划、没有协调，他们在不同的地点或先或后地进行，但总目标的一致性，说明人类的统一性具有根本的实在性，是任何战争所不能消除的。

由于战争关系，海峡两岸人民断绝往来三十多年。1981 年，当我在日本访问时，忽然间看到了台湾出版的许多科学史书刊，而其论点和我们有惊人的一致性。我遂以十分兴奋的心情，写了一篇《台湾省的我国科技史研究》[①]，并于文末表示希望海峡两岸的科学史工作者能够互相访问，进行直接交流。而今不到十年，这一愿望已经实现。祖国的统一、人类的统一，是大势所趋，人心所向、势不可当。

最后，我想借此机会对何丙郁先生在百忙中欣然为本书作序表示衷心的感谢。黄一农教授在本书的编写过程中给我的帮助特大，好几个演讲的题目都是他出的，脱稿后他又花费很多时间进行修改和润色，在此也一并对他表示感谢。

1990 年 9 月 14 日序于墨尔本大学丹青轩

上 篇 科学史总论

第一讲 科学史和历史科学

美国著名的科学史家、风行一时的《科学革命的结构》一书的作者库恩（Thomas S.Kuhn）于 1971 年以同样的题目曾经发表过一篇文章。他在文章一开头就说：

> 尽管历史学家一般口头上承认，在过去四百年中，科学在西方文化的发展中起了重要作用；但是对于多数历史学家来说，科学史仍然是他们学科之外的领域。在许多场合，也许在大多数情况下，这种把科学史

① 原文刊于北京《中国科技史料》1982 年第 2 期，p.98-101。

> 拒于门外的做法，看不出明显的害处，因为科学的发展封于西方近代史的许多主要问题似乎没有多大关系。但是一个历史学家，如果要深入考察历史发展的社会经济背景，或者要讨论价值观念、人生态度和思想意识变迁的话，那他就必须涉及科学史[①]。

接着他又举出他在两个大学历史系开设科学史课程，历史系学生反而选课的人很少，说明这种分离现象的严重性。他从 1956 年起开课，在 14 年中只有 5 个历史系的学生听课。在听课的学生中，来自历史系的只占 1/20；大部分学生是从理学院和工学院来的，其余是从哲学系和社会科学各系来的，甚至从文学系来的都比历史系来的多。起初，他以为这种情况可能是由于他本人是学物理的，没有受过历史科学的训练，教得不好而造成的。后来打听到，受过历史科学训练的人开科学史，也同样不受历史系学生的欢迎。还有，开课的题目也没有关系。开“法国大革命时期的科学”或“科学革命”，也和开“近代物理学史”一样不吸引人，也许“科学”一词就把历史系的学生吓跑了。他又做了一个调查，说美国科学史家虽然大多数归属在历史系中，但这种归属往往不是历史系的自愿，而是来自外界的压力。科学家和哲学家向学校当局建议增设科学史教席时，学校把这个位置放到了历史系。

科学史的性质

库恩所谈美国的情况，也很符合中国。今年（1990 年）刘广定教授和韩复智教授在台湾大学历史系开课“中国科技史”，听课的 26 人中，有 6 个是历史系的，只占 1/5 多一点。我在 1954 年决定由天文学专业转行做科学史时，征求两位历史学家的意见，他们都反对。后来到了历史研究所以后，该所许多同事们都感到惊讶，常问“你们这些学自然科学的人，为什么跑到我们这里来了？”好像专业不对口，走错了门。对于要在历史学科内建立科学史这样一个分支，不但群众不理解，有些领导人也不理解。中国科学院于 1954 年决定发展科学史这门学科，先成立了一个中国自然科学史研究委员会，由 17 位专家组成，是一个空架子；实体则是在历史研究所成立科学史组，招收专职的专业人员，从事这项工作，我是最早到这个组工作的人员之一。这个组

① Thomas S.Kuhn，*The Essential Tension*，p.128.The University of Chicago Press，1977；范岱年中译：《必要的张力》，p.128，福建人民出版社，1981。

从一开始，就被历史所的许多人认为是他们代管的机构，而不是他们的本体。到了 1957 年这个组终于脱离历史所而成为独立的中国自然科学史研究室，但仍属哲学社会科学部领导。哲学社会科学部的领导人又认为自然科学史是自然科学，不应属于他们管辖，一直到 1966 年“文化大革命”开始之前，他们始终想把这个研究室推出来。1957 年哲学社会科学部独立为中国社会科学院，自然科学史所划回中国科学院，至此在大陆上正式把科学史归属在自然科学范围以内。但是，我认为，一门学科在行政管理上归哪个部门和它在性质上属于什么，这二者可以一致，也可以不一致，只要对学科发展有利就行。关于这个问题，著名考古学家夏鼐先生于 1983 年 12 月在第二届国际中国科学史讨论会上致开幕词时说过一段话，可以参考。他说：

> 在这个会上，我不必讨论什么是科技史，大家都知道，科学技术史便是自然科学和应用科学的历史。我只谈谈科技史到底是一门自然科学还是一门历史科学。我们今天会中有好几位中国科学院自然科学史研究所的代表出席。这个所在 1977 年中国社会科学院从中国科学院分出来以前，是属于社会科学学部的，更早一点，是隶属于社会科学学部下面的历史研究所。所以这里便有一个“这门学科到底是历史科学或是自然科学”的问题。我们的李约瑟教授青年时是生物化学家，曾被推选为英国皇家学会会员。中年时改搞中国科技史，后来被推选为英国学术院院士。英国从前最高学术机构是皇家学会，后来到了 1902 年社会科学和人文科学才由皇家学会分出来，独立成一个英国学术院，有点像中国社会科学院由中国科学院分出来一样。现今英国的学者兼有这两个最高学术机构学术的，听说只有李约瑟教授一人。这件事表示科技史还是应该算作社会科学中的历史科学，而不是自然科学。科学史家要有专业性的自然科学的训练，但是他研究的对象不是自然现象，而是作为社会成员的人类对于自然的认识的发展过程和人类关于这方面知识的积累过程[①]。

在这里，夏鼐是就研究对象来进行分类的。如按研究方法来分，科学史也属历史科学，它以搜集、阅读和分析文献为主，而不像自然科学那样，以观察和实验为主。科学史有时也要进行一些观察和实验，但那为的是验证和

① 转引自何丙郁：《我与李约瑟》，pp.145-146，三联书店香港分店，1985。

分析文献的记载，属于辅助性的。当然，历史科学和自然科学也有它的共性，都要力求公正、客观，实事求是，伪造证据和艺术性的夸张都不允许。

科学史和历史科学分离的原因

科学史既然是一门历史科学，为什么许多历史学家又把它拒之于门外呢？这有多种原因。

第一，研究对象不同。作为一门社会科学，历史学家首先注意的是人与人之间的关系。在阶级社会出现以后，人与人之间的关系首先表现为阶级关系。政治是阶级斗争的技术，战争是阶级斗争的最高形式。因而过去所谓的历史，实质上就是政治史和战争史，在政治上占统治地位和在战争中耀武扬威的帝王将相是历史的主角。从18世纪法国启蒙大师孟德斯鸠（Montesquieu）和伏尔泰（Voltaire）等开始，历史才向文学、艺术、宗教、经济等领域延伸。本世纪起，历史开始注意人民大众的作用。1921年美国哥伦比亚大学教授罗宾逊（J.H.Robinson）在他“西欧知识分子史”讲座的基础上，出版*Mind in the Making*一书，宣布他的新历史观，认为历史学应该跳出只谈战争、政治和帝王将相的范围，把文化和思想的发展包括进去。科学史就是在这种新历史观的影响下发展起来的，而它的研究对象则是一个更新的范围：人与自然的关系，人类认识自然、适应自然、利用自然和改造自然的历史。

第二，阅读书籍不同。因为研究对象不同，科学史家和历史学家所阅读的原始材料也就有很大的不同。科学史家所需要读的一些科学著作，往往专业性很强，大多数历史学家很难看懂。不要说属于近代科学的牛顿（Newton）、欧拉（Euler）、拉格朗日（Lagrange）、麦克斯韦（Maxwell）、玻尔兹曼（Boltzmann）、爱因斯坦（Einstein）和普朗克（Planck）的著作，历史学家看不懂；就是中国二十四史中的《天文志》和《律历志》，许多历史学家也是望而生畏。有一次，我和一位学历史的朋友聊天，他问我看什么书，我说：“看《周礼》中的《考工记》，二十四史中的《天文志》《律历志》诸志，《墨子》中的《经上》《经下》《经说上》《经说下》等。”他说：“我懂了，你看的我不看，我看的你不看，咱们隔行如隔山。”

第三，不但科学史家所读的这些原始著作，历史学家不感兴趣，就是科学史家所写的著作，也往往是资料堆积，令人读起来乏味，像萨顿（G. Sarton）三卷五册的*Introduction to the History of Science*，李俨五卷本的《中算史论丛》，恐怕不是专门研究的人很少有人去阅读。还有，在科学史专业队伍没有形成以前，许多科学史的著作往往是高等学校教学的副产品。一些教自然科学的教师，为了吸引学生对本门科学的兴趣，在讲课时引述本门学科发展的一些历史材料，然后把它整理成一本书。这样形成的科学史著作，主要是谈本门学科的逻辑发展，专业性很强，不研究本门学科的学者很少有人去读。

第四，出身不同。一个人对某一方面的兴趣和才能是先天就有，还是后天环境培养形成，这个问题我们暂且不管；但现在的文、理两课，有的学校在高中就开始分家，无疑是造成斯诺（C.P.Snow）所谓“两种文化”（传统的文学文化和新兴的科学文化）①相互分离的原因之一。进历史系的学生，在进历史系之前，就认为他们学的是文科，对自然科学不再注意；而进入科学史专业的人，在大学绝大部分读的是自然科学，只是到了研究生阶段才读科学史，他们往往认为自己学的是科学史，不是历史；天文学史与天文学，物理学史与物理学，比与历史学有更多的共同语言。

科学史的纵深发展

以上是就科学史和历史科学的分离情况和分离原因所进行的一般分析。但是任何情况都会有所例外。中国是有历史学传统的国家，而中国从司马迁写《史记》开始，就把“天文”“律历”等这些属于自然科学的内容当作它的组成部分。在这一优良传统的影响下，老一辈的一些历史学家就很注意自然科学史，例如董作宾的《殷历谱》、夏鼐的《考古学和科技史》，都是很有影响的著作。钱宝琮的《中国算学史》（上册）是由“中研院”历史语言研究所出版的。王振铎关于中国磁学史的研究，也是史语所在四川李庄时期进行的。所以说，史语所和中国科学史的发展有着密切关系，希望今后能做出更多的成绩。

在世界范围内，从本世纪30年代开始，科学史出现了一个新的研究方向，即所谓外史（external history）或外部研究（external approach）。传统的科学史，即所谓内史（internal history）或内部研究（internal approach），是把科学当作一种知识，研究它的积累过程，特别是正确知识（positive knowledge）取代错误和迷信的过程，很少注意它和外部社会现象的联系。例如，研究牛

① Charles P Snow，*The Two Cultures and the Scientific Revolution*，Cambridge University Press，1959.

顿万有引力定律的产生，只注意它和伽利略的惯性定律，以及开普勒行星运动三定律之间的继承关系。外史则把科学家的活动当作一种社会事业，研究它的发展和其他社会现象（如政治、经济、宗教、文化等）之间的相互关系。这方面最早的一篇文章发表于 1931 年。这一年国际科学史联合会在伦敦召开第二次大会（第一次于 1929 年，在巴黎），苏联科学家赫森（B.Hessen）在会上提出的论文是《“牛顿原理”的社会经济基础》①。他认为，牛顿力学定律的产生是英国当时战争、贸易、运输等方面的需要所推动的结果。这篇文章轰动一时，尽管对他文章的内容有所争论，但沿着这个方向做工作的人剧增，1936 年在英国即有《科学与社会》（*Science and Society*）杂志开始发行。到 30 年代末，有两本重要著作出版：一是英国贝尔纳（John D.Bernal）的《科学的社会功能》，（*The Social Function of Science*，1939）②；一是美国默顿（Robert K. Merton）的《十七世纪英国的科学、技术和社会》（*Science, Technology and Society in Seventeenth Century England*，1938）③。其后，随着科学技术的突飞猛进，科学在社会生活中所占的地位越来越重要，科学史的研究也越来越趋向于外史；而今，在美国，研究外史的人已经多于研究内史的人。在中国，近十年来由自然辩证法专业转到科学史方面来的人多偏重于外史，北京《自然辩证法通讯》所刊科学史文章也以外史为主，台湾“清华大学”历史研究所的科学史研究也以外史为主。内史和外史的相互配合，共同发展，将会把科学史的研究推到更高的一个层次，同时还会对科学哲学、科学社会学、科学史学等产生深远的影响。

科学史和历史科学的互补关系

在这里，需要特别提出的是，科学史的外史趋向有利于科学史和历史科学的结合。首先，外史的研究不需要太多的科学专门知识，这有利于历史学科出身的人参加工作。其次，研究科学发展的政治、经济、文化、社会背景，科学史家必须依靠历史学家的合作。自然科学要和社会科学建立联盟，研究

---

① 此文见 N. I. Bukharin et al.，*Science at the Cross Road*，p.147-212，London：1931，lst edition；1971，2nd edition with a new Forward by Joseph Needham. 此文中译名《牛顿原理》，何封译，上海：新知书店，1936。原文名“*The Social and Economic Roots of Newton's ‘Principia'*”。

② 贝尔纳：《科学的社会功能》，陈体芳译，张今校，北京：商务印书馆，1989。

③ 默顿：《十七世纪英国的科学、技术与社会》，范岱年，吴忠，蒋效东译，成都：四川人民出版社，1986。

科学史是一个渠道。要消除斯诺所说两种文化之间的隔阂，学习科学史是一种办法。

科学史研究需要历史学家们的合作，这是很显然的。中国科学院自然科学史委员会成立之初，就包括了侯外庐、向达等几位历史学家，这个人事上的安排即是明证。但是，另一方面，历史学家也有赖于科学史的工作。第一，能够制造工具，是人区别于动物的重要标志；生产工具的进步是历史发展的重要标志，所谓旧石器时代、新石器时代、青铜时代、铁器时代、蒸汽机时代等，就是按生产工具来分的；而生产工具的制造则有赖于科学技术的进步。因此，深入研究科学、技术和生产这三者之间的相互关系，对于全面地了解社会发展史是非常必要的。这三者之间的关系非常复杂，在不同的时代、不同的国家或地区都有所不同，只有历史学家和科学史家合作，具体情况具体分析，才能给出准确的答案。

第二，科学不但作为一种物质文明影响着生产力的发展，它还作为一种精神文明影响着人们思想意识的发展。哥白尼的日心地动说，达尔文的进化论，作为一个历史学家如果对这些自然科学理论视而不见，听而不闻，那他很难对历史作出公正而全面的论述。因此，历史学家不但要从生产力的角度，还要从意识形态的角度注视科学史的研究成果。

第三，考古学的新发现，可以丰富科学史研究的内容，这是大家有目共睹。李约瑟在他的巨著《中国科学技术史》（又名《中国的科学与文明》）第一卷第三章“序言”中说研究中国科学史必须具备 6 个条件：①必须有一定的科学素养；②必须很熟悉欧洲科学史；③必须对欧洲科学发展的社会背景和经济背景有所了解；④必须亲身体验过中国人民的生活；⑤必须懂中文；⑥必须获得中国科学家和学者们的广泛支持。接着，他带着当仁不让的口气说：“所有这些难得的综合条件，恰巧我都具备了。”他确实都具备了，竺可桢先生一次送他的礼物《古今图书集成》，就是一万卷。但是，光读万卷书还是不够，这 30 多年来，他每次来中国，都要到考古研究所，到许多省市，去看考古新发掘，所以后来有一次，他对夏鼐说，应该补充第七个条件：必须对于中国考古学有所了解。夏鼐编他的论文集《考古学和科技史》，在“编后记”中说：“第一篇‘考古学和科技史’可算是全书的‘代序’。这篇内容，在表面上是介绍自 1966 年以来我国有关科技史的考古新发现，实际上是想说明考古资料对于科技史研究工作的重要性，同时也是告诉考古工作的同行们，应该设法取得科技工作者的协助，以解决考古学上的问题，有些同时也是科技史上的重要问题。”[①]关于湖南长沙马王堆汉墓出土文物和湖北隋县曾侯乙墓出土文物等的综合研究，都是考古学家和科学史家合作的重要成果。河南省考古工作者带头筹备成立省科学技术史学会不是偶然的。

第四，按照传统的说法，历史学家要掌握四项基本知识，即：职官、年代、版本、目录。其中年代学即和天文学史发生密切关系，尤其上古史的研究，更是离不开天文学方法。前巴比伦王朝开始于何时？库格勒（F.X.Kugler，1862～1929）根据泥砖上一段关于金星的记录，断定前巴比伦王朝开始于公元前 2225 年，汉谟拉比（Hammurabi）在位时间是公元前 2123 年至公元前 2081 年之间；但最近的研究，有人认为库格勒的计算可能是错误的，整个时代要晚约 400 年：前巴比伦王朝在公元前 1894～前 1595 年，汉谟拉比在位时间是公元前 1792～前 1750 年之间。这样一来，也就和中国的夏朝相当了。中国的《书经・胤征》篇有“乃季秋月朔，辰弗集于房”的记载，一般史学家认为这是发生在夏朝仲康时期的一次日蚀，但具体是何年，历来有所争论，最近美国彭瓞钧考虑到地球自转的不均匀性，利用电子计算机算出这次日食发生在公元前 1876 年 10 月 16 日，当时的地球自转周期比现在短千分之六十秒。武王伐纣发生在那一年，也是一个悬而未决的问题，有人主张发生在公元前 1122 年，有人主张发生在公元前 1027 年，上下相差达 95 年。1978 年张钰哲把《淮南子・兵略训》中武王伐纣时有彗星出现的一段话，当作是哈雷彗星出现的记载，从而由哈雷彗星的轨道元素回推得武王伐纣为公元前 1057 年。但是，这个记载的可靠性是有问题的，从武王伐纣到编写《淮南子》已过了八九百年。就算这段记载是可靠的，也不一定指的是哈雷彗星，因为还有其他周期彗星或非周期彗星，也相当亮。最近黄一农将有一篇重要文章《中国古史中的“五星聚舍”天象》[②]，对近几年来美国班大卫（D.W.Pankenier）等人利用天象记录对武王伐纣、夏桀以至夏禹等年代所作的断定进行质疑，历史学家们应该关心这方面的进展。

---

① 夏鼐：《考古学和科技史》，p.135。北京：科学出版社，1979。

② 见 *Early China*，Vol.15（1990），p.97-112。

简短的结论

由以上的讨论可以看出，科学史是一门历史科学，但是是一门具有特殊研究对象的历史科学。它的研究者除了要接受历史学的训练外，还必须有自然科学的素养。它的内容基本上可以分为两大方面：①研究科学发展本身的逻辑规律；②研究科学发展和各种社会现象（政治、经济、宗教和文化等）之间的互动关系。这些研究对进行科学研究、制定科技政策、搞好科技管理、进行科学教育都有参考价值；对在更深的层次上认识人类社会的历史也是必要的。因此我们希望历史学家热情帮助科学史家，和科学史家密切合作，努力发展这一学科。当然，对于中国科学史来说，我们还有一个继承遗产和总结经验的问题，更应该受到重视。

第二讲　中国科技史研究的回顾与前瞻

总的回顾

科学技术史是一门历史科学，但它又不同于一般的历史科学。它研究的对象不是社会发展的历史，而是人们认识自然、适应自然、利用自然和改造自然的历史。就世界范围来看，18 世纪中叶法国启蒙思想家们高度评价科学的作用，认为科学是社会进步的源泉和标志。这种科学观推动了科学史的研究；但长期以来，只有少数国家的极少数人在断断续续地从事这方面的工作。本世纪初国际科学史杂志 *Isis* 的创刊（1913 年）和其后国际科学史组织的成立（1928 年），标志着这门学的逐渐成熟。第二次世界大战以后，50 年代起发展很快。目前，全世界培养科学史研究生的机构已有 200 多所，出版刊物约 100 种，它的重要性已逐渐得到社会的承认。

中国历史悠久，在丰富的文化典籍中有很多科学史的资料，但用近代科学的观点和方法加以搜集、整理和研究，则在本世纪初才开始，到 40 年代末为止，从事过这项工作的约 50 余人，其中较著名的有竺可桢、李俨、钱宝琮、朱文鑫、高平子、叶企孙、钱临照、王琎、张子高、袁翰青、丁绪贤、李乔苹、王庸、章鸿钊、刘仙洲、梁思成、王振铎、张荫麟、李涛和陈邦贤等。这一时期较重要的著作有李俨的《中算史论丛》五大卷、钱宝琮的《中国算学史》（上册）、朱文鑫的《天文考古录》和《历法通志》、李乔苹的《中国化学史》、王庸的《中国地理学史》、章鸿钊的《古矿录》；而王振铎关于指南车、记里鼓车、司南和候风地动仪的复原，则将这一时期的中国科技史研究推向了最高峰，给人以深刻的印象。

1949 年 11 月，中国科学院刚一成立，即“决定要从事两项重要的工作，一是中国科学史的资料搜集和编纂，一是近代科学论著的翻译与刊行”，从而把科技史的研究工作提上了议事日程。中国科学院院长郭沫若当时指出：“我们的自然科学是有无限辉煌远景的，但我们同时还要整理几千年来的我们中国科学活动的丰富的遗产。这样做，一方面是在纪念我们的过往，而更重要的一方面是策进我们的将来。”①根据郭沫若的这一指示，中国科学院副院长竺可桢召集了一些对科技史研究有经验的专家进行了几次座谈，讨论如何开展这一工作。1954 年在中国科学院内正式成立中国自然科学史研究委员会，由 17 名院内外专家组成，他们是：竺可桢（主任）、叶企孙（副主任）、侯外庐（副主任）、向达、李俨、钱宝琮、丁西林、袁翰青、侯仁之、陈桢、李涛、刘庆云、张含英、梁思成、刘敦桢、王振铎、刘仙洲。这个委员会负责组织、协调全国的科学史工作，同时在中国科学院历史研究所第二所（现中国社会科学院历史研究所）内设立办公室，由叶企孙具体负责，筹建专门研究机构。与此同时，竺可桢于该年 8 月 27 日在《人民日报》发表《为什么要研究中国科学史》一文，为开展这项工作进行舆论准备。1956 年春，国务院成立国家科学技术委员会，制定科学技术发展十二年远景规划，科学技术史是其中项目之一。同年 7 月中国科学院在北京召开了第一次中国科学史讨论会，收到论文 24 篇，其中农学史 10 篇、医学史 10 篇、天文学史 4 篇。接着 11 月 6 日，中国科学院第二十八次院务常务会议通过成立中国自然科学史研究室，为所一级的独立实体研究机构。这个研究室刚成立时只有 8 人，即：李俨（室主任）、钱宝琮、严敦杰、曹婉如、苟萃华、黄国安、楼韻午和我。如今，前三位已经去世，黄、楼二位已到他处工作，曹婉如和我也已退休，在职的只剩苟萃华一位。但是，这个研究室 30 多年来有很大发展，1975 年扩建为研究所，现有职工 120 多人，其中专业人员约 100 人，分属六个研究室、一个编辑部和一个图书馆。图书馆藏书十多万册，其中线装古书近三万册，有在台湾影印的文渊阁《四库全书》全套。编辑部编辑出版《自然科学史研究》、

---

① 《中国近代科学论著丛刊·序》。

《中国科技史料》和《科学史译丛》三种季刊，每种每期都在十万字左右[①]。

在中国科学院内，除自然科学史研究所外，从事部分科学史工作的还有系统科学所、数学所、心理所、地理所、微生物所、北京天文台、南京紫金山天文台、上海天文台、上海硅酸盐所、陕西天文台等。中国科学院科技政策与管理科学研究所则更多地从事科学院史、科学思想史和科学社会史的研究，该所主办的《自然辩证法通讯》，每年 6 期，每期均以约 1/3 的篇幅刊登有关科学史的文章。此外，中国科学院各所主办的学报、通报，也不时刊有各学科史的文章。

在中国科学院于 1957 年成立中国自然科学史研究室的先后，有些产业部门也在其科学院中建立了相应的机构。如卫生部在中医研究院内建立医史文献研究所、建筑工程部在建筑科学院内建立建筑史和建筑理论研究室、水利部在水利科学院内建立水利史研究室、农业科学院和南京农学院合作建立农业遗产研究室等。这些机构在“文化大革命”中均被解散，现在多已恢复，并有所发展。

高等学校的科学史研究和教学工作在“文化大革命”以前只有个别人在进行，如清华大学刘仙洲之于机械工程史、张子高之于化学史、北京大学侯仁之之于地理学史、北京医学院李涛之于医学史。“文革”以后则有蓬勃的发展。安徽中国科技大学建立了科学史研究室，钱临照兼任过室主任。内蒙古师范大学成立了科学史研究所，在李迪的主持下，培养了不少的研究生。北京钢铁学院（现改名北京科技大学）的冶金史研究室，以柯俊为首，是一支很强的研究队伍。此外，广州华南农业大学农业遗产研究室、上海华东师范大学科学史和自然辩证法研究所、武汉华中工学院（今华中科技大学）技术史研究室等也都培养了一些人才，做了不少工作。

在这样广泛的基础上，水到渠成，在中华全国科学技术协会的支持下，于 1980 年 10 月，在北京成立了中国科学技术史学会，出席会议的有来自全国各地的科技史工作者近 200 人，会上选出由 49 人组成的理事会，并为台湾保留二个理事名额。按照会章，理事会每三年改选一次，今年将要第四次改选，每次至少要改换理事 1/3，理事连选连任不得超过三次，理事长连选连任不得超过两次。学会目前有会员 900 多名，分 11 个专业委员会，即数、理、

---

① 席泽宗：《科学史研究重镇——自然科学史研究所》，台北《科学月刊》，1988 年 19 卷 9 期，p.704-705。

化、天、地、生、农、技、冶金、建筑和综合研究。另有两个基本上独立的团体会员：一是中华医史学会。这个学会成立得比中国科技史学会早，出有《中华医史杂志》，属中华医学会，经费也由那里负责。一是地方科技史志学会。这几年各地编写地方志，地方志中都有科技志。各省市编写科技志的人横向串联，组织起来，成立了这个机构，经费自筹，出有《科技史志研究》（季刊）。这两个团体会员和学会的关系比较松散。

至今为止，各省市成立科技史学会的有上海、安徽、陕西、河南、广西等几个地方。按照中华全国科学技术协会组织法，他们是当地科学技术协会的成员，中国科学技术史学会对他们只有业务上的关系。

中国科学技术史学会每年年初举行常务理事会议一次，总结前一年的工作，安排本年的计划。每年举行专业性和综合性学术讨论会约 10 次。

著作介绍

以下就科学院系统 40 年来所做的工作，分学科做一概括介绍。偶尔提到非科学院系统人的工作时，则注明其单位。

一、综合研究

（一）关于科技通史方面的著作有：

1. 自然科学史研究所主编：《中国古代科技成就》，中国青年出版社，1978 年出版。台湾明文书局以《中国古代的科技》为书名，分上、下两册，于 1981 年翻印。

2. 杜石然等六人编著：《中国科学技术史稿》上、下册，科学出版社，1982 年出版。此书获 1983 年全国优秀科技图书奖二等奖。台湾木铎出版社合为一册，以《中国科学文明史》为书名，于 1983 年翻印。

3. 中国科学院《自然辩证法通讯》杂志社编：《科学传统与文化——中国近代科学落后的原因讨论会论文集》，陕西科学技术出版社，1983 年出版。

4. 中国科学院自然科学史研究所近现代科学史研究室编著：《20 世纪科学技术简史》，科学出版社，1985 年出版。

5. 潘吉星：《天工开物校注及研究》，巴蜀书社，1989 年出版。

（二）关于科学家的研究方面有：

1. 中国科学院中国自然科学史研究室编：《中国古代科学家》，共收 29

人；科学出版社，1959年初版，1961年修订再版。

2. 中国科学院中国自然科学史研究室编：《徐光启纪念论文集》，中华书局，北京，1963年版。

3. 刘再复（中国社会科学院）、金秋鹏、汪子春：《鲁迅和自然科学》，科学出版社，1976年初版，1979年增订再版。

4. 潘吉星：《明代科学家宋应星》，科学出版社，1981年出版。

5. 戴念祖：《朱载堉——明代的科学和艺术巨星》，人民出版社，1986年出版。

6. 席泽宗、吴德铎主编：《徐光启研究论文集》，学林出版社，1986年出版。（有关各专业的科学家研究，将在以下分科中叙述）。

（三）综合性的论文集有：

1. 自然科学史研究室编：《科学史集刊》1～11期，科学出版社、地质出版社出版，1958～1984年。

2. 自然科学史研究所编：《科技史文集》1～14辑，上海科学技术出版社，1978～1985年。

3. 《竺可桢文集》编辑小组：《竺可桢文集》，科学出版社，1979年。

4. 中国科学院自然科学史研究所编：《钱宝琮科学史论文选集》，科学出版社，1983年。

5. 潘吉星主编：《李约瑟文集》，辽宁科学技术出版社，1986年。

6. 《科学史论集》，中国科技大学出版社，1987年。

7. 杜石然主编：《第三届国际中国科学史讨论会论文集》，科学出版社，1990年。

（四）关于工具书方面的著作有：

1. 严敦杰主编：《中国古代科技史论文索引》，江苏科学技术出版社，1986年。

2. 葛能全编著：《科学技术发现发明纵览》，科学出版社，1986年。

二、数学史

数学史是中国最早开拓的科学史研究领域之一，它的奠基者是李俨（1892～1963）和钱宝琮（1892～1974）。此二人都学土木工程，1956年以前李俨在陇海铁路局工作，钱宝琮在大学教书，1956年同时调进中国自然科学史研究室。与他们二人同时调进的还有一位长期从事会计工作的严敦杰，对数学史也很有研究。在他们未到中国科学院之前，李俨和严敦杰讨论数学史的来往信件就有 700 多封。所以自然科学史研究所从一成立，数学史就是力量最强的一个学科。30 多年来科学史所、数学所和系统科学所在数学史方面，出版了如下一些著作：

1. 李俨：《中国古代数学史料》，中国科学图书仪器公司，1954 年。

2. 李俨：《中算家的内插法研究》，科学出版社，1957 年出版。

3. 李俨：《十三、十四世纪中国民间数学》，科学出版社，1957 年出版。

4. 李俨：《中国数学大纲》上、下册，科学出版社，1958 年增订再版。

5. 钱宝琮校点：《算经十书》上、下册，中华书局，1963 年出版。

6. 李俨、杜石然：《中国古代数学简史》上、下册，中华书局，1964 年出版。此书近年在港、台被多次翻印，也被译成英文在英国牛津大学出版社出版。

7. 钱宝琮主编：《中国数学史》，科学出版社，1964 年出版。

论文集有：

8. 李俨：《中算史论丛》1～5 集，中国科学院，1954～1955 年增订再版。

9. 钱宝琮等：《宋元数学史论文集》，科学出版社，1966 年出版。

10. 吴文俊主编：《〈九章算术〉与刘徽》，北京师范大学出版社，1982 年出版。

11. 吴文俊主编：《中国数学史论文集》1～3 集，山东教育出版社，1985～1987 年出版。

12. 吴文俊主编：《秦九韶与〈数书九章〉》，北京师范大学出版社，1987 年出版。

关于世界数学史方面的著作有：

13. 胡作玄、赵斌编写：《菲尔兹奖获得者传》，湖南科学技术出版社，1984 年出版。

14. 胡作玄：《布尔巴基学派的兴衰——现代数学发展的一条主线》，知识出版社，1984 年出版。

15. 胡作玄：《第三次数学危机》，四川人民出版社，1985 年出版。

三、天文学史

天文学史也是中国最早开拓的科学史研究领域之一，早在 1922 年中国天文学会成立时，高平子即提出了“以科学方法，整理历法系统”“以科学方法，疏解并证明古法原理”“以科学公式，推算古法疏密程度”“以科学需要，应用古测天象”的四条原则，来研究中国天文学史，并同朱文鑫穷毕生精力，做了这方面的工作。1949 年以后，我们沿着这四个方向，又做了很多工作，出版的专著有：

1. 陈遵妫：《中国古代天文学简史》，上海人民出版社，1955 年出版。此书有俄文和日文译本。

2. 郑文光、席泽宗：《中国历史上的宇宙理论》，人民出版社，1975 年出版。此书 1978 年被译成意大利文在罗马出版。

3. 郑文光：《中国天文学源流》，科学出版社，1979 年出版。

4. 《中国天文学简史》编写组：《中国天文学简史》，天津科学技术出版社，1979 年出版。

5. 中国天文学史整理研究小组：《中国天文学史》，科学出版社，1981 年出版。

6. 中国社会科学院考古研究所：《中国古代天文文物图录》，文物出版社，1980 年出版。

7. 陈遵妫：《中国天文学史》，第一册（1980 年），第二册（1982 年），第三册（1984 年），第四册（已交稿），上海人民出版社出版，台湾已翻印。（陈为北京天文馆名誉馆长）

8. 陈久金、卢央、刘尧汉：《彝族天文学史》，云南人民出版社，1984 年出版。（卢在南京大学工作，刘在社科院民族所工作）

9. 黄明信、陈久金：《藏历的原理与实践》，民族出版社，1987 年出版。（黄在北京图书馆工作）

10. 张培瑜：《中国先秦史历表》，齐鲁书社，1987 年出版。

11. 北京天文台主编：《中国古代天象记录总集》，江苏科学技术出版社，1988 年出版。

12. 中国科学院北京天文台主编：《中国天文史料汇编》，科学出版社，1989 年出版。

13. 潘鼐（上海建工所）：《中国恒星观测史》，学林出版社，1989 年出版。

14. 张培瑜：《三千五百年历日天象》，河南教育出版社，1990 年出版。

15. 徐振韬、蒋窈窕：《中国古代太阳黑子研究与现代应用》，南京大学出版社，1990 年出版。

文集方面有：

16. 中国天文学史文集编辑组：《中国天文学史文集》1～5 集，科学出版社，1978～1989 年出版。

17. 张钰哲主编：《天问（中国天文学史研究第一辑）》，江苏科学技术出版社，1984 年出版。

18. 中国天文学会：《中国天文学在前进》（中国天文学会成立六十周年纪念），1982 年编印。

19. 中国科学院紫金山天文台：《紫金山天文台五十年（1934—1984）》，1985 年出版。

关于世界天文学史方面有：

20. 宣焕灿（南京大学）选编：《天文学名著选译》，知识出版社，1989 年出版。

四、物理学史

物理在古代不成为一门学科，材料比较分散，因而受人注意得也较晚。1942 年钱临照对《墨经》中有关光学和力学的记述作了诠释，文中的一些基本观点至今仍被中外有关学者中引用，这篇文章最近被重印在为纪念他八十寿辰编的《科学史论集》（1987 年）中。王振铎于 1949 年前后为了复原司南，对中国磁学知识所作的系统研究，集中反映在他在《中国考古学报》上连续发表的《司南・指南针与罗经盘》，此文已于今年重印中在他的《科技考古论丛》中。1949 年以来出版的书籍有：

1. 吴南薰（武汉大学）：《中国物理学史》，武汉大学物理系，1954 年出版。

2. 王锦光（浙江大学）：《中国古代物理学史话》，河北科学技术出版社，1981 年出版。

3. 王锦光、洪震寰：《中国光学史》，湖南教育出版社，1986 年出版。

4. 戴念祖：《中国力学史》，河北教育出版社，1988 年出版。

5. 胡继民、许良英、范岱年、汪蓉合编：《王淦昌和他的科学贡献》，科学出版社，1987 年出版。

在世界物理学史方面，与其他学科相比，则做得较多，重要的有：

6. 许良英、范岱年、赵中立等编译：《爱因斯坦文集》，商务印书馆，北京，1976～1978 年出版，共三卷。

7. 阎康年：《卢瑟福和现代科学的发展》，科学技术文献出版社，1987 年出版。

五、化学史

中国化学史的研究，以王琎为最早，他在本世纪 20 年代一开始，就在《科学》上连续发表《中国古代金属原质之化学》等文章；到了 40 年代初则有李乔苹《中国化学史》出版；50 年代则以袁翰青的工作最多，他曾将论文汇集成《中国化学史论文集》出版。其后，出版的书籍则有：

1. 张子高（清华大学）：《中国化学史稿（古代之部）》，科学出版社，1964 年出版。

2. 潘吉星：《中国造纸技术史稿》，文物出版社，1979 年出版。

3. 曹元宇（南京）：《中国化学史话》，江苏科学技术出版社，1979 年出版。

4. 洪光住：《中国食品科技史稿》（上册），中国商业出版社，1984 年出版。

5. 周仁，等：《中国古陶瓷研究论文集》，轻工业出版社，1983 年出版。

6. 北京大学赵匡华编：《中国化学史论文集》。

7. 中国硅酸盐学会：《中国陶瓷史》，文物出版社，1982 年出版。

8. 潘吉星：《中国火箭技术史稿——古代火箭技术的起源和发展》，科学出版社，1987 年出版。

关于世界化学史的出版物，则有：

9. 《化学发展简史》编写组：《化学发展简史》，科学出版社，1980 年出版。

10. 《化学思想史》编写组：《化学思想史》，湖南教育出版社，1986 年出版。

11. 潘吉星：《卡尔·萧莱马》，辽宁教育出版社，1986 年出版。

六、生物学史

早在 1907 年《国粹学报》上即开始有刘师培、蒲蛰龙等发表有关中国生物学史方面的文章，但近 40 年中，相对来说，生物学史方面的著作较少。50 年代初期，陈桢曾把他的几篇文章汇集成册，名为“关于中国生物学史”，由科学普及出版社出版。此外，还有：

1. 周尧（西北农学院）：《中国昆虫学史》，昆虫分类学报社，1980 年出版。

2. 李佩珊等：《百家争鸣——发展科学的必由之路》（1956 年 8 月青岛遗传学座谈会记实），商务印书馆，1985 年出版。

3. 自然科学史研究所编：《中国生物学史论文集》，农业出版社，1980 年。

4. 潘菽，高觉敷主编：《中国古代心理学思想研究》，江西人民出版社，1983 年出版。

5. 苟萃华等：《中国古代生物学史》，科学出版社，1989 年出版。

本文不拟介绍农学史和医学史方面的工作，这两部分工作都在科学院以外进行，而且规模很大，单农学史的刊物就有好几个，《农史研究》《农业考古》等，非本人力所能及。这里只就我们所内刚去世的夏纬瑛先生在农史文献的研究方面所写的几本书予以介绍：

1.《吕氏春秋上农等四篇校释》，科学出版社，1956 年出版。

2.《〈周礼〉书中有关农业条文的解释》，农业出版社，1979 年出版。

3.《〈诗经〉中有关农事章句的解释》，农业出版社，1981 年出版。

4.《夏小正经文校释》，农业出版社，1981 年出版。

七、地学史

中国地理学史的研究，始于本世纪初，至 30 年代，即有王庸所著《中国地理学史》出版。1958 年自然科学史研究室和北京大学地质地理系合作，在侯仁之主持下，新编写了一部《中国地理学史》，其后将其古代部分修改，名为《中国古代地理学简史》，于 1962 年，由科学出版社出版。此书以地理著作和地理学家为线索。1977 年，科学史所又以研究对象分章，编写了一本更详细的《中国古代地理学史》，于 1984 年由科学出版社出版。

在地图史方面，北京图书馆王庸著《中国地图史纲》（商务印书馆，1959 年出版）。复旦大学谭其骧编辑的《中国历史地图集》，则是规模浩大的工程，至今尚未全部做完。

在地震史方面，中国科学院于 50 年代初组织普查，编辑出版的《中国地震资料年表》，对经济建设中厂址和水坝位置的选择，提供了重要的参考数据，对地震预报也有帮助。这项工作在唐山大地震以后，又重新做过。由中国地震局、中国社会科学院、中国科学院三家联合建立编辑委员会，编出《中国历史地震资料汇编》五大卷，自 1983 年起已由科学出版社陆续出版。此外，我所唐锡仁有《中国地震史话》一书（科学出版社，1978 年出版）。

在海洋学史方面，中国古潮汐史料整理研究组有《中国古代潮汐论著选译》一书，科学出版社，1980年出版。

在水利史方面，有武汉水利电力学院和水利水电科学研究院合作编写的《中国水利史稿》，上册于1979年由水利电力出版社出版。

在古代地理著作和地理学家研究方面，先后有侯仁之等的《中国古代地理名著选读》（科学出版社出版）和唐锡仁、杨文衡的《徐霞客及其游记研究》（中国社会科学出版社出版）。

最后，地质出版社于1983年出版的《杨钟健回忆录》，人民出版社和科学出版社出版的《竺可祯日记》（共五卷），也都可以当作科学史著作来读。

八、技术史

和农学史、医学史一样，技术史也是中国科学院外的力量大于院内。经我所组织或参与写成的书籍有：

1. 夏湘蓉（湖北省地质局）、李仲均、王根元编著：《中国古代矿业开发史》，地质出版社，1980年出版，获1982年度全国优秀科技图书奖。

2. 陈维稷（纺织工业部）主编：《中国纺织科学技术史》（古代部分），科学出版社，1984年出版。全书60多万字，附有彩色照片100多帧。

3. 中国科学院自然科学史研究所主编：《中国古代建筑技术史》，中、英文版同时由科学出版社于1985年出版，全书120万字，图片1800多张，获1986年首届中国图书奖。

4. 华觉明：《中国古代金属技术》，此书放在他译的泰利柯特的《冶金史》的后半部分，书名为"世界冶金发展史"，科学技术文献出版社，1985年出版。

5. 茅以升（中国铁道科学院）主编：《中国古桥技术史》，北京出版社，1986年出版，近70万字，有照片近400张。此书获1986年全国首届图书荣誉奖。

6. 华觉明等著：《中国冶铸史论集》，文物出版社，1986年出版。

此外，我们在这里还得介绍一下，华觉明同哈尔滨科技大学王玉柱等在复制、研究曾侯乙编钟方面承担了关键性的任务，在编钟的合金成分、铸造技术、双音钟发声机制等研究方面有所突破，复制的整套编钟达到了形似、声似的效果，获文化部1983～1984年度科技成果一等奖。在此之前，他对河南淅川编钟的复制与研究，也曾获机械工业部1980年重大科技成果二等奖。

今后展望

过去 40 年我们做了不少事情，把科学史这门学科在祖国的大地上建立了起来，有了专业队伍。但是力量还显得分散，没有形成拳头，成绩不够显眼。至今一谈中国科学史，首先提到的必然是李约瑟，而不是中国人。这也就是说，我们在某一学科、某一方面的研究上，很可能远远超过李约瑟；但在总体上，我们还没有赶上李约瑟。中国人要在中国科学史领域有更大的发言权，我认为，今后除了继续进行专题研究和专业史的研究外，应该有计划、有组织、有步骤地进行以下几项工作：

（一）重新翻译李约瑟的《中国科学技术史》。这部划时代的巨著除了引起西方世界对中国科技史的关注外，给我们提供了无比丰富的研究课题和线索，是每位研究中国科学史的必读书籍。将它翻译出来，除科学史工作者阅读起来方便以外，还可以吸引更多的人来研究中国科学史。现在台湾已译到第五卷，北京也译过第一卷和第三卷，但都不够理想，还应该有更好的译本出现。这个翻译工作很难，译者不但要英文好，还要中国的古文好，还要懂科学。但是我相信这样的人才还是有的，还是能做到的。

（二）组织编写“中国科学技术史丛书”。台湾《科学月刊》的编者在 1978 年 10 月号上曾经说过这么一段话：

> 我们不能以为将这部书（李约瑟《中国科学技术史》）译成中文，就算完成了一件大事。我们希望通过它有更多的人注意与研究，在十年、二十年以后，能够出现一部中国科技“结账式”的经典之作。

《科学月刊》编者的话到现在已经十多年了，由中国人自己组织力量，严肃认真地编写一套“中国科学技术史丛书”应该是时候了。我们应该对每本书、每篇、每章在全国范围内挑选最合适的人选来承担。写出来以后，先在国内发行；经过学术界鉴定以后，也可以译成外文，扩大海外影响。

（三）拍摄中国科技史电视系列片。电视是当今传播媒介工具中影响力最大的一种。“中国科学技术史丛书”等这样大部头的书有耐心看的人毕竟很少，如果要把中国古代科技成就告诉更多的群众知道，写科普作品，做科普演讲、广播，当然都是有效的办法；但拍电视系列品应该是最生动、最有效的办法。如果拍 100 集，每集演 10 分钟，一个专题。每个专题之间既有连续性，又可以单独看，应该会受到欢迎。

（四）审定科技史基本名词。孔子把正名工作看得非常重要，说“名不正，则言不顺”。严济慈先生写过一篇《论公分·公分·公分》，指出科学名词如果定得不好，就会引起混乱，若把长度单位毫米（mm）译为公分，重量单位克（g）也译为公分，容积单位毫升（ml）也译为公分，那就有时不知所云。老一辈的科学家很重视审定名词工作，所以许多近代科学名词都译得很好。但科学史名词很少受到重视，尤其中国古代的一些科学名词如何译成英文，更是一件非常困难的事。这方面的工作我们也应该起步来做，现在已具备了一些条件。

（五）校释古代科技名著。对于中国古代科技名著应该有计划地组织人力，选择最好版本，予以标点和校释，重新出版。如有条件，有的也可译成外文。

（六）开展中国近现代科技史的研究。台湾“清华大学”将于今年 8 月下旬召开中国近代科技史国际研讨会，这是一个很好的开端。中国近现代科技史的研究应该提到议事日程上来了。我们不应该等到像李约瑟之于中国古代科学史那样，外国也有人把中国近代科学史写出大部头著作来了，自己再来研究。如果能有人从总结经验的角度，写出《19 世纪中国科学史》和《20 世纪中国科学史》，我想这对 21 世纪中国科学的发展一定很有参考价值。

（七）立足中国，放眼世界。中国科学史只是世界科学史的一部分，要研究中国近现代科学史必须了解世界科学史；就是研究中国古代科技史也得了解世界科学史，李约瑟列出研究中国科学史的六个条件，有两条都是关于世界科学史的。因此，我们对世界科学史必须花费相当的人力、物力，进行一定的研究。

后记：本讲收集材料过程中，得到李佩珊、王渝生和朱冰的大力协助，在此表示衷心的感谢。

第三讲　先秦科学思想鸟瞰

德国存在主义哲学家雅斯贝尔斯（Karl Jaspers，1883～1969）著有影响很大的一本书：《历史的起源与目的》[①]。在这本书中他指出，在公元前 6 世

① 原书出版于 1949 年，为德文。英译为 *The Origin and Goal of History*，Yale University Press，New Haven，lst ed.，1953；3rd ed.，1965.

纪前后，中国的孔子（公元前551～前479）、印度的佛陀（Buddha，约公元前563～前483）、波斯的琐罗亚斯德（Zoroaster，公元前6世纪上半叶）、犹太的以赛亚（Isaiah，公元前8世纪后半叶），以及希腊的毕达哥拉斯（Pythagoras，约公元前580～前500），几乎同时出现，为人类历史的第一次突破，可称为枢轴时代（Axial Age）。在此之前，各处人类皆有史前时代，人群不过浑浑噩噩地度日，生老病死，全无意义，人之异于禽兽，只在于人掌握了用火的能力，因此雅斯贝尔斯称史前时代为普罗米修斯的时代。接着，在公元前5000左右，有一些地区的人类发展了农业、文字及国家，这是古代文化的时代，但是他认为，有若干古代文化，例如古埃及和古巴比伦，却始终没有完成第一次突破，而发展为枢轴时代的文明。各个枢轴文明，在近世逐渐合流为近代的科学文明，这是人类历史上的第二次普罗米修斯时代，人类只是掌握了更多的更复杂的谋生手段，还没有找到新的历史意义；第二次突破，还有待于人类再一次的努力①。

雅斯贝尔斯把公元前800年至公元前200年定为人类历史上的第一个枢轴时代，主要是从人文科学方面来考虑的。他认为人的存在，不仅是存在，更重要的是人对他的存在的意义有选择与界定的自由。正是在这一时期，几个古代文明都有人提出系统性的思考，为人类何去何从及是非善恶问题，赋予了普遍性的意义，一直影响到今天。从自然科学方面来看，我觉得这一时期可以同样称为枢轴时代。这一时期在古希腊大致上是从泰勒斯（Thales，约公元前640～前546）到亚里士多德（公元前384～前323），人们对自然界的认识，蓬勃发展，奠定了许多学科的基础。在中国，正好是春秋战国时期（公元前770～前221年），诸子蜂起，百家争鸣，他们在讨论各种政治、社会问题的同时，也触及许多自然科学的问题。从科学思想史的角度来看，他们的影响更大，这里只就几个问题加以介绍，既是鸟瞰，当然不可能谈得太深入。

物质相互作用的力（阴、阳）和机制（感）

《庄子·天下》里记载：

> 南方有倚人焉，曰黄缭，问天地所以不坠不陷，风雨雷霆之故。惠

① 对雅斯贝尔斯学说的这段介绍，参考了许倬云：《论雅斯培枢轴时代的背景》，见所著《中国古代文化的特质》附录，台北：联经出版事业公司，1988年。

施不辞而应，不虑而封，编为万物说。说而不休，多而无已，犹以为寡，益之以怪。

惠施（约公元前380～前305）的回答至今没有留下来。但是，从历史发展来看，人们最初对于这些问题的回答总是属于自然神论。南方多雨，北方常旱，这是因为南方有雨师应龙，北方有旱神女魃。山有山神，河有河伯，自然界的每一种事物，都有一种神灵在起作用，这种自然观不属于科学思想，但是想要说明自然的这个企图却是科学的开始。中国最早想用自然界本身的力量来说明自然现象的第一个人可能是伯阳父，据《国语·周语（上)》记载：周幽王二年（公元前780年）发生了地震，三条河流被堵塞了，伯阳父说："周将亡矣。夫天地之气不失其序。若过其序，民乱之也。阳伏而不能出，阴遁而不能蒸，于是有地震。"伯阳父因地震而推断周将灭亡，又认为阴阳失序是民乱造成的，这是他思想中的不合理成分，但他以天地之气和阴阳的失序来解释地震却是一个很大的进步。

正式把阴、阳作为相互联系和相互对立的哲学范畴来解释各种现象，则开始于《周易》。《庄子·天下》在评论儒家的几部经典著作时说："《诗》以道志……《易》以道阴阳，《春秋》以道名分。"现存的《周易》，实际上包括两大部分。一部分是"经"，一部分是"传"。经包括六十四卦（每卦由六爻组成，共三百四八爻），以及卦辞和爻辞。传包括：《彖辞》（断卦辞之意）、《象辞》（分大象、小象，大象总论一卦的象征，小象则分述六爻之象）、《系辞》（通论六十四卦的意义，是一篇重要的哲学著作）、《文言》（只论干、坤二卦）、《序卦》（说明六十四卦排列的顺序）、《说卦》（说明八卦所代表的事物及其意义）、《杂卦》（解释六十四卦的卦名）。因为《彖辞》《象辞》《系辞》又各分为上、下两篇，总共十篇，称为《十翼》，又称为《易传》。传是对经而言，是解释经的。在现在通行的本子中，《彖辞》《象辞》和《文言》均已分散在各卦之下，独立成篇的只有：《系辞》（上、下)、《说卦》《序卦》和《杂卦》。

"阴阳"概念在《易经》中没有，在《易传》中才有。六十四卦虽然是由"-"和"--"两个符号组成，但在经中并不称阳爻和阴爻，而称"-"为九，"--"为六，到《易传》作解释，才称为阳爻和阴爻。《易经》在孔子以前就有，《左传·庄公二十二年》载，"周史有以《周易》见陈侯者，陈侯使筮之。遇观（䷓）之否（䷋），曰：'是谓观国之光，利用宾于王。'"是其证明。《论语·述而》证载："子曰：假我数年，五十以学《易》，可以无大过矣。"又是一个证明。按照传统的说法，《易传》为孔子所作，宋朝的欧阳修提出怀疑，清朝的崔述在《洙泗考信录》中举出了大量的证据，证明不是孔子所作。现在看来，这个问题很容易证明，在《易传》中冠有"子曰"的话有二十多处，显然不是孔子所作。由此可见，《易传》是孔子以后的儒家学者对《周易》所作的解释，时间不会晚于庄子（约公元前369～前286）。

《易·系辞》认为："一阴一阳之谓道，继之者善也，成之者性也。"（上）又引孔子的话说："乾坤其《易》之门耶！乾，阳物也；坤，阴物也。阴、阳合德而刚柔有体，以体天地之撰，以通神明之德。"（下）这就是说，宇宙间所有事物的运动、变化，都离不开阴、阳。在物质世界中，最大的阳性东西是天，在卦的符号系统中为乾（☰）；最大的阴性东西是地，在卦的符号系统中为坤（☷）。当时认为天动地静，动是刚健的表现，静是柔顺的表现，所以就将刚、柔和阳、阴联系起来了。

《易·系辞》又从男女交配生出子女这个生物现象，作一种类比，推出天地配合生出万物（即"天地之撰"），它说："天地絪缊，万物化醇；男女构精，万物化生。"（下）天地比如父母，其余东西比如子女，天地交配最初生出的六个子女就是八卦中其余六卦所代表的东西，即日（火）、月（水）、风、雷、山、泽。但是，天、地毕竟和男女不一样，不能接触到一起交配，于是在咸卦的《彖辞》中又提出了一种机制——"感"，说"天地感而万物化生，圣人感人心而天下和平，观其所感而天下万物之情可见矣"。这个"感"字很重要。任何一种东西的内部本身都有阴、阳两种力在消长变化，当阳性占优势时，这个东西就属阳性，它可以和另一个属阴性的东西相互作用，这两个东西虽不在一起，但可以通过"感应"起作用，这是一个很重要的概念。以后人们对于磁石吸铁和电磁相互作用都用这个词来描述。

《周易》以后，阴阳概念在中国各种书籍中得到了普遍的运用，例如，单《庄子》一书就使用了二十多次，材料很多，这里不再列举。李约瑟在《中国科学技术史》（即《中国的科学与文明》）第二卷第十三章七节"两种基本力量的理论（阴阳学说）"中收集了一些，可以参阅。

物质的相互转化（五行理论）

在儒家的另一部经典著作《尚书》（即《书经》）中提出了与自然科学发

展有密切关系的另一个哲学范畴：五行。这一名词，首见于《夏书·甘誓》。这一篇很短，据说记载的是公元前2000多年前的事，只有“五行”两个字，没有具体内容。其次是在《周书·洪范》中有详细的记载：

> 五行：一曰水，二曰火，三曰木，四曰金，五曰土。水曰从下，火曰炎上，木曰曲直，金曰从革，土爰稼穑。润下作咸，炎上作苦，曲直作酸，从革作辛，稼穑作甘。

按照传统的说法，《尚书》中的这一篇是周武王十三年（约公元前1000年左右）克殷以后，被俘的殷代知识分子箕子和武王的谈话。近代有人认为《洪范》这篇文章长篇大论，可能是战国时期的作品。我们认为，《洪范》这篇文章可能晚出，但其中关于五行的这段话是有根据的，是西周时期已有的思想。据《国语·郑语》记载，史伯曾对郑桓公（做过周幽王的卿士）说：

> 夫和实生物，同则不继。以它平它谓之和，故能丰长而物归之。若以同裨同，尽乃弃矣。故先王以土与金、木、水、火杂以成百物。

史伯的这段话很有意思：第一，他认为不纯才成其为自然界，完全的纯是没有的。第二，不同的物质相互作用和结合（“以它平它”），自然界才能得到发展。第三，不但把金、木、水、火、土五种物质都提出来了，而且认为它们相互结合（“杂”）可以组成各种物质，这就有“元素”的意义在内。第四，史伯承认，这不是他自己的看法，在他之前就有了。

李约瑟和薮内清都认为，中国的五行观念和希腊的土、火、气、水四元素说不同。中国的五行不是五种基本物质，而是五种基本过程，中国人的思想独特地避开了本体而只抓关系[①]。在读了史伯的这段话后，我觉得二老的话应该有所修正：中国的五行观念也有本体论的思想，不过后来的发展偏重在这五种物质的相互关系方面。

从以上的两段引文可以看出，五行的次序在《尚书》和《国语》这两本书中就有所不同：

> 《尚书》是：水、火、木、金、土。

---

① 李约瑟：《中国科学技术史》第二卷，1990年北京中译本，p.266；英文原书，p.243。薮内清：《中国科学文明》，李淳中译本，pp.30-31，高雄：文皇社，1976年。

《国语》是：金、木、水、火、土。

这两种排列的不同，看不出有什么意义，可能是前者认为水最重要，是万物的始原，《管子》中有《水地》一篇，论之甚详，我们在后面还要讲到。《国语》说“以土与金、木、水、火杂以成百物”，认为土最重要，是万物的原始，这种思想一直流传到今天，现在农村还有一副春联：“土能生万物，地可长黄金。”到了《管子·五行》，其排列次序就有相互转化的意义了：

木→火→土→金→水→木。

此即所谓相生的次序：木生火、火生土，土生金，金生水，水生木。与此相反，还有一个相胜序，是由驺衍（约公元前350—前270）提出来的[①]，即：木克土，土克水，水克火，火克金，金克木，若以符号表示，可写为：

木＞土＞水＞火＞金＞木。

如果以曲线表示相生，以直线表示相克，绘出来就是左面的图。这就是汉代的董仲舒说的“比相生而间相胜”。如果以相克次序排成一环，那么直线就代表相生，也可得到类似的图，这就是董仲舒所说的“比相胜而间相生”。

从相生、相胜原理又可推导出另外两个原理：①相制原理，②相化原理。前者是由相胜原理推导出来的，是说一种过程可被另一种过程所抑制。例如金克木（刀可以砍树），但火克金（火可以使刀熔化变软），如果火把刀熔化了，这就抑制了金克木的作用。相化原理是由相胜原理和相生原理结合推导出来的，是说一种过程可能被另一种过程掩盖。例如，金克木，但水生木，如果水生木的速度大于金克木（砍树）的速度，那么克木的过程就可能显示不出来。

如果说，相生、相胜原理是一种定性的研究，那么相制、相化原理就含有定量的因素，结论取决于速度、数量和比率。由此再前进一步，墨家就提出了一个更重要的原理：

---

① 驺衍的著作没有留下来，在《昭明文选》卷五十九中，李善注引《七略》云：“驺子始，五德从所不胜，故虞土、夏木、殷金、周火。”

五行无常胜，说在宜。(《经下》)

火烁金，火多也；金靡炭（木），金多也。(《经说下》)

就是说，五行相克的次序，并不一定都是对的，关键取决于数量。火克金是因为火多，火少了就不行；金克木，金也得有一定数量。《孟子·告子》里把这个道理说得更清楚：水能灭火，但用“一杯水，救一车薪之火”，不但不能灭火，反而使火着得更旺，“杯水车薪”这个成语至今仍为人们所常用。

物质的本原（道、水、气）

亚里士多德在《形而上学》第三卷第一章里谈到他以前的哲学家时说：“这些哲学家断言有一个东西，万物由它构成，万物最初从它发生，最后又复归于它。它作为本体，永远同一，仅在它自己的规定中有所变化，这就是万物的元素和本原。”中国最早讨论物质本原问题的是《老子》。《老子》第二十五章说：

有物混成，先天地生。寂兮寥兮，独立而不改，周行而不殆，可以为天下母。吾不知其名，字之曰道。

这就是说，万物都是从“道”生出来。第二十六章又说：

夫物芸芸，各复归其根。归根曰静，是谓复命，复命曰常。

这就是说，万物在消灭的时候，都又复归于“道”。每个东西的一生一灭，就是“道”的一个循环运动（“周行”）。各种物质有生灭，但“道”却没有改变（“独立而不改”），“道”变化运动的规律（“常”）也没有改。《老子》并把对规律的认识叫作“明”。第十六章又说：“知常曰明。不知常，妄作，凶。”不懂得事物的规律，胡乱办事，不会有好结果。

《老子》的这套理论，完全可以和亚里士多德关于本体论的定义对得上号，它所说的“道”就是最初的希腊哲学家们所主张的那样一个东西，“万物由它构成，万物由它产生，最后又复归于它。”但是道是什么，却没有说清楚；道是物质，还是精神？后人争论不休。主张是物质的，就把老子奉为唯物主义者；主张是精神的，就把老子奉为唯心主义者。所以老子的论述，还只能属于哲学的范畴。

从稍微科学的角度来讨论这个问题，是从稷下学派开始。齐宣王（公元前 320～前 302 年在位）的时候，齐国都城（今山东临淄）稷门的旁边有一学术中心，集中了著名学者 76 人，其中包括孟子、屈原、慎到、彭蒙、驺衍、田骈、淳于髡、宋钘、尹文、环渊和苏秦等，极一时之盛，后来人们就把它叫作稷下学派。现在人们认为，现存《管子》一书就是稷下学派的著作总集。因此《管子》不像《庄子》《墨子》那样只包括一家的言论；它的各篇作者不同，观点也不同。我们将要引用的《水地》篇可能是农家的著作，《心术（上）》《心术（下）》《白心》《内业》四篇可能是宋钘、尹文的著作。

地就是土。《水地》篇的作者认为，金、木、水、火、土五种物质中，水和土最重要，水尤其重要。《水地》篇开头第一句就是："地者，万物之本原，诸生之根菀也。""水者，地之血气，如筋脉之通流者也。故曰：水，具材也。"这就是说，万物都是从地生出来的，以人的身体作比喻，水就是地的血气，河流就是地的筋脉。因此，水与地有同样的功用。接着就论述水：

> 无不满，无不居也。集于天地，而藏于万物。产于金石，集于诸生。故曰水神。集于草木，根得其度，华得其数，实得其量。鸟兽得之，形体肥大，羽毛丰茂，文理明著。万物莫不尽其机。
>
> 集于玉，而九德出焉。凝蹇而为人，而九窍五虑出焉，此乃其精也。

最后的结论是："水者，何也？万物之本原，诸生之宗室也。"这里值得注意的是把无机界和有机界统一起来了，不但"万物"，而且"诸生"——各种生物，也是以水为其"宗室"——本原的。从水中生出草木、鸟兽，而其中最精华部分凝集起来就形成了人。《水地》篇并且认为人的体质、容貌、性情和各地水的性质不同有关系，要改造社会就得先改造水，"圣人之化世也，其解在水"，这就又夸大了水的作用。

《老子》的"道"说得太玄，令人难以捉摸；《水地》篇的"水"又说得太具体，很难令人相信万物都是由它构成的。于是就有人想出一种比水更加不具形体的物质——"气"来解决这个问题，这就是宋钘、尹文在《内业》等四篇中所提出的气。中国本体论的这一段发展史与早期希腊的极为相似。黑格尔说："阿那克西美尼（Anaximenes，约公元前 585～前 525）用一个确定的自然元素来代替阿那克西曼德（Anaximander，约公元前 610～

前 545）无定的物质（相似于《老子》的道），不过不是泰勒斯的水，而是气。他深知物质必须要有一种感性的存在，而气却有一个优点，就是更加不具形式；它比水更加不具形体；我们看不见它，只有在它的运动中我们才感觉到它。”①

在中国最早注意到气的重要性的就是我们前面引过的西周末年伯阳父的话“天地之气，不失其序”。《左传》昭公元年（公元前 541 年）载有秦国医生和对晋侯的一段谈话：

> 天有六气，降生五味，发为五色，征为五声，淫生六疾。六气曰阴、阳、风、雨、晦、明也。分为四时，序为五节，过则为灾。

这里的气指天气，天气可以分为六种，这六种气的相互推移和相互作用就派生味、色、音、病等现象，这就向气的一元论前进了一步。《老子》则说：“万物负阴而抱阳，冲气以为和。”（第四十二章）阴和阳是对立的，通过气的作用得到统一（“和”），这样就把“气”提高到和自然界最基本的两种力相等的地位，成为构成万物的三要素之一。如果说阴、阳更多地表现在能量方面的话，气就更多地表现在质量方面。然而，把气当作万物的本原，说得最系统的还属《管子·内业》篇：

> 凡物之精，比则为生。下生五谷，上列为星。流于天地之间，谓之鬼神；藏于胸中，谓之圣人；是故名气。

这里说得很明确，从天上的星辰到地上的五谷，都是由气构成的；所谓鬼神，也是气流动于宇宙中者；圣人有智慧，也是因为他胸中藏有很多气。总之，各种物质都是由气构成的，一切事物都是气变化和运动的结果。所以《内业》篇又说：“化不易气。”即事物在不断变化，但总离不开气。

值得注意的是这段引文的开头还有一个“精”字。“精”和 “粗”是相对的，精原指细米，《庄子·人间世》说：“鼓荚播精，足以食十人。”荚是小簸箕，用小簸箕播出来的细米，可以供更多的人吃。同理，精气就不是一般的气，而是比气更细微的物质，它和气一样没有固定的形状，小到看不见，摸不着，但又无所不在，又可转化聚集成各种有形的物质，这就是《心术（上）》

① 黑格尔：《哲学史讲演录》（中译本）第一卷，p.197，北京：生活·读书·新知三联书店，1956 年。

说的“动不见其形，施不见其得，万物皆以得”。这种精气后来也叫作元气。元气说后来影响非常之大，单《淮南子》一书提到“气”的地方就有二百多次。我曾经有一篇《“气”的思想对中国早期天文学的影响》①。它对各门学科的影响都有，这里不能详谈，今天只说说荀子（约公元前 313～前 238）根据这个学说所做的一段论述：

> 水火有气而无生，草木有生而无知，禽兽有知而无义，人有气、有生、有知，亦且有义，故最为天下贵也。(《荀子·王制》)

李约瑟在他的《中国科学技术史》第二卷（英文版第 21～23 页，1990 年北京中译本第 22 页）中曾经引述这一段话，并且说在他之前无人发现这段话和亚里士多德的灵魂阶梯论极其类似。他列表指出：

亚里士多德（公元前 4 世纪）
植物：生长灵魂
动物：生长灵魂+感性灵魂
人：生长灵魂+感性灵魂+理性灵魂
荀子（公元前 3 世纪）
水与火：气
植物：气+生
动物：气+生+知
人：气+生+知+义

但是，我们觉得，荀子的论述与亚里士多德的论述有本质上的不同。荀子根本没有“灵魂”概念，荀子主张“气”是构成万物的元素，气是物质的，而亚里士多德的“灵魂”是精神的。在荀子看来，生物和无生物在原始物质上没有什么不同，而人和动物除了“义”以外也没有什么不同。义是一种道德属性，是后天教养获得的。这样，荀子的性恶论，就和西方基督教的“原罪”思想完全不同。荀子的思想则符合现代生物进化论和现代心理学的观点：性恶的部分是来自人的动物属性，而性善的部分则得之于后天教养。

生物的进化

气是组成物质的最基本的东西，但物质世界千差万别：首先是生物与非

① 见《东洋の科学と技术》（薮内清先生颂寿纪念论文集），pp.154-169，京都：同朋舍，1982 年。

生物之别；其次，生物中又有植物与动物之别；再次，动物中又有虫、鱼、鳞、甲之别，更有人之别。这些差别是由造物主安排的呢？还是有个演化过程，这又是自然观中的一个大问题。晋代的郭象（约 252～312）在注《庄子·齐物论》中的“吾有待而然者耶？吾所待，又有待而然者耶？”时说：

请问，夫造物者有耶？无耶？无也，则胡能造物哉？有也，则不足以物众形。故明众形之自物，而后始可与言造物耳……故造物者无主，而物各自造。物各自造而无所待焉，此天地之正也。

“物各自造”，又是怎样造的？《庄子·秋水》篇的回答是：

物之生也，若骤若驰，无动而不变，无时而不移。何为乎？何不为乎？夫固将自化。

这“自化”二字是庄子生物进化论的关键，郭象的注是：“万物纷乱，同禀天然，安而任之，必自变化。”说得更具体一点，就是《庄子·寓言》篇的：

万物皆种也，以不同形相禅；始卒若环，莫得其伦，是谓天均。

这头十一个字直接点出了“物种由来”：万物本是同一类，后来逐渐变成不同形的各类，但又不是一开头就同时变成了各各种类，而是一代一代演化的，所以说“以不同形相禅”。最后说“是谓天均”，即这是自然界的规律。

《寓言》篇中的这个生物演化的观点在《至乐》篇末尾一段说得又更具体：

种有几，得水则为继。得水土之际，则为蛙蠙之衣。生于陵屯，则为陵舄。陵舄得郁栖，则为乌足。乌足之根为蛴螬，其叶为胡蝶。胡蝶，胥也，化而为虫，生于灶下，其状若脱，其名为鸲掇。鸲掇千日为鸟，其名为干余骨。干余骨之沫为斯弥。斯弥为食醯。颐辂生乎食醯，黄軦生乎九猷，瞀芮生乎腐蠸，羊奚比乎不箰。久竹生青宁，青宁生程，程生马，马生人。人又反入于机。万物皆出于机，皆入于机。

由于这段话中提到的许多生物现在已没有或者是证认不出来，就有人认为这段话是庄子编的，并无实际意义。我们认为，这个看法不是实事求是的态度。

胡适的看法[①]可能是正确的，他认为：

第一，“种有几”的“几”字用得非常恰当。在字源上，这个字是从表示胚胎的图形演变来的（几从𢆶，𢆶从幺）。《易·系辞（下）》说：“几者，动之微。”这些都表示，几是最微小的有生命的物质的种子。

第二，这些种子，得着水，便变成了一种微生物，细如断丝，故名为继。到了水土交界之际，便又成了一种下等生物，叫作蛙蠙之衣。到了陆地上，便变成了一种陆生的生物，叫作陵舄。自此以后，一层一层地进化，一直进到最高等的人类。这段文字所举的植物、动物的名字，虽不可细考了，但演化的观点是显而易见的。

第三，末尾三句连用三个“幾”（几）字，是对开头一句“种有幾”的回应。生物界从极微小的“幾”“以不同形相禅”一步步地发展到人类；人死了又腐烂为极细微的“幾”，所以说“人又反入于幾”。“万物皆出于幾，皆入于幾”，这就是“始卒若环，莫得其伦”，也就是天然的变化，所以叫“天均”。

物质的无限可分与不可分（端）

现在再由生物界回到非生物界，谈谈物质观方面的一个根本问题：物质是无限可分；还是分到一定程度就不能再分，而有一种最基本的粒子。

《老子》（四十二章）说：“道生一，一生二，二生三，三生万物。”物质数呈等差级数增加，f=1+2+3+……n，当 $n=\infty$时，$f=\infty$物质无限多，宇宙在大的方面是无限的。《易·系辞（上）》说：“易有太极，是生两仪，两仪生四象，四象生八卦”物质数呈等比级数增加，$f=2^n$；当n=0 时，f=1；n=1 时，f=2；n=2 时，f=4；n=3 时，f=8；$n=\infty$时，$f=\infty$，物质数也是无限多，宇宙在大的方面也是无限的。现在要问的是：宇宙在小的方面怎样？即“一”以下怎样？公孙龙（约公元前 320～前 250）的回答是：“一尺之捶，日取其半，万世不竭。”（见《庄子·天下》）即物质是无限可分的，用近代的数学符号表示，即：

$$\lim_{n\to\infty}\frac{1}{2^n}=0$$

这里的 n 是日数，当 $n\to\infty$ 时，物质接近于零，但永不为零。也就是说，宇宙在小的方面可以无限小。

---

① 胡适：《中国哲学史大纲》，pp.275-287，上海：商务印书馆，1919 年。

墨家对公孙龙的回答提出了不同的看法，并且做了论证。他们认为，万物由不可分割的原子（端）组成，分割到端的时候，就无法再分了。一根由端按一维挨个串成的细棒，如果每次分割都是砍掉 1/2；那么，只有细棒中的原子数为 2^n 偶数时，经过 n 次分割就不能再分。在除此以外的一般情况下，要么一开始细棒的原子数就是奇数；要么经过一次或多次分割后，剩下一段为奇数。前者如原子数为 3；后者如原子数为 6，经过一次分割就成了奇数了。对于由奇数个原子组成的细棒，就不可能分割成完全相等的两半（“非半弗斱”）。如果你硬要将它分割成两半，那就会遇到两种情况：一种是“进前取”，一刀砍在细棒中点那个原子的前面。既然砍到前面去了，那就是说你没从中点把细棒分成完全相等的两半（“前，则中无为半”）；后半截比前半截多一个原子，而原来细棒中间的那个原子安然无恙（“犹端也”）。另一种情况是“前后取”：先在细棒中点那个原子的前面砍一刀，再在那个原子的后面砍一刀。这样虽然前后两截等长了，但都比原棒的 1/2 小（“斱必半，无与非半”），因为各少了半个原子。《墨子》中这段话的原文是：

> 非半弗斱，则不动，说在端。（按：斱即砍。）（《经下》）
>
> 非斱半。进前取也：前，则中无为半，犹端也。前后取：则端中也；斱必半，无与非半，不可斱也。（《经说下》）

时间、空间和运动

墨家不但有原子的想法，而且还较深刻地讨论了时间、空间和运动的问题：

> 久，弥异时也。（《经上》）
>
> 久，合古、今、旦、暮。（《经说上》）

“久”和“宙”古音相通，宙即时间。《尸子》中曾下定义说：“四方上下曰宇，往古来今曰宙。”宇是包括东、西，南、北，上、下六个方向的三维空间，宙是包括过去、现在和未来的时间。古、今、旦、暮都是特定的时间（“异时”），而时间概念“久”则是所有“异时”的总括。关于空间，也是一样：

> 宇，弥异所也。（《经上》）
>
> 宇，蒙东、西、南、北。（《经说上》）

这里所指的时间和空间已经不完全是直观的、特殊的，而是经过了一定的科学抽象，开始从特殊上升到一般。不仅如此，《墨经》还进一步论述了时间同空间的联系，以及时间、空间同物质和运动的联系。

动，或（即域）徙也。(《经上》)

动，偏祭（际）徙者，户枢、免、蚕。(《经说上》)

这就是说，运动是物体所处的空间区域的界限（偏际）的迁移和变化，例如，门窗的开关，兔子的跳跃，蚕体的蠕动，都是通过空间界限的变化而显示出它们的运动。而空间界限的变化，又是和时间相联系的：

行修以久，说在先后。(《经下》)

行者必先近而后远。远近，修也。先后，久也。民行修必以久也。(《经说下》)

人走路（运动），先近后远，经过一段空间距离（“修”，即长度），也必须经过一段时间（“久”），这说明运动和时间、空间有不可分割的联系。

《墨经》又进一步说明时间和空间的依赖关系：

宇或徙，说在长宇久。(《经下》)

长宇，徙而有处。宇南宇北，在旦有（又）在暮：宇徙久。(《经说下》)

这段话的大意是：正是物体从一个区域迁移到另一个区域的运动，才显示出空间（宇）的广延性，所以叫“长宇”；没有物体的运动也就显示不出空间的特性。另一方面，物体在空间的运动，又必须伴随着时间上的持续性，这就是“长宇久”。例如，一个物体的运动，在空间上从南到北，在时间上可能要从早到晚，这样“长宇久”也就是“宇徙久”，时间、空间、物质和运动这四者具有不可分割的联系。

人和自然的关系

最后，谈谈人和自然的关系。“自然”一词最早见于《老子》：

希言自然。(第二十三章)(按：“听之不闻名曰希”)

人法地，地法天，天法道，道法自然。（第二十五章）

道之尊，德之贵，莫之命而自然。（第五十一章）

以辅万物之自然而不敢为。（第六十四章）

这里的“自然”是指道“常无为而无不为”的性质，是个形容词，和我们今天所说的“自然界”，其含义不完全一样。不过，后来把它借用来代表存在于人们意识之外的客观世界却很恰当。“自”是自己，“然”是如此，物质世界的运动变化就是自己如此，既没有第一推动力，也没有意识和目的（“无为”）；但生生不息，变化不已（“无不为”）。

中国古代最常用来代表自然界的名词还是“天”字。例如，《左传》襄公二十七年（公元前 546 年）子罕曰：“天生五材，民并用之，废一不可。”就是说自然界的五种物质（金、木、水、火、土）为民生所必需，缺一不可。那么，天和人又是什么关系呢？是不是就像现在有些人所说的“天人感应”和“天人合一”思想统治了中国几千年呢？其实不然。天人感应和天人合一的思想，到战国末年驺衍和《吕氏春秋》才开始发挥，到汉代的董仲舒（约公元前 179～前 104）才完成其体系①。在此之前，中国还是有反对这种学说的传统的，例如：

春，陨石于宋五，陨星也。（《左传》僖公十六年[公元前 644 年]）。

六鹢退飞过宋都，风也。周内史叔与聘于宋，宋襄公问焉，曰：“是何祥也，吉凶焉在？”……叔与退而告人，曰：“君失问。是阴阳之事，非吉凶所生也。吉凶由人。”

（《左传》僖公十六年）

夏，大旱，公欲焚巫尪。臧文仲曰：“非旱备也。修城郭，贬食，省用，务穑，劝分，此其务也；巫尪何为？天欲杀之，则如无生，若能为旱，焚之滋甚!”公从之，是岁也，饥而不害。（《左传》僖公二十一年[公元前 639 年]）

《左传》中这类例子很多，不再一一列举。这里所要着重介绍的是《荀子·天论》中的精辟论述。《天论》开头第一句就说：

---

① 参阅徐复观：《中国思想史论集续编》，pp.96-112，台北：时报文化出版事业有限公司，1982 年。

> 天行有常，不为尧存，不为桀亡。应之以治则吉，应之以乱则凶。

明确地告诉我们：自然界的运动变化（“行”），本身有其规律（“常”），与社会的治乱、国家的兴亡无关；但在大自然面前，人必须遵循其规律，“应之以治”，而不能“应之以乱”。什么是“应之以治则吉”，《天论》接着解释道：

> 强本而节用，则天不能贫；养备而动时，则天不能病；修道而不贰，则天不能祸。故水旱不能使之饥，寒暑不能使之疾，袄怪不能使之凶。

“应之以乱则凶”的解释是：

> 本荒而用侈，则天不能使之富；养略而动罕，则天不能使之全；背道而妄行，则天不能使之吉。故水旱未至而饥，寒暑未薄而疾，袄怪未至而凶。

将这两段话合起来说就是：只要努力生产，厉行节约；备灾备荒，劳逸结合；坚定不移地按客观规律办事，就是有水旱灾也不怕，天气反常也不怕，“妖怪”来也不怕。如果不按客观规律办事，那就算没有水旱灾，没有天气反常，没有“妖怪”来，也富不了，也全不了，也吉利不了。

荀子又进一步认为：“妖怪”也是自然现象，不过是不常见的自然现象而已。《天论》中说：

> 星坠木鸣，国人皆恐。曰：“是何也？”曰：“无何也。”是天地之变，阴阳之化，物之罕至者也。怪之，可也；而畏之，非也。夫日月之有食，风雨之不时，怪星之党见，是无世而不常有之。上明而政平，则是虽并世起，无伤也；上暗而政险，则是虽无一至者，无益也。

这就把自然界的奇异现象和帝王的政治行为严格地划清了界限，二者毫无感应关系。荀子并且认为划清这种界限是非常必要的，他说：“明于天人之分，则可谓至人矣。”在荀子看来，自然界的奇异现象并不可怕，最可怕的是“人妖”，在《天论》中指出：“物之已至者，人妖则可畏也。”人妖是“本事（生产）不理”“政令不明”“仁义不修”，有此三者，则国无宁日矣。

荀况的“明于天人之分”，是就自然现象和社会治乱、国家兴亡之间的关系来说的，是对“天人合一”“天人感应”和天命论的反击，并不是说人和自然毫无关系。荀子认为人是自然界的一部分，是自然界发展到一定程度的产物。《天论》中说：“天职既立，天功既成，形具而神生，好恶、喜怒、哀乐藏焉，夫是之谓天情。”这就是说，由于自然界的发展，产生了人，人先有形体（身体），又由形体产生了精神。人的原始的情感（好恶、喜怒、哀乐），就是精神内容的一部分，好像藏在其中一样。荀子把人的这种原始情感叫“天情”，把人的五官叫“天官”，把统帅五官的心（实际上应该是脑）叫“天君”，即认为都是自然发展的产物。

人类在有了思维器官和感觉器官以后，就可以利用这些器官去认识物质世界，而物质世界可以被认识，又因为物质世界本身有其规律性。“凡以知，人之性也；可以知，物之理也。”此语见《荀子·解蔽》篇，这又是荀子的一大发现。20 世纪一位物理学家维萨克（von Weazācker）在论述人与自然的关系时说过一句话：“自然先于人，人先于自然科学。”[①]有人认为这是至理名言。其实，在荀子思想中，这个意思也是很清楚的。

研究科学的目的不仅仅是认识自然，更重要的是利用自然来为人类服务，这在荀子叫作“财（裁）非其类以养其类”。“非其类”是指人类以外的万物，“其类”是指人类，这句话的意思是：自然界的变化发展虽然是没有目的的，但人类要利用自然界的万物来养育自己，来为自己服务（“役万物”）。另外，自然界有些事物对人类是有益的，有些是有害的（“顺其类者谓之福，逆其类者谓之祸”），人类还要和他物竞争生存，研究科学的目的就是要培养其有益的，消除其有害的。这两件事，前者叫“备其天养”，后者叫“顺其天政”，把两件事情弄清楚了，人类就能“知其所为，知其所不为，则天地官（为人所用）而万物役矣”。

要“参天地”“役万物”“制天命而用之”，这是何等的进取精神！这个思想不但在先秦诸子百家中是光辉的典范，就是在世界范围内当时也是最高水平，例如亚里士多德与他同时而略早，亚里士多德的思想就没有达到他这样的境界。我们应该珍惜我们祖先的这份遗产，而不应该妄自菲薄。深入对中国科学思想史的研究，对近代科学的发展也会有一定的帮助。

---

① 海森堡：《物理学与哲学：现代科学中的革命》，北京范岱年中译本，p.23，科学出版社，1974 年；台北刘君灿中译本，p.44，幼狮文化事业公司，1977 年。

后记：最近看到关增建和李志超对墨家的“端”提出了与本讲完全不同的看法，见《自然科学史研究》，1991 年第 10 卷第 4 期，p. 327-335；关增建《中国古代物理思想探索》，湖南教育出版社，1991 年，p. 62-74。这个问题还值得进一步研究。

第四讲 孔子与科学

问题的提出与研究方法

自五四运动以来不断地有人把孔子当作科学的死敌，认为中国科学落后是由于孔子思想的阻碍，但是这些人所举的事实，往往是捕风捉影，或者根本与孔子无关，或者是曲解、歪曲了孔子的原意。正如史学家周予同所说：“真的孔子死了，假的孔子在依着中国的经济组织、政治状况与学术思想的变迁而依次出现。汉武帝采用董仲舒的建议，单独推尊孔子，其实汉朝所尊奉的孔子，只是为政治的需要而捧出的一位假孔子，至少是一位半真半假的孔子，绝不是真孔子。倘使说到学术思想方面，那孔子的变迁就更多了。历代学者误认个人主观的孔子为客观的孔子。所以孔子是大家所知道的人物，但是大家所知道的孔子未必是真孔子。”（《周予同经学史论著选集》第 338～339 页）

要认识真孔子（公元前 551～前 479），最好是直接读孔子的著作，但是孔子没有自己的著作留下来。这情形与希腊的苏格拉底（约公元前 470～前 399）及其以前的哲学家类似。因此我们只能从其弟子及同时代人的记载中探索其本人的思想和行为。现在研究孔子思想可靠的一本书是《论语》，全书仅 16 509 字，只相当于现在的一篇长文。但这又不是一篇文章，而且不成于一人之手，正如《汉书·艺文志》所说：“《论语》者，孔子应答弟子，时人及弟子相与言而接闻于夫子之语也。当时弟子各有所记，夫子既卒，门人相与辑而论纂，故谓之《论语》。”编辑这本语录的是哪些人？历来又是争论不休。

从内容来看，《论语》也不单纯是一本孔子语录，其中有门人之间相互答问者；有称引古代遗书者，如最后一篇《尧曰》，可能有《尚书》的佚文；有历述古代贤人者，如逸民七人等；有记载当时之风俗习惯者，如《乡党》篇等。在这样一篇内容相当庞杂、编排很乱而又非出于一人之手的著作中，要去了解孔子思想，又何其难！在这样的情况下，我们只得给自己规定一条界限：只把《论语》中孔子本人的言论（即冠有“子曰”的话）作为研究孔子思想的立论根据。这样做也不一定全面和客观，因为《论语》中没有记载的事不等于没有；《论语》中已经记载的也不一定准确地反映孔子的思想。但是，在现有条件下，这还是一个合理的方法。

我们的目的是要了解孔子思想和科学发展的关系。要达到这个目的，我们力求系统分析，而不是断章取义。我们把《论语》中同一类思想的片言只语联系起来，综合成一个思想体系；然后以这个思想体系为核心，其他书籍中所载孔子的言论为参考，来分析孔子思想与科学的关系，而不给以任何附加。

孔子的“天”和“天道”观

“天”在孔子的思想中是自然界的总体及其发展规律。他说：

> 天何言哉！四时行焉，百物生焉，天何言哉！（《论语·阳货》）

自然界的规律是客观存在，不因人而异，因此天对人来说是没有权的，《论语·颜渊》篇中“富贵在天”这句话，是子夏的言论，不能算在孔子身上。但作为自然现象的人，却受客观规律支配的，这就是孔子所说的“天命”。譬如，人的生死，孔子在探问冉伯牛的病时说：

> 亡之，命矣夫！斯人也，而有斯疾也。（《论语·雍也》）

这里的“命”是孔子对人本身所不能控制的现象的一个理解性的认识与接受，并没有“权”的含义。孔子认为这种理解性的认识是非常重要的。他说：

> 不知命无以为君子也；不知礼无以立也；不知言无以知人也。（《论语·尧曰》）

他自己承认“五十而知天命”（《论语·为政》）。

孔子把天当作自然界的总体及其发展规律，就和《尚书》与《诗经》中把天当作上帝的看法划清了界限。因此，他不接受迷信性的神权观念，主张“敬鬼神而远之”（《论语·雍也》），反对讨论“鬼神”和“死亡”的问题，说：

> 未能事人，焉能事鬼？未知生，焉知死？（《论语·先进》）

对孔子来说，祈祷是没有任何意义的，他认为就是在传统的“获罪于天”的情况下，也是“无所祷也”（《论语·八佾》）。不过，“天”对于孔子有时有一种精神寄托作用，在《论语》中有：

> 予所否者，天厌之！天厌之！（《论语·雍也》）
> 天生德于予，桓魋其如予何！（《论语·雍也》）
> 天之未丧斯文也，匡人其如予何！（《论语·子罕》）
> 不怨天，不尤人，下学而上达，知我者其天乎？（《论语·宪问》）

这些都是孔子在精神上给自己的安慰。

除“天”之外，孔子的理哲思想中另一重要观念是“道”。道有天道和人道两种。天道是人可以认识而加以理解的，人道是人可以求得而遵之以行的。孔子终生“志于道”（《论语·述而》），从事“仁”与“礼”的教育以求人之道，从事学术理论的教育以求天之道。孔子又认为天道可以作为人道的启示，例如，他说：

> 为政以德，譬如北辰，居其所而众星拱之。（《论语·为政》）
> 岁寒，然后知松柏之后凋也。（《论语·子罕》）

这种人的社会行为应该法乎自然的模仿式（pattern on nature）思维，是孔子思想的一个特点。现在我们知道，人类社会的规律和自然界的规律不能等同，不能简单比附，但在2400多年以前，孔子不用超自然的力量来解释自然界，不搞天人感应，不迷信，认为自然界的规律和社会的规律都能以理求之，不能说不是一件超时代的贡献。

孔子的教育理论和实践

孔子是中国历史上第一个伟大的教育家，他一生用了四五十年的时间，以“学而不厌，诲人不倦”的精神，开展平民教育，打破了“学在官府”、贵族垄断文化教育和贵族世袭政府官职的局面，对于推动中国文化的发展，具有划时代的意义。关于这一点，几乎是有口皆碑，毋庸多述，今天只就孔子教育思想中具有现实意义的几个命题加以讨论，我们认为它是有利于科学发展的。

第一个命题是“性相近也，习相远也”(《论语·阳货》)。性指人的先天禀赋(nature)；习指人的后天教养(nurture)，包括教育和习染。人的先天本性是善还是恶，孔子没有说，孔子只是说，人在道德上和知识上的重大差异，是后天教育和学习的结果。这一点很重要，是他的全部教育理论和实践活动的认识论基础。根据这一理论，他认为每个人都可以，而且应该通过教育接受良好的影响，在道德和知识上得到提高，成为德才兼备的君子；即使受有不良习染的人，在经过“循循善诱”以后，也有可能变好。在孔子眼里，君子和小人的区别不是天生下来就有的，不决定于出身的贵贱、财富占有的多寡和职位的高低，唯一的差别是品德的修养，所以他经常把君子和小人两个概念拿来对比，进行教育，劝人向上。例如，“君子喻于义，小人喻于利”(《论语·里仁》)，“君子周而不比，小人比而不周”(《论语·为政》)等等。他办学的目的，不仅仅是教书和传授知识，更重要的是教人，要把学生培养成为具有君子品格的德才兼备的人才。

第二个命题是“有教无类”(《论语·卫灵公》)。按照梁代皇侃《论语义疏》的解释即是：“人乃有贵贱，宜同资教，不可因其种类庶鄙而不教之也。教之则善，本无类也。”但是有人抓住孔子在《论语·述而》篇中的另一句话“自行束修以上，吾未尝无诲焉”，认为必须给孔子送十五斤干肉脯，才能做孔子的学生，这样就有个财产限制，并不是人人都能受教育。这个看法从汉代孔安国起即有，但当时已被人反驳，认为“东修”是指年龄限制，即年龄要在十五岁以上，而不是礼品限制。我们可以从孔门有些弟子的穷相，看出孔子招收弟子是不受贵贱和贫富限制的。如颜回“一箪食，一瓢饮，居陋巷，人不堪其忧，回也不改其乐”(《论语·雍也》)；如原宪“居鲁，环堵之室，茨以生草；蓬户不完，桑以为枢；而瓮牖二室，褐以为寒，上漏下湿，匡坐而弦歌”(《庄子·让王》)；如仲弓其父为“贱人”，家“无置锥之地”(《荀子·非十二子》)。能接收这样多穷人进行教育，不要说在两千四百多年以前，就是在今天，也是一件了不起的事。

第三个命题是“生而知之者上也；学而知之者次也；困而知之又其次也；困而不学，斯为下焉矣”(《论语·季氏》)。这段话是孔子因材施教的理论基础。孔子虽把人的智力分为三类，但第一类“生而知之者”只是虚悬一格，事实上并不存在。遍查《论语》全书中出现的人物，与孔门问答或为孔门所称述或批评者，共167人。从未许任何人为生而知之者，就连他自己也说“我非生而知之者，好古敏以求之者也”(《论语·述而》)。再从孔子的另一句话“中人以上可以语上也，中人以下不可以语上也”(《论语·雍也》)，也可以看出，在实践中他是把人的智力分为两类的，至于困而不学，自暴自弃，那是另一回事。在有了这一认识以后，就要去了解每一个学生的智慧、能力和兴趣，如“子谓子贡曰：‘汝与回也孰愈？’对曰：‘赐也何敢望回！回也闻一以知十，赐也闻一以知二’”(《论语·公冶长》)；然后就可根据不同对象，因材施教。

第四个命题是“不愤不启，不悱不发，举一隅，不以三隅反，则不复也”(《论语·述而》)。这就是说，教育学生不能满堂灌，在教的同时要鼓励他独立思考，思考后仍得不到要领，再去开导他；要在他想要说出自己的意见而又说不出来时，再帮他说出来；要使学生举一反三，触类旁通，如果给他指明一个方向，他还说不出其他三个方向，那也就不必再教下去了。孔子的这一论点，旨在反对只顾讲授不问效果的教学方法，积极培养学生的主动性和创造性，对于培养科研人员是一个很好的方法。

孔子的治学态度和思想方法

孔子首先承认自己“非生而知之者”，需要“学而不厌”，并且以此为荣。据《论语·述而》篇记载：“叶公问孔子于子路，子路不对。子曰：‘汝奚不曰，其为人也，发愤忘食，乐以忘忧，不知老之将至云尔。’”孔子还说：“十室之邑，必有忠信如丘者焉，不如丘之好学也。”(《论语·公冶长》)

在做学问的态度上，孔子主张不搞道听途说，“道听而途说，德之弃也”(《论语·阳货》)，要“多闻阙疑”“多见阙殆”(《论语·为政》)，凡事要问一个为什么，对于不可靠的要弃而舍之；同时，又要实事求是，“知之为知之，不知为不知”(《论语·为政》)，不可强不知以为知；知道自己不知道，也是一种知道(“是知也”)。

如何取得知识？首先是吸收前人的经验，向书本学习。《论语》开头第一句就是“子曰：学而时习之，不亦乐乎！”但是，光凭这个还不够，还得在实践中学习，从日常生活中学习。据《论语·八佾》篇记载“子入太庙，每事问”，孔子自己也说：“敏而好学，不耻下问。”(《论语·公冶长》)孔子不仅勤于提出问题，而且要把别人的回答记下来，仔细琢磨，以求弄懂、弄通，用他自己的话来说，就是“默而识之”(《论语·述而》)。

多闻、多见、多学、多问，这是人们取得知识的第一步，但还不是重要的一步，孔子说："多闻择其善者而从之，多见而识之，知之次也"(《论语·述而》)。孔子把这一步，叫作"学"，还有一步叫作"思"。他说："学而不思则罔，思而不学则殆。"(《论语·为政》)就是说，光学习，不思考，就罔然无所得；光思考，不学习，也殆然无所得。孔子一次和子贡谈话时说："赐也，汝以予为多学而识之者欤？"对曰："然，非欤？"曰："非也，予一以贯之。"(《论语·卫灵公》)即孔子不承认博闻强记是他的目的，而认为融会贯通，把各种事物联系起来，发现隐在其中的普遍规律才是他做学问的目的。

在这里，孔子虽然没有用"演绎"这个名词，但这种"一以贯之"的推理方法属于演绎法，符合知识论的逻辑。此外，孔子还懂得用辩证逻辑来进行推理，他说：

吾有知乎哉？无知也。有鄙夫问于我，空空如也。我扣其两端而竭焉。(《论语·子罕》)

在这段关于知识论的谈话中，孔子自认为"无知"，对许多问题也常空无所答，于是采用"扣其两端而竭"的方法来追寻答案，那就是利用一问题的各种对立观点，尽其中之矛盾关系进行分析，以求得正确的解答。孔子的这段论述与苏格拉底的不以智者自命和采用"诘问"方式除非求正的方法类似，均属于辩证逻辑体系，但比较具体。孔子的这个方法，对中国文化具有深刻的影响，在汉语构词中常常运用，如用"冷"与"热"两个极端相对的概念构成"冷热"一词来表达温度概念。在现代科学中，这更是常用的一种方法。例如天文学，着重研究的是处在两极端的物质：一端是超高密、超高压物质，如白矮星、中子星、黑洞等，一端是极稀薄的气体星云、星际介质等，把这两极端的天体搞清楚以后，对一般天体的演化规律也就容易了解了。

孔子的政治理想与为政之道

孔子以怀古的方式憧憬未来，把传说中的尧舜时代加以美化，认为这是人类社会的最高理想。《礼记·礼运》篇中引孔子的话说：

大道之行也，天下为公。选贤与能，讲信修睦，故人不独亲其亲，不独子其子，使老有所终，壮有所用，幼有所长，矜寡孤独废疾者皆有所养。男有分，女有归。货，恶其弃于地也，不必藏于己；力，恶其不出于身也，不必为己。是故谋闭而不兴，盗窃乱贼而不作，故外户而不开，是谓大同。

有人认为，《礼记·礼运》篇晚出，此段文字虽标有孔子曰，但不一定是孔子的话，不能代表孔子的思想。我们认为，这段话恰恰是孔子政治思想的完整体现。这段话的中心内容是："天下为公"，而要做到天下为公，就必须"选贤与能，讲信修睦"。这些内容在《论语》里都有反映。

首先，《论语·泰伯》篇里有：子曰："大哉尧之为君也，巍巍乎唯天为大，唯尧则之。"意思是说尧作为国君，风格高尚，能以天（自然）为法则。天是大公无私的，尧也和天一样大公无私，把国家当作公产。同一篇中又说："巍巍乎舜之有天下也而不与焉。"即是说舜治天下，毫不为己。

《泰伯》篇接着又有："舜有臣五人而天下治。孔子曰：'才难！不其然乎？唐虞之际，于斯为盛。'"孔子认为人才难得，舜有五位能人辅政，而天下大治。当他的弟子子游（言偃）做了武城宰以后，孔子见面问他的第一句话就是你发现了人才没有？（《论语·雍也》："汝得人焉耳乎？"）他的另一弟子仲弓作了季氏宰以后来问他如何为政，他说："先有司，赦小过，举贤才。"仲弓又问怎样举贤才，孔子回答说："举尔所知；尔所不知，人其舍诸？"（《论语·子路》）意思是说，选用你所知道的；你所不知道的，别人也就会推荐给你了。孔子选人的标准是极其严格的，他说："众恶之，必察焉；众好之，必察焉。"（《论语·卫灵公》）盖众恶之人可能为特立独行之士，而众好之人可能为好好先生，所以必须严格审查。

有人说，孔子的"举贤才"只是限于挑选君以下的各层官吏，君的地位则至为尊贵，臣子和庶民一定要对君尽忠遵礼，否则就是不仁。我们认为，孔子是有忠君思想，这是时代的局限，但孔子的忠是有条件的。当子路问事君时，他说："勿欺也，而犯之。"（《论语·宪问》）又说："事君，敬其事，而后食[其禄]。"（《论语·卫灵公》）这些话就是说：在原则问题上绝不隐瞒自己的观点，要敢于向皇帝提意见，即使被罢官也在所不惜。"齐景公问政于孔子，孔子对曰：'君君、臣臣、父父、子子。'"孔子这句话中，第一个"君"字指为君的个人，是名词，第二个"君"字指为君的行为准则，代表君道，是动词。"君君"就是说凡为君者都要使自己行为符合君道，如果不是这样，那臣也就可以不符合臣道，可以起来造反，故孔子在《春秋》中将三十六个君主被杀的事件区别对待，用“弒”代表杀者有罪，用“杀”代表杀得合理。

至于什么是君道？那就是“为政以德”（《论语·为政》）和“无为而治”（《论语·卫灵公》）。“季康子问政于孔子，曰：‘如杀无道，以就有道，何如？’孔子对曰：‘子为政，焉用杀？子欲善，而民善矣！君子之德风，小人之德草，草上之风必偃。’”（《论语·颜渊》）孔子又说：“其身正，不令而行；其身不正，虽令不从。”（《论语·子路》）可见孔子为政的办法是要求领导者以身作则，影响人民大众，并且取信于民。“子贡问政，子曰：‘足食，足兵，民信之矣。’子贡曰：‘必不得已而去，于斯三者何先？’曰：‘去兵。’子贡曰：“必不得已而去，于斯二者何先？’曰：‘去食。自古皆有死，民无信不立。’”（《论语·颜渊》）孔子不但要领导者“言必信，行必果”，取信于民，就是一般人之间来往，也得讲信用，他说：“人而无信，不知其可也。大车无輗、小车无軏，其何以行之哉？”（《论语·为政》）这不是《礼记·礼运》篇中“讲信修睦”的具体化吗？

选贤与能，讲信修睦，为政以德，齐之以礼，无为而治，再加上“均无贫”（《论语·季氏》）的经济政策（《论语·子路》），其结果必然是“老者安之，朋友信之，少者怀之”（《论语·公冶长》），一个公平、公正、公道的大同世界。这就是孔子的政治理想。

孔子思想和科技关系的分析，对一些非难之答驳

从以上的分析，我们看不出孔子的言行对科技发展有任何妨碍作用。在孔子生活的时代，科学还没有形成专门知识，科学技术还未形成社会生产力，“科学”一词还没有出现，人们对自然现象的认识还处在萌芽阶段，对自然知识方面的教育尚未系统的展开。有人不顾这一历史条件，超越了时代批评孔子，说《论语》中只把自然现象拿来进行政治道德说教，没有把这些科学知识加以系统化进行研究，进行教育，因而导致中国没有出现“为科学而科学”的学术传统，妨碍了中国科学的发展。如果这个批评能成立的话，那么在孔子之后的苏格拉底和柏拉图，更偏重于道德和伦理方面的教育，岂不也阻碍了西方科学的发展？

又有人从《论语》中找出了孔子一段话，认为是孔子反对科学和农业生产的铁证。这段话是：

樊迟请学稼。子曰："吾不如老农。"请学为圃。曰："吾不如老圃。"樊迟出。子曰："小人哉！樊须也。上好礼，则民莫敢不敬；上好义，则民莫敢不服；上好信，则民莫敢不用情。夫如斯，则四方之民襁负其子而至矣，焉用稼。"（《论语·子路》）

最近，薄树人正确地指出："这段故事反映的是孔子对自己的治国之道充满信心，认为只要实行了这个道（仁、义、信），人民就会四方来归，根本用不到自己去种庄稼。它并不能说明孔子本人反对农业技术。反之，如果孔子反对农业技术，对农业技术全然无知，他的弟子也不会去向他请教学稼、学圃的。"①接着，薄树人还举了一个旁证，来说明孔子是懂得许多下层人民的技艺的，那就是《论语·子罕》中的：

大宰问于子贡曰："夫子圣者欤？何其多能也。"子贡曰："固天纵之将圣，又多能也。"子闻之，曰："大宰知我乎！吾少也贱，故多能鄙事。君子多乎哉？不多也。"

由此可见，孔子对"鄙事"毫无轻视之意；相反，他认为"多能鄙事"是有价值的。

我们这里还可以补充两个例子，说明孔子不但不反对农业生产，而且非常重视农业生产。一是《论语·学而》篇有：

子曰："道千乘之国，敬事而信，节用而爱人，使民以时。"

这里的"使民以时"即不误农时。一是《论语·宪问》篇有：

南宫适问于孔子曰："羿善射，奡荡舟，俱不得其死然。禹稷躬稼而有天下。"夫子不答。南宫适出，子曰："君子哉若人，尚德哉若人。"

南宫适举羿、奡凭借武力，终归失败；禹、稷致力于沟洫耕稼而有天下，盖以其功德在民。孔子赞美其为君子，为尚德之人。由此可见，孔子不叫樊迟学稼、学圃，是就社会分工而言，并不是一般地反对农业生产。我们应该承

---

① 薄树人：《试谈孔孟的科技知识和儒家的科技政策》，《自然科学史研究》，1988年第7卷第4期，297～304。

认，社会分工是一个进步，到了孔子那个时代，作为一个政治家，已经不需要亲自去耕田种菜了。

又有人抓住孔子的一句话“君子不器”(《论语·为政》)，来批评孔子不重视手工业生产。这又是一个误解。这句话照字面理解，当然是君子不做工具，但并非要人们不制造生产工具，而是要人们有自己独立的人格与思想，不做人云亦云的驯服工具。孔子完全了解“器”在生产上的重要性和手工业生产的重要性。第一，众所周知，孔子说过：“工欲善其事，必先利其器。”(《论语，卫灵公》)第二，《中庸》内引有孔子认为治国应该抓的九件大事(“九经”)，其中之一即“来百工也”，“来百工则财用具”。

李约瑟在《中国科学技术史》第二卷中又抓住《论语·述而》篇中“子不语怪、力、乱、神”一句话，并把力解释为“自然界异常力的表现”，从而断定孔子的这个原则妨碍了科学的发展。他在指出异常现象对认识自然的重要性以后，对孔子的这句话作了如下的批评：

> 孔子不愿讨论这类似乎与社会问题无关的奇异自然现象。两千年来的儒家均以他为榜样，令道家与技术家们失望。[①]

我们感到很遗憾，李约瑟在这里把是非弄颠倒了，真所谓“智者千虑，必有一失”。“子不语怪力乱神”并不是孔子不注意自然界的奇异现象，而是不用神怪等超自然的力量来解释这些现象，我们有《春秋》和《左传》中的事实为证。孔子编著《春秋》，系统地记录了37次日蚀，未加一句占语，这在公元前的著作中可以说独树一帜，绝无仅有，并为以后的史书中必然包括天象记录，做出了榜样，其意义是非常深远的。《左传》中有多次孔子称赞不用迷信解释奇异现象的记录，今举一例，“哀公六年(公元前489年)秋七月”有以下记载：

> 是岁也，有云如众赤鸟，夹日以飞，三日。楚子使问诸周大史。周大史曰：“其当王身乎！若祭之，可移于令尹、司马。”王曰：“除腹心之疾，而置之股肱，何益？”遂弗祭。初，昭王有疾，卜曰：“河为祟。”王弗祭。大夫请祭诸郊。王曰：“三代命祀，祭不越望……河非所获罪也。”遂弗祭。孔子曰：“楚王知大道矣，其不失国也，宜哉！”

① 李约瑟：《中国科学技术史》第二卷（1990年北京中译本），15。

这里的大道可能是“天道”之误。孔子曾说“无为而物成，是天道也！”（《礼记·哀公问》）。孔子借此告诉人们，只要按照“天道”（即自然界的规律）办事，就能把国家治理好，并不需要搞什么迷信活动。关于这一点，就连一贯反孔的鲁迅也称赞“孔丘先生确是伟大，生在巫鬼势力如此旺盛的时代，偏不肯随俗谈鬼神”（《鲁迅全集》卷一，第296页）。

又有人说，孔子为学不像柏拉图与苏格拉底那样注重辩论，这对科学在中国的发展起了抑制性的作用。他们举的例子是《论语·述而》篇的：

> 子曰：“吾与回言终日，不违如愚。退而省其私，亦足以发，回也不愚。”

把这段话译成白话文就是：“我和颜回终日言谈，他唯唯诺诺，好像愚昧无知的样子；但在日常生活中察其言语行为，发现他并不笨。”这段话并没有称赞颜回，只是说颜回对他讲的东西不置可否，好像不懂的样子，但在进一步考察时，知觉他是懂得的。事实上，孔子对这种“不违”的态度并不满意，在《论语》中就有直接的批评：

> 子曰：“回也，非助我者也，于吾言无所不悦。”（《先进》）

由此可见，颜回虽然是孔子最得意门生，孔子对他这种不发表意见的办法是不满意的。

孔子提倡的“和而不同”，就是主张不同意见的争论。据《左传》记载，孔子三十岁那年，即鲁昭公二十年（公元前522年）十二月，齐景公问晏子，什么是和？什么是同？晏子回答说：譬如厨师做汤，有鱼、有肉、有水、有各种作料，再加上火力烹调，这就是“和”；水中加水就是“同”；“君臣亦然，君所谓可而有否焉，臣献其否，以成其可；君所谓否而有可焉，臣献其可，以去其否。是以政平而不干，民无争心”。所谓同，就是“君谓可，臣亦曰可；君谓否，臣亦曰否。若以水济水，谁能食之。若琴瑟之专一，谁能听之。同之不可也如是”。

孔子不但主张“和而不同”，反对一言堂；而且以身作则，善于接受别人意见。《论语》中记载有三次子路很不客气地批评孔子，孔子都能正确对待：

第一次在鲁定公八年（公元前502年），“公山弗扰以费畔。召，子欲往。子路不悦”。孔子做了解释以后，未去（《论语·阳货》）。

第二次在鲁定公十四年（公元前496年），孔子晋见卫灵公夫人南子，子路不悦，孔子发誓说："予所否者，天厌之！天厌之！"（《论语·雍也》）

第三次在鲁哀公五年（公元前490年），"佛肸召，子欲往"，子路反对，孔子做了许多解释，甚至说："吾岂匏瓜也哉，焉能系而不食？"但最后还是接受了批评，没有去。

孔子不但能接受善意的批评，就是对恶意的讽刺、挖苦，也能泰然处之，真正做到了"言者无罪，闻者足戒"。据《史记·孔子世家》记载："孔子适郑，与弟子相失，孔子独立郭东门。郑人或谓子贡曰：'东门有人……累累若丧家之狗。'子贡以实告孔子。孔子欣然笑曰：'形状，末也；而谓似丧家之狗，然哉！然哉！'"

仁是孔子社会行为的最高准绳，仁之所在就是对老师也不必谦让，"当仁不让于师"（《论语·卫灵公》），这是何等的进取精神！《论语·卫灵公》中孔子的另一句话："君子矜而不争。"指的是不争利、不争功，并不是不争论。当然，在争论时也得有一定的道德准绳，于是孔子又提出了四条应该注意的事情，那就是：

子绝四：毋意，毋必，毋固，毋我。（《论语·子罕》）

这就是说在争论时要不主观、不武断、不固执、不自私。我们相信，按照这四条原则进行学术争论，既可以发展科学，又可以不伤和气，是一条行之有效的办法。

简短的结论

从以上的分析可以看出，孔子的言行对科学的发展不但无害，而且是有益的。13世纪以前，中国科学技术在世界上的领先地位是多种原因造成的，孔子思想中的这些有益成分也是其中之一。近300年来的落后，是这段时期内的政治、经济、文化诸因素造成的，不能归因于2400年前的孔子。再说得广一点，近代科学在欧洲兴起，和他们有希腊文化没有多大关系；中国近代科学落后，并不是因为中国有孔子。

这个结论，肯定有人不同意。希望通过研究，通过争论，得到进一步的认识。

后记：这篇演讲是程贞一先生和我合写的一篇论文的节要，全文将刊于《中国图书文史论集》（钱存训先生八十生日纪念），台北正中书局和北京现代出版社同时出版，1992年。

下　篇　　天文学史

第五讲　天文学在中国传统文化中的地位

各种文化典籍中有丰富的天文学内容

翻开世界文化史的第一页，天文学就占有显著的地位。古巴比伦的泥砖、古埃及的金字塔，都是历史的见证。在中国，河南安阳殷墟出土的甲骨文中，已有丰富的天文记录，表明公元前 14 世纪时，天文学已很发达。明末顾炎武（1613～1982）在《日知录》里说：夏、商、周“三代以上，人人皆知天文。‘七月流火’，农夫之辞也；‘三星在户’，妇人之语也；‘月离于毕’，戍卒之作也；‘龙尾伏辰’，儿童之谣也。”在中国文明的摇篮时期，天文学知识已普及到农民、士卒、妇女、儿童，顾炎武这样说是有典有据的。“龙尾伏辰”见《国语·晋语》，“七月流火”、“三星在户”和“月离于毕”源于《诗经》的《七月》、《绸缪》和《渐渐之石》三篇。

《诗经》是我国最早的一部诗歌总集，它汇集了西周初年（公元前 1100 年左右）到春秋前期（公元前 600 年左右）500 多年间的 305 篇作品，反映了当时各阶层的思想文化。因为孔子对它进行过加工整理，就被认为是儒家的重要经典。此书中有不少脍炙人口的天文学句子，清人洪亮吉（1746～1809）有《毛诗天文考》一卷，最新的研究则有刘金沂（1942～1987 年）和王胜利合写的文章《〈诗经〉中的天文学知识》①。

《诗》《书》《礼》《易》《春秋》，自汉代起被认为是儒家的五部重要经典，合称“五经”，为中国古代每个知识分子的必读书。而在这些书中，就有很多天文学内容。《书》原名《尚书》，或称《书经》，它的第一篇《尧典》关于天文的内容占了总篇幅的 2/5，竺可桢（1890～1974）的《论以岁差定尚书尧典四仲中星的年代》是近人研究它的著名之作②。这些经书中的天文学内容，历来研究者多得不可胜数，《十三经注疏》中就汇集得不少，宋代王应麟（1223～1296）有《六经天文编》、清代雷学淇有《古经天象考》等。这里只

① 刘金沂、王胜利：《〈诗经〉中的天文学知识》，《科技史文集》第十辑，p.118，上海科学技术出版社，1983 年。

②《竺可桢文集》，pp.100–107，北京：科学出版社，1979 年。

从文化史的角度，介绍一点影响我国古代天文学发展方向的材料。

《尚书·尧典》云："乃命羲和，钦若昊天，历象日月星辰，敬授人时。"这就是说，要求于天文学家的是观察日月星辰，告诉人们历法和时间。"天文"一词，首见于《易》。《易·贲卦·彖辞》有"观乎天文，以察时变"，《易·系辞》也说："天垂象，见吉凶。""仰以观于天文，俯以察于地理，是故知幽明之故。"这就是说，天象的变异，象征着人事的更迭祸福，天人之间有一种感应关系，天象观察可以预卜人间吉凶福祸，从而为统治者提出趋吉避凶的措施。中国传统文化中的天文学正是沿着这两部经书中所规定的路线前进的：一条是制定历法，敬授人时；一条是观测天象，预卜吉凶。所以中国古代便将天文学称为历象之学。

中国古代主管历象之学的官吏叫太史或太史令。张衡（78～139）曾两次担任太史令，先后共 14 年。起初，太史的职责很多，除天文工作外，还有（一）祭祀时向神祷告；（二）为皇室的婚丧嫁娶和朝廷的各种典礼选择吉日良辰；（三）策命诸侯卿大夫；（四）记载史事和编写史书；（五）起草文件；（六）掌管氏族谱系和图书。可以说："是一个混合宗教祭祀、卜筮、天文观测与资料记录的综合体。设立天文机构的目的是透过对过去的事件与自然征兆的了解，以达到对未来的掌握。"①其后，随着时间的推移，有些带迷信色彩的职能逐渐消失，有些职能逐渐分开，不同的工作由不同的官员去负责，如天文观测和史书编写职能的分开，是到魏晋以后才实现的。编纂中国第一部正统历史书的司马迁，就出身于天文世家。正因如此，他才能在《史记》中写出《历书》和《天官书》，总结出当时和以前的天文学成就，并为后世所师法。从《史记》开始的二十四史中，将天文、历法设专章叙述的凡十七史，占 2/3 以上。就是不设专章的史书中，在本纪等篇章中也还有不少的天文记事，这一优良传统使我国天文学记载连绵不断，保存了丰富的天象记录，为当代的天文学研究提供了许多有用的资料。

由于正史中多设有天文历法专章，其他的史书也就都很注意收录天文方面的内容，如《续资治通鉴长编》就对 1054 年超新星做了详尽的记录。《明实录》、《清实录》和 8000 多种地方志中部有大量天文资料，而马端临（约 1254～1323）《文献通考》中的《象纬考》则首次集中了中国古代的各种天象记录，成为西方汉学家和天文学家经常引用的资料来源，法国毕沃、英国威

① 刘昭民：《中华天文学发展史》，p.20，台北：商务印书馆，1985 年。

廉·赫歇尔、德国洪堡、瑞典伦德马克都曾利用过。

按照经、史、子、集分类，天文学的专门著作隶属于子部天文算法类，在清代《四库全书总目提要》中著录和存目的共54部，在1956年出版的《四部总录天文编》中所收共约百部。但中国的天文学专著，并不限于此数，前述二十四史中的天文、律历诸志，也可以当作专门著作看待。子部其他类中也有大量的天文学内容，《庄子·天运》、《荀子·天论》、《吕氏春秋》十二纪、《淮南子·天文训》都是有名的篇章；术数类的《乙巳占》和《开元占经》等更是天文资料的大汇集；就是看来与天文学毫不相关的《蟹谱》（1059年），竟引有《释典》云“十二星宫有巨蟹焉”从而证明古巴比伦的黄道十二宫知识在宋代已很普及。

集部是文学作品，但中国古代用文学形式反映科学内容的也不少，张衡的《思玄赋》就是一篇很好的科学幻想诗，幻想飞出太阳系之外，遨游于星际空间，有关段落今请郑文光翻译如下（引号内均为星名）：

> 我走出清幽幽的“紫微宫”，到达明亮宽敞的“太微垣”；让“王良”驱赶着“骏马”，从高高的“阁道”上跨越扬鞭！我编织了密密的“猎网”，巡狩在“天苑”的森林里面；张开“巨弓”瞄准了，要射杀蟠冢山上的“恶狼”！我在“北落”那儿观察森严的“壁垒”，便把“河鼓”敲得咚咚直响；款款地登上了“天潢”之舟，在浩瀚的银河中游荡；站在“北斗”的末梢回过头来，看到日月五星正在不断地回旋。

这首《思玄赋》被后人收集在张衡的诗文集《张河间集》中，明末清初的天文学家王锡阐（1628～1682）有《王晓庵先生诗文集》，清中叶女天文学家王贞仪（1768～1797）有《德风亭文集》。就是在非天文学家的作品中，也不乏天文学内容，《楚辞》就是一个很好的例证。屈原（公元前340～前278）《天问》的开头关于宇宙结构和天地演化的提问是那么深刻，成为中国天文学史必写的篇章。明代戏曲作家张凤翼（1527～1613）的《处实堂集》中有一首诗描写了1572年仙后座出现的超新星（即第谷新星）。古代天文仅凭肉眼观测就可做出成绩，文理不分是常事。

类书是把不同书中同一性质的内容汇集在一起，类似于现在的百科全书，也属于子部，但它的规模太大，也有人把它单列的。现存最早的类书出现在唐代，有《北堂书钞》《艺文类聚》《初学记》三部，每部都把天文学的内容排在首位，宋代的《太平御览》（1000 卷）也是如此，影响所及，1978 年决定出版《中国大百科全书》时，也是《天文学》卷先出。现存类书最大者为清代编的“古今图书集成”，全书共 1 万卷，分 6 编，32 典，第一编即“历象”，包括《乾象典》100 卷、《岁功典》116 卷、《历法典》140 卷、《庶征典》188 卷，囊括了历代的天文学资料，使人查找起来极为方便。

丛书即编印各种单独著作而冠以总名，开始于南宋。原来放在子部杂家类，后来因刊刻的太多了，又单独画出，另列一“丛部”。丛部内各子目又按经、史、子、集分，如《四部备要》《四部丛刊》。商务印书馆出版的“丛书集成”，收进丛书 100 部，书 4000 多种，许多天文书，如《乙巳占》《新仪象法要》《晓庵新法》等均在其中，清末刘铎曾拟编刊“古今算学丛书”，这部丛书包括数学、天文学，物理学、化学、工艺等书，但是刻印成书的只有数学部分。

在自然科学各学科中，天文学具有特殊的地位

现在让我们从学科分类的角度来看一看天文学在中国传统文化中的地位。

在中国传统文化中，最发达的学科是文、史、哲，属于自然科学的有农、医、天、算四门。在这四门自然科学中，天文学又具有一种特殊的地位。古代中国人出于将宇宙万物看作不可分割的整体的有机自然观，认为所有事物是统一的，彼此可以感应，天人之间也是如此，天与人的关系并不单纯是天作用于人，人只能听天由命；人的行为，特别是帝王的行为或政治措施也会作用于天。皇帝受命于天来教养和统治人民，他若违背了天的意志，天就要通过出现奇异现象来提出警告；皇帝如再执迷不悟，天就要降更大的灾祸，甚至另行安排代理人，这样，天就具有自然和人格神的双重意义，天文观测，特别是奇异天象的观测，就不单纯是了解自然，还具有更重要的政治目的，天文工作也就成为政府工作的一部分了。大约在公元前 2000 年，就有了天文台的设置，到秦始皇的时候，皇家天文台的工作人员就有 300 多（见《史记 •秦始皇本纪》）。中国皇家天文台不但规模宏大，而且持续时间之久，也是举世无双，正如日本学者薮内清所说：“在欧洲，国立天文台 17 世纪末才出现。在伊斯兰世界，一个天文台的存在没有超过 300 年的，它常常是随着一个统

治者的去世而衰落。唯独在中国，皇家天文台存在了几千年，不因改朝换代而中断。”①不仅如此，皇家天文台的观测仪器，做得那样庞大和精美，也不单纯是为了提高观测的精确度，而是当作一种祭天的礼器来看待的，北京古观象台的那些仪器就都收印在《皇朝礼器图说》中。

天文学在中国传统文化中的这一独特地位，被 16 世纪末由意大利来华传教的利玛窦（Matteo Ricci，1552～1610）一眼看穿，他说：“如果不看到天文学在远东过分地具有社会的重要性和哲理的高深性，那就要犯错误。”②天文学在中国人心目中的特殊地位，一直持续到清末未变，这可用曾国藩（1811～1872）的话来证明。曾国藩晚年在给他儿子曾纪泽的信中表示，自己“生平有三耻”，第一耻就是“学问各途，皆略涉其涯涘，独天文算学，毫无所知，虽恒星五纬，亦不识认”，殷殷叮嘱，“尔若为克家之子，当思雪此三耻，推步算学，纵难通晓，恒星五纬，观之尚易……三者皆足弥吾之缺憾矣”③。

天文算学在中国古代总是相提并论，具有不可分割的联系。居于“算经十书”之首的《周髀算经》实际上是一部天文学著作，其余的几部中也有天文学内容，清末阮元（1764～1849）编《畴人传》也是将天文学家和数学家收集在一起，事实上，许多人既是天文学家，也是数学家。中国数学的许多进展都体现在历法计算中，关于这一问题，1987 年王渝生的博士论文《中国古代历法计算中的数学方法》论之甚详。这里需要特别指出的是：中国古代由于几何学不发达，在平面几何中没有引进角度概念，在直角三角形中只有线段与线段的计算关系，没有边与角的计算关系，因而关于行星位置的计算是用内插法，这与导源于古希腊的西方天文学迥然不同。古希腊由于几何学发达，预告行星的位置是用几何模型的方法：通过观测建立模型，使模型可以解释已知的观测资料，然后用该模型计算已知天体的未来位置并以新的观测检验之，如不合则修改模型，如此反复不已，以求完善。哥白尼和托勒密在日心地动问题上虽然针锋相对，立场截然相反，但所用方法则一，其后第谷、开普勒也都用的是同一方法。几何模型方法有助于人们思考和探索宇宙的物理图象及其运动的物理机制，而从中国传统文化中的代数学方法很难产

① 薮内清：《中国科学的传统与特色》，原载日本《中国の科学》（世界名著，续一），中译见《科学与哲学》，1984 年第一辑，pp.60-70。

② H.Bernard，*Matteo Ricci's Scientific Contribution to China*，p.54，Beijing，1935.

③《曾国藩教子书》，p.12，长沙：岳麓书社，1986 年。

生哥白尼的日心地动体系和开普勒的行星运动三定律。

农业生产对自然环境有极大的依赖性，俗话说："靠天吃饭"。我们的祖先对人力、自然环境与农业生产的关系认识得很早，在春秋战国时期就形成了系统的看法，即"天时、地宜、人力"观。《吕氏春秋・审时》说："夫稼，为之者人也，生之者地也，养之者天也。"《齐民要术・种谷》说："顺天时，量地利，则用力少而成功多，任情返道，劳而无获。"所谓天时，即气候。气候的变化直接依赖于地球绕太阳公转位置的变化，即太阳在天空中视位置的变化，在北半球，冬至时，日行最南，中午日影最长；夏至时，日行最北，中午日影最短。把日影最长的时刻（冬至）固定在11月份，从冬至到冬至再分为二十四段，就得到二十四个节气。这二十四节气大体上就反映出一年当中气温和雨量的变化，给农业生产以告示。像"清明下种，谷雨插秧"这类谚语至今还流行于民间。为了建立二十四节气系统，并使之精确化，中国古代形成了一整套的历法工作，经久不衰，构成了中国传统天文学的一个特点。《夏小正》、《礼记・月令》、《吕氏春秋》十二月纪、《淮南子・时则训》，这些既是农业科学方面的著作，又是天文学方面的著作。

今天看来，天文学和医学似乎没有关系，但在古代并非如此。中世纪阿拉伯的医生们在看病之前先要看天象，因此医学家就必须懂得一些天文学知识。在中国西藏，直到今天，天文和医学还是合设在一个机构中。奠定中医理论基础的《黄帝内经》就含有丰富的天文学内容，宋代沈括在《浑仪议》中说："臣尝读黄帝素书：'立于午而面子，立于子而面午，至于自卯而望酉，自酉而望卯，皆曰北面。立于卯而负酉，立于酉而负卯，至于自午而望南，自子而望北，则皆曰南面。'臣始不论其理，逮今思之，乃常以天中为北也。常以天中为北，则盖以极星常居天中也。《素问》尤为善言天者。"（见《宋史・天文志（一）》）沈括所引这一段材料非常重要，说明了北极和天顶重合（即人在北极之下）时的现象，可以作为中国有地圆思想的一个例证，但今本《内经・素问》中找不到这段精彩的话了，可能已经散失。关于《黄帝内经》中的天文学知识，南京大学的卢央有一篇文章详细介绍，从宇宙理论、日月运动到行星颜色变化，无所不包[①]。《内经》强调"人以天地之气生，四时之法成"，特别注意气候变化对人体的影响，而决定气候变化的主要因素是太阳的

① 卢央：《黄帝内经中的天文历法问题》，《科技史文集（十）》，p.137-150，上海科学技术出版社，1983年。

视运动，因而天文学和医学就结下了不解之缘。

清秀的月光，闪烁的繁星，光芒万丈的太阳，这些天文学家研究的对象，同时也受到文学艺术创作者的偏爱。我国已故天文学家戴文赛（1911～1979）曾经打算把中国古典文学作品中有关天文的内容辑录成书，题名“星月文学”出版，可惜他生前没有完成这项夙愿。何丙郁先生前几年在台北讲《科技史与文学》①，也提到一些，这里略作补充。屈原《离骚》开头第二句“摄提贞于孟陬兮，惟庚寅吾以降”，就牵涉到天文学内容。晋朝张华诗中的“大仪斡运，天回地游”，既包含了宇宙万物都在不断地运动变化，也包含着地动思想。在《唐诗三百首》里，共收李白诗26首，其中有13首提到月亮。“床前明月光，疑是地上霜，举头望明月，低头思故乡。”“明月出天山，苍茫云海间，长风几万里，吹度玉门关。”这些家喻户晓的诗篇，成了中国人民的一份宝贵的精神财富。杜甫有一首专写银河的诗：“常时任显晦，秋至最分明。纵被微云掩，终能永夜清。”宋代苏东坡有一首《夜行观星》的诗，谈到恒星的命名问题：“天高夜气严，列宿森就位。大星光相射，小星闹如沸。天人不相干，嗟彼本何事；世人强相摘，一一立名字。南箕与北斗，乃是家人器；天亦岂有之，无乃遂自谓。迫观知何如……使我常叹喟。”到了宋元时期，出现了专门描写天文机构和天文仪器的文学作品。北宋刘弇的《龙云集》有一篇《太史箴》，描写苏颂水运仪象台的运转情况。元代杨桓的《太史院铭》和《玲珑仪铭》等是研究元代天文学史的必读文件。明清之际西方天文学传入中国以后，对清代考据学的形成具有决定性的影响。梁启超在《中国近三百年学术史》中说：“治科学能使人虚心，能使人静气，能使人忍耐努力，能使人忠实不欺……历算学所以能给好影响于清学全部者，亦即在此。”胡适也认为，考据学方法系当时学者受西洋天算学的影响而起。王力在《中国语言学史》中说得更明确：“明末西欧天文学已经传入中国，江永、戴震都学过西欧天文学。一个人养成了科学头脑，一理通，百理融，研究起小学来，也就比前人高一等。”于是他主张学中国文学的人，应该学天文学，在他主编的《古代汉语》中天文学占了大量篇幅。

天文学和历史学的关系更加密切。研究一个历史事件，首先要确定它发生的时间，对古代史来说，有时就很困难，经常需要借助天文学的方法来解决，所以年代学既是天文历法的一个分支，又是历史学的一门基础课。例如，

① 何丙郁：《科技史与文学》，《第一届科技史研讨会汇刊》，pp.12-17，台北，1986年。

武王伐纣发生在哪一年，众说纷纭，莫衷一是，最早的可早到公元前 1122 年（汉代刘歆），最晚的可迟到公元前 1027 年（今人陈梦家说），发生年代相差达 95 年。1978 年张钰哲（1902～1986）利用哈雷彗星轨道的演变定为公元前 1057 年，属于中期说[①]。又如，西周自武王至厉王共十个王，每个王在位多少年，都没有定论。1980 年葛真发表《用日食、月相来研究西周年代学》一文，其中曾引用《竹书纪年》中“懿王元年天再旦于郑”的记载，认为“再旦”是黎明时日带食而出的一种现象，“郑”在今陕西凤翔到扶风一带，从而利用奥泊尔子[②]《日月食典》算出这可能是公元前 925 年或公元前 899 年发生的日环食[③]。最近彭瓞钧等人利用电子计算机进行分析，结果表明，它只能属于公元前 899 年 4 月 21 日的日环食[④]。这样一来，周懿王元年即为公元前 899 年，从而为解决西周的年代问题提供了一个准确的点。

西周共和元年（公元前 841 年）以后，有了连续的纪年，历史事件发生的年代不再成为大的问题，但发生在何月何日，对于春秋战国时期来说仍有问题。《春秋》开头第一句是：鲁隐公“元年（公元前 722 年）春王正月”。朱熹（1130～1200）认为这就是一个千古不解的疑难。因为根据《左传》的解释是“春王周正月”，按周以含冬至，即今公历的 12 月 21 日前后的月份为正月，这正是最冷的时候，怎么能叫作“春”？要么是孔子以“行夏之时”为理想，而将夏历的春冠在周之正月上了。再加上春秋时期如何安排大小月和闰月都不大清楚；同一事件，《左传》所记月份有时与《春秋》又不一致，因而就有一系列问题需要研究，而史学界长期以来得不到一致的意见。汉太初元年（公元前 104 年）以后，历法有了明确的记载，但根据历法所推算出来的历本保存下来的不多，清末汪曰桢（1813～1882）把清中叶以前每年每月的朔日和节气的干支及闰月按历代实行的历法逐一推算出来，名曰“长术”，因为篇幅太大，出版时缩编为《长术辑要》，在此基础上陈垣（1880～1971）编出《二十史朔闰表》和《中西回史日历》，成为史学界必备的工具书，其作用有口皆碑。

---

① 张钰哲：《哈雷彗星的轨道演变的趋势和它的古代历史》，《天文学报》十九卷一期，pp.109-118，1978 年。

② 今译为“波尔泽”。

③ 葛真：《用日食、月相来研究西周的年代学》，《贵州工学院学报》，1980 年二期，pp.81-100。

④ Kevin D. Pang et al.，“Computer analysis of some ancient Chinese sunrise eclipse records to determine the earth’s past rotation rate”，*Vistas in Astronomy*，vol.31. 1988.

1975 年郑文光和我合写《中国历史上的宇宙理论》，严敦杰先生看了以后提出一个问题：为什么中国历史上研究宇宙论的和研究历法的是两套人马？我的回答是：历法实用性大，技术性强，研究历法的人不一定关心天是什么，而哲学家必须回答这个问题。天是物质的，还是精神的？是没有意志的自然界，还是有目的的上帝？是哲学家长期争论的问题。例如董仲舒（公元前 179～前 104）认为天是有意志的。他说："春气暖者，天之所以爱而生之；秋气清者，天之所以严而成之；夏气温者，天之所以乐而养之；冬气寒者，天之所以哀而藏之。"（《春秋繁露·阳尊阴卑》）稍后的王充（约 27～97）则针锋相对地说："春观万生之生，秋观其成，天地为之乎？物自然也。如谓天地为之，为之宜用手。天地安得万万千千手，并为万万千千物乎？"（《论衡·自然》）董仲舒和王充的说法都有片面性。董把春夏秋冬说成是天的情绪造成的，这固然不对；但王充的批驳也是拟人化的，且过于简单，事实上，万物生长靠太阳，与天还是有关系的。

古代哲学家关心的第二个问题是天人相与还是天人相分？是听天由命还是人定胜天?天人相与是星占术的基础，听天由命的思想子夏表达得最清楚："死生有命，富贵在天。"（《论语·颜渊》）天人相分和人定胜天的思想，以荀况为代表。《荀子·天论》开头第一句就是"天行有常，不为尧存，不为桀亡"。接着又说："强本而节用，则天不能贫；养备而动时，则天不能病；循道而不二，则天不能祸……故明于天人之分，则可谓至人矣。"又说："日月之有食，风雨之不时，怪星之党见，是无世而不常有之。上明而政平，则是虽并世起，无伤也；上暗而政险，则是虽无一至者，无益也。"

与天文学发展最有密切关系的是古代哲学家经常讨论的第三个问题：宇宙本原是什么？在中国是元气说占优势。《管子·内业》有"凡物之精，化则为生。下生五谷，上列为星；流于天地之间，谓之鬼神；藏于胸中，谓之圣人。是故名气。此杲乎如登于天，杳乎如入于渊，淖乎如在于海，卒乎如在于屺"。这段话的前半部分是说，物的精气，结合起来就能生出万物。后半部分是解释气的性质：有时是光明照耀，好像升在天上；有时是隐而不见，好像没入深渊；有时滋润柔和，好像在海里；有时是高不可攀，好像在山上。关于元气的性质，在《管子·心术（上）》中还有一段话说是："动不见其形，施不见其得，万物皆以得然。"这就是说，它可以小到看不见、摸不着，但可以在任何地方存在，也可以转化成各种有形的具体的东西。这个元气本体论，应用到宇宙论的各个方面，形成了中国天文学的又一特色，如《淮南子・天文训》用来解释天地的起源和演化问题，《内经・素问》用来解释大地不坠不陷问题，宣夜说用来解释天体运行问题。

与天文学发展关系密切的第四个哲学问题是阴阳五行思想。这个题目显而易见，但是至今还没有人做过系统的、深入的研究。当然还有第五、第六……总之，中国虽然没有像希腊柏拉图（Plato，公元前 427～前 347），那样，明确提出“任何一种哲学要具有普遍性，必须包括一个关于宇宙性质的学说在内”[①]，但中国的哲学家还都是很关心天文问题的，有过不少议论，中国古代天文学的发展也深深地打上了中国传统哲学的烙印。

天文学渗透到各种文化领域影响极广

文化不仅仅是写在书本上的东西，还渗透在人们的生活方式、思想意识和风俗习惯中，凝聚在人工物质中。从这方面来看，天文学在中国传统文化中也极具重要性。

人们最简单的生活方式就是“日出而作，日落而息”，由太阳在天空的视运动来规定作息时间。再精密一点，就要把一昼夜分为若干段，每段时间内干什么。中国古代分一昼夜为十二辰，又分为一百刻。十二辰用子、丑、寅、卯等十二支来代表。每一辰又分前后两段，前段叫“初”，后段叫“正”。子初相当于现在的夜晚十一时，子正相当于夜晚十二时。怎样测定这些时刻（“测时”），测定出来以后又如何用仪器表示出来（“守时”），又如何告诉各阶层人士（“报时”），这就形成了一整套的天文工作，在有了无线电以后，又加上了“收时”（接收别人的报时信号来核校自己的测时结果）。中国古代的圭表和浑仪都具有测时功能，漏壶则是守时仪器，而各个城市报时的钟楼、鼓楼则是天文工作者联系人民群众的纽带，“应卯”“吃午饭”等这些常用语汇都和天文学有关。

在一天里面，按时辰来安排作息，“几点钟？”“什么时间？”已经成了人们的口头禅，每天不知要说多少遍。但光有这个还不够，日积月累，长时间的生产和生活安排就需要历法。世界上没有哪一个民族是没有历法的。中国历法具有两个特殊性。一是科学内容多，除一般的历日计算和安排外，还包括日月食和行星位置的计算，以及恒星观测等，具有现代天文年历的基本

① 转引自斯蒂芬・F. 梅森：《自然科学史》，p.26，上海人民出版社，1977 年。

内容，二是迷信内容多，在通行的民用历书中，包括大量迷信的“历注”。打开一本黄历，开头是几龙（辰）治水，几人分丙，几日得辛，几牛（丑）耕田，太岁及诸神所在，年九宫等迷信内容，过了几页才是历书的正文。正文分月逐日排列，每月开头也还有一些迷信内容，每日下面列有宜忌事项，从举官赴任、阅武练兵、建室修屋、丧葬嫁娶，到理发、洗澡、剪手脚指甲，哪一天可以做，哪一天不可以做，都规定得清清楚楚。凡人每天做什么事情，都得先查看历书，而皇室天文学家的首要任务就是每年得编这样一本科学和迷信相结合的生活指南。关于历书中的各种宜忌事项，王充在《论衡·讥日》中就做过专门批判，但收效甚微，直至1911年辛亥革命以后才彻底废除。

在民用历书中，除了与太阳视位置有关的二十四节气外，还有几个传统节日和几个杂节，它们大多数也和天文有关。（一）春节，原来就是二十四节气中的立春，1921年以后才固定到夏历正月初一，这一天象征着春回大地，万象更新，天增岁月人增寿。（二）五月五日端阳节，表示阳气始盛，天气变热。（三）七月七日乞巧节，也叫女儿节，妇女们在这天晚上用瓜果祭祀织女星，穿针乞巧。（四）八月十五中秋节，家家户户祭月、赏月、吃月饼。

所谓杂节是指伏、九、梅、腊。三伏包括初伏、中伏和末伏，是一年中最热的季节。从夏至开始，依照干支纪日的排列，第三个庚日起为初伏，第二个庚日起为中伏，立秋后第一个庚日起为末伏。九九是一年中最冷的季节，从冬至日算起，每九天为一个九，共九九八十一天。“热在三伏，冷在三九。”梅表示南方的黄梅天，此时阴雨连绵，空气湿度很大，物品容易发霉，据《荆楚岁时记》：“芒种后壬日入梅，夏至后庚日出梅。”但各地略有不同。腊本是岁终祭神的一种祭祀名称，选择在冬至后某一日举行，各个时代有所不同，今取《荆楚岁时记》中的记载，固定在十二月八日，大家吃腊八粥。

中国人批评一个人自高自大是“不知天高地厚”，这典故出自《诗·小雅·正月》篇。该篇中有“谓天盖高，不敢不局；谓地盖厚，不敢不蹐”，是利用盖天说劝人做事要小心谨慎。在儒家经典中，利用天文现象来进行政治、道德说教的材料，为数很多。例如，《论语·为政》开头第一句就是“子曰：为政以德，譬如北辰，居其所而众星拱之。”又如，《论语·子张》篇有：“君子之过也，如日月之食焉。过也，人皆见之；更也，人皆仰之。”有过能改，等于无过，这也成了中国道德观念的一个组成部分。

盖天说不但被用来劝人小心谨慎，而且用来劝人安分守己。《易·系辞

(上)》说："天尊地卑，乾坤定矣；卑高以陈，贵贱位矣。"这就是说人的社会地位是命定的：永世不能改变，只有"知足者常乐，能忍者自安"。

盖天说既然能对维系社会秩序和塑造人生观起作用，所以当它与实践发生矛盾时，就有人对它进行修正以适应新的形势。单居离问孔子的弟子曾参："如诚天圆而地方，则是四角之不掩也。"——半球形的天穹和方形的大地，怎么能够吻合呢？曾参回答说："夫子曰：天道曰圆，地道曰方。"（《大戴礼记·曾子·天圆》）这里加了一个道字，就把问题的性质变了，不再仅仅是讨论宇宙结构，而且是在论道，因此不符合实际也行。再加上后来《吕氏春秋》一发挥，说"天道圆地道方，圣王法之所以立上下"。这样一来，尽管在天文学领域后来浑天说取代了盖天说，但在统治者的心目中，还要显示天圆地方，甚至在制造浑天说的代表仪器——浑象的时候，也要用方形的柜子象征大地。此外，铜钱外圆内方，筷子一头圆一头方，北京天坛圆、地坛方，这些都是"天道圆，地道方"的象征性模型。

天文学影响于建筑的，绝不仅仅是天坛和地坛的形状。在6000年前遗留下来的西安半坡村遗址中，有比较完整的房屋遗址46座，它们的门都是朝南的。这说明当时已经掌握了辨认方向的方法，而且知道盖房朝南采光条件最好。而辨别方向只有观看北极星，或者利用最原始的天文仪器——圭表。《考工记·匠人》里说得很清楚，首先是平地，然后在地上立一竿子，并悬挂重物使竿子与地面垂直，再以竿子为中心在地上画圆，然后白天看日影、晚上看北极星来测方向。所以古代进行建筑施工的第一步，就离不开天文学。对于施工的季节，天文学上也有所反映。现在的飞马座 α、β、γ 三颗星和仙女座 α 星所组成的正方形，中国最早叫营室，后来又分成室、壁二宿。《国语·周语》襄公引《夏令》曰："营室之中，土功其始。"这就是说，立冬前后初昏，营室出现于正南方天空时，农忙已经过去，可以营室盖屋了。至于哪一天动工，哪一天上梁，这在后来又要查看黄历了。

天文学还影响到城市的布局。北京城南有天坛，城北有地坛，城东有日坛，城西有月坛。唐代的长安城，宫城分三部分，象征天上的三垣：皇城的南门叫朱雀门，北门叫玄武门。前朱雀而后玄武，左青龙而右白虎。这个四象又是和天上的二十八宿相配的。根据1978年湖北隋县曾侯乙墓出土的一个漆箱盖子上的图画，知道至迟在公元前五世纪已把两者配合起来了。至于哪个出现得最早，历来意见不一致。1987年在河南濮阳的一个仰韶文化遗址中，发现一个成年男性骨架的左右两侧，有用贝壳摆塑的龙虎图像，最近用碳 14 测定结果，断定是 8000 年前的遗物，从而把四象的起源往前推了约 6000 年，使得我们对许多问题得以重新认识[①]。

这四象又渗透到许多文化器物领域。西安西汉建筑遗址出土的瓦当，在直径不到 20 厘米的圆瓦上，塑造有昂首修尾的苍龙、衔珠傲立的朱雀、张牙舞爪的白虎、龟蛇相缠的玄武，个个布局均匀，造型生动，线条简洁，既有天文含义，又是一种建筑装饰。在汉唐时期的铜镜上，有的刻四象，如汉代日利镜、隋代仙山镜、唐代四神鉴。有的既刻四象，又刻二十八宿，如现在保存在天津艺术博物馆、湖南省博物馆和美国自然史博物馆的唐代二十八宿镜，自内往外数第一圈为四象，第二圈为十二生肖，第三圈为八卦，第四圈为二十八宿，第五（最外）圈为铭文。

据《礼记·曲礼》载，古代行军的时候，前面一队的旗上画朱雀，后面一队的旗上画玄武（龟蛇），左面一队旗上画青龙，右面一队旗上画白虎，中间一队旗上画北斗星。龟有甲，蛇有毒，鸟能飞，龙腾虎跃，此五兽配合作战，将守必固，攻必克。这也是一种实用心理学，用这些图像来鼓舞士气，使他们能像龙虎一样，奋勇作战。这种办法后来愈演愈烈。明代何汝宾的《兵录》里还列出二十八宿的神名，例如东方七宿的主将是黄公政，其中角宿的神是角木蛟李真。将各宿的图像画在旗上，凡出兵，日所轮宿胜，即以此旗领军。

在迷信盛行的时代，天文学和军事的关系，远不止打旗布阵这一点，更重要的是进行军事行动以前，先要仰观天象，进行占卜。《三国演义》里就有许多夜观天象的故事，诸葛亮上通天文，下知地理，成了民间广为流行的传说。刘朝阳就《史记·天官书》里的材料做过一番统计，发现在全部 309 条占文中，关于用兵的有 124 条，占了 1/3 以上[②]。其他的天文星占著作中，所占比例也差不多。

天文学不但和人生、人生观有关系，而且和人死、人死观也有关系。人死了希望能上天，因此就要在墓室的顶棚上、在墓志铭的周围、在棺材的盖子上画星图，在墓中放与天文有关的东西。在考古所编的《中国古代天文文物图集》中，共收天文文物 63 件，其中星图占 25 件。在这 25 幅星图中，刻

① 孙德萱，丁清贤，赵连生，等：《濮阳西水坡遗址发掘简报》，《华夏考古》1988 年第 1 期，p.114。又，冯时：《河南濮阳西水坡 45 号墓的天文学研究》，《文物》1990 年第 3 期，pp.57-59。

② 刘朝阳：《史记天官书之研究》，《国立中山大学语言历史学研究所周刊》，第七集，第七十三和七十四期合刊，pp.1-60，1929 年。

绘在墓里面的又占了 15 件，是总数的 3/5，时间分布从西汉到辽代。此外，近 15 年来，在墓中出土的还有湖南长沙马王堆帛书五星占和彗星图、安徽阜阳汉代漆制圆仪、山东临沂元光历谱、内蒙古伊克昭盟（今鄂尔多斯）西汉漏壶，一桩桩、一件件为中国的文化考古增添了不少光彩，为世界天文学史谱写了新篇章。

总之，天文学是中国传统文化的一个重要组成部分，它渗透到其他各个文化领域，许多文化现象也影响到它的发展，要把它们之间的相互关系研究透彻和刻画清楚，恐怕得写一本大书，本讲只能算是一个初探，抛砖引玉，希望能有人写出更全面、更系统的成果来①。

第六讲　中国古代天文成就

中国是世界上天文学发展最早的国家之一，也是在将近四千年中连续不断地有所发现、有所发明、有所创造、有所记录的唯一国家。北京天文台刚刚庆祝过它的建立 710 周年（建于元世祖至元十六年，即 1279 年）和现代化 31 周年；中国天文学会单在大陆的会员就有 1670 人，将在后年庆祝它建立 70 周年。设在河北兴隆的远东地区最大望远镜——2.16 米望远镜今年将正式投入观测工作；上海天文台的 1.56 米望远镜最近也通过了鉴定；青海的 13.7 米毫米波射电望远镜正在顺利安装；北京天文台的太阳磁场望远镜观测成绩很好，1.26 米红外线望远镜也已工作。对于近年来的这些可喜进展，因为本人不是研究现代天文的，今天不准备讲，这里所要说的只限于我们祖先的光荣成绩；而且限于时间，对于这些成绩也只能挂一漏万地讲一讲。

丰富的天象记录

今年美国圣地亚哥 Space Theatre（环形电影院）拍了一部电影，专讲中国古代天文成就，是给少年儿童看的，只有 15 分钟，片名“Stars over China”（中国星座）。此片选了四件事情：（一）汉代日食，（二）唐代彗星，（三）宋代超新星，（四）20 世纪 90 年代中国也要发射自己的观测卫星。这四件事情

① 最近见到两本新书，与本讲主题很有关系，值得一读，即陈江风：《天文与人文——独异的华夏天文文化观念》，共 213 页，北京：国际文化出版公司，1988 年；江晓原：《天学真原》，共 397 页，沈阳：辽宁教育出版社，1991 年。

中，除了最后一件外，全是古代的天象记录。现在，全世界公认，中国是欧洲文艺复兴以前天文现象的最精确的观测者和记录的最好保存者。早在伽利略利用望远镜观测到太阳黑子以前，自汉代起，二十四史中已做了 100 多次记录，有位置，有日期，有变化。最早的一次是“汉成帝河平元年（公元前 28 年）三月乙未（应是己未之误）日出黄，有黑气，大如钱，居日中央”（《汉书・五行志》）。和黑子活动有联系的极光现象，我国也有丰富的记录。单从《汉书・天文志》里记载的“建始元年九月戊子（公元前 32 年 12 月 24 日）”开始，到公元 10 世纪为止，正史中的记录就有 145 条。利用这些资料可以研究太阳活动的规律、地球磁场的变化，以及日地关系等问题。

殷代的甲骨文中已有日、月食记录。从汉代起，对日食的观测，已有日食时太阳的位置、初亏和复圆的时刻及方位。例如：“征和四年（公元前 89 年）八月辛酉晦（即月末最后一天），日有食之，不尽如钩，在亢（二十八宿之一）二度，哺时（即申时，下午三～五时），从西北；日下哺时，复。”（《汉书・五行志》）总计我国历史上的日食记录，约在 1100 次左右。对这些记录的详细研究，将会对地球自转速度的变化、万有引力常数是否有变化的探讨，有所帮助。

中国历史上约有 600 次彗星记录。在长沙马王堆出土的西汉初年的帛书中，有一幅十分珍贵的关于彗星的图画。它绘出了 20 多种彗星的图象，其中有一些比较真实地反映了彗尾的不同形状和特征，还有的似乎画出了彗头中的彗核结构。《晋书・天文志》中已经明确地说，彗星本身不发光，尾巴永远背着太阳。欧洲在 1000 多年以后，才达到同样的认识水平。从秦王政七年（公元前 240 年）到清宣统二年（1910 年），哈雷彗星共出现过 27 次，每次我国都有记录，为世界提供了一分宝贵资料，利用它可以研究哈雷彗星轨道的变化，可以探讨冥王星以外有没有行星的问题。此外，我国历史上还有几次彗星分裂现象的记载。如《新唐书・天文志》里说：

> 乾宁三年（896 年）十月有客星三：一大，二小，在虚、危间，乍合乍离，相随东行，状如辟。经三日，而二小星没。其大星后没。虚、危，齐分也。

说的是一颗彗星在虚宿和危宿之间（今宝瓶座）分裂成一颗大的和两颗小的

彗星之后的情况。

和彗星相联系的流星雨，我国也有大量记录。最早的要推《竹书纪年》中记载夏朝末期的一次流星雨："帝癸（即桀）十年（公元前 16 世纪）夜中星陨如雨。"关于狮子座流星雨有八次记载，天琴座流星雨有十次记载，英仙座流星雨有十二次记载。例如，《宋史・天文志》关于 1002 年 10 月狮子座流星雨的记载非常详尽：

> 咸平五年九月丙申（1002 年 10 月 12 日），有星出东方，西南行，大如斗，有声若牛吼，小星数十随之而陨。戊戌（10 月 14 日）又有星数十，入舆鬼，至中台，凡一大星偕小星数十随之。其间两星如升器，一至狼，一至南斗灭。

流星坠落到地面，便成为陨石。这一事实在欧洲直到 1803 年方为人们所了解。1768 年，欧洲发现三块陨石，对此法国科学院推举拉瓦锡（A.L.Lavoisier，1743～1794）进行研究，他所得的结论是："石在地面，没入土中，电击雷鸣，破土而出，非自天降。"这与事实完全相反。我国战国时就知道陨石是天上落下来的。《春秋》记载鲁僖公十六年（公元前 645 年）"陨石于宋五"，《左传》解释是"陨星也"。宋代的沈括在《梦溪笔谈》卷二十中对 1064 年落在江苏宜兴的一块陨石的成分记载得很逼真。他说："其大如拳，一头微锐，色如铁，重亦如之。"这种成分以铁为主的陨石，现在叫陨铁。中国还是用陨铁制造武器的最早的国家。在河北藁城商代中期古墓中出土的一件铜钺，和在河南浚县出土的两件青铜武器，其铁刃和铁援部分都是由陨铁锻制而成的。

彗星、流星、陨星，我国古时合称"彗孛流陨"。现在知道，这些都是属于太阳系的天体，而且彼此有演化上的联系。另外，古时还有和彗星常常相混的一种天象，叫客星。它有时也是指的彗星，如前述唐朝公元 896 年的记载；但大部分指的是新星或超新星。它是恒星的一种，远在太阳系之外，本来很暗，因为内部结构突然改变，在几天之内有的亮度增加几千倍到几万倍，这叫作新星；有的增加几千万到几万万倍，这叫作超新星。甲骨文中已有"新大星并火"的记载。《汉书・天文志》中的"元光元年（公元前 134 年）6 月，客星见于房"，是中外历史上都有记录的第一颗新星。第二次世界大战以后，射电天文学兴起以来，这些新星和超新星记录的研究，受到全世界的重视，其中最引人注意的是1054年出现在金牛座的超新星。关于这颗超新星，只有中国和日本有观测记录，而以中国为最详细。《宋史·仁宗本纪》上写着：

> 嘉祐元年三月辛未(1056年4月5日),司天监言:自至和元年(1054年)五月，客星晨出东方，守天关（金牛座5星），至是没。

根据这一段记录和其他记录，画出来的光变曲线，和近代天文学中所得的超新星光变曲线很相一致。在这颗超新星出现的位置上，观测到了一个蟹状星云，在蟹状星云的中心又有一个规则的、快速重复的脉冲体，它既有光学脉冲，又有射电脉冲。这种脉冲体现在被认为正是根据恒星演化理论推断出来演化到晚期的中子星。它的密度高达每立方厘米一亿吨，表面温度高达一千万度，磁场高达10^{11}高斯，是当代高能天体物理研究的一个前沿阵地。

精密的天体测量

我国最早的一部书《尚书·尧典》中就说："乃命羲和，钦若昊天，历象日月星辰，敬授人时。"这表明在帝尧的时候（约公元前24世纪）已经有了专职的天文官，从事观象授时。《尧典》又说："期三百有六旬有六日，以闰月定四时成岁。"将一年分为四季，用闰月来调整月份和季节的关系。我国历法的这项基本内容，在那时已经有了。怎样来确定四季？《尧典》又给了明确的回答："日中星鸟，以殷仲春。""日永星火，以正仲夏。""宵中星虚，以殷仲秋。""日短星昴，以正仲冬。"这就是说根据黄昏时南方天空所看到的不同恒星来划分季节。这里提到的虽只有春分、秋分、夏至、冬至四个节气，然而是最重要的四个基本天文点，由此发展成为后来的二十四节气，成为我国历法的又一基本内容。鸟（柳）、火（心）、虚、昴都是二十八宿之一，而且分配在四个不同的方位。二十八宿后来成为我国对天空星座的主要分区，二十八宿的距星成为天体测量的定标星，战国时代的石申就测量出了它们的赤道坐标度数，而且以后又不断地进行测量，使其数据日益精确。

现在流传下来的《夏小正》一书，反映的可能是唐尧虞舜之后的夏朝的天文历法知识，时间相当于公元前21世纪到公元前16世纪。这时不但观察黄昏时南方天空所见的恒星（"昏中星"），还观察黎明时南方天空所见的恒星（"旦中星"），以及北斗斗柄每月所指方向的变化，比《尧典》有所发展。

夏朝末代的几个皇帝有孔甲、胤甲、履癸等名字，这表明当时已用十个天干（甲、乙、丙、丁……）作为序数。在殷商甲骨卜辞中，干支纪日的材料很多。以十天干和十二地支（子、丑、寅、卯……）顺序相配（这与巴比伦的六十进位制不同，不是任意相配），组成以六十为周期的序数用以纪日，这是一个很大的发明。一日一个干支名号，日复一日，循环使用，从不间断。中国历史虽然很长，只要顺着干支往上推，日期就清清楚楚。在一年中，只要有了二十四节气和每月初一的干支，其余日期就一目了然。现代天文学中使用的儒略日（Julian day）和它类似，但发明得很晚，1582 年才由 J.Scaliger 提出。

从对殷代大量干支纪日的排比，现代学者对当时的历法比较一致的看法是：用干支纪日，用数字纪月；月有大小之分，大月三十日，小月二十九日；有连大月，有闰月；闰月置于年终，称为十三月；季节和月份有大体固定的关系。

比甲骨文稍晚的是西周时期（公元前 11 世纪至公元前 8 世纪）铸在铜器上的铭文，称为金文。金文中有大量关于月相的记载，但无“朔”字。写成于西周末期的《诗·小雅·十月之交》篇则说：

> ……十月之交，朔月辛卯，日有食之……
>
> 彼月而食，则维其常；此日而食，于何不臧？

这次日食可能发生在公元前 776 年（周幽王六年）9 月 6 日。半个月前，即同年 8 月 21 日发生了月食。这首诗告诉我们，至迟到公元前 8 世纪，我们的祖先已经认识到月食必然发生在满月（望），日食必然发生在朔日，而且这时人们对月食已无所畏惧。

日食必然发生在朔，月食必然发生在望，但朔、望时不一定发生日、月食，于是日、月食的观测和计算成了中国历法的重要组成部分和检验历法是否准确的基本手段。例如，东汉初年从太初历改行四分历，就是从月食观测发现太初历后天（计算时刻比实际天象发生时刻晚）而引起的。公元 143 年太史令虞恭、治历宗䜣明确提出：“以月食验天，昭著莫大焉。”三国时的徐岳也说：“效历之要，要在日食。”对于这条标准，历代天文学家都一致公认，所不同的是，随着时代的前进，所要求的精确度越来越高，宋代周琮的明天历（1064 年）“较日月交食，以一分（指食分）、二刻（指时间）以下为亲，二分、四刻以下为近，三分、五刻以上为远。”到了元代郭守敬的授时历（1280年）就提高到“同刻者为密合，相较一刻为亲，二刻为次亲，三刻为疏，四刻为疏远。”

明代的徐光启做了一次统计，得出：

> 诸史所载日食，自汉至隋凡二百九十三，而食于晦日（上月最后一天）者七十七，晦前一日者三，初二日者三，其疏如此。唐至五代凡一百一十，而食于晦日者一，初二日者一，初三日者一，稍密矣。宋凡一百四十八，则无晦食，犹有推食而不食者十三。元凡四十五，亦无晦食，犹有推食而不食者一，食而失推者一，夜食而书昼者一[①]。

据近人陈美东研究[②]，中国历法由粗到精的大致轮廓可以列表如表6-1：

表6-1

时代	气差	朔差	食时刻	食分差	行星位置差
两汉	3～2度	1度	1度		3度
南北朝	2～0.2度		15～4刻		4～3度
隋唐	20～10刻		4～2刻	2～1分	4～2度
宋元	10～1刻		2～0.5刻	1～0.5分	2～0.5度

这里还应该补充的是，宋代的统天历即以365.2425日为一年的长度，这和现今世界通用的格里历的数值完全一样，但颁行的时候比格里历（1582年）要早383年，而明代邢云路于1608年测得回归年的长度为365.242 19日，已经准确到十万分之一日了。在汉代太初历中所列五大行星的会合周期，就已经很准确，误差最小的水星，只比今测值大0.03日，误差最大的火星也只大0.59日。

独具风格的仪器制造

“工欲善其事，必先利其器”，观测的准确性是和仪器的制造与发明分不开的。远在公元前一千年左右，西周初期已发明了最原始的天文仪器：土圭。这是垂直立在地上的一根标竿，可以用来定方向、季节和一年的长度。它后来演变成圭表。表是直立的柱子，一般长八尺，圭是一支南北平放的尺，用

① 《增订徐文定公集》，卷四，p.70，上海：慈母堂，1910年。

② 陈美东：《观测实践与我国古代历法的演进》，《历史研究》，1983年第四期，pp.85-97。

来量度在太阳光照射中表影的长度。就单凭这一简单仪器和两条几何定理，《周髀算经》中的陈子就建立了一套宇宙模型，讨论“日之高大，光之所照……天地之广”①，河南登封的周公测景台和量天尺是元朝郭守敬按照圭表原理建成的。巍然耸立的测景台相当于一个坚固的表，平铺地面的量天尺即为石圭。圭长 30.3 米，台面与圭面相距 8.5 米。台上的房屋系明代所建，与观星、测影无关。郭守敬除把圭表加长、加大、加固外，还发明了景符等辅助仪器，使这一传统仪器旧貌变新颜，观测精度大大提高。

随着手工业的发展，在公元前 100 年左右，又发明了浑仪，由刻有度数的圆环和望筒（窥管）组成，可以用来测量天体的位置。表示天体位置的坐标系统可以有好几种，而我国从制造浑仪开始就采用赤道坐标装置，这与希腊用黄道坐标装置不同。这一传统坚持了 1000 多年，到 16 世纪欧洲也开始采用，现今世界的大型望远镜也都用这种装置，只是到最近才有改用地平装置的趋势。浑仪最初可能只有赤道环和活动赤道环，后来则逐步加多，又是二分环、二至环，又是黄道环，又是白道环，又是地平环、子午环，结果是互相交错，用来测量天体时，常为阴影所遮掩，很不方便。从宋代沈括起，开始简化，取消了白道环；元代郭守敬进一步革新，把地平坐标和赤道坐标分别安装，叫作简仪。简仪有同时并测的效用，但没有相互遮掩的缺点，是我国天文仪器史上的一项重要贡献，它比第谷于 1598 年发明同样仪器要早 300 多年。

到了公元后 100 多年，又发明了一种表演仪器——水运浑象。把天上的星星布置在一个球面上，并用水的力量发动齿轮系统，带动它转动。某星始出，某星到了中天，某星快要落到地平以下，浑象所表演的和实际天象很相一致。这项仪器，后来经过发展，到了宋代，建造成了一个高约 12 米、宽 7 米的水运仪象台。共分 3 层，上层放浑仪，进行天文观测；中层放浑象；下层设木阁。木阁又分 5 层，层层有门，每到一定时刻，门中有木人出来报时。例如，第一层共 3 个木人，每过一刻钟，有一个木人出来打鼓，每逢“时初”，一个木人出来摇铃，每逢“时正”，一个木人出来敲钟。木阁后面设有水力发动的机械系统，使观测仪器（浑仪）、表演仪器（浑象）和报时仪器构成一个统一的体系，按部就班地动作。据李约瑟等人研究 ②，这个仪器在世界天文

① 关于陈子模型，程贞一先生和我有一篇最新研究，将刊于日本京都大学人文科学研究所编的《中国古代科学史论・续篇》，pp.367-384，1991 年。

② Joseph Needham et al.，*Heavenly Clockwork*，Cambridge University Press，1960.

学史和钟表史上占有非常重要的地位：第一，它的屋顶是活动木板，可以任意摘除，这是现今天文台圆顶的“祖先”；第二，浑仪的旋转，一昼夜一周，这是现今天文台跟踪机械——转仪钟的“祖先”；第三，这个计时设备中有个擒纵器（卡子），是近代钟表的关键部件，因此，它又是钟表的“祖先”。苏颂还为这座大型仪器写了一本说明书——《新仪象法要》，其中包括 60 多幅图和 150 多种机械部件，是研究机械史的重要资料。

苏颂在建成水运仪象台之后，又造了一架大型天球仪，人可以坐在内部观看。在球体上按照各个恒星的位置钻了一个个小孔，人在里面看到点点光亮，仿佛天上的繁星。这架仪器又是现代天文馆中天象仪的“祖先”。

朴素的宇宙理论

中国不仅在仪器制造、历法计算和观测记录方面具有丰富的遗产，就是在理论方面，也有不少先进的东西值得大书而特书。战国时期的荀子在《天论》里一开头就说：“天行有常，不为尧存，不为桀亡。”也就是说自然界是按其本身规律发展的，不论是尧还是桀都影响不了它，天文现象与政治无关。又说，星坠、木鸣、日食、月食和怪星的出现，“是无世而不常有之”“怪之，可也；畏之，非也”，最后并提出了“制天命而用之”的响亮口号，显示了“人定胜天”的英雄气概，是把天文学和星占术、宿命论等区别开来的一篇非常好的文章。

大概也是成书于战国时期的《管子·宙合》篇，第一次把空间和时间合成一个概念来用。宙即时间；合即六合（四方上下），也就是三维空间。《宙合》篇说：“宙合之意，上通于天之上，下泉于地之下，外出于四海之外，合络天地以为一裹。”“是大之无外，小之无内。”把这段翻译成白话文就是：“宇宙是时间和空间的统一，它向上直到天的外面，向下直到地的里面，向外越出四海之外，好像一个包裹一样把我们看见的物质世界包在其中，但是它本身在宏观方面和微观方面都是无限的。”

把人类在一定的历史条件下，所能观测到的宇宙范围叫作“天地”，尚观测不到的部分叫作“宇宙”或“太虚”或“虚空”，这个区分是中国天文学的一个优良传统。《周髀算经》在讨论了太阳光照范围的直径是八十一万里之后，说“过此而往者，未之或知。或知者，或疑其可知，或疑其难知”。张衡在讨论了他的浑天范围以内的事以后也说：“过此而往者，未之或知也。未之或知者，宇宙之谓也。宇之表无极，宙之端无穷。”和盖天说、浑天说同时的宣夜说更是主张宇宙是无限的，“日月众星，自然浮生虚空之中”，所谓虚空，也不是真空，到处充满着气体，只不过不会发光而已。元代的邓牧（1247～1306）更进一步认为在无限的虚空中，有无限多的天地。他说：“天地，大也，其在虚空中不过一粟耳……虚空，木也，天地犹果也。虚空，国也，天地犹人也。一木所生，必非一果；一国所生，必非一人。谓天地之外，无复天地，岂通论耶？”这里使我们联想到 300 年以后，欧洲的布鲁诺（1548～1600）才说出差不多同样的话，“在无限的空间中，要么存在着无限多同我们世界一样的世界；要么这个宇宙扩大了它的容量，以便它能包容许多我们称之为恒星的天体；要么不论这些世界彼此之间是否相似，都有同样的理由都可以存在”。

宇宙在时间上的无限性，明代的《豢龙子》说得非常生动：

> 或问天地有始乎？曰：无始也。
> 曰：天地无始乎？曰：有始也。
> 自一元而言，有始也；自元元而言，无始也。

就一个天体系统来说，是有始有终的，但就无限多的系统来说，则是无始的。讨论我们所在的“天地”的起源问题，很早就开始了，战国时期屈原写的《天问》中就对当时流行的一些看法提出了质疑；而成书于西汉时期的《易纬•乾凿度》中对宇宙早期的演化史和现在热爆炸理论的分期，有惊人的相似之处，现列表比较如表 6-2：

表 6-2

	热爆炸理论	《易纬•乾凿度》	《灵宪》
1	奇点期（10^{-43}秒）：完全辐射状态，没有物质。	太易：未见气也。（郑玄注：以其寂然无物，故名之为太易。）	道根（溟涬）
2	极早期（10^{-36}秒）：形成重子（10^{28}K）。	太初：气之始也。	道干（庞鸿）
3	早期（10^{-12}秒）：氦氘锂等元素开始形成（10^{16}K）。	太始：形之始也。（郑注：此天象形见之所本始也。）	
4	现期（10^{-4}秒）：星系胚开始形成（10^{12}K）。	太素：质之始也。	
5	将来期：从现在到今后。		道实（天元）

从第四阶段到第五阶段是一个转折点，在此以前是理论上的推断，在此

以后是观测到的事实。现代宇宙学中所用的理论是粒子物理、等离子体物理、热力学、统计物理、量子论和相对论，而中国古代用的只是思辨性的“气”。《易纬·乾凿度》说：“气、形、质，具而未离，故曰浑沦。”郑玄注云：“虽含此三始（太初、太始、太素），而未有分判，故曰浑沦。老子曰：有物混成，先天地生。”

《老子》第二十五章云：“有物混成，先天地生……吾不知其名，字之曰道。”《易纬·乾凿度》中的“浑沦”，就是《老子》中的“道”，《易·系辞》中的“太极”，《吕氏春秋》和《淮南子》中的“太一”，扬雄《太玄经》中的“玄”，用大爆炸理论来说，就是宇宙开初万分之一秒（10^{-4} ）内的原始状态。东汉时许慎编的字典《说文》中说：“惟初太极，道立于一，造分天地，化成万物。”古时以天地形成为转折点，现代以星系形成为转折点，这只是随着观测工具的进步和理论的发展，人们的眼界扩大了，认识深化了，其逻辑意义是一致的。

第七讲　中国天文学史的新探索

1981 年我在美国 *Isis* 72 卷 263 期上发表过一篇《中国天文学史研究 30 年》，总结了 1949～1979 年中国大陆研究中国天文学史的情况。其后，这篇文章改名为《古为今用，推陈出新——建国以来中国天文学史研究的回顾》，把内容增加到 1982 年，发表在南京出版的《天问》上。1985 年 11 月国际天文学联合会在印度新德里举行第十九次大会时，我向第四十一委员会（天文史委员会）递交了 1982 年 7 月至 1985 年 6 月的情况报告。1987 年在北京举行的第四届亚洲及太平洋地区天文学大会时，我又报告了 1985 年 7 月至 1987 年 6 月的研究情况，此一报告已刊在 1988 年出版的 *Vistas in Astronomy* 31 卷上。这次来台我在《中国科技史研究的回顾与前瞻》中也讲了一些天文学史研究的情况。所以今天就不再谈过去做了一些什么，着重谈谈今后应该做什么。

以毕生精力研究中国天文学史的日本京都大学荣休教授薮内清曾对我说：“你们的中国天文学史研究有四个特点，是我们过去没有做过的，应该继续和加强：一是天象记录的整理和利用，二是出土天文文物的研究，三是少数民族天文历法知识的调查，四是实验天文学史的尝试。”我认为他讲得很对，但也有人有不同的看法，所以我还想说几句。

有人认为，天象记录的整理和利用，不是天文学史，而是天文学。天文学史工作者可以干，但不应该当作天文学史的研究成果。我认为这种说法有点“削己之足，以适他人之履”。做事不应该从定义出发，而应该从实际出发。我国有丰富的天象记录，外国人利用它来研究一些当代天文问题，做了不少工作；我国天文史工作者利用自己的优势，参加到这个行当中，做出贡献，这正是具有中国特色的天文学史，而不是旁务。就以历史超新星来说，D.H.Clark 和 F.R.Stephenson 的书《历史超新星》（*The Historical Supernovae*）已出版十多年了，应该在新的基础上重写一本。1989 年 6 月，我到哈佛大学访问时，波士顿大学的布瑞车（K.Brecher）教授也认为，我们做天象记录研究的人太少了。

《中国古代天文文物图录》的出版，是多年来考古发现中有关天文文物的一个总集，大大地丰富了我国天文学史的内容，受到各方面的欢迎。我们希望随着基本建设的增加，能有更多的天文文物出土，从而解决一些有争论的问题。

少数民族天文历法知识的调查，刚开始时也有人反对，认为中国天文学的最高水平，都集中在二十四史中，到边缘地区少数民族中去调查，恐怕对中国天文学增加不了什么光彩。如果说，科学史的目的就是找正面成绩和争世界第一，那太狭隘了。我认为，科学史还应该从民族学和社会学的角度，来了解各个民族，不管是先进的还是落后的，他们是怎样认识自然和改造自然的。从这个意义上来说，对祖国各个民族天文知识的调查就是必要的，而且这十多年来调查所取得的成绩也是显著的。陈久金等关于彝族天文学史的研究，《中国天文学史文集》第二集“少数民族天文学专号”受到欢迎都是明证。这一方面的工作今后还要继续下去，当然难度是很大的。

实验天文学史，薮内清当时所指的就是我们在云南利用油盆对日食的观测和在北京兴隆对木卫的观测。这方面再进一步扩大，我想可以利用古代的观测仪器和观测方法，重复进行一些观测，来看看精确度有多大。中国科技大学华同旭的博士论文，对古代漏刻所做的实验是很有意义的。像《周髀算经》中测太阳直径的办法等都可以实验。

天体测量和历法方面的工作，早年朱文鑫写过一本《历法通志》，现在看来太粗糙。50 年代王应伟写了《中国古历通解》，此书未正式出版，而且很难看懂。近几年来陈美东对历法中一系列数据和方法的深入研究，取得了突破性的进展，但仍有许多工作要做，写一本高水平的《中国历法史》应该是20世纪应该完成的事。

以上所谈是过去做了不少，今后仍应继续做的事。下面再谈谈过去没有做，或者做得很少，今后应加强的工作。

第一，资料的系统整理和储存。过去搞天文学史的人都是各自为战，自己收集资料，自己保存，自己使用。70年代北京天文台庄威凤组织人力，收集了很多资料，准备汇编成两种出版，至今也未能完全实现。从长远来看，我们应该学习美国加利福尼亚大学伯克利分校（UCB）科学史中心搞物理史的办法，建立资料库，供大家共同使用。有些大部头的书，如《道藏》《大藏经》中的天文资料，也应组织人力，分类摘抄，输入计算机。

第二，天文学的社会史研究。把天文学当作一种社会现象，当作一种意识形态，来研究它在发展中与政治、经济、宗教以及各种文化之间的关系，这属于科学社会史的范围，我姑且把它叫作天文学的社会史研究。在这方面过去文章很少，而且多是外国人写的，如维特福特尔的《古代中国的政府与天文学》（中译见《群众》1942年7卷10期）、爱伯华（W.Eberhard）的《汉代天文学和天文学家的政治功能》[见费正清（J.K.Fairbank）编 *Chinese Thought and Institutions*]。几年以前，我写过一篇《论中国古代天文学的社会功能》（见《科学史论集》），也只是浮光掠影，谈不上研究。在这方面正有大量题目可以做，既可以断代研究，也可以分专题来做。例如，星占学就是一个很大的课题。

第三，民间天文学的调查和研究。在这方面，北京天文台王立兴做了不少工作，但中国地域辽阔，人口众多，一个人去调查，那才真正是“挂一漏万”。我们应该发动很多的人调查各地群众中间流传的天文谚语、星名、历法、仪器等。这些对于发展现代天文学当然没有什么关系，但作为文化史的一部分还有很有意义的。

第四，史前天文学的研究。我们过去把研究精力主要集中在有文字记载的史料上，特别是二十四史中。对于神话传说中所反映的天文资料，对于近年来所发现的许多新石器文化遗存中所反映的天文资料，研究得不够。关于前者，例如，《山海经·大荒东经》中“大荒之中有山，名曰大言，日月所出”，“大荒之中，有山，名曰合虚，日月所出”，连续有七条记载；《山海经·大荒西经》也有类似的七条记载：“大荒之中，有山，名曰丰沮玉门，日月所入。”

"大荒之中，有龙山，日月所入。"这些记载，很可能与现在国外所讨论的考古天文学有关，是某一个地方（这个地方在哪里需要考定），周围有许多山，当地居民利用太阳出没的方向和山的关系来定季节，属于史前天文学的范畴。关于后者，如1987年在河南濮阳发掘的一个仰韶文化遗迹中，在一个成年男人骨架的左右两侧，有用贝壳摆塑的龙、虎图像，用碳14检定结果，断定是八千年前的遗物。大家都知道，左青龙，右白虎，前朱雀，后玄武，这是和天上的二十八宿相配的。关于二十八宿的起源问题，过去一直争论不休，主张晚出的人认为，《书经》《诗经》等中有二十八宿的个别名称，不能说明那时已有二十八宿系统。按照这种说法，到《吕氏春秋》时才有二十八宿，但是1978年湖北隋县曾侯乙墓中二十八宿箱盖的出土（其上也有青龙、白虎），把这个记载提前了几百年，现在有可能再提前。可以说，文字没有记载的东西不等于没有，我们对史前天文学要用新的眼光来研究；马伯乐（H.Maspero）认为直到公元前6世纪中国天文学还没有产生的说法，过于武断，不能成立。事实上，他连甲骨文中的材料都没有考虑。考古天文学那时还没有诞生。

第五，开展中国近现代天文学史的研究。我们过去对中国天文学史只抓了中间一段，前面忽视了史前时期，后面忽视了明末西方天文学传进来以后的一段。竺可桢的《中国古代在天文学上的伟大贡献》①一文，就是写到明末为止。若说中国传统天文学，那么到明末为止可以；若说是中国天文学史，则其后的这将近四百年的历史就必须包括进来。这四百年大体上可以分成三个阶段来研究：第一个阶段从1629年徐光启建立历局到1844年《仪象考成续编》出版，其间有传教士的介绍西法，有大部头的官方著作出版，有众多的民间天文学家，比起当时的欧洲来，虽然已经落后，但内容很多，值得研究。第二阶段从1859年李善兰译《谈天》至1919年五四运动前后，这六十年最悲惨，中央观象台被抢劫一空，外国人在中国领土上办天文事业，中国人能做的只是一些翻译介绍工作。第三阶段从1922年10月30日中国天文学会成立到现在，国人独立自主地用新的面貌重建自己的天文系统，接管了外国人在中国办的天文机构，创建了新的教学和研究机构，在艰苦的条件下努力奋斗，总结这段筚路蓝缕的创业史，也是很有意义的。

第六，外国天文学史的翻译、介绍和研究。四十年来，在大陆上只有李

① 见《竺可桢文集》，pp.260-266，北京：科学出版社，1979年。

珩翻译了一本沃库勒的《天文学简史》，还有陈久金编写了一本很通俗的《天文学简史》，这与中国天文学史研究的蓬勃发展，很不相称，而且也不利于中国天文学史的研究。李约瑟《中国科学技术史》的特点之一，就是能把中国科技史放在世界范围之内，中外古今进行对比，而中国人写的书往往是就事论事，就中国科技史谈中国科技史，眼界不高。日本为了更好地研究中国科学史和日本科学史，也专门派人出国研究印度天文学史和阿拉伯天文学史。我叫我的研究生，去认真读奈给保尔（O.Neugebauer）三卷本的《古代数理天文学史》（*A History of Ancient Mathematical Astronomy*），他读了以后，觉得很有收获，很有帮助。H.Maspero 认为，巴比伦的泥砖表明，在公元前 20 世纪末时它的天文学已达到先进水平，而中国天文学则直到公元前 6 世纪或 5 世纪还没有产生。这种说法，是受了泛巴比伦主义的影响。本世纪初库格勒（F.X.Kugler）根据一块泥砖："六年八月廿六日金星不见于西方，下月三日复出于东方"的记载，得出这次金星合日与日月合朔发生在同时，应为公元前 1971 年 1 月 23 日天象（当时的一月一日约在今"格里历"的 4 月 26 日左右），从而断定当时天文学已经很发达。但是现在认为库格勒的计算可能是错的。库格勒做研究时，历史学家同意。把前巴比伦定在公元前 2000 年左右，故有如上结果。但在希腊教过书的 Berossus 的一本老的王朝纪年则定得晚四百年。以前许多历史学家不承认此说，但近来却又赞同，因此这块泥砖记录的日期可能是公元前 1641 年 12 月 25 日，前巴比伦王朝在公元前 1894 至 1595 年之间[①]，相当于夏朝，这条记录比我们甲骨文中的资料也就只早二三百年了。如果再把近年来我国关于新石器时代天文遗存的一些发现考虑进去，那么巴比伦天文学就比我们早不了多少。对于古代希腊科学，如果认真抠起来，问题也很多。为什么只怀疑我们古代的东西，而不怀疑别人的？问题就是对别人的研究不够，没有发言权。所以为了研究好中国古代天文学史，对外国古代史也应该投入人力进行深入研究和介绍。为了发展中国的当代天文，对外国近现代天文学史更应该有所研究。

第七，17 世纪以来外国人对中国天文学史研究的翻译和评介问题。中外交流是双向的，17 世纪传教士来华以后，一方面把西方天文学介绍到了中国来，另一方面也把中国天文学介绍到了西方。对于后者，我们更注意得不够。

---

① 参阅 A.Pannekoek，*A History of Astronomy*，Chapter 3，New York：Interscience Publishers，1961.

单从李约瑟著作中的介绍看来，从宋君荣（A.Gaubil，1689～1759）开始，包括毕沃（T.B. Biot）、德沙素（de Saussure）、马伯乐（H. Maspero）等法国汉学家的一系列天文著作，内容很多（宋君荣的著作有几大卷，德沙素的文献有 34 种），有些观点也很好，对于想彻底研究中国天文学史的人来说，仍然是可以参考的资料。对于这些著作，以及 20 世纪以来，各国研究中国天文学史的重要著作，我们都应该培养既懂专业，又懂该国语言的专家，翻译、评介他们的工作，使我们眼界更辽阔，基础更扎实，工作做得更好。

第八讲　天文学思想史

天其运乎？地其处乎？日月其争于所乎？

孰主张是？孰维纲是？孰居无事推而行是？

意者其有机缄而不得已耶！意者其运转而不能自止耶！

——《庄子·天运》

遂古之初，谁传道之？上下未形，何由考之？

冥昭瞢暗，谁能极之？冯翼惟像，何以识之？

——《楚辞·天问》

《庄子·天运》和《楚辞·天问》中的这两段话问得十分深刻。前者讨论天体的运动问题和运动的机制问题。为了回答这一问题，就要研究天体的空间分布和运动问题，这是天体测量学、天体力学和恒星天文学的任务。后者讨论宇宙的起源和演化，是天体物理学、天体演化学和宇宙学的任务。中国古代只有天体测量学的工作，其他五门学科都是哥白尼以后在西方逐渐发展起来的。本讲的目的是想跳出中国这个圈子，从思想史的角度放眼世界，看看从古到今是怎样回答这两个问题的。先把提纲写在下面，然后一一叙述。

△天和人的关系

△同心球理论

△本轮均轮说

△太阳系概念的建立

△万有引力定律的发现及其应用

△太阳系起源的探讨

△恒星本质的认识

△银河系结构的探索

△河外星系的开拓

△相对论的宇宙模型

△简短的结论

天和人的关系

天文学研究的对象是宇宙间的一切物质，大至河外星系，小至星际原子，举凡它们的空间分布、物理状态、化学组成、运动变化、起源演化，无不在探讨之列；但是，近在身边的地球却排除在外，让给地球物理学、地质学、地理学等属于“地”字号的学科去研究。在天文学范围内，只把地球当作一个行星来对待，研究它的形状、大小、运动、起源和演化。但是由于人们认识事物的过程总是由此及彼、由近及远，而且人们观察天象的目的从一开始就是为自己的生产和生活服务的。发展到一定阶段，才会有理论上的思考。因此从天文学思想史来说，第一个遇到的问题则是天和人的关系、天和地的关系。在阿述巴尼帕（Ashurbanipal，公元前 668～前 626）王公图书馆遗址内发掘出来的一块属于前巴比伦王朝（公元前 19～前 16 世纪，相当于中国的夏朝）时期的泥砖（现存伦敦大英博物馆），其上用楔形文字刻着：

> 五月六日金星出东方，天将雨，土地被蹂躏。至次年一月十日，此星一直在东方，十一日不见。藏匿三个月以后，四月十一日复闪耀于西方，将有战，五谷丰登①。

这种把天文现象和地上年成的丰歉、战争的胜负、国家的兴亡，以及个人的命运联系起来，“观乎天文，以察时变”（《易・贲卦・彖辞》）的占星术是天文学早期发展的必经阶段，世界上天文学发展最早的国家和地区，如巴比伦、中国、埃及、印度、希腊和玛雅，以及到近代还处于原始社会的一些民族和部落，占星术都很盛行。早期的天文学家，差不多都是星占家；越早的天文著作，占星术内容越多。

占星术是依据天象进行占卜的，这也是促进人们去观察天象的动力之一，

---

① 转译自 A. Pannekoek，*A History of Astronomy*，Chapter 3，New York，1961.

巴比伦的星占家们对行星的周期已经观测得很准确，对行星在一个会合周期内的顺行、逆行和停留现象也已了若指掌，但是他们只停留在根据周期知识，用一些数学方法来预告天象，关心人间祸福，而没有想到建立一个世界图景来说明这些现象。在人类历史上迈出这一步的则是希腊人的贡献。

同心球理论

如果说巴比伦人的思想属于“天人相与”，那么希腊人的思想则属于“天人相分”。《荀子·天论》里把天人相分的思想说得很清楚：“天行有常，不为尧存，不为桀亡。”天文现象是有规律的，它与人间政治毫无关系。不过，对于天人相分也可以从宗教神学方面去理解，希腊的毕达哥拉斯学派就是这样的。他们认为，天上和人间应该有所不同。天体具有神性，应该是完美无缺的球体，并且在完美的圆形轨道上作匀速运动。但是事实上并不是这样，行星的运动很不均匀：有时快，有时慢，有时停留不动，有时还有逆行。柏拉图认为这只是一种表面现象，并不能说明毕达哥拉斯学派的信念就错了。为了“拯救现象”，柏拉图在他的《蒂迈欧》（*Timaeus*）里提出了以地球为中心的同心球结构模型。各天体所处的球壳跟地球的距离，由近到远依次是：月亮、太阳、水星、金星、火星、木星、土星、恒星；各同心球之间由正多面体连接着。

柏拉图的同心球并非物质实体，只是理论上的一种辅助工具，可是到了亚里士多德手里，这些同心球成了实际存在的水晶球，而且各个水晶球之间组成一个连续的、相互接触的系统。亚里士多德模型不同于柏拉图的地方还在于：他的天体次序是：月亮、水星、金星、太阳、火星、木星、土星和恒星天，在恒星天之外还有一层宗动天。宗动天的运动则是由不动的神来推动。神一旦推动了宗动天，宗动天就把运动逐次传递到恒星和七曜上去。这样，亚里士多德，就把“第一推动力”的思想引进到宇宙学中来了。此外，亚里士多德还进一步发展了两界说：月亮以下的区域是世俗的世界，物质由水、火、气、土四种元素组成；月亮以上的区域是神界，其中基本成分是以太。

本轮均轮说

同心球理论除了过于复杂以外，还和一些观测事实相矛盾。首先，它要求各个天体和地球之间的距离不变，可是金星和火星的亮度却时常变化，这意味着它们同地球的距离并不固定。其次，日食有时是全食，有时是环食，这也说明太阳、月亮和地球的距离也在变化。为了克服同心球理论所遇到的这些困难，阿波隆尼（Apollonius，公元前 260～前 220）设想出另一套模型：如果行星作均速圆周运动，而这个圆周（本轮，epicycle）的中心又在另一个圆周（均轮，deferent）上作均速运动，那么七曜和地球的距离就会有变化。通过对本轮、均轮半径和运动速度的适当选择，天体的运动就可以得到恰当的说明。喜帕恰斯（Hipparchus，约公元前 190～前 125）继承了阿波隆尼的本轮、均轮思想，并且又进一步发现，太阳运动的不均匀性还可以用偏心圆（eccentrics）来解释：太阳绕着地球作匀速圆周运动，但地球不在这个圆的中心，而是稍微偏一点。这样，从地球上看来，太阳就不是匀速运动，而且距离也有变化，近的时候走得快，远的时候走得慢。

本轮、均轮说和偏心圆理论，到了托勒密（Ptolemy，约 90～168）的时候，发展到了完备的程度，他在《天文学大成》（*Almagest*）中作了系统性的总结，成为中世纪天文学的圭臬，统治天文学界约一千四百年，影响到欧亚非三洲，直到 1543 年哥白尼的《天体运行论》出版，才逐渐失去它的作用。

太阳系概念的建立

哥白尼的《天体运行论》是自然科学的独立宣言，标志着近代天文学的诞生；但是他在书中倡导的日心地动说，也可以追溯到希腊，和前述地心日动说的各种模型同样源远流长。毕达哥拉斯学派的菲洛劳斯（Philolaus，公元前 5 世纪末）提出，中央火是宇宙的中心，地球每天绕它转一周，月球每月一周，太阳每年一周，行星周期更长，而恒星则是静止的。人为什么看不见中央火？这是因为地球总是一面朝着中央火，而人则住在背着中央火的一面。其后，柏拉图学派的赫拉克利德斯（Heraclides，公元前 388～前 315）放弃了中央火的概念，以地球绕轴自转来解释天体的周日运动；太阳和行星绕着一个公共中心旋转，而地球和太阳永远处在相反的位置上。再进一步，就是阿利斯塔克（Aristarchus，公元前 320～前 250）提出：太阳处在宇宙的中心，所有行星，包括地球在内，都围绕着它，沿圆形轨道运动；地球在绕日公转的同时，又在绕轴自转。地球公转的时候，为什么没有引起恒星的视差位移？阿利斯塔克认为，这是因为和地球的直径比起来，恒星的距离太大了。恩格斯在《自然辩证法》里正确地总结了这段历史，指出菲洛劳斯的理论："是关于地球运动的第一个推测"（1991 年中译本，161 页），阿利斯塔克早在公元前 270 年就已经提出哥白尼的地球和太阳的理论（168 页）。1913 年赫斯（T.Heath）写了一本专书，称他为"古代的哥白尼"，并以他为界把希腊天文学分成了两个阶段。

哥白尼有继承、有批判。他用了很长的时间，经过观测、计算和反复思考，先将他的观点写成一篇《纲要》，在朋友中间流传，征求意见，然后再写成六大卷的《天体运行论》，把日心地动说提高到了一个崭新的水平。在这个新的世界体系里，人类居住的地球不再有特殊的地位，它和别的行星一样，围绕着太阳"跑龙套"。在太阳周围，行星排列的次序，由近而远是：水星、金星、地球、火星、木星和土星。只有月球还是围绕着地球转，同时又被地球带着围绕太阳转。恒星则处在遥远的位置上，和这些天体不发生关系。这些天体自成一个系统——太阳系。

太阳系概念不同于以往的同心球理论和本轮均轮说，它确是客观世界的真实反映；但是经过了长期的、曲折的斗争，才得到了人们的公认。这是因为，在社会根源方面，它正如阮元在《畴人传·蒋友仁传》中所说"上下易位，动静倒置，离经叛道，未有如此之甚"，遭到教会和一切保守势力的疯狂反对；在认识论根源方面，新生事物有它不完善的地方，还得经过一段长时间的发展。首先，亚里士多德反对地动说的两条主要理由，哥白尼并没有解决。这两条理由是：既然地球在自转，为什么一件物体向上抛，总是落回原处，而不向西偏一点？既然地球在公转，为什么看不见恒星的视差位移？关于前者，1632 年伽利略在《关于托勒密和哥白尼两大世界体系的对话》中，叙述了一个巧妙的实验，证明地球的动或静不能单以观察地球上的物体的运动而得知，从而建立了他的惯性原理。关于后者，严格说来，到 1838 年贝塞尔（F.W.Bessel，1784～1846）才发现，但是在人们努力发现视差的过程中，1726 年左右布拉德雷（Bradley，1693～1762）对光行差的发现就已经回答了这个问题。

其次，哥白尼仍然因袭前人的观点，认为行星和月亮运行的轨道是圆形。因而，他预告的位置，仍然和实际不符，为此，还得采用一些本轮、均轮来组合。本轮、均轮的数目，比起托勒密体系来是少得多了，但仍然不能废除，这大概也就是为什么第谷·布拉赫（Tycho Brahe，1546～1601）另建立一个世界体系的原因。第谷提出了一个折中体系：所有行星绕着太阳转，太阳又携带着它们绕着地球转。但第谷是一位杰出的天文观测者，他认为三家学说的最后结局只能由更多、更好的观测来检验。他的继承者开普勒在分析他遗留下来的大量观测资料时发现，对火星来说，无论用哪一家学说都不能算出与观测相符合的结果，虽然这差异只有 8 分，但他坚信第谷的观测结果。于是他怀疑“行星作匀速圆周运动”这一传统信念可能是错的。他用各种不同的圆锥曲线来试，终于发现火星沿椭圆轨道绕太阳运行，太阳处于椭圆的一个焦点上，这一图景和观测结果符合。同时他又发现，火星运行的速度虽然是不均匀的，但它和太阳的连线在相等的时间内扫过相等的面积。这就是他发现的关于行星运动的第一、第二定律，刊发于 1607 年出版的《新天文学》中。十年后，他又公布了行星运动的第三定律：行星绕日公转周期的平方与它们轨道长半径的立方成正比。从此，各行星之间就互相联系起来了，太阳系的规律性更加明显。

万有引力定律的发现及其应用

开普勒关于行星运动三定律的发现，正如他自己所说：“就凭这 8 分的差异，引起了天文学的全部革新。”它埋葬了托勒密体系，否定了第谷体系，奠哥白尼体系于磐石之上，并带来了万有引力定律的发现。哥白尼曾经说过，地之所以为球形，是由于组成地球的各部分物质之间存在着相互吸引力，并且相信这种力也存在于其他天体之上。开普勒也曾想过，可能是来自太阳的一种力驱使行星在轨道上运动，但是他没有提供任何证明。牛顿则用数学方法，首先证明，若要开普勒第二定律成立，只需引力的方向沿着行星与太阳的连线即可，不管引力大小与距离有什么关系；若要开普勒第一定律成立，则引力的强弱必须与太阳和行星的距离的平方成反比。在此基础上，他又进一步证明，宇宙间任何两物体之间都有相互吸引力，这种力的大小和它们质量的乘积成正比，和它们距离的平方成反比。

1687 年牛顿发表了他的《自然哲学的数学原理》，使天文学从单纯描述天体间的几何关系进入到研究天体之间相互作用的阶段，创立了天文学的一门新的分支——天体力学。从此天体的运动和地上物体的运动服从同一规律，不再有任何特殊性，亚里士多德的两界说进一步破产。在这本书中，牛顿详细地论证了万有引力定律和他关于运动的三定律，并且用它来研究木星和土星的卫星的运动、彗星的轨道、海水的潮汐现象、地球的形状等，无往而不利，所有这些千差万别的现象，都被同一的力学规律支配着。

但是万有引力定律在研究两个物体间相互作用时，问题比较简单，一遇到三体问题，难度就很大，只是在一些特殊情况下有解，多体问题就无法办。十八世纪许多著名数学家都把功夫用在这些问题上，而最成熟的一部著作是拉普拉斯（1749～1827）的《天体力学》。全书共5卷16册，最后一卷出版于1825年，集中了自牛顿以来到此为止的全部成果，其中很多关键性的问题是拉普拉斯本人完成的。在这一天体力学框架内，奥尔伯斯（Olbers，1748～1840）简化了彗星轨道的计算方法，高斯（1777～1855）提出了只要有三次观测数据就可以确定天体轨道的方法，使1801年1月1日对太阳系第一个小行星的发现，能够迅速地确定下来。1846年根据勒维耶（Le Verrier，1811～1877）和阿登斯（Adams，1819～1892）的计算，盖勒（J.G.Galle，1812～1910）对海王星的发现，更是天体力学的一曲胜利凯歌。

太阳系起源的探讨

除了在天体力学方面的巨大贡献以外，拉普拉斯还提出了一个太阳系起源的学说，标志着科学的天体演化学的诞生。他在1796年出版的《宇宙体系论》（*Exposition du System*）中论述了行星由星云形成。此后张伯伦，金斯又提出行星由太阳受潮汐分离出的物质所形成，这些物质呈雪茄状，因为雪茄中间部分物质较多，所以木星、土星特别大。

张伯伦、金斯等的学说，统统被称为灾变说。灾变说很快被理论计算所否定。从太阳分出的物质容易扩散而不可能凝聚成行星，这是所有灾变说的致命弱点。再者，到目前为止，我们虽然还没有观测到其他恒星周围的行星系统，但大量双星和聚星的存在，使人们意识到，行星系统不是罕见的。美国柯伊伯（G.P.Kuiper，1905～1973）甚至估计出，在银河系内大约有0.01%到0.1%的恒星（即一千万到一亿颗）的周围有行星系统存在，也就是说，太阳系是普遍现象；而根据灾变说，太阳系只能在两颗恒星碰撞或接近时产生，而这样的机会是非常之少。于是从40年代起，又回到星云说，如1944年苏联施密特（1891～1956）提出的“俘获说”和德国魏茨泽克（C.F.Von Weizsäcker，1912 年生）提出的“旋涡说”，都属此类。在新的星云说中，瑞典阿尔文（H.Alfvén，1908年生）于1942年提出用“磁偶合机制”来解释太阳系角动量分布问题。他认为，原始太阳有很强的偶极磁场，其磁力线延伸到周围的电离云，并随太阳转动。电离质点只能绕磁力线作螺旋运动，并且被磁力线带着随太阳转动，因而从太阳获得角动量，所以由后者凝聚成的行星具有的角动量远较前者为大。1962 年法国天文学家沙茨曼（E.Schatzman）又提出另一种通过磁场作用来转移角动量的机制，称为沙茨曼机制。目前形形色色的星云说有几十家之多，各按自己的体系发展，还很难说哪家最符合实际情况。不过，随着空间探测手段的进步，观测资料的大量增加，太阳系物理学迅速发展，目前已能用较严格的流体力学来处理由星云形成太阳和行星的过程，并能考虑到电磁学、热力学和化学效应的作用，相信在不久的将来能有较大的突破。

恒星本质的认识

当天体力学正在欢庆胜利的时候，天文学领域又是一支异军突起，向唯心主义的不可知论展开了猛烈的冲击。1839 年唯心主义哲学家孔德（A. Comte）在他的《实证哲学》第二卷中说：

> 我们可以测定天体的形状、远近、大小和运动，但是不可能有任何方法研究它们的化学成分、矿物结构，以及它们表面的有机生命现象……而关于恒星的表面温度，则将永远无法知道。

这位哲学家的悲观论调，至今已被科学的发展全盘否定，而否定速度之快，尤其惊人。1859 年 10 月 27 日基霍夫（Kirchhof，1824～1887）向普鲁士科学院提交了对太阳光谱中暗线的解释，宣告了天体物理学的诞生。同年 11 月 13 日他的合作者本生（R.W. Bunsen，1811～1899）在写给罗斯科（H.E.Roscoe，1833～1915）的信中说：

> 现在我正在和基霍夫一起全力进行一项实验，它使我兴奋得夜不能眠……道路已经畅通无阻，我们可以像用普通试剂检测氯化锶等那样，有把握地确定太阳和恒星的化学成分①。

① 见 H. E. Roscoe，*The Life and Experience of Sir H. E. Roscoe*，p. 81，London，1906，转引自欧文·金格里奇：《十六世纪至二十世纪天文学理论与实践的发展》，《科学史译丛》1983 年第 4 期，p.62-73，原刊于 *Vistas in Astronomy*，Vol. 20，1976.

后来的发展是从光谱分析不但能够知道太阳和恒星的化学成分，还能知道它们的温度、压力、视向速度、电磁过程和辐射转移过程等，更重要的是1905～1907 年之间丹麦赫茨普龙（E. Hertzsprung，1873～1967）发现了恒星光度与光谱型之间的关系。两年之后美国罗素（H.Russell，1877～1957）提出了相同的、但更为广泛的，现被人们所熟知的赫罗图。图中有由矮星组成的主星序，这包括了恒星的绝大多数，另外还有红巨星序。罗素首先用演化的观点解释这个图形，认为恒星的一生是从红巨星开始，到中年的 A 型星，最后成为红矮星。

1918 年前后，英国的爱丁顿（A. S.Eddington，1882～1944）承担了造父变星脉动的理论研究，1926 年他将自己的研究成果汇编为《恒星内部结构》一书，这是对恒星物理性质划时代的分析。其中最重要的一个成果是：在恒星的种种物理参数中，质量是最重要的一个。这一参数的量的变化，会引起其他性质的变化。例如，恒星的质量越大，光度越大；光度越大的星，其演化速度就越快。这里就向人们提出了一个问题：90%的恒星都集中在主星序上，主星序意味着什么？是演化序列呢？还是许多恒星平衡点的所在？为了弄清这个问题，就要探讨恒星的能源。

令人惊奇的是，爱丁顿于 1920 年就在《自然》杂志上预言道：

> 如果恒星质量的百分之五从一开始就由氢原子组成，它们渐渐地结合成更复杂的元素，释放出的总能量就会超过我们的所需，我们也就不必再去寻找恒星的其他能源了……如果恒星中这种原子果真可以大量地供给其光和热，我们似乎也可以早日实现自己的梦想：掌握这种潜在的能源，用之于人类的幸福——或人类的毁灭[①]。

其后的研究表明，氢是恒星的主要成分，氦其次，四个氢原子核合成氦原子核的过程是恒星的能源所在。但这只适用于主星序，主星序可以依靠这个能源维持很长的时间。这表明主星序确实是许多平衡点的所在。因此苏联阿姆巴楚米扬于 1947 年提出：恒星成群产生，从主星序的各个点上进入主星序，进入主星序以后再从左向右演化。现在人们还在追踪恒星在赫罗图上的演化路线，但其形式的复杂是罗素所梦想不到的。由于高能天体物理学和空间探

① 爱丁顿：《恒星的内部结构》，中译见宣焕灿选编：《天文学名著选译》，p.335，p.356，北京：知识出版社，1989 年。

测手段的进化，人们已把光学手段看不见的黑洞、X 射线源、γ 射线源等排到演化日程上来了，人类对恒星世界的认识正在不断地前进中。

银河系结构的探索

如上所述，应用物理学的规律，观测、实验和理论三方面相结合，研究各类天体的化学组成、物理状态和内部结构，以及演化途径的天体物理学，一百三十年来发展很快，成果累累。但是，如果没有天文学的另一分支——恒星天文学的配合，我们关于宇宙的知识将会缺掉一半。恒星天文学的任务是利用统计的方法来研究恒星、恒星集团和星际物质的分布和运动；并且这种办法也可以推广到星系的研究上。这门学科的奠基人是威廉·赫歇尔（F. Herschel，1738～1822）和他的儿子约翰·赫歇尔（John F.Herschel，1792～1871）。一直到哥白尼时代，除了中国的宣夜说以外，人们都认为，所有恒星跟地球的距离是相等的。1609 年伽利略用望远镜观测到银河由许多恒星组成，这才使人们猜想，恒星天幕可能不是一幅平面背景，满天星斗也许是个立体列阵，银河可能是有结构的。1750 年赖特（T.Wright，1711～1786）提出银河的形状可能像个磨盘，我们的太阳系就处在这个盘状之内，夜晚所看到的星空只是它的一部分。1755 年德国哲学家康德（I.Kant，1724～1804）进一步提出了“岛宇宙”的概念，认为银河系之外还有银河系，它们好像一个个的岛屿一样，分布在宇宙空间之中。1761 年德国天文学家朗伯特（J.H.Lambert，1728～1777）更提出了一个无限阶梯式的宇宙模型，认为太阳及其周围的行星是第一级；太阳和其他恒星的总和形成第二级（银河系）；众多的银河系又组成第三级；第四级、第五级……由此类推，以至无穷。但是这些人的见解都是一些直觉猜想，只有威廉·赫歇尔才开始用科学的方法来解决这一问题。

首先，他通过分析恒星的自行，发现了太阳在空间的运动，并且定出运动的速度和向点。这是人类认识史上的一次螺旋式上升：先是日动地静，后是日静地动，现在是：地动，日也动，恒星也动，宇宙间没有不动的东西。恒星的自行是恒星运动和太阳运动的综合结果，在扣除了太阳的运动以后，自行所反映的才是恒星的真正运动（本动）。赫歇尔的思路是：如果太阳在运动，那么处在太阳运动前方的星就会散开，而背离方向的星则会相互靠拢，这就像我们在马路上开车，前方的树木在散开，后面的树木在合拢。根据这一设想，赫歇尔虽然只分析了七颗星的自行，但所得结果相当正确，他确定的向点和今天的结果相差不到十度。

其次，他用自己亲手制造的大型望远镜，观测了 1083 个天区，统计了 117、600 颗星。他的儿子又把这项工作扩充到南半球，去那里观测了 2299 个天区，统计了约七十万颗星。通过这些观测和统计，他们发现银河确如赖特所预言的像个磨盘：众星密集在银河平面上，离银河平面愈远，星愈少。他们以观测事实为依据，第一次绘出了银河系的结构图。虽然这个图和今天的结果相差很远。例如，赫歇尔认为太阳在银河系的中心；现在知道太阳离中心有三万光年之远，而银河系的半径才四万多光年。但是，赫歇尔父子是在恒星距离还不知道的情况下从事这项工作的，其毅力和为自己的观点提供证据的方案，都同样令人钦佩。他们的出发点是：恒星在空间均匀分布和它们的发光本领都一样，也就是说越亮的星越近。现在知道这两条假设都不对，但当时没有这两条假设就绕不开距离这一关，就无法工作。1838 年才由白塞尔等三人分别测出了三颗星的距离，一直到 19 世纪末总共才测出三百多颗星的距离。凭这么一点数据根本无法研究银河系的结构，由此可见理论思维的重要性了。

河外星系的开拓

赫歇尔的贡献不仅仅局限于对恒星和银河系的了解，还把范围扩充到天空里一些位置固定而形状模糊的天体上。1784 年法国天文学家梅西耶（C.Messier，1730～1817）曾把 103 个这样的天体编制成表，以免和彗星混淆。威廉·赫歇尔将这类天体的数目增加到 2500 个。起初他认为这些就是康德所说的宇宙岛，但后来又改变了主意，原因是他发现了其中有的是行星状星云。这种星云中央是一颗恒星，周围有一个发光的弥漫物质环。现在我们知道，这种模糊的天体事实上分为两大类：一类是处在银河系之内的星云和星团，一类是处在银河系之外的河外星系。但是要把这个事实分辨清楚，在赫歇尔之后几乎又用了一百年时间。真正的突破是 1912 年哈佛天文台的勒维特（H. S.Leavitt，1868～1921）在南天的小麦哲伦星云中发现了许多造父变星，并且发现它们的亮度越大，光变周期越长。因为麦哲伦星云离我们很远，同一麦哲伦星云中的造父变星，可以认为和我们的距离都相等，这样它们的亮度不同，也就代表着发光本领（光度）不同，于是光变周期和光度之间就有了固定关系。只要我们有办法就近测出一颗造父变星的距离，就可以用周光关系测定其他造父变星的距离。任何天体系统不管它远处天之涯，只要其中有造父变星，就可定出它的距离。有了这把量天尺，天文学中最难的测定距离的问题就容易得多了。1913 年赫茨普龙立即完成这一工作，定出了周光关系，并用它测出了小麦哲伦星云的距离，成为最早确认的河外星系。1919 年第一次世界大战结束，哈勃（E.P.Hubble，1889～1953）由军中退伍，回到威尔逊山天文台工作以后，用当时世界最大的 2.5 米反射望远镜，把仙女座大星云的旋涡结构分辨为恒星，并且在这个星云内发现了许多造父变星。利用这些造父变星的周光关系，定出其距离为 80 万光年（现知为 220 万光年）。远在银河系之外，而且其体积比银河系还大。1924 年底他在美国天文学会宣布这一结果时，与会天文学家一致认为，岛宇宙说取得了胜利，人类关于宇宙的认识翻开了新的一页。

接着，哈勃又把他的注意力转移到旋涡星云谱线的红移问题上。在他之前，1912 年以来，斯里弗尔（V.M.Slipher，1875～1969）已逐渐发现许多旋涡星云的光谱是恒星的集合光谱，但是其中的谱线比起一般恒星的来，有系统性的向红端移动。在此基础上，哈勃又加上自己测定的距离资料，于 1929 年得出红移和距离的关系：河外星系离我们的距离越远，它的光谱线的红移量越大。如果红移是由于多普勒效应引起的，则红移和距离的关系就意味着越远的星系以越快的速度退行，各个星系之间的距离在增加，我们所在的宇宙是一个膨胀的宇宙。

但是，红移不一定是由多普勒效应引起的，哈勃的同事兹威基（F.Zwicky，1899～1974）立刻就提出另一种解释，认为红移是由于光线和星系际物质之间的作用而引起的。这种作用使远来的光量子能量减低，波长向红端位移；因而也是距离越远，红移量越大。为了判断红移究竟是由哪种机制引起的，哈勃联合哈马逊（M.L.Humason，1891～1972）观测了更多的星系，测出它们的视星等，并统计它们的数目。因为许多星系中没有发现造父变星，它们的距离无法测定，哈勃只得沿着赫歇尔的思路，假定全部星系有同样的大小和同样的发光本领。这样，如果星系在空间上的分布是均匀的，在极限星等和计数之间就应该有一线性关系，否则这个关系就不能成立。如果红移是由多普勒效应引起的，远处的星系密度应该小于近处的；如果红移是由于光线和星系际物质作用的结果，星系的密度应该到处一样。由于哈勃当时所掌握的数据太少，他无法作出判断，但这种方法至今仍在应用，并且推广到星系团、射电源、类星体的计数上，仍是当代观测宇宙学的一项基本工作，而哈勃的《星系世界》（1936 年）成了这一领域的奠基著作。

相对论的宇宙模型

星系光谱线的红移，无论是由于星系退行，还是由于光能量衰减，都可以得到相对论的承认。如果是前者，则是一个服从相对论引力定律的膨胀宇宙；如果是后者，则是一个静态宇宙，而后者还首先是由爱因斯坦本人提出来的。爱因斯坦在完成他的广义相对论以后，立即把它应用于宇宙学问题，于 1917 年发表《根据广义相对论对宇宙学的考察》一文，指出无限宇宙和牛顿力学之间存在着难以克服的矛盾，要么修改牛顿理论，要么修改空间观念，要么二者都加以修改。他放弃了传统的宇宙空间三维欧几里得几何无限性的概念，把空间和时间联系起来，并做了两条假设（物质均匀分布和各向同性），从而建立了一个静态的、有限无边的动力学宇宙模型。

与爱因斯坦同年（1917 年），荷兰天文学家德西特（de Sitter，1872～1934）也用广义相对论研究宇宙学问题，得出了一个物质平均密度趋近于零的静态宇宙模型。这两个模型被人们研究、讨论了十多年，当星系谱线的红移和距离关系发现以后，就成了问题。德西特模型虽然可以用别的办法来解释这一现象，但一个没有物质的宇宙总难令人相信。爱因斯坦于 1930 年公开宣称放弃他的宇宙常数项后，在英国皇家天文学会演讲时，爱丁顿在欢迎词中说："为什么爱因斯坦方程只有两个解，而没有第三个解以适应于哈勃的最新发现呢？"曾经做过爱丁顿学生的勒梅特（G. Lemaitre，1894～1966）从刊物上看到这段话后，立即写信给爱丁顿，说他已经找到了第三个解，文章发表在比利时的刊物上，这就是他的原始原子说。他找到爱因斯坦方程可以有几个时间函数解以适应膨胀的宇宙。他挑选了一个最合适的模型：宇宙先是个原始原子，经过大爆炸以后，成为膨胀的宇宙，再变成爱因斯坦静态宇宙，最后成为德西特没有物质的宇宙。

其实在勒梅特以前，苏联弗里德曼（A.A. Friedmann，1888～1925）已于 1922 年发现了具有时间函数解的宇宙模型。他发现爱因斯坦在建立静态宇宙模型时有一个数学错误，指出爱因斯坦解和德西特解只是爱因斯坦方程更为普遍情况下的两个特殊解。他把爱因斯坦方程中的宇宙常数项取消以后，得出宇宙既可以是开放的，也可以是封闭的，这要看物质的平均密度而定。平均密度和临界密度之比若<1，则空间曲率 k=−1，对应于一个双曲型的开放宇宙；若=1，则 k=0，对应于一个平直的开放宇宙；若>1，则 k=+1，对应于一个没有边界，但体积有限的闭合宇宙。在前两种情况下，宇宙要一直膨胀下去；在后一种情况下，膨胀到一定程度就又收缩。从理论上算出，临界密度应为 4.1×10^{-30} 克/立方厘米。观测宇宙学的任务就是要确定平均密度和临界密度之比，目前所得结果相差很悬殊，在 0.1～2 之间；不过多数人认为接近于一，宇宙空间是平直的，欧几里得几何仍然适用。

一九六五年微波背景辐射发现以后，宇宙学的更大兴趣则集中在 180 亿年以前，大爆炸发生的 10^{-43} 秒之后到三分钟之间的演化过程。10^{-43} 秒之前，相对论和现有一切物理规律都不能适用，有人想用时空量子化来解决这一问题，但成果很少。屈原的“上下未形，何由考之？”仍然没有答案。从 10^{-43} 秒到三分钟之间可用温度随时间降低的一个序列来区别出几个阶段来，见第六讲表 2。到三分钟时，温度降到绝对温度 10^9 度，第一个稳定的原子核出现。这一极早期的宇宙演化学和粒子物理学、大统一理论、超对称理论密切相关，理论、实验、观测互相影响，是当代物理学的一个前沿，仍在不断发展中。

简短的结论

宇宙是无限的，人类认识宇宙的能力也是无限的；但是人类认识宇宙的范围在一定的历史时期是有限的，而且常常把自己所认识的这个范围当作总宇宙来讨论。哥白尼的宇宙即太阳系，赫歇尔的宇宙即银河系，我们今天的宇宙即总星系。我们相信，后之视今，犹今之视昔，在总星系的外面，还有别的物质世界有待未来去发现。在今天所认识的宇宙范围内，从思想史的角度能得到的几点结论可能是：

（一）人类自我中心说一步步被否定，在现代宇宙学中人类所住的地球、太阳系和银河系，不占有任何特殊地位；但人毕竟是认识宇宙的主体，研究宇宙间的一切演化过程时也必须把人的能够出现和存在考虑在内。例如，生命需要碳，碳生成于恒星内部，恒星中的碳必须通过超新星爆发才能弥散于空间去参与行星的形成，而超新星的爆发又必须在恒星演化的晚期才能发生，上述历程约需一百亿年。因此任何宇宙演化的学说如果得到的年龄在一百亿年以下，就是不正确的，这又成了判断研究结果正确与否的一个条件。

（二）亚里士多德的天、地两界说遭到了彻底的否定，牛顿的万有引力定律把它们统一起来了；但是天体上确有不同于地球上的物理状态：星际空间中每立方厘米不到一个原子的高真空，中子星内部每立方厘米包含着十亿吨物质的高密度，脉冲星表面上强达一亿高斯的强磁场，一些星系和星系核抛射物质的高速度——接近于光速，有的看来甚至大于光速……宇宙空间中这些现象的存在，为物理学提供了在地面没有、并且无法模拟的实验，为人类对自然的认识不断地提供条件。

（三）大到河外星系，小到星际原子，宇宙间的所有物质都在不断地运动和变化，而且有些变化不是缓慢地量变引起质变，而是爆发性的突变，如超新星、星系核、类星体、射电双子源（星系）的猛烈爆发，都是惊心动魄，更不用说总星系初生时的大爆炸了。

（四）宇宙间的任何天体或天体系统，在空间上和时间上都是有限的，都有其起源、演化和衰亡的过程。在僵化的自然观上打开第一个缺口的康德星云说，实际上是探讨太阳系的起源问题；赫罗图的出现为探讨恒星的起源和演化开辟了道路；大爆炸宇宙学则在探讨总星系、基本粒子和元素的起源。目前以对恒星的起源和演化认识得较为充分。

（五）有无地外文明问题，也是一个悬而未决的问题。目前在讨论这个问题的时候有一个假设，即平庸原理。利用平庸原理，有人计算出既有兴趣、又有能力进行星际通讯的先进文明数在银河系内就有一百万个，平均每二十五万颗星中，就有一颗星的周围的行星上有高度文明存在，他们有的可能比我们更先进。但是，60年代以来，美、苏、英、德等国利用世界上最大的一些射电望远镜监测地外文明所发的微波讯号，一直未取得结果。问题在于，我们还无法知道这些地外文明在何处、在什么时候和以什么方式向太空发射讯号，目前只是盲目的等待；也许我们的仪器还不够强大，接收不到这些讯号。这个问题到下一个世纪也许能有一些答案。

〔席泽宗：《科学史八讲》，台北：
联经出版事业公司，1994年〕

难忘的1956年

——忆中国科学院自然科学史所的建立

1956年是中国科学院发展史上极其重要的一年。是年1月，党中央召开了知识分子问题会议，周总理在会上作了意义深远的《知识分子问题的报告》，吹响了向科学进军的号角。这个报告用了将近1/4的篇幅论述科学工作，提出了制订12年（1956～1967年）科学发展远景规划的任务。根据这一规划，中央采取四大紧急措施，当年7月立即在中国科学院建立了电子学、自动化、半导体和计算技术4个研究所。至今30多年过去了，这4个研究所为科学院乃至全国在这些领域迎头赶上世界水平和为我国的国防和工农业的现代化所作出的贡献，大家有目共睹，无须赘述。我只想谈谈与我有关的一个小学科在这一年建立的情况。

在知识分子问题会议上，当时中国科学院张劲夫副院长在汇报科学院工作时说，经过慎重的考虑，科学院今后的任务和亟需发展的学科可以归纳为4个方面：一是对当前世界上最新的、发展最快的学科必须迎头赶上；二是调查研究中国的自然条件和资源情况；三是研究社会主义建设所需要解决的重大科技问题；四是总结祖国科学遗产，总结群众和生产革新者的先进经验，丰富世界科学宝库。根据第四条，中国自然科学史的研究就被纳入了12年远景规划的议程之内。2月28日，竺可桢副院长在西苑饭店召开有关专家会议，讨论如何制定科学史规划问题。袁翰青等人一致主张，要把科学史建设成为一门学科，要设专门机构，要有专职人员来搞。会上大家委托叶企孙、谭其骧和我来收集资料和做起草工作，由叶企孙任召集人。

在我们酝酿起草文件工作期间，又传来了一个好消息：应郭沫若院长的邀请，陆定一同志于5月26日向首都科学界和文艺界发表了题为“百花齐放，百家争鸣”的重要讲话。他说：“我们有很多的农学、医学、哲学等方面的遗产，应该认真学习，批判地加以接受。这方面的工作不是做得太多，而是做得太少，不够认真。轻视民族遗产的思想还存在，在有些部门还是很严重。”我们又借用这次东风，提出由中国科学院召开一次中国自然科学史讨论会，主要是进行学术交流，也讨论12年远景规划。

中国自然科学史第一次讨论会于7月9～12日在北京顺利召开，出席会议者近百人。在开幕式上，竺可桢副院长作了《百家争鸣和发掘我国古代科学遗产》的报告，长达80分钟。会议闭幕后第三天（7月15日），《人民日报》即发表全文。当时的卫生部部长李德全自始至终参加了会议。郭沫若院长出席闭幕式，并作了重要讲话，指出要注意少数民族在科学上的贡献。这次会议建议科学院派代表团参加9月在意大利召开的第八届国际科学史大会，尽快成立中国自然科学史研究室。

由竺可桢、李俨、刘仙洲、田德望和尤若湖组成的中国科学史代表团，于8月20日出发前往意大利，并途经莫斯科向苏联科学院吸取办科学技术史研究所的经验。他们临行前，吴有训、裴丽生、谢鑫鹤等院领导到机场送行，寄以殷切希望。代表团一行到达佛罗伦萨后，大会秘书长隆希立即邀请竺老在9月3日的开幕式上发言。大会于9月9日通过中国为会员国。

在竺老等离开北京期间，8月24日毛主席同音乐工作者谈话时又指出：“在自然科学方面，我们也要做独创性的努力，并且要用近代外国的科学知识和科学方法来整理中国的科学遗产，直到形成中国自己的学派。”所以，在代表团由意大利回国后，就更加紧张地进行了科学史的学科建设工作：在10月26日决定创办《科学史集刊》，由钱宝琮任主编；11月6日第28次院务常务会议正式通过成立中国自然科学史研究室，并报请中央任命中国科学院院士李俨为室主任。

1957 年元旦，院直属自然科学史研究室挂牌时，包括我在内只有 8 个人。而今，这 8 个人中已有 3 位去世，两位退休，两位外调他处，只剩我在职工作。但是，这个研究室 30 多年来有很大的发展。它在 1975 年扩建为研究所，把研究领域伸展到全世界。如今，研究所现有职工 120 多人，其中专业人员近 100 人。除自然科学史所外，中国科技大学，中科院数学所、天文台、硅酸盐所、政策所等一些单位，也有人在从事科学史的研究。30 多年来，一些产业部门的研究院和一些高等学校也相继建立了科技史的研究机构。1980 年成立的中国科技史学会现有会员千余人，人数之多仅次于美国。学会每年举行各种学术会议 10 余次，每年出版科学史著作 100 种以上。喜看今天的大好形势，回忆 1956 年老领导和老科学家们的开创之功，令人倍感亲切，永志难忘。

〔《中国科学报》，1994 年 11 月 9 日〕

改革创新　博大精深

——纪念沈括逝世900周年

沈括（1031～1095）

沈括字存中，浙江杭州人，生于1031年，卒于1095年，今年是他逝世900周年。他生活的时代，正当北宋王朝的后期；他死后31年，北宋就在金兵的进攻下灭亡了。沈括一生的重要成就，在当时并未得到恰当的评价。虽然在元朝初年撰写的《宋史》中说他“博学善文，于天文、方志、律历、音乐、医药、卜算无所不通”，但这种话在旧的史书中是经常见到的，多属溢美之词，并不能把沈括和其他人物区分开来。直到20世纪，沈括的学术成就才引起了学者们的注意。中华人民共和国成立前有朱文鑫、竺可桢、王光祈，以及日本的三上义夫等学者分别对沈括在天文、地理、乐律、数学等方面的成就进行了研究，张荫麟先生的《沈括编年事辑》开了全面探讨这位杰出人物的先河。中华人民共和国成立后，继起研究的有陈遵妫、王锦光、刘秉正、李俨、许莼舫、陈祯、高泳源、钱宝琮、胡道静诸先生，以及英国的李约瑟和美国的席文。这些研究，全面深入，蔚为大观，表明沈括是一位历史上罕见的全才。他知识之广、成就之大，令人惊异。首先，沈括是一位杰出的科学家，但同时他也是政治家、军事家、外交家、经济学家。三上义夫认为，如此全才，日本没有，世界少有。

一、年轻有为的理财能手

先看沈括在财政经济方面的成就。沈括被任命为“权发遣三司使”（代理财政部长）是在 1075 年，这时刚 44 岁，正逢王安石变法期间。沈括因一向对新法十分拥护，而且已经显出卓越的才能，所以被迅速提拔，负责全国的财政工作。他在任 20 个月期间，做了两件大事。

一是改革“陕西盐钞法”。陕西是当时北宋和西夏国的边防前线，宋王朝在此驻有重兵。因和西夏的军事冲突连年不断，军费浩繁，宋王朝不得不向当地盐商征收现钱，以充军费，同时支付给商人一种特殊凭证，称为“盐钞”。盐商可持盐钞直接到山西产盐地买盐，再来陕西出售，这一制度称为“盐钞法”。但到沈括上任时，盐钞法已经大为混乱。因为军费激增，政府便滥发盐钞，造成类似通货膨胀的局面。沈括提出了整顿的方案，就是那篇称为《盐蠹四说》的文章。他不赞成由政府垄断食盐销售的做法，主张由商人经销，而政府保留若干调控手段。他的主张付诸实施之后，一连几十年情况良好。

二是研究货币理论。北宋币制极为混乱，金银、铜钱、铁钱、纸币同时流通，官方因经费不足，就发行更多的钱币，导致通货膨胀，再加上民间私铸，情况更加复杂。沈括上了一道奏疏，提出了他的货币理论，其中特别有价值的是他提出增加货币周转率的必要性。这一思想，欧洲直到 600 年后才有人提出。

二、机智灵活的政治活动

沈括的仕宦生涯，前后不到 30 年。品级虽然不高，却参加过不少重要的政治活动。他和王安石的私交，由来甚久。他父亲沈周的墓志铭便是王安石所作。宋神宗熙宁（1068～1077 年）年间，沈括和王安石同在中央朝廷任职，加之两人私交甚笃，政治观点颇为接近。王安石的变法，当时称为“新政”，这一运动开始不久，沈括即成为其中的重要成员，以至后来他的政敌攻击他时，说是“朝廷新政规划，巨细括莫不预”。这话虽不免有些夸大其词，但沈括倒也确实参加了好几项重要活动，除主管中央财政工作外，还有疏浚和测量汴渠、视察浙江的水利差役情况并考察当地的政治得失、视察整顿河北边防、推行义勇保甲制和分管军事物资的生产等。

作为一个从事政治活动的官员，沈括也颇为机智。比如有一次，因宋辽发生边境纠纷，北方前线吃紧，宋神宗担心要发生大战，下令登记民间的车辆以备战时之用。人民以为官府要没收车辆，大为恐惧。不少大臣接连奏请停止登记，以免造成混乱，宋神宗却固执己见。同时，因宋神宗赞成由政府垄断四川的食盐销售，许多大臣反对，神宗不听从。但沈括却利用一个和神宗单独谈话的机会，轻而易举地把神宗在这两件事上说服了，神宗第二天就降旨收回成命，一时官场上传为美谈，大家钦佩沈括善于辞令。沈括和宋神宗的问答，生动有趣，今天我们还能在李焘的《续资治通鉴长编》第 255 卷上读到。

三、出使辽国不屈不挠

1075 年，沈括在代理财政部长以前，还担负过一项重要的外交使命；出使辽国，解决辽宋之间的领土争端。辽宋两国之间的领土问题，由来已久。早在北宋建国之初，北宋曾发动过两次重大战役，打算北伐收复前朝失地，不幸都以失败告终。杨家将故事中的老令公杨继业就是在第二次北伐中被俘牺牲的。1004 年，两国又一次较量，北宋稍占上风，订立了“澶渊之盟”，两国关系转为和平共处，维持了百余年。但这期间，两国的领土纠纷仍连年不断，甚至爆发边境武装冲突，而且形成辽取攻势、宋取守势的状态。北宋统治者腐朽软弱，辽国不断得寸进尺，提出新的领土要求。到 1074 年，辽方又有索地之举，双方谈判，自夏至冬，未能解决。这期间沈括研究了双方争执地段的详细地理情况和有关历史文件，为宋朝方面提供了有力的证据。

不久宋朝任命沈括为翰林院侍读学士（一种荣誉职称），率领外交使团赴辽，解决领土争端。沈括临行前向宋神宗表示，他一定尽力而为，拼一死也不让辽方的无理要求得逞。他又事先作了周密准备，让随员们将几十道有关文件背熟，好在谈判时据理力争。沈括入辽后，13 天中和辽人交涉 6 次，辩论异常激烈。辩论中辽方强词夺理，甚至不惜篡改历史文献，但都被沈括据理驳斥，辽方代表哑口无言，不能自圆其说。每次辩论，环坐旁听者多至千人，沈括处之泰然，对答如流，始终不为所屈。最后辽方不得不放弃了从沈括使团处勒索领土的念头，并且停止了边界附近的战备活动。

四、对天文数理的重要贡献

沈括的科学贡献，遍及天文、数学、磁学、光学、声学、地理学、地质学、气象学、植物学、动物学、医药学等各领域，不仅博大，而且精深，在不少方面有重大贡献。

沈括 42 岁那年，提举司天监，成为全国最高天文机构的负责人。3 年后，他负责修成“奉元历”，还负责新造了浑仪、浮漏、铜表等天文仪器，有许多革新之处。为了说明改革仪器的原理，沈括写了 3 篇著名的文章，至今还保存在《宋史·天文志》中。这 3 篇文章远远超出仪器的范围，成为中国天文学史上的重要文献。《浑仪议》中讨论了天体测量、地理纬度、日月运动等问题。《浮漏议》研究计时装置，提出了一些改革。《景表议》中论及大气折射对天体测量的影响。

不过沈括最重要的天文学贡献是在晚年做出的。他提出了一种全新的历法，称为“十二气历”，主张完全不考虑月相的变化，只依据二十四节气来排历，这样可使中国传统的历法空前简化。这种历法在本质上和今天世界通用的公历是一样的，但在中国古代，却是空前未有。他这种激进的主张，在当时自然难以被采纳，然而沈括坚信，日后必有用他这种历法的一天。事实证明，他这信念是对的。

在数学上，沈括提出过一种高阶等差级数的求和法（“隙积术”），还发明了一个几何公式（“会圆术”）。

沈括对磁学的研究、在世界科技史上占有极重要的地位。他是全世界第一个发现磁偏角的人。由于地磁极并不正好和地球的两极重合，而是有一定的偏差，所以指南针并不会准确地指向南方。沈括还记载了当时人们用永久磁石来磁化铁针等物来制成指南针，以及指南针的各种装置方法。

沈括还研究了透镜、小孔成像等光学问题和声学上的共振问题。

五、光芒四射的名著《梦溪笔谈》

沈括最重要的著作，无疑是《梦溪笔谈》。这部书是沈括晚年退出政治舞台，隐居于江苏镇江梦溪园时所作，故取名“梦溪笔谈”。此书引起世人的注目，首先在于它的科学内容。研究中国科技史的权威，英国的李约瑟博士称此书为“中国科学史上的里程碑”。这里要特别提到胡道静先生 1957 年出版和 1987 年再版的《新校正梦溪笔谈》。此书包括《补笔谈》《续笔谈》在内，共分 609 条，条条都是宝。至今尚属迷惑的“不明飞行物”（UFO），甚至有人认为其中都有记载（见第 369 条）。胡先生对此书所做资料收集和校勘工作，功力深湛，为研究沈括这个人物提供了十分有利的条件。

沈括的许多重要科学成果，都记载在《梦溪笔谈》里。如前面提到的十二气历、磁偏角等。此外还有许许多多，这里只能挑几个比较重要的来提一提。

（1）石油：沈括记载了当时延安一带人民对石油的采集和利用，有的学者指出：“石油”这个名称，最早就是沈括提出的。

（2）活字印刷：沈括详细记述了毕昇发明的活字印刷方法及整个过程，这一技术，在当时是世界上遥遥领先的。

（3）陨石：沈括详细描述了 1064 年一块陨石落入江苏宜兴某居民院子里的情况，这是中国天文学史上的重要文献。

此外，沈括还记载了地质学上的水蚀现象，古生物化石，陆地龙卷风，海市蜃楼，以及大量动植物。这些记载都有极高的科学价值。

六、不断学习　不断研究

沈括去世时只有 64 岁，就取得了如此众多的成就，我们敬佩之余，不能不探讨一下他成功的原因。原因是多方面的，最重要的一个是不断学习。他是活到老，学到老。为了进行边界谈判，就去钻研历史档案和地理沿革；为了改革天文仪器，就研究天文学。他工作到哪里，便学习研究到哪里。到延安去领兵打仗，就注意到当地的石油；到浙江去视察，就注意到雁荡山的地质情况。对于当时各种科学技术的最新成就，他都密切注视，并加以研究，记下心得和成果。正是这种处处留心、不断学习的精神，才使他取得辉煌的成就。

今天，科学分工比沈括时代要细致得多，要像沈括这样博学多才，全面发展，当然要困难得多；但沈括不断学习、不断研究的精神，则是值得人们永远学习的，而尽可能地扩展自己的知识领域，也是每个人应该毕生追求的目标。

〔《天文爱好者》，1995 年第 2 期〕

先哲名言是道德教育的好题材

1994 年宫达非先生和冯禹等人编选了《先哲名言》一书，并将其译成英文。此书分立志、学问、修身、处世、智谋、为政等 6 篇，凡 621 条，其中有些很有现实意义。如《为学》中有从王充《论衡》中选出的一句话："不学不成，不问不知"。

《先哲名言》中选的具有现实意义的名言很多，是一本值得推荐的好书。不过对于普及来说，数量又有点过多，而且有的名言近 100 字，太长，不容易记忆。我想不妨再从这 621 条中选出 100 条意义深远而又短小精悍的予以推广，可在报刊上每日或每期登一条，并为文就出处、背景、意义等予以介绍，以便那些在各条战线上紧张拼搏的人，能利用最短的时间记住这些名言，把自己塑造成有高尚品德的人，使社会主义精神文明建设大大前进一步。

〔《求是》，1996 年第 10 期〕

真金不怕火炼

——布鲁诺的故事

欣闻天津《今晚报》征文，我想以32年前为《北京晚报》写的一篇短文应征:《真金不怕火炼——布鲁诺的故事》。当这篇短文于1965年末送到编辑部的时候，姚文元的《评新编历史剧〈海瑞罢官〉》已经发表，祖国大地正是“山雨欲来风满楼”。文章不但没有发表出来，而且成了“文化大革命”中整我的重要材料。现在欧洲教会已为伽利略平反昭雪，中国也早已雨过天晴，近年来又大力提倡以布鲁诺、伽利略为代表的近代科学精神，这篇短文也许还值得一读。原文如下。

毛主席在《关于正确处理人民内部矛盾的问题》中说:“哥白尼关于太阳系的学说，达尔文的进化论，都曾经被看作是错误的东西，都曾经经历过艰苦的斗争。”在为哥白尼的学说而进行的斗争中，杰出的意大利哲学家乔尔丹诺·布鲁诺（1548～1600）贡献出了自己的一生。他出生在风光明媚的那不勒斯城附近，在当地拉丁语学校毕业后，于1565年被送入多明教会的修道院。正如他自己说的“他们想叫我从一个为美德服务的人，变成假仁假义的可怜而愚蠢的奴隶”。布鲁诺彻底背叛了他的封建僧侣阶级，并且成为唯物主义的一名杰出战士。

僧侣们觉察到 22 岁的布鲁诺有异端思想，于是把他监视起来，准备迫害他。1576 年他逃出修道院后，四处流亡，到过罗马、巴黎、伦敦、日内瓦、布拉格、威登堡（波兰）、法兰克福……但都无容身之处，因为他每到一处，都以滔滔不绝的演说来宣传哥白尼的日心地动说，以尖锐的讽刺来抨击教会的宇宙观。尤其是他的大胆猜想比哥白尼走得更远，使那些虔诚的教徒深感不安。

哥白尼只是认为太阳是宇宙的中心，整个太阳系包容在恒星天球的“墙壁”之内，而布鲁诺则进一步推倒了这个“墙壁”，使人们的宇宙观念扩大到无穷远的边界。布鲁诺说：“恒星不是钉在天穹上的金钉，这是些和我们的太阳一样明亮的天体，只是它们离我们非常远，所以显得像一些小点。”他认为，有无数的地球在绕它们的太阳转，就和我们的行星绕着我们的太阳转一样。无限多的世界在无限大的宇宙中发生、发展、消亡，又重新产生。在无数的世界中，有无限多的生命，我们的人类也不是唯一的。

在欧洲各国流亡了 15 年后，1591 年 8 月他受骗回国，次年 5 月被逮捕入狱。经过 8 年的监禁、折磨、凌辱、拷打，布鲁诺仍然坚贞不屈地说：“我不能够，也不愿意放弃，我没有可以放弃的东西。”

最后，在无可奈何的情况下，宗教裁判所宣布把布鲁诺处以火刑。听完了判决，布鲁诺回答说：“你们宣读判决书的时候，比我听判决的时候，怀着更大的恐惧！”

审判官和大主教面面相觑，到这时候，布鲁诺还不屈服！

1600 年 2 月 17 日火刑在罗马的百花广场上举行。在广场中央，耸立着高高的十字架，布鲁诺被绑在上面。柴薪从他的脚下点着，烈火熊熊地燃烧起来。布鲁诺在临终的最后一刹那高喊：“烈火不能把我征服！未来的世纪会了解我，知道我的价值。”

烈火中永生！将近 400 年过去了，布鲁诺的名字始终铭刻在世界人民的心里，他的关于恒星的看法，关于无限多的太阳系、无限多的生命世界的思想，正在一一被证实，科学、民主和社会主义的旗帜将永远高高飘扬。

〔《今晚报》，1997 年 3 月 29 日〕

科学技术与古代中国

人是自然界的一部分，又是自然界发展到一定阶段的产物。人学会制造工具以后，才和其他动物区别开来。击石取火和摩擦生火，既是重要的技术发明，也是人们对自然物具有了一定的认识（科学）并经过思考的结果，可以说科学和技术是同步发生的，而且是紧密相连的。1971 年诺贝尔物理学奖就授给了于 1948 年发明全息照相技术的加波（D. Gabor）。把科学理解为以逻辑、数学和实验相结合取得的系统化的实证知识，那只是对 17 世纪以后的近代科学而言，而且主要是指物理学，对地理考察就不适用。现在多数人认为，自然科学就是人们对自然界的认识，这认识由浅到深，在某一历史时期有对有错，是一个发展的历史长河。持这种观点的人叫历史学派。从历史学派的这个定义出发，任何国家，任何民族都有科学，只是发达的程度不同、贡献大小不同而已。科学史这门学科的奠基者萨顿（G. Sarton，1884～1956）虽然把科学定义为“系统化了的实证知识”。但在他的实践中却不自觉地走了后来历史学派的路。为了了解世界各民族对科学的贡献，他以毕生的精力，学习和掌握了包括中文、阿拉伯文和希伯来文在内的 14 种语言，对搜集到的各种资料进行严格的审查、挑选、对比，最后写成了三卷五册共 4243 页的《科学史导论》，出版于 1948 年，至今已 50 年，但仍然是科学史领域里一部不可缺少的参考书。

《科学史导论》上起公元前 9 世纪希腊荷马时代，下至 1400 年（明代永乐年间郑和下西洋以前），正好涵盖了中国古代的大部分时间。在这部书中列出标题单独叙述的中国古代人物共 250 人，除了老子、孔子、孟子、庄子等思想家和范晔、班固、司马光等历史学家，真正的科学家还有 200 人以上，平均每 20 页就有一个，这也说明了中国古代科学的世界地位。

令人惊奇的是，在这 200 多人中属于技术发明家的仅有 5 人，即李冰、蒙恬（发明毛笔）、蔡伦、毕昇和黄道婆，只占 1 / 40。由于中国不重视技术，认为是“小道”“末技”，记载不足，我把它放大 10 倍，也只占 1 / 4，这对中国古代只有技术而没有科学的说法，无疑是一个致命打击。

在这 200 多名科学家中，被吉利斯皮（G.C.Gillispie）选入他的 16 卷本《科学家传记词典》中的有 6 位：刘徽、祖冲之、沈括、李冶、秦九韶和杨辉。另外，在 1400 年以后，不包括在萨顿书中而入选的还有 2 位：李时珍和王锡阐。吉利斯皮的选择标准很严，他认为 1663 年 5 月 20 日英国皇家学会公布的 115 名会员，其中有相当一批人不但算不上是科学家，甚至连从事科学的能力都没有。萨顿也说：什么人是科学家？“我的规则一般是不考虑医生、工程师和教师，除非他给我们的知识增加了某些明确的东西，或者他写出了十分新颖而有价值的论文，或者他用一种非常巧妙的方法做他的工作以致使他引进了一种新的标准。”（萨顿《科学的历史研究》，刘兵等中译本，150 页）。

在血统上，萨顿和吉利斯皮都与中国毫无关系；他们也没有来过中国，没有接受过我们的请客送礼。因此，他们既不会“从爱国主义出发”，也不会“情人眼里出西施”，从而放弃自己的标准，多写几位中国科学家。更何况，萨顿写书的时候，中国还处在半殖民地半封建社会，国际地位极低，不受人重视；吉利斯皮编书的时候，又处在冷战时期，社会主义的中国备受敌视。在这样的情况下，他们还肯定中国古代有科学、有科学家，而我们的一些同志今天竟然说没有了。当然，说没有也可以，但要用证伪的方法，首先证明吉利斯皮所选用的 8 位科学家都不是科学家，再证明萨顿所选的 200 多位科学家都不是科学家，再证明现在人所写的中国数学史、中国物理学史、中国化学史……都是伪造的，都不是科学。只有这样脚踏实地，一一驳倒了，结论才能令人信服；不花力气，单纯玩弄文字游戏，是没有意义的。

〔《北京日报》，1999 年 1 月 6 日〕

奇技伟艺　令人景仰

——纪念张衡诞生 1900 周年

在中华民族的文明史上，有许多伟大的科学家，他们的卓越成就，在人类认识自然，改造自然的历史上，闪耀着灿烂的光辉。东汉时候的张衡，就是其中的一个。

张衡字平子（78～139），河南南阳石桥镇人。他一生孜孜不倦地学习，刻苦钻研科学技术，注重实践，富于幻想，勇于创新，敢于斗争，制作的水运浑象和候风地动仪，在当时世界上遥居首位。他留下了科学、哲学、文学方面的著作三十二篇，其中《灵宪》《浑天仪图注》可称得上是浑天学说的经典著作。《思玄赋》是一部难得的人类到星际旅行的畅想曲，《二京赋》在汉代文学史上占有重要地位，《黄帝飞鸟历》《算罔论》可能是有关制图学方面的著作，可惜已经失传。张衡由于在许多学科领域做出了杰出贡献，至今受到人们的敬仰和怀念。

1956 年南阳人民政府重修了他的墓，墓碑上刻着已故中国科学院院长郭沫若同志的题词：

“如此全面发展之人物，在世界史中亦所罕见。”

一、“万祀千龄 令人景仰”

中华人民共和国成立后，我国出现了好几种介绍张衡生平的书籍，报刊上也发表过许多文章。1953 年和 1955 年先后发行了印有张衡头像和地动仪的纪念邮票。1960 年美国普林斯顿大学翻译出版了张衡的《二京赋》。1968 年国外出版了一本《恒星物理》说：“他在人类文化早期发展的时候，就有了在实验科学上的伟大发现，实为不可思议的奇迹！”1970 年国际上用张衡的名字命名月球背面的一个环形山。1977 年太阳系中一个编号为 1802 行星，又用他的名字命名。

今年是张衡诞辰 1900 周年，从治学态度和治学方法等方面，回顾一下他的事迹，对于我们赶超世界科技先进水平，将是一个历史的借鉴。

二、约己博艺 无坚不钻

张衡从小爱好学习，据他的朋友崔瑗讲，张衡读起书来，就好像河里的水一样，日夜奔流，片刻不停。但是张衡并不受书本知识的束缚，曾指出《史记》《汉书》中十几条错误，并且大胆提出，两汉末年扬雄的《太玄经》可以和先秦时期的五部经典（诗、书、易、礼、春秋）并列，这是何等的勇敢！

按照东汉选拔统治人才的制度，根据张衡的出身和治学水平，年轻的张衡，可以得到一官半职。但是张衡却认为“不患位之不尊，而患德之不崇；不耻禄之不伙，而耻智之不博”（《后汉书》）。17 岁那年，他离开家乡，到西汉故都长安及其附近地区，考察历史古迹，调查民情风俗和社会经济情况。后来，又到首都洛阳，参观太学和求师访友，结识了不少有名的学问家，如著名的经学家马融，《潜夫论》的作者王符，懂得天文历算的崔瑗。尤其崔瑗，对张衡后来的兴趣和爱好，有很大的影响。

公元 100 年，张衡回到南阳以后，一方面帮助南阳太守鲍德处理文书事务，一方面把在长安和洛阳收集的资料，写成《西京赋》和《东京赋》，合称《二京赋》，一直流传到今天，从此，汉赋由专门歌颂功德的形式，变为对封建统治某些方面进行暴露和讽谏的工具。《二京赋》只有五六千字，从深入生活，搜集材料，参阅文献，到最后定稿，却用了十年时间，可见张衡的写作态度是多么严谨。

在科学研究方面，张衡更是抱着“约己博艺，无坚不钻”的决心，脚踏实地地进行工作，不为外界的冷嘲热讽所动摇。他有一句名言：“子忧朱泙漫之无所用，吾恨轮扁之无所教也”（《后汉书》）。就是说，你们担心我像朱泙漫学屠龙技术一样，三年技成而无所用；我却只怕轮扁做车轮的高级技术不到手（朱泙漫和轮扁的故事，出自《庄子》）。因此对技术精益求精，“虽才高于世，而无骄尚之情”（《后汉书》），“捷径邪至，我不忍以投步”（《后汉书》）。对于那些投机取巧、搞邪门歪道的人，张衡是十分鄙视的。

三、轻视神学　倡导科研

公元 108 年，鲍德调离南阳后，张衡去职留在家乡，用了三年时间钻研哲学、数学、天文，积累了不少知识，声誉大振。公元 111 年，他再次来到京城，从此以后，张衡两次担任太史令的职务，在科学上取得了卓越的成就。

在汉代，太史令的职责首先是为皇家的婚丧嫁娶和朝廷的各种典礼，选择“吉日良辰”，其次是为国事占卜吉凶。为了做这两件事，就要观测天象，推算历法和记录全国各地报来的各种奇异自然现象。列宁说：“科学思维的萌芽同宗教、神话之类的幻想有一种联系。而今天呢！同样，还是有那种联系，只是科学和神话间的比例却不同了。”（《列宁全集》第 38 卷第 275 页）在张衡那个时代，科学是神话的婢女，但张衡做了太史令以后，着重倡导和发展的是科学，而不是神话。

天文学方面，张衡完成了浑天说，与同一时代的希腊著名天文学家托勒密的宇宙理论相比，浑天说要先进得多。首先，在天地关系的问题上，张衡认为天好像一个鸡蛋壳，地好比鸡蛋黄，天大地小。这个看法属于地球中心说的范畴，现在我们知道是错误的，但是在当时，这个看法比托勒密的地球中心说要进步。张衡认为大地是浮在水上的，这很容易使人联想到大地在水面上漂浮游动，这是我国比较早地产生地动思想的条件之一。在欧洲，整个中世纪，受托勒密的地球在宇宙中心静止不动思想的统治，很少有人想到地还会动。其次，张衡认为天有一个硬壳，日月星辰都附着在这个硬壳上，而硬壳并不是宇宙的边界，硬壳之外的宇宙在空间、时间上都是无限的。不过我们还没有认识，或不能认识。张衡的看法比较接近宇宙的本来面目。托勒密却认为离地球最远的恒星之外是神住的天堂。这样，托勒密就给自然界蒙上了神秘的色彩，为宗教利用这个学说开了方便之门。再次，在托勒密的《天文集》里，完全没有涉及天地的起源和演化问题，而张衡在《灵宪》一开头就回答了这个问题。他的看法虽然是一种唯心主义的虚无创生论，但比起当时董仲舒的“天不变，道亦不变”来，却是一种朴素的自然发展观，具有一定的进步意义。最后，托勒密用本轮、均轮来解释行星的运动快慢变化，张衡却说“近天则迟，远天则速”，用距离变化来解释行星运动的快慢。近代科学证明，托勒密的本轮、均轮是一种虚构，而张衡的看法则有可取之处，行星运动的快慢是由它们同太阳距离的远近决定的。

四、勤于实践　富于幻想

张衡不但注意理论研究，而且注重实践，在他担任太史令期间，直接领导了洛阳南郊灵台的天文工作。他在灵台观测天象，进行科学实验，还亲自设计了浑天仪和候风地动仪。浑天仪是张衡的浑天说表演仪器，相当于现在的天球仪，又叫浑象。张衡还把浑象同计时的漏壶用齿轮联结起来，漏壶滴水推动浑象均匀地旋转，一天刚好转一周。这样，人在屋子里看浑象，就可以知道哪颗星当时在什么位置上。

张衡为了正确地把天文知识模拟在水运浑象上，曾经亲自动手，操刀弄斧，制成模型，反复试验，最后铸成直径为四尺六寸（每度等于四分）的正式的浑象。

此外，张衡还对许多具体的天象作过观察和研究。例如，太阳远近大小问题。根据张衡的测量，太阳在早晚和中午都是一样大，但是为什么太阳在早晚看起来大，中午看起来小呢？他用一团火做实验。这团火夜里看就大，但白天看就小，于是得出结论，这是一种光学作用，早晚观测者所处的环境比较暗，由暗视明就显得大，中午时天地同明，看天上的太阳就显得小。当然，张衡对这一现象的解释，是理由之一，尚不是全部理由，到了晋代有人才作了比较完整的解释。但是，先用观测取得数据，再在实验室内进行模拟、对比，这是现代天体物理学中揭开宇宙奥秘的一种重要方法。1800 年前的张衡，就在使用这种方法了，确实是难能可贵的。

如上所述，张衡在制作仪器和观测天象当中，是非常严密和认真的，但是另一方面他又有丰富的幻想。他的一篇《思玄赋》幻想飞出太阳系之外，遨游于星际空间。今将有关段落译述如下（引号内均为星名）

我走出清幽幽的“紫微宫”，
到达明亮宽敞的“太微垣”；
让“王良”驱赶着“骏马”，
从高高的“阁道”上跨越扬鞭！
我编织了密密的“猎网”，
巡狩在“天苑”的森林里面；
张开“巨弓”瞄准了，
要射杀嶓冢山上的“恶狼”！
我在“北落”那儿观察森严的“壁垒”，
便把“河鼓”敲得咚咚直响；
款款地登上了“天潢”之舟，
在浩瀚的银河中游荡；
站在“北斗”的末梢回过头来，
看到日月五星正在不断地回旋。

这是多么美妙的一首幻想曲！现在，我们也只是初步做到行星旅行，要飞出太阳系，到星际空间中去旅行，恐怕至少也得到21世纪，而张衡的幻想，早把人们带到光辉灿烂的星座中间去遨游。

五、敢于斗争　反对图谶

自西汉末年开始，在社会上流行着一种预卜吉凶的迷信预言和隐语，叫作“谶”。这种“谶”既有文字，又有图画，所以也叫作“图谶”。图谶本是当时的一些巫师和方士编造出来的，却托名孔子或其他“先圣”所做。王莽为了做皇帝，曾利用图谶，东汉光武帝也利用图谶作为自己继承西汉王朝的合法根据，以后的东汉历代皇帝也都是笃信图谶的。当时的知识分子除了要精通儒家经典以外，还需要懂得图谶之学，即“博贯五经，兼明图谶”。

公元123年，围绕着当时使用的“四分历”，展开了一场大辩论，梁丰、刘恺等八十余人，认为“四分历”不合图谶，应该恢复西汉时期的“太初历”。另外，李泓等40余人主张继续使用“四分历”，理由是“四分历”就是根据图谶来的，最正确。张衡则认为这两派的意见都是错误的，历法的改革与否，不应以是否合乎图谶为标准，而应以天文观测的结果为依据，他和周兴观测的结果是九道法最为精密。经过一场激烈辩论以后，九道法虽没有被采用，但妄图用图谶来附会历法的做法也归失败，这是我国天文学史上唯物论对唯心论斗争的一次胜利。

张衡反图谶的斗争在天文学领域取得胜利以后，又于公元 132 年进一步揭露太学考试的各种弊病，极力反对把图谶作为太学考试的内容。第二年又进一步提出，要求禁绝所有的图谶之书。

必须指出，张衡的反对图谶，并不是反儒，相反，他正是为了纯洁儒家经典，防止把孔子妖化才这样做的。他在《请禁绝图谶疏》的末尾说得很清楚："宜收藏图谶，一禁绝之，则朱紫无所眩，典籍无瑕玷矣"（《后汉书》）。"文化大革命"期间"四人帮"妄图把张衡的反图谶斗争说成是反儒斗争，这是对历史的歪曲。评价一个人不能离开当时的历史条件：张衡受儒家思想的束缚，对图谶的斗争，虽然只限于揭露其自相矛盾和论证其非"圣人"所作，缺乏理论上的批判，但敢于反对图谶，就得有很大的勇气。因为在他那个时代，反图谶是容易遭致杀身之祸的。

由于时代和阶级的局限，张衡兼有儒、道、墨、阴阳诸家思想，不可能也不是一个彻底的唯物主义者，但他对于图谶的斗争，有利于自然科学唯物主义的发展，而他在科学上的成就，对于唯物论战胜唯心论，更是有推动作用的。例如，在地动仪制成以后，有些人不相信他能测知地震。然而，实践是检验客观真理的唯一标准。公元 138 年的一天，地动仪的一个铜球实验落了下来，但在洛阳并没感到地震。几天之后甘肃来人报告说，当时那里发生了大地震。在事实面前，大家都不得不承认地震是能够用仪器测知的。现在，全世界一致公认，张衡是地震学的鼻祖。

1800 年前的张衡，处在封建社会里，能够给人类做出如此巨大的贡献，至今受着全世界的景仰。今天，伟大的社会主义祖国已经进入历史发展的新时期，现代化的宏伟前景鼓舞着我们去攀登现代科学技术的新高峰。

〔刘永平：《张衡研究》，北京：西苑出版社，1999 年〕

二十世纪中国学者的天文学史研究

20 世纪中国学者对天文学史的研究，是科学技术史研究最活跃、成果最多的领域之一。据不完全统计，先后发表的天文学史论著就不少于 200 种。天文学史研究的发展大体可以分为三个不同的阶段。

第一阶段，20 世纪前 40 年，这是天文学史研究全面启动的时期。

20 世纪前 20 年，一批由海外学成归来的天文学家用全新的眼光审视中外天文学的历史发展。刘师培、高鲁、高均、朱文鑫、常福元、陈遵妫等人在《国粹学报》《观象丛报》《中国天文学会会务年报》《宇宙》等刊物上陆续发表阐述或介绍中外天文学的文章，是为天文学史研究的开端。

20 世纪 20～30 年代，便有一批专著出现：如常福元的《中西对照恒星录》和《天文仪器志略》（1921 年），朱文鑫的《〈史诗 · 天官书〉恒星图考》（1927 年）、《天文考古录》（1933 年）、《历代日食考》与《历法通志》（1934 年）以及《天文学小史》（1935 年），崔朝庆的《中国人之宇宙观》（1934 年），孙文青的《张衡年谱》（1935 年），高均的《论圭表测景》（1937 年），等等，分别对中国古代星官、天文仪器、天象记录、历法、宇宙观、天文学家等作专题研究，也有对世界天文学史的介绍。这些著作涉及天文学史研究的广泛领域，开启了天文学史研究的新局面。

20 世纪 30～40 年代，董作宾、刘朝阳等人，对殷墟甲骨文、周代金文等的历日资料进行研究，讨论殷商、周代的历法问题；钱宝琮作《汉人月行研究》(1935 年)，对汉代月亮运动的有关问题作了重要的论述；钱宝琮的《新唐书历志校勘记》(1935 年)、严敦杰的《宋史历志之校算》(1943 年)，还有 1940～1945 年间，鲁实先与严敦杰先后发表多篇论文，对唐宋历法作校勘、补遗与复原研究，竺可桢的《二十八宿起源之时代与地点》(1944 年)，这些都是对天文历法的研究开始向纵深发展的反映。

第二阶段，20 世纪 50～80 年代初年，这是天文学史研究向纵深发展的时期。

1957 年，中国科学院中国自然科学史研究室的成立，实现了天文学史研究从一些学者的个人兴趣，向有组织的研究活动的重大转移。李俨著《中算家的内插法研究》(1957 年)，钱宝琮的《盖天说源流考》，严敦杰的《中国古代的黄赤道差计算法》(1958 年)，钱宝琮的《从春秋到明末的历法沿革》，席泽宗的《盖天说和浑天说》，薄树人的《中国古代的恒星观测》(1960 年)，王应伟著《中国古历通解》(1962 年油印本，1999 年正式出版)，席泽宗的《试论王锡阐的天文工作》，薄树人的《徐光启的天文工作》(1963 年)，席泽宗、薄树人的《中、朝、日三国古代的新星记录及其在射电天文学中的意义》(1965 年)，等等，都是该研究室早期取得的具代表性的天文学史研究成果，它们对各自的专题均作了精深研究。

其他学者的研究也相当活跃，陈遵妫著《中国古代天文学简史》(1955 年)和《清朝天文仪器解说》(1956 年)，刘仙洲的《中国在计时器方面的发明》(1956 年)对古代计时器(包括水漏、沙漏等)的结构与演进作了系统的探讨，丁保福、周云青著《四部总录天文编》(1956 年)。1959 年，在王振铎的主持下，中国历史博物馆复原成功大型浑仪和浑象以及宋代苏颂、韩公廉的水运仪象台(为原大的 1/5)。李鉴澄的《论后汉四分历的晷景、太阳去极和昼夜漏刻三种记录》，唐如川的《张衡等浑天家的天圆地平说》(1962 年)，李广申的《漏刻的迟疾与液体粘滞性》(1963 年)，高平子著《学历丛论》(1969 年)，等等。也均在不同的方面大有拓展。

1974 年，中国天文学史整理研究小组成立，集中全国研究力量，先后完成了《中国天文学简史》(1979 年)、《中国天文学史》《天文学史话》(1981 年)、

《中国古代天象记录总集》（1988 年）和《中国天文史料汇编》第一卷（1989 年）等 5 种著作。其中，《中国天文学史》的编写实际上始于 50 年代末，中经诸多学者的修订与补充，最后由薄树人统编而成。后两种是在约 250 位学者参加的普查与整理 24 史和地方志中天象记录的基础上，由庄威凤与王立兴总编而就的。它们分别是对中国天文学史研究的全面概括和对天象记录的全面整理。

此外，还有一批带总结性的论著问世，如郑文光、席泽宗著《中国历史上的宇宙理论》（1975 年），严敦杰的《中国古代数理天文学的特点》（1978 年），郑文光著《中国天文学源流》（1979 年），席泽宗主编《中国大百科全书·天文卷》天文学史部分，中国社会科学院考古研究所主编《中国古代天文文物图集》（1980 年）和《中国古代天文文物论集》（1989 年），伊世同著《中西对照·恒星图表 1950.0》（1981 年），等等。

这些研究成果，在深度和广度上都超过前一个阶段，并为后一个阶段的进展打下了基础。

第三阶段，自 80 年代初年至今，这是天文学史研究全面深入发展的时期。

在这不到 20 年的时间里，出版的天文学史论著约百种，相当于其前 70 年的总和。在数量上看是如此，从内涵上看，也更为丰富多彩和深刻周到。

20 世纪 80～90 年代，陈美东陆续发表了 20 余篇论文，后又集结成《古历新探》（1995 年），对古代历法中的一系列天文数据和表格作了全面、系统的整理、研究与精度分析，指出唐代中叶后历法中计算公式化的趋向，和广泛采用高次（二次至五次）函数公式算法，这进一步阐明了古代历法代数学体系的内涵和发展脉络。1984～1985 年，刘金沂和赵澄秋先后发表了三篇关于唐代李淳风“麟德历”的论文，分别对其定朔、交食和五星推算法作了深入的研究；80 年代，张培瑜等对唐一行“大衍历”、元郭守敬“授时历”的定朔法、日躔术等亦作新的研究；曲安京、纪志刚、王荣彬合著《中国古代数理天文学探析》（1994 年），对上述内插法以及有关高次函数公式算法的建构原理进行了深入的探究，进一步深化了对古代历法所采用的主要计算方法的数理意义的认识。对于历谱及历注的研究也取得了重要进展：陈久金、陈美东和张培瑜对汉代元光历谱的探讨。陈久金、张培瑜和罗见今对秦汉简牍中的历日资料的系统整理与考订。施萍亭的《敦煌历日研究》（1983 年），席泽宗、邓文宽的《敦煌残历定年》（1989 年），黄一农的《敦煌本具注历日新探》（1992年），分别对内容庞杂的历注进行了全面研究，并使残历定年方法趋于完善。1996年，邓文宽编著《敦煌天文历法文献辑校》一书，是对敦煌历法资料的一次全面整理。

潘鼐著《中国恒星观测史》（1989年），对古代恒星观测史作全面深入的阐述，对一系列星表与星图作详尽的考析；冯时（1990年）、伊世同（1996年）等关于河南濮阳出土的距今6000余年的龙、虎、北斗图的研究；钟万劢等关于西安交通大学出土的西汉古墓星图（1991年）的研究；陈美东主编《中国古星图》（1996年），在通论古代星图发展的同时，对明代传统星图（包括诸多新发现者）作重点深入的考察；孙小淳、基斯特梅科著《中国星空研究》（1997年），是第一部用英文写成的论述中国星空的构成及其社会背景和详论石氏星经成立年代的专著。

张培瑜著《中国先秦史历表》（1987年）和《三千五百年历日天象》（1990年），为古代历日和有关天象的记录的探究提供了十分重要的工具。

1983～1991年，紫金山天文台对所存元、明漏刻、明制圭表、明代仿元浑仪和简仪；1995年，北京天文馆对北京古观象台的8件清代仪器，均成功地实施了修复工程，从而都把相关研究推进一步。华同旭著《中国漏刻》（1991年），全面深入地阐述了古代水漏刻的历史发展。胡维佳著《新仪象法要译注》和李志超著《水运仪象志》（1997年）从原理和结构等方面重加考察，把对苏颂水运仪象台的复原研究引向深入。

对于盖天、浑天说的研究，有过不少争论：80年代陈久金和陈美东关于《浑天仪注》是否为张衡所著的讨论；也在80年代，金祖孟发表不少文章，力主盖天优于浑天，及中国古代不存在地圆之说：宋正海认为中国古代传统地球观是地平大地观（1986年）；王立兴认为浑天家均主地平观（1986年）；薄树人认为“盖天说不如浑天说进步”（1989年）；陈美东认为中国古代地平观占统治地位，但也不乏地圆思想的明确论述（1996年）；江晓原则对盖天说的宇宙结构模型作了新阐释（1996年）。这些讨论，无疑有助于认识的深化。

关于天文学社会史的研究别开生面。席泽宗的《论中国古代天文学的社会功能》（1987年）和《天文学在中国传统文化中的地位》（1989年）；黄一农对于古代荧惑守心记录的剖析（1991年）、关于清前期对“四余”定义及其废存争执的个案分析（1993年），特别是江晓原著《天学真原》（1991年），都对天文学在古代中国的特殊地位作了深入的考察。《天学真原》还对古代星占学作了概要的描述，并讨论了中外天文学比较与交流。江晓原又著有《历史上的星占学》（1993 年），对中外星占学的兴衰、特色等作了系统的论述。

陈久金、卢央、刘尧汉著《彝族天文学史》（1984 年），其中关于彝族曾行用 10 月太阳历及其有悠久历史的见解，备受学界关注；陈久金、黄明信著《藏历的原理与实践》（1987 年）；卢央著《彝族星占学》（1989 年）；陈久金著《回回天文学史研究》（1996 年）。这些是对少数民族天文历法研究的崭新成果。

对世界天文学史的研究，也有所进展。李竞对哈勃常数（1982 年）和照相天图（1988 年）；丁蔚对“二星流”的发现及其意义（1986 年）、赫罗图的建立（1988 年和 1992 年）和著名天文学家奥尔特（1991 年）等的专题研究，颇有见地。还有宣焕灿选编《天文学名著选译》（1989 年）和《天文学史》（1992 年）；崔振华、陈丹编著《世界天文学史》（1993 年）；陈美东主编《自然科学发展大事记・天文卷》（1994 年）等，也从不同的侧面对世界天文学的历史发展作出论述。

对中国古代天文学家的生平、成就、治学方法、思想品质的专题研究，呈现前所未有的全面铺展的局面。席泽宗主编《世界著名科学家传记・天文学家》第 1～2 册（1990 年、1994 年），则是对世界天文名家的精到描述。

陈遵妫著《中国天文学史》第 1～4 册（1980 年、1982 年、1984 年、1989 年），是一部大型的中国天文学通史著作，其中对中国传统星官和近现代天文学史的研究最具特色。

1997 年，薄树人主编的《中国科学技术史典籍通汇・天文卷》（8 卷本），是卷帙众多的天文学文献集粹，共收录 99 种天文学名著，800 余万字。对每一种著作均撰有“提要”一篇，撮要论述其要点、意义等，是一部进行天文学史研究的基本文献。另有崔振华、张书才主编的《清代天文档案史料汇编》（1997 年），也很有价值。

1996 年至今，天文学史工作者还积极参与国家“九五”科技攻关重中之重项目夏、商、周断代工程的研究工作，已经取得了一批重大的研究成果，为该工程的进展作出了不可替代的重要贡献。

由王绶琯、叶叔华任总主编，薄树人任常务编委会主任的《中国天文学史大系》（11 卷本）即将出版：天文学家卷（陈久金等）、历法卷（张培瑜、陈美东、薄树人、胡铁珠）、天文学思想卷（陈美东、徐凤先）、星占术卷（卢央）、天体测量与天文仪器卷（吴守贤、全和均等）、天文机构和天文教育卷（陈晓中）、少数民族天文学卷（陈久金）、古代天文学与西学东渐卷（崔振华、杜昇云等）、近现代天文学卷（苗永宽、萧耐园）、古代天象记录的现代应用卷（庄威凤等）和中国古代天文学史词典卷（徐振韬）。这既是中国学者在世纪之交对 20 世纪天文学史研究的总结，又是 21 世纪大有作为的天文学史研究的新起点。

〔《天文爱好者》，1999 年第 5 期，作者：席泽宗、陈美东〕

人类认识世界的五个里程碑

1　原子的物理模型和物质的可分性——看到不可见的微观世界

千百年来，人类对茫茫宇宙和微观的物质世界有着各种各样的神奇遐想、神话和探索的故事，但是在近代望远镜和显微镜发明之后，人的视觉得到初步的延伸。当胡克（Robert Hooke，1635～1703）首次用显微镜看到植物的细胞壁时，牛顿（Isaac Newton，1643～1727）就把古代的原子论作为自己治学的基础，在他看来宇宙万物最终都是由连上帝也打不破的最小粒子靠引力和斥力相互作用形成的。为了说明科学家们对物质组成底蕴的探索过程，还需要从头说起，因为原子这个实体在发现它之前一直是一种哲学设想和科学假设，尽管用它能说明大量自然现象，可是在 1908 年以前它不过是个概念和假设而已，只不过是越来越有道理的假设，就像道尔顿（John Dalton，1766～1844）原子论逐渐得到广泛承认那样。

如果我们把物质的组成层次看成一个个阶梯，那么我们往往把眼前的物体看成宏观的，将天体看成宇观的，把分子和原子作为界标，比它们小的物质可以称为微观的。这样看来，原子这个层次十分重要，在原子内有个极其复杂而神秘的微观世界，诱使人们去了解、去揭示，这就需要在人的力量尚不能看到和将它们打破以便看个究竟之前，只能先提出种种猜想和构思模型。这是人类认识自然的必经之路，吸引了很多科学探索者的兴趣。

1.1 对物质微观组成的漫长探索

几千年来，人类祖先曾经做出过无数的想象，也提出了关于宇宙万象起源的学说，但是经过历史的筛选和实验证实，堪称最伟大的古代学说的是古希腊的原子论和我国的阴阳学说。古希腊的德谟克利特（Democritus，公元前460～前370）等提出了万物由原子组成，古希腊的伊壁鸠鲁（Epicurus，公元前342～前270）继承、发展了这个原子论，并且提出原子有内部组成却分不开的理论。这个理论在近代科学革命中得到恢复，伽利略（Galellio Galilei，1564～1642）、波义耳（Robert Boyle，1627～1691）和牛顿等近代科学主要奠基人，都把原子论作为自己认识自然和治学的基础。牛顿甚至把原子论应用到自己发明的微积分和建立的力学体系的基础中，像他的质点系力学就是原子和几何点相结合的产物。近代化学理论是道尔顿在1803年提出来的，它是根据牛顿的最小粒子概念和多层次粒子思想，赋予它们以相对重量（原子量）才形成的。近代原子-分子说是阿伏伽德罗（Amedeo Avogadro，1776～1856）在1811年提出的。这些理论不但推动了物理和化学的发展，而且诱使科学家们千方百计地去分裂物质，试图想办法去打开原子、原子核、质子和电子等，从而在现代科学史上演出了一幕幕趣剧。

揭示微观物质组成的底蕴，是意义极其重大的探索，它不但有助于了解宇宙万象的变化和演进，而且极大地推动了现代科学和技术的发展。例如，若想了解太阳能的来源，就可以从核物理的裂变和聚变原理得到解答；如果要知道现代信息技术，就必须懂得固体物理、半导体物理，从中了解电子和光子的运动规律。也许由于这些重要原因，在20世纪中凡是发现过一种新元素或重要粒子的，几乎都获得了诺贝尔奖。

早在古代后期和近代前期，有些科学家和炼金术士就大胆地设想元素可以改变，原子可以分解，在那种人类技术还很低下的情况下，这些实际上都是幻想，甚至被说成巫术。到了19世纪，科学有了较大发展，这个半睡的梦曾促使法拉第（Michael Faraday，1791～1867）提出“分解金属，然后改变它们”，“如果你能分解一种元素并告诉我它们由什么组成的，就会是确实值得做的发现”。1887～1900 年，英国科学家洛克尔（J.N.Lockyer，1836～1920）利用光谱仪观察太阳表面，发现不同温度时太阳谱线展示了元素的演化过程，就像达尔文进化论反映的生物进化过程一样。那么无机物是否也像生物一样，有着进化的漫长过程呢？如果是，那么它们的内在原因又是什么？要解答这个问题，只有从研究物质的微观组成及其变化的规律着手。

电子是人类发现的第一个基本粒子。在发现它之后，科学家开始认真地构思原子结构和组成的模型，以便为揭示微观宇宙的奥秘做准备。

1.2　电子的发现及其重大意义

人们常说，19 世纪末的三大发现（X 射线、放射性、电子）揭开了现代科学的序幕，并且把德国人伦琴（Wilhelm.Rontgen，1845～1923）发现 X 射线的 1895 年看作现代科学革命的起点。在这三大发现中以电子的发现最为重要，因为比原子小的东西的存在意味着原子的分裂及其组成，对不久后原子模型的提出准备了实验的基础。

1895 年 12 月，伦琴在用带窗口的勒纳德阴射线管实验时，意外地发现了一种能穿透人体和使手骨感光的奇异辐射，这个戏剧性的发现震惊了世界，并使他在 1901 年获得第一次颁发的诺贝尔物理学奖。1896 年法国的贝克勒尔（Antoine H.Becquerel，1852～1908）从铀盐中又意外发现了铀的放射性，揭示了放射性物质的新性质。但是，只有在 1897 年由英国科学家汤姆孙（J.J.Thomson，1856～1940）发现的电子对于整个物质的结构具有普遍的根本意义，它关系到人类对宇宙万物的组成和变化的根本原因问题的认识，全面地和在根本上关系到经典的物质理论的正确与否，特别是对关系到原子论是否从基本上要予以冲破和修改，因而使得所有科学家，不论是物理学、化学、生物学，还是天文学方面的科学家都要从根本上改变观念和理论的大事。关于电子的发现及其意义，下面将着重予以介绍和说明。

图 1.1　汤姆孙（Joseph John Thomson）

1.2.1　沿着什么思路才导致电子的发现

前面谈到，关于物质嬗变和原子是否有内部组成的探索有着长达 2000 多年的漫长历史，从牛顿时代以后也有 200 多年，一直停留在哲学上的思辨和科学上的假说阶段。那时，科学理论还不完善，实验条件达不到发现原子甚至分子的程度，怎能发现比原子还小 1800 倍的电子呢？没有足够的理论和实验条件，没有适当和可遵循的研究思路，以及没有敢于对占统治地位的经典原子论进行批评的大无畏精神和实践毅力，要做出这样大的突破简直就是痴心妄想。发现电子的思路大致是这样的。

（1）前人对经典原子论怀疑和初步探索的启示。在牛顿的粒子说占据统治地位后，牛顿的祖国——英国的科学界由粒子说的传统占据统治地位，也就是说物质的组成是以一个个层次的粒子形式展开的。但是在欧洲大陆，特别是法、德两国却有着笛卡儿的以太旋涡说传统，他们相信以太才是万物的本原，即使有几位德国物理学家做了与汤姆孙同样的实验，也认为他们发现的不是电子，而是以太。以太是由古希腊人设想出来的，宇宙间到处充满着的看不见、摸不着、无限微小的物质，它以波动传递光和辐射。在这种思想指导下不可能发现电子。例如，德国实验物理学家勒纳德（P.E.A.Lenard，1862～1947）就是用以太解释他的发现，而失去了发现电子的机会，后来却埋怨英国强盛和影响大而占有了电子发现权，这种情况在发现原子核上又重演了一遍，他后来走上了狭隘的民族主义道路，而堕落成纳粹主义在科学上的帮凶。汤姆孙在 1936 年发表的《回顾与反思》一书中颇有感慨地说：“德国物理学家除去亥姆霍兹之外，都把阴极射线看作波，而英国人我想毫无例外，都认为它们是带负电的原子或分子。这两种观点以很大的精力进行竞争。”

显然，汤姆孙确实是沿着克鲁克斯的阴极射线由带电的微粒组成的思路，才在解释他的实验时发现了电子。由此可见，对于一个科学家来说，没有正确的思路是很难做出重要的科学发现的。

（2）选择了原子可变和无机元素发生论的研究路线。在物种不变和经典原子论与物质嬗变和原子有内部组成的两条研究路线的争论之中，汤姆孙不仅坚持了粒子说，而且基本上相信原子有内部组成和小于原子的粒子存在。他是沿着克鲁克斯和洛克尔的研究路线，并采用了前者的实验方法，吸取了国内外这种实验的经验和教训，才取得发现电子的成就。所以，在具体科研的路线和方法上选择是否正确，对于取得成果是很重要的。

（3）扎实的实验作风和非传统的原子论观点。汤姆孙不仅沿袭了英国的实验哲学和实验归纳的传统，而且作为剑桥大学卡文迪许物理实验室的主任，运用当时比较先进和精密的电磁仪器去做发现电子的实验。他长于电磁理论和善于构思实验，但是用手笨拙，为此他依靠擅长电磁仪器制作和操作的研究生卢瑟福（E.Rutherford，1871～1937），制造了一系列有关的电磁仪器，从而实现了发现电子的预想。显然，没有这种扎实的实验精神和组织能力，电子是不可能发现的。

1.2.2　电子是怎样发现的

由于发现电子的实验和实验方法比较复杂，要在如此短的篇幅详细地介绍是有困难的，这里只能就他发现电子的简单过程做必要的介绍。

（1）从气体放电研究转向阴极射线的性质和组成。汤姆孙从 1884 年他 27 岁时破格当选剑桥大学卡文迪许实验物理教授之后，就在前两任电磁理论权威麦克斯韦（J.C.Maxwell，1831～1879）和瑞利男爵（Lord Rayleigh，1842～1919）的固体电磁理论和实验基础上，开拓了气体的电磁学实验研究，这就是测定气体通电后气体分子解离与电流和电压的关系，从而成为气体放电理论的国际权威。X 射线是伦琴研究阴极射线时的意外发现。汤姆孙是第一批得到伦琴通知的六位著名科学家之一。由于这种射线性质奇特，引起他和全室人员的极大兴趣，并立即投入实验证实，特别着重于它的组成实质。在这项研究中，他的气体放电知识帮了很大的忙。

（2）批判地接受和改进别人的类似实验。他的实验采用了克鲁克斯阴极射线管、舒斯特（A.Schuster，1851～1934）和佩兰（J.B.Perrin，1870～1942）发现阴极射线由带负电的粒子组成所用的方法、舒斯特测量阴极射线在磁场中径迹偏转程度所反映的质荷比（粒子质量与其电荷之比）与氢粒子质荷比的比较等方法。在肯定了阴极射线粒子带负电之后，他发现舒斯特测出的粒子质荷比与氢分子是同数量级的，也就是错误认为阴极射线由分子或原子组成，与他的实验结果不符，他测出的却是氢原子质量的千分之一左右。他为了使测量数值可靠，还设计了将阴极射线打到热电偶上，热电偶是一种可以将电转化为热的材料，从测量产生的热量可以算出阴极射线粒子带的动能，由这个动能再算出粒子的质量和电荷之比。此外，他还采用阴极射线通过相互垂直的磁场和电场，通过调整这两个场中阴极射线偏转角相等计算阴极射线粒子的质荷比。在这三种实验测出的质荷比一致的情况下，他得出阴极射线粒子的质荷比 m/e 约为氢原子的 1000 倍，从而得出阴极射线由小于氢原子质量千分之一的粒子组成，后来又经过仔细的测量校正为 1/1800[①]，也就是说氢原子的质量为电子质量的 1800 倍，从而发现了电子是比原子小得多的带负电粒子。

1.2.3 发现电子的重大意义

电子是人类几千年来梦寐以求的比原子还要小的第一类基本粒子，尽管它不是用人工打破原子的方法发现的，但是它比原子小这个事实本身就说明它是人类用间接的方法发现的理应是组成原子的粒子。它的发现说明原子在强电场和磁场作用下被打破了，放出了电子。

电子既是组成原子的粒子，原子就应当是由电子构成的，在当时尚不了解原子还有其他粒子组成的条件下，汤姆孙在几年内认为电子是构成各种元素的原子的基本单位，可以由此构思原子由电子组成的模型。但是，直到电子被发现之后的 10 年内，科学家们还没有发现过原子，尽管这期间有很多科学家相信原子应该是存在的，可是仍有一些深深受到传统的经典原子论影响的科学家，拒绝接受分子和原子的存在。例如，许多化学家不但相信道尔顿的化学原子论，而且认为它在说明所有化学现象时是很有用的和正确的，而道尔顿化学原子论又是以原子是构成元素的基本单位，并且是建筑在原子内无组成的结构和无更小的粒子上的，所以他们坚决反对或至少怀疑原子由更小的粒子组成，甚至与卢瑟福一起发现放射性元素的原子自发衰变的英国化学家索迪（F.Soddy，1877～1956）在 1903 年，曾经率领加拿大的化学家在加拿大科学家大会上公开反对和批评卢瑟福提出的存在小于原子的粒子，原

① 根据后来的准确测量，氢原子的质量是电子质量的 1840 倍。

子由更小粒子组成的观点，他们的根据便是道尔顿的化学原子论。被称为19世纪最大的物理学家之一的开尔文勋爵，甚至在1906年的英国科学促进协会的年会上反对卢瑟福根据实验得出的原子由更小粒子组成的观点，而且在会上和杂志上进行争论，甚至以发现镭而著名的居里夫人在开始时也反对放射性元素的原子衰变和分裂，不过她很快就改变了看法。以主张相对运动和批评牛顿的绝对时间和空间观点而著名的德国物理学家和科学哲学家马赫（E.Mach，1838～1916），从19世纪60年代至20世纪头十年，不但反对原子论而且坚决反对原子和分子的存在，原因是他相信经验论和实证论，说凡是人感觉到的才是真实的，否则都是假设的和不存在的，所以他认为分子和原子都是个假设。据记载，他到1903年看到α粒子在闪烁器的屏幕上出现的径迹时才说出“现在我相信原子存在了”，但此后他又改了口，至原子核都被发现了的1913年，这位老先生还不承认原子呢！他在这一年写的《物理光学的原理》一书中是这样写的，“我必须像我今天抵制原子信仰那样，断然地否认我是相对论的先驱”。这位以提出一切运动都是相对的而被爱因斯坦说成相对论的先驱者，不但坚持反对原子论，而且还反对起相对论来了，而成为科学史上一大趣闻。此外，还有一位国际上闻名的德国化学家奥斯特瓦尔德（F.W.Ostwald，1853～1932），以主张唯能论和反对原子论而十分著称，他从19世纪90年代就反对原子论，并且在1896年举行的德国医生和科学家联合大会上纠集了一些科学家群起反对原子论学派，结果在争论中失败了。但是，在会后仍大肆活动，直到1908年有的科学家用实验证实了原子和分子的存在之后，他才在1909年在其著作《普通化学基础》的第4版导言中承认，“以今天说的物质原子的实验证据证明大多数谨慎的科学家是有道理的。这样，原子假设就上升为一个科学上十分有根据的理论……”。从上面举出的这些例子可以看出，在那时甚至发现电子、分子和原子之后，原子论和原子的存在还受到这样多国际上科学权威的激烈反对，可见要打破经典原子论的框架和束缚，建立以原子有内部组成和是可分与可变的新原子论物质观是何等的不易啊！

1.3 原子模型的提出与演进

电子作为第一个小于原子的基本粒子得到发现显然是重要的，但是更重要的是由它的发现诱发出来的原子的组成和结构，因为只有这个问题得到合理的和科学的解决，才能够导致对宇宙万物组成的全面理解，这对于揭开微观世界的真实情况和在新的基础上改造和发展各门自然科学是最有价值的。在人类的实验手段和认识尚处于低下的19世纪末和20世纪初，要从实验上揭示原子内的全部结构几乎是空想。但是，人类追求科学真理和探索宇宙奥秘的强烈欲望，始终是科学发展的永恒动力。在未知和追求这个矛盾中科学家能立即进行的，恐怕只有以假说开路了，而假说的最形象和最有力的方法便是构思模型，只有有了原子模型的图像才能进一步发展理论分析和实验证实，在理论和实验的交互作用中才能一步步接近原子结构的真实，人类对原子结构的认识便是从发现电子之后沿这个治学道路展开的。

1.3.1　汤姆孙在发现电子后提出的原子结构设想

汤姆孙在1884年出任剑桥大学卡文迪许实验物理教授之前，是一位年轻有为的电磁理论物理学家，他早在1881年就根据电磁理论提出了电磁质量概念，即带电物体（如电子）以高速运动时，它的动质量是随运动速度而变化的，并发现它与速度的平方成比例，这是对牛顿的物质质量不变的一大变革。1884年以后，他当了实验物理教授和卡文迪许实验室主任，又转向了实验物理。他是位既擅长于理论思考又懂实验的科学家，这使他在发现电子之后投入了电子与原子的关系和原子结构的探索，并用19世纪典型的模型研究方法试图提出原子由电子构成的模型，但是在开始时，他对此在思想和知识上准备不足，只能做一些初步的猜测性设想，还谈不上正式的原子模型，实际上这是他下一步正式提出著名的葡萄干-布丁原子模型的前奏。

由于在1897年及其以后多年，科学家们只发现了比原子小的电子，而电子又带负电，可是原子在一般情况下是中性的，所以在那时他天真地认为比原子小的粒子可能只是电子，所以他便设想原子是完全由电子组成的，那么电子是怎样构成原子的？它们的负电性又怎样才能构成中性的原子呢？他经过日夜思考，终于根据经典电动力学的原理和美国科学家迈耶（M.Mayer，1836～1897）发表的一些磁针在水面上漂浮时因斥力和吸力的作用排成有规则的图形（见图1.2），想出了一个电子相当于一个磁针，5个磁针在水面上排成正方形，6个磁针排成正五边形，它们都有一个磁针位于中央。当有8

个磁针时，有 2 个在正六边形中央；有 15 个磁针时，按 1，5，9 排成 3 层；27 个磁针时，排成 1，5，9，12 四层，以此类推。经过这样的磁针排列和理论计算，他发现它们与化学元素周期表中元素的周期性排列相似，因此他提出了原子由电子构成的初步设想。为了解释原子是中性的，当时他只有假设原子内的空间是带正电的，在总电量上与电子的负电总和相平衡。这样，他便认为原子是由位于各环上均匀分布的电子和正电原子空间或正电体组成。因此，他在 1897 年发表发现电子的论文《阴极射线》中提出“在正常的原子中，微粒（即电子——作者加）的这样汇集便形成了一个电中性的系统，虽然单个的微粒的行为像负的离子，而且在它们汇集在中性的原子中时，被某种东西所平衡，这种东西成为使微粒能够发挥它们的作用的原因，好像它具有在数量上与所有微粒上的负电荷的总和相等的正电荷数一样”。这种平衡电子负电荷的东西，便是原子内的正电空间或均匀分布正电的球体。他还用这个设想和图案说明放射性现象，他说当原子内的电子过多或电子环层数越多时，因为外面几层的电力弱而不稳定，稍有什么力或其他因素作用，便放出电子而重新排列，产生了放射性现象，他还用这种排列具体说明元素周期表。

汤姆孙不愧为一位著名的理论物理学家兼实验物理学家，他不但用精巧的实验第一次发现了比原子还要小的电子，而且还用丰富的想象和理论推导构成了第一个有一定科学根据的原子结构图像，实际是一个虽然粗陋但却有科学道理而不是哲学上想象的原子模型。由于他是电子的发现者，著名的剑桥大学的物理教授，伟大的电磁理论创始人麦克斯韦和理论物理学家第三代瑞利男爵的继任人，他提出的这个原子结构图案或早期原子结构模型在多年内得到国际科学界的普遍接受，人们称之为物质的电结构理论，实际上可以说是物质的电子结构理论。这也是有史以来，科学家而不是哲学家提出的第一个原子结构理论。它成为稍后科学家们提出各种原子模型参照的基础，并诱发出一系列颇有见地和有所发展的原子模型。汤姆孙由于在气体放电上的研究和发现电子，在 1906 年获得了诺贝尔物理学奖。他还因为在卡文迪许实验室从 1895 年开始改革研究生制度，首倡面向全世界择优选择物理研究生和培养出 8 个诺贝尔奖获得者，而将卡文迪许实验室发展成世界性的科研组织，闻名于世。

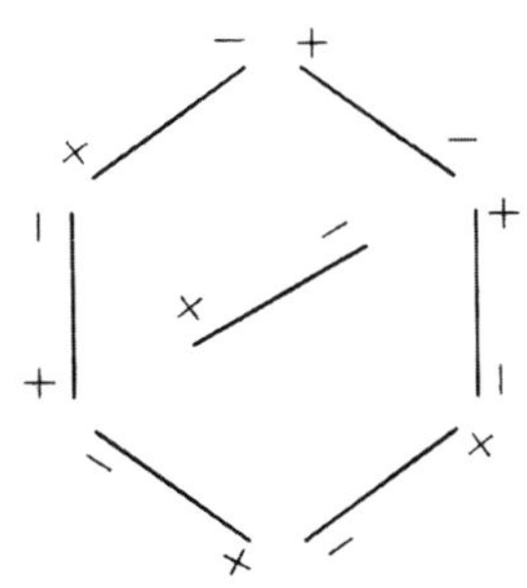

图 1.2　迈耶的 7 个磁针在水面上形成的漂浮六边形图

应该说明，在汤姆孙于 1897 年提出他的原子是由电子组成的和第一个比较有科学根据的初步原子模型之前，从道尔顿的化学原子论提出后，先后曾经有一些科学家根据想象提出过一些“原子模型”。如法国的安培（A.M.Ampère，1775～1836）认为原子是由亚原子和电流体构成的，毕奥（J.B.Biot，1774～1862）、柯西（A.L.Cauchy，1789～1857）和泊松（S.D.Poisson，1781～1840）等认为原子是由以太包围的块体组成的，法拉第在 1846 年提出了原子是由力线包围的力心组成的，德国的韦伯（W.E. Weber，1804～1891）在 1871 年提出原子是由带正电的、质量可忽略不计的粒子绕带负电的大质量粒子旋转所组成。1901 年，英国的金斯（J.H.Jeans，1877～1946）提出原子是由无数个负离子和正离子组成的。这些早年的所谓原子模型，都是根据当时比较模糊的、科学上的一知半解及对原子不是最基本的粒子所设想的猜测。由于臆测性很大，只能认为是以思辨为主的设想，还谈不上科学性的原子模型，所以在展开比较科学的原子结构模型的介绍之前，作为人类在 19 世纪对经典原子论的一些怀疑，予以说明。显然，只有在真正发现电子之后，根据科学发现的新进展所提出的原子结构设想才具有科学意义上的价值。下面将 1900 年之后出现的被认为有科学价值的几种原子模型做概要的介绍。

1.3.2　科学的原子模型应具备的条件

按照至今科学界普遍的看法，科学的原子模型应具备以下几个条件。

（1）科学的原子模型应该建立在必要的实验和合理的科学理论基础之上，实验基础应以发现小于原子的粒子及其与原子的关系为主，理论基础应以至少符合经典电动力学的理论分析为指导，而不是仅凭哲学上的思辨和以猜想为主的。

（2）科学的原子模型应具有明确的原子结构图像，而且与已有的力学和运动学原理符合，具有很大的科学性和说明的清晰性。

（3）科学的原子模型必须是与科学假设相对应，它不是无根据的类比和模拟，更不是哲学的推理或推测。

（4）科学的原子模型应能够比较合理地说明已有的各种主要科学现象，如放射性、元素光谱、放射性元素衰变，以及其他物理的和化学的性质等。

（5）原子模型的确立应得到当时和后来科学界，特别是有关学科的科学家群体的接受，甚至被很多科学家承认，以及在科学发展上得到部分应用和影响，这种影响应该是积极的和有助于科学发展的。

以上这 5 个条件是下面要介绍的几种原子模型所初步具备的，虽然其中大部分在后来的科学发展中被证明是不完善的，甚至是不大正确的，但是它们对现代原子理论和物质微观组成理论的发展起过推动或铺垫作用，有的甚至被证实是基本正确的或正确的，应该予以介绍。

1.3.3 开尔文原子模型

英国著名物理学家开尔文勋爵（Lord Kelvin，即 William Thomson，1824～1907）以提出绝对温标，热力学第一、第二定律的开氏说法，以及主持与设计第一条横跨大西洋的海底电缆而闻名于世，他还在 1860 年首次提出了宇宙热寂说（即宇宙最终将因为熵的无限增大，最后趋于热平衡而热死），产生了很大的影响。他在 19 世纪的国际科学界影响很大，极其著名。

开尔文的原子模型是综合了 19 世纪电学理论的成就，考虑了电子的发现才提出来的，于 1902 年在著名的《哲学杂志》上发表，因此被科学界广泛了解。他的名声又使得他的原子模型在当时十分引人注目。他像中年的法拉第一样，认为有比原子还小的电原子，也就是带电的小粒子，它们可以自由地通过原子内空间中的物质（可以称之为电以太）。电原子带负电，那时称为树脂电，电物质则带正电，他称之为玻璃电，电原子之间和电物质之间因为电性都相同而相互之间存在斥力，而电原子与电物质间存在吸引力，这些力的相互作用就形成了原子结构，总的为中性的。所以，在他的原子模型中各粒子处于静电平衡状态，只有当因为某种原因使其中的带电粒子数小于既定数目时，才失去稳定性而进行再分布。他用这种方法和理论解释放射性和真空的绝缘性质。如果用电子学说来翻译他采用的今天难以捉摸的术语，则可以说电原子或树脂电为电子，电物质或玻璃电为带正电的和分布于原子内空间的弥散物质。这样一来，促使汤姆孙 1897 年提出的初期的原子结构模型明晰化，由于他在这时反对以太说，就设法构思了原子空间均匀分布着正电，至于这正电的载体究竟是什么，他不做回答，而只简单地说是正电球体，以使它与按环分布的电子总电荷平衡，这对汤姆孙在稍后完善自己的原子模型起了桥梁的作用。

1.3.4　汤姆孙的葡萄干-布丁原子模型

1904 年 3 月，汤姆孙在经过了 5 年多的思考和借鉴别人的研究成果之后，在《哲学杂志》上发表了《论原子结构》一文，正式推出了他认为科学的原子模型。在这篇文章中，他不再提迈耶的磁针在水平面上漂浮的几何图形，而是利用电磁力的相互作用和正、负电平衡的理论径直地进行分析，吸取了开尔文勋爵的正电物质弥散地充满原子空间的想法，修正其电以太想法，改为正电均匀分布的球体，以达到按同心环分布的负电子与正电球体进行电性中和的目的。他说："元素的原子由封闭在带均匀正电的球体之中的大量带负电粒子所组成。"如果说正电球体有如一个英国人说的布丁面包，而电子环就好像镶嵌在布丁中的葡萄干一样，因此后来有人把汤姆孙的原子模型称为葡萄干-布丁原子模型。其实这个譬喻只是个简单的说法，因为汤姆孙认为他的电子是在电子环中不停地匀速旋转的，而不是静止地镶嵌在固定的地方，电子的平衡既是电力上的平衡又是电性上的平衡。他还根据电磁理论进行了详细的计算，提出了电子在各轨道上等速旋转的稳定条件和数学表示式，算出了电子环数与最少中心电子数之间的关系，从而得出某电子环数时中心电子的最少个数。他提出的电子环和电子轨道在那时虽然是由静电力分析得出的，可是在后来却被玻尔在 1912～1913 年用到自己的原子结构量子论的定态能级轨道和跃迁理论上，对量子论的发展起了重要的作用。

在这篇论文中，汤姆孙进一步将他的同心环电子排列的想法与化学元素周期表协调起来，不但算出了各环的电子数，而且将电子的各种排列分成族，与元素周期表的元素族对应，以便说明环数及其上的电子数与元素的性质间的关系。此外，他还用这个模型解释元素光谱的谱线差异、化合价和放射性等，在当时堪称在理论上比较完整的原子结构模型，其影响自然是很大的。

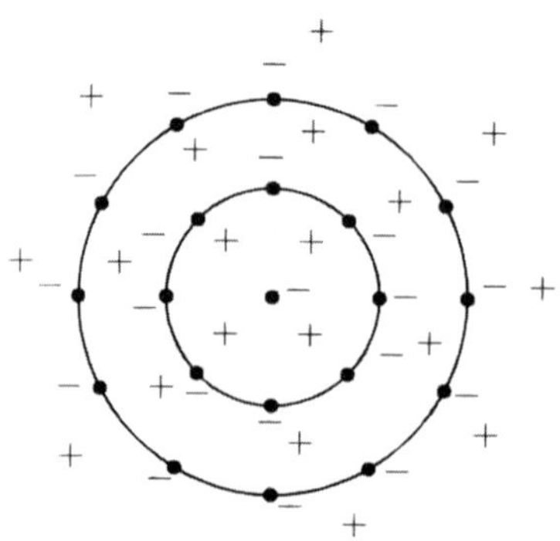

图 1.3　汤姆孙原子模型中 19 个电子的分布

1.3.5　勒纳德的原子模型

勒纳德原是赫兹的实验助手，在 19 世纪 90 年代对阴极射线的性质做了大量的实验研究，做出不少成绩，并在 1905 年获得了诺贝尔物理学奖。

勒纳德受到克鲁克斯在 1879 年发表阴极射线的一系列实验和发现它的带电粒子性质的深刻影响，在 1892 年用实验的方法试图研究阴极射线在克鲁克斯阴极射线管之外的性质，由于没有得出什么结果，就转向研究阴极射线穿过阴极射线管的铝窗口而进入空气中产生的效果。从这些新的实验中他发现阴极射线的穿透性质与材料的密度有很大关系，这使他想起汤姆孙提出的原子是由电子和带正电的球体组成的设想，因而得出原子内除去大部分是中空的之外，尚存在中性的偶极子，这种偶极子是由带正电和负电的“动力子”（dynamides）构成。他经过测算得出，动力子的大小占原子体积的 10^9 之一，这个体积很小的动力子“对”（pair）之间的距离小于 10^{-11} 厘米，因而这个“对”为中性的，它在原子内迅速旋转，不易被电子穿透。因此，勒纳德在 1903 年提出的原子结构为在空虚的原子空间内存在体积很小的动力偶极子，偶极子在空间内高速旋转。1906 年，他在《阴极射线》一书中写道，借助这些阴极射线可以得到关于分子和原子组成的信息，而原子的质量集中在微小的动力偶极子上。

后面我们将说明，卢瑟福在 1911 年发表的原子有核模型是外围电子绕体积很小却质量很大的核心旋转，这使有些物理学家特别是个别的德国物理学家认为，勒纳德的动力偶极子与卢瑟福的原子核有些相像，但很多事实表明这两者并无联系，正如德国著名的理论物理学家玻恩所说：“原子理论之父的名字通常给予卢瑟福，因为他担负了用更合适的仪器和方法进行研究的任务，并且推进得更远，所以我们把具体的、定量的原子结构思想归于他”。勒纳德的确提出过相当于原子核的想法，但是他既未将电子纳入原子结构内，又说动力偶极子高速旋转，显然与后来的科学发现不大相符。

1.3.6 长冈的土星原子模型

早年留学德国并到过曼彻斯特大学物理实验室参观过卢瑟福实验设备的日本物理学家长冈半太郎（H.Nagoaka，1865～1950），1903 年在东京大学任物理教授时，在东京的物理和数学学会会议上宣读了一篇引人注意的论文，该文次年发表于《哲学杂志》上。他说，他从汤姆孙的原子结构设想与麦克斯韦的土星光环模型相结合的考虑中，以及从英国物理学家洛奇（O.Lodge，1851～1940）在一次讲演中提到卫星系统与原子内的电子排列有相似性中得到启发，只是他用电子之间的斥力和电子与原子中心的大质量粒子的相互吸引力取代万有引力，因为汤姆孙提出了原子内有电子的缘故。这样一来，他一方面采用了土星作为原子的模型，另一方面又用电力取代万有引力，形成了大量带电粒子绕中心处的大质量粒子旋转的原子结构。由于他模拟的是土星及其光环，而土星光环又是位于通过土星的平面上的，所以长冈的原子结构模型是个平面结构，这一点值得注意。

长冈在他发表的这篇论文中说：“我要讨论的系统是以等角度的间隔在圆周上排列的和以与距离平方成反比的力相互排斥的大量粒子组成，在圆的中心上放有按同一力学定律吸引其他粒子的大质量粒子，这些相互排斥的粒子以几乎同样的速度绕吸引中心旋转。”从这段话可以看出，长冈说的是“圆中心”而不是球中心，所以他的原子模型像土星光环绕土星一样是平面的。如果他说的“大量粒子”是多环的电子，它们既然与圆心上的大质量粒子相互吸引，则“大质量粒子”必然带正电荷。他认为这个结构在一般情况下保持稳定，因为较小的扰动难以改变异性电体之间的较大的吸引力。

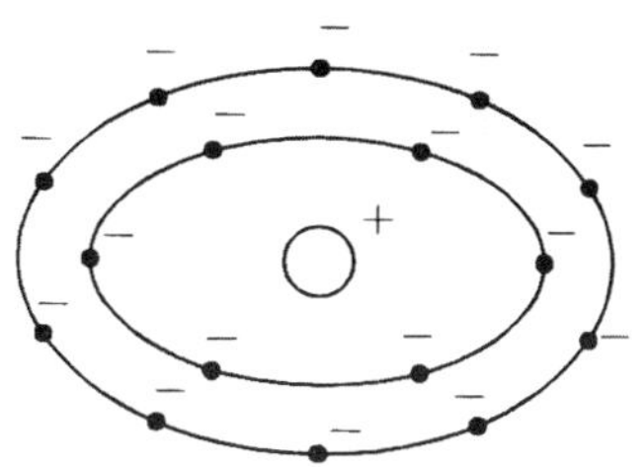

图 1.4 长冈的土星原子模型

长冈提出这个原子结构的优点是与阴极射线和放射性的实验情况相符合。因为绝大部分的阴极射线都穿过材料的原子空间，只被吸收了很小的一部分，这可以说成是被大质量中心吸收掉或反射了的。放射性的产生可以用中心周围圆盘式的小粒子数过多和与中心距离较大来解释，因为这时吸引力很弱，容易因某种干扰而失去稳定性，不稳定的粒子是放射性出现的基本原因。他认为此模型的缺点在于无法解释当辐射到一定程度而失去能量或耗尽时，如果不能补充能量，则这个原子系统就将停止运转而处于死亡状态，所以他不得不把其中的小粒子系统是稳定的作为先决条件。

从原子模型的发展情况来看，长冈的原子结构模型与前面说的几种有了明显的进步，因为它提出了外围电子绕带正电的中心大粒子旋转运动的结构，与后来发现的原子有核结构相当接近，但是它的缺点是原子模型的结构是平面而不是立体的，而且它是理论推理的产物，没有必要的实验基础，这两个致命的弱点决定了它是短命的。

1.3.7 尼科尔森的初始物质原子结构模型

尼科尔森（J.W.Nicholson，1881～1955）在1904年获得了剑桥大学数学荣誉学位，后来在卡文迪许实验室任职。由于他多年做汤姆孙的助手，对电子和葡萄干-布丁原子模型有较深的了解，并进一步对原子结构做了研究。1911年他设计了几种在元素周期表中没有列出的“初始物质”，这些初始物质或元素是由两个以上的电子绕带正电的核旋转的原子模型。同年8月，他在英国科学促进协会的年会上宣读了论文《化学元素结构理论》，该论文12月发表在《哲学杂志》上。由于他对原子结构模型和初始元素颇有新的见解，初看起来似乎是在汤姆孙的原子模型的基础上有新的发展，值得予以介绍。

尼科尔森认为，现在的元素周期表中的元素是在初始元素的基础上演化出来的。他根据经典电动力学原理得出，微观的原子内部结构只能是某些带电部分绕具有大的质量的其他带电部分沿轨道旋转所构成的，他说：“负电球必定绕正电球旋转，后者可以称为‘核’，整个系统的运动受电力的平方反比定律控制。”他说初始物质或元素有四种，第一种初始物质有两个电子绕正电核旋转，第二种初始物质有三个电子绕相对应的核旋转，以此类推，第三种和第四种初始物质分别由四个和五个电子绕它们相对应的核旋转。他并未认为一个电子绕对应的核旋转而构成的原子为最初始的物质，原因在于如果没有其他的电子，就无法使电子的向心加速度或向心力得到平衡。按照他提出的原子结构公式来看，原子要保持它的中性的电性质，其内部的电子数应该为其原子量的2.5倍，这个数字与汤姆孙的另一个助手和后来获得诺贝尔奖的巴克拉（C.G.Barkla）得出的原子内电子数目应当与其元素原子量的一半接近。巴克拉的结论也说明，如果某元素的原子量为 1，则它的原子内的核外电子数就应当是两个，显然这支持了尼科尔森的新想法。有一位名叫麦科马克（R.McCormmach）的科学家在后来说过，尼科尔森的原子具有确定的原子量和光谱频率，在这点上汤姆孙的原子就不能令人满意了。此外，以提出原子结构量子理论而著名的玻尔（Bohr，1885～1962）曾经表示过，尼科尔森的原子结构并不稳定，为了解决这种不稳定性，他研究了原子的量子态和辐射的性质问题，导致他在 1913 年提出了原子内的核外电子具有定态轨道和电子在轨道间跃迁的假设，从而说明这个原子模型对玻尔的原子结构量子论的产生有一定的启发作用。

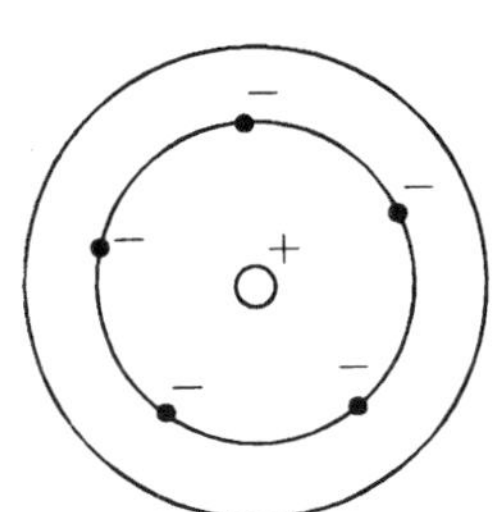

图 1.5　尼科尔森的第四种初始物质原子模型

尼科尔森的原子结构模型第一次明确提出原子内有“核”的说法，因为尽管勒纳德的原子模型中说原子中心上有“动力偶极子”和长岗原子模型中也有大质量的粒子，但是都没说它是“核”。卢瑟福的原子有核结构提出的时间比尼科尔森的原子模型要早 6 个月，公认卢瑟福的原子模型是周围的电子沿轨道绕带正电荷的原子核旋转，而卢瑟福又被认为是原子核的发现者，但是卢瑟福在 1911 年和 1912 年 8 月之前只说它是正电中心，从未称其为原子核，只是到 1912 年 8 月 16 日的论文中才改称为“原子核”。所以，这可以看成尼科尔森的一项功绩。但是，尼科尔森的原子模型却排除了只有一个电子的氢原子，并且认为元素周期表中的元素都是他的初始物质的产物，没有得到后来实验的证实，也很少得到科学家们的承认，因而产生的影响既不大也不持久，只是一种原子结构的设想而已。

1.3.8　卢瑟福的原子有核结构模型

卢瑟福是汤姆孙改革剑桥大学研究生制度和建立面向国内外招收研究生制度后的第一批实验物理研究生，他直接参与了汤姆孙发现电子的工作，并且还设计和制作了实验用的阴极射线管和有关的仪器，一直被汤姆孙视为最得意的学生和卡文迪许实验室传统与学风的正统传人，他自然对汤姆孙的原子模型了解很深并在多年内给予支持和运用。从大量的事实看来，他是在用汤姆孙的原子模型说明后来的许多放射性实验所出现的现象一再发生意外和不符的情况下，才在该模型的基础上予以修改，提出了原子有核结构模型的。

由于卢瑟福的原子有核结构模型与大量的实验事实符合并在理论上得到玻尔的原子结构量子论的合理解释，而终于得到公认，成为科学界至今了解原子内部结构和解释各种物理和化学性质的基础，因而在科学发展史上取得了划时代的成就。由于卢瑟福的原子有核结构模型极其重要，下面将辟一节详细予以介绍和说明。

从上面介绍的几种比较科学的原子模型的提出和演变来看，都是以电子的发现和汤姆孙提出的初期原子结构设想为基础而发展出来的，一方面可以得出汤姆孙发现电子对现代科学的出现与发展起了革命性的重大作用；另一方面也可以得出科学的原子模型从卡文迪许实验室的主任开始，以他的学生和后来成为他的继任人——新卡文迪许教授卢瑟福提出的原子有核结构模型告终。这个历史事实使国际科学界普遍认为原子物理是由汤姆孙开始并由卢瑟福奠定的。

1.4　卢瑟福原子模型是怎样提出的

卢瑟福祖籍苏格兰，他的祖父带领全家移民到英国的殖民地新西兰，在那里务农和从事手工业。卢瑟福生性朴实、诚恳、爽直并富有才智，他在新西兰读了小学和中学之后，进入坎特伯雷学院读物理，并在毕业后留校继续研究无线电通信，取得隔建筑物收发无线电信号达 0.8 千米的空前成绩。1895 年，汤姆孙在卡文迪许实验室改革传统的和烦琐的数学优等生研究生制度，经剑桥大学领导的同意试验从国内扩大到英属殖民地招收优秀的大学生到他的实验室做研究生。卢瑟福有幸被录取，带着他的仪器到了剑桥大学。年仅 38 岁的汤姆孙思想开放、学风民主，在办学上吸取英国的传统和德国、法国等的经验，采用研讨班和民主讨论与思想交流的方法，使学生们思想十分活跃，敢于说出各自的想法、家乡的风情和文化特色，甚至可以大胆批评教授的观点，还建立各国学者来访和讲学的新做法。卢瑟福的才智得到了发挥，并且积极地学习，在不到一年的时间里，他使无

图 1.6　卢瑟福（Ernest Rutherford）

线电收发的距离达到 3.3 千米，而且登上皇家学会的崇高殿堂讲解和表演自己的实验，甚至将论文发表在皇家学会的刊物上，这在英国大学的历史上是少见的荣誉。卢瑟福等学生的成绩轰动了剑桥，各个学院纷纷以卡文迪许实验室为榜样，改革旧的研究生制度，从此时开始数学和理论力学占统治地位的剑桥，可以容纳和重视物理、化学等自然科学的研究生并授以高级学位了。三年后，又将研究生的来源扩大到全世界，法国著名的物理学家郎之万（P.Langevin）就是来自非英国本土的第一位研究生。卢瑟福以他熟练的电磁实验技术帮助汤姆孙做发现电子的仪器，使这位不善于动手和实验能力不高的教授如虎添翼，终于在 1897 年发现了电子。

卢瑟福在 1898 年毕业后，汤姆孙推荐他到加拿大蒙特利尔的麦克吉尔大学任物理教授，他在那里与助手索迪一起，不但发现了放射性元素自发衰变现象，而且发现了它们的半衰期各自是恒定的，与外界条件无关，因而发现了放射性元素衰变家族图谱和放射性元素衰变的定律。他是原子能的第一个提出者和原子破裂的第一个发现人，而且还发现了根据放射性元素含量和半衰期计算矿石、地球和太阳年纪的方法。今天人们知道地球生存了 45 亿年和太阳生存了近 50 亿年就是他首先计算出来的。由于这些重大贡献，他在 1908 年获得了诺贝尔化学奖，他在一次获奖讲话中说，世界上的事物变化是很快的，而今天我感到变化最快的是我由一位物理学家变成化学家。

1907 年，他到英国的曼彻斯特大学任实验物理教授，他在曼彻斯特大学物理系建立了一个放射性研究中心，世界各地的很多优秀青年物理学家慕名而来，他用汤姆孙的办学方法，激发青年人的思想，他们为了做出新的科学发现而齐心协力。这个研究中心培养出很多人才，做出了大量举世瞩目的成果，其中最主要的就是发现和证实了原子核的存在并提出了原子有核模型。

1）一个意外发现的新奇现象

1907 年 12 月，卢瑟福在曼彻斯特大学刚刚搭起自己的放射性实验班子，就着手用他发现的铀放出的 α、β 和 γ 射线作为手段来打击重元素的原子，因为他在加拿大时就知道，放射性元素放射的能量中，α 射线的能量占总放射能量的 99%，用它做子弹轰击元素的原子不但能将某些原子打破，而且或许从它打击原子后走过的径迹能够对原子的结构情况有真实的了解。1908 年 1 月，他与助手盖革（H.Geiger）用自己设计的计数器数出原子的个数，这是人类历史上第一次用实验发现的单个原子，因为他们已经证实 α 粒子就是带两个正电荷的氦离子。随后，他让盖革和研究生马斯登（E.Marsden）用α粒子轰击金的原子，看看会发生什么情况。当马斯登做实验后，竟发现α粒子打到金的原子上后被弹回来，散射的角度大于90°。按他的预计α粒子应当穿过原子而呈直线或稍有弯曲地前进，于是他惊慌了，跑去向教授报告，卢瑟福到荧光屏上看了后也很惊奇，并且说这有些像炮手将一颗炮弹射到纸上而由于某种原因又被弹射回来一样。实验的情况如图1.7所示，α粒子从P射向原子O，被沿曲线弹向P'，反射角有时等于甚至大于90°，呈漫散射现象。实验过后，盖革和马斯登继续做他们原来的工作，而感到这点小事没有什么。但是，经验丰富和富有深邃洞察力的卢瑟福却感到这个反常现象的背后一定大有文章，他不声不响地思考下去，还让两个学生把这个实验整理一下，写成实验报告准备发表。这就是十分著名的“α射线被金原子大角散射的现象”的发现。

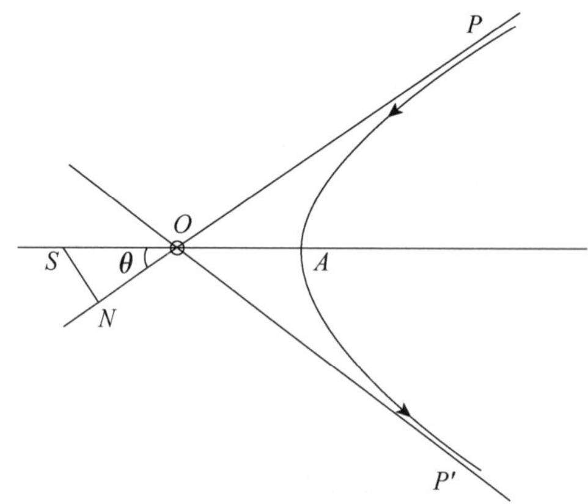

图1.7　α粒子被金原子大角散射的径迹

卢瑟福的思考延续了一年多。这位一向以实验准确、从不放过一件反常现象的科学家，从不讲空话并且没有准确的把握绝不声张和发表出去，治学极其严谨。甚至他的很多助手和学生感到事情已经过去，却不了解他们教授的头脑中却在酝酿着一件大事。

2）审视和批评汤姆孙的原子模型

汤姆孙对于用他的原子模型说明α粒子被金原子大角散射的现象，提出了“小角复合散射理论”，这就是α粒子打到原子内的很多电子上，电子虽然体积和质量小，但是由于一个个电子对它散射的小角叠加起来就构成了大角散射。他的学生和助手克劳瑟（J.A.Crowther）立即用铝和铂材料对β射线做散射实验，因为β粒子是电子，而铝和铂的原子比β粒子自然要大得多，在1910年6月发表了一篇论文，说明散射的概率（可理解为机会）与材料的厚度呈曲线关系，因为材料厚了，β粒子就要穿透更多的原子，逐次被散射，自然复合成的散射角就大了。所以，他得出结论：汤姆孙模型预示的曲线形状与实验得出的符合得很好，也就是说汤姆孙的原子模型被他的实验证明是正确的。有不少科学家在当时误以为真，说这是对汤姆孙原子模型的一次“判决实验”，判定它是正确的。果真如此，汤姆孙设想的原子结构就是真实的，大家不必再研究，相信它就是了。但是，汤姆孙的两个老学生布拉格（W.H.Bragg，1862～1942）和卢瑟福根据他们的实验和了解，却认为克劳瑟的实验和结论有问题。卢瑟福认为克劳瑟的实验只是一种偶然的符合，当大角散射时这条曲线的开始部分应当是接近于直线而不是克劳瑟说的曲线，因而不能说是符合和证实了汤姆孙的原子模型。布拉格在1884年之后曾经在卡文迪许实验室做过汤姆孙的助手，不久到澳大利亚做物理教授，1908年到英国的里兹大学任物理教授，在1915年获得了诺贝尔物理奖。他在1911年1月从里兹写信给克劳瑟，批评后者的实验有问题。卢瑟福在2月又写信给布拉格说，他对克劳瑟的实验和曲线，越考虑越感到他在凑合汤姆孙的理论，两天后他又在信中说：“我完全肯定曲线的开始部分是编造的，这是克劳瑟的科学想象”。由此可见，汤姆孙三个时期的助手和学生对于他们老师的原子模型的看法发生了争论，而他的两位老助手却治学更加严谨，在怀疑他的原子模型及其对大角散射现象解释的正确性。卢瑟福甚至认为，汤姆孙原子模型假设正电均匀分布在原子球体中是出于数学上的考虑，也就是原子内正电和负电应当相当和平衡，而不是实验得出的，因而是靠不住的。据了解，后几年内汤姆孙仍坚持自己的原子模型，甚至在卢瑟福发现原子核之后不长时间内仍未承认自己的模型是不正确的，不过后来他还是接受了事实。

从上述历史情况人们不难看出，卢瑟福根据自己多年的研究和实验对汤姆孙的原子模型不但产生了怀疑，而且提出了批评，特别是不同意正电球体的假设，因为它既是空洞的和没有物质的载体，又没有起码的事实根据，纯粹是数学推理的需要。后来的事实证明，汤姆孙的原子模型中的电子按环或轨道分布是正确的，关键性的错误就是正电球体假设，卢瑟福就是看准了这个要害，予以批评和纠正，才提出了原子有核模型，他的根据就是大角散射实验。

由上述过程可以看出，科学上确实是需要假设和模型的，但是它们的正确与否不是主观臆断和由愿望决定的，决定性因素只能是实验，只有科学实验才是检验真理的唯一标准。此外，做学问不能为了讨好哪个人和只顾人际关系而不顾事实，因为只有事实才是做学问的最可靠的依据，克劳瑟的教训值得人们特别是青年人引以为戒。

3）原子有核模型是怎样提出的

从发现金原子对 α 粒子产生大角散射以后，卢瑟福就一直在考虑大角散射是否能够对原子结构的了解有新的启示和线索，到他批评克劳瑟的实验曲线时，他心中的想法已经有了一些眉目，否则他怎么敢批评他的老师的看法呢？他的想法得到布拉格的支持，而布拉格在那时正在研究放射性，又是他的师兄，自然增强了信心。

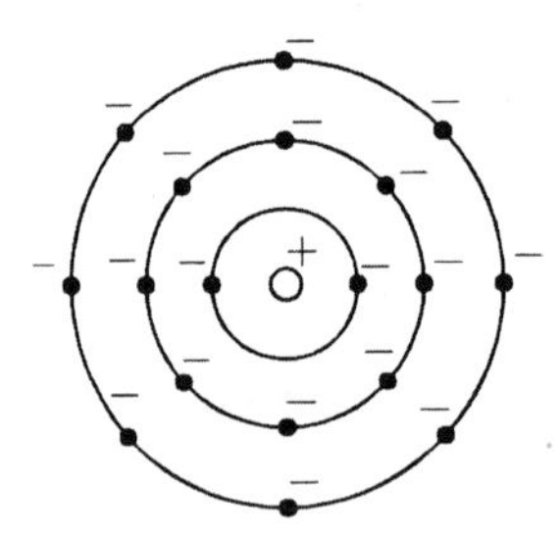
图 1.8　卢瑟福的氩原子有核结构模型

按照卢瑟福的想法，原子内存在一个强的电场，越靠近中心电场越强，这是实验迹象反映出来的，α 粒子被以大的角度散射回来，说明原子内除去能让大部分 α 粒子通过去而说明存在很大比例的空间之外，一定在原子内某处（很可能是中央）存在一个较大质量的粒子，因为质量为 α 粒子质量的 1 / 6400 的一些电子是不可能将如此重而大的 α 粒子弹回来的。到了 1910 年 12 月上旬，原子由中心的带强电场的大质量粒子及其周围环绕着沿轨道旋转的电子的想法已经初步形成，不过在那时他还不敢贸然推翻他的老师汤姆孙的原子模型，而仍保持正电体假设，只不过为了解释原子内的静电平衡，他只有假设原子中心是个带正电的大质量粒子。但是，在 1911 年初春，他怎么也找不出正电球体到底是怎么一回事，因为电荷总是由粒子携带的，他既然根本否定了以太的存在，则一个空虚的空间怎么会带电荷呢？这是没有科学根据的，但是他又搞不清原子中心处的电性究竟是正的还是负的。所以，他于 1911 年 3 月 7 日在曼彻斯特文学和哲学联合会的会议上宣读的《α 和 β 射线的散射和原子结构》的论文中首次宣布了原子有核结构，却未说原子中心的电荷的性质。他说："大角散射的主要结果与中心电荷是正还是负无关，尚不可能解决这个符号问题。" 到了 4 月 20 日以后，他经过进一步的实验和考虑基本上确定中心电荷是正的，这既表现在他给几位国内外朋友的信中，又表现在他于 5 月初发表在《α 和 β 粒子被物质散射和原子结构》论文中。在这篇正式宣布他的原子有核结构模型的文章中，他分析了汤姆孙的小角复合散射说法和克劳瑟的实验结果，并与他的大角散射理论对比，提出原子内电子对 α 粒子的复合散射角度是很小的，起主要作用的是中心电荷，也就是后来所说的原子核。他写道："α 和 β 粒子的单大角偏转主要是由于它们通过中心的强电场所致……具体地说，就是考虑高速 α 粒子通过了一个有着 Ne 的正电中心电荷并被 N 个电子补偿的电荷所包围的原子。"他说的 Ne 的正电中心电荷，就是带与 N 个电子的总电荷 Ne（e 为电子电荷或单位电荷）相等的带正电的原子核。所以，这时他肯定了原子核带正电，其正电量与包围原子核的 N 个电子的总负电量相等。因此，我们可以说卢瑟福的原子有核模型就是原子由包围原子核的许多沿轨道旋转的电子绕一个带相反的正电量的原子核运行所组成。

在这篇文章中，卢瑟福还提出了用原子有核结构说明大角散射的数学公式，这个公式是关于 α 粒子被大角散射的程度与散射角、材料厚度、材料的原子量和 α 粒子入射速度间的关系式，由他的助手盖革和学生马斯登通过仔细的实验一一予以证实，从而基本上确定了公式的正确性并证明了他的原子模型是正确的，这个模型在后来又由几位科学家从不同的角度和用新的方法一再证实。

4）原子有核结构的发现是怎样得到广泛承认的

在科学史上，一个新的发现特别是重要的发现往往在出现时不被人们重视，还可能遭到多年的误解甚至反对，只有它们一再被证实和发现有广泛而重要的用途和意义之后，才能引起人们普遍的重视和高度评价，而名垂千古。例如，牛顿在 1684 年发现了万有引力定律，在几年内未引起人们重视，到 17 世纪 90 年代连他所在的剑桥大学都不讲授它，倒是别的大学先讲授，慢慢讲得多了才引起剑桥科学家的重视。宗教界、学者中的教廷卫士和欧洲大陆的很多科学家百般攻击，使牛顿在 90 年代患了神经病。爱因斯坦（Albert Einstein，1879～1955）提出狭义相对论的论文，在当时德国被轻视，人们认为它没有什么新东西，直到量子理论的提出者普朗克（M.Planck，1858～1947）看到后给予支持才得到发表，而爱因斯坦本人从来没有因为提出狭义相对论和广义相对论获得过诺贝尔奖，他获得诺贝尔奖主要是由于他在光电效应方面的工作。卢瑟福发现原子核和提出原子有核结构模型在后来被认为是极其重要的，原子核的发现堪称至今关于原子内粒子中最重大的发现，他的原子模型几乎变革了 19 世纪所有学科的基础，被认为是划时代的，但是他的论文发表后几乎未引起什么反响，只有他在曼彻斯特大学的实验室中所有的青年学者日夜为它的证实和应用紧张地工作着。这也许就是那时一大批有关的重要发现出自他的实验室的原因，这些发现有原子序数、元素光谱谱线与化学元素周期性的关系、同位素、元素在周期表中的位移定律、元素化学性质由核外电子数决定和人工打破原子核等。

卢瑟福的原子有核结构由于他当时的助手玻尔在 1913 年提出原子结构量子论得到国际上的极大注意，才为世人所重视，并被称为“卢瑟福-玻尔原子模型”。玻尔是丹麦的青年理论物理学家，被认为是 20 世纪最大的理论物理学家之一，他因为提出了原子结构量子理论、在创立量子力学中起的组织作用和作为哥本哈根学派的首领而十分著名。他自己认为，他在 1912 年 3～7 月在卢瑟福的实验室的 4 个月决定了他一生的道路，因为他在那里刚好赶上原子有核结构模型的提出和验证，他试图将普朗克的量子理论与卢瑟福的原子有核结构相结合，得到卢瑟福的支持和大力帮助，他的很多想法是与卢瑟福商讨后才定下来的，而且他的有关论文也是经卢瑟福修改和推荐而发表，才结出硕果的。1912 年正是英国皇家学会成立 250 周年之际，而该学会是在 1660 年的私人民间科学组织基础上发展起来的，到成立时花了两年。卢瑟福的原子有核结构模型是在 1911 年提出和 1913 年由玻尔的原子结构量子理论所合理解释的，也隔了两年。两种情况的偶然符合，激起了英国不少科学家的兴趣，因此“卢瑟福-玻尔原子模型”的说法也就广泛传开来，不但使卢瑟福的原子有核结构广为人知，而且普遍认识到它的重要意义。

1.5　人工打破原子核和原子核模型

如果说原子有核结构的发现宣告了原子物理的正式产生，那么人工打破原子核和实现元素的人工转变又宣告了原子核物理的出现。

1）人工打破原子核是怎样发现的

放射性元素的衰变使人类发现元素的原子是可以改变的，不过这种改变是放射性元素的原子靠自身结构的不稳定性而自发产生的，也就是说这是它们天然的本性。古代和近代前期炼金术士们千百年来企图点石成金而发财致富的梦想，虽然在近代中后期被认为是迷信和不可能实现的，但是这个梦却在不少人的头脑中潜藏着并时隐时现。原子核的发现使科学家们知道了元素的性质和这些性质不同的根本原因在于原子核的结构的相对稳走性，如果人们能够找到一种手段打破原子核并予以改变，就能够按人的意愿改变元素，古代炼金术的梦想或许就能够实现！

1914 年，还是帮助卢瑟福做实验发现金原子大角散射 α 粒子的马斯登在用 α 粒子轰击氢原子时，发现从氢中打出了一种反常的粒子，它表现出的性质有些不凡，却不了解它究竟来自何处？到底是什么？作为一个研究生，他立即写信给远在澳大利亚开学术会议的导师卢瑟福，卢瑟福回信说，如果你没有这个能力就等我回去再实验。卢瑟福回到曼彻斯特时，第一次世界大战爆发，马斯登按规定要走上军事岗位，而卢瑟福也很快参加了海军部检测潜艇技术的军事科研岗位，但是作为一位颇有经验和洞察力的科学家，他又一次抓住新的反常现象而时常记在心上。

到了 1917 年 11 月初，战争的胜负已经有了眉目，卢瑟福有了些休闲时间，就回到曼彻斯特自己的实验室，这时全室只有一个管理员在看门，他独自重做马斯登的实验，果然发现了同样的异常现象，他仔细实验，排除了新的粒子来自放射性元素、油污和其他的可能性，最后发现它来自氢原子本身。接着，他又用 α 射线轰击空气的分子，发现从氮的原子中也放出了同样性质的粒子。这些现象使富于洞察力的卢瑟福认识到，这是 α 粒子将氢原子和氮原子的原子核打破了，放出了氢的原子核，即质子。这是人类历史上首次人工打破了原子核，他知道其意义是巨大的，但是他又不得不返回伦敦做他的军事研究，将打破原子核的事搁置下来。

1919 年，第一次世界大战结束后，卢瑟福回到曼彻斯特，重新招募人马，准备成立放射性研究中心，培养博士生，并且又继续做了新的人工打破原子核的实验，加以整理和总结，写出了由四个部分组成的系列论文《α 粒子与轻的原子核碰撞》，可称之为“四部曲”，分四篇在《哲学杂志》上连续发表。在这系列论文中，他不但宣布了人工打破了氢和氮的原子核，而且提出氢有两种同位素氘和氚，它们的化学性质及原子序数都相同，但是原子量却成倍不同，他还提出氦有同位素氦^{3}，即原子量为 3 的氦。卢瑟福在想，原子序数是由原子核的正电荷大小决定的，而原子核的正电荷数是由原子核内的质子数决定的，因为质子带一个正电荷，那么同位素与它们的母元素的原子量成整倍数，说明了原子核内一定有了质量与质子相同的中性粒子存在，这种中性粒子的个数就决定了一种元素有几种同位素。他经过几年的考虑后，于 1922 年在皇家学会发表的讲演中，第一次提出了中子的预言：一个电子同氢原子核紧密结合，形成中性的偶极子是可能的，并且预言了中性偶极子的外电场是零，即中性的，因此它能够轻易地进入原子结构和穿过物质，难以用光谱仪测到。后几年，他又做了许多新的说明和预测，直到 1927 年才提出了他预计的原子核结构模型。

2）关于原子核结构模型的预想

1927 年 9 月，卢瑟福发表了一篇论文《放射性原子结构和 α 射线的起源》，在这篇论文中他不再称“中性偶极子”和“中性卫星”，而定名为中子。他说从他的助手阿斯顿（F.Aston，1877～1945）发明的质谱仪测出的各种同位素来看，中性卫星的质量不会是 2 或 3，而可能是 1 的中子。这说明中子显然是由电子和质子紧密结合的，因为电子的质量只是质子质量的 1/1840，所以可近似地认为中子的质量与质子的质量相同而为 1，这样就可以合理地说明氢的同位素氘和氚的原子量为氢原子量 1 的 2 倍和 3 倍，即 2 和 3。

基于上面的认识，卢瑟福很自然地得出原子核是由质子和中子构成的，原子核的质量等于质子个数和中子个数的总和，或近似地说是质子和中子个数与 1 的乘积。由此可见，虽然中子到 1932 年才由他的助手查德威克（J. Chadwick，1891～1974）沿着他的预言和思路而发现，但是他竟能够在这个发现之前 10 年预言了中子及其准确的性质，并且在 5 年之前就提出了原子核由质子和中子组成的原子核结构模型的设想，确实令科学界惊讶。

在 1932 年查德威克（J.Chadwick，1891～1974）发现中子之后，德国著名的理论物理学家海森伯（W. K.Heisenberg，1901～1976）和苏联的伊凡宁柯等提出原子核由质子、中子和电子组成的原子核模型。由于他们是根据中子的发现这个事实提出的，所以后来科学界不少人认为原子核结构模型是他们提出的，其实他们不了解卢瑟福早在 1927 年不但命名了中子，而且还准确地提出了原子核结构模型。海森伯曾经说过“原子物理的真正奠基者是卢瑟福”，而国际科学界也一致认为卢瑟福是核物理的奠基人，其中就包括了他提出了原子核结构模型的预想。

1.6　原子模型提供的有益启示

本章在上面比较系统地介绍了人类对于物质由原子组成的认识的漫长发

展过程，在人类历史上曾有过很多天才的推测、设想和称得上模型的构思，但是在这些推测、假说、设想和模型之中，经历时间最长、构思最为深刻、内容最为丰富和不断得到继承与发展、对人类的哲学和科学发展影响最大的，莫过于原子论和原子模型。原子存在的证实和粒子说至今仍是科学上最为关注的焦点，甚至发现一个重要的粒子的物理学家几乎都获得了诺贝尔奖，就说明了它们的重要性。因此，著名天文学家爱丁顿（A.S.Eddington，1882～1944）说过："在 1911 年，卢瑟福引起了自德谟克利特（Democritus，约公元前 460～前 370）时代以来，我们物质观念上的最大变化。"

从原子模型的发展和原子有核模型的证实，我们可以从中得出以下几点有益的启示。

（1）有一位著名的哲学家说过：只要科学还在发展，它的发展形式就是假说。原子模型是在实验发现原子之前，科学家们进行探索的一个重要的假说形式，它具有形象化、物理意义清晰和图像鲜明的优点，因此在 19 世纪至今得到普遍的应用，原子模型的上述发展具体地证明这种治学方法是很有益的，值得认真学习和应用。

（2）构思模型应该是在已有的科学知识和实验基础上进行的，也就是说模型不是随意的和主观臆定的，而是扎根于现有的科学依据基础上的。因此，要构思出一个好的模型，必须要有科学的态度，只从思辨和猜想出发很难得出好的结果。

（3）科学的模型有个不断修改和发展的过程，一个真正负责任的科学家不是不顾科学发展实际情况而固执不改的模型提出者，他应当时时注意科学新进展，特别是根据实验上的新发现，不断修改自己提出的模型，直至予以证实。

（4）科学家构思科学的模型还是他们的科学知识、哲学想象和深刻洞察力的综合体现，换句话说，科学的模型表现出科学家本人的水平。因此，要构思出好的科学模型，应当从丰富自己的科学知识、提高推理能力和锻炼洞察隐藏在表面背后的本质的能力开始。

（5）科学模型的构思要求深刻理解所研究事物的物理意义，纯数学计算不能取代物理意义，而科学模型更重视的是物理意义，清晰到能够用简单、明了的图像勾画出来，然后用实验去证实它。

（6）检验科学模型正确性的唯一标准是实验，只有经过重复实验证实了的科学模型，才能被认为是真实的。科学模型从构思到验证是科学家追求科学真理的过程，需要的是严谨的科学态度和求真务实的科学精神。

1.7　模型法成为揭示基本粒子组成的有力武器

前面谈到，原子模型和原子核模型对发现原子核和中子，以及原子核的结构，产生了重要的启示作用。那么类似的构思对研究更深层次物质微观结构的组成是否有重要作用呢？半个多世纪以来的高能物理发展史说明，这个研究方法是十分有益的，并且在夸克模型（标准模型）和发现六种夸克及电子的分裂研究上，取得了令人震惊的成果，从而肯定了构思物质组成模型是一种普遍有效的科学方法。

1932 年中子的发现证实了原子核由中子、质子和电子组成的原子核模型的正确性，到了 20 世纪 40 年代末科学家们又发现了几个介子，从而使人们进一步研究中子和质子的组成。这时科学家们认识到所谓基本粒子（一般称为粒子）可分为轻子和强子两种，轻子指比介子轻的粒子，有正负电子、正负 μ 子和正反中微子。强子指重子和介子而言，重子指比介子重的粒子，有质子、中子和超子。轻子都参与弱相互作用，强子都参与强相互作用，而原子核内的粒子分别由强相互作用（又称强力）和弱相互作用（弱力）联系在一起。传递弱相互作用的是中间玻色子，传递强相互作用的是胶子。在宏观范围起作用的引力相互作用由引力子传递，电磁相互作用由光子传递。根据科学家们至今的发现，宇宙间共有四种相互作用而且它们是最基本的。

根据 20 世纪的了解，如果深入探索微观物质组成的层次，必须搞清楚质子是由什么粒子组成的，因为中子是由质子和反中微子组成的，而最早发现的电子真的就是最小的电荷单位吗？这引起一些科学家们的怀疑。于是要解决质子和电子由什么组成，必须设法将它们分解，可是形成它们的能量是非常高的，为此科学家们试图通过研制能量达到几百亿、几千亿、几万亿电子伏的加速器来打破它们。由于制造这样的加速器花费甚大，非一般国家所能承受，要求的科技水平很高，只有极少的国家能达到。在这种情况下人们根据过去的经验，还是通过先构成合理的模型然后再进行实验比较好。早在 1956 年，日本的坂田昌一曾经提出强子是由质子、中子、超子及它们的反粒子组成的模型，能解释很多现象，但是他在解释重子的一些性质和预言许多不可能存在的新重子方面，遇到了困难。为此，美国物理学家盖尔曼（M.Gellmann，1929～　）和奈曼（Y.Neeman，1925～　）在 1961 年提出了八重态模型。

盖尔曼为了说明多重态结构的形成，提出强子由三种夸克组成的“夸克模型”（上夸克 u，下夸克 d，奇夸克 s），认为介子由正反夸克组成，重子由三种夸克组成。1965 年我国的朱洪元等根据物质组成层次无限的辩证观点和已发现的事实，提出“层子模型”。20 世纪 60 年代前期美国的格拉肖（S.Glashow，1932～ ）提出电磁相互作用与弱相互作用具有统一性，并且认为应存在第四种夸克，1974 年丁肇中和里希特（B.Richter，1931～ ）分别发现了 J/ψ 粒子，证实了第四种夸克（粲夸克）的存在。美国的温伯格（S.Weinberg，1933～ ）和巴基斯坦的萨拉姆（A.Salam，1926～ ）在上述理论和发现基础上，在 70 年代中期提出了著名的标准模型。这个模型预言弱、电和强相互作用应当有统一性，并预言强子由六种夸克（u、d、s、c 夸克再加上底夸克 b 和顶夸克 t）组成。1977 年美国的费米国家加速器实验室的莱德曼（L.M. Lederman，1922～ ）等用 1700 多亿电子伏的质子对撞机，实验发现了第五种夸克，但是 1983 年欧洲核子联合研究中心（CERN）发现了弱电统一相互作用理论预言的中间玻色子±W 和 Z_0 粒子，但是尚无强相互作用也参与的统一相互作用。此外，六夸克理论还有待第六种夸克的发现。

为了寻找第六种夸克，必须研制能量大得多的新质子对撞机。1992 年费米国家加速器实验室研制成 1 万亿电子伏能量的质子-反质子对撞机“Tevator”，在 1994 年 4 月终于知道了这种夸克，人们称之为“顶夸克”。但是 6 种轻子中还有 t 子中微子未能发现，直到 2000 年 7 月，费米国家加速器实验室的科学家们才通过加速器的中微子束实验，发现了 τ 子中微子，从而完全证实了标准模型的预言：物质由 12 种基本的粒子组成。到这时，科学家们终于发现了轻子和夸克各有 6 种，彼此之间存在对应关系。对于强子的组成粒子经过近 40 年的探索，用先构思模型的方法取得了重大成果，由此可见，20 世纪初采用的原子模型方法经过一个世纪的不断研究，证明是探索物质微观组成的很有效的科学方法。

1.8 电子由带分数电荷的准粒子组成

强子由 6 种夸克组成或可分裂成 6 种夸克，但是由于自然界客观的原因，呈现了夸克禁闭在质子或强子之内，在可见时间内还不可能将夸克从质子中单独取出来成为自由的夸克。同样，电子一直被认为是基本的和不能分裂的粒子，它带的电荷长期以来被认为电的基本组成单位，称为单位电荷。可是上述夸克模型预言各夸克都带分数电荷，实验也予以证实，那么作为单位电荷载体的电子按理也应当由带分数电荷的准粒子组成，实际上这可称为准粒子模型。结果真是这样吗？

1982年美国电话电报公司贝尔实验室的三位物理学家在实验中发现了电子分裂为带分数电荷的准粒子，其中有华裔物理学家崔琦。他们用砷化镓半导体材料做成三明治结构，在绝对温度0.1K时，在比地球磁场强度大100万倍的电磁场作用下，观察到的现象说明电子分裂成带1/3、1/5、1/7……电荷的准粒子，当磁场撤销后又恢复原状，这说明电子在这样的条件下分裂了，但是准粒子不可能呈自由状态。

从质子和电子在一定条件下能够分裂成层次更低的粒子来看，物质的微观组成层次是随能量的升高和温度的变化而展示出一个个层次的，就像电子发现后科学家们构思原子模型之后，一步步予以发现的情况那样。人类对微观物质组成的探索，从2000多年前的哲学思辨到19世纪末利用实验手段予以揭示，以及百年来从原子分裂到质子和电子的人工分解，都说明人类对自然确实不是无能为力的。但是分解物质的每一次进展，都是靠先根据现有的科学知识基础构思下一层次粒子的结构模型开始，然后用发明的仪器和设备通过实验予以证实，从而一次次取得了划时代的成就，难道百多年的整个现代科学史还不能说明原子模型提供的研究方法对物质分裂具有多么重要的价值吗？实践已经并将继续给出有力的回答！

2　化学元素周期律——世界万物的本质归原

世界上的物质是多种多样的，多到无法统计，至少有千万种，其中有天然的，也有人造的。现在每年人工合成的新物质就数以万计。物质的世界是很复杂的，各种物质由于其组成成分的不同、精细结构上的差异及所处的环境的制约，会呈现出不同的物理、化学性质，它们在大千世界中发挥了各自的独特作用。

面对这一变化万千、错综复杂的物质世界，也许你不曾想到，这些千差万别的各种物质都是由109种化学元素构成的，更确切地说主要是由89种化学元素构成的，这因为有20种元素是自然界极少存在或者完全没有的，是用核反应制取的人工放射性元素。这些元素造就了宇宙间的所有行星，也造就了地球上所有的岩石、植物、动物、空气、河流、海洋，甚至连人类自身也是由各式各样的元素组合成。正如 7 个音符可以谱写出千歌万曲，26 个英语字母可以组成千万个单词一样，这近 90 个元素可以形成千万种单质和化合物。

由单一化学元素构成的物质，叫作单质。例如，通过化学反应而制成的氢气、氧气是单质，在自然界寻找到的纯净的金刚石（由碳分子构成）、金及银也是单质。两种及两种以上化学元素组成的物质统称为化合物。例如，纯净的蒸馏水，是由氢和氧两种元素组成的；经提纯的食盐的主体氯化钠是由氯和钠两种元素组成的。动物体内的脂肪、蛋白质、糖类等则至少含有碳、氢、氧三种以上元素。在自然界中，纯净的单质和化合物在物质中相对来说是很少很少的，绝大部分物质都是由各种化合物或单质混合而成的。在化学家的眼里，许多被常人誉为纯洁的物质，其中也常常是含有其他分子的杂质，只不过是微量或痕量而已。例如金的装饰品通常有 18K、22K 之说，其中的含义是在 24 份金中分别含有 18 份或 22 份金，其余则是银或铜等其他金属，所以纯金装饰品也是合金。24K 的纯金太软，影响其加工成形，故要添加一点其他金属，才能制成适用的工艺品。又如用作化学实验的试剂，通常分为优质纯、分析纯、化学纯，这表明就是非常纯的试剂，也常含有不同程度的杂质。一般来说，化合物大都具有一定或固定在某一狭小变动范围内的组成，那种没有一定比例而掺和在一起的复合物质称为混合物。在混合物里，各组分彼此保留着各自原有的化学性质。人们常见到的混合物有空气、海水、泥土等，人们只需采用物理的方法，就能使它们所含的各种物质分离开来。例如通过冷凝分馏的方法可将空气中的氮、氧、氢等成分分开。又如利用蒸发水分和重结晶的方法从海水中提取食盐。实际上，在生产生活中，从混合物中分离出单质或某种成分的方法是很多的，但是要做到非常纯净的分离又是谈何容易。

无论是单质、化合物，还是混合物，要想认识它，了解它们之间的变化规律，还只能从研究元素入手。通过对元素的研究，特别是对它们之间排列组合成千上万种化合物的规律的研究，才能逐步认识这个由元素构成的世界乃至宇宙。这就好像我们识字，学习语文，先从掌握拼音和字开始一样，再学习词和句子，进而逐步掌握阅读和写作，最后达到熟练地运用语言的技巧。

在化学上，相对于语音表的就是元素周期表。当然元素周期表上的每一个元素，本身就有丰富的内涵，较比语音表上的每一个拼音字母要复杂得多。下面就从元素周期表展开我们的叙述吧！

2.1　早期探索的简明回顾

在当今化学教材中所附的元素周期表（表 2.1）中，一共排列了 109 种元素。从第 1 号元素氢到第 92 号元素铀是天然元素，其中第 43 号元素锝、第 61 号元素钷、第 85 号元素砹、第 87 号元素钫，由于其不稳定，在天然产物中很难找到，科学家通过人工方法或从天然放射系物质中才找到它们。从第 93 号元素镎到第 109 号元素 铍则都是人工合成的元素，它们基本是 20 世纪 50 年代以后科学家辛勤劳动的结晶。

这张元素周期表所蕴藏的知识是极其丰富的，仅从每一小方格所展示的内容来看，它既有元素的名称、符号、原子序数，还有各种同位素的原子量和平均原子量，以及外围电子的构型。进一步把这些小方块按原子序数的顺序拼排起来，就构成一幅把 100 多个元素有机联系起来，既反映元素之间性质的变化规律，又揭示元素之间结构上的差异和各自特点的一个体系。这是一个神奇而又科学的元素体系。它把看来是庞大繁杂的元素知识归整为一条经过系统科学实验所验证的、结构严密的逻辑体系。尽管这一知识体系至今仍随着科学研究的深入而在不断地得到补充和发展，但是它在帮助人们认识和掌握这个千差万别的物质世界中已发挥了不可言状的重要作用。

能够发现并阐述出元素性质变化的周期性规律及绘制出这张元素周期表，实属不易。它几乎就是 2000 多年来，人们前赴后继地进行探索，不畏艰辛地付出劳动的血汗结晶。它也是人们通过不停地科学实验，不断地更新思想观念，敢于立异创新的丰硕成果。这是一部鲜活形象的科学攀登史。为此我们有必要对这一伟大的征途做一简明的回顾。

人类天天与多种物质打交道，很自然地产生探究物质的兴趣。世界万物究竟是由什么东西组成？一直是人们猜测和探求的一个热点。古代的元素观就是由此而生，并随着历史发展而演变。在中国古代的春秋战国时期，源于远古的神秘的数字崇拜和方神崇拜，同时汲取了古人对物质变化的观察经验，学者们提出了五行学说，即把金、木、火、水、土视为构成万物的五种基本

表 2.1 元素周期表

原子序数 → 19	元素名称
元素符号 → K 钾	注 * 的是人造元素
$4s^1$	← 外围电子的构型（括号指可能的构型）
原子量 → 39.0983	

注：

1. 原子量录自 1997 年国际原子量表，以^{12}C = 12 为基准。原子量末位数的准确度加注在其后括号内。
2. 商品 Li 的原子量范围为 6.94—6.99。

周期	I A 1	II A 2	III B 3	IV B 4	V B 5	VI B 6	VII B 7	VIII 8	VIII 9	VIII 10	I B 11	II B 12	III A 13	IV A 14	V A 15	VI A 16	VII A 17	0 18	电子层	0族电子数
1	1 H 氢 $1s^1$ 1.00794(7)																	2 He 氦 $1s^2$ 4.002602(2)	K	2
2	3 Li 锂 $2s^1$ 6.941(2)	4 Be 铍 $2s^2$ 9.012182(3)											5 B 硼 $2s^22p^1$ 10.811(7)	6 C 碳 $2s^22p^2$ 12.0107(8)	7 N 氮 $2s^22p^3$ 14.00674(7)	8 O 氧 $2s^22p^4$ 15.9994(3)	9 F 氟 $2s^22p^5$ 18.9984032(5)	10 Ne 氖 $2s^22p^6$ 20.1797(6)	L K	8 2
3	11 Na 钠 $3s^1$ 22.989770(2)	12 Mg 镁 $3s^2$ 24.3050(6)											13 Al 铝 $3s^23p^1$ 26.981538(2)	14 Si 硅 $3s^23p^2$ 28.0855(3)	15 P 磷 $3s^23p^3$ 30.973761(2)	16 S 硫 $3s^23p^4$ 32.066(6)	17 Cl 氯 $3s^23p^5$ 35.4527(9)	18 Ar 氩 $3s^23p^6$ 39.948(1)	M L K	8 8 2
4	19 K 钾 $4s^1$ 39.0983(1)	20 Ca 钙 $4s^2$ 40.078(4)	21 Sc 钪 $3d^14s^2$ 44.955910(8)	22 Ti 钛 $3d^24s^2$ 47.867(1)	23 V 钒 $3d^34s^2$ 50.9415(1)	24 Cr 铬 $3d^54s^1$ 51.9961(6)	25 Mn 锰 $3d^54s^2$ 54.938049(9)	26 Fe 铁 $3d^64s^2$ 55.845(2)	27 Co 钴 $3d^74s^2$ 58.933200(9)	28 Ni 镍 $3d^84s^2$ 58.6934(2)	29 Cu 铜 $3d^{10}4s^1$ 63.546(3)	30 Zn 锌 $3d^{10}4s^2$ 65.39(2)	31 Ga 镓 $4s^24p^1$ 69.723(1)	32 Ge 锗 $4s^24p^2$ 72.61(2)	33 As 砷 $4s^24p^3$ 74.92160(2)	34 Se 硒 $4s^24p^4$ 78.96(3)	35 Br 溴 $4s^24p^5$ 79.904(1)	36 Kr 氪 $4s^24p^6$ 83.80(1)	N M L K	8 18 8 2
5	37 Rb 铷 $5s^1$ 85.4678(3)	38 Sr 锶 $5s^2$ 87.62(1)	39 Y 钇 $4d^15s^2$ 88.90585(2)	40 Zr 锆 $4d^25s^2$ 91.224(2)	41 Nb 铌 $4d^45s^1$ 92.90638(2)	42 Mo 钼 $4d^55s^1$ 95.94(1)	43 Tc 锝 $4d^55s^2$	44 Ru 钌 $4d^75s^1$ 101.07(2)	45 Rh 铑 $4d^85s^1$ 102.90550(2)	46 Pd 钯 $4d^{10}$ 106.42(1)	47 Ag 银 $4d^{10}5s^1$ 107.8682(2)	48 Cd 镉 $4d^{10}5s^2$ 112.411(8)	49 In 铟 $5s^25p^1$ 114.818(3)	50 Sn 锡 $5s^25p^2$ 118.710(7)	51 Sb 锑 $5s^25p^3$ 121.760(1)	52 Te 碲 $5s^25p^4$ 127.60(3)	53 I 碘 $5s^25p^5$ 126.90447(3)	54 Xe 氙 $5s^25p^6$ 131.29(2)	O N M L K	8 18 18 8 2
6	55 Cs 铯 $6s^1$ 132.90545(2)	56 Ba 钡 $6s^2$ 137.327(7)	57—71 La—Lu 镧系	72 Hf 铪 $5d^26s^2$ 178.49(2)	73 Ta 钽 $5d^36s^2$ 180.9479(1)	74 W 钨 $5d^46s^2$ 183.84(1)	75 Re 铼 $5d^56s^2$ 186.207(1)	76 Os 锇 $5d^66s^2$ 190.23(3)	77 Ir 铱 $5d^76s^2$ 192.217(3)	78 Pt 铂 $5d^96s^1$ 195.078(2)	79 Au 金 $5d^{10}6s^1$ 196.96655(2)	80 Hg 汞 $5d^{10}6s^2$ 200.59(2)	81 Tl 铊 $6s^26p^1$ 204.3833(2)	82 Pb 铅 $6s^26p^2$ 207.2(1)	83 Bi 铋 $6s^26p^3$ 208.98038(2)	84 Po 钋 $6s^26p^4$	85 At 砹 $6s^26p^5$	86 Rn 氡 $6s^26p^6$	P O N M L K	8 18 32 18 8 2
7	87 Fr 钫 $7s^1$	88 Ra 镭 $7s^2$	89—103 Ac—Lr 锕系	104 Rf 𬬻* $(6d^27s^2)$	105 Db 𬭊* $(6d^37s^2)$	106 Sg 𬭳*	107 Bh 𬭛*	108 Hs 𬭶*	109 Mt 鿏*	110 Uun *	111 Uuu *	112 Uub *								

镧系	57 La 镧 $5d^16s^2$ 138.9055(2)	58 Ce 铈 $4f^15d^16s^2$ 140.116(1)	59 Pr 镨 $4f^36s^2$ 140.90765(2)	60 Nd 钕 $4f^46s^2$ 144.24(3)	61 Pm 钷 $4f^56s^2$	62 Sm 钐 $4f^66s^2$ 150.36(3)	63 Eu 铕 $4f^76s^2$ 151.964(1)	64 Gd 钆 $4f^75d^16s^2$ 157.25(3)	65 Tb 铽 $4f^96s^2$ 158.92534(2)	66 Dy 镝 $4f^{10}6s^2$ 162.50(3)	67 Ho 钬 $4f^{11}6s^2$ 164.93032(2)	68 Er 铒 $4f^{12}6s^2$ 167.26(3)	69 Tm 铥 $4f^{13}6s^2$ 168.93421(2)	70 Yb 镱 $4f^{14}6s^2$ 173.04(3)	71 Lu 镥 $4f^{14}5d^16s^2$ 174.967(1)
锕系	89 Ac 锕 $6d^17s^2$	90 Th 钍 $6d^27s^2$ 232.0381(1)	91 Pa 镤 $5f^26d^17s^2$ 231.03588(2)	92 U 铀 $5f^36d^17s^2$ 238.0289(1)	93 Np 镎 $5f^46d^17s^2$	94 Pu 钚 $5f^67s^2$	95 Am 镅* $5f^77s^2$	96 Cm 锔* $5f^76d^17s^2$	97 Bk 锫* $5f^97s^2$	98 Cf 锎* $5f^{10}7s^2$	99 Es 锿* $5f^{11}7s^2$	100 Fm 镄* $5f^{12}7s^2$	101 Md 钔* $(5f^{13}7s^2)$	102 No 锘* $(5f^{14}7s^2)$	103 Lr 铹* $(5f^{14}6d^17s^2)$

物质元素。后来又被发展成五行相克相生的观念，来解释物质在一定条件下相互转化的关系。图 2.1 就是这种关系的图示，相邻部分为相生，对角线部分为相克。公元前 5 世纪前后，古希腊那些擅长思辨的学者也提出了四元素说。他们认为万物都是由水、火、气、土等元素组成的。被誉为古希腊最伟大的思想家、哲学家、科学家的亚里士多德（Aristotle，公元前 384～前 322）进而把冷、热、干、湿作为自然界的原始性质，与四元素说组合起来，用几何学的观点来说明四元素之间的相互关系（如图 2.2 所示），发展了元素说。在印度古代，也有地、水、火、风、空构成万物的五元素说。由此可见，在古代，尽管地域不同，学者们在探讨万物归宗中都提出了类似的元素观。现在看来，古代所说的元素和它们之间的关系，论述是比较粗浅的，与近代的元素概念有本质的差距。但是有一点是应该肯定的，这就是在当时的条件下，他们能坚持从客观的物质世界出发来认识世界，表现出朴素的唯物观。他们能从具体的物质元素出发去寻找自然现象多样性的统一，是难能可贵的。

图 2.1　五行相克相生关系

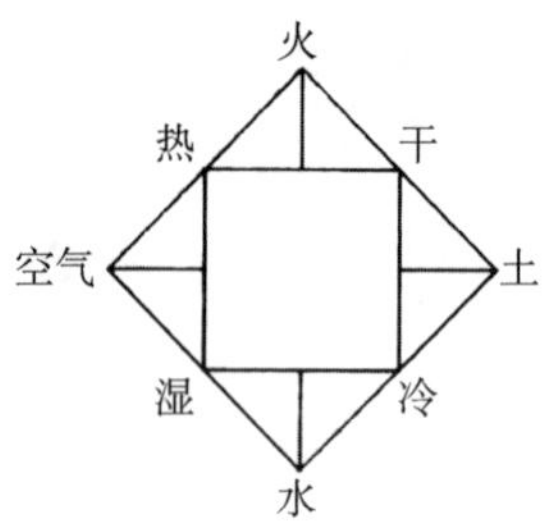

图 2.2　四原性说示意图

古代的元素观，仅仅是回答物质构成的一种臆测，似乎对生产力的发展、社会的变革没有产生直接作用，但是作为一种认识物质的观念，对后来化学概念、理论的形成则产生了深远的影响。

无论是中国古代的炼丹术，还是古希腊、阿拉伯、欧洲的炼金术，都把古代的元素说作为他们从事炼金活动的理论指导。当他们把许多物质进行加热、溶解、蒸馏、升华、燃烧等方式加工处理后，尽管没有提炼出他们日夜祈求的能使人长生不老的药剂或找到点石成金（变贱金属为贵金属）的哲人石，但是通过化学试验，他们的确完成了一些化学转变，研制出包括无机酸碱在内的许多化学物质，积累了某些化学知识。在这些化学知识的增长中，就包含了元素知识的扩展。中国古代的金丹家曾认为“金可作，也可度”，在炼丹实践中，特别关注汞、硫、铅、砷等元素及其化合物的变化。古希腊的炼金者也把汞、硫作为炼金的两味主药。阿拉伯和欧洲的炼金家则进一步认为，金和银都含有纯粹的汞和硫，普通金属与金银的区别就在于含汞，硫的比例和纯度有差别。从这些元素观中，不难看到原性说的深深烙印。人们对物质的认识总是从表观的性质开始的，因此产生这种元素观是不奇怪的。

发源于意大利的文艺复兴是反对封建主义思想禁锢的一次伟大的思想解放运动。文艺复兴的实质是人的觉醒，是意识到人（首先是个体的人）的价值和人的尊严，它是人类近代文明的开端。近代自然科学产生于文艺复兴后期，是伴随资本主义的生长而产生的。由于近代科学的生长直接动摇了封建神权统治的思想基础，所以她一开始就遭到了残酷的镇压。从主张实验是研究自然最根本方法的罗杰·培根（R.Bacon，约 1214～约 1293）到提出日心说的哥白尼（N.Copernicus，1473～1543）、宣传哥白尼学说的布鲁诺（G.Bruno，1548～1600）、近代物理学的奠基人之一伽利略（G.Galilei，1564～1642），无一不受到教会的迫害。与哥白尼同时代的瑞士医生帕拉塞尔斯（P.A. Paracelsus，约 1493～1541），在医学理论和药物研究上都有重要创新，但由于他“离经叛道”，被迫到处流浪，最终在萨尔茨堡被人谋杀。这个帕拉塞尔斯是当时欧洲医药化学流派的代表人物，他们主张炼金术应该为制药做出贡献，而使炼金术的研究方向由炼金为主转向医药为主。他们发展了炼金家们的元素观，提出了三元素说，即认为万物是由三种元素，即汞、硫、盐以不同比例构成的。这种元素观实际上表现的仍是物质的性质，汞是可熔性或金属性的要素或精神；硫代表易燃性的要素或灵魂；盐则是构成固态实体的要素。可见它仍然没有摆脱原性说的影响，但它与四元素相比，使人感到更具体和实际一些。

在近代科学建立的 17 世纪，被誉为把化学确立为科学的英国化学家波义耳（R.Boyle，1627～1691）认为，化学的目的在于认识物体的结构，而认识的方法在于分析，即把物体分解为元素。这种认识无疑要求把化学研究的重点从“为什么发生化学反应”转移到“化学反应如何发生”上来，纠正古代错误的元素观，揭示了化学元素这一概念的正确含义，即物质并不是由性质组成的，而是由化学元素所组成的。波义耳虽然提出了唯物的元素概念，然而由于科学实验条件的局限，他依然把许多化合物当作了元素，甚至依然把空气、火、水等当作了元素。揭示这些曾长期被错误地当作元素的现象或复杂物质的任务，很自然地成为此后化学家的重要课题。在 18 世纪整个科学发展处于停滞时期，而在化学上完成一次革命的法国化学家拉瓦锡（A.L. Lavoisier，1743～1794）的贡献就在于此。

拉瓦锡通过大量的、经过精心设计的实验，重复和检验了前人和同行们的研究成果，在质量守恒思想的指导下，运用理论思维对这些成果进行了合理的逻辑解释。特别是他发现和确认了氧，并以氧为中心，对燃烧等化学现象做出了科学的阐述，推翻了统治化学达百年之久的燃素说，建立了氧化理论，从而在化学观念和研究方法上都完成了一次变革。拉瓦锡对波义耳的元素定义做了重要的补充，他认为化学元素是化学分析所达到的终点的物质成分，并开列出可能是世界上最早的元素表（表 2.2）。在这张包括 33 种元素的表中，拉瓦锡把它们分为四类：①气体元素：光、热、氧、氮、氢；②能氧化成酸的非金属：硫、磷、碳、盐酸基、氟酸基、硼酸基；③能氧化，氧化后并与酸化合成盐的金属：锑、银、砷、铋、钴、铜、锡、铁、锰、汞、钼、镍、金、铂、铅、钨、锌；④能成盐的土质：石灰、镁土、重土、矾土、硅土。在这张表里，拉瓦锡已把古希腊的四元素：土、火、水、气从元素表中排除，同时把当时已客观上接触或取得的元素毫无遗漏地包括进来，并提出划分金属与非金属的准则。在当时，这一见解可算是很高明的。元素是一个抽象的概念，它虽然存在于一切物质之中，但是不能将它分离出来单独进行观察，人们所看到的是由同种元素所组成的单质。波义耳、拉瓦锡所定义的元素，实际上是单质，因此他们给元素的定义的主要贡献在于将单质同化合物、混合物区分开来，从而使化学研究沿着一条正确的思路向前发展。

拉瓦锡在列出上述化学元素表时，曾坦率地声明这只是一张凭经验列出的表，还有待以后发现的事实来修正。他特别指出，表中几种能成盐的土质，非常可能是金属氧化物。这一预言在 10 年后就被英国化学家戴维（H.Davy，1778～1829）证实。

意大利物理学家伏打（A.Volta，1745～1827）于 1800 年发明了电池，电流成为科学研究的重要对象，电流的化学效应和热效应随之被发现。同在 1800 年，英国化学家尼科尔森（W.Nicholson，1753～1815）和卡里斯尔（A.Carlisle，1768～1840）成功地应用了伏打电池所产生的电流分解了水。

表 2.2　拉瓦锡的元素表（1789 年）

	Noms nouveaux.	Noms anciens correfpondans.
Subflanses fimples qui appartiennent aus trios regnes & quón pettregarder comme les Elèmens des corps.	Lumière	Lumière.
	Calorique	Chaleur. Principe de là chaleur. Fluide igné. Feu. Matière du feu & de là chaleur.
	Oxygène	Air déphlogiftiqué. Air empiréal. Air vital. Befe de l'air vital.
	Azote	Gaz phlogiftiqué. Mofete. Bafe de la mofete.
	Hydrogène	Gaz inflammable. Bafe de gas inflammable.
Subflances fimples non métalliques oxidables & acidifiables.	Soufre	Soufre.
	Phofphore	Phofphore.
	Carbone	Charbon pur.
	Radical muriatique	Inconnu.
	Radical fluorique	Inconnu.
	Radical boracique	Inconnu.
Subflances fimples métalliques oxidables & acidifiables.	Antimoine	Anrimoine.
	Argent	Argent.
	Arfenic	Arfenic.
	Bifmuth	Bifmuth.
	Cobolt	Cobolt.
	Cuivre	Cuivre.
	Erain	Erain.
	Fer	Fer.
	Manganè fe	Manganèfe.
	Mercure	Mercure.
	Molybdène	Molybdène.
	Nickel	Nickel.
	Or	Or.
	Platine	Platide.
	Plomb	Plomb.
	Tungftène	Tungftène.
	Zine	Zine.
Subflances fimples falifiables terrcufis.	Chaux	Terre calcaire，chaux.
	Magnéfie	Magnéfie，bafe du fel'd' Epfom.
	Baryte	Barote，terre pafante.
	Alumine	Argile，terre de Ialun. bafe de Valun.
	Silice	Terrefilleedfe，terre vitrifiable.

这一消息立即轰动了科学界，有人重复实验，有人寻求解释。随着研究的深入，人们发现在电解水的同时，在阳极附近的水中总有酸性物质产生；在阴极附近的水中总有碱性物质产生。这究竟是怎么回事呢？思想敏锐又精于实验的英国化学家戴维重复电解水的实验后，指出电解水的过程产生酸和碱很可能是由于水的不纯。改用蒸馏水来做实验，果然酸性和碱性的产物就少多了。熟悉和推崇拉瓦锡氧化学说的戴维立即推想到，盐类物质在电解作用下也会分解，分别在两电极产生相应的酸和碱。他还认为，氧和氢之间、酸和碱之间，以及金属与氧之间的化学亲和力的实质是一种电的吸引。这种思想后来被当时最卓越的化学家之一，瑞典的贝采利乌斯（J.J.Berzelius，1779～1848）发展成著名的“电化二元论”，这种理论被化学史家誉为化学学说中最伟大的一部分。戴维的科学生涯中最耀眼的成就是他于1807～1808年间，经过坚韧不拔的努力，用电解方法揭开了苛性碱之谜，发现并命名了钾、钠、钡、锶、钙、镁等元素。1808年法国化学家盖-吕萨克（J.L.Cay-Lussac，1778～1850）和泰纳（L.J.Thenard，1777～1857）从硼酸中取得了硼，1810年又得到氯。戴维认为氯是一种元素，证明了盐酸是一种不含氧的酸，从而修正了拉瓦锡关于酸都含有氧的假说。在上述研究成果的基础上，1812年戴维对元素做了如下分类：①助燃性元素——氧、氯；②可燃性非金属元素——氢、氮、硫、磷、碳、硼；③金属元素——拉瓦锡时的17种加上以后发现的，共达38种。戴维的元素分类较比拉瓦锡的，显然有了一定的进步，把成盐的土质这一类给搞清楚了，把光和热给除掉了。但是存在的疑问也是显而易见的。原因何在？从波义耳到拉瓦锡、戴维，都在积极探索万物是由哪些元素组成的。尽管取得了很大成绩，但是元素这一抽象的概念，并没有从单质的范畴中解脱开来，只有深入探讨元素又是以怎样的方式构成万物的，才能把问题引向深入。为此我们不能不从古代的原子论说起。

约在公元前5世纪提出的古希腊原子论认为：宇宙万物是由最微小、坚硬、不可入、不可分的物质粒子所构成，这种微小的粒子叫作原子（atomos，不能分割之意）；各种原子在性质上相同，但在形状大小上却不相同，经过各种不同的组合，聚集成为不同的物质；原子总是在不断运动，互相碰撞而形成物质世界。这一假说强调了世界的物质性，对自然界的本质提出了大胆而有创造性的臆测，具有朴素的唯物主义观点。

古代原子论受当时条件的限制，缺乏实验的根据，明显地表现为哲学推理，因此易被人们轻视，甚至遭到来自宗教势力和唯心论者的长期压制。直到文艺复兴时期，自然科学处于复兴发展的高潮，原子论复活了。尽管在当时，原子论者与粒子说者之间围绕着不可分的原子和真空是否存在，展开了热烈的争论，但是原子论在力学研究中的成果使学者不能忽视它。在一系列有关真空和大气压的实验基础上，波义耳于 1660 年提出了一定量的气体在一定温度下，它的体积与压力成反比的气体定律。承认这一定律，实际上就是认为气体也是由原子与粒子集合而成的能够感觉的物质。波义耳还认为，化学现象是由各种不同形状的粒子之间的机械作用而产生的。波义耳将力学原子论与化学原子论联系起来的思想，直接影响了后来的牛顿和拉瓦锡等一批学者。牛顿从力学角度发展了物质构造的微粒说，提出了化学亲和力的见解。拉瓦锡则综合了大量化学实验的结果，正式陈述了质量守恒定律。这一定律的成立则表明原子的存在，因为只要认为物质是由原子组成的，化学变化中物质的种类和性质虽然有了变化，然而这却主要是原子的分散和聚集的结果，因此化学反应前后物质的总重量是不变的。从原子论来说，所有的物质都有重量，即使改变了形状，其重量仍然不变，拉瓦锡正是抓住了这一关键。

有了质量守恒定律和化学的定量研究，化学反应的定比定律和倍比定律很自然地被总结出来。摆在化学家面前的任务是用一种统一的观点去阐明这些定律的本质。当时的自然科学研究中盛行着一种蔑视理论思维的狭隘经验论思潮，部分科学家片面强调经验事实，忽视在分析基础上的综合。在这种背景下，重视理论思维，刚过而立之年的普通教师道尔顿（J.Dalton，1766～1844）勇敢地提出了原子学说，标志着化学发展进入一个新的时期。

1787 年道尔顿从对大气的物理性质的考察开始他的研究生涯。他继承了古希腊的原子论和牛顿的机械原子论思想，认为大气中的氧气和氮气之所以能够相互扩散而均匀混合，原因就在于它们都是由微粒状的原子构成的，而且是不连续、有空隙的。道尔顿也有创新，他认为氧和氮的原子在大小、质量及性质上并不相同，不同意牛顿关于原子完全等同的观点。后来他又将这种原子论的新思想用来解释上述关于元素间互相化合的质量定律。他认为物质都是由原子组成的，不同元素的化合就是不同原子间的结合。为了精确区分不同元素的原子，他认为不同元素的原子有不同的相对质量，即原子量，并把氢的原子量定为 1，再通过分析计算出其他元素的原子量。引入原子量的概念是道尔顿原子论的关键，这实际上为化学原子论提供了数量依据，从而形成了比较严密的理论体系。

从道尔顿的笔记本来看，他的原子论在 1803 年已大体完成，这一理论的基本内容则是在 1808 年他出版的著作《化学哲学新体系》中进行了全面的表达，要点如下。①一切物质都是由不可见的、不可再分割的原子组成的。原子不能自生自灭，它们在一切化学变化中保持其本性不变。②同种类元素的原子，在质量、形状和性质上都是相同的；不同种类元素的原子在质量、形状和性质上则各不相同。③每一种物质都是由它自己的原子组成的。单质是由简单原子组成的。不同元素的原子以简单数目的比例相结合，就形成化合物，化合物是由复杂原子组成的，而复杂原子又是由为数不多的简单原子所组成的。复杂原子的质量等于组成它的简单原子的质量的总和。同一化合物的复杂原子，其质量、形状和性质也必然相同。

由于元素互相化合的质量关系是原子学说的感性基础，因而原子学说能合理地解释上述质量定律的内在联系，从微观的物质结构角度揭示宏观化学现象的本质。同时原子学说将古代被分割开并不时发生冲突的原子论与元素说联系起来，强调质量是化学元素的基本特征，这一思想无疑使元素的概念更为清晰。从此开展的元素原子量的测定则为元素周期律的发现打下了基础。

道尔顿的原子学说能简明而深刻地说明上述化学定律和化学现象，很快得到化学界的承认和重视。其中瑞典化学大师贝采利乌斯以超人的努力、精湛的技术，完成了 2000 多种单质或化合物的准确分析，测得了许多元素精确的原子量（如表 2.3 所示）。他的工作成绩不仅表示了对原子学说的理解和支持，也为原子学说提供了充分的实验根据。他的工作还克服了由道尔顿武断假设而得出原子量的任意性。

表 2.3　道尔顿、贝采利乌斯所定原子量和现代的原子量比较表

元素	道尔顿（1808 年）	贝采利乌斯（1826 年）	国际原子量（1981 年）
氢	⊙1	H　1.0	H　1.00794
氮	⦶ 5	N　14.16	N　14.0067
碳	●5.4	C　12.25	C　12.011
氧	○7	O　16.00	O　15.9994
磷	☮9	P　31.38	P　30.97376
硫	⊕ 13	S　32.19	S　32.06

由于意大利物理学家阿伏伽德罗（A.Avogadro，1776～1856）于 1811 年提出的分子假说得不到承认，原子量的测定工作陷入了混乱。不同国家和地区使用的原子量不同，当时大致情况如下：

武拉斯顿的原子量 H=1，C=6，O=8（以英国为主）

贝采利乌斯的原子量 H=1，C=12，O=16（欧洲大陆）

两者的折中方案 H=1，C=6，O=16（以法国为主）

原子量各行其是势必影响化学研究的进行和对元素准确的认识。最典型的例子就是原子量不确定，导致分子式难以确定，当时对醋酸就可列出 19 种不同的分子式。怎样解决这矛盾，许多化学家提出召开一次国际会议，以期取得一个统一的意见。1860 年 9 月 3 日在德国卡尔斯鲁厄召开了约有 127 位欧洲化学家参加的学术会议，在会上众说纷纭，分歧很大。直到会议临近结束，来自意大利的化学家康尼查罗（S.Cannizzaro，1826～1910）两年前写的论文“化学哲学教程提要”被他的朋友向代表们散发。这篇论文讲述了原子量、分子量混乱局面的历史由来，并明确地指出，只要接受阿伏伽德罗的分子假说，这一混乱局面即可澄清。他还总结了 50 年来在测定原子量工作的成绩和教训，指出应承认氢类气体元素的分子是由双原子组成，而不是所有元素的气态都是双原子分子。从这事实出发，实验测定计算出来的原子量就正确了。许多化学家看了康尼查罗的文章后，觉得种种疑惑顿时消失，混乱的局面很快结束了，化学发展出现了新的转折点。化学元素周期律的发现直接受益于这一伟大的转折。

2.2　化学元素周期律的发现

对元素进行分类和探讨元素之间的关系一直是化学家热衷的研究课题。从表 2.4 的元素发现表可以看到从 18 世纪末到 19 世纪初，被发现的新元素在迅猛增加。这不仅为上述的探讨创造了条件，同时也对这种探索给予无形的后劲。1860 年前有许多科学家从事这种探索，其中给人们留下较深印象的是德国耶拿大学化学教授德贝莱纳（J.W.Dobereiner，1780～1849）的研究成果。他注意到碱金属、碱土金属在化学性质上十分相似，似乎有一种族的特征。经过长达 10 年的研究，他进而发现，这些性质相似的元素不局限于碱金属或碱土金属，而是每三个元素可成一组，中间那个元素的原子量恰好为前后两个元素原子量的平均值。例如

表 2.4　元素发现年表（17 世纪以后）

1669　磷	1804　锇	1861　铷	1900　氡
1737　钴	1804　铱	1861　铊	1901　铕
1748　铂	1807　钾	1863　铟	1907　镥
1751　镍	1807　钠	1875　镓	1917　镤
1766　氢	1808　钡	1879　钬	1923　铪
1772　氮	1808　锶	1879　铥	1925　铼
1774　氯	1808　钙	1879　镱	1939　钫
1774　锰	1808　镁	1879　钪	1939　锝
1774　氧	1808　硼	1880　钐	1940　镎
1781　钼	1811　碘	1880　钆	1940　砹
1783　碲	1817　锂	1885　镨	1940　钚
1783　钨	1817　镉	1885　钕	1944　镅
1789　铀	1818　硒	1886　氟	1944　锔
1789　锆	1824　硅	1886　锗	1945　钷
1791　钛	1825　铝	1886　镝	1949　锫
1794　钇	1826　溴	1894　氩	1949　锎
1797　铍	1829　钍	1895　氦	1954　锿
1798　铬	1830　钒	1898　氪	1954　镄
1801　铌	1839　镧	1898　氖	1955　钔
1802　钽	1843　铽	1898　氙	1958　锘
1803　钯	1843　铒	1898　钋	1961　铹
1803　铑	1844　钌	1898　镭	
1803　铈	1860　铯	1899　锕	

元素：　Ca　Sr　Ba

原子量：40　88　137

$$\frac{40+137}{2}=88.5$$

元素：　Li　Na　K

原子量：7　23　39

$$\frac{7+39}{2}=23$$

元素：　S　Se　Te

原子量：32　79　128

$$\frac{32+128}{2}=80$$

元素：　Cl　Br　I

原子量：35.5　80　127

$$\frac{35.5+127}{2}=81$$

元素： Fe Co Ni Os Ir Pt

原子量：56 59 59 190 192 195

（原子量是根据当时贝采利乌斯的数据）

1829 年他把某些元素的这种关系称为三元素组。三元素组相当于今天周期表上局部元素的分布。由于当时条件所限，不可能把所有的元素作为一个整体来研究，所以对元素性质随原子量增加作周期性变化的描述是很含糊的。它的最大贡献就在于它对后人富于启迪。后来有些化学家曾扩大了三元素组的数目；有些化学家则指出性质相似的元素组不应当限制为三个元素。这些补充和发展，同样停留在局部描述的范围内，不可能揭示整个变化的周期性规律。最关键的问题是当时原子量测定仍处于一片混乱之中，没有确定元素的统一、精确的原子量之前，企图正确地发现元素原子量与它们性质之间的关系，从而对元素进行科学的分类是不可能的。

1860 年以后，被发现的元素已达 60 多种，对它们性质的研究也积累了丰富的资料，特别是作为元素表征的原子量的测定，不仅获得了统一，而且也较为精确，这就使寻找原子量与化学性质之间的关系规律渐趋现实。许多科学家的努力都有成绩，其中较突出的有法国地质学家尚古多（B.de Chancourtois，1820～1886）、英国化学家奥德林（W.Odling，1829～1921）、纽兰兹（J.A.Newlands，1837～1898）、德国化学家迈耳（J.L.Meyer，1830～1895）。

尚古多在 1862 年提出元素的性质有周期性重复的规律。为说明这一规律，他绘制了一张图，把元素按原子量大小循序标记在一个圆周线分成 16 份的圆柱体的螺旋线上，那些性质相似的元素就会出现在同一垂直线上，例如 Li—Na—K，从而显示其变化的周期性（见图 2.3）。尽管由于当时的条件所限，他把一些不是元素的原子团或矿物也排了进来，显得很乱，而且错误也不少，但是可以认为它是对周期律的最初认识。更不幸的是，这一工作在当时根本没有引起注意，他的工作直到 1891 年才被承认。

奥德林在 1865 年修正了 1857 年以当量为基础的元素表，改用原子量大小为序的新的元素表（表 2.5）。把 45 种元素按原子量大小竖排，以得出横排上出现一些性质相似的元素组，具体说明元素性质随原子量递增而呈现的周期性。从形式上看这表比尚古多的螺旋图有所进步，但是给人的直觉仍然是不清晰，命运同样是不被重视。

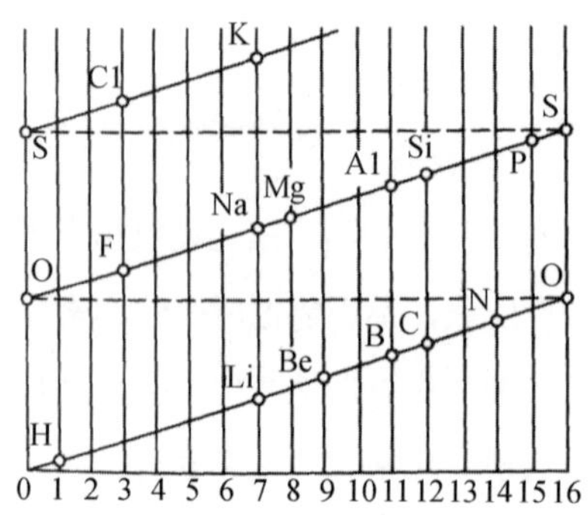

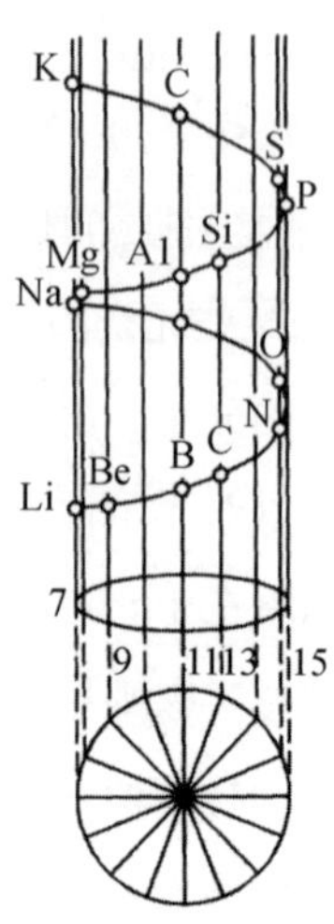

图 2.3　螺旋图

表 2.5　奥德林的元素表（1865 年）

						Mo	96	W	184
							—	Au	196.5
						Pd	106.5	Pt	197
L	7	Na	23		—	Ag	108		—
G	9	Mg	24	Zn	65	Cd	112	Hg	200
B	11	Al	27		—		—	Tl	203
C	12	Si	28		—	Sn	118	Pb	207
N	14	P	31	As	75	Sb	122	Bi	210
O	16	S	32	Se	79.5	Te	129		—
F	19	Cl	35.5	Br	80	I	127		—
		K	39	Bb	85	Cs	133		
		Ca	40	Sr	87.5	Ba	137		
		Ti	48	Zr	89.5		—		
		Cr	52.5		—	V	138	Th	231
		Mn	55						

注：图中元素符号 G，即元素铍（Be）

纽兰兹在 1866 年也排出了一个元素表，他把它称为八音律图。在图中，他把 62 个元素排列成类似八音阶（即第八个元素性质相近于第一个元素）的排组图式（表 2.6 所示）。纽兰兹是最早把元素按照原子序数来排列的化学家。可惜的是这个原子序数仅是原子量从小到大的排列顺序，而不是 1913 年有明确物理意义的原子序数。由于当时原子量测定有误，又没有考虑为尚未被发现的元素留下空位，加上排法过于机械，错误就难免了，特别排到 18 号过渡元素后，出现了明显的混乱。显然这种排法很难揭示事物的内在规律。但要承认，他的方向是正确的。由于纽兰兹对为什么要这样排，说不出让人信服的根据，因此当他在化学学术会议上宣讲他的论文时，遭到许多人的讥讽，说他的观点是无稽之谈。纽兰兹为此很灰心。

表 2.6　纽兰兹的八音律排列图（1866 年）

No		No		No		No		No		No		No		No	
H	1	F	8	Cl	15	Co&Ni	22	Br	29	Pd	36	I	42	Pt&lr	50
Li	2	Na	9	K	16	Cu	23	Rb	30	Ag	37	Cs	44	Os	51
G	3	Mg	10	Ca	17	Zn	24	Sr	31	Cd	38	Ba&V	45	Hg	52
Bo	4	Al	11	Cr	19	Y	25	Ce&La	33	U	40	Ta	46	Tl	53
C	5	Si	12	Ti	18	In	26	Zr	32	Sn	39	W	47	Pb	54
K	6	P	13	Mn	20	As	27	Di&Mo	34	Sb	41	Nb	48	Ei	55
O	7	S	14	Fe	21	Se	28	Ro& Ru	35	Te	43	Au	49	Th	56

注：图中元素符号 Ro 即铑 Rh

在卡尔斯鲁厄国际学术会后，第一个赞许康尼查罗关于原子量测定的论文并立即将它译成德文而加以推广的迈耳，于 1864 年出版了他的著作《现代化学理论》。在书中，他依原子量大小的次序，详细地讨论了各元素的性质，并列出了一个六元素表（表 2.7）。此表太简单了，只列了 27 个元素，说明不了什么问题，因而也没有引起学术界的重视。

表 2.7　迈耳的六元素表（1864 年）

—	—	—	—	Li	（Be）
G	N	O	F	Na	Mg
Si	P	S	Cl	K	Ca
—	As	Se	Br	Rb	Sr
Sn	Sb	Te	I	Cs	Ba
Pb	Bi	—	—	（Tl）	—

正当元素周期性的问题先后被提出而又遭到如此冷落时，俄罗斯化学家门捷列夫（Д.И.Менделеев，1834～1907）于 1869 年挺身而出，以清晰而明确的陈述首先提出了化学元素周期律。他以“根据元素的原子量和化学性质相似性的元素系统的尝试”为题撰写论文，文中编制了一个元素体系表（表 2.8）。随后他将此表用单张纸的形式分别寄给当时俄国和西欧一些国家的化学同行。3 月 13 日召开的俄罗斯化学协会第 4 次例会上，门捷列夫因病未参

加，他委托彼得堡大学的舒特金教授宣读了他写的论文“元素性质与原子量关系”。在这篇论文中，门捷列夫自述说：“最初在这方面所做的尝试是这样：我从最小的原子量选取元素，并把它们按原子量大小的顺序排列，发现元素的性质好像存在着周期性，甚至元素的化合价也是一个接一个按它们的原子量大小形成算术的序列。如下所示：

Li=7	Be=9.4	B=11	C=12	N=14	O=16
F=19	Na=23	Mg=24	A1=27.4	Si=28	P=31
S=32	Cl=35.5	K=39	Ca=40	Ti=50	V=51

表 2.8　根据元素的原子量和化学相似性的元素系统的尝试（1869 年）

			Ti=50	Zr=90	?=180
			V=51	Nb=94	Ta=182
			Cr=52	Mo=96	W=186
			Mn=55	Rh=104.4	Pt=197.4
			Fe=56	Ru=104.4	Ir=198
			Ni=Co=59	Pd=106.6	Os=199
H=1			Cu=63.4	Ag=108	Hg=200
	Be=9.4	Mg=24	Zn=65.2	Cd=112	
	B=11	Al=27.4	?=68	Ur=116	Au=197?
	C=12	Si=28	?=70	Sn=118	
	N=14	P=31	As=75	Sb=122	Bi=210?
	O=16	S=32	Se=79.4	Te=128?	
	F=19	Cl=35.5	Br=80	J=127	
Li=7	Na=23	K=39	Rb=85.4	Cs=133	T1=204
		Ca=40	Sr=87.6	Ba=137	Pb=207
		?=45	Ce=92		
		?Er=56	La=94		
		?Yt=60	Di=95		
		?In=75.6	Th=118?		

在原子量超过 100 的元素中，遇到了性质十分相似的连续行序：

Ag=108	Cd=112	In=116	Sn=118	Sb=122
Te=128	J=127			

发现 Li，Na，K 和 C，Si，Sn 或 N，P，Sb 等一样，性质彼此相似。立即产生假设，元素的性质是不是表现在它们的原子量上？能不能根据它们的原子量建立元素体系？接着就走向这个体系的实验……在元素的质量和化学性质之间一定存在着某种联系。物质的质量既然最后成为原子的形态，因此就应该找出元素的特性和它的原子量之间的关系……于是我就开始来搜集，将元素的名字写在纸片上，记下它们的原子量和基本特性，把相似的元素和相近的原子量排列在一起。”就是这样，门捷列夫得到了上面的表 2.8。

图 2.4　门捷列夫

无独有偶，1869 年 10 月德国化学家迈耳修改了他于 1864 年和 1868 年发表过的元素体系，也公布了他的元素周期表（表 2.9），同时明确指出元素的性质是它们原子量的函数。

表 2.9　迈耳的元素周期系（1869 年 10 月作，1870 年发表）

Ⅰ	Ⅱ	Ⅲ	Ⅳ	Ⅴ	Ⅵ	Ⅶ	Ⅷ	Ⅸ
	B=11.0	Al=27.3	—	—	—	?In=113.4	—	Tl=202.7
	C=11.97	Si=28		—		Sn=117.8		Pb=206.4
			Ti=48		Zr=89.7			
	N=14.01	P=30.9		As=74.9		Sb=112.1		Bi=207.5
			V=51.2		Nb=93.7		Ta=182.2	
	O=15.96	S=31.98		Se=78		Te=128?		—
			Cr=52.4		Mo=95.6		W=183.5	
	F=19.1	Cl=35.38		Br=79.75		I=126.5		—
			Mn=54.8		Ru=103.5		Os=198.6	
			Fe=55.9		Rh=104.1		Ir=196.7	
			Co=Ni=58.6		Pd=106.2		Pt=196.7	
Li=7.01	Na=22.99	K=39.04		Rb=85.2		Cs=132.7		—
			Cu=63.3		Ag=107.66		Au=196.2	
?Be=9.3	Mg=23.9	Ca=39.9		Sr=87.0		Ba=136.7		—
			Zn=64.9		Cd=111.6		Hg=199.8	

假若仅就门捷列夫与迈耳的周期表进行比较，可以看出他们的表各有所长，似乎迈耳的表还优于门捷列夫的表。由于当时已发现的元素仅 60 多个，原子量的测定也存在不少误差，所以两个表实际上都有不少缺陷。

尽管门捷列夫关于元素周期表的工作在俄罗斯根本没有引起学术界的足够重视，门捷列夫的许多朋友，甚至包括他最尊敬的老师齐宁（И.И.Зинин，1812～1880）都规劝他放弃这一探索。然而门捷列夫坚信自己的探索非常重要，他的工作一刻也没有停顿下来。在 1869 至 1871 年间他又先后在期刊上发表文章进一步阐述他所发现的元素周期律。特别关键的是 1871 年，他根据自己新的研究成果，大胆地修正了 1869 年所排列的周期表，重新制定了一个新的周期表（表 2.10）。这个周期表有了明显的进步，在许多方面超过了迈耳的工作。1872 年门捷列夫在德国著名的《李比希年鉴》发表文章，对他关于化学元素周期律的新认识作了介绍，其具体内容可概括如下。

表 2.10　化学元素周期系（门捷列夫在 1871 年发表）

列	Ⅰ族 — R^2O	Ⅱ族 — RO	Ⅲ族 — R^2O^3	Ⅳ族 RH^4 RO^2	Ⅴ族 RH^3 R^2O^5	Ⅵ族 RH^2 RO^3	Ⅶ族 RH R^2O^7	Ⅷ族 — RO^4
1	H=1							
2	Li=7	Be=9.4	B=11	C=12	N=14	O=16	F=19	
3	Na=23	Mg=24	Al=27.3	Si=28	P=31	S=32	Cl=35.5	
4	K=39	Ca=40	—=44	Ti=48	V=51	Cr=52	Mn=55	Fe=56 Co=59 Ni=59 Cu=63
5	（Cu=63）	Zn=65	—=68	—=72	As=75	Se=78	Br=80	
6	Rb=85	Sr=87	?Yt=88	Zr=90	Nb=94	Mo=96	—=100	Ru=104 Rh=104 Pd=106 Ag=108
7	（Ag=108）	Cd=112	In=113	Sn=118	Sb=122	Te=125	J=127	
8	Cs=133	Ba=137	?Di=138	?Ce=140	—	—	—	—
9	（—）	—	—	—	—	—	—	
10	—	—	?Er=178	?La=180	Ta=182	W=184	—	Os=195 Ir=197 Pt=198 Au=199
11	（Au=199）	Hg=200	Tl=204	Pb=207	Bi=208	—	—	
12	—	—	—	Th=231	—	U=240	—	—

（1）元素按照原子量的大小排列起来，呈现出明显的性质上的周期性。

（2）性质相似的元素，它们的原子量或者大致相同（如铂、铱、锇），或者是有规则地递增（如钾、铷、铯）。

（3）元素按照它们的原子量排列形成的类是符合它们的原子价的。

（4）自然界中分布最多的各种元素有比较小的原子量，并且有特别显著的性质。

（5）原子量的大小决定元素的性质。

（6）预期可以发现许多未知元素。例如同铝和硅相似的元素，它们的原子量应该为65～75。

（7）元素的原子量可以根据元素的位置来修正。

（8）元素的特性可以从它们的原子量预示出来。

现在看来，这一陈述还不够精确，但是它已基本上把元素周期律的主要内容表达出来了。一个科学的发现要被承认，一个科学的假说要成为科学的理论，必须在尔后的科学实践中经得起检验。门捷列夫提出的元素周期律及据此绘制出来的周期表，起初许多人仅把它当作一个化学家运用玩纸牌的手法，把元素按原子量大小排列而得到的一个没有让人感到惊奇的普通表格。然而随着科学实践的深入，特别是门捷列夫的工作，逐渐使人们看到了周期律在科研中的指导意义。这一指导作用首先表现在元素原子量的测定工作上。

1863年化学家借助于分光镜检验了从锌矿中发现的元素铟。当时用化学分析测定铟的当量为37.7，并认为铟与锌同类，应为二价，故原子量被认为是75.4。门捷列夫在研究周期表时发现在周期表中已有一个原子量为75的元素砷，铟的原子量可能有误。他研究了氧化铟和氧化铝的相似性后，认为铟应为三价，原子量应为113（这与今天所知铟的原子量为114.82就较接近），在周期表中就找到了它应在的位置。又如铀的原子量，在1869年化学家公认它的原子量为116。门捷列夫认为若按此原子量，铀就会在周期表中坐落在化学性质与它毫不相似的家族里，这显然不合适。门捷列夫根据铀的化学性质和周期表的分析，果断地把铀的原子量修改成240。此外，门捷列夫还根据周期律修改了铈和其他一些元素的原子量，同样获得成功。

让科学界对门捷列夫提出的周期律感到折服的事件发生在1875年。这一年法国化学家布瓦博德朗（P.E.L.Boisbaudran，1838～1912年）凭着对元素光谱的丰富知识，在检验一种闪锌矿时，发现了元素镓。9月他在巴黎医学院许多化学同人面前表演了这一实验，证明他的发现。1875 年 10 月号的《化学新闻》刊载了他的发现报告。就在 1876 年 5 月法国科学院的《科学报告集》公布了布瓦博德朗所测的有关镓的重要性质后不久，他收到了来自彼得堡署名为门捷列夫的信。信中以非常肯定的口吻指出他所测得的镓的某些性质不完全准确，尤其是比重，不应该是 4.7，而应在 5.9～6.0 之间。对此布瓦博德朗感到十分惊奇，目前世界掌握并研究元素镓的只有他一人，门捷列夫又是怎样知道镓的性质和比重呢？他是一个谦虚谨慎的人，认为不妨再测一次。于是他又重新提纯了镓，重新测定其性质及比重，比重果然为 5.94。这不能不使他感到惊讶，他叹服门捷列夫提出周期律的伟大意义和他的远见卓识。下面是布瓦博德朗测得的有关镓的一些特性与 1871 年门捷列夫关于类铝的一些预言所作的对比（表 2.11）。

表 2.11　镓的性质与门捷列夫的预测

门捷列夫预言“类铝”的各种特性	布瓦博德朗所测得的镓的各种特性
（1）原子量约 68，原子体积 11.5； （2）金属比重 5.9～6.0，非挥发性不受空气作用，烧至红热时能分解水汽，能在酸液或碱液中逐渐溶解； （3）氧化物公式 Ea_2O_3，比重 5.5，必能溶于酸中产生 EaX_3 型的盐，其氢氧化物必能溶于酸和碱中； （4）盐类有形成碱式盐的倾向，硫酸盐能成矾，其盐类能被 H_2S 或$(NH_4)_2S$ 所沉淀，其无水氯化物较氯化锌更易挥发； （5）本元素或将被分光分析法所发现	（1）原子量 69.9，原子体积 11.7； （2）金属固态比重为 5.94，在常温下不挥发，空气中不起变化，对于水汽的作用尚不明、在各种酸和碱中可逐渐溶解； （3）氧化物 Ga_2O_3 比重尚未查明，能溶于酸，生成 GaX_3 型的盐，其氢氧化物能溶于酸或碱中； （4）其盐类极易水解生成碱式盐、所成矾类已了解到。其盐类可能被 H_2S 或$(NH_4)_2S$ 所沉淀，无水氯化物比氯化锌更易挥发，沸点是 215～220℃； （5）镓是通过分光镜发现的

这一对比不难猜测布瓦博德朗当时的激动心态，同时也可以想象这条科学新闻在科学界产生的轰动。元素周期律不仅预言了一种新元素的存在，还预言了它的性质和发现它的方法。这在元素发现史上是第一例，充分展示了周期律的前瞻性和科学性。

4 年后的 1880 年，瑞典化学家尼尔逊（L.F.Nilson）从一种稀土矿中发现了新元素钪。1886 年德国化学家文克勒（C.A.Winkler，1838～1904）发现了新元素锗。钪和锗恰好是门捷列夫曾预言的类硼和类硅。下面是它们的性质对比（表 2.12，表 2.13）。

表 2.12 类硼和钪的性质对比

类硼	钪
原子量为 44	43.79
氧化物 Eb_2O_3 比重 3.5	Sc_2O_3 比重 3.864
硫酸盐 $Eb_2(SO_4)_3$	$Sc_2(SO_4)_3$

注：这里 Eb 代表类硼

表 2.13 类硅和锗的性质对比

类硅	锗
原子量为 72	72.6
比重大约 5.5 的金属	比重 5.35 的金属
氧化物 EsO_2 比重 4.7	GeO_2 比重 4.703
氯化物 $EsCl_4$ 比重大约 1.9	$GeCl_4$ 比重 1.887
沸点<100℃	沸点 86℃

注：这里 Es 代表类硅

这两项对比再次申明了周期律的前瞻性的理论意义，同时也表明它不仅仅是把化学元素分成了族和类，而是反映了元素之间固有联系的内在规律。由于元素作为化学研究的个体，是化学最基本的概念，所以周期律的提出实际上是对元素知识的一次综合和整理，把元素的知识纳入一个比较严密的自然体系，是人类认识元素又一次深化和飞跃。门捷列夫提出的元素周期律就是这样通过了科学实践的检验，得到科学界的普遍承认，并赢得了极高的评价。

对元素周期律的评价远远超出了化学，甚至自然科学的范围。由于它反映了物质内部的本质联系，从而具有哲学上的重要意义。在化学运动中，量变到质变的转化规律表现十分明显，元素周期律就是一个典型的事例，从而为唯物辩证法的量变到质变的规律提供了一个有很强说服力的自然科学材料。

元素周期律的价值不仅表现在它对元素材料的整理、综合及解释功能上，还突出地表现在它的前瞻性上，即科学发现和它的理论对科学实践指导的能动性。门捷列夫正是在这一点的贡献上，远远超过了迈耳和同时代的其他人，因而人们提及周期律就必然提到门捷列夫。元素周期律指导了整个无机化学知识的综合，从而成为无机化学的基础理论。

门捷列夫身处当时科学技术相对落后的俄国，为什么能取得这样辉煌的成就呢？后人对此进行了研究和讨论，取得许多有价值的共识。首先，门捷列夫努力学习，善于学习，较好地继承了前人已获得的知识和研究成果。其次他在大量的实验事实基础上，善于理论思维，运用归纳和演绎、分析和综合的方法，发现规律。他还擅长在探索中，发现问题，揭示矛盾，寻找症结，在理论上勇于创新。此外，在历尽艰辛的科学攀登中，他那种坚韧不拔、勇往直前的品德也是很突出的。

门捷列夫从穷乡僻壤的西伯利亚来到了彼得堡，费了九牛二虎之力才进入中央师范学院，就读自然科学教育系。他立志献身于科学事业，学习非常刻苦，终以优异成绩和获金质奖章的论文毕业了。1857 年年仅 23 岁的门捷列夫成为彼得堡大学的化学副教授。1859 年获出国奖学金去德国海德尔堡深造，顺便对西欧多国进行学术考察，特别是有幸参加了卡尔斯鲁厄的世界化学家聚会。通过会议，他不仅获得了许多化学前沿新知识，同时也对原子-分子论的历史沿革，科学论据及测定原子量的各种方法有了较多的了解。回国后，为了表述化学上的新成就，他决心亲自编写教材。面对杂乱无章的有关物质和元素的丰富资料，他必须研究物质和元素的分类及它们之间的关系。为此他对 283 种物质逐个进行了分析测定，这就使他对许多物质和元素有了更直接的认识。同时他还重测了一些元素的原子量，对某些元素的主要特性有了更深刻的领会。这些化学实践加上努力学习，使他较全面地接受了原子学说的科学观点，进一步坚信原子的客观存在和原子量是原子基本特征的信念。这就使他在探索元素间性质变化规律性时抓住了主线。在具体探讨中，他对前人的大量工作进行了细致的分析，去其糟粕，取其精华，总结经验，吸取教训。他先后分析了根据元素对氧和氢的关系所作的分类；金属与非金属的分类；分析了根据元素电化序所作的分类；分析了根据原子价进行的分类；特别是还分析了根据元素综合性质所作的分类。有比较才有鉴别，有分析才能做好综合归纳，通过这样的学习过程，门捷列夫批判地继承了前人的研究成果，并进而作出了自己的创造性工作。

在根据元素综合性质进行分类中，门捷列夫发现，性质相似的元素，它们的原子量并不接近；相反，有些性质不同的元素，它们的原子量反而相差较小。这是为什么？他紧紧把元素原子量与元素性质之间的关系作为目标，不停思索，不断整理，认识到，就有关自然现象的一切明确知识可以得出结论：物质的质量是物质的一种性质，物质的其他性质都应该与质量有关。既然物质的质量和化学性质都是永恒的，那么在元素原子量和化学性质之间必然存在着某种联系。再经过比较和归纳，他很快发现，元素的性质是随元素原子量的增加而发生周期性的变化。门捷列夫就是通过这样的辛勤劳动，把当时庞杂而又紊乱的元素知识条理化，提出了元素周期律。

自然现象繁复庞杂、瞬息万变，人类对自然规律的认识，只有在继承前人已经获得的知识基础上，才能从比较肤浅的、零散的认识，发展成比较深刻的、系统的认识，这是一个艰难而又曲折的漫长过程。在科学上做出勋业，仅仅是善于学习、继承前人的科研成果显然是不够的。还必须通过自己的劳动，在科学发现或科学理论上勇于创新，敢于突破，才能表明自己的才干和贡献，才能保证科学的持续发展。门捷列夫恰恰在这一点上赢得了比迈耳和其他从事这一课题研究的化学家更高的威望。

门捷列夫对前人的研究成果，首先是虚心学习，但不盲从；既是尊重，又敢于进行剖析和鉴别。例如，对元素的分类，他在学习了前人的各种分类法后，就指出，仅仅基于元素的某些特征进行分类，是一种人为的分类法，必然带有片面性。只有对元素性质从整体上进行概括，再考察原子量的变化，分类才能做到比较科学。此外，门捷列夫深信自己发现的元素周期律是自然界的一条重要规律，就应该用它来指导自己的科学实践。在对元素原子量及其化学性质进行细致、综合的考察、验证之后，他敢于用这一规律为指导，去修正某些元素当时公认的原子量，并大胆地预测那些尚未发现的元素及其性质和发现它的方法。正是这种创新、突破的勇气促使他果断地吸收了迈耳表的长处，修改了 1869 年自己开列的周期表，改竖排为横排，使同族元素处于同一竖行中，从而突出了元素化学性质变化的周期性。在同族里他也划分出主族和副族，元素性质变化的周期就更为明朗了。他还敢于把尚未发现的元素空格由 4 个增加到 6 个。经过这一番修正，就使他 1871 年的周期表超过了当时其他化学家的工作。相反的，迈耳在当时就缺乏这种勇气。

门捷列夫的元素周期表不是主观武断地把元素分成若干族，依次排列起来，而是反映了元素之间的固有联系和内在规律，因此周期律的发现不仅是对化学元素资料一次成功的综合，而且还把相互关联的化学概念和知识纳入到一个比较严密的自然体系，形成了系统的有机整体，有力地推动了化学及有关物质科学的发展。周期律的价值不仅表现在它对元素之间内在规律的揭示，还突出地表现在它能动地为元素的研究提供指导。它既是元素知识综合概括的依据，又为新元素的寻找或合成给予预测。这就是元素周期律的发现在科学上所具有的深远意义，也是门捷列夫完成科学上一项勋业所赢得的普遍尊重和敬仰的主要原因。

2.3 元素周期律的本质

科学的发展是没有止境的，人们对物质的认识也不会有终点，元素周期律在尔后的发展充分说明了这一点。

自19世纪80年代以后，在元素周期律的指导下，化学家更积极地去寻找新的元素并展开对元素深入而全面的研究，使元素周期表不断得到增补和修订。到1894年止，门捷列夫所预言的未知元素先后被发现，由于化学分离提纯方法的进步，已发现的元素达到了75种。

从1882年起，英国物理学家瑞利（L.Ragleigh，1842～1919）研究大气中各种气体的密度。瑞利毕业于剑桥大学，1879年接任因麦克斯韦（C.Maxwell，1831～1879）去世而空缺的剑桥大学卡文迪许实验室主任之职。在实验室里有一台当时最灵敏的天平，灵敏度达到了万分之一克，为精细研究提供了方便。瑞利先测定氧气的密度，确定氢氧密度之比不是1∶16，而是1∶15.882（按现今的数据应是1∶15.874）。研究氮的结果使他困惑了，他对空气中得到的氮的测定，其密度为1.2572克／升；对氨中所分解的氮气的测定，其密度为1.2508克／升，二者相差0.0064克，即千分之五。实验重复多次，结果依旧，对此他百思不得其解。1892年他把实验结果在《自然》杂志上给以介绍，以期得到读者的解释，没有回音。1894年他又在英国皇家学会宣读他的实验报告。会后英国化学家拉姆塞（W.Ramsay，1852～1916）来找瑞利，认为大气中的氮里一定含有一种较重的杂质，可能是一种未知的气体，他还表示愿意和瑞利合作继续这项研究。不久，另一位英国化学家杜瓦（J.Dewar，1842～1923）告诉瑞利：早在1785年，英国化学家卡文迪许（H.Cavendish，1731～1810）在实验中曾发现把不含水蒸气和二氧化碳的空气除去氧气和氮气后，仍有极少量的残余气体存在。这些提示，使瑞利决心重做卡文迪许当年的实验，最后的确得到了很少量极不活泼的气体。与此同时，拉姆塞采用另一种方法，也从空气中得到这种气体，并用分光镜来检验，证明它是一种新元素，在空气中约占1／80。由于这种气体极不活泼，所以命名为氩（Argon，含有懒惰、迟钝的意思）。

1868年10月26日，巴黎法国科学院收到两封信，一封是法国天文学家詹森（J.P.Jansen，1824～1907）写来的，他报告了在8月18日观察日全食时，从分光镜里看到了太阳光谱中有一条与钠的D线不在同一位置上的黄线；另一封是英国天文学家洛克耶（J.N.Lockyer，1836～1920）报告了同一事件的同一现象。经过查对，这条黄线只能属于某种未知的新元素。这一来自太阳的元素被命名为氦，意思是太阳的元素。在气体元素氩被发现后，很多科学家被这神秘的惰性气体吸引。1895 年 3 月根据一位同行的提示，拉姆塞决定在沥青铀矿中寻找氩气，经过努力很快获得了表示惰性的气体，经光谱分析，证明这气体不是氩，而是氦。经过光谱专家克鲁克斯（W.Crookes，1832～1919）和洛克耶的验证，这惰性的气体确是太阳元素氦，原来它也存在于地球之中。

1895 年拉姆塞着手测定氦和氩的原子量，计算出它们的原子量分别为 4.2 和 39.9，它们应分别排在氢和锂、氯和钾之间，而当时的元素周期表并没有给这些惰性气体留有空位。在门捷列夫的认识中，典型的非金属和典型的金属之间是一种自然的过渡，并没有一个中间环节。惰性元素在周期表中如何排列显然成为对周期律的挑战。对元素周期律有深刻理解的拉姆塞妥善地处理了这一问题。他指出："伟大的俄罗斯科学家门捷列夫创造了元素周期分类的假说，证明元素分成若干族，每一族由性质相似的元素组成。每一族元素按顺序相应地显示出自己的性质和化合物的分子式……同样可以预言，在氦和氩之间，存在具有原子量 20 的一个元素，正如这两个气体一样，不活泼。新元素应该有特征光谱，相比氩不易凝结。还可以预言存在两个相似的气体元素，具有原子量 82 和 129。" 拉姆塞还排出了表 2.14 的部分元素周期表。

表 2.14 拉姆塞的元素周期表（部分）（1896 年）

氢	1.01	氦	4.2	锂	7.0
氟	19.0	?		钠	23.0
氯	35.5	氩	39.9	钾	39.1
溴	79.0	?		铷	85.5
碘	126.0	?		铯	132.0
?	169.0	?		?	170.0
?	219.0	?		?	225.0

再经过非常细致和耐心的努力，1898 年拉姆塞和他的助手终于在粗氩中先后发现了氪（Krypton，含有隐藏的意思）、氖（Neon，含有新奇的意思）、氙（Xenon，含有陌生人的意思）。它们和氦、氩构成了一个新的元素族，在周期表中典型非金属与典型金属之间"安家落户"，称之为零族。零族元素的

发现不仅完善了周期表，同时也为尔后原子结构理论的发展，化学键理论的建立有着特殊的作用和意义。拉姆塞这一研究成果在化学元素发现史上也是空前的，因而被授予1904年度的诺贝尔化学奖。

元素周期律虽然渡过了由惰性元素所构成的险滩，但前面的道路仍然不平坦。仔细审看周期表就可以发现，有三处存在元素排列的“倒置”问题，即氩（40）和钾（39）；钴（59）和镍（58.7）；碲（127.6）和碘（126.9）（括号内为元素的近似原子量）三处元素的排列不是按原子量递增的顺序，都把原子量小的元素排在原子量大的元素的后面，这与门捷列夫排列周期表的原则出现明显的悖论。门捷列夫当时之所以这样排列是根据对元素性质的综合考虑，那时（1871年）人们认定的原子量钴和镍都是59、碲为125、碘为127，氩还没有被发现。后来随着化学分析精确度的提高，人们开始发现这一倒置的问题。对此门捷列夫的态度很明确，认为原子量测定有误。他说：“镍的原子量为58.7，但按照这个金属性质来判断，应该紧接在钴（59）的后面，对于它的原子量应当期望比钴大一些，而不是小一些。”对于氩，他则强行将其原子量修定为38。然而到了19世纪末，众多人的原子量精确测定都验证了周期表的前瞻性，然而碲的原子量大于碘、钴大于镍、氩大于钾的客观实际使排列倒置所构成的矛盾更加突出，矛盾的焦点已不是原子量的测定，而是元素性质随原子量递增呈现周期性变化——元素周期律的科学性受到了质疑。

与此同时，另一个矛盾也在困扰着门捷列夫。这一矛盾即是那些化学性质十分相似的镧系元素应在周期表中放列在哪里？早在1871年门捷列夫和许多化学家一样根本不了解存在一个镧系元素，更不了解镧系元素的实质，因而在周期表中镧、铒的原子量有误，铈的原子量虽准却排错了；门捷列夫对此也持怀疑，故在格中打了一个“？”号，而1843年发现的铽根本没有排进去。幸好那时发现的镧系元素仅有4种，排错了也没有影响整个周期表的格局。到了19世纪末，情况就不同了，当时已发现的镧系元素已多达12个。门捷列夫不知该如何安排这些元素，在他1906年发表的元素周期表中（表2.15），只将镧、铈列入，其他镧系元素都消失了，铈还排错了。矛盾是不能回避的，幸好在1905年瑞士化学家维尔纳（A.Werner，1866～1919）提出一个拉长的周期表（表2.16），在表中把当时已发现的12种镧系元素排在了一行，同时还在这些镧系元素中间留下3个空位，表示镧系元素共有15个。维尔纳的工作不仅解决了镧系元素在周期表中的位置问题，还对元素周期表进行了重要发展和完善。然而维尔纳这样处置的根据是什么？除了考虑镧系元素具有相似的化学性质外，更深一层的机理在当时他是无法解答的。

表 2.15 元素按族和类的周期系

（门捷列夫发表于 1906 年）

列	元素族								
	0	Ⅰ	Ⅱ	Ⅲ	Ⅳ	Ⅴ	Ⅵ	Ⅶ	Ⅷ
1	—	H 1.008	—	—	—	—	—	—	
2	He 4.0	Li 7.03	Be 9.1	B 11.0	C 12.0	N 14.01	O 16.00	F 19.0	
3	Ne 19.9	Na 23.05	Mg 24.36	Al 27.1	Si 28.2	P 31.0	S 32.06	Cl 35.45	
4	Ar 38	K 39.15	Ca 40.1	Se 44.1	Ti 48.1	V 51.2	Cr 52.1	Mn 55.0	Fe Co Ni（Cu） 55.9 59 59
5		Cu 63.6	Zn 65.4	Ga 70.0	Ge 72.5	As 75	Se 79.2	Br 79.25	
6	Kr 81.8	Rb 85.5	Sr 87.6	Y 89.0	Zr 90.6	Nb 94.0	Mo 96.0	—	Ru Rh Pd（Ag） 101.7 103.0 105.5
7		Ag 107.93	Cd 112.4	In 115.0	Sn 119.0	Sb 120.2	Te 127	J 127	
8	Xe 128	Cs 132.9	Ba 137.4	La 138.9	Ce 140.2	—	—	—	———
9		—	—	—	—	—	—	—	
10	—	—	—	Yb 173	—	Ta 183	W 184	—	Os Ir Pt（Au） 191 193 194.8
11		Au 197.2	Hg 200.0	T1 204.1	Pb 206.9	Bi 208.5			
12	—	—	Rd 225	—	Th 232.5	—	U 238.5		
最高成盐氧化物									
	R	R^2O	RO	R^2O^3	RO^2	R^2O^5	RO^3	R^2O^7	RO^4
最高气态氢化物									
					RH^4	RH^3	RH^2	RH	

表 2.16 维纳尔元素周期表（1905年）

H 1.008																																He 4
Li 7.03																										Be 9.1	B 11	C 12	N 14.04	O 16.00	Fl 19	Ne 20
Na 23.05																										Mg 24.36	Al 27.1	Si 28.4	P 31.0	S 32.06	Cl 35.45	A 39.9
K 39.15	Ca 40.1																Sc 44.1	Ti 48.1	V 51.2	Cr 52.1	Mn 55.0	Fe 55.9	Co 59.0	Ni 58.7	Cu 63.6	Zn 65.4	Ga 70	Ge 72	As 75.0	Se 79.1	Br 79.96	Kr 81.12
Rb 85.4	Sr 87.6																Y 89.0	Zr 90.7	Nb 94	Mo 96.0		Ru 101.7	Rh 103.0	Pd 106	Ag 107.93	Cd 112.4	Jn 114	Sn 118.5	Sb 120	Te 127.6	J 126.95	X 128
CS 133	Ba 137.4	La 138	Ce 140	Nd 143.6	Pr 140.5			Sa 150.3	Eu 151.79	Gd 156	Tb 160	Ho 162	Er 156		Tu 171	Yb 173		-	Ta 183	W 184.0		Os 191	Ir 193.0	Pt 194.8	Au 197.2	Hg 200.3	Tl 204.1	Pb 206.9	Bi 208.5			
	Ra 225	Laα ?	Th 232.5						U 239.5						Ac ?													Pbα ?	Biα ?	Teα ?		

与此同时，那些对科学真理穷追不舍的科学家还会问：各种元素的化学性质为什么会随原子量的增加而呈周期性的变化？元素之间究竟存在什么样的内在联系？普劳特假说是否应重新评价？元素的原子量为何不是整数？……对于这些问题的解答，那些坚信原子是组成物质最小微粒，是不可分的，坚信元素是不会变的化学家显然是无能为力的。后来在 20 世纪初期，在物理学家的鼎力相助或直接参与下，这些问题才逐一得到完满的解答，元素周期律的发展又进入一个新的阶段。

原子一分子论在元素分类研究中的应用，导致了元素周期律的发现。到了 20 世纪，原子结构理论的建立和完善，继而阐明了元素周期律的本质，并使它发展到一个新的水平。考察这一发展过程，可以认为这是 20 世纪初物理学革命在化学研究中结出的重要硕果之一。

物理学家在真空放电的实验中发现了阴极射线。对阴极射线的研究又导致电子和 X 射线的发现。X 射线的探索又使科学家发现了某些物质的放射性。正是电子、X 射线和放射性的发现揭开了 20 世纪初物理学革命的序幕（这段史实详情参看第 1 章）。电子的发现揭示了原子是可分的，并有复杂结构的客观事实，从而促进了原子内部秘密的探索。X 射线的发现不仅为研究物质微观结构提供了一种可靠的手段，同时也对元素周期律的发展起了重要的作用。放射性现象的研究引导人们发现了许多放射性元素及其化合物，还证实了同位素和元素蜕变的存在。这样一来，在 19 世纪化学发展中被奉为金科玉律的两个结论：原子不能分，元素不能变，被否定了。这种否定和随之建立的原子结构理论——新的元素学说标志着化学发展进入一个新的阶段。

在这场科学革命中，许多化学家在物理学家的支持或配合下，作出了一系列永载史册的成就。后人最熟悉的要数出生于波兰的法国化学家玛丽·居里（M.S.Curie，1867～1934）。在放射性物质研究中，她在极其简陋的实验条件下，经过艰辛的努力，先后发现具有放射性的元素钋和镭，并从几吨沥青铀矿渣中分离出 0.12 克纯的氯化镭，测得镭的原子量为 225，它的放射性比铀强 200 多万倍。这一研究成果不仅在化学学科建立起放射化学的新领域，同时由于放射性物质所发射的射线在医学和工业上所具有的潜在实用价值而备受重视。当时的欧洲各国纷纷建立镭学研究所，探讨镭的生产和用途。殊不知，正是对镭及其他放射性物质的深入研究，使科学家拿到了打开原子结构大门的钥匙。

继镭之后，一些新的放射性元素，如锕等相继被发现。探讨放射现象的规律和本质很自然地成为一些科学家的首选课题。出生在新西兰的英国物理学家卢瑟福（E.Rutherford，1871～1937）在获悉发现了X射线后，立即研究X射线对气体的电离作用。放射性发现后，他又研究铀的放射性对气体的作用。1898年他在相关的实验中发现，铀和铀的化合物所发出的射线具有两种类型：一种他命名为α射线，10年后证实它是由氦离子所构成；另一种他称之为β射线，β射线即是放射性原子核所发出的电子流。由于α射线具有较大的能量和动量，日后成为物理学家打开原子大门、研究原子结构的有力工具。

在对放射性元素镭及其产物的研究中，卢瑟福和英国化学家索迪（F.Soddy，1877～1956年）认识到放射性元素的原子是不稳定的，它会自动地发射出射线和能量，衰变成另一种放射性元素的原子，直到成为一种稳定的元素原子为止。放射性是由原子本身的分裂，蜕变成另一种元素的原子所引起的。例如放射性元素镭在放射出氦后，最终变成了铅。据此卢瑟福和索迪于1902年提出了放射性元素的嬗变假说。这假说明确指出一种元素的原子可以变成另一种元素的原子。这就否定了长期以来被视为经典的两个观念：元素不会变、原子不能分。新的观念犹如在一潭平静的水面上投下一块巨石，立即掀起轩然大波，许多固守传统的科学家立即作出强烈反应。晚年的门捷列夫就是其中一个，他认为元素不能变是它的周期律得以成立的前提，承认原子可以分只能使事情复杂化，因而他号召大家不要相信它。不断涌现的大量实验事实进一步证明元素的嬗变是客观的事实，要否定它显然是徒劳的。鉴于镭元素的发现和研究所引出的一系列观念、思想对传统物质结构理论的冲击颇具革命性，因此有人把镭的发现称为物理学的伟大革命。曾任英国皇家学会会长的化学家克鲁克斯评论说："十分之几克的镭就破坏了化学中的原子论，革新了物理学的基础，复活了炼金术的观念，给某些趾高气扬的化学家以沉重的打击。"由此可见，放射性元素的发现和研究成果在化学发展、物理学革命乃至科学思想变革中所产生的深远影响。从表面上来看，这些放射性元素的发现只是给周期表再填上几个空格；事实上，影响绝非如此。

到了1910年，被分离和加以研究的放射性"元素"已近30种。这么多的"新元素"远远地超过了周期表可以容纳的范围。怎么办？好在化学家对这些“新元素”已有一定研究。在研究中发现有些放射性不同的元素，其化学性质则完全一样。尽管它们的原子量不同，却难以用化学方法将它们分离。例如，1906 年从钍衰变产物中分离出来的新钍（实际上是 $_{88}Ra^{228}$）与从沥青矿中提取的镭（$_{88}Ra^{226}$）的放射性不同，化学性质完全相同。这类事实积累得越来越多，有人建议这些化学性质十分相似的元素，在周期表中应占据同一位置。1910 年索迪接受了这种建议，将 37 种放射性元素分成了 10 类，将那些用化学方法不能分开的元素放在周期表的同一位置，并称它们为同位素。

同位素的发现使人们对“化学元素”这一概念有了新的认识。化学元素不再只是代表一种原子，可以代表几种原子，这些原子尽管原子量不同，放射性及寿命也不同，它们的化学性质却完全一样。元素周期表中的一格，即一种元素也就有了更明确的界定。

在 1911 年索迪曾指出，一种化学元素有两种或两种以上的同位素变种存在，很可能是普遍现象。他的猜测，10 年后就被证实。当时，对于放射性同位素还能利用其放射性的不同而加以识别，这方法对于稳定同位素则不灵了。假若找到一种利用其质量不同而将同位素分开，并进行称量的方法就好了。完成这一任务再次依靠了实验物理学的发展。

1919 年英国物理学家阿斯顿制成了第一台质谱仪，它可以分开不同质量的带电粒子，并测出其质量，这就把研究微观粒子的手段大大地推进了一步。仅过 3 年，阿斯顿已用这台仪器研究了 30 多种元素，发现它们大多数是两种以上同位素的混合体，氖、氩、氪、氙、氯都存在同位素是他第一批研究的成果。这些研究成果不但丰富了同位素理论的内容，也找到了长期困惑化学家的一个疑点：绝大多数元素的原子量为什么不是整数？阿斯顿的研究解答了这一疑问。例如，天然氯元素是由原子量为 35 和 37 的两种同位素按接近于 4∶1 的比例混合而成的，所以表现出的原子量为 35.453。经过几年的努力，阿斯顿在 71 种元素中发现了 202 种同位素。在同位素发现中，最引人注目的成果是 1931 年美国化学家尤里（H.C.Urey，1893～1981）发现了氢的同位素，质量为 2 的氘。

同位素的发现和研究不仅解答了原子量不是整数的疑问，同时也解决了按原子量顺序排列而出现的三对次序颠倒的矛盾，从元素的概念到元素的内涵都是元素周期律的重要发展。

在研究同位素的过程中，化学家又发现了另一种情况，一些元素具有相同的原子量，而化学性质截然不同。这一发现若处于门捷列夫提出元素周期律之时，那必定是难以解决的疑难杂病；幸好这一发现在人们正在阐明原子结构和对同位素有一些研究之时。尽管化学家们已毫不犹豫地把它们纳入周期表的适当位置，并称它们为同量异序元素，但是不能回避，为什么会出现这一现象？这就促使人们对原子量的物理含义进行深究。道路只有一条，揭开原子内部结构的秘密。

电子的客观存在、元素嬗变假说的建立都使人相信，曾被认为是组成物质的最小微粒的原子也有复杂的结构。从汤姆孙到卢瑟福，许多科学家曾提出自己关于原子的构想。丹麦物理学家玻尔（N.Bohr，1885～1962）借鉴于他的老师卢瑟福提出的有核原子模型，大胆地引入量子假设而创立了原子结构理论（详情参见第 1 章）。这理论用于解释光谱学的实验定律，定性地说明周期律已不成问题。由于它仍采用经典理论的某些规律，局限性是难免的。后来随着量子力学的建立，原子结构理论也逐步完善，元素周期律的科学本质终于被披露了。

1911 年英国物理学家巴克拉（C.G.Barkla，1877～1944）在研究 X 射线的实验中，发现用不同元素作 X 射线的靶子，所产生的 X 射线的波长不同，即每种元素都有自己的特征 X 射线。1913 年英国物理学家莫斯莱（H.G.J. Moseley，1887～1915）研究了各种元素的特征 X 射线，进一步发现各种元素的特征 X 射线若按波长大小排列起来，其排列顺序恰好与元素在周期表中的排列顺序一致。他把这个排列顺序号叫作元素的原子序数（Z），他还提出了元素特征 X 射线的波长（λ）的倒数平方根与原子序数（Z）呈线性关系：$\sqrt{\frac{1}{\lambda}}=a(Z-b)$，式中的 a 和 b 都是常数，这就是推算原子序数的莫斯莱定律。

莫斯莱把自己的定律和卢瑟福的原子模型联系起来，得出推论：原子序数在数量上恰好等于相应元素的核电荷数。1916 年德国化学家柯塞尔（W.Kossel，1888～1956）首先以原子序数代替原子量而制作出新形式的元素周期表（表 2.17）。在这个周期表中，氩与钾、碲与碘、钴与镍就不存在顺序颠倒的问题。1920 年英国物理学家查德威克用实验证实了莫斯莱的推论，从而揭示了原子序数的物理意义。决定元素在周期表中的排列次序是元素原子核所带的电荷数，这一要素较之原子量更为可靠。原子序数的引入，赋予元素周期律以新的含义：元素性质是其原子序数的周期函数。原子序数的确定不仅能准确地判定元素在周期表的位置，还可以预测尚未发现的元素，从而检验和发展了元素周期律。

表 2.17 首先按原子序数排列元素的周期表（1916 年）

0 — —	Ⅰ R_2O （RH）	Ⅱ RO （RH_2）	Ⅲ R_2O_3 （RH_3）	Ⅳ RO_2 RH_4	Ⅴ R_2O_5 RH_3	Ⅵ RO_3 RH_2	Ⅶ R_2O_7 RH	Ⅷ RO_4
	H 1							
He 2	Li 3	Be 4	B 5	C 6	N 7	O 8	F 9	
Ne 10	Na 11	Mg 12	Al 13	Si 14	P 15	S 16	Cl 17	
Ar 18	K 19	Ca 20	Sc 21	Ti 22	V 23	Cr 24	Mn 25	Fe Co Ni 26 27 28
	Cu 29	Zn 30	Ga 31	Ge 32	As 33	Se 34	Br 35	
Kr 36	Rb 37	Sr 38	Y 39	Zn 40	Nb 41	Mo 42	— 43	Ru Rh Pd 44 45 46
	Ag 47	Cd 48	In 49	Sn 50	Sb 51	Te 52	I 53	
Xe 54	Cs 55	Ba 56	± 57—71	— 72	Ta 73	W 74	— 75	Os Ir Pt 76 77 78
	Au 79	Hg 80	Tl 81	Pb 82	Bi 83	— 84	— 85	
Eman 86	— 87	Ra 88	— 89	Th 90	— 91	U 92		

注：Eman 表示射气，即氡 Rn

元素性质为什么是原子序数的周期函数呢？解答这一问题主要归功于玻尔等科学家建立和完善的原子结构理论。玻尔根据普朗克的量子假设提出的原子结构理论，虽然回答了原子为什么能稳定存在的原因，说明了激发态原子为什么出现光辐射，为什么原子的辐射能是不连续的，即能成功地解释了氢原子光谱的规律性，然而这个理论却不能说明多电子的原子光谱，甚至不能解释氢原子光谱的精细结构（氢光谱的每条谱线实际上是由几条精细谱线所组成）。其原因就在于电子绕核的运动根本不遵守经典的力学规律，而是具有微观粒子所特有的规律。这规律恰恰是当时的玻尔尚未认识的。

微观粒子是指像光子、电子、中子、质子及所有基本粒子，它们运动的特殊性即它们既表现出粒子性，又有波动性，这种微观粒子的波粒二象性只能用量子力学来描述。在经典力学中，可以用位置和速度准确地描述宏观物体的运动状态，而对于微观粒子，德国物理学家海森伯（W.Hesenberg，1901～1976）明确指出：同时准确知道微观粒子的位置和动量是不可能的，这就是测不准原理。对于电子在原子核外的运动，即无固定的轨道可言。根据电子运动的波粒二象性，1926 年奥地利物理学家薛定谔（E.Schrödinger，1887～1961）给原子核外电子的运动建立了运动方程，称之为薛定谔方程，并创立了量子力学。经过许多科学家的大量工作，量子力学的基本原理总结出来了。

薛定谔方程的解是描述原子核外电子运动状态的数学表示式，即绘出电子在核外三维空间的运动轨迹。例如氢原子的那个电子在核外作毫无规律的混乱运动，一会儿在这出现，一会儿又在那出现，只能用统计学的方法描述出电子在核外空间一个球形区域里出现的规律，它表现出明显的统计规律性。一个电子的这种统计性运动的结果就好像形成一团带负电荷的云包围着原子核，这个统计结果叫作电子云。哪里电子云分布密集，哪里电子出现的概率就越大。描述电子在核外分布和运动实际上就是要知道：给定的电子云是什么形状？它在空间的方向又是如何？电子在这种电子云运动中距原子核的平均距离有多远？能量有多大？回答这些问题的办法就是引入四个量子数来表示电子的运动状态。这四个量子数实际上与电子层、电子亚层、电子云的伸展方向、电子自旋四个物理量相对应。

主量子数 n 是玻尔引入的，它代表距原子核不同距离的电子能量状态。离核越近，能级越低，当 n=1 时，能级最低，当 n=2，3，…，时，其能量渐高，它决定了核外电子的能量和电子离核的平均距离。为了解释原子光谱的双线现象，1915 年德国物理学家索末菲（A.Sommerfeld，1868～1951）发展了玻尔理论，提出电子运动的椭圆形的概念，引进角量子数 l，表示原子轨道和电子云的形状。根据原子光谱在磁场中发生分裂的事实，1916 年又引进了磁量子数 m，它表示原子轨道和电子云的伸展方向。以上三个量子数，基本确定了电子在空间的运动状态。1925 年在研究碱金属光谱的精细结构时，发现钠的光谱线是由两条靠得很近的谱线组成，于是提出电子自旋的问题，引入自旋量子数 m_s，表示电子除绕核运动外，还存在自旋运动，自旋运动只有顺时针和逆时针两个方向。

四个量子数确定了，电子运动的状态也就可以确定了。前面三个量子数之间的联系可用表 2.18 进行归纳：

表 2.18　表征原子轨道的三个量子数

主量子数（主层）n	角量子数（分层）l	分层的符号	磁量子数（原子轨道）m	分层中的原子轨道数	主层中的轨道总数
1 或 K	0	1s	0	1	1
2　L	0	2s	0	1	4
	1	2p	−1，0，+1	3	
3　M	0	3s	0	1	9
	1	3p	−1，0，+1	3	
	2	3d	−2，−1，0，+1，+2	5	
4　N	0	4s	0	1	16
	1	4p	−1，0，+1	3	
	2	4d	−2，−1，0，+1，+2	5	
	3	4f	−3，−2，−1，0，+1，+2，+3	7	

原子中电子的能量是由 n 和 l 决定的，所以随着 n 的增大，主层的能量就升高。在多电子原子中，不但有原子核对电子的吸引，还有电子与电子之间的相互排斥，内层电子对外层电子的排斥，相当于核电荷对外层电子引力的减弱，这种现象叫作内层电子对外层电子的屏蔽作用。其作用力的大小有如下顺序：$ns>np>nd>nf$。与屏蔽作用类似的另一种作用叫作穿透作用，例如主层的 s 电子可以向核靠近，从而造成能级交错的现象，即造成在能级上 $4s<3d<4p$，$5s<4d<5p$，$6s<4f<5d<6p$，由此就得到了主层、分层的原子轨道的近似能级图如图 2.5 所示。

1925 年奥地利物理学家泡利（W.Paul，1900～1958）提出，在同一原子里，两个电子不能共处于同一量子状态，这就是泡利的不相容原理。据此可以确定各原子轨道的电子容纳数。再根据电子在原子核外的排布还应符合能量最低的原理，才能处于稳定状态，人们就能依次确定各种元素的原子的内部结构了，这结构的关键是描述原子核外的电子有一个合理的排布（表 2.1）。由于众多物理学家的积极参与，在量子力学原理的指导下，引入了四个量子数，从而发展和完善了起初由玻尔提出的原子结构理论。

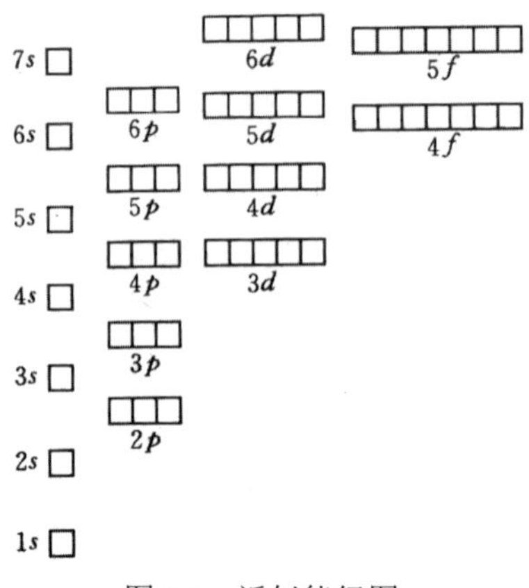

图 2.5 近似能级图

再根据现代的原子结构理论及表 2.1 中外围电子的构型所展示的各元素原子内的电子排布，不难看到原子最外层的电子数随着原子序数的增加总是由 1 至 8，周期性的重复。在同一族内，最外层电子数基本一致，不同的是由于屏蔽作用和穿透作用的不同，电子与原子核之间的作用力不一样。由此可见，元素的化学性质完全取决于它核外电子的排布，特别是最外层电子壳层的状况，所以元素的化学性质随着原子序数的递增而呈现出周期性的变化。元素周期律的实质法国核物理学家约里奥—居里夫妇（F.Joliot-Curie，1900～1958；I.Joliot-Curie，1897～1956）用 α 粒子轰击铝得到自然界不存在的放射性元素磷-30，它放出正电子后，最后衰变成稳定元素硅-30，其反应式如下：

$$^{27}_{13}\mathrm{Al}+^{4}_{2}\mathrm{He}\longrightarrow ^{30}_{15}\mathrm{P}+^{1}_{0}\mathrm{n}\ （中子）；\ ^{30}_{15}\mathrm{P}\longrightarrow ^{30}_{14}\mathrm{Si}+^{0}_{1}\mathrm{e}\ （正电子）$$

他们用 α 粒子轰击硼和镁也分别得到放正电子的放射性元素 $^{13}_{7}\mathrm{N}$ 和 $^{27}_{14}\mathrm{Si}$ 。他们还用 α 粒子去轰击氢、锂、铍、碳、氧、氮、氟、钠、硅、磷，也观察到类似现象，这就是他的第一个合成人工放射性同位素的实验。这一实验再次申明实现元素的人工嬗变是可能的，这研究开创了核化学的新阶段。

中子的发现为核科学开辟了一个新纪元，因为中子不仅帮助人们正确地认识原子核的结构，而且还为人工变革原子核提供了有效的手段。意大利物理学家费米（E.Fermi，1901～1954）在获悉人工合成放射性元素后，考虑到如果用中子代替 α 粒子，一定会出现更多的核反应，因为中子不带电荷，既不受核外电子的吸引，也不受核电荷的排斥，特别是对那些原子序数较大的原子核，α 粒子是难以接近的，中子却不一样。于是他计划按照原子序数的顺序对已知的 88 种元素逐一用中子进行射击。从氢到氧的实验几乎是一无所获，但是到了氟，果然得到了放射性同位素。如此继续下去，短短的几个月内，就制出了 37 种不同元素的放射性同位素。当用中子轰击第 92 号元素铀时，得到了几种具有不同半衰期的放射性元素。因为当时的实验已证明，要把一个元素变为原子序数增大 1 的元素，通过中子轰击是最佳途径。例如，$^{27}_{13}Al+^{1}_{0}n \longrightarrow ^{28}_{13}Al$，$^{28}_{13}Al$ 由于不稳定会放射负电子而变成 $^{28}_{14}Si$。据此费米以为这一新元素可能会是第 93 号元素，并命名为“铀 X”。费米的态度是很谨慎的，他申明这一推测还要做大量的实验来验证。不久这一推测就被否定了。一些科学家通过化学分析后指出：铀吸收一个中子后发生了裂变，铀原子分裂成放射性元素钡和第 36 号元素氪，同时释放出巨大的能量。原子核裂变及原子弹、原子能发电就是沿着这一途径实现的。

在对核反应，特别是元素蜕变规律和核稳定性有了更多认识后，科学家们决心再去寻找原子序数大于铀的超铀元素。1939 年美国物理学家麦克米伦（E.M.Mcmillan，1907～1991 年）设计了一个很简单的实验来研究铀核的裂变反应。在一叠卷烟纸上放了薄薄一层氧化铀，经快中子流照射后，裂变的碎片会由于能量不同而打进深度不同的卷烟纸上。在对每一张纸上的放射性强度进行测量时他发现，放着氧化铀的第一张纸，其放射性类型与其他纸不同。他立即想起了费米原先的想法，是否设想有些中子被铀吸收而没有引起裂变呢？没有裂变的是否生成新的重铀核，后者若进一步发生 β 衰变，岂不就会生成第 93 号元素，这元素是不会飞离氧化铀的。进一步深入研究，果然证明他的判断是对的，第 93 号元素就是这样被制得了，它被命名为镎（Np），$^{239}_{93}Np$ 的半衰期是 2.2 天。

镎的合成使科学家相信再造出另一个新的超铀元素是大有希望的。1940 年美国化学家西博格（G.T.Seaborg，1912～1999）和麦克米伦等合作，用氘核去轰击铀，产生 $^{239}_{93}Np$，再发生 β 衰变就生成第 94 号元素的同位素，它被命名为钚（Pu）。^{239}Pu 和 ^{238}U 一样是重要的核燃料，1945 年在日本长崎上空爆炸的原子弹就是一颗钚弹。

在合成镎和钚后，西博格等人在美国于 1944 年至 1961 年间又合成了 9 种超铀元素，它们分别被命名为镅、锔、锫、锎、锿、镄、钔、锘、铹。由于麦克米伦和西博格在超铀元素合成和研究上做出了杰出贡献，被授予 1951 年的诺贝尔化学奖。

通过大量的核反应实验，科学家进一步掌握了用质子、氘核、氦核、碳核、氧核、氖核去轰击各种重原子，从而研制出多种超铀元素的同位素。1969～1974 年，利用较重的原子核，如氧核去轰击适当的超铀元素的同位素，先后合成了原子序数为 104，105，106，107 的新元素。1984 年后继续通过重离子核反应又合成了原子序数为 108，109，110，111 的元素。迄今为止已经合成了直到第 111 号元素，和 190 多种超铀核素。由于合成的第 104 号至第 111 号元素的量都是非常少，例如第 107 至 111 号元素所得的数量仅以几个原子计，所以，迄今只能对第 104 号和第 105 号两种元素进行了很简单的化学性质的初步研究。第 106 号元素的量太少，还不足以加以研究。科学家还发现，新的超铀元素的稳定性随着原子序数的递增而急剧降低。第 97 号以前的超铀元素，其寿命最长的同位素的半衰期可达千年以上，而第 103 号元素铹的寿命最长同位素的半衰期仅 180 秒；^{261}铲（第 104 号）的半衰期为 70 秒；^{262}钍（第 105 号）为 40 秒；^{263}饎（第 106 号）为 0.9 秒；^{262}铍（第 107 号）仅有 4 微秒；第 108 号元素镙至第 111 号元素的半衰期都在 1 个微秒以下。尽管合成更多的超铀元素的同位素的实验仍在进行，试图合成原子序数更高的元素的努力没有停止，但是有人已提出，合成原子序数更高的新元素还有没有可能？元素周期表是否到头了？对此，科学家们有不同认识。有的学者通过对核的精细结构的分析，提出了“幻数理论”，即认为原子核中的质子和中子具有某些特定数值时，核就稳定，如质子数为 2，8，14，28，50，82，114，164 的核就应是稳定的。据此提出了超重核稳定岛的假设，认为可能存在以原子序数为 114 和 164 为中心的稳定岛。这一假设能否通过科学实践的检验，人们将拭目以待。

在世界的古代，有人曾猜测世界的万物是由几个基质构成的。由于历史条件的局限，这种想法只能是臆测。经过了 2000 多年的科学实践，人们逐步积累起丰富的有关物质和元素的知识，特别在门捷列夫等人提出了化学元素周期律后，在科学实验的帮助下，人们对构成万物的元素，对元素之间的联系，对其化学性质的周期性变化逐渐有了本质的认识。一幅相互联系、相互转化的、千变万化的、本质归原的物质世界的图像清楚地展示出来。认清了这一图像显然可以帮助人类更好地与大自然协调共处，帮助人们更合理、更充分地利用大自然恩赐的资源，更科学地改造和美化人类生存的环境。

科学的发展是没有止境的，可以说目前人们对物质和元素的认识还是很肤浅的，尚有众多的未知领域有待探索和认识，这就要求在科学的征途上必须有一种锲而不舍的精神。

3 天文学的大爆炸理论——宇宙的起源

著名科学家贝特兰·罗素（B.Russell）曾做过一次关于宇宙结构的演讲，他描述了地球如何绕太阳运动，以及太阳又是如何绕着巨大的银河系中心转动的。讲演结束后，听众中一位老年妇女站起来说："你说的这些全是废话，这个世界实际上是驮在一只乌龟背上的一块平板。"罗素微笑着问道："那么，这只乌龟是站在什么地方呢？"老妇人稍做思考后回答说："年轻人，你很聪明！不过，这是一只驮着另一只一直驮下去的乌龟群！"我们知道，世界的真实情况显然不是像那位老妇人说的那样。我们对有关宇宙的情况只能从观测和科学的分析得来。白昼，蓝天白云，碧空广袤浩瀚；黑夜，群星璀璨，河汉深不可测。宇宙为何是这个样子而不是别的样子？它从何而来？又将向何处去？宇宙有开端吗？时间会终结吗？对于这类问题，一般人不但知道的很少，而且关心的也不多。

不少人认为，宇宙起源是很遥远的事，与我们的现实生活关系不大，其实，严格说来，现今的一切事物都与宇宙的起源和演化有关，其中有些关系还很大。就以上一章所谈的化学元素来说吧，现在认为，在宇宙演化初期，本来并不存在化学元素，只有高能辐射和电子、质子、中子等基本粒子，后来才形成了最轻的元素氢和氦，这些元素进一步形成恒星，而比较重的元素是在恒星内部的特殊状态下才形成的。当某些恒星演化到晚期，在衰亡之际常常会发生爆炸，形成超新星，结果恒星内部原有的和爆炸时形成的元素会抛撒在宇宙中，由此再形成新的宇宙天体。正因如此，宇宙中有了形成一切有生命物质和无生命物质的化学元素，有了地球，有了形成我们人类本身的物质基础。因此，生命的产生、地球的演化、物质的构成等许许多多的事物和现象都与宇宙的起源有着直接或间接的关系，所以认识宇宙的起源，意义非常重大。

应当说，人类从古至今，一直都在探讨宇宙起源的问题。虽然这种探索难度很大，感兴趣的人也不太多，但还是取得了一些有价值的认识结果。尤其是20世纪以来，随着广义相对论的建立和大量天文观测事实的发现，新的宇宙学理论不断涌现，人类对宇宙起源的认识有了很大发展。在各种现代宇宙模型理论中，大爆炸理论最具代表性。因为无论就其理论基础的合理性来说，还是就其与观测事实的符合程度来说，它都代表了当代认识的最高水平，被称为标准宇宙学，因此，如果我们要对当代科学关于宇宙起源的探索有所了解，就应当对大爆炸宇宙理论有比较全面的认识。

3.1 简短的历史回顾

求知是人的本能。人从自然界异化出来以后，便开始了对宇宙万物的认识活动。

关于宇宙的起源，远古时代人类只能通过想象以编造神话的方式加以说明。世界许多民族都有自己关于宇宙开创的神话。中国古代有盘古开天辟地、印度有“梵天”创造世界万物，埃及人则认为宇宙万物都是由神创造的，古希腊也有自己关于宇宙起源的传说。神话是人类文明初期的产物，虽然它很幼稚，但却是远古先民渴望了解宇宙万物由来这一朴素愿望的真实反映。

随着认识能力和思维水平的提高，人类抛弃了神话，开始以理性思辨的方式说明宇宙的起源和基本物质构成。老子《道德经》是我国最早的哲学著作，其中用“道生一，一生二，二生三，三生万物”的命题说明宇宙的生演过程。汉代人认为，天地万物未形成之前，宇宙是一片混沌状态，由此经历了太易、太初、太始、太素和太极五个演化阶段，然后形成有形有象的天地万物。我国古代还长期流行元气化生万物的观念。古代希腊也有多种关于宇宙基本物质构成的理论，爱奥尼亚的泰勒斯认为宇宙万物起源于水，爱弗斯的赫拉克利特认为火是生成万物的原素，留基伯和德谟克利特则认为宇宙万物是由原子和虚空构成的。这类理论是对宇宙本源问题做出的思辨性说明，属于哲学本体论，虽然比神话传说前进了一大步，但仍然不具有多少科学性。此外，古希腊、古罗马人还建立了一种地心宇宙观，认为地球是宇宙的中心，它是静止不动的，其他天体都绕着地球运动。这种认识虽然统治了西方长达1000多年，但最终被证明是错误的。

伴随着近代科学的产生，人类对宇宙起源的认识有了进一步发展。1543年，波兰天文学家哥白尼提出了日心宇宙观（图3.1），指出地球不是静止不动的，而是与其他行星一道绕太阳做圆周运动，太阳才是静止不动的（图3.2）。由此，人类遇到了太阳系的起源问题。1644年，法国哲学家和数学家笛卡儿提出了太阳系起源的涡旋运动理论。这一理论认为，宇宙空间原来充满了混沌的物质微粒，这些物质微粒作涡旋运动，在运动中涡旋中心的物质不断聚集，从而形成了太阳；其余的物质慢慢形成了地球和各个行星，较细微的残余物质则形成了透明的天空。笛卡儿的涡旋说是纯粹思维的产物，但他猜测宇宙空间充满着不断运动着的物质微粒，并用涡旋运动解释天体的形成，这些思想对 17 世纪末和 18 世纪初欧洲的科学认识活动有不小的影响。

图 3.1　哥白尼位于十字架与他的日心体系之间

关于太阳系的起源和宇宙的结构问题，牛顿从万有引力观念出发，也提出了自己的看法。1692 年，他在给英国神学家本特利主教的信中说，假如宇宙间物质是均匀分布的，并且每个物质粒子都对其他粒子具有内在的引力作用，再假定宇宙空间是有限的，那么这些物质将由于引力作用而向内聚集，结果会在空间的中央形成一个巨大的球状物质；但是，如果这些物质是均匀地散布在无限的空间中的，那么它们就不会只聚集成一团，而是会形成许多引力中心，聚集成无数个巨大的天体，它们彼此距离很远，散布在整个无限的空间中。他设想这很可能就是太阳和其他恒星形成的原因。在这封信中，牛顿进一步提出：为什么有些物质形成了发光的太阳，而其他物质形成了不发光的行星？为什么太阳系行星都沿着同一方向绕太阳公转？为什么各行星轨道几乎都在同一平面上？对于这些现象，他无法用自然的原因加以解释，而是把它们归因于全智全能的上帝。而且，牛顿在1693年给本特利的第二封信中，把行星沿轨道方向运动的原因也归之于上帝。牛顿的这种宇宙演化思想把天体运动的原因归之于上帝，显然是错误的。

图3.2　太阳系图景

1755年，康德提出了太阳系起源的星云假说。康德认为，太阳系起源于一团巨大的原始星云，这团星云是由大小不等的固体微粒构成；引力使星云中的微粒相互接近，大微粒把小微粒吸引过去凝成大的团块，而且由于引力作用，团块会不断增大，结果在引力最强的中心部分先形成巨大的天体，这就是太阳；其余的微粒在太阳吸引下向中心下落时，与其他微粒发生碰撞而改变运动方向，由此产生绕太阳的圆周运动，这些绕日运动的微粒又逐渐形成多个引力中心，各个中心最后凝聚成朝同一方向转动的行星；卫星形成的过程与行星类似。显然，康德从万有引力出发，通过引入碰撞作用而解决了星云物质横向运动的起源问题，从而较好地说明了太阳系的起源，其中有些观念至今仍有一定的认识价值。

继康德之后，法国著名数学家、天文学家拉普拉斯于18世纪末也提出了一个太阳系起源的星云说。他认为，太阳系的所有天体是由一团近似球状的巨大气体星云形成的。这团星云开始是炽热的，而且有自旋转运动；然后由于冷却，星云逐渐收缩，在收缩过程中由于角动量守恒而转速加快，从而在惯性离心力和吸引力的共同作用下慢慢变成扁平的盘状；当惯性离心力和引力相等时，就有部分星云物质留在原处，成为一个绕中心转动的环；在这种运动变化过程中，星云中心部分则收缩为太阳，各个星云环内由于物质分布不均匀性，会使物质向密度较大的地方集中，最后形成行星（图 3.3）。拉普拉斯星云说的基本思想与康德星云说相似，二者都认为星际空间细微的物质是演化成天体的原始物质，都合理地把物体的运动归因于自然，但拉普拉斯的学说比康德的学说有更多的合理性。比如他假设原始星云本来就在做自转运动，并且引入了角动量守恒原理，因而能比较自然地说明太阳的自转和行星的公转。另外，拉氏假设原始星云处于炽热状态，从而说明了太阳发光的原因，而构成行星的星云是经过冷却过程温度下降了，所以不能发光。

图 3.3　太阳系星云假说

毫无疑问，由于时代的局限性，康德和拉普拉斯的星云说都存在不足之处。比如，康德认为物质微粒下落过程的碰撞作用产生斥力，从而引起粒子做圆周运动。事实上这种说法缺乏充分的科学论证。拉普拉斯的星云说也有缺憾之处。19 世纪后期英国物理学家麦克斯韦针对拉氏星云说指出，太阳周围的星云物质做公转运动的剪切力不可能使其凝聚成为独立的行星，只能形成星云环。尽管如此，康德和拉普拉斯的星云说仍然是 18 世纪和 19 世纪人类关于太阳系和宇宙起源的最合理的理论。

科学史表明，人类对宇宙空间的认识范围是不断扩大的。上古时代，人们心目中的宇宙不外乎是脚下的大地和头顶上的天空。16 世纪，哥白尼在其《天体运行论》中写下“太阳是宇宙的中心”这句名言时，宇宙实际上就是太阳系。17 世纪，意大利卓越的物理学家和天文学家伽利略把望远镜指向天空时，人类第一次看到银河系是由亿万颗星星所组成的，这是人类天文观测第一次真正走出太阳系。

走出太阳系，放眼宇宙，首先遇到的问题是：恒星距离我们多远？银河系的结构是怎样的？银河系之外是怎样的世界？整个宇宙是有限还是无限的？这些是天文学和宇宙学探索的主要问题。如上所述，康德和拉普拉斯的星云说只是就太阳系起源做出的推测，并未涉及太阳系之外的事情。要探讨太阳系以外的宇宙起源问题，尚需要有更多的观测认识。18 世纪下半叶和 19 世纪上半叶，英国天文学家威廉•赫歇尔和其儿子约翰•赫歇尔，利用天文望远镜对银河系天体做了大量观测，取得了一批重要数据资料。19 世纪，天文学家把光谱学用于天文观测研究，由此进一步获得了宇宙天体的丰富信息。所有这一切都为人类进一步认识宇宙的起源和宇宙的结构奠定了基础，但是，人类要合理地说明大尺度空间的宇宙结构，要探讨宇宙的起源，首先就要回答宇宙是有限还是无限的问题。过去我们习惯强调宇宙是无限的，其中有无数个恒星。如果真是这样，按照牛顿万有引力定律，则宇宙空间任何给定点的引力将有可能很大甚至无限大，任意一点的引力势也因此而无法确定，这就是西利格之谜。与牛顿同时代的英国天文学家哈雷，针对牛顿理论的这一缺陷也曾明确提出，如果宇宙空间是无限的，并且恒星数量也是无限的，那么黑夜即不复存在，宇宙任何地方在任何时候都应当是非常明亮的。后来，德国天文学家奥伯斯也提出了相似的问题，并被称为“奥伯斯之谜”。西利格之谜和奥伯斯之谜是对宇宙无限论的挑战，但是如果宇宙是有限的，那么人们必然要问，宇宙的边界和中心在何处？边界以外又是什么？

这些问题如果根据欧几里得几何学和牛顿引力理论是无法回答的。只有建立一种新的空间引力理论，才有可能对宇宙做出进一步的说明。德国著名物理学家爱因斯坦创建的广义相对论（图 3.4），客观上满足了这种需要。

图 3.4 爱因斯坦

3.2 广义相对论的建立

从思想渊源来说，广义相对论的建立有一个逻辑发展过程。

20 世纪以前，牛顿的经典力学体系在物理学和天文学上都取得了辉煌的成就，但这一体系是建立在绝对时间和绝对空间观念基础上的。所谓绝对时间和绝对空间观念，就是认为时间和空间不依赖于物质而独立存在，时间像一条小河一样静静地流淌着；空间像一个大容器一样默默地存在着，它们都与其他事物无关。牛顿力学认为，物体相对于绝对空间的运动是绝对运动，要判断物体的运动情况，最终需要一个绝对静止的参考系。那么现实世界中什么是真正静止的呢？我们在地球表面上生活，一切活动都把地球看作是不动的，而实际上地球本身在绕太阳运动。进一步说，太阳也在绕银河中心转动，而银河系也并非是绝对不动的。宇宙中找不到什么东西是绝对静止的。牛顿假定绝对空间是静止不动的，但既然绝对空间不依赖于物质而存在，人类如何能证明其存在呢？这是牛顿力学潜含的一个逻辑矛盾。

18 世纪和 19 世纪，物理学家为了说明光波的传播，设想宇宙空间存在一种特殊的物质。这种物质具有一系列特殊性质，它无形无象、微不可察，它绵延连续、静止不动，它充虚贯实、无处不在，它弥漫于所有空间，却对任何物质的运动不产生任何阻碍作用。人们把这种想象中的物质称为“以太”。如果以太确实存在，它既是光波传播的介质，也可以充当牛顿力学的绝对空间或绝对静止参考系。

19 世纪末，物理学家们开始设法检验以太是否存在。如果以太真实存在，那么地球在以太中绕着太阳的运动，就会像一只皮球在大雾弥漫的空中飞行一样，虽然以太不像雾气那样可见，但地球表面上的特殊仪器应能感受到“以太风”的存在。1887 年，美国二位物理学家迈克尔孙（A.Michelson）和莫雷（E.W.Morley）设计了一套可精确检测地球相对于以太运动速度的实验装置。实验结果表明，地球与以太之间不存在任何相对运动。这件事使 19 世纪末的整个物理学界感到震惊。如何解释这一实验结果，成了物理学家们十分头痛的事。当时绝大多数物理学家坚信以太是真实存在的，迈克尔孙—莫雷实验未测出地球相对于以太的运动，可能是其他原因所致。比如爱尔兰物理学家菲茨杰拉德（G.F.Fitzgerald）和荷兰物理学家洛伦兹（Lorentz）为了说明以太的存在，用物体在以太中运动时长度会缩短的假设解释上述实验结果。

年轻的爱因斯坦在 20 世纪之初登上物理学舞台时，经典物理学不仅面临着以太疑难，而且麦克斯韦和洛伦兹的电磁理论与牛顿力学之间也存在着基本矛盾。因为前者把电磁现象看作是绝对的，而后者把力学现象看作是相对的，或者说牛顿力学的相对性原理在经典电磁理论中不适用。面对经典物理学的种种困难，爱因斯坦比别人的高明之处在于，他不抱残守缺，而是富有批判创新精神。他一方面抛弃了以太概念，另一方面坚信相对性原理不仅对力学现象适用，而且对电磁现象、光学现象等都适用，也就是说，惯性参考系对于描述所有的物理现象都是等价的，他把这种现象称为狭义相对性原理。另外，19 世纪末叶理论计算和实验测量都表明，光在真空中的传播速度是不变的。爱因斯坦认为，这件事可能隐含着自然界某种奥秘，因此他把这种现象看作自然界的一种法则，称之为光速不变原理。经过进一步的分析他还发现，牛顿的绝对时间观念虽然已被物理学接受 200 多年了，但事实上它是缺乏实验根据的；人们有什么理由认为不同参考系中的时间是一样的呢？倒是认为不同参考系中的时间是不同的会更自然一些。在这些认识基础上，爱因斯坦于 1905 年创立了狭义相对论。狭义相对论向人类揭示了一种崭新的时空观。它指出，时间和空间都是相对的，同一个物理事件，在不同的惯性参考系中观察，其时空特性并不相同。用狭义相对论的观点既可以把牛顿力学与经典电磁学统一起来，也可以在抛弃以太概念的前提下解释迈克尔逊—莫雷实验。但在爱因斯坦看来，狭义相对论仍然存在缺陷。

爱因斯坦认为，狭义相对论有两个无法克服的困难。其一，它以惯性参考系为基础，并把惯性参考系的适用范围从牛顿力学扩展到了物理学的所有领域。这样做虽然是向前大大地迈进了一步，但却具有某种人为的选择性。因为参考物既有做匀速运动的，也有做加速运动的；爱因斯坦狭义相对论中关于惯性系的概念与牛顿所定义的是一致的，所以自然界中既有惯性参考系，也有非惯性参考系。我们为什么只偏爱惯性系呢？物理规律对于惯性系和非惯性系能否具有相同的形式？这就成为爱因斯坦后来思考的焦点。爱因斯坦认为，如果我们回答不了“上帝”为什么只偏爱惯性系，就没有理由做这种选择，就应当假定惯性系和非惯性系对于描述物理规律都是等价的，这种假定就叫作广义相对性原理。其二，狭义相对论几乎概括了所有的经典物理学理论，并使其适应性更强。然而，事实证明，在狭义相对论的框架里，却无法建立令人满意的引力理论。这使爱因斯坦认识到，狭义相对论不过是必然发展过程的第一步，还必须进一步建立符合广义相对性原理的引力理论。我们知道，牛顿第二定律中的质量是惯性质量，引发物质间万有引力的质量是引力质量，实验表明物质的惯性质量与引力质量相等。这一事实启发爱因斯坦想到，引力场中相对于惯性系做自由落体的运动，可以等价于引力场不存在时物体相对于一个匀加速运动的非惯性系的运动。也就是说，一个作匀加速运动的参照系可以与一个引力场等效，这即是等效原理的基本思想。广义相对性原理和等效原理是爱因斯坦试图建立新物理理论的两条基本原理，为了得到这两条原理的数学表示，传统的欧几里得几何已经不适用了，为此他找到数学家格罗斯曼（M.Grossmann）。在格罗斯曼的帮助下，依据德国数学家黎曼（G.F.B.Riemann）所建立的非欧几里得几何学作为数学工具，爱因斯坦于1915年创建了广义相对论。

广义相对论实际上是一种新的引力理论，这种理论对牛顿万有引力理论做了根本性的变革。牛顿将万有引力看成两物体的超距作用，而爱因斯坦则认为引力是四维时空弯曲的表现；引力场的时间和空间特性取决于物质的质量多少及其分布，质量越大，分布越密，空间弯曲得就越厉害，时间流逝得也就越慢。时间和空间的存在及其属性完全依赖于物质的存在状况，并非像经典时空观所说的那样与物质和运动无关。在爱因斯坦看来，一个物体受另一个重物的引力作用而运动，其实是重物使其周围空间发生弯曲所致，即引力是来源于时空的弯曲。这正如在一块绷紧的塑料薄膜上放置一个重物将使薄膜变凹一样，薄膜变凹，将使其周围的小球向重物滚去，这看上去就好像重物吸引小球。同时，在广义相对论中，物理学定律都具有广义协变性，即其表示形式与参考系的选择无关，这就完全解决了参考系的选择问题。根据广义相对论，只有当空间中物质分布稀少，因而引力场很弱时，空间才可用欧几里得几何描述。实际上，宇宙中物质密度并不为零，因此以欧几里得几何为基础的牛顿引力理论并不适用于描述宇宙的复杂结构。只有广义相对论才有可能较好地揭示宇宙的结构及其发展规律，并真正解决西利格和奥伯斯之谜，回答宇宙究竟是有限还是无限的问题。

3.3　哈勃定律的发现

我们在前面已经提到，假如宇宙是无限的、均匀和静态的，宇宙中分布着无限个恒星，则我们无论从哪个方向观看天空，视线都会碰到不止一颗恒星，因而整个天空看上去就会亮得像太阳一样。而实际上，如我们所知，不仅夜晚天空是黑暗的，而且即使白昼天空也不是像太阳一样耀眼，此即著名的奥伯斯（Olbers）之谜（图 3.5）。为了解释这一现象，天文学家提出了各式各样的假说，有人用天体分布的非均匀性、天体寿命的有限性或演化效应来解释；也有人假设引力常数随距离增大而减小来解释等。事实上，奥伯斯现象是把天文观测与理论推断相联系，在考虑宇宙的大尺度空间性质时提出来的。它标志着科学的宇宙学的萌芽。

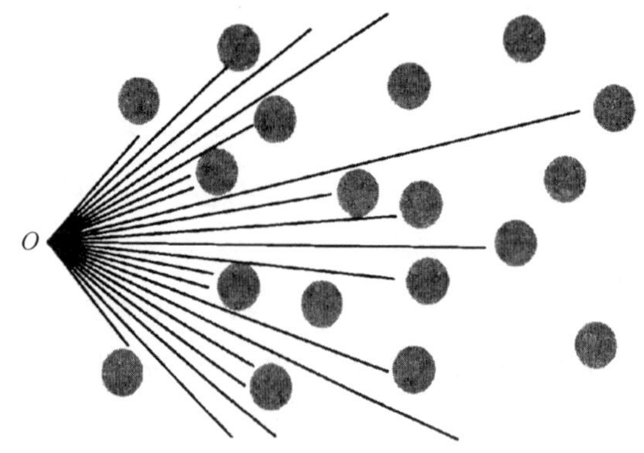

图 3.5　奥伯斯之谜，若宇宙是无限的，O 处观察者的每一视线迟早将会遇到恒星或星系，所以天空必定是明亮的

广义相对论建立后，爱因斯坦即用其考察宇宙结构问题。1917 年，他发表了“根据广义相对论对宇宙学所作的考查”一文，这是现代宇宙学的奠基之作。在这篇论文中，爱因斯坦假设，从大尺度来考虑，宇宙空间和物质分

布是均匀的和各向同性的。这一假设经过苏联科学家弗里德曼的发展，后来被称为宇宙学原理。由于当时的天文观测只是初步发现旋涡星云的谱线红移现象，天文学界并未形成宇宙膨胀观念，基于他的均匀各向同性假设，爱因斯坦通过求解广义相对论引力场方程，并且引入宇宙常数项，建立了一个“静态、有限、无界”的宇宙模型。所谓静态，是指从大尺度来考察，宇宙空间中的物质基本上是静止不动的；所谓有限无界，是指我们的宇宙空间是三维的黎曼空间，它的大小有限，光线在这个空间内沿弯曲路径传播，始终不会有它的终点，即这个空间没有边界。爱因斯坦的这种研究，开辟了以广义相对论为基础的现代宇宙学研究的新时代。

继爱因斯坦之后，荷兰天文学家德西特也于 1917 年利用爱因斯坦引力场方程提出了一个静态宇宙模型，但他认为宇宙的物质不是静止的，而是运动的，不过物质的平均密度趋近于零。

爱因斯坦在提出他的宇宙模型时，为了获得静态解，人为地在广义相对论引力场方程中增加了具有斥力性质的“宇宙项”。他认为宇宙中引力与斥力达到平衡时即处于静态状况，但如何说明“宇宙项”的物理基础，却是一个令人头痛的问题。1922 年，苏联科学家弗里德曼重新求解了爱因斯坦引力场方程，并且未像爱因斯坦那样人为地引入“宇宙项”，结果发现，这一方程既存在着如爱因斯坦模型和德西特模型那样的静态解，也存在着两类膨胀解和一类振荡解，由此他建立了著名的弗里德曼宇宙模型。他还认为，爱因斯坦在场方程中引入“宇宙项”的做法是完全不必要的。根据弗里德曼模型，宇宙永远处于运动状态，它或者无限地膨胀下去或者膨胀和收缩交替进行（即做振荡运动）。宇宙究竟是单调膨胀还是不断振荡？人们对弗里德曼模型做了进一步研究后发现，关键在于宇宙物质的平均密度 ρ 与临界密度 ρ_0 的比值。如果宇宙平均密度小于临界密度，即 $\rho<\rho_0$，则宇宙空间曲率为负，对应于一个双曲型的开放宇宙，宇宙会一直膨胀下去；如果宇宙平均物质密度与临界密度相等，即 $\rho=\rho_0$，则宇宙空间曲率为零，对应于一个欧几里得的平直的开放宇宙，这种情况下的宇宙也会一直膨胀下去；如果宇宙平均物质密度大于临界密度，即 $\rho>\rho_0$，则宇宙空间的曲率为正，对应于一个没有边界的体积有限的闭合宇宙，即宇宙膨胀到一定时候会收缩，然后再重新开始膨胀，形成膨胀、收缩、再膨胀、再收缩的振荡形式（图 3.6）。

我们生活于其中的宇宙会不断膨胀，或者到了一定时候还会收缩，由此意味着宇宙有个开端，或者还有末日，这太奇妙了！这个结论是在人们还没有发现宇宙膨胀的充分事实的情况下做出的。在传统观念上，人们习惯于认为宇宙在时间上是无始无终的，在空间上是无限的，否则怎样想象宇宙创生之前或宇宙末日之后的情景呢？所以人们乐于接受静态的、永恒的宇宙模型。弗里德曼模型在观念上如此新颖，以致爱因斯坦在开始时对其正确性也表示怀疑，但很快他就认识到了弗里德曼这一工作的重要意义，他甚至认为自己在引力场方程中引入“宇宙项”的做法是愚蠢的。弗里德曼模型的一系列奇妙结果都是通过求解广义相对论引力场方程得出的自然结论，不存在任何人为的假设，因此在未得到天文观测检验之前，人们虽然没有理由肯定它，但也同样没有理由否定它。在科学认识活动中，只要是正确的东西，它总会被越来越多的事实证明。

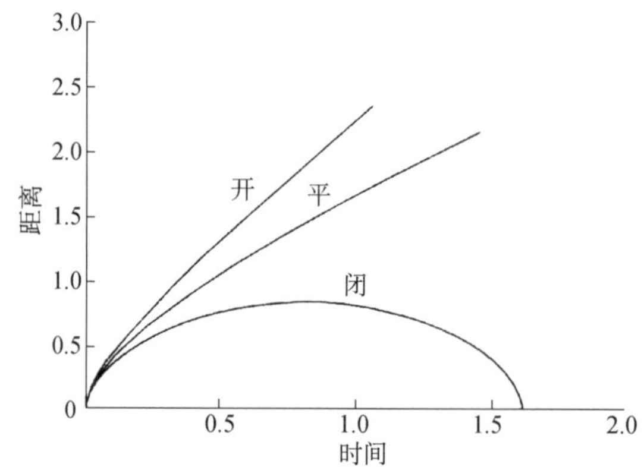

图 3.6　开、平、闭三种宇宙模型的弗里德曼膨胀曲线。
开放宇宙永远膨胀，闭宇宙膨胀后会再次收缩

1927 年，比利时天文学家勒梅特通过求解广义相对论引力场方程也获得了一个膨胀宇宙模型，据此他把天文学家观测到的河外旋涡星系退行现象，解释为宇宙膨胀的结果。前面说过，爱因斯坦的宇宙学模型是静态的。当时他认为宇宙在大尺度上的特征是不随时间变化的，正因如此他才有意识地设法得到静态解。弗里德曼和勒梅特都证明，爱因斯坦的宇宙学模型是不稳定的，只要出现扰动，就会破坏平衡，使宇宙空间一直膨胀下去。所以，根据广义相对论所建立的宇宙学模型，本质上是动态模型，正如弗里德曼和勒梅特两人所建立的模型那样，它揭示了宇宙空间的膨胀属性。实际上，随着河外天文观测的进步，越来越多的事实也充分证明了我们生活的宇宙正在不断膨胀着。

有关宇宙膨胀的第一个观测上的启示，来自对旋涡星系的径向速度（即沿观测视线方向的速度）的早期测量。1842 年，奥地利物理学家多普勒研究声音的传播时，发现了一种常见的效应。譬如当我们坐在火车里，如果对面有飞驰而来的火车，它的汽笛声就会突然变得很尖锐刺耳；但火车开过身旁而远去时，汽笛的声调便一下子低沉下来。这是由于当声源向着我们运动时，我们的耳朵接收到的声波频率将高于声源频率；当声源背离我们做后退运动时，我们耳朵听到的声波频率将低于发射频率，这种现象称为多普勒效应。多普勒还指出，光的传播应该具有和声波相同的行为。换言之，倘若光源退离观测者，则观测到的光的频率应该减小。由于光的颜色由其频率决定，所以频率的下降将会导致其颜色看上去变红了，此即所谓的多普勒红移。这一原理对于观测天体的径向运动情况很有价值。由于光的频率变化效应远远小于声音的频率变化，所以实际上光源颜色的变化很微小，难以据此准确判断光源的运动情况。后来人们发现，运用光谱分析方法可准确测定恒星的多普勒红移情况，也即恒星的径向运动情况。因为特定的谱线是由特定类型的原子所产生的，所以可以把恒星光谱中某一谱线的频率与实验室中同种原子所产生的该谱线频率加以比较，即可求出频率变化量，由此推算出恒星的径向速度。1914 年，洛威尔天文台的斯莱弗（V.M.Slipher）观测了十几个旋涡星系都在以大约每秒 100～200 英里的速度背离我们退行，但其中也有少数旋涡星系以很高的速度向我们接近。在随后的几年中，斯莱弗观测到的具有径向运动的旋涡星系数目不断增加。这类现象意味着什么？天文学家当时还难以说清楚。1923 年，英国天文学家爱丁顿针对这种情况指出，宇宙演化学最令人困惑的问题之一，就是旋涡星系的巨大速度。但不久，这种困惑就被美国天文学家哈勃的出色工作所解决（图 3.7）。

图 3.7　哈勃

1924 年，哈勃利用当时世界上最大的反射望远镜观测旋涡星系之一的仙女座星系，结果发现它位于银河系之外，是和银河系一样的恒星系统，并非是一片模糊不清的星云。由此人们推测所有的旋涡星系都是位于银河系之外的恒星系，从而揭开了探索大尺度宇宙的新篇章。

1927 年，荷兰天文学家奥尔特（J.H.Oort）根据观测资料证实了银河系具有自转运动的假设，从理论上推导出银河系自转对恒星视向速度影响的公式，由此人们发现太阳和银河系中的其他天体也在绕着银河中心转动。考虑到银河系和太阳系的运动，必须对斯莱弗观测的河外旋涡星系径向速度进行某种修正，修正后的速度真实地反映了它们的运动状况，这使得人类对遥远宇宙天体的运动情况有了进一步的认识。

在上述认识基础上，1929 年，哈勃经过对 24 个已知距离和视向速度的河外星系的分析研究，惊奇地发现，各星系都在背离我们而后退，它们退行的速度并非是杂乱无章的，而是遵循其视向退行速度与其距地球的距离成正比的关系，即星系离地球越远，其视向退行速度越大，用公式表示为 $V=HD$，式中 V 是星系退行速度，D 是距离，H 是哈勃常数，此即著名的哈勃定律。

哈勃定律说明了星系红移现象的规律，红移越大，星系的退行速度越大，其距离地球也越遥远。由此证明，宇宙正在不断地膨胀着。这一结论与广义相对论的膨胀宇宙模型是一致的，是对膨胀宇宙论的有力支持。

为什么会造成河外星系的普遍退行呢？为了理解这一现象，可以把我们所处的宇宙空间设想为一个三维球面，并使它像一个正在被吹胀的气球一样膨胀。如果在球面上画着许多小点，当气球膨胀时，气球表面各点会相互散开。一个观察者站在气球上任何一点观看，其余各点都在远离他而去，而且他将发现，离他越远，各点的退行速度也越大。这种现象在球面上哪一点来看都是一样的（图 3.8），这也形象地说明了宇宙是没有中心的，是均匀各向同性的。如果把星系看作气球上的点，那么可以看出，我们所能观测到的最遥远的天区，都处在膨胀之中，所以，是宇宙的膨胀造成了星系的系统性红移现象及普遍退行。

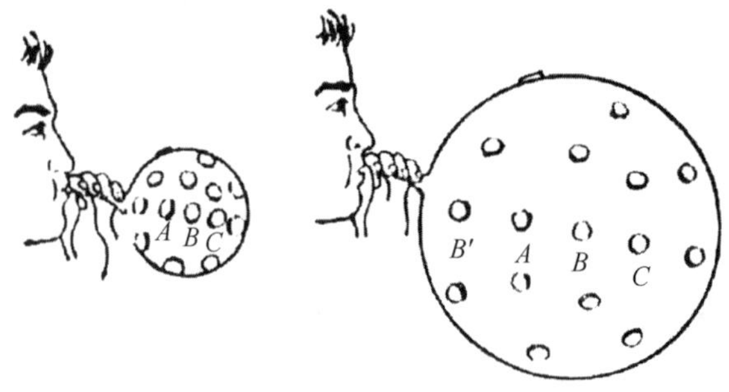

图 3.8　宇宙的膨胀可用气球的膨胀作类比。气球上每一个斑点都可以认为自己是膨胀的中心

3.4 大爆炸宇宙论的提出

哈勃定律所代表的天文观测事实说明宇宙正在向外膨胀着，也就是说，今天的宇宙较之昨天的宇宙膨胀了，宇宙空间有一个从小到大的发展过程，宇宙物质分布有一个从密到疏的变化过程。据此我们如果逆着宇宙演化的时间方向追溯，在过去的某一时刻，宇宙中所有的物质应该是彼此紧密地聚集在一点的，这可能就是宇宙的开端或起点，原初的宇宙也就从这里开始其演化历程。这种逆向推理的方法是我们探讨宇宙起源的重要方法，大爆炸宇宙理论就是沿着这一思路提出的。

大爆炸宇宙模型是美籍苏联物理学家伽莫夫（G.Gamow）于 1948 年提出的。在此之前，勒梅特于 1932 年提出了原始原子爆炸宇宙模型。勒梅特认为，现在观测到的宇宙是由一个极端压缩状态的巨大的原始原子通过一系列相继的裂变过程而形成的，这一过程经历了三个膨胀阶段：第一阶段是快速膨胀期，当原始原子裂变时，物质高度密集，原子碎片快速向四面八方散开，由于物质密度很大，引力足以超过宇宙斥力，而使碎片散开的速度渐渐慢下来；第二阶段是慢速膨胀期，这个时期，宇宙物质密度会达到均匀数值；第三阶段是加速膨胀期，宇宙申斥力超过引力，膨胀又开始加速进行，在整个过程中，原始原子裂变的碎块随着宇宙向外膨胀而越来越小，最后成为气态物质，然后密度涨落和碰撞等偶然的机会使它们相互聚集成各种宇宙天体。勒梅特认为，在宇宙演化的每个阶段，物质都是均匀地充满整个空间的，宇宙空间的半径由起始时的零值永远增加着。显然，勒梅特描述的是一个膨胀着的、物质分布均匀的、各向同性的宇宙。这种图像大体上与观测事实相符，因此勒梅特曾自豪地说：“给我一个原子，我将用它建造出一个宇宙。”事实上，这一理论存在不少问题，他未说明原始原子是如何形成的，也未说明宇宙斥力是如何产生的，更无法说明宇宙中不同元素丰度是如何造成的等一系列问题。不过这是现代宇宙学中根据天文观测事实而构造的第一个宇宙大爆炸模型，其基本思想对后人的工作有启发性。

勒梅特的原始原子思想为伽莫夫所接受，后者把宇宙的起源与化学元素的起源联系在一起，并运用核子物理学知识提出了大爆炸宇宙学说。这种理论认为，今天所看到的宇宙膨胀现象，如果逆着时间追溯回去，将开始于一次强烈的爆炸，爆炸时的宇宙是极其致密的，而且处于一种超高温状态。这一理论提出后，伽莫夫和其学生阿尔弗（R.A.Alpher），以及核物理学家贝特

（H.A.Bethe）对早期宇宙中元素的生成过程做了进一步探讨。伽莫夫根据推论而预言，现今宇宙背景中应留有当初大爆炸残留下来的热辐射。阿尔弗和赫尔曼（R.C.Herman）经过计算进一步指出，早期宇宙遗留下来的背景辐射至今已经很微弱了，其谱分布大体对应于绝对温度为 5K 的黑体辐射。伽莫夫等人的这些工作，奠定了热大爆炸宇宙模型的基础。在此基础上，经过人们的不断完善和发展，形成现代宇宙学中最具影响的一种学说。

根据现代的大爆炸理论，我们今天的世界是在约 200 亿年中，经历一连串的物理过程逐渐演化而成的，物理过程是通过粒子的碰撞进行的，不同温度就有不同的物理过程，宇宙的演化也就直接与宇宙的温度相关。今天认为，宇宙的演化过程大致如下。

在大爆炸时刻，宇宙物质以无限高温高密的状态存在，能量集中为引力能。爆炸后，约 10^{-44} 秒，开始产生粒子，这时总重子数为零，随着宇宙的膨胀温度也逐渐降低。到 10^{-36} 秒，产生重子略多于反重子的不对称性，这时温度约为 10^{28}K，约在爆炸后 10^{-12} 秒时宇宙温度降至 10^{13}K，在 10^{13}K 以上的宇宙早期，重子数与反重子数几乎相等，它与光子数也同量级。温度降至 10^{11}K，重子、反重子湮灭变成高能光子，宇宙中将主要由光子、反中微子和电子、正电子组成。由于重子、反重子极其微小的不对称使极少量质子、中子得以保留，我们今天这个绚丽多彩的世界才得以形成。当大爆炸后约 1 秒钟时，温度降低到约 10^{10}K，这大约是太阳中心温度的 1000 倍，此刻宇宙中的中微子不再参与碰撞，与其他粒子脱离耦合，可以自由运动。由于宇宙整个体积在不断膨胀，温度会继续降低。在大爆炸后约 3 分钟，温度降至 10^{9}K，也即最热的恒星内部的温度，此时质子和中子失去单独存在的条件，它们开始结合产生重氢的原子核，即氘核（由一个质子和一个中子构成），然后，氘核进一步和更多的质子及中子结合形成氦核。自由中子的寿命只有 15 分钟，它进入氦核后就稳定了，组成我们今天多种元素的中子就是这样得以保存的。据计算，在大爆炸过程中大约有 1/4 的质子和中子转变成氦核，其余的中子衰变成质子，即氢的原子核。随着膨胀，宇宙温度继续下降，当温度降至 100 万 K 后，早期形成化学元素的过程结束。宇宙中的物质主要是大量的中微子和光子再有就是少量的质子、电子、氦核和一些比较轻的原子核。最后，一旦温度降低到几千度时，电子和原子核不再有足够的能量去抵抗它们之间的电磁吸引力，它们开始结合成中性原子，物质变成中性以后，它与光子几乎不发生碰撞，这时宇宙变得透明了。这样，4000K 以后，光子也脱离热平衡而变成自由气体，这一阶段称为宇宙的复合时代。随着宇宙的膨胀，温度进一步降低，气体物质的热运动不断减慢，在局部区域由于密度的涨落，会形成若干引力中心。在引力作用下，这个区域会进一步缩小，并导致物质密集区的出现，进而形成星系、星系团等结构。要定量描述星系、星系团的形成，以及当今宇宙的大尺度结构，还不是一件十分容易的事，目前宇宙学的研究在这方面还有待进一步的努力。

关于恒星的形成过程，目前已有比较清楚的认识。通常认为，星系中的氢和氦等气体由于涨落和引力不稳定性会进一步坍缩，并导致温度升高，当温度达到氢聚变为氦的温度时，热核聚变反应发生。这些反应不断将氢转变成氦，同时释放大量热量使热膨胀压与引力收缩作用相平衡，这时星体不再继续收缩，并保持这种平衡状态。星体依靠其内部依次进行的由轻元素聚变成较重元素的核反应，不断释放能量并以热和光的形式辐射出去，就形成了恒星。

早期的大爆炸宇宙论还只是关于宇宙起源和演化的一种假说，它虽以广义相对论为理论基础，以宇宙天体的红移现象为经验基础，对宇宙的演化情况做了推测性说明，但这一理论只说明了轻元素的形成过程，对于比氦重的元素则遇到了困难。因为在宇宙演化中以中子俘获方式只能形成少量轻元素。事实表明，氦原子俘获一个中子成为核子数为 5 的氦同位素时，它立即会重新衰变为核子数为 4 的氦原子，同样，两个氦原子聚合成核子数为 8 的铍的同位素时，也会立即分裂为两个氦原子核。于是形成元素的一连串过程在这里会中断，如此世界上不会有比氦更重的元素了。这一困难被后来的恒星和超新星合成元素的理论取代。因此，到 20 世纪 60 年代，伽莫夫等人的大爆炸宇宙论已逐渐被人淡忘了。

但是，20 世纪 60 年代末宇宙微波背景辐射的发现，使大爆炸理论又重新引起了人们的兴趣，由此这一理论又获得了进一步发展，并得到一系列观测事实的支持。

3.5 大爆炸宇宙论的检验

大爆炸宇宙演化理论已得到下列观测事实的检验。

其一，河外天体谱线红移的进一步发现。从 1929 年哈勃发现了星系的红移量与距离成正比的规律以来，大量的天文观测事实进一步证明了红移的广泛存在。事实上除少数几个近距离星系外，其他星系的光谱都呈现红移状态，而且用射电方法测定的红移与可见光波段一致。星系的红移是 20 世纪以来影响最为深远的宇宙现象，若承认红移是多普勒退行速度效应，则只能得出宇宙正在做整体膨胀的结论，或者说，宇宙中普遍存在的天体退行现象，证实了大爆炸模型的宇宙膨胀理论。

其二，宇宙年龄的测算。大爆炸理论认为宇宙有个开端，那么，从宇宙创生到现在，它经历了多长的演化过程呢？根据大爆炸理论可以计算出宇宙的年龄上限约在 200 亿年左右。另一方面，大爆炸理论主张，所有的恒星都是在宇宙爆炸后经历一段时间才产生的，因而任何天体的年龄都应当小于 200 亿年这一宇宙年龄。各种天体年龄的实际测量结果，证实了这一推论。

其三，宇宙微波背景辐射的发现。伽莫夫等人根据大爆炸理论曾预言，今天的宇宙空间应当存在 5K 左右的微波背景辐射，这是大爆炸早期的光子脱耦后的热动平衡辐射经过宇宙膨胀留下的残迹。十几年后，这一预言被美国贝尔电话实验室的两位科学家彭齐亚斯（A.A.Penzias）和威尔逊（R.W.Wilson）出人意料的重大发现证实了。

20 世纪 60 年代，为了达到通过人造卫星进行无线电通信的目的，美国贝尔电话实验室正在研制低噪声接收系统，并在设法找出各种可能干扰通信的噪声源。无线电通信所说的噪声，是指通信广播中影响正常信号传送的各种无规则的电磁波信号。电子电路中，电子的无规则热运动也会引起噪声。一般来说，温度越高，电子的热运动也越剧烈，形成的噪声也就越大，因此，噪声的大小与温度有一定对应关系。无线电技术中常用温度高低标志噪声大小，有时对那些不是由热运动造成的噪声，人们也给它一个对应的有效噪声温度，以此表示各种原因的噪声大小。贝尔电话实验室彭齐亚斯和威尔逊当初的工作，就是利用一架方向性很好的喇叭形天线查明天空中各种原因的噪声。要测量天空温度极低的噪声，除了要减小来自地面的干扰，还要尽量减小天线和接收器等电路元件对于噪声的贡献。彭齐亚斯和威尔逊为此对仪器做了一番改进。他们制作了一个用液氦冷却的参考终端，使天线温度可与之进行比较，用一个脉冲作为接收器，并将其保持在绝对温度 4K 的低温下。做了这些改进之后，电路各部件的噪声温度大大降低，测量精度大大提高。

1964 年 5 月，他们用这套喇叭形天线装置测量银河系外围气体的射电波强度时（图 3.9），发现天空存在着无法消除的背景辐射，它以波长 7.35 厘米的微波噪声形式存在，相当于 3.5K 的黑体辐射。彭齐亚斯和威尔逊检查了各种可能产生噪声的原因，结果并未消除这个过剩的噪声温度。在此后他们进行了将近一年的反复测量，发现这个噪声是各向同性的，无偏振，而且不随季节变化。这种噪声是由什么造成的呢？他们无法回答。只知道这种辐射不可能来自任何特定的辐射源，因为它没有方向性。

图 3.9 测量背景辐射的喇叭形天线

与此同时，美国普林斯顿大学的几位物理学家也在进行着同一方向的研究工作。早在 1945 年，美国麻省理工学院的迪克（R.H.Dicke）等人曾研制了一架灵敏度很高的微波辐射计，用以测量月球和太阳的微波辐射。在测量中，当他们考察大气的辐射和吸收影响时，发现天体背景也有辐射，辐射温度上限约为 20K。他们设想，这可能代表了宇宙中所有星系物质的辐射贡献。1946 年，迪克等人将这一发现写成论文在《物理学评论》上发表了。他们不知道，这家杂志也刊登了伽莫夫关于大爆炸学说的一篇论文，文中包含的一个推论就是宇宙中可能存在残余的微波背景辐射。

时隔 20 年后，迪克领导一个小组在普林斯顿从事宇宙学的理论研究。他们根据广义相对论宇宙模型讨论振荡宇宙中元素的形成时，涉及受压缩的热宇宙的反跳和膨胀问题，由此暗示在宇宙膨胀后可能有残余的背景辐射。当他们思考是否能测量到这种残余辐射时，很快回想起 20 年前测量天空温度的实验。因此，他们决定用喇叭形天线装配一架更加灵敏和稳定的迪克式辐射计，用以测量宇宙背景温度。但是在他们刚刚开展这项工作时，意外地得到了贝尔电话实验室在这方面工作的信息。

事情是这样的，1965 年的一天，彭齐亚斯因为别的事情打电话给麻省理工学院的射电天文学家伯克教授，在电话中他顺便谈到自己和威尔逊发现了 3K 背景噪声之事。伯克回答说，他刚看到普林斯顿迪克小组关于宇宙学的一篇文章的预印本，文中预言，如果宇宙是从非常热的压缩状态演化来的，那么就应当能观测到相当于绝对温度几度的宇宙背景噪声。这一意外的消息使彭齐亚斯非常兴奋，他立即给迪克打电话通报了自己和威尔逊的发现，迪克随即带领一个小组访问了贝尔电话实验室。他们发现，彭齐亚斯等人所测量到的噪声正是他们自己准备寻找的宇宙背景辐射。迪克把彭齐亚斯等人观测到的 3K 辐射，解释为热宇宙的残余黑体辐射。六个月后，普林斯顿小组完成了辐射计的研制，并且在 3.2 厘米波长处也观测到宇宙背景辐射温度为 3K 左右，证实了彭齐亚斯和威尔逊的观测结果。这一发现于 1965 年向科学界公布后，又有人在 1 毫米到 70 厘米的波段上进行了广泛的测量，结果表明宇宙微波背景辐射是黑体辐射，精确的温度为 2.7K（图 3.10）。现在一般将这一发现通称为 3K 宇宙背景辐射。

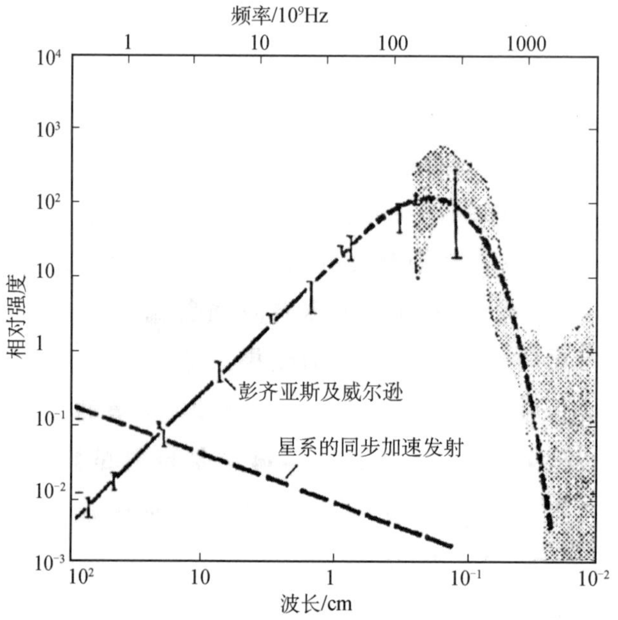

图 3.10　宇宙背景辐射的强度遵循黑体谱，对应的黑体温度是 3K。图中竖直线段表示各波长处测得的背景辐射相对强度，线段长度表示误差范围，阴影部分是用宽频带方法测得的高频部分

宇宙背景辐射的发现是现代宇宙学中的重大事件，这项成就获得了1978年度的诺贝尔物理学奖，瑞典科学院在颁奖的决定中指出："彭齐亚斯和威尔逊的发现，是一项带有根本意义的发现，它使我们能够获得很久以前、在宇宙的创生时期所发生的宇宙过程的信息。"3K 微波背景辐射的发现，验证了大爆炸理论的预言，是对大爆炸宇宙论的有力支持。

从对大爆炸理论的证实来说，3K 背景辐射与宇宙红移的作用有所不同。单从宇宙天体的退行来看，这种现象既可以认为是天体随着空间膨胀而退行，也可以认为先有静止不动的空间存在，宇宙原始物质是在这种空间中爆炸，然后向四面八方飞散出去。但 3K 背景辐射的存在说明，宇宙的膨胀只可能是前一种情况，不会是后一种情况，因为如果是后一种情况，就无法解释背景辐射的存在。原因在于，在宇宙原始物质爆炸中，辐射总会比物质更快地飞离爆炸地点，物质周围不会有辐射存在。由此说明，所谓大爆炸并不是一团物质在某一固定空间的爆炸，而只能是空间自身的膨胀。

其四，氦丰度的测定。宇宙中天然的化学元素有90多种，它们的含量很不均等。自然界各种元素的重量百分比，称为元素的丰度，现代宇宙学力图证明化学元素的起源过程，因此一些元素的丰度是相当重要的宇宙学参量。观测表明，各种天体上氢和氦是最丰富的元素，二者的丰度之和约为98%，其次就是碳、氮、氧、氖，再次是锂、铍、硼，比镍重的元素非常稀少。在这些元素成分中，对宇宙学最有意义的是氦的丰度，因为氦的丰度在许多种类不同的天体上都具有大致相同的数值，均为25%左右。这不能不使人们想到，这种现象可能不是由天体的个别情况决定的，而是整个宇宙中某种共性的表现。用恒星内部元素合成机制不足以说明为什么有如此多的氦存在，而根据大爆炸理论，宇宙早期温度很高，产生氦的效率也很高，宇宙中丰富的氦正是在大爆炸之初形成的。按照大爆炸理论，根据宇宙背景辐射的温度，以及由红移推定的宇宙膨胀率，可以计算出宇宙初期形成的氦丰度值恰好在25%附近，这一理论计算值与观测事实非常一致。

另外，宇宙中氢的丰度最高，占70%以上。自然界的元素是在宇宙最初的高温高密度状态下从最简单的氢俘获中子聚合成氘和氦，又在后来的恒星内部合成更重的元素。为什么大部分氢并没有变成氦呢？这同宇宙早期的膨胀速度有关。如果最初大爆炸的高温高密状态能维持一段较长时间不变，那么就有可能全部的氢都变成氦。但实际上，由于宇宙在那个时期的迅速冷却，大部分氢来不及合成氦，宇宙已冷却到不能发生核聚变的地步了。而宇宙冷却是由膨胀引起的，膨胀得越快，冷却得也越快。因此，今天宇宙中有大量氢残留下来，与大爆炸后宇宙膨胀的快慢有直接关系，正是当时的快速膨胀，才使大量的氢保留下来。后来在恒星内部氢可缓慢地聚合成氦及其他元素，同时向外辐射能量，给宇宙带来了光和热，为生命和人类的发生和发展准备了条件。反之，只要当初宇宙膨胀慢一点，就会有大量的氢合成氦，那么今天的宇宙就不会如此光辉灿烂，生命和人类也将不会出现。

在现代宇宙学中有多种宇宙模型理论，其中大爆炸理论得到了上述事实的较好支持，因此它是一种比较成功的宇宙理论。这一理论告诉我们，宇宙有着统一的起源和演化，它开始于一种高温高密度的状态，经历了漫长的膨胀冷却过程之后才演化成今天这种样子。

20 世纪，人类对宇宙起源的探索出现了两次高潮：第一次高潮是由哈勃定律的发现引起的；第二次高潮是由微波背景辐射的发现引起的。这两次重要发现都带来了宇宙学的蓬勃发展。从认识过程来看，这两次发现都是先有理论预言后有观测结果，如前所述，弗里德曼的膨胀宇宙模型和伽莫夫的背景辐射预言分别为这两个发现提前确立了理论基础，也正因如此，它们才引起了宇宙学界的巨大轰动。而这几件事，都证明了广义相对论宇宙学和大爆炸理论的合理性。我们知道，在天体物理领域或宇宙起源研究方面，进行准确的预言是极其困难的事情，因为这类研究涉及的因素太多，理论很难处理这类复杂关系。大爆炸宇宙论成功地做到了这一点，这无疑是在衡量其正确性的天平上加上了一颗重重的砝码。

生活在地球上相对渺小的人类，竟根据很少的几条原理及观测事实，就对广袤无边的宇宙的起源、演化和发展做出如此精确的描述，这不能不说是人类认识上的一个奇迹，是很值得从认识论和方法论上好好总结的。

3.6 大爆炸宇宙论的启示

大爆炸宇宙论是以广义相对论为基础应用已知的物理原理对宇宙观测事实做出的猜测性解释，这种理论不仅得到了一系列事实的检验，而且对现代科学认识活动也有不少启发性。

追求物理理论的统一性，是现代物理学研究的一个重要趋势。迄今为止，物理学家已经发现，自然界存在着万有引力、电磁力、强作用力和弱作用力四种相互作用力。17 世纪末，牛顿万有引力把太阳系行星的运动与果园里苹果的落地统一起来了；19 世纪，麦克斯韦电磁学把电力、磁力综合为电磁力，并发现了电磁波和光的统一；20 世纪上半叶，物理学家发现了把质子与中子牢固地束缚在原子核中的强作用力，以及使微观物质粒子在相互转化中放出电子和中微子的弱作用力。这四种作用力分别存在于不同的物理现象中，有关它们的理论也属于不同的物理学分支领域。从思维的经济性来说，人类总是希望能用尽可能少的理论去描述尽可能多的事实，因此 20 世纪以来，物理学家一直在寻求用一种理论统一描述这几种物理作用的可能性。爱因斯坦为了使引力和电磁力统一起来耗费了后半生的宝贵精力，但未取得成功。60 年代以前，许多著名物理学家都在这方面进行过努力探索，但均未达到最终目的。60 年代末，美国物理学家温伯格（S.Weinberg）和英籍巴基斯坦物理学家萨拉姆（A.Salam）等人提出了弱电统一理论。就是说，他们用一种理论统一描述电磁作用和弱相互作用，这种理论很快得到了实验证实。这一胜利极大地鼓舞了人们的热情，进而去寻找更大的统一性理论，因此物理学家于 70 年代提出了大统一模型，试图发展出一种把电磁作用、弱作用及强作用都包含在内的统一理论。大统一理论认为这三种作用在能量很高的状态时将统一表现为一种作用，只有在低能状态时，才呈现出三种不同的作用。根据现有理论的计算，强作用的强度会随着能量的升高逐渐减弱，而弱作用和电磁作用的强度则会逐渐增强，这样就可能找到一个能量判据，使得处于这个能量状态时的物理过程，三种相互作用的强度相同，也就是说，在这一能量状态，三种相互作用达到了统一。根据大统一理论计算，这个能量值大约为 10^{24} 电子伏特时，宇宙中除了引力以外就只有这一种统一的相互作用了。10^{24} 电子伏特是一个大得吓人的能量，目前人类无法制造出如此之高的能量状态，今天的高能加速器所能达到的最大能量仅有 10^{12} 电子伏左右，它对于大统一理论的能量尺度来说还是太小了。正因如此，大爆炸宇宙学对物理学的发展有了特殊重要的作用。根据大爆炸理论，宇宙大爆炸之初曾经历过能量为 10^{24} 电子伏的物理过程，这就是说，宇宙爆炸的极早期可能是检验大统一理论的唯一“实验室”。大爆炸理论还认为，在宇宙的更早期引力也被统一其中，那时只有一种形式的相互作用，称为超引力。随着宇宙膨胀，物质密度下降，超引力才开始分化为不同形式的相互作用，最早出现的是引力，然后是弱作用力和电磁作用力，最后是强相互作用力。因此，如果大爆炸理论是正确的，就可以间接证明大统一理论的合理性，自然界的四种相互作用以及它们的相互关系也将被人类真正理解。

近年来，科学家们开始把大爆炸宇宙论与粒子物理学结合起来，探讨极早期宇宙的粒子生成问题，试图解释现存世界的粒子与反粒子数目之间的不对称性现象，由此形成了粒子宇宙学这一新的研究领域。大量的观测表明，在今天的宇宙中，质子、中子、电子等基本粒子与它们的反物质粒子之间在数量上存在着严重的不对称性，宇宙中的物质基本上都是由正粒子构成的，很少有以自然状态存在的反粒子。所谓反物质粒子，大致来说，就是其他性质与通常的正物质粒子一样，只是电荷符号等性质相反的粒子。例如，反质子带有负电，而电子的反粒子——正电子却带正电。一对正反粒子相遇会发生湮灭而产生高达 913 兆电子伏的能量。根据大爆炸理论，今天的宇宙是从昨天的宇宙演化来的，现存的各种复杂、不对称的宇宙现象都是从简单的、对称的原初宇宙演化出来的，因此，物质粒子与反物质粒子之间在数量上的不对称现象，也应当有它的合理解释。按照大爆炸理论，宇宙极早期经历了重子数不守恒过程和正反粒子数的不对称过程。粒子物理学认为，重子数不守恒过程与质子的衰变问题相联系，正反粒子数的不对称与中性 K 介子衰变问题相联系。这两种过程都是极其微弱和缓慢的，但在宇宙的极早期却起过关键性的作用。我们的宇宙之所以有今天，是与它们的作用分不开的。随着这种研究的深入，人类有可能揭开粒子与反粒子在数量上不对称之谜。

热力学是经典物理学的重要理论，它用熵概念表示热运动自发进行的方向。熵是一个系统无序程度的量度。1865 年，德国物理学家克劳修斯（R.Clausius）根据热力学第二定律认为，宇宙发展的总体趋势是熵应不断增大并趋于一个极大值。1867 年，他进一步提出，宇宙越接近于其熵为最大值的状态，它继续变化的机会也越减少，如果最后完全到达了这个状态，也就不会再出现进一步的运动变化，宇宙将处于死寂的永恒状态，这就是众所周知的宇宙热寂说。宇宙热寂的结论是令人懊恼的，它在感情上和理智上都无法让人接受，这一观点从克劳修斯提出之后，就不断受到物理学家和哲学家的批判。有人认为宇宙是开放的、无限的，热力学第二定律只适用于封闭的有限系统，不适用于整个宇宙，因而热寂说是错误的；有人认为热寂说导致的宇宙热死状态，为上帝的“原始推动”创造了条件，因而是错误的。1876 年，恩格斯根据运动不灭和转化原理，在批判热寂说的错误时坚信：“放射到太空中去的热一定有可能通过某种途径转变为另一种运动形式，在这种运动形式中，它能够重新集结和活动起来，”因此宇宙永远不会处于热寂状态。这些批判都有一定的合理性，但却不是十分彻底，而且这类批判永远不会有最终定论。热寂说是一种佯谬，因为现在世界并未出现它所得出的结论。大爆炸宇宙论的建立，可以破除这种佯谬，使“热寂说”问题迎刃而解。

大爆炸理论认为，宇宙在大爆炸之后就一直在膨胀着。根据热力学理论，对于一个膨胀着的系统来说，每一时刻熵可能达到的极大值都是不断增加的。如果系统膨胀得足够快，它每时每刻都无法达到新的平衡，实际上熵的增长也达不到极大值，而且熵的增长值与极大值之间的差距会越来越大。因此，对于一个不断膨胀的系统来说，虽然系统的熵不断增加，但它距离平衡态却越来越远。同理，对于一个膨胀着的宇宙来说，它永远达不到平衡状态，也即永远达不到热寂状态。所以，从大爆炸宇宙论观点看，根本不存在宇宙热寂状态，由此即可充分说明热寂说的荒谬性。

自然界的事物是相互联系的，科学认识中的许多未解之谜可能与宇宙的起源和演化有关。例如，表示基本电荷作用强弱程度的精细结构常数是 1/137。如果宇宙演化过程中由于某种原因，这个常数比 1/137 大一点或小一点，那么氢原子的半径就会与现在的不同。这样它还能不能与碳形成种类繁多的碳水化合物呢？因而以碳水化合物为基础的生命活动还能不能产生呢？为什么精细结构常数是 1/137，不大也不小？这是目前的科学认识难以回答的问题。如果我们能够认识极早期宇宙各种相互作用出现时的物理过程，这个问题就有可能得到理论上的说明。与此类似的基本物理常数有好多个，对于它们，我们同样是只知其然，而不知其所以然。要真正认识它们，同样有赖于对宇宙起源和演化过程的认识。

随着科学认识的发展，越来越多的事实表明，我们人类得以产生和生活在这样一个宇宙中，是有多方面的严格条件限制的。只要自然界的安排出了一点差错，就不会有生命和人类的出现。

大爆炸宇宙论的科学价值，一方面在于其本身的合理性，另一方面在于其对现代科学认识活动的启发和影响，在这两方面都有许多问题尚需做进一步探索。

3.7 大爆炸宇宙论的困难以及宇宙的暴涨

从上面内容我们已看到，大爆炸学说取得了很大成功，但仍有许多的疑难尚未解决。这些疑难目前已引起现代宇宙学家的巨大兴趣和研究热情。为了对这方面的问题有所了解，我们举几个基本例子。

首先，大爆炸宇宙论遇到的最大困难是宇宙奇点问题。宇宙膨胀有一个开端，在开端处，宇宙时间和空间缩为一点，物质密度为无限大，温度为无限高，这一点在数学上称为奇点。关于宇宙奇点，爱因斯坦曾说过："人们不可能假定这些（引力场）方程对于很高的场密度和物质密度仍然有效，也不可下结论说'膨胀的起始'就必定意味着数学上的奇点。总之，我们必须明白，这些方程不可能推广到那样的一些区域中去。"也就是说，广义相对论的引力场方程不适用于大爆炸最初的极高温高密度状态，那时方程中的各项成为无穷大。所以，现有的理论无法揭开宇宙创生之际的神秘面纱，人们必须与那个宇宙创生时刻保持一个明显的智力上的距离。

大爆炸理论潜含着一个宇宙时空半径为零的奇点状态。对此多数科学家都表示怀疑，许多人认为这可能是人为地强加于宇宙模型的，或许是坐标选取不当带来的假象。但是，1965～1970年，英国科学家霍金（S.W.Hawking）和彭罗斯（R.Penrose）经过严格证明而得出结论：在广义相对论的引力场理论内，奇点是不可避免的，这被称为奇点定理。只要宇宙中物质足够多，由于引力的作用，就会产生奇点，奇点是不可避免的。因此有的学者把奇点问题称为现代物理学的危机。如何解决这一问题，是当代物理学和宇宙学的重大任务。在奇点处，时间和空间趋近于零，由于测不准关系，这时量子效应将十分明显，所以科学家们寄希望于描述微观现象的量子力学，试图将量子力学与广义相对论结合起来，以解决这方面的问题。

霍金的奇点定理表明，如果广义相对论的经典理论是正确的，则宇宙的开端是具有无限密度和无限时空曲率的一点，在这一点上，经典理论不再能很好地描述宇宙。由于量子力学适用于描述微观现象，不存在奇点问题，所以霍金试图将量子力学引入宇宙学，建立一种量子引力理论，用以说明宇宙的极早期或宇宙的开端情况。在这种理论中，他一方面采用了量子力学的描述方法和基本原理，另一方面仍然采用了爱因斯坦引力场是由弯曲时空表示的思想，并且以虚数表示时间，由三维空间和一维虚数时间构成了四维弯曲时空，这种理论可避免宇宙奇点的存在。从逻辑上说，量子引力理论有其合理之处，许多思想都富有启发性，但这种理论也存在不少问题。首先，虽然人们对能将广义相对论和量子力学结合在一起的理论所应具有的特征，已经知道得相当多，但人们还不能准确地给出这样一个理论。其次，任何详尽描述整个宇宙的理论模型在数学上都是极为复杂的，以至于人们很难通过计算做出准确的预言，量子引力理论的情况更是如此，它目前尚不能作出任何可检测的预言，因而人们很难判定这类理论的正确性。

大爆炸宇宙论遇到的另一个困难是视界问题。一切大爆炸宇宙起源理论都存在着粒子视界。所谓粒子视界是指两个事件能保持因果联系的最大距离。我们知道，世界上最大的速度是光在真空中传播的速度（简称光速），它也是联络信号的最大速度。光速是一个有限量，如果两个物质粒子之间的距离大于它们的存在寿命与两倍光速的乘积，则它们之间就不可能有任何联系。光速的有限性和物质粒子寿命的有限性，决定了两个粒子能发生相互作用的距离是有限的，这个距离就称为视界。因此，任何两件事都可算出其视界，当它们相距的距离大于视界时，这两个事件就是没有因果联系的事件，也就是说，它们之间不会产生相互影响。根据大爆炸理论计算，在宇宙的极早期，宇宙中至少存在 10^{83} 个无因果联系的区域，它们将影响着宇宙的演化过程，造成宇宙的不均匀性。然而宇宙学原理告诉我们宇宙在大尺度上是均匀各向同性的，3K 微波背景辐射的精确观测也证实了这点。宇宙极早期互无因果联系的区域如何造成大尺度的均匀和各向同性呢？这就是一个严重问题。大爆炸宇宙论无法直接回答，大尺度上宇宙为什么是如此一致？空间的所有地方和所有方向上为什么应该是一样的？尤其是，当我们朝不同方向看时，为何微波背景辐射的温度是如此相同？

为了解决视界问题等困难，20 世纪 80 年代初，美国麻省理工学院的固斯（A.Guth）和苏联年轻科学家林德（A.Linde）等人提出了“暴涨宇宙模型”。这种理论假设宇宙在极早期曾经历一个以指数形式增加的非常快速的膨胀阶段，称为暴涨阶段。它发生在随着温度下降，强作用、弱作用及电磁作用的统一性被破坏之后，宇宙处于以真空能量为主的对称的假真空状态。宇宙转入暴涨阶段，此时宇宙温度急剧下降，最后出现了一级相变，宇宙从所谓假真空通过量子涨落过渡到不对称的真的真空。宇宙早期的不均匀性、不规则性等都会在这种快速膨胀过程中被抹平。就像当你吹胀气球时，它上面的皱纹就被抹平了一样。暴涨理论是把现代物理学的量子场理论与宇宙学相结合的结果，它解决了原有大爆炸理论的一些困难，但其本身仍有许多有待完善之处，同样存在着一些需要克服的问题。

此外，大爆炸宇宙论是以宇宙学原理为基础的模型，它要求宇宙在大尺度上应是均匀各向同性的。但宇宙在小尺度上显然是不均匀的，而是具有恒星、星系、星系团乃至超星系团等各种层次的不均匀结构。如何合理地解释宇宙天体的形成和分布，也是大爆炸宇宙论尚未解决的困难。

事实上，大爆炸宇宙论虽然取得了辉煌的成就，但它所提出或存在的问题远比它所解决的问题要多得多。大爆炸宇宙论认为宇宙极早期应处于超高温和超高密状态。这是目前知道的唯一可能存在过的超高能“实验室”，正是与这个“实验室”有关的一系列极其重要的基本理论引起了许多理论物理学家和天体物理学家的巨大兴趣。诸如宇宙极早期的宇称不对称问题、视界问题、平直性问题、磁单极问题、宇宙早期粒子的产生机制、元素的起源和宇宙中物质的成团与分布等问题，已不仅是大爆炸宇宙论的研究热点，而且也是现代物理学亟待解决的重大理论问题。所以，大爆炸宇宙论的科学认识价值在于，它立论简单、思路清楚，仅应用已知的物理原理，就不仅成功地预言和解决了宇宙起源和演化方面的一些根本问题，而且引出了一系列重要的新的科学问题。虽然它自己不可能完全解决这些问题，但它却激发了一大批科学家在为解决这些问题而努力奋斗。这本身就是对科学认识活动的有力促进。

3.8 宇宙探索之路漫长而修远

大爆炸宇宙论虽然存在种种疑难，但它毕竟在一些主要结论方面与宇宙观测事实是一致的。哈勃定律表明，宇宙在不断膨胀着。大爆炸理论进一步指出，宇宙可能永远膨胀下去，也可能膨胀一段时间以后还会收缩。宇宙的未来与人类的命运息息相关，因此科学家们很想知道宇宙的将来究竟会怎样。根据大爆炸理论，宇宙将来的历史取决于它现在的物质密度。因此，如果能准确测定宇宙中物质的密度，就可以判定宇宙未来的发展状况。但要做到这一点，还存在一系列困难。宇宙中有大量不发光的暗物质，还很可能存在许许多多黑洞，这些都影响对宇宙物质密度的测算，所以，人类要判定宇宙的未来还为时尚早。

人类从进入文明时代开始，就在不断地认识自己，认识周围的事物，探讨宇宙的起源，经过一代一代人的不懈努力，大自然的奥秘不断被揭示出来。人类已经能够在一个小小的星球上，面对着点点繁星、迢迢银河，回顾他们生活在其中的那个宇宙所走过的漫长道路。尽管如此，人类的认识能力目前仍然是极为有限的，还有无数的事物尚未认识。对于许多已探索的事物，也是只知其然，而不知其所以然。对于宇宙起源的认识来说，更是有大量的问题尚未解决。为了说明宇宙的起源，人们提出了多种宇宙学理论，除本文所介绍的大爆炸理论（即标准宇宙学）外，还有稳恒态宇宙模型、等级式宇宙模型、运动宇宙模型、重子对称宇宙模型等。虽然这些模型的提出都有某种根据，但事实证明，它们所面临的困难比大爆炸模型要多得多，所以目前人们普遍看好大爆炸模型。不过如此之多的宇宙模型同时存在，正表明了人类对宇宙起源的认识仍处于不断探索的阶段，而且还要不断地面对各种新的观测事实。例如，过去人们普遍认为宇宙的膨胀是减速的，膨胀速度越来越小，但最近美国天文学家霍根（C.T.Hogan）等人对超新星爆发的观测表明，宇宙的膨胀是不断加速的，宇宙常数有着重要的作用。这一重要发现尽管与大爆炸模型并无根本矛盾，但必然会对当代宇宙学研究产生重大而深远的影响。这种情况就充分说明，宇宙探索是个极为复杂的认识领域，人们不仅要解决一系列的老问题，而且还要不断面对各种新的挑战。下面是人们经常提到的一些普遍关心的问题，如：

为什么我们的宇宙空间是三维的？

为什么时间是一维单向流逝的？

为什么宇宙中有多种对称性？

为什么宇宙中的物质与反物质在数量上又不具有对称性？

为什么电荷能单独存在而磁荷不能单独存在？

为什么物质的运动速度不能超过光速？

自然界的基本常数会不会变化？

我们的宇宙会不会终结？

如此等等，都与宇宙的起源和演化有关，都需要我们去探索。

毫无疑问，宇宙探索之路漫长而修远，需要人类永不停息地一直探索下去。

4 大陆漂移理论发展的曲折历程——从大陆漂移说到板块构造说

地球面貌的基本轮廓是如何形成的，这是大地构造学一个基本问题，也是整个地球科学的重要问题。对此，长期以来有着种种不同的假设。20 世纪初，德国的魏格纳（A.L.Wegener，1880～1930）提出了大陆漂移说，有力地冲击了传统的大陆固定观念，开始了大陆漂移论（活动论）和大陆固定论（固定论）之间的激烈争论。80 多年来，大陆漂移理论经历了十分曲折的历程，今天大陆漂移理论以板块（构造）的新形式取得了决定性胜利，从而更清晰明快地解释了地球面貌基本轮廓的成因，并展示了大陆有分有合、海洋有生有灭的活跃的地球史图景。回顾这段认识史，对于我们深刻地认识地球科学史中经常出现的学派之争，对于各学派间彼此取长补短，相互配合认识极其复杂的地球史、发展地球科学是有启发意义的。

4.1 大陆漂移理论的历史渊源

近代自然科学的最初阶段，形而上学地球观曾一度占有统治地位，认为地球自古以来无大的变化，现今的地球面貌从来就是这样存在着的。1830～1833 年英国的赖尔（C.Lyell，1797～1875）在《地质学原理》一书中，用地球发展的“均变论”观点和“将今论古”方法，论证了地球有着数亿年演化的历史，但是赖尔在地球面貌的基本轮廓方面，并没有突破传统地球观的束缚。赖尔之后发展起来的近代地质学中，大陆固定、海洋永存观念被作为一个定论继承下来，并且得到了地球冷缩说的支持。

1492 年开始的以哥伦布（C.Columbus，1451～1506）、达·伽马（Vasco da Gama，约 1469～1524）和麦哲伦（F.Magellan，约 1480～1521）三大航海家为代表的地理大发现推动了世界的近代化。这些地理大发现在地球科学史上的巨大贡献可概括为两个方面：一是继承了古希腊的大地球形观，“重新发现了地球”；二是促使资本原始积累，驱使新兴资产阶级跑遍世界，调查并进而掠夺世界资源，从而积累了各大洲的基本地球资料。在上述地球资料的基础上，1568 年荷兰的麦卡托（G.Mercator，1512～1594）突破了古希腊托勒密的地图投影法，创立了能更好地用于航海的麦卡托投影法——圆柱投影法。在此新投影法基础上，他绘制了第一张包括新大陆的世界地图。以大西洋为中心，新旧大陆分列于两边的世界地图给全球规模的大陆漂移思想的出现，提供了契机。面对此世界地图，大西洋两岸海岸线形状的相似性启发了大陆漂移思想。1620 年，弗朗西斯·培根（Francis Bacon，1561～1626）在《新工具》书中就指出这种吻合现象不大可能是偶然的巧合，但没有进行解释。1658 年，法国的普雷赛（R.P.F.Placet）在论文中认为两大陆是在诺亚洪水时才分开的。1800 年，德国的洪堡（A.von Humboldt，1769～1859）推测大西洋原是一条大河，诺亚方舟曾引驶其中。1858 年法国的斯尼德-佩利格里尼（A.Snider-Pelligrini）根据大西洋两边大陆的生物、古生物的亲缘关系，推测大西洋是大陆漂移形成的。他在《地球形成及其奥秘》一书中，解释欧洲和北美洲的煤层中距今 3 亿年的植物化石为什么如此相同时，还专门绘制了示意图（参见图 4.1），说明大西洋两岸的这两块大陆当时正好能拼合在一起。

19 世纪末，达尔文（G.Darwin，1845～1912 年）和费希尔（R.O.Fisher，1852～1932 年）一起提出月球来自地球的假设，认为月球原先是太平洋中的一块陆地，由于地球旋转的离心力或被经过的星球吸引而离开地球。1882 年，费希尔进一步提出，在地壳一部分离开地球形成月球之后，地壳重新调整位置，大陆发生了大规模的水平运动。大陆漂移思想到修斯（E.Suess，1831～1914 年）时，开始得到了科学的论证。19 世纪末奥地利的修斯在《地球的面貌》一书中，指出南半球各大陆按地层的相似性可拼合为一个以印非大陆为核心的巨大的冈瓦纳古陆（Gondwana Land）。地质史上的特提斯（Tethys，古地中海）位于北面欧亚大陆和南面印非大陆之间，《地球的面貌》在对特提斯构造的研究中，不止一次地提到欧亚大陆对冈瓦纳古陆的整体水平运动。

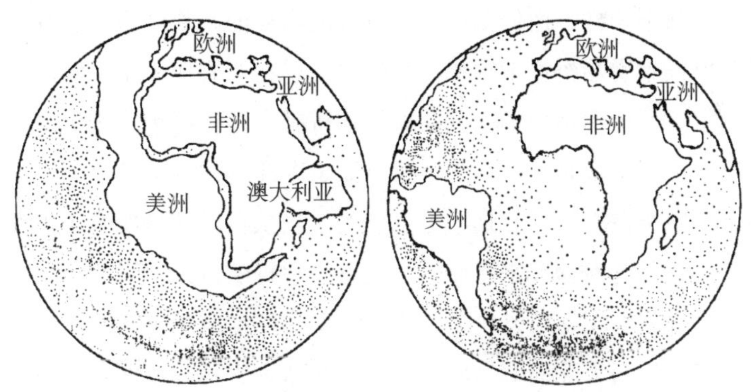

图 4.1　斯尼德-佩利格里尼的大陆漂移图

（转引自：许靖华.地学革命风云录，北京：地质出版社，1985，图 4.1）

19 世纪后半叶，自由资本主义开始向垄断资本主义发展，为了掠夺原料和扩大市场，大批探险队和科学考察队深入世界各地（到 20 世纪初，只剩下两极地区了），收集了大批新的地质地理资料，这些新资料动摇了大陆固定论的基础。

一些被海洋相隔的大陆上，生物和古生物有着亲缘关系的现象在 20 世纪初用陆桥说来解释。陆桥说认为在地质历史时期，两大陆间有过狭长的陆地的连接，称为“陆桥”，生物可以通过它迁移或传播，后来陆桥沉没了，两大陆才被海洋隔开。陆桥说可以解释生物和古生物的分布。在石炭一二叠纪，世界上的古植物属于两个主要的类群，在欧、亚两洲发现的植物化石属于大羽羊齿类；而在世界其他地方，如印度、非洲和南半球诸大陆发现的植物化石却属另一类群舌羊齿类。舌羊齿类是陆生植物，它是难以逾越万里大洋而从一个大陆迁移到另一大陆的。舌羊齿类的如此广泛分布，只能用石炭一二叠纪有着陆地的连接来说明。在二叠纪至三叠纪，爬行动物的全球性分布也能用当时陆地的连接来解释。根据统计人们还可以推出，在侏罗纪以前的漫长地质时期中，可能有着较大规模的陆地的连接，如澳大利亚—印度—马达加斯加—非洲；非洲—南美洲；欧洲—北美洲。陆桥说维护了传统的大陆固定观念，所以得到广泛的承认。陆桥说拥护者企图从生物、古生物的亲缘关系，来寻找地球上存在过的各个陆桥，但事与愿违，工作越深入陆桥说的漏洞也就越多。例如，胡安·费尔南德斯群岛的植物区系与邻近的南美大陆植物区系没有亲缘关系，反而与被海洋相隔很远的火地岛、南极洲、新西兰及太平洋诸岛的区系有亲缘关系。又如澳洲动物区系中的有袋类、单孔类动物和邻近的群岛不一样，而偏偏和远隔重洋的南美的动物区系有亲缘关系。诸如此类现象很难用陆桥说来解释。大陆地壳以花岗岩质为主，海洋地壳以玄武岩质为主，两者质地根本不同。如果陆桥确实存在过而后来沉入海底，则因两者质地不同是很容易找到的。所以如果存在过的长达几百、几千千米的陆桥后来竟完全在海底匿迹是不可思议的。当然在洋底确实有着中洋脊（海底山脉），但这是与海岸线平行而不是与海岸垂直的，故不可能起到陆桥作用。两大陆生物、古生物的相似性用大陆漂移来解释就顺理成章了。

相隔很远的两大陆的古气候、地层、构造、岩相等方面的相似性、连续性现象，更不是陆桥说所能解释的。这就进一步促进了大陆漂移思想的发展。例如，人们发现北半球没有石炭一二叠纪冰川遗迹，而且根据植物化石证据，这个时期是热带气候在北半球占据优势，但在南半球（包括南美的阿根廷、非洲南部、澳洲南部以及印度的许多地方）却普遍存在石炭一二叠纪冰川遗迹。在非洲和印度，冰川遗迹甚至靠近了赤道。假如大陆从来没有漂移过，则必然得出在石炭一二叠纪几乎整个南半球曾被冰川覆盖，而北半球则热带气候占优势的结论，这显然是不可能的。但如果设想南半球陆地曾聚合在一起，只是后来才漂移开来，这样南半球冰川范围就不那样大得不可理解了。更令人惊讶的是印度的石炭一二叠纪的冰川还不是来自北部的喜马拉雅山区而是来自南部现属热带的平坦地区。这说明冰川来源是当时围绕南极分布的联合大陆的中心。

1852 年法国的博蒙（E.de Beaumont，1798～1874）提出了地球冷缩说。该学说认为地壳因冷却产生收缩，表面形成褶皱山脉。该学说曾得到普遍承认，并用来解释地球的基本面貌。虽然该学说也论证了地壳因冷缩而发生水平运动的可能性，但是在根本上却否定了地壳大规模水平运动的存在性。20 世纪初，由于开凿辛普朗隧道（Simplon Tunnel），清楚地揭示了阿尔卑斯山的第三纪强烈褶皱地层剖面。人们计算单是冷缩形成阿尔卑斯山的第三纪褶皱，整个地壳就需降温 2400℃。如果考虑同一时期其他褶皱和较古地质时期的多次褶皱，那么地壳就需要更大的降温，但这是不可能的。1905 年英国的乔利（J.Joly，1857～1923）发现了地壳岩石中的放射元素。大量放射元素蜕变所放出的大量热，会抵消地壳向太空的散热，这就使地球因冷却而收缩的说法行不通了。

1889 年美国的达顿（C.E.Dutton，1841～1912）创立地壳均衡说，认为海陆物质成分不同，比重不同，陆地比重比海洋地壳小，所以大陆好像一个浮在整个海洋地壳上的浮体。通常大陆的重力和浮力相等，大陆处于平衡状态，不会上下运动。地壳均衡实际上是大陆漂移的物理学术语，因为既然大陆只是处于平衡状态的浮体，当受到外力作用时，大陆自然可以运动，不仅有垂直运动，还可以有水平运动。到了 20 世纪初，地壳均衡说已成为不少人进行深入研究的学说，并多方计算测定均衡面深度，魏格纳关于大陆漂移的思想，无疑受其影响，因为他已经认识到海洋与大陆是根本不同的。大陆块厚约 100 千米，浮在地幔之上。这一厚度概念是当时推算的平均均衡面深度，因此如果说陆桥说和地球冷缩说的困难动摇了大陆固定论的基础，那么地壳均衡说的产生就成为大陆漂移说的基础。

4.2　魏格纳大陆漂移说的兴衰

魏格纳在 1912 年发表了他的理论，1915 年又全面系统地阐述了这个新理论。他认为，在地质历史上的古生代，全球只有一块巨大陆地，名为联合古陆，周围是一片大洋。中生代以来，联合古陆开始分裂、漂移，逐渐成为现在的几个大陆和无数岛屿，原始大洋则分割成几个大洋和若干小海（参见图 4.2）。

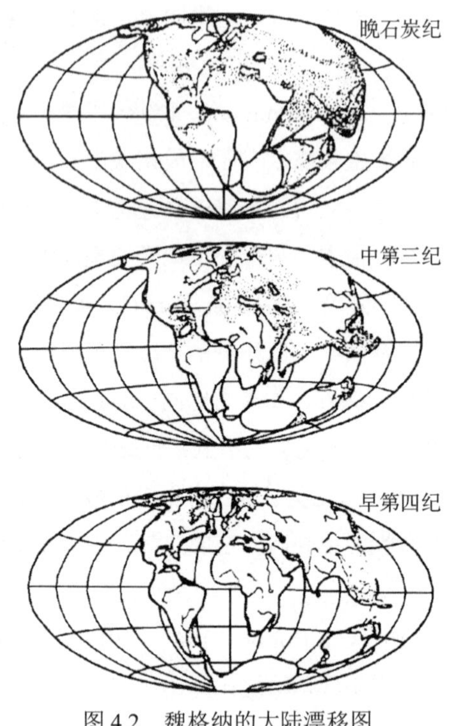

图 4.2　魏格纳的大陆漂移图

资料来源：魏格纳，海陆的起源，商务印书馆，1964

在 20 世纪初，魏格纳也并非是第一个提出大陆漂移说的人。1908 年美国的贝克（H.B.Baker）曾提出，2 亿年前所有大陆曾围绕南极大陆连接在一起。1910 年美国的泰勒（F.B.Taylor，1860～1938）发表一篇 47 页的论文《从第三纪山带论地球面貌之起源》，在 20 年代，又发表了一系列论述大陆水平漂移的论文。泰勒指出，过去人们都是用横剖面说明山脉的构造，而修斯却用诸山脉的平面布局来讨论山脉之形成，这是地质学的一次革新。泰勒根据修斯的资料、思路和方法，颇有创见地提出另一种活动论（参见图 4.3），其基本论点是：全球普遍存在着第三纪弧形山带，北半球弧向南凸，南半球弧向北凸；山带东西向延伸，在亚洲十分清晰，这是地壳向赤道漂移形成的；在南、北美洲的西岸，弧形山带南北向延伸，弧向西凸，这是美洲地壳向西滑动的结果。但是对大陆漂移理论进行坚持不懈的工作，进行全面系统总结，并出版专著的是魏格纳，因此人们公认他是大陆漂移说的创始人。

魏格纳不仅是位思维敏捷、富有创新的人，而且是位脚踏实地、不畏艰险的人。魏格纳作为现代地质学革命的旗手却不是地质学家而是气象学家，他在大气动力学和热力学、大气折射和海市蜃楼、云的光学现象、声波及地球物理仪器等方面有着贡献。他是德国著名气候学家柯本（W.Koppen）的得意门生和女婿，但当后来魏格纳为论证大陆漂移理论转向地质学时，柯本一方面认为魏格纳“不务正业”，但另一方面也为魏格纳收集大陆漂移资料提供了方便。1906 年后，魏格纳两次（1906～1908 年、1912～1913 年）去格陵兰探险，考察极地气团和冰川。1910 年他阅读世界地图时，被大西洋两岸的相似性所吸引，感到南美东海岸与非洲西海岸一凹一凸互相对应，似乎可以拼合到一起。1911 年，他偶然在一些文献中看到一种根据古生物分布情况的比较，而认为巴西与非洲之间曾经连接的论述，这就促使他寻求证据，开始研究地质学问题，发展大陆漂移思想。1912 年 1 月 6 日，他在美因河上的法兰克福（Frankfurt）地质协会做了题为“根据地球物理学论地壳轮廓（大陆和海洋）的形成”的讲演；1 月 10 日又在马尔堡科学协进会做了题为“大陆的水平位移”的讲演。同年这些讲稿分别发表于《彼德曼文摘》（*Peterman's Mitteilungan*）和《地质杂志》（*Geologishe Rundschan*）上，这就是大陆漂移的科学假设。1914 年，他应征参加第一次世界大战，但仍念念不忘大陆漂移问题。1915 年，他受重伤后，获准休假，就利用这个机会，广泛收集材料，

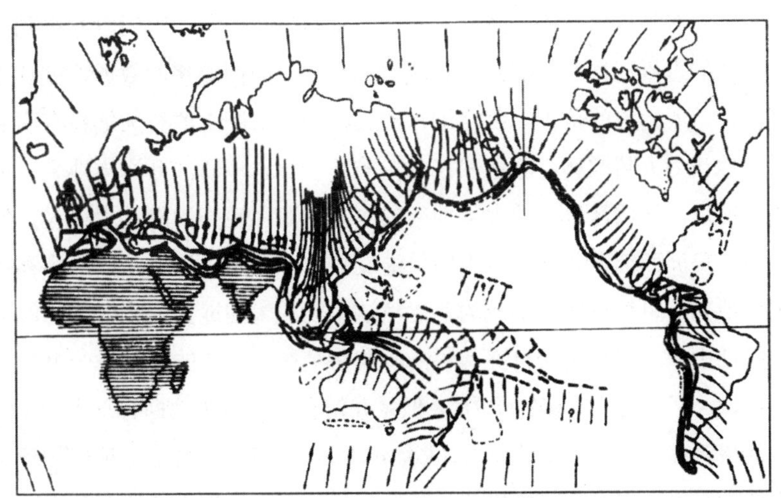

图 4.3 泰勒的第三纪山带全球分布图，箭头指地壳运动的方向和幅度

资料来源：孙荣圭.地质科学史纲. 北京：北京大学出版社，1984，图 7.4

全面系统地论证自己的新学说。同年他出版了《海陆的起源》(*Die Entstehung der Kontinente und Ozeane*）一书，这是地质学史上划时代的一部著作。

魏格纳大陆漂移说震动了地球科学界，在 20 世纪 20 年代引起了广泛的研究和争论。《海陆的起源》先后出了三个修订版（1920 年、1922 年、1924 年），1922 年版本先后由德文原文译成英、法、西、瑞典、俄、日、汉等多种文字在世界传播。1919 年魏格纳在汉堡北面的格罗博斯特尔（Grossborstel）的德国海洋气象台工作，世界各地拥护者纷纷来这里拜访魏格纳。1919～1928 年，大陆漂移说和大陆固定说展开激烈争论。1926 年在纽约召开了“首届大陆漂移学说讨论会”。会上 14 个主要发言人中，5 人赞同，2 人有保留支持，7 人反对，双方势均力敌，争论十分激烈，但魏格纳对学说充满信心。为寻找美洲离开欧洲漂移的直接证据，1929 年后魏格纳又先后两次（1929～1930 年、1930～1931 年）领导探险队到格陵兰探险，测量格陵兰经度。1930 年 11 月 1 日在他 50 岁生日那天，他由格陵兰营地去西海岸，从此再也没有消息。他在格陵兰荒凉的冰原的第 4 次考察中遇难，为科学献出了自己的生命。

所有的新学说，不论好坏，都有一个共同特点：就是不同于流行在当时的传统观点，所以也必然得到传统力量的反对。依据习惯势力，采取否定态度反对新观点、新理论是容易的。魏格纳牺牲后，在大陆固定论的强大反击下，新的大陆漂移理论在三四十年代沉寂下来了。

魏格纳为论证大陆漂移说，曾搜集了不少证据，但是后来发现有说服力的并不多，有些可以有不同解释，有些甚至是错误的。当时还没有得到大陆水平运动的直接证据，所测到的格陵兰离开欧洲向西漂移的数据，被认为是在观测误差所允许的范围。魏格纳在漂移的物理机制上的有关解释有明显的矛盾。他认为大陆漂移，就像船在水中航行一样，不断冲开海洋地壳（地幔物质）前进，显然这里说的大陆地壳的刚性比海洋地壳的刚性大得多；然而他又认为美洲西部南北向的巨大的科迪勒拉山系，是美洲大陆向西漂移遇到太平洋地壳的阻挡挤压而形成的，显然这里说的大陆地壳的刚性又比海洋地壳的刚性小了。这是无法自圆其说的。魏格纳在《海陆的起源》一书最后一章专门讨论了“大陆漂移的动力”，但是并没有令人信服地回答这个问题。他曾对离极漂移力——姚特佛斯力（Eotvos Force）寄予希望，但地球物理学家计算此力很小，根本不可能引起大陆大规模的漂移。魏格纳还想到由东向西的潮汐力，但在定量上也经不起考验。大陆漂移论特别遭到以英国杰弗里斯

（H.Jeffreys，1891～1989）为首的地球物理学家的反对。杰弗里斯的反对似乎是武断的，他在《地球：它的起源、历史和物理组成》一书的第 4 版（1959 年）中指出，魏格纳大陆漂移理论“定量不够，定性不当，我们所需了解的，他什么也没有说明”。坚持大陆固定论的某些科学家的反对有的并不科学。有些虽然在自己学科中被迫接受有关证据，但却又引证其他学科的证据来反对；也有人干脆不提出任何理由，就做全盘否定。正是魏格纳学说本身存在的缺点和一些权威们的上述态度和看法，在很长一段时期内，给人们造成一个印象，似乎魏格纳所提出的证据都是错误的，大陆漂移是纯粹虚构的。“首届大陆漂移学说讨论会”主席，荷兰的瓦特舒特做的“关于提交会议的论文的评述”还是比较客观的。他认为大陆漂移学说资料不足，某些论点不肯定；但总的说来不能说它毫无根据，而且大陆漂移说在解释古生物分布之谜比陆桥说要好，在解释大西洋两岸地质对比等方面比其他学说似乎更可取。谈到大西洋两岸海岸线相似性时，他指出大规模位移以后虽然我们不能期待完完全全地吻合，但形状是大体相似的，并且实际上保存下来了。至于说到魏格纳大陆漂移说仅限于地球史最近时期的反对意见，他指出魏格纳讨论了大陆的历史，我们也缺少资料；在遥远的古代，也可能有也可能没有大规模的大陆漂移。但不管如何，在没有新的肯定或否定的重要证据发现前，学术界对此问题的争论已逐渐失去热情。正如 1977 年英国的瓦因（F.J.Vine）所说的“好像北半球有自尊心的地质学家都不甘心以自己的声誉冒险去发表关于大陆漂移的长篇大论的文章。”广大地球科学家各自保留自己的观点，而又开始全神贯注忙于自己的课题了。

4.3 少数地质学家仍在坚持大陆漂移理论

20 世纪 30 年代，随着魏格纳的牺牲，大陆漂移理论沉寂下来了，可是少数地质学家仍坚持这个观点。地质学家们清楚地认识到地质现象是十分复杂的，因此他们习惯于用现实主义的地质归纳法，由现存的构造形迹来追溯古代的构造运动。他们对地球物理学家们用已有的定律、公式来推论、解释复杂的地球现象的演绎法不习惯，因此他们对地球物理学家们只因机制、动力没有解决，就根本否定大陆漂移存在的做法不以为然。他们相信机制和动力问题将来会解决的；他们相信反映大陆漂移的地质证据是无法否定的。

南非的杜托伊特（A.L.du Toit，1878～1948）从南半球各大陆石炭—二叠纪冰川遗迹和冈瓦纳地层的相似性和连续性出发，坚持大陆漂移理论。1928年英国的霍姆斯（A.Holmes，1890～1965）发表《放射性活动与地球运动》一文，提出地幔对流说，比魏格纳大陆漂移更合理地解释了漂移机制问题。他认为岩石中普遍含有放射性物质，其释放的能量几乎全部变成热能。地幔内只需含有七百分之一的放射性物质，便能使地幔保持其可塑性，有发生对流的可能。在对流的早期阶段，上升的地幔流朝原始大陆的中心部分上升，然后分成两股向两边流动，最终把大陆扯破并牵引两大陆不断分离漂移。当前进中的地幔流碰到从对面来的另一地幔流时，就转向下流。地幔对流说认为，大陆漂移并不像船冲开海水航行一样，而是流动的地幔物质带着大陆前进，这就解决了魏格纳碰到的矛盾，但是由于当时人类还无从了解地幔情况，所以地幔对流说在无法否定也不敢肯定的情况下，仅作为一个假设而长期保留在霍姆斯自己编写的《普通地质学原理》教科书中。在强大的传统压力下，霍姆斯十分谨慎，故在此书的结尾中又特别申明："此类纯属臆想的概念，特为适应需要而设。在其取得独立的证据支持之前，不可能有什么科学价值。"几乎同时，荷兰的维宁·曼尼兹（F.A.Vening-Meinesz，1887～1966）也提出类似的地幔对流说。

在20世纪30～40年代大陆漂移论沉寂下来时，中国地质学界的主流却不是大陆固定论而是活动论。首先应提到李四光（1889～1971）及其修斯—泰勒—李四光的大陆漂移体系，正是他们，不仅成为大陆漂移理论的地质学方面的支持派，而且这一学派在30～40年代当大陆漂移理论普遍被学术界抛弃时，成为最有力的坚持者，使大陆漂移理论没有销声匿迹。这一体系的特点是继承、发扬现实主义地质归纳法，用区域构造形迹的综合研究，追溯地壳构造运动，确定大陆水平运动的存在及其方向。李四光在大陆漂移论和大陆固定论争论最激烈的1926年，发表了他的第一篇地质力学论文《地球表面形象变迁之主因》，继承和发展了修斯和泰勒的学术路线，以后在这一领域做了大量工作，终于在40年代创立了地质力学，形成了修斯—泰勒—李四光体系。

在中国当时还有不少地质学家坚持大陆漂移说。20世纪30年代赵金科与葛利普（A.W.Grabau，1870～1946）主张大陆漂移理论并以未分裂前的泛大陆（联合大陆）为基础，创立了极控学说。葛利普以泛大陆为背景，编制了一张寒武纪古地理图，发现如果将泛大陆置于地球之一极，则早古生代的地槽，围绕地极做同心圆分布。1936年赵金科在《震旦纪地槽与泛大陆概念》论文中，详细对比了全球震旦纪，发现在泛大陆背景上，震旦纪地槽也做同心圆分布。1945年黄汲清在其著作中以大陆漂移观点阐述了他的大地构造基本理论，并用以解释个别构造形成于大陆水平位移。1947年，章鸿钊用环太平洋大陆块向大洋的水平运动来解释环太平洋造山带的形成。

4.4 深海底地学现象的重大发现

在20世纪40年代，英国物理学家布莱克特（P.M.S.Blackett，1897～1974）提出了有关太阳和地球等行星的磁场成因理论。为了验证此理论，他费了数年时间，研制成可测准至10^{-7}高斯的精密地磁仪，这套仪器为测定岩石中微弱的热剩磁提供了可能。热剩磁是岩浆中的磁性矿物（如磁铁矿Fe_3O_4）在冷却过程中，达到一定温度（称居里点，磁铁矿的居里点为600℃），磁性矿物中的磁分子便顺着地球磁场磁力线方向排列并成为永久磁石状态。1957年布莱克特和英国的朗科恩（Runcorn，1922～ ）发现在不同地质时期中，地磁极是在移动的。他们根据英国和欧洲的岩石标本测定的磁化方向及北美的标本测定的磁化方向，分别画出磁极移动的轨迹。由轨迹可明显地看出欧洲和北美岩石标本所记录的地磁极移动轨迹并不重合，彼此存在着有规律的偏差。由于地磁场的主要部分为偶极磁场，这是确定无疑的，所以根本不可能同时存在着两对地磁极。他们认为这两个轨迹不重合，外表看来有两对磁极，但实际上却是因为北美大陆相对欧洲大陆向西移动了 30°造成的。于是他们对移动轨迹进行了调整，将现在的北美相对欧洲向东旋转 30°，这样两个移动轨迹就一致起来了。这等于说，在地质历史的某个时期，大西洋并不存在，欧洲、北美是连在一起的。两大洲现在的分离只是后来大陆发生大规模相对水平移位而造成的，这种现象在南美和非洲也类似。有了这个有力论据，大陆漂移理论重新开始复兴起来了。

近50年来，由于发现洋底是地球上最大连续矿体，激起了人们对洋底探索的热情。海洋探测技术中出现了声呐、深海钻探、海底打捞，以及海洋重力、地磁、地热测量仪等先进装备，同时也开展了一系列大规模的国际地球科学考察计划。如“国际地球物理年”（1957～1958年）、“国际上地幔计划”（1961～1971年）、“国际深海钻探计划”（1968年～ ）、“国际地球动力学计划”（1972～1977 年）等。洋底资料迅速丰富起来，出现了一系列重大发现，推动了复兴后的大陆漂移理论飞速发展起来。这可从以下四个方面来看。

4.4.1 海底地貌

早在 19 世纪中叶，欧洲和美洲间为敷设海底电缆，进行海底地貌测量，就发现了大西洋中洋脊，当时称“电讯高原”。海底平顶山的发现也比较早，它是山顶被海浪侵蚀平的海底古火山锥。1925～1927 年，法国的“流星”（Meteor）号船用声呐测制 14 个剖面，发现大西洋中洋脊十分崎岖，并沿南北走向延伸很远，将大西洋从中央分成东西两部分。稍后，丹麦的“丹纳”（Dana）号船则在印度洋底也发现了大洋中脊，并命名为卡尔斯堡中洋脊。随后，在 1930 年，英国“约翰·默里”（John Murray）号船则进而发现此中洋脊一直延伸很远，直到亚丁湾口，中间被一个几百米深的裂谷从中央劈开，又在阿拉伯海发现一条类似的中洋脊，其间也有类似的裂谷。1946 年美国海军探险队发现了东太平洋隆起，坡度比大西洋平缓，但没发现中间有深沟。50 年代精密的回声探测器问世，可测到 10 000 米深的海洋底，精度达五千分之一，于是人类可以精确地测量洋底地貌。美国的希曾（B.Heezen）考虑，大西洋脊和太平洋隆起是否具有全球意义，因为地震活动有沿着这个带延伸的趋势。他根据已积累的海深资料，绘制一张大西洋海底地形图，在图上清楚地显示出中洋脊的轮廓。1957 年 3 月他在普林斯顿大学宣布了大洋裂谷系的发现。该大学地质学主任赫斯（H.H.Hess，1906～1969）说，这个发现“动摇了地质学的基础”。全球大洋裂谷系的发现促进了海底地貌研究的大发展。海底地貌四大发现中，除了中洋脊，还有深海沟、断错带和海底平顶山。人们还发现：中洋脊绵延各大洋达几万千米；深海沟和中洋脊大致平行；断错带垂直切割中洋脊；海底平顶山则按年代顺序在垂直中洋脊方向上排列成行，如此等等。

4.4.2 海底地磁条带

1909 年，布容（B.Brunhes）最早在法国中央地块发现不同时代岩石的磁极反向，但认为这仅是局部现象。1929 年日本松山范基也发现了大陆古地磁反向现象。1949 年格拉姆（J.Graham）在美国各地的地磁极研究中，发现岩石磁极在同一地层中的水平方向上十分稳定，但不同地层中的磁极方向却不同。后来人们的研究中，如冰岛的晚第三纪熔岩系、美国俄勒冈州第三纪中新世熔岩、南非岩墙或直立熔岩侵入体等的研究中均发现有磁极反向，故已很难说是局部现象。这一系列的发现，促使美国联邦地质调查所的柯克斯（A.Cox）等人进行地磁史研究。他们认为地磁极反向代表一个重大的科学挑战。1954 年核磁共振磁力仪问世后，可以测定微弱的海底古地磁。人们进行大规模海上地磁测量，从而发现了中洋脊两边海洋地壳的古地磁有着多次磁场反向，形成地磁条带。1964 年以前柯克斯小组已拼凑了一个地磁反向时间表，1969 年修改补充。地磁史在 450 万年间，从新到老包括四个时期：布容正向期、松山逆向期、高斯正向期、吉尔伯逆向期。每个时期又包含若干长短不一的事件。20 世纪 70 年代地磁反向时间表经过修正和补充，成为洋底地质填图的有力工具。

1955 年，美国“先驱”（Pioneer）号考察船到太平洋东部进行海底地磁测量。英国访问学者梅森（R.G.Mason）根据此测量记录绘制了一张地磁强度等值线图。图上出现了一系列南北向的反映磁峰和磁谷，宽度几千米到几十千米不等。1962 年英国“欧文”（Owen）号船在印度洋的卡尔斯堡脊上进行海底地磁测量。根据这些资料，1963 年英国马修斯（D.H.Mathews）及其学生瓦因提出了瓦因—马修斯假说，即岩浆由中洋脊的深处流出，在两壁冷却时被打上了地磁的印记。岩浆涌出形成新地壳，上述过程重复发生，从而形成海底地磁条带。1965 年在剑桥大学的一次聚会上英国的瓦因、马修斯、布拉德（E.C.Bullard）、赫斯和加拿大的威尔逊（J.T.Wilson，1914～　）进行了充分的讨论。这种条带在中洋脊两边是对称的。各大洋中洋脊两边的地磁条带还可以相互对比。在瓦因—马修斯假设的启发下，1964 年柯克斯根据已有海底地磁测量资料，编制的第一个磁场反向时间表问世。之后根据此磁场反向时间表，瓦因和威尔逊分析了洋底的扩张速度，得出两边的扩张率约为每年 2 厘米。海底地磁测量因而形成热潮，在太平洋、大西洋、印度洋以及大洋洲、南极和北极海域都发现了类似的地磁条带，但各处洋脊的扩张率并不相同。其后美国海茨勒（J.R.Heirtzler，1925～　）发现，地磁条带只存在海洋底，当接近大陆就消失了。1968 年海茨勒还作出了 7600 万年统一的 171 次磁场反向时间表。1968 年开始，美国“格洛玛·挑战者”号考察船收集了大量资料，为海底地磁条带形式和年龄提供了可靠的证据，进一步推动了海洋地磁研究的发展。

4.4.3　地震

1855 年意大利帕尔米里（L.Palmieri，1807～1896）设计了第一台现代地震仪。19 世纪末英国米尔恩（J.Milne，1850～1913）证实了地震是一种通过地球传播的震波，于是地震观测发展起来，1900 年世界上有 13 个地震台。1923 年秋，日本关东大地震，毁灭了两个现代化大城市——东京和横滨的大半部，使欧美经济发达国家，对地震都有戒心。地震科学的研究，在世界范围内逐渐开展起来，地震台站开始增多。40 年代，毕乌夫（H.Benioff）将 1906～1942 年地震震源投影出来，发现它们大都集中于一个长 4500 千米的斜坡上，浅震发生在海沟一带，深震发生在离海沟较远的大陆深处，从而形成一个平均 45° 的斜面，称作毕乌夫带（Benioff zones）。他还解释，由于洋底在此带斜插入大陆地壳下而与地壳摩擦，从而引起地震，当达到洋底插入到 100 千米处，高温高压使洋壳熔化。第二次世界大战后，苏、美为相互监测地下核试验，又布置了大量地震台站。地震台站的建立和地震学仪器的发展，使地震资料大量积累起来。1954 年以来美籍德国人古滕贝格（B.Gutenberg，1889～1960）等人对全球地震资料进行了大量统计研究，描绘出全球地震活动带。地震资料的研究对于环太平洋地震带，特别是深海沟处的俯冲带的形成机制做出了贡献。1965 年威尔逊分析了中洋脊和地磁条带的错动以及有关地震资料，发现了一种特殊的断层——转换断层。

4.4.4 海洋地质

二次大战后，近海石油地质钻探迅速发展起来。在此钻探技术发展的基础上，“格洛玛·挑战者”号考察船于 1968 年开始执行深海钻探计划，获得大量海洋地壳岩芯。在分析研究这些岩芯的基础上，建立起海洋地质学。原来，海洋地壳岩石类型比大陆地壳贫乏得多，洋底基本上没有比中生代侏罗纪（约 1.5 亿年）更老的沉积岩层，可见海洋底在不断更新之中。海洋沉积岩和其上沉积物的年龄和厚度与距中洋脊的远近成正比，中洋脊两边地层是对称的。

4.5 板块构造说崛起

美国的赫斯、迪茨（R.S.Dietz，1914～ ）都相信霍姆斯和维宁·曼尼兹的地幔对流说。尽管对地幔中存在的热对流现象有着长期的争论，并且在 20 世纪 60 年代初仍无法观察，但是从理论上讲，其存在是合理的。于是他们用地幔对流观点来归纳以上洋底科学所取得的种种进展。迪茨和赫斯均认为，中洋脊顶部的破裂带往下发育，可以穿透岩石圈而至软流层。中洋脊地热流量大，正说明地幔对流，迫使岩浆沿着中洋脊破裂带慢慢上升，然后冷却，逐渐在破裂带两边凝固成了薄薄的新的海洋地壳。这个过程不断进行，造成海底的扩张。由于地球总面积和大陆总面积基本固定，故海洋地壳总面积不可能有大的变化，所以随着新海底不断产生，就必然有相当数量的老海底插入地幔中被熔化消亡，也就是说在地球上有海洋地壳消减带存在。当时人们已发现近太平洋岸边及岛屿附近有着各种形式的深海沟。30 年代初维宁・曼尼兹为避开海水上层的波扰，首先用潜水艇装载仪器，进行海底重力测量。随后，松山基范在日本的周围海域也做了同样测量。他们均发现海沟及其附近地区的重力场的负异常特别大。一般认为海沟是由内在动力原因引起地壳断裂和下沉的。海洋地貌探测又发现，所有深海沟的横断面，几乎普遍呈“V”字形，底部又很少有沉积物，这说明海沟边缘的海底仍在下沉着。海沟的热流量大大低于中洋脊的事实也证明：同岩浆上升处的中洋脊相反，海洋地壳在海沟处有下沉运动。显然海沟就是要寻找海洋地壳消减带。海洋地壳不断产生和消减还得到当时其他洋底科学成就的支持，因此海底扩张概念明确起来。

1961 年迪茨，1962 年赫斯，各自独立提出海底扩张说。这个理论认为，地幔中有对流存在。地幔物质从地壳裂缝处上升，形成中洋脊，并不断生长新的海洋地壳。对流体又牵引中洋脊两边地壳以相同速率不断向两边扩展，海洋地壳碰到大陆地壳就下沉钻入地幔之中，大陆地壳前缘被挤压抬升形成山脉或岛屿。由于海洋地壳不断更新，海底没有比中生代更老的地层。海洋并非永存，大陆也并非固定不动。赫斯比较谨慎，在提出此理论的“洋盆的历史”论文的引言中说：“我的这一设想需要很长时间才能得到证实。因此，与其说这是一篇科学论文，倒不如请大家把它看作一首地球的诗篇。”

海底扩张说产生后，得到了各方面的重视。这不仅是因为观点新颖，而是因为其为海底一系列新发现做了逻辑、系统的总结，进一步的验证也更加支持海底扩张的存在。1963 年瓦因—马修斯对地磁条带的假设有力地支持了海底沿中洋脊裂谷扩张的存在。1965 年威尔逊发现在中洋脊较普遍发育的转换断层，也有力地证明了海底扩张的存在。地磁反向时间表的建立及转换断层等的发现，也有力地证明海底扩张的存在。地磁条带经常被巨大断层切割成段，其间发生水平错动，这种巨大错动的存在是大陆漂移存在的直接证据。目前在东太平洋发现的门多西诺大断裂有 1150 千米的水平错动。总之，通过广泛验证，海底扩张概念越来越深入人心，并且得到新的引申。

由于绵延数万千米的中洋脊存在，以及深海沟（负异常、毕鸟夫带）、转换断层等其他深大断裂的存在，整个地球岩石圈已不再是完整的壳体，而是被分割成几个巨大块体，这个块体被称为（岩石圈）板块。板块是岩石圈构造的基本自然单位，这种基本单位的边界和地震活动带正好吻合，全球90%以上的地震发生于此，因而进一步得到证明。根据海底新发现，可归纳成典型板块的边界有三种。其一为分离边界，为中洋脊，这里熔岩由中洋脊裂谷上升产生新的海洋地壳；其二为聚敛边界，它的位置和分离边界相对，这里两板块碰撞，或是海洋板块俯冲于大陆板块之下，而形成深海沟（俯冲带），或是两大陆板块相遇形成年轻褶皱山脉（地缝合线）；其三为转换边界，即为两个板块相互做剪切运动的转换断层，这里地壳无新生，也无消亡。由这三种边界组成的板块及其运动状况，不仅得到新的地球科学成就的广泛支持，并且基本上包含了以往大陆漂移理论的各种重要概念。

1968年，法国的勒皮雄（X.Le Pichon）、美国的摩根（W.J.Morgan），1969年英国的麦肯齐（D.P.Mckenzie）等人在大陆漂移、地幔对流、海底扩张等概念基础上，概括了当时一系列的洋底重大发现，不约而同地建立了板块构造说。这个理论认为：岩石圈的基本构造单元是板块，板块是位于软流层之上的刚性块体；板块边界是中洋脊、转换断层、俯冲带和地缝合线；由于地幔对流，板块在中洋脊分离扩张，在俯冲带和地缝合线消减；全球被分为欧亚、美洲、非洲、太平洋、澳洲、南极六大板块和若干小板块（参见图4.4）；全球地壳构造运动的基本原因是这些板块的相互作用；板块强度很大，板块的边缘是构造运动最剧烈的地方，主要变形在其边缘部分。板块构造说产生后，得到了越来越多的科学验证，特别是得到1968年之后海洋地质学的有力支持。

1973年威尔逊根据板块构造说，提出大洋盆地演化旋回设想，将大洋盆地的演化分为胚胎期、青年期、成熟期、衰退期、终结期和残痕期六个阶段。

板块构造说阐明了地球基本面貌的形成和发展，引人入胜。大西洋在不断扩大；太平洋在不断缩小；红海、东非裂谷和加利福尼亚海湾不断开裂，孕育着新的大洋；亚洲东面一系列岛弧、美洲西部科迪勒拉山系是大陆板块被海洋板块挤压变形而生成的；西藏高原是两个大陆板块相碰，印度板块跑到欧亚板块下面，彼此重叠而生成的；喜马拉雅山是两者挤压，迅速隆起形成的，等等。

图 4.4 全球板块分布图

资料来源：唐·塔林等.大陆漂移浅说.北京：科学出版社，1978，图 40-b

大陆漂移理论以板块构造说的建立取得了新的形式。目前尽管还有不少问题存在争论，如地幔对流是否存在？板块移动的动力究竟是什么？中生代以前的大陆漂移形式是什么？大陆板块内部的地学特点是什么？等等。但是大陆巨大漂移、海底不断更新已成为无法否定的事实。过去的大陆构造理论（甚至包括魏格纳大陆漂移说）都是在对大陆研究的基础上推断海洋，所以对地球的了解是残缺不全的。板块构造说则是在海洋地壳同大陆地壳相结合研究的基础上提出的一个全新的地壳运动模式，这个模式展示了统一以往各种大地构造假设、理论的前景。大陆漂移理论描绘了大陆有分有合、大洋有生有灭的一幅宏伟、发展的图景，否定了大陆固定、海洋永存的传统观念，开创了人类对地球史认识的新阶段。1968 年威尔逊提出，板块构造理论在地质学史上的地位犹如哥白尼的太阳中心说，成为“地质学的一次革命”。自此之后，地质学革命的提法得到了越来越多的支持。板块构造说如今在探讨山脉和高原的成因、地震活动、矿带分布、古气候状况、生物演化等广泛领域中，发挥了巨大的指导作用。

大陆漂移理论在 20 世纪初曾为世界所瞩目，风行一时，今天又得到广泛的确认和称颂，那么为什么这样一个正确理论会一度沉寂下来呢？这种认识上的大起大落现象在科学史上并不多见。所以如此，是有着深刻的认识论原因的。从根本上看，人类的认识能力是无限的，但是这种认识能力的发挥又总是受到时代的局限。人类对地球认识的实践水平，例如冲破地理禁区，追索地球历史，模拟地球某些运动等也是一步步提高的，并且几乎步步依赖于生产和科学技术的提高。更为重要的是大陆漂移涉及地球史问题。地球在空间上非常广阔，不仅包括地球浅层，还包括深层，特别是上地幔。地球史又十分漫长（45 亿年），而人类史只有几百万年，有文字记载才几千年。地球史和人类文明史在时空上有着巨大差距，决定了人类对地球史的科学观察基本是间接的。地球又是极其复杂的综合体，人类根本不可能创造条件在实验室中重演地球的历史。任何模拟实验，也只能在不同程度上反映地球史某一部分的过程或侧面，何况要使模拟实验更大程度地接近实际过程，还需有强大的技术装备。由此可见，在一定社会历史阶段，人类对地球的认识水平和地球本身所具有的极其复杂的存在之间存在着尖锐的矛盾，因此在地球史探索中，用少数局部资料进行由小到大、由浅层到深层、由局部到全球的推论似乎是很难避免的。地球科学这种认识方法上的局限性增大了认识的片面性和对具体现象的多解性，因此在地球科学史上，理论、学说之多是突出的，学派争鸣是经常的。在争论中，各对立学派似乎都掌握一大批论据，但这些论据都不特别过硬。在力学、物理学、化学中的某些领域有所谓判决性实验，可用于确定某理论的正确与否，但在地球史研究中根本不存在判决性实验。于是在地球史研究中，对立观点可以长期共存，甚至在传统的力量下，正确的理论可以较长时间被视为谬论而抛弃，错误的理论又可以较长时间被视为真理而膜拜。20 世纪 30～40 年代，地球物理学没有得到巨大进展，自然史还不能有效追索；古地磁学还不存在，洋底一系列巨大发现也尚未产生，大陆漂移的直接证据还未找到，而大陆漂移的动力和机制却是毫无说服力的。因此当时无法抵挡传统的大陆固定论的强大反击，沉寂下来是历史的必然现象。大陆漂移理论发展的曲折历程清楚地告诉人们，在地球科学研究中，特别是重大的复杂问题探索中，我们特别要坚持贯彻百家争鸣政策，要特别理解认识地球史的艰巨性，因此各学派首先要通力合作观测并获取尽可能多、尽可能全的地球资料，然后在扎实的基础上进行理论探索，各抒己见进行争论。在争论中敢于坚持真理，敢于修正错误，取长补短，共同为建立科学的全球理论而作出各自的贡献，这是大陆漂移理论曲折历程对我们的最大教育意义所在。

5 进化论——生命演化的探索

在今天受过基本教育的人看来，自然界的万物变化息息不止是天经地义的事情，不过这种思想来得却很晚。与人类超过5000年的文明相比，万物特别是生物变化（科学的）思想的历史还不足200年。为什么生物变化思想那么艰难？是什么阻碍着人们用一种动态的观点来看待自然，看待生物？

虽然我们现在一般将法国生物学家让·拉马克看成是科学生物进化论的创始人，但是大多数学者都认为，使科学的进化思想牢固地确立其地位的是英国博物学家查尔斯·达尔文。达尔文从彻底的唯物论角度，对诸如生物的适应、和谐、分布、迁徙、起源和演变等现象及其机制做出了科学合理的解释。达尔文的理论很快就让当时多数生物学家转变了原来的物种固定不变的思想，相信物种是进化的；但是，即使是一些支持达尔文的生物是进化观点的人，也对达尔文关于进化节奏和进化机制的解释持有异议。直到20世纪30～50年代，人们才真正普遍接受达尔文的进化机制——自然选择学说。针对这种情况，美国著名的进化论者和遗传学家缪勒（Hermann J.Muller，1890～1967）曾经在1959年发出了感叹："这一百年有没有达尔文都一样。"

若要理解为什么只是到了文明发展的近期人们才提出科学合理的生物进化思想，为什么一种更科学更合理的（达尔文主义）理论要经过将近100年的时间才能为科学界所接受，我们应该了解一些有关的背景知识：自古希腊以来的2000年，是什么样的思想阻碍着人们想到甚至接受进化的思想，在阻碍达尔文主义传播过程中，传统的观念是什么，以及来自科学界的论据又是什么。只有知道了这些，我们方能真正体会科学进化论的内涵及意义。科学史的一个重要作用就在于它是打开科学大门的一把钥匙，外行可以通过了解一门学科的历史来了解这门学科。

5.1 静止的世界观：从古代到近代

进化的思想虽然出现得很晚，但是与进化密切相关的起源思想却出现得很早。在世界很多民族的远古文献中，都记载着关于万物起源，甚至关于人类自身起源的传说。比如中国古代传说中的女娲结绳造人。其中对后来人们的思想影响比较大的就是古希腊传说中的神造万物，以及希伯来人的《圣经》中所提到的耶和华利用了五天的时间创造出万物，在第六天创造出人类的始祖亚当和夏娃。这个神话后来被融入基督教的教义中，从而对西方文明产生了至今仍难以彻底消除的影响。即使是西方古代理性的自然观，也产生于对于起源问题的思考——哲学上叫作本原问题。西方历史上第一个哲学家泰勒斯就曾经提出过世界的本原是水，以后的一些哲人分别提出世界的本原是气、火、种子、原子等。

有两位古希腊时期的哲学家，他们因为提出了一些生物发生的思想，而被后来的一些人当作进化论的先驱。一位是阿那克西曼德，另一位是恩培多克勒（Empedocles）。阿那克西曼德说过“人是从那些似鱼的生物中产生出来的，在人的胚胎期仍保留着那些似鱼生物的形态，直到成熟”。恩培多克勒则认为动物最先产生的是身体的某些部分，没有躯体的头或四肢，没有眼睛和嘴巴的头等，当这些部分在游动时彼此吸引，最后结合成一个完好的身体——后人将这种观点视为自然选择的先驱。但是，严格地说，他们两个人都不能算是进化思想的先驱，更遑论科学进化论的先驱。阿那克西曼德的思想充其量是关于发生的猜想，而恩培多克勒向来以思想怪诞出名，他的那些奇思臆想被后人所摈弃的远远多于被后人所继承和发展的。再者，他的思想从根本上说，也是关于起源的猜想，其中并没有涉及生物变化的过程。

有趣的是，虽然远古不乏关于起源的猜想，却很少有人提出关于万物进化的设想。进化的思想是一种动态的世界观。要设想出世界是进化的，首先要能认为这个世界不是静止不动的，而是变化的。在古代，更常见的是静态的世界观，即使承认变化，更多的也是循环往复的思想。除了一些更深层的文化原因，自然界中所显示出来的很多现象可能更容易使人们产生出循环变化的思想：潮起潮落，日出日息，月圆月缺，四季更迭。当然，相信循环的变化，也是对人生的一种慰藉。我们恐惧死亡，来世总是被描述成冰冷孤寂的世界，而且此生的所有荣华和美好也都随着死神的降临而随风逝去，我们留恋这个世界，我们不愿意它走，我们希望它再来，希望它永驻，因此我们更愿意相信人的身上总有某些不死的东西，像灵魂，它绕了一个圈，还会再次回到人世间，使我们在这一辈子没有享尽或享到的幸福，在下一辈子或再下一辈子继续享用；我们期待成就，所以当我们身处困境时，我们期望有一种叫作时运的东西存在，而且我们宁愿相信这种东西是循环往复的，当这种东西转到我们身边的时候，我们也可以享受到荣华，这种信念成了帮助我们度过艰难时刻的安慰。自然的周期性变化成了我们社会或人生循环往复的依据。在这方面，我们中国人做得最彻底：我们的先人认为天人合一。

然而，古人也有零星的变化的思想。孔子就曾经望着滔滔的江水，发出慨叹："逝者如斯夫。"古希腊的大哲人赫拉克利特也曾断言："人不能两次踏入同一条河流。"遗憾的是，这些观点并没有作为系统的思想流传下来，而且，当人类开始对这个世界进行深入的理性探讨时，这种变化的世界观就愈发稀少了。到了古希腊哲学的鼎盛期，静止的世界观已经占有统治地位。为什么会这样呢？

我们切不可简单地以静止抑或动态的观点作为衡量思想先进或落后的标准。面对缤纷的世界，从何处入手进行探讨，的确是一个非常棘手的问题。理性探讨的对象是那些有规可循的现象。毕竟人在短短的几十年时间中所能看到的是静止的世界，更重要的是，早期的哲人们认为，如果这个世界是变化的，那就是不定的，这样既不符合古希腊占有统治地位的和谐观念，又是无法进行理性探讨的，最终便会陷入不可知论的陷阱中。变动且和谐的观点所需要的知识更多，也更复杂。可知论是科学的起点。古希腊早期自然哲学家的一大贡献就在于抛弃了援引神的力量来解释自然现象，他们援引可知的自然力量来解释自然现象，从而完成了古代最伟大的思想革命，并且确立了影响至今的理性主义传统。还有一点需要指出的是，如果承认自然界是变动不息的，那么也就等于承认，基于自然界的人类社会也一定是变化不止的。而古人并不像我们今人那样渴望过时时变动的生活。

公元前，古希腊睿智的哲学家巴门尼德（Parmenides）提出了抽象程度很高的"存在"概念，他指出"存在"不生不灭，没有变化，没有运动；存在是万物的本质。巴门尼德的存在观确立了哲学本体论的地位，同时也为静止的世界观奠定了坚实的理论基础。不久，他的高足，聪明绝顶的芝诺（Zeno）就根据理性思辨，提出关于运动不可能的若干悖论，如飞矢不动，古希腊跑得最快的人阿卡琉斯追不上龟等。

静止的世界观在柏拉图那里上升到一个新的层次，并且形成一种系统的思想。柏拉图提出了一种系统的观念——理念论。他认为这个看似繁乱的现象世界只是世界的表象，是一种叫作理念世界的摹本。理念世界是世界的本质，它是静止不动的。哲学史家们一般将柏拉图所说的理念称作"共相"，即相似物体所共同具有的特征。比如，我们知道，狗的形态各式各样，但是无论是牧羊犬、京叭狗还是猎犬，都具有共同的特征，所以将它们都称作"狗"；按照柏拉图的观点，这种抽象的狗就是各种狗的理念，而且它是固定不变的。柏拉图认为，理念世界分成了各个等级，各等级之间形成一种阶层体系的系统，这种系统成为宇宙和谐的基础；任何重大的变化，即理念的变化，都会导致这个阶层体系的破坏，从而破坏宇宙的和谐。柏拉图在认识宇宙的过程中也曾遇到过困惑：这么一种和谐的宇宙是怎么形成的，又是怎样维持的？他在无奈之中将古希腊神的概念作了一定的改造，提出了得穆格的思想。得穆格不是具体的神，是不同于常见自然力的一种力量，一种创造力；柏拉图认为正是由于得穆格的作用才形成了宇宙的和谐并使这种和谐得以维持。到了中世纪，得穆格与基督教的上帝概念结合了起来，并最终在笛卡儿那里形成了“钟表匠”式的上帝思想，从而成为自然神学的基础。自然神学既是进化论的助产士，又是进化论的障碍物。

亚里士多德是柏拉图的学生，同时又是柏拉图学说的有力反对者，但是就对于进化论产生的影响而言，他所起到的阻碍作用一点也不比柏拉图小。不错，亚里士多德是许多学科的创始人，其中就包括分类学。后来正是由于分类学的发展，做出了生物之间相互关系的图景，为进化论的产生提供了重要的依据。但是，在亚里士多德的分类学图景中，生物之间形成了自然的等级，亚里士多德对自然等级的论述要比他老师的观点更系统，因而也更具影响力。亚里士多德认为，自然等级中各个阶梯是固定不变的，任何阶梯的本质改变，都会导致自然阶梯的紊乱和塌陷；他明确提出，在生物阶梯中，物种就是阶梯，因此物种是固定不变的。后人的静止还是动态的观点，大都集中在物种是变还是不变的问题上。另外，亚里士多德明确而系统地论述了目的论的思想：任何事物的存在都有其目的；通俗地说，就是猫存在的目的是抓老鼠，而老鼠存在的目的就是成为猫的食物。目的论的思想对变化宇宙观的形成起到了极大的阻碍作用，因为变化宇宙观的形成需要从因果的角度来看待宇宙，它所探讨的是“如何”的问题，而目的论则关注的是“为什么”的问题。正是因为亚里士多德的权威，后来才有许多人遵循他的视角来研究自然的问题，而致因果问题于不顾。当然，进化的机制从某种意义上说涉及的也是“为什么”的问题，但是，首先要有变化的世界观。

亚里士多德的研究工作代表了古希腊自然哲学的顶峰，同时也代表了构建自然系统尝试的结束。在希腊化时代和古罗马时代，也有零星的几位哲学家继续做着构建宇宙系统的工作，但是那已经不再是他们主要关心的问题了。古罗马时期的哲学家卢克莱修（Lucretian）倒是不失古代遗风，他在《物性论》一书中，提出了一种变化的宇宙系统，不过他的思想是赫拉克利特和恩培多克勒思想的杂烩，而且他的书在当时几乎没有流行开来，直到 17 世纪，《物性论》才被重新发现，这时，对于已经习惯于用理性分析方式和严谨的学术语言探讨宇宙与自然问题的学者来说，卢克莱修的寓言式的诗体表达方式已经显得很陈旧了。

随着公元 5 世纪古罗马帝国的崩陷与瓦解，以及基督教在西方世界的广泛流行，一种新的世界观开始占据统治地位。《圣经》是基督教最重要的典籍，其中的旧约部分原是犹太人的古代传说和神话，由于基督教的权威性，这些传说和神话也变成了基督徒的信念。于是，在基督教占据统治地位的时间里，包括在今天的一些发达国家中，《圣经・旧约・创世纪》中记述的宇宙及万物的形成，便成为不可动摇的真理。兴起于公元 5 世纪的“教父神学”和兴起于 12 世纪的“经院哲学”分别利用柏拉图的哲学和亚里士多德的哲学对原始基督教进行了改造，为其注入了理性哲学的成分，从而使得基督教的教义不仅成为一种信仰，而且成为一种理念，于是乎这种信仰加理念对人们的世界观便产生了更深的影响。从本质上说，基督教的教义倡导静止的世界观，倡导特创论，倡导人类中心说，倡导一种等级的世纪图景；所有这一切，对于后来进化论的产生和传播造成了很大的影响。但是，另一方面，基督教教义中所包含的宇宙和自然万物是和谐的思想，以及通过理解观察自然万物来发现上帝的智慧和仁慈的观念，却为进化论的产生做出了重要的铺垫。从某种意义上说，达尔文进化论的出发点就是要解释自然的和谐，但是他的结论却和基督教的结论截然不同，达尔文用自然选择取代了上帝的作用。

奇怪的是，15 世纪的文艺复兴和 16～17 世纪的科学革命并没有从根本上动摇基督教的静止、特创的世界观。到了 17 世纪，人们对生物和生命的看法与 14～15 世纪的看法并没有本质的差别。从某种意义上说，科学革命时期伽利略、牛顿、笛卡儿、莱布尼茨的范式和方法比较适于研究像物理运动这种无时间限制的现象，而不太容易直接观察到进化。人们只能通过推测才能想到生物的进化或世界的变化。此外，基督教对人们基本世界观的影响实在是太深了，不是一朝一夕就能改观的。

然而动摇传统静止世界观的种子也随着人们思想的苏醒而萌发。新的观念产生于诸多领域。意大利人维柯（Vico）在他 1725 年出版的《新科学》一书中，探讨了人类历史的发展问题，他指出，人类的历史并不是静止的，而是经历了不同的发展阶段。法兰西人丰特涅尔在 1686 年写过一部名为《关于世间万物的对话》的书，他在书中对于静止世界观的基础——时间和空间是有限的观点——发出了挑战，丰特涅尔提出太阳系之外还有太阳系，地球之外还有地球，甚至如果环境条件适宜，其他星球上也可能存在着生命的观点。不过丰特涅尔的书是一部带有形而上学色彩的文学书籍，其中不乏想象和猜测。过了 60 多年之后，1748 年，另一个法国人德马耶特撰写的一部类似的书就要实在得多，德马耶特的书名是他姓名的反拼《特耶马德》。德马耶特长期研究过地质学，他在这部书中，将坚实的推论和臆想式的畅想夹杂在一起，虚虚实实，以避免与正统的观念发生直接的冲突。德马耶特提出，地球并非瞬间创造出来的，而是经历了逐渐发生和发展的过程；生物也并非突然创造出来的，同样经历了发生和发展的过程，而且他大胆地提出陆生动物来自水生动物。德马耶特的观点并不能算作进化论，而是关于变化世界观的设想，从他的书中可以看出当时人们思想解放的程度。

倒是 17～18 世纪来自宇宙学和博物学的一些变革，为进化论的产生作出了重要的铺垫。18 世纪，德国的大哲学家伊曼努尔·康德和法国的天文学家拉普拉斯相继提出了太阳系形成的星云假说。他们认为这个世界产生于混沌的星云，而且这是一个连续的过程，即最初的宇宙星云经过旋转，逐渐形成了银河、太阳和行星；更重要的是，他们提出，宇宙形成的动因符合牛顿定律，于是，真正异端的思想出现了。如果整个宇宙，或者太阳系的形成不是静止和突然性的，而是一个逐渐和动态的过程，同时导致其形成的动因不是作为首要原因的上帝，而是作为次级原因的物理学定律，那么生物呢，那么人类呢。然而，虽然思想的缺口已经打开，但是进化的观念却姗姗来迟。因为要产生出进化论，还有很多壁垒需要冲破，其中一个就是地球静止的观点。一直到 18 世纪中期，在西方有一个观念还占据着统治地位，那就是地球是静止的，而且地球的历史很短。按照中世纪厄谢尔主教的计算，地球是在公元前 4004 年创造出来的，这个观点在 18 世纪初时仍是不可动摇的信条。如果地球的历史很短，那么就不可能存在着生命的发生发展过程，但是，越来越多的事实开始不利于这种观点。

首先，是化石问题。早在古希腊时期，人们就认识到化石是远古生物的遗迹。然而长期以来，在基督教占有统治地位的西方，人们主要根据《圣经》中记载的诺亚洪水的故事来解释化石，即认为化石是那些没有搭乘上诺亚方舟的动物遗迹。到了 17～18 世纪，两项重要的发现，使传统的化石观发生了动摇。一是发现化石中存在着原先未知的动植物，也就是说，地球历史上发生过生物灭绝现象。动植物灭绝的思想在当时绝对属于异端邪说。因为那时，包括一些明智的思想家们，像莱布尼茨和布丰（Buffon），也认为上帝是仁慈和宽厚的，不会让自己创造出的产物灭绝。更为重要的发现就是，不同的地层中分布的化石并不一样，而且不是地层中存在的化石都是现在没有的生物遗迹。这样，用一次洪水来解释就显然说不通了。

至于地球历史很短的观点，则更显得脆弱。1779 年，法国大博物学家布丰对这个观点发出了认真的挑战。这一年，布丰在他的《自然的时代》一书中提出，地球的年龄至少有 16.8 万年，他私下认为地球的年龄长达 50 万年。而且布丰提出，地球自创立以来并非一成不变，而是经历了不同的时期，他称之为“世”。布丰大致划分出 7 个世：第 1 世，地球形成；第 2 世，山脉出现；第 3 世，地球被大水覆盖；第 4 世，水退去，火山开始活动；第 5 世，热带动物生居在北方；第 6 世，大陆彼此分开；第 7 世，人类出现。

布丰的观点中有一些很有预见性的东西。比如他认识到现在地球的一些寒带和寒温带地区曾经是热带，以及他设想到地球的大陆曾经连在一起。此外，他的物种概念也具有很重要的价值。他认识到物种之间存在着生殖隔离，因此单纯的形态划分物种是不全面的。尤其需要指出的是，布丰第一次想到了共同由来的思想。在他那著名的多卷本著作《自然史》中曾经指出，“所有的（生物）家族，不论植物还是动物，都来源于单一的原种”。虽然这些知识对于进化思想的出现是非常重要的，但是布丰却是一位典型的静止论者，他不能设想出进化的思想，因为他认为物种之间有着不可逾越的界限，那就是生殖隔离，生殖隔离使变种与原种之间只能产生出不育的后代，就如同马和驴交配产下骡一样。更为奇特的是，一方面，他认为生殖隔离是生物之间难以跨越的界限；另一方面，他又认为生物之间具有退化的关系，例如驴是马退化的产物，猴子是人退化的产物，等等。

哲学观上的一个重要进步，也使得传统的观念发生了动摇。自然呈等级阶梯，这个阶梯是静止不动的，这是自柏拉图以来一直占有统治地位的观点。到了 17～18 世纪，人们将自然阶梯的观点改造成存在的巨链，每一种生物都是这个巨链上的一个环节，而且这时一些人提出，这个巨链并非固定不变，而是发生着一定的变化。瑞士思想家邦内和德国思想家莱布尼茨就提出过，每一种生物都有变化的潜能，并且存在着向着更加完美的状态进步的可能。进步的观点是 18 世纪启蒙运动时期非常流行的观点，法国的思想家孔多塞（Condorcet）、伏尔泰（Voltaire）、卢梭（Rousseau）、狄德罗（Diderot）等，德国的思想家康德、赫尔德（Herder）、洪堡（Humboldt）等，都积极倡导过社会和人类的进步观。

法国思想家莫伯丢（Maupertuis）甚至做过将进步的思想扩展到生物界的尝试。莫伯丢提出，在自然阶梯或存在的巨链上，生物并不是固定不变的，而是发生过进步变化。不过他认为，这种变化主要是生物潜能的展示，这种思想与莱布尼茨和邦内的思想大同小异，而且也是来自他们。虽然他坚信生物的本质是固定不变的，但是他也曾经提出，偶尔的畸变，即后人所谓的突变，也可以产生新的类型。可惜的是，由于他没有深厚的博物学功底，所以未能系统而深刻地展开这种思想。

社会进步观与生物的进步式进化的观点仅一步之遥，但是多数睿智的思想家都没有跨越过去。这主要是因为，他们倡导的进步只不过是个人和社会的发展能力得到充分的展示和发挥，他们认为，人类社会过去的不和谐发展极大地抑制了这种能力的发挥，无论是个人的能力还是社会的潜力，都长期受到了抑制和扭曲。另外，柏拉图的理念论的影响也是一个重要的原因。按照柏拉图的理念论，物质的本质是固定不变的，直到 18 世纪末，这种本质不变的观念几乎没有受到动摇。

但是宇宙演化的思想、地球演化的思想、社会进步的思想等，这些已经为进化论的出现做了重要的铺垫。到了 18 世纪末，进化的思想已经飘浮在空中，法国生物学家拉马克首先抓住了这个思想。然而，在当时，与生物静止不动的思想和神造世界的思想相比，进化论的思想显得那样的稀薄，同时加上拉马克理论本身的弱点，因此，最初的进化思想并没有对社会造成很大的影响。

5.2　达尔文之前的进化思想

到了 18 世纪末，一些重大的问题，像生物多样性的起源，自然系统似乎规则的排列，以及生物彼此之间和生物与环境之间的和谐适应，亟待人们去解决。正是出于解决这些备受关注的问题的目的，造就了拉马克的进化论。

拉马克出生在法国北部的一个没落贵族的家庭。他的父亲希望他长大之后能够当一名牧师，因为在大革命前的法国，牧师算是自给自足的职业，但是拉马克天性好动，17 岁时便离开了教会学校，参加了七年战争。炮火中拼杀的他偏偏爱上了植物学，在戎马的间隙，他经常在田野山间观察植物的生长，采集植物标本。当了两年兵后，他带着伤疾，怀着探讨自然奥秘的憧憬，来到了当时欧洲文化的中心、启蒙运动的重地——巴黎。贫困卑微的拉马克初到巴黎时，一边在银行供职养家糊口，一边在巴黎大学选修医学院的医学和自然科学的课程。一次偶然的机会，他在野外观察植物时，结识了启蒙运动的领袖、法国思想家让·雅克·卢梭，对植物学颇有造诣的卢梭鼓励拉马克撰写一部按照瑞典分类学家林奈系统划分的法国植物志。经过几年的辛勤工作，拉马克的四卷本《法国植物志》写成了，不仅卢梭和其他看过手稿的法国著名植物学家给予这部书很高的评价，甚至当时法国博物学的泰斗布丰也对此书赞赏不已，反对林奈分类系统的布丰竟然决定出资出版这部书，而且还将拉马克聘为自己儿子的家庭教师和法国自然博物馆植物部的助理员。

拉马克的好奇心远不限于植物学。他在 50 岁之前，试图撰写一部名曰《大地物理学》的巨著，其中涵盖地球上的所有自然知识。拉马克曾经因为坚持陈旧的燃素说而与当时法国最著名的化学家拉瓦锡就氧的问题发生过论战；他还做过编撰下一年巴黎整年天气预报的尝试，从而受到许多人的嘲笑。这一切都使得他通过《法国植物志》而赢得的好名声丧失殆尽，但是拉马克并不气馁。50 岁时，他又开始了一项新的研究——无脊椎动物的研究。经过几年的努力，他成为这个领域的世界级权威：他创立了无脊椎动物学这门学科，甚至“无脊椎动物”这个词都是他提出的，原先的无脊椎动物分类很混乱，其中包括蠕虫、软体动物、线虫等，他提出了第一个科学的无脊椎动物分类体系。更重要的是，正是通过无脊椎动物的研究，使拉马克确立了生物进化的思想。在进入无脊椎动物领域之前，拉马克没有丝毫的进化思想或世界是动态的观点。

18 世纪 90 年代，拉马克在整理他的朋友布鲁亥尔遗留下来的软体动物标本时发现，从贝壳的形态特征看，一些化石软体动物与现存的软体动物之间确实存在着某种关联。1799 年，他在无脊椎动物学讲义的开篇提出一个革命性的观点：生物并不是固定不变的，而是随着时间的推移发生过“转型”，即后人所谓的“进化”。经过了 10 年的时间，1809 年，拉马克出版了人类历史上第一部科学的进化论著作——《动物学哲学》。

拉马克提出进化论的目的是解决两个问题：一是动物显示出来的等级序列；二是生命所表现出来的多样性。对此拉马克用进化论做了解释。

他提出动物之所以呈现出等级序列，是因为动物具有向着完美发展的内驱力，自从简单的动物通过自然发生产生出来以后，这种内驱力便存在于动物的体内，从而驱使着动物朝着不断复杂和高等的方向发生变化。另外，用尽废退加上获得性遗传又不断增加着动物的复杂性和完美性，这样，经过长期逐渐而缓慢的变化，动物便呈现出由高等到低等的等级序列。生物之所以呈现出多样性，则是由于环境的变化是变幻莫测的，因此生物不可能沿着笔直的路径发展，而是根据环境的变化，生物做出不同的反应，这种反应使生物产生新的需求，这种需求又影响到生物的习性，习性的积累改变了生物的功能，而功能的改变，又导致生物结构的变化，这样一种生物便逐渐变成另一种生物。当然，由于原先的一种生物类群中并不是所有的个体都经历了相同的环境变化，因此在这个物种类群中，有的变成了新的物种，有的则仍然保留原先的形态，于是出现了生命的多样性。此外，拉马克还大胆地提出人类进化的思想，他毅然宣称，人属于动物进化链条中的一分子，人是动物演化的必然产物。不过，他认为，人是生物向着完美演化过程中的最高阶段。在这种人类进化观点中，虽然人类依然保持着其至尊的地位，但是人类已不再与其他动物完全分离了，而且人类并不是特创的尤物，而是自然变化的结果。

从拉马克的进化论中我们可以看出，首先，他坚持了物种变化的自然解释，即不再用神的干涉来说明自然的和谐与适应；其次，他强调了生物变化的逐渐性，从而与当时比较流行的剧变说正好针锋相对；同时我们应该看到，拉马克的思想并没有完全摆脱当时的局限性。他依然承认生物呈现出一种划分为高等和低等的等级序列，即传统上的自然等级概念，或经过改造后的“存在巨链”的概念，所以，他的生物体系是旧式的，只不过在这种框架中，各个构成物并不是一成不变的，而是变化和动态的；而且，这种变化也并非是原有潜能的展示，而是本质的改变，是由一种事物变成了另一种本质上截然不同的事物。

拉马克的进化机制中也没有多少自创的东西。他认为新的生物分支的起源是自然发生的，即从无机物直接发生出有机物。这是一个在17～18世纪很流行的看法，直到19世纪中期，另一个法国人巴斯德（Pasteur）通过实验推翻了自然发生的看法后，人们才普遍放弃这种看法。同时，拉马克在考虑动物分支的起源时，并没有共同由来的思想，他认为不同的谱系有不同的发生。拉马克用作主要进化机制的获得性遗传思想则是一种更古老的思想。早在古希腊时期，人们就不仅相信双亲后天所获得的性状可以遗传下去，而且还在这种思想的指导下做出过相应的尝试。例如，斯巴达人就曾根据获得性遗传的道理限制身体不健壮的男女生殖后代，他们认为强壮的父母会将强壮的体格遗传给后代。到了 18 世纪，获得性遗传的观念已经深入人心，成为一个妇孺皆知的常识。不过需要指出的是，拉马克既不是获得性遗传观点的首创者，而且他也从未认为环境可以直接导致生物的结构发生变化，他从未明确提出生物的意愿可以导致生物的结构发生变化。他只是认为环境可以通过影响生物的习性，导致生物的需要发生变化，这样便会影响到生物的功能，进而有可能引起生物结构的变化。这一点与后来的新拉马克主义者的看法有着很大的差别。新拉马克主义者提出环境可以直接引起生物的结构发生改变，而且他们认为生物的意愿可以导致生物发生根本性的改变。不过与拉马克同时代的另一个博物学家圣伊莱尔（Saint-Hilaire）倒是明确地提出过环境可以直接引起生物的结构发生变化。

拉马克的进化论提出来以后，并没有引起应有的注意。其中的原因很多。一方面他所处的时代正值法国大革命时期，新的思想层出不穷，而且人们似乎更关注社会的事务；另一方面，拉马克的名声并不太好，他曾因与拉瓦锡就氧的问题发生过争论，不久就证实拉瓦锡的观点是正确的，他还因编制巴黎下一年的天气预报而遭到更多人的嘲笑，据说连拿破仑也因此将他视为一个古怪的科学家，而不屑读他赠送的《动物学哲学》。更重要的是，当时法国的博物学界正是居维叶（Cuvier）的天下，而拉马克的进化论与居维叶的许多观点是针锋相对的。例如，拉马克不赞同生物灭绝的思想，他认为一些古生物已经转变成现存的生物，或者存在于认为尚未探知的领域，而居维叶却用无可辩驳的论据和论点说明生物的灭绝是毋庸置疑的事实，在这一点上，居维叶显然是正确的。再比如，拉马克倡导生物的渐变论，而居维叶则是科学剧变论的创始人。居维叶认为，无论是地球的年龄，还是生物结构，都无法支持渐变论的观点。他认为地层中的化石具有明显的空缺，说明生物之间不存在连续的关系。居维叶认为在地质史上出现过不同的生物创生时期，因此，居维叶不仅反对生物的进化观，也反对生物之间形成等级序列的观点。

居维叶的门客将居维叶捧为法国的亚里士多德，对此他很得意。居维叶是古生物学的创始人，据说他可以凭借一块骨头而复原整个古生物。居维叶对比较解剖学也有很深的造诣。比较解剖学现在已经近乎死寂，但在当时却是很热的学科，比较解剖学通过生物形态解剖结构的比较，探讨生物之间的关系。正是通过居维叶等人的努力，古生物学和比较解剖学成为成熟的科学。达尔文后来从这两门科学中列举了很多证据来支持生物的进化和共同由来的思想，但是居维叶却是典型的反进化论者。虽然居维叶是虔诚的基督徒，但是，他反对生物进化的观点却是出于他自己的研究。他主要研究的是脊椎动物，他认为，进化会破坏脊椎动物原有的结构协调性，因此，生物的根本改变会导致生物的灭绝。居维叶曾任法兰西科学院的秘书和法国教育部的总监，而且他不仅权倾一方，同时知识渊博，处事严谨，笔力锋剑，口齿伶俐。在与圣伊莱尔就生物是否进化的问题进行的争论中，居维叶凭借自己的才能，自然占了上风。加上在代表法兰西科学院所做的悼词中，居维叶对拉马克进行了毫无顾忌地抨击和中伤，使得拉马克的进化论在法国的寿命比拿破仑王朝的寿命还短。在法国，拉马克生前不曾风光，死后也寂静无声。倒是在英国，拉马克的观点掀起了不小的波澜。

当法国正在经历着激烈的社会动荡时，英国却显得很平静。当时虽然英国的自由竞争经济学已经确立，但是却没有引起相应的社会和社会思潮的变革。人们的自然观依然很保守。英国不仅是近代科学的发源地，而且也诞生出自然神论。自然神论利用神学来解释自然界中生物的和谐与适应，在 19 世纪初很多英国有教养的人都信奉自然神学。其中一个重要的原因就是当时在英国的各个大学里，把持博物学教席的基本上都是牧师。

19 世纪初，两个诞生于法国的思想都受到了英国人的反对。一个是拉马克的进化论，另一个就是居维叶的剧变论。首先同时对这两种观点作出严肃的科学抨击的是现代地质学的创始人查尔斯·赖尔（又译作莱伊尔，Charles Lyell，1797～1875），赖尔出版了现代地质学的奠基之作《地质学原理》（一至三卷）。在这部书中，赖尔批驳了居维叶的剧变论和拉马克的渐变进化论。赖尔将 18 世纪英国地质学家詹姆斯·赫顿的均一论（又译作均变论）发挥到极致，从而形成了现代均一论。赖尔认为，从古代到现代的地质情况并没有发生过剧烈的变化，地球自创造之初到现在，其外部形态基本上保持着不变，因此，利用现在影响地表的原因，比如地震、火山喷发、河流侵蚀等，完全可以解释过去地表的状况。按照这种均一论，居维叶的剧变论显然站不住脚。

同时，如果地表的确没有发生过重大的改变，那么过去生物生活的环境应该与现在生物生活的环境大致相同，这样拉马克所言的生物进化便失去了环境影响的因素。因此，赖尔认为，生物也是固定不变的。不过值得指出的是，在《地质学原理》中，赖尔提出，应该通过对于现存物种的研究，来研究生物的历史。当然，赖尔是想说通过研究现存生物的物种变化情况，可以证明历史上的生物并没有发生过变化，毕竟我们人的生命是有限的，而且人类的历史是短暂的，在人类的历史文献中不可能记述物种的变化。然而，恰恰是由于赖尔对物种的强调，使达尔文找到了研究进化的切入点。

赖尔出身律师，具有很强的论辩能力，而且他的博物学功底也很深厚，因而无论是他的论点还是论据，都显得无懈可击。他对居维叶和拉马克的抨击很成功，使这两位法国顶尖级的博物学家在英国声名狼藉，但是，在英国这个保守的国度并不乏胆大妄为者。尽管有赖尔的抨击，还是有人明目张胆或隐姓埋名地倡导拉马克的进化论。因编撰出版过《钱伯斯词典》而出名的罗伯特·钱伯斯（Robert Chambers）就是这样的人。

1844年，钱伯斯匿名出版了一部惊世骇俗之作——《自然创造史的痕迹》。在这部书中，钱伯斯提出了进步进化论（图 5.1）。钱伯斯认为分布在世界各地的生物在地质时期中经历了进步式进化，即经历了从简单到复杂、从低等到高等、从不完美到完美的变化。钱伯斯虽然没有受过正规的博物学教育，但是却从古生物学、比较解剖学和胚胎学中找到了支持他观点的依据。他指出，地层中的古生物呈现出从简单到复杂的分布，说明生物并不是固定不变的；比较解剖学揭示出生物形态上的相关性，说明了生物之间并非间断分隔，而是存在着密切的关联；动物的胚胎发育过程中所表现出来的不同阶段（比如似鱼阶段、似两栖类动物）表明，一种高等动物在其种系的历史上经历了不同的阶段。至于进化机制，则几乎是拉马克进化机制的翻版，即生物的进化是由于获得性遗传和动物自身所具有的进步内驱力。此外，钱伯斯还利用赖尔的均一论来支持渐变论。

《自然创造史的痕迹》一书虽然结构不严整，理论不坚实，而且充满臆想，但是却在英伦三岛掀起很大的波澜。许多著名的博物学家，其中包括后来坚定支持达尔文的赫胥黎（Thomas Henry Huxley，1825～1895），也加入了反对者的行列，但是这部书在民众中却很畅销，十年间卖出了 24 000 部，比后来《物种起源》十年的销量（9500 部）多一倍以上。这样，便使得人们感到进化不再是陌生的概念，而且，达尔文正是透过人们对《自然创造史的痕迹》的批判，看到了反对意见及其依据所在，这样有利于他将来预先避免、预防或抨击可能出现的反对意见。

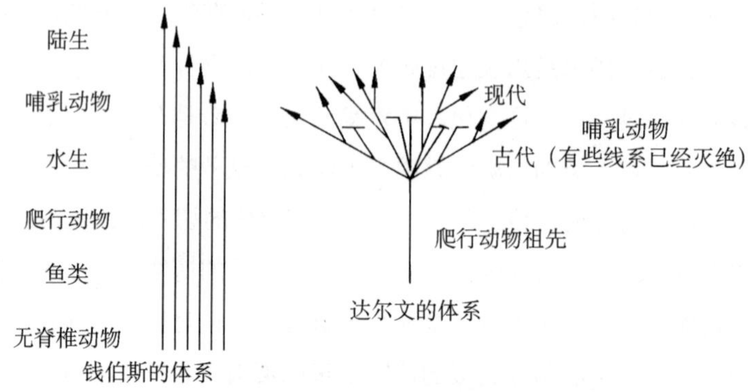

图 5.1　钱伯斯的线性发展系统

按照达尔文的体系，所有的哺乳动物，无论是现存的还是灭绝的，都来自一种（或顶多少数几种）爬行动物祖先。相反，按照钱伯斯的体系，哺乳动物之间没有直接的关系，哺乳动物中包括了一系列分别的线系，而且这些线系在发展程度上处于几乎一样的构造水平上。这种思想与拉马克的进步概念比较相似，只不过钱伯斯并不清楚为什么有些线系的发展落后于其他线系。钱伯斯并不承认根据不同的适应趋向便可以解释生命习性的多样性。相反，他固守自己的基本等级观点，简单地认为水生哺乳动物类型更原始，是发展阶梯上先出现的类型。而没有解释水生哺乳动物怎么来自爬行动物的

公开提出生物进化论的是哲学家和社会学家赫伯特·斯宾塞（Herbert Spencer，1820～1903）。在达尔文的《物种起源》问世之前，斯宾塞已经按照拉马克主义提出了社会进化的思想。斯宾塞在博物学上也是外行，但他却很勤奋和博学。1852 年，在一本小册子中，斯宾塞提出了他的进化论。他提出生物的发生像生物的个体发育一样，也经历了发生发展的进步式变化，而这种进步式进化作为一种普遍的规律，主宰了个人的成长和社会的沿革。不少人将斯宾塞视为社会达尔文主义的创始人，但是斯宾塞的进化思想中更多的是拉马克主义的成分，而缺乏达尔文的观念；此外，“社会达尔文主义”早于“达尔文主义”问世，因此，“社会达尔文主义”是一个名不副实的称呼。不过正是通过斯宾塞的努力，“进化”一词才广为人知，并逐渐取代了达尔文最初经常使用的“经过饰变的由来”，其代价是造成了在进化理解上的混乱。另外，达尔文在说明“自然选择”的概念时，为了便于人们的接受，借用了斯宾塞最先提出的“生存斗争和最适者生存”的提法，结果适得其反，使人们更难准确地理解到底什么是“自然选择”了。

5.3　达尔文及其进化论

尽管有拉马克、钱伯斯和斯宾塞这些“胆大妄为者”的不懈努力，但是直到达尔文的进化理论问世之前，在西方长期占据统治地位的静态世界观、特创论和人类中心说等观念并没有得被彻底取代。

查尔斯·达尔文（Charles Darwin，1809～1882）出生在英国什罗普郡的一个乡绅的家庭。他在家中排行第五，早年丧母，家境宽裕，父亲罗伯特·达尔文是一位出色的医生，祖父伊拉斯谟·达尔文（Erasmus Darwin，1731～1802）也是著名的乡绅，思想活跃奇异，他写过一部名曰《动物规律性》的书，在这部书中，他提出了与拉马克相似的进化观念。伊拉斯谟的进化学说中更多的是臆想，缺乏拉马克理论中所具备的坚实依据和严谨推理。他的理论对孙子的影响微乎其微，不过伊拉斯谟不安分的禀性似乎被他的后代大大地发扬了。达尔文的父亲就是一位怀疑论者，他对于当时人人奉为圭臬的基督教采取了一种批判的态度，这种态度对达尔文产生了很大的影响。达尔文本人的理论是对基督教信念的根本颠覆。

很多后来的传记都将达尔文的早年描述得很平庸，达尔文在他晚年所写的自传中也是这样谦逊地回顾自己的青少年时期的。如果按照英国当时刻板的教育标准看，直到他16岁来到剑桥大学之前，达尔文似乎都算不上是一个好学生，但是，他确实是“一位天生的博物学家”。他从很小的时候就对大自然的各个方面产生了浓厚的兴趣，常常到野外去采集动植物和矿物标本。曾经有一个故事，说他一次在采集昆虫的标本时，因为两个手上都拿着昆虫，不得已，便将另外抓的昆虫放到了嘴里，结果尝到一种辛辣的味道。随着年龄的增长，他又增添了钓鱼和打猎爱好。而且，在中学时，他曾一度对化学很痴迷，他在家里经常做一些化学实验，以至于同学们给他起了一个“瓦斯”的绰号。15岁时，他被家人送到了爱丁堡大学学习医学，只上了一年，他因为看不得血淋淋的场面，被迫退学，不过在这一年中，他的博物学兴趣却进一步增长。他参加了当地的一个博物学协会的活动，在协会上发表过自己的看法，并与相信拉马克学说的动物学家罗伯特·格兰特（Robert Grant，1793～1874）结下了深厚的友谊，还在他的指导下系统地研究过潮间带的动物。

1828年，16岁的达尔文来到了剑桥大学学习神学。当时可供富家子弟选择的职业并不多，达尔文由于不适于学习医学，家人便决定让他学习神学，以便将来做一名国家神职人员。达尔文同意学习神学，但是对将来作国家神职人员不感兴趣，他只想当一名社区牧师。在剑桥期间，达尔文仍然将主要精力用于他的博物学爱好上，对神学、古典文学和数学没有什么兴趣。他的考试成绩在班里名列第十，属于中游水平，但是他通过自己的努力，博物学水平却不亚于当时生物学专业的博士。

在剑桥期间，达尔文结识了植物学教授约翰·亨斯罗（John Henslow，1796～1861），这对达尔文的一生都有很大的影响。亨斯罗是个虔诚的基督徒，同时他又对博物学有着浓厚的兴趣。当时正值佩利的自然神学盛行之时，自然神学倡导的不是通过枯燥的理论和硬性的灌输，而是通过观察自然万物的适应与和谐，来证明万能、智慧上帝的存在。亨斯罗是自然神学的忠实追随者，他常把同仁和学生召集到家中，讨论博物学问题，并且“差不多每天下午”都带着达尔文散步，向他讲述博物学知识。更重要的是，正是通过亨斯罗的推荐，达尔文登上了皇家海军的科学考察船“贝格尔号”，进行了环球科学考察。

像德国大博物学家洪堡那样到热带进行科学考察，是达尔文梦寐以求的事情。1831 年 12 月 27 日，已经具备一定博物学功底的 22 岁的达尔文踏上了贝格尔号，开始了将近 5 年的考察历程，也开始了职业博物学家的生涯。在这次考察中，达尔文更关注的是地质学问题，而不是生物学问题。他随船带上了新近出版的赖尔的《地质学原理》第一卷，以后又陆续收到了家人寄来的其余卷册。不过我们要清楚，在 19 世纪，地质学与生物学的界限并不清晰，它们都属于博物学的范畴。在 5 年间，达尔文系统考察了博物学的方方面面，收集了大量的第一手材料，观察了形形色色的自然景观，同时他有充足的独处时间来考虑各种各样的问题。

加拉帕格斯群岛位于南太平洋，这里有独特的自然景观。达尔文两次踏上这个群岛，进行考察和采集。他在《自传》中提到，他正是在加拉帕格斯群岛观察到海龟的独特性状和莺鸟的变种，所以萌发了进化的思想，直到今天，还有相当一部分人认为，加拉帕格斯群岛是进化论的诞生地。实际上，在整个考察期间，达尔文基本上还是信奉静态的世界观，相信物种不变的思想。只是在返回英国的路上，经过了澳大利亚和位于澳大利亚以北的一些珊瑚礁时，看到与欧亚和美洲大陆截然不同的有袋类动物和珊瑚礁形成的巨大岛屿时，达尔文开始对于特创论和赖尔的均一论及其支持生物固定不变的论点和论据感到怀疑。加拉帕格斯群岛并不是进化论的诞生地。相反，在加拉帕格斯群岛时达尔文并没有从莺鸟变种的形态中想到物种形成的问题，他甚至没有严格地按照标本所在位置来归类这些莺鸟，他当时只是觉得这些动物新奇，而没有去想别的问题。然而，这里应该指出的是，是他在加拉帕格斯群岛采集的标本，使他后来确定了进化的思想。

1836 年 10 月 2 日，达尔文回到了英国，开始了他一生最忙碌、最关键的两年。其间，他与自己的表亲艾玛结婚，先是将家安在了伦敦，几年以后，他出于健康的考虑，迁到了乡下。达尔文长期以来一直身体不好，每天几乎只能工作两个小时。就是这样，他一生写作的文章就有 20 多卷，还不算目前正在陆续编辑出版的 20 卷书信集。

从 1837 年春天到 1838 年秋天，达尔文再次阅读英国经济学家马尔萨斯（Thomas Robert Malthus，1766～1834）的《人口论》，这段时间，是达尔文进化论形成的关键时期。1837 年 3 月，达尔文因为整理随贝格尔号航行期间采集的鸟类标本，与大英博物馆的鸟类学家约翰·古尔德（John Gould，1804～1881）相识。古尔德正确地指出，达尔文采自加拉帕格斯群岛的莺鸟并不是不同的物种，而是同一物种的不同变种。这一发现，彻底地动摇了达尔文相信了若干年、西方人相信了几千年的物种不变观，并且成了达尔文“全部观点的起源”。在以后的一年多时间里，达尔文在他标有 A、B、C、D、E 的笔记本中，记下了他的进化观点形成的历程。直到一百年之后，这几本重要的笔记，才被后人整理发表。从他的笔记中我们可以看到，达尔文确定进化观点的时间很短，但是形成进化机制的过程却充满了艰辛。为了以坚实的依据论证进化机制，他阅读了大量的生物学和动植物培育的文献，而且阅读了大量的政治学、哲学、文学、美学、社会学、历史、经济学、伦理学等领域的文献。对于他的自然选择理论的形成影响最大的除了来自动植物培育者的人工选择观点，再就是英国的古典经济学。按照以亚当·斯密（Adam Smith，1723～1790）为代表的英国古典经济学的观点，如果允许个人尽最大可能地为了自己的利益而努力，那么最终整个社会的利益就能得到充分的满足，而且会使社会达到一种真正的和谐。由此达尔文联想到，难道不能将生物界的和谐解释成生物个体为了生存和繁衍而进行斗争的结果吗，最终在环境等自然条件的限制下，适者生存下来，不适者遭到淘汰。这就是自然选择学说的大致意思。1838 年春天，达尔文已经阅读过一遍马尔萨斯的《人口论》，这时他的自然选择学说已经大致形成；当年秋天，他再次阅读这部书，这次他只不过更加领会到严谨的论点要有定量方法支持的观点。

1838 年 10 月，达尔文的进化论的框架基本形成，但是他却没有急于发表自己的观点，只是在 1842 年和 1844 年写了两个纲要，放在那里，而将主要的精力用于其他的研究。比如，他用了 8 年的时间来研究一种叫作藤壶的海洋无脊椎动物。为什么从 1838 年就得出的理论要等待 20 年才发表呢？传统的观点认为，达尔文的进化论是庞大而严谨的理论，所以他需要较长的时间来收集论据，梳理论点，但是他的基本论据早已齐备，他的基本论点也未做重大改动，一定另有原因阻碍他发表自己的观点。

后来的一些历史学家通过详细的研究发现，当时的社会氛围并不利于进化论的问世。达尔文很早就清楚地认识到，他的进化论并不是一个简单的生物学理论，这个理论其中所含的唯物论含义必然会引起整个社会的震动。而且在他构想出进化论的时候，哲学上的唯物论正处于被遏止的状态，支持者寥若晨星，书籍遭禁止，文章无法发表，活动遭取缔，甚至人被拘捕——从马克思和恩格斯的遭遇就可以看出这一点。达尔文不希望自己宏大而深邃的理论在没有被人们认真对待之前就遭到扼杀。他需要等待，需要等待人们的观念发生一定的变化，需要等待社会思潮变得稍微开明一些。

有利于达尔文的形势正在渐渐地出现：1844 年，钱伯斯激进的进化论问世，19 世纪 50 年代中期，斯宾塞的社会进化观诞生，与此同时，他的朋友，同时也是著名的学者赖尔等人开始怀疑物种固定不变说，也就在这个时候，马克思主义的唯物论与轰轰烈烈的工人运动结合起来，成为人们不敢忽视的观念。从 1856 年开始，达尔文开始撰写“有关物种的大书”，这部书如果完成的话，为《物种起源》的三四倍，然而，到了 1858 年夏天，达尔文的著作写到一半的时候，华莱士的出现，彻底改变了达尔文的设想。

阿尔弗雷德·华莱士（Alfred Wallace，1823～1913）是自学成才的博物学家。他很早就投身于博物学的实践中，1845 年，22 岁的华莱士，在马尔萨斯《人口论》的启发下，也构想出生物可能是进化的观点。从 1848 年起，他开始在南美的亚马孙河流域进行考察和采集，其中的一个目的就是要证明生物进化的观点。1852 年，他带着大量的标本和记有自己思考内容的笔记返回英国，不幸的是，船在即将到岸时突然意外失火，华莱士的所有标本和笔记也都葬身火海，但是华莱士并没有气馁，1854 年，他又只身来到马来群岛进行考察和采集。当年，他就写下了自己的第一篇生物进化的论文《论控制新种引入的法则》。在这篇论文中，华莱士提出生物是进化的，生物进化的模式是逐渐的。3 年以后，他又写出了《论变种无限地离开其原始模式的倾向》一文，并将这篇论文寄给了达尔文，希望达尔文予以指正并帮助发表。达尔文接到了这篇论文后，感到非常的震惊，因为华莱士在这篇论文中提出了生物进化的机制是自然选择。达尔文对华莱士观点与自己看法的“惊人巧合”深感失落，因为对一个科学家的事业追求来说，没有比优先权更重要的了，而达尔文早在 20 年前就得出了自然选择的进化观，只不过是没有发表而已。他经过彷徨并和赖尔等朋友商量后，决定在伦敦林奈学会上同时宣讲华莱士寄来的论文和自己写的一篇短文。非常奇怪的是，当时这两篇文章并没有引起轰动。

同时，达尔文接受了朋友的劝告，决定暂时中止那部“大书”的写作，改为写一部“摘要”。一年之后，1859 年 12 月 11 日，这个“摘要”以“论物种起源”为名出版，在以后的版本中，书名改为“物种起源”。这部书刚一出版，便引起轰动，第一版的 1250 册很快被分销商抢购一空。在以后相当长的岁月里，这部书成为争论的焦点。经过 100 多年的纷争，人们普遍认为《物种起源》是科学史上的一部划时代的著作。而达尔文原先计划写作大书的部分内容，分别以“动植物在家养下的变异”（1868 年）和“人类的由来”（1871 年）为名出版，还有一部分内容，直到 1975 年，才经过后人的编辑，以“自然选择”为名发表。但是，在达尔文众多的著作中，影响最深远的无疑就是《物种起源》。

在《物种起源》中，达尔文的基本理论，即达尔文主义，得到了最全面的展示。达尔文主义大致可以划分成 5 个子理论。

（1）生物进化的理论。这个理论认为，生物界并不是静止不动的，而是进化的。进化变化不是指循环往复的变化，也不是指生物潜力的展示，而是生物的本质发生了变化，通过进化，一种生物变成另一种生物，确切地说，是由一种物种变成另一种物种。这种变化是稳定持续的，而且具有一定的方向，不过达尔文所谓的方向性与拉马克所谓的方向性具有本质的差别。拉马克承认自然链条的存在，而且相信生物内部的驱动力量导致生物自动地向着更加完美复杂的状态进化。而达尔文则认为生物进化的方向性体现在生物向着更加适应的状态进化，无论这种适应是否导致更加复杂还是更加简单的形态。比如，生活在洞穴中的一些脊椎动物，逐渐地使复杂的眼睛变得简单了，甚至根本就失去了功能。达尔文不承认生物界存在着高等和低等之别。他认为从高等和低等的角度看待问题，是一种人类中心说的体现，即我们是在从人类的角度来衡量生物。这个理论虽然不是达尔文首创，但是达尔文赋予这个理论更严谨的框架，从而使得进化的思想更难被驳倒。

（2）共同由来的理论。这是达尔文首创的理论，而且是很富有想象力的理论。达尔文根据加拉帕格斯群岛的莺鸟，认识到该群岛中不同岛屿上的莺鸟具有共同的祖先，它们是由共同的祖先演变而来的，进而他推断出所有的动物有着共同的祖先，所有的植物有着共同的祖先，乃至所有的生物，都具有一个单一的起源。达尔文还利用形态学、生物地理学和比较解剖学的证据进一步支持了共同由来的思想。现在生物所呈现出来的缤纷多彩是在历史长河中经历了无数演变的结果，无论这种演变导致生物具有什么样的奇异形态，都无法掩盖生物所具有的共同性，这种共同性的原因就在于所有生物具有共同的祖先。达尔文在《物种起源》一书的最后写道："认为生命及其若干特性原先被注入少数类型或一种类型中……从如此简单的类型中，过去曾经进化出，而且依然在进化出无数最美丽、最奇妙的类型，这时一种壮丽的观点。"这的确是一种"壮丽的观点"，正是这个富有想象力且具有说服力的观点，使得很多过去曾经反对进化的人为达尔文的进化思想所折服。100 年来，虽然达尔文的其他一些观点不断地受到人们的批判，或引起争议，但是对于共同由来的思想却很少有人提出重大的异议，而且 20 世纪 50 年代遗传密码的揭示，进一步支持了达尔文的共同由来思想：所有生物——无论简单还是复杂——的遗传密码是一样的。

（3）生物渐变论。这个理论中包含着两项内容：一是生物的变化是缓慢的；二是生物的变化是连续的。在达尔文理论的主要成分中，这个观点引起的争议很大。在达尔文的时代，人们普遍认为地球的历史并不太长，即使接受布丰的观点，也才有几十万年，达尔文大胆地估计地球的历史可能有上亿年。然而人们无法接受渐变论的主要原因是化石记录所表现出的间断性，即地层中的化石序列并不连续。达尔文认为这是地质记录不完整所致，也就是说，有些生物因为种种原因未能形成化石，或人类尚未找到一些化石。但是这个理由很难说服人，因为缺失的恰恰是中间环节，尤其是无法解释为什么能在几十万年（即使是上亿年）的时间里，单一简单的生物能够逐渐演变成多样复杂的生物（图 5.2）。为什么不能是跳跃式的进化？达尔文的朋友、达尔文主义的坚定支持者托马斯·亨利·赫胥黎就认为跳跃式进化与自然选择并不矛盾。后来的学者认为，达尔文之所以选择渐变的模式，原因很复杂。一方面是要赢得当时在英国占主流地位的博物学家的支持，比如均一论的倡导者赖尔的支持，也就是说，他不愿意树敌太多；另一方面，按照他的进化观点，形成物种层次的机制不应该与形成纲或目这些层次的机制不一致，否则就无法遵循统一性的原则。实际上，直到 20 世纪 70 年代，才出现以不同的机制和模式解释不同层次生物进化的科学观点。

（4）生物增殖理论。这个理论也是生物多样性形成的理论，这也是达尔文与拉马克不同的一个方面。拉马克是根据生命的等级序列看待进化，而达尔文则是从多样性增加的角度看待进化。因此可以说拉马克主义是垂直进化论，而达尔文主义是水平进化论，或者换一句今天的话说，拉马克所说的进化是生物谱系的演变，即物种或物种以上阶元（属、科、目、纲、门等）的生物史，而达尔文所谓的进化是物种形成过程，即从一种物种分化出多种物种的过程。实际上他们两人所说的进化并不是一回事，但是达尔文在世时并没有意识到这一点，不仅他没有意识到这一点，而且之后很多人都没有区别开谱系进化与物种形成，直到 20 世纪 50 年代，当代最伟大的进化论者恩斯特·迈尔才作出了这种区分。尽管达尔文在物种形成问题上的基本看法是正确的：物种形成是一个可以分成两个阶段的过程，先是不定向变异产生出新的类型，然后经过自然选择的作用，使适应的类型保留了下来，不适应的类型则遭到淘汰。但是他却以此理论来说明谱系的形成。达尔文在世时及他去世后的许多争论都是因为没有区分开谱系演化与物种形成。实际上，有的人在用物种形成的论据反对他人的谱系演化观点，有的人则用谱系演化的论据反对他人的物种形成观点，只不过他们却都没有意识到这一点。当然，达尔文本人的物种形成观点也并非没有缺点，他对于地理隔离在物种形成中的作用认识上存在着不该有的摇摆。他在早期，从加拉帕格斯群岛的地理隔离上看到了进化的形成，而到了晚年，他却认为地理隔离在物种形成中所起到的作用并不大，这样使得一些原本支持他的人也感到疑惑。

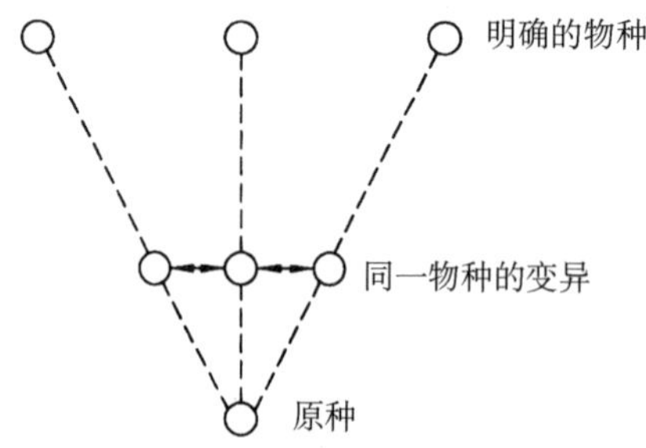

图 5.2　物种与变种之间的关系

按照达尔文的理论，变种是“初始种”——如果它们能够生存下去，并且继续变化的话，它们可能最终会成为一种独特的物种。这个图显示出如何从原初的一个物种产生出后来的三个物种。在这个过程中的第一个阶段，形成三个不同的群体，它们可能是一个物种的变异体。在正常情况下，三个群体之间可能还不能隔离，因为从物理的角度看，每一个类群中的成员都可以相互成功地配育。在后面的阶段，三个群体之间的差异已经大得不能相互配育。这时的这三个群体有着完全独有的特征，可以被视为不同的物种。但是在物种与变种之间并没有清晰的界限。趋异的过程是连续的，其间，相互配育的可能性逐渐变小

（5）自然选择学说。这个理论可以说是达尔文进化论的核心，也是达尔文理论中最具革命性和最有争议的部分。如果对自然选择理论做一番剖析的话，我们可以发现，自然选择具有很丰富的内容，其中主要包括五个事实依据和两个推论。首先的三个事实依据是：如果生物所产下的后代都能存活的话，生物群体中的个体数量将会非常大；但是常见的情况是生物的群体数量是稳定的，自然资源是有限的，由此得出第一个推论：生物的生殖力很高，但是资源有限，且生物的群体是稳定的，这就说明生物群体中存在着激烈的生存斗争，结果，群体中只有少量个体可以存活下来。还有两个事实是：没有两个完全一样的个体，即群体中的个体存在着相当大的可变性；大多数变异是可以遗传的变异。根据这两个事实，便可以得出第二个推论：在生物群体中能否存活下来并不是随机的，部分取决于生物个体的遗传结构。这种不均衡的存活，就是自然选择过程。但是达尔文本人并没有这样来表述自然选择的概念，他只是借用了斯宾塞的术语，将自然选择表述为“适者生存，不适者淘汰的过程”。仔细看一下便可以发现，这种表述并不清晰：何谓适者？当然是能够生存下来的。这种表述实际上是一种同语重复。但是，许多人反对自然选择学说，并不只是因为其中表述上的含混，更重要的是这个理论彻底地废黜了上帝的作用。哥白尼的日心说把太阳的位置留给了上帝，牛顿的万有引力还将第一推动力的权力赠奉给上帝，而根据达尔文的自然选择学说，上帝简直无所事事——进化的动因完全是自然的。

除了上述 5 个重要的理论构成，达尔文的理论还包括一些其他的内容。比如他认为人是生物进化中的一个普通的环节，人类的产生并不是必然的结果，而是由于一些偶然的因素所致，而且他猜想人类诞生的故乡可能是在非洲。这些观点在怀有传统观念的西方人来说，是难以接受的。他们长期以来就将人视为是上帝特别的恩惠，从古希腊时期起，西方的文学和哲学书籍中就充斥了对于人的特殊性的讴歌。古希腊的哲人们将人视为万物之灵，莎士比亚将人颂为“世间的尤物”。即使是按照拉马克的进化论，人类也是万物进化的终点和目的。而且 19 世纪正值西方在世界取得霸主地位的时期，这种状况进一步加剧了西方人原本就具有的高傲，而且需要指出的是，很多西方人认为他们之所以取得令人骄傲的成就，是因为他们所在地方的地理和气候很适宜产生出高雅的文化。他们无法承认自己的祖宗竟然来自他们鄙夷的非洲。就是支持达尔文其他进化观点的一些人，比如华莱士和赖尔，也无法支持达尔文的人类进化理论。他们坚持认为人的创生是一件与生物的演化截然不同的事，赖尔认为不同的人种有不同的起源。

达尔文在他的进化论中还提出，自然选择是进化的主要机制，但不是唯一的机制。这种观点在当时并没有引起人们的充分重视。比如他提出在人类和一些动物的进化中，性选择就起到了很大的作用；此外，他在晚年还提出了突变式的变化——他称之为“芽变”——在进化中也起到了一定的作用。可惜他并没有严谨地展开这种看法，而且他的遗传理论是根本错误的。他提出了泛生论的遗传理论，这个理论并非他首创。所谓泛生论就是生物在后天受到的影响可以使它们体内的泛生子发生变化，泛生子存在于身体的所有细胞中，在生殖过程中，受到后天影响的泛生子传到了子代。不难看出，这是一种变相的获得性遗传的观点。也就是说，尽管达尔文将拉马克的进化论贬斥为“垃圾”，但是他也免不了拾一些这种垃圾。他的遗传理论中的致命弱点是导致 20 世纪初遗传学家背弃他的进化论的一个主要原因。

通过上面的介绍我们可以看出，达尔文的进化论中含有很丰富的内容。其中有些观点自提出之日起就受到人们的抨击，比如自然选择学说、人类进化理论和泛生论的遗传理论，有些却直到今天仍然未受到重大的打击，比如共同由来的思想。在今天看来，他的有些理论可能是错的，比如他的遗传理论，还有他的渐变论——至少并非所有生物的进化都是逐渐的；有些理论虽则在当时受到人们普遍的批判，但是今天却愈加显示出其正确性，比如自然选择学说和人类进化理论。因此对于当前一种时髦说法——即达尔文的理论站不住脚了，我们应该作科学的考虑。自然选择学说是达尔文理论的核心，而直到今天，严肃的科学家们，多数都赞同自然选择学说。尤其是达尔文的生命观——对于生命现象只能用自然的原因来解释，生物是多样的，因此说明自然的理论也应该是丰富的——在今天仍有着它的生命力。

5.4 达尔文主义的沉浮

达尔文的身体一直多病，他的学说也是多舛。他在有生之年，虽然看到了多数生物学家都改变了传统的静止世界观，相信生物是进化的，但是支持他的自然选择学说的人却寥寥无几。从另一个角度说，当时他的理论转变了人们的观念，但是却没有使得生物进化问题的研究在他研究的基础上再上一个新的台阶。这种原因并不是像有些人所认为的那样是进化论的问世招致社会思潮的极大反对所致。

按照传说，达尔文的自然选择学说一问世，便遭到了宗教势力和保守派的强烈反对，并导致了进化论与宗教的激烈对抗。当时进化论与宗教对抗过，但主要还不是达尔文的进化论与宗教的对抗，而是赫胥黎根据达尔文的进化论提出的人类由猿类演变而来的观点与宗教所发生的冲突。1860 年英国科学促进协会在牛津召开会议，会上，赫胥黎与威尔伯福斯主教发生了一场著名的论战。在这次争论中，赫胥黎宣称，他宁愿是猿的后代，也不愿意成为一个滥用其高位对一种他所不懂的理论肆意攻击的人（即威尔伯福斯主教）的后代。不过，后来的研究表明，赫胥黎在那次会议上对于达尔文主义的捍卫并没有像公众传言所说的那样有效，而且这次争论之所以屡屡被后人提起，是因为这是达尔文在世期间仅有的几次争论之一。总的来说，当时宗教与进化论的冲突并不激烈，否则达尔文去世后就不可能被葬在西敏士教堂。进化论与宗教的激烈冲突发生在 20 世纪，而且是在美国。20 年代，美国的一名中学教师因为讲授进化论而被判罚有罪，80 年代，里根执政期间，所谓的科学特创论者与进化论者之间发生了有史以来宗教与进化论的最激烈对抗。

达尔文在世时，他的进化论之所以没有引起宗教界的强烈反应，其中一个原因是当时的英国宗教界与英国社会一样，正在进行着深刻的变革。然而，达尔文的进化论却对社会思潮的变革带来了很大的影响，其中最著名的就是社会达尔文主义。

我们前面已经讲过，社会达尔文主义是英国哲学家和社会学家斯宾塞创立的。从时间上看，“社会达尔文主义”的出现早于达尔文主义；从内容上看，社会达尔文主义与达尔文主义也有很大的不同。达尔文在将进化论应用于社会理论方面是很慎重的。他不太赞成贸然以生物的自然进化规律类比于人类社会的变迁，他认为，人类自文明创立以来，有意识的行为，而非无意识的自然规律，在人类社会的变革方面起到了越来越大的作用。而社会达尔文主义却将生物的进化与人类社会的变革简单地进行了类比，从而将人类视为无理性的生灵。其次，达尔文并不认为进化是一种单纯的进步过程，而社会达尔文主义却不这样看。我们也应该看到，自从达尔文的进化论提出以后，社会达尔文主义也得到了进一步的拓展。在英国，它是一种社会学理论；在德国，它是一种哲学思想；而在美国，它成了为卡内基、摩根等大资本家的剥削行为辩护的借口。

达尔文的进化论对社会的另一大影响是引发了一场运动，这就是优生学运动。优生学是由达尔文的堂弟高尔顿（Francis Galton，1822～1911）于19世纪末提出的。高尔顿的出发点是考虑到当时英国中产阶级的生育数量下降，他担心有朝一日英国会成为“下等人”的天下，当然这里有一个前提，那就是他（以及当时的许多人）认为智力主要是遗传的。因此，从一开始优生学就是一场运动，最初这个运动还是主动性的，即推动制定各种政策鼓励中产阶级生育。而到了20世纪初，优生学便逐渐成了一种被动性的运动，即限制“劣等人”的生育，欧美的一些国家都制定过一些限制性的法律法规，限制少数民族或肢体残疾人（无论是后天还是先天的）生育。到了20世纪30年代，这场运动达到了登峰造极的地步——德国出台了歧视性生育法规并对犹太人进行排斥和屠戮。直到第二次世界大战结束后，才出现科学的优生学。

上面列举的都是达尔文主义的负面影响，然而，造成达尔文主义负面影响的责任却不应该由达尔文来承担。达尔文是一位纯粹的科学家，他只是根据所掌握的论据构建科学的知识体系，至于人们如何使用他的成果则不是他所能左右的。从另一个方面说，达尔文主义还曾经而且依然在产生一些正面的影响。无论是哲学、历史学、社会学，还是文学、经济学、文化人类学等，都曾经从达尔文主义那里汲取了丰富的养料。达尔文为人们引入了动态的观点和历史看待问题的视角，这种思想方法的影响是深远的。

从进化论发展历史多角度看，在 19 世纪末和 20 世纪初，一方面达尔文的思想在生物学以外的领域产生了极大的影响，另一方面，在生物学领域内部，达尔文理论的影响却走过了一段曲折的过程。虽然多数人都承认生物是进化的，但是由于很多人无法接受他提出的进化机制，即自然选择，故产生出形形色色的进化理论，其中比较有影响的有新拉马克主义、直生论和跳跃进化论。当然也有一些是捍卫达尔文主义的理论，比如魏斯曼的种质论，还有的则是貌似达尔文主义，实则属于其他理论的学说，比如海克尔的进化论。

恩斯特·海克尔（Ernst Haeckel，1834～1919）是德国最有名的达尔文主义者，但是实际上他所倡导的进化论还不完全是达尔文主义。海克尔是学医出身，他很早就接触并接受了达尔文的进化论，并因此而放弃了医学研究，将主要注意力放在进化论的宣称和研究上。海克尔所关注的问题与达尔文所关注的问题不太一样，达尔文关注的是多样性的产生，即物种的增殖，而海克尔关注的则是谱系的发生，这和拉马克进化论的出发点很相似；海克尔的进化观点也是达尔文主义与拉马克主义的混合物，一方面他赞同共同由来的理论，并且在一定程度上支持自然选择的学说，另一方面，他强调生物进化的过程是一个不断进步的过程，进化表现出生物不断向着完美状态发展的倾向。海克尔的主要工作是通过古生物学、形态学、比较解剖学，尤其是胚胎学，重建动物进化的谱系和寻踪共同的祖先。与海克尔的名字密切相关的一个进化理论是重演论，但是这个理论却不是海克尔首创的，18 世纪末期就有一些人相继提出了这个理论，钱伯斯和斯宾塞也都在一定程度上倡导过重演论。简单地说，这个理论认为生物的个体发育重演了生物的系统进化，即通过生物胚胎发育所经历的阶段，可以看出生物谱系进化的历程。比如在人的胚胎发育过程中，相继出现了类似鱼、两栖动物、爬行动物和哺乳动物的阶段，按照海克尔的观点，这就说明在人类的进化史上，也相继经历了类似的阶段。根据重演论及其他证据，海克尔建立了树状的生物进化谱系图，又称系统树，对于这个树上缺失的枝杈，他就用推论甚至臆想来填补；同时按照这种系统树，生物的进化呈现出进步的态势，其中人类是生物进化的顶点和终点。但是后来人们发现，这个理论带有很多的附会和牵强。比如从化石上看，软骨鱼早于硬骨鱼出现，但是从硬骨鱼的胚胎发育上却看不出这一点。尤其是 20 世纪初遗传学兴起之后，重演论的遗传机理便站不住脚了。

自达尔文的进化论提出以来，生物与非生物之间的断裂，即生物是如何发生的——一直是人们争论的热点，这个问题也是海克尔关注的焦点。当时人们所知的最早化石记录是寒武纪的生物化石，那时的生物已经出现了复杂多样的图景。海克尔根据另外的证据，即胚胎发育的证据，提出了生物发生的原肠祖理论。这个理论认为，最早的生物应该像胚胎发育早期阶段的原肠胚一样，均质而没有结构，主要由蛋白质组成，可以增殖。原肠祖完全是海克尔想象出的产物，因此得不到坚实依据的支持。

另一位德国生物学家奥古斯特·魏斯曼（August Weismann，1834～1914）在一点上和他的同胞海克尔一样，即他们都更加注重从理论的角度研究生物的进化，但是总的来说，魏斯曼的理论研究要比海克尔的严谨，而且魏斯曼的一些理论的生命也要比海克尔的更长久，更能经受历史的考验。

魏斯曼是 19 世纪后期最重要也是最坚定的选择论者。他对于选择论的支持不仅表现在对于这个理论的大力倡导中，更重要的是，他提出了一个重要的遗传理论，从而克服了达尔文原来理论中的弱点。1892 年魏斯曼发表了在生物学史上占据着重要位置的著作《种质论》，在这部书中他系统地陈述了他的种质论遗传观点。之所以说这是一部不朽的著作，就是这部书不仅对于达尔文的理论作出了重要的澄清，从而加强了达尔文学说的地位，而且在这部书中魏斯曼提出了一种全新的遗传理论，这种理论为后来人们接受孟德尔的遗传学说奠定了理论基础。

在魏斯曼提出种质论时，人们并没有对生物的细胞从是否参与生殖的角度做过区分。而魏斯曼则根据以前的实验经验（他后来因为眼疾停止了实验工作，全身心地投入到理论研究中），通过理论分析，将生物身体上的细胞划分成两类，一类是遍布全身的、与生殖无关的体质（即体细胞），另一类是主要存在于生殖细胞的、参与生物生殖的种质（即生殖细胞）。魏斯曼认为，体质可以随环境的变化而发生改变，但是由于体细胞与生殖细胞之间有着严格的区分，而且二者既不混淆，又不相互交换物质，这样，体细胞的变化就不会影响到生殖细胞，于是也就不会影响到生物的生殖。而生殖细胞是生物遗传物质的载体，它具有一定的稳定性，一般在世代交替过程中保持固定不变；同时，负责生殖的生殖细胞又可以产生出体细胞和生殖细胞。按照这种理论，生物后天所受到的影响便不会遗传下去。魏斯曼的种质论不仅从更深的角度驳斥了拉马克的获得性遗传的观点，而且也清除了达尔文理论中的最薄弱环节。

然而随着 19 世纪末和 20 世纪初实验生物学的兴起，像海克尔和魏斯曼这种纯理论的探讨已经被年轻一代的生物学家视为奢谈和臆想，这种态度当然也对人们接受达尔文主义产生了很大的影响，因为达尔文主义中的理论成分很大，而且，对于需要了解历史成分的一些生物学学科来说，比如古生物学、生物地理学、系统分类学和生态学，理论分析往往在研究中占有很大的比重。

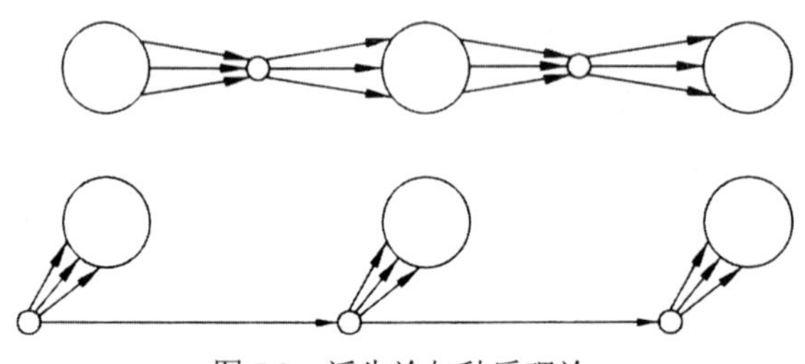

图 5.3　泛生论与种质理论

两行图说明了达尔文与魏斯曼的身体（大圆形）与负责将性状传递到下一代的遗传物质（小圆形）之间关系的概念。按照达尔文的泛生论（上面部分），身体中的每一个部分所产生的芽球传递性状。芽球汇集在生殖系统中，然后传下去，成为构建下一代身体的基础。按照魏斯曼的理论（下面部分），身体是由种质发育而来的，但是身体在将种质传递到下一代的过程中并没有造成种质的任何改变。因为身体部分并不产生自己的遗传物质，所以由于用尽废退导致的任何变化都不可能传到种质中，因此也不可能遗传下去

不过，在达尔文主义受到实验论者的严酷的批驳之前，有一些人已经开始从理论的角度向其发出挑战，其中影响最大也最持久的就是改头换面的拉马克主义，又叫新拉马克主义。

新拉马克主义的出现与人们的一种复杂心态相关。一方面人们不得不为达尔文主义的雄辩性所折服，承认生物是进化的；另一方面人们又无法接受达尔文主义中赤裸裸的唯物主义和非目的性的思想，尤其无法接受人类只是一个偶然产物的思想。在这种情况下，曾经命运不佳的拉马克主义又被抬了出来，而且经过了一定的改造和粉饰。拉马克主义中所暗示的进化具有目的性，是一个不断进步的过程，后天的努力会得到报偿，以及人类是进化终结点的思想，很合人们的口味，也能够使人感到慰藉，所以人们开始对拉马克主义有了好感，其中就包括曾经无情批驳过这个理论的赖尔。斯宾塞、海克尔理论中都带有很多拉马克主义的成分，甚至赫胥黎和华莱士这些被人们视为达尔文主义坚定支持者的人，也不时地表现出对拉马克主义赞同的倾向。尽管有很多英国人对拉马克主义的态度从过去的敌视转变为赞同，不过真正意义上的新拉马克主义却是诞生在美国，其中的代表人物是爱德华·科普和

阿尔丰斯·海亚特。他们两人对于拉马克主义进行了很大的改造，从而形成了与拉马克主义不太一样的新拉马克主义。他们更加强调获得性遗传的作用，而且他们提出，获得性遗传不仅使得生物后天所受到的影响可以传递下去，而且也决定了生物进化的方向，并且决定了生物胚胎发育的方向。拉马克认为获得性是一个很复杂的过程：外界的影响要通过改变生物的需要、习性、功能之后，才能影响到生物的结构；而新拉马克主义者则干脆提出外界的影响可以直接造成生物结构的改变。此外新拉马克主义者还提出，动物及人类凭借自己的意愿也可以决定进化的方向，从而带有更多的臆想、牵强和拟人化的色彩；拉马克则从未提出过这种观点或类似的观点。尽管新拉马克主义从严谨性方面并不比拉马克主义强多少，但是这个理论的寿命并不短，直到 20 世纪 30 年代，许多古生物学家、系统分类学家还支持新拉马克主义。这主要是因为，根据他们的野外经验，他们感到新拉马克主义似乎比实验生物学家所赞同的突变论更有说服力。

新拉马克主义在苏联得到了最大的发展，这其中并不完全是科学探索的缘故，而是含有很多政治因素。在 20 世纪 20 年代，在苏维埃政权急于解决饥荒等现实问题的情况下，李森科（T.D.Lysenko，1898～1976）登场了。他的科学素养并不高，他所从事的是科学原理并不深奥的小麦春化研究与实践；但他的政治嗅觉很灵敏，手腕也很高明。他的小麦春化理论建立在拉马克主义的基础上，因而遭到了许多生物学家的反对，而李森科借助政治的力量——当时的政治家，其中包括斯大林，他们对苏联的粮食生产非常关注，而且轻信了善于鼓动的李森科的观点——沉重地打击了科学上的异己分子。后来李森科甚至利用苏联政治上的大清洗，将一些著名的科学家迫害致死，投入监狱或者送到西伯利亚流放。从而使得拉马克主义成为充斥于苏联科学教科书、论著和文章中并占有统治地位的观点。这种状况一直延续到斯大林去世后的一段时间。

相比而言，直生论的寿命则要短得多。直生论的观点与拉马克主义比较相似，但是并不完全一样。简单地说，直生论认为，生物的进化具有明显的方向性，呈直线上升趋势。导致生物的进化呈方向性的动因是生物体内的驱动力。在一个关键问题上，直生论与拉马克主义有着明显的不同，那就是拉马克主义认为生物进化的方向性体现在生物是向着适应进化的，而直生论则认为生物进化具有方向性是生物体内的驱动力所决定的，因此生物进化的方向就不一定是向着适应的变化。直生论者最喜欢列举的例子就是灭绝了的爱尔兰麋鹿。这种鹿有一个长达 12 英尺的角，在 1 万多年前在欧洲灭绝了。直生论者认为爱尔兰麋鹿之所以灭绝，是由于它们的角在体内驱动力的作用下，长得太大，即使已经不适应，但是无法停止生长，从而导致无法适应森林中的生活，于是便灭绝了（而现代生物学家则认为爱尔兰麋鹿的角是一种适应的性状，有利于它们择偶和在群体中占据重要的地位；爱尔兰麋鹿的角之所以增长的那样大，是因为它们原先生活在平原，只是到了冰期结束后，原先的草地逐渐被森林所替代，于是麋鹿便不适应了）。直生论的支持者很少，而且这个理论所能找到的例子也不多，因此，随着 20 世纪的来临，这个理论也逐渐销声匿迹。

跳跃进化论也是 19 世纪末出现的一个进化理论，它的寿命也不长，不过原因并不在于没有人支持这个理论，而是由于这个理论被另一个观点相同但论点更坚实、论据更充分的理论（即后面要讲到的突变论）所取代了。跳跃进化论是针对人们无法接受达尔文的渐变论而提出来的。它认为生物的进化应该是跳跃式的，不过与居维叶所倡导的剧变论不同的是，跳跃进化论并不认为生物的跳跃变化发生在界、门、纲、目的水平，而是发生在属和种，顶多是科的水平。

尽管在 19 世纪后期出现了不同于达尔文学说的新拉马克主义、直生论和跳跃进化论，但是达尔文主义的光芒并没有被掩盖。可是到了 19 世纪末和 20 世纪初，情况却发生了根本性的改变，那段时期被史学家称作“达尔文的日食”期。在这段时期，新拉马克主义在野外生物学家中的流行，突变论和孟德尔（Gregor Mendel，1822～1884）遗传学的出现，使实验生物学家们更倾向于看似实证的进化学说，于是乎便掩盖了达尔文主义的光芒。

创立突变论的是荷兰植物学家雨果·德弗里斯（Hugo de Vries，1848～1935）。1886 年的一天，他在阿姆斯特丹的郊外散步，发现了两个差异明显的月见草，随后他利用这两个月见草的种子在试验田里进行杂交，产生出既不同于亲本，彼此又不相同的类型，看起来很像是一种新的类型。通过进一步的研究，德弗里斯提出，生物的变异有两种，一种是微小的不会导致生物进化的变异，另一种是明显的、会导致生物进化的变异，他把后一种变异称作“突变”。1901 年，德弗里斯出版了他的巨著《突变论》，在这部书中，他将突变论作为一个重要的进化理论提了出来。德弗里斯认为，突变是生物进化中的重要机制，一个物种可以通过突变而进化成另一个物种，其中无需其他动因的作用。根据突变就可以解决达尔文进化论中的渐变论所引发的问题，同时由于突变论不仅建立在观察的基础上，而且也建立在实验的基础上，这样，就显得要比达尔文的纯粹建立在观察和理论分析基础上的学说更坚实，也更能赢得年轻一代生物学家的支持。的确，在 20 世纪初，在生物学的圈子里，突变论风靡一时。虽然德弗里斯本人只是将突变论看成是达尔文进化学说的补充，但是多数突变论的支持者则将其视为是替代达尔文学说的进化理论。然而，从事野外工作的生物学家们似乎并不能赞同这个观点，因为他们看到的更多的是生物的连续现象，于是引发了生物学史上的一场非常激烈的争论。当时由于突变论有新生的孟德尔遗传学作后盾，同时因为从事野外研究的生物学家依然在相信获得性遗传，因此在这场争论中，突变论者和孟德尔主义者占尽优势。按照孟德尔遗传学，决定生物遗传的是遗传因子，遗传因子不受环境的影响，而且通过遗传因子的组合，就可以产生出新的性状，重要的是这样的变化仅在几代之间就会发生。正因为德弗里斯的突变论符合孟德尔遗传学，所以早期的遗传学家们几乎完全支持突变论，比如英国的贝特森（William Bateson，1861～1926）、美国的摩尔根（Thomas Hunt Morgan，1866～1945）和缪勒等都是突变论的坚定支持者。

然而，好景并不太长，到了 20 世纪 20 年代，人们对突变论的原有热情渐渐地消去了。一方面是因为进一步的研究证明月见草的突变现象很复杂，有些并不是单纯的突变，而是染色体的重新排列，而且月见草的“突变”往往在几代之后又消失了，从而恢复了过去的性状。另一方面，孟德尔的遗传学所揭示出的是个体遗传现象，相对来说，群体的性状则要稳定得多，而且基本表现为连续的状况。但是到了 20 世纪 30 年代的时候，从整个情况看，达尔文主义依然处于被冷落的状态，古生物学家和系统分类学家们坚持拉马克主义，遗传学家和细胞学家则坚持突变论，至于进化的模式，即进化的发生是快是慢，是连续还是不连续，生物学家们的观点更是莫衷一是。总之，在 20 世纪初，生物学家们在生物如何进化以及进化的机制看法上存在着很大的分歧。直到 20 世纪 30～50 年代的进化论的综合时期，人们在进化的看法上才取得了基本的一致。

系统的综合进化论的观点是在 20 世纪 30～40 年代提出来的，但是这个理论的基础却在20年代就开始搭建了。导致综合进化论产生的源流很多，但是其中最重要的是群体遗传学研究。

群体遗传学主要是按照两条路线进行的，一条路线是以英美的一些数学功底出色的学者为代表的数量群体遗传学研究，其中的代表人物是英国的费舍尔（R.A.Fisher，1890～1962）、霍尔丹（J.B.S.Haldane，1892～1964）和美国的赖特（Sewall Wright，1889～1988）；另一条路线是以苏联的一些博物学功底深厚的学者为代表的自然群体研究，代表人物是契特维里柯夫（S.Chetverikov，1880～1959）和他的一些学生。

费舍尔、霍尔丹和赖特等分别从20世纪20年代末或30年代初开始，通过建立数学模型的方式，研究群体中遗传物质的变动情况，并且通过定量的方法证明了作为群体的生物其变化是连续的，而且在群体的进化变化中，自然选择起到了主要的作用，从而从理论模型上证明孟德尔遗传学中所说的遗传不连续性是指个体而言，与博物学家们所观察到的变化连续性现象并不矛盾；同时他们的结果还证明了达尔文主义的合理性。达尔文将群体视为进化的单位，将个体视为选择的单位。而人们之所以在进化是连续还是不连续的问题上争执不休，是因为未能搞清楚个体变异与群体变异之间的区别：个体的间断性并不表明群体的变异也是间断的。但是由于他们的工作主要靠的是建立数学模型，而与真实的生物情况毕竟有一定的距离，因此生物学家们并不能轻易明白他们的论点和论据，更不用说认同他们了。

以苏联的一些博物学家的工作为代表的自然群体研究，似乎更容易为生物学家所理解和接受，但是情况也并不简单。自从19世纪中叶达尔文的进化论问世以来，俄国受到的震荡相比其他欧洲国家而言可以说是微乎其微。这主要因为俄国的东正教并不像西欧的天主教和新教那样注重教理的争论，东正教更注重形式和信仰本身。此外，当时俄国一流的博物学家几乎都在其他国家从事研究。1917年“十月革命”后，苏维埃政府很早就认识到科学家和专门的技术人才在未来苏维埃国家的建设中有着不可替代的作用，所以，苏维埃政权建立伊始，列宁等人就制定了一系列优惠政策吸引人才回国，并为科学家创造尽可能良好的生活和研究条件，同时也允许科学家自由探讨。在这种情况下，博物学也得到了很快的发展，而且不久苏联的博物学就在一个全新的领域作出了领先于世界其他国家的贡献，这个领域就是自然群体遗传学。

导致苏联自然群体遗传学发展的酵母来自美国。1922 年，摩尔根的高足，具有左倾思想的缪勒来到了苏联，他带来了最新的遗传学研究信息和他自己对进化论的关心。受缪勒影响最大的是谢尔盖·契特维里柯夫和他的学生们。契特维里柯夫很快就着手从群体的角度来研究生物进化问题。他是一位富有经验的蝴蝶学家，因此对于野外研究驾驭轻熟。他们从研究野生果蝇群体的遗传与变异入手，以期了解自然群体的变异与进化规律。他们的方法很得当：通过对野生果蝇的采集和观察发现问题，再通过建立一些数学模型来分析群体的变化规律，最后用来自野外的材料来检验这些模型。通过这样的研究，他们发现：从群体的角度看，达尔文主义与孟德尔遗传学并不矛盾，群体中存在着大量的变异，但是整个群体相对来说是稳定的，即使有变化，也是连续的；导致生物群体发生变异的原因主要是自然选择，但是自然选择并不是生物变异和进化的唯一原因，此外还有突变和由群体大小的变动所导致的群体变异。实际上，他们的观点很接近后来的综合进化论。可惜当时他们的观点并没有引起西方人的足够重视。一个原因是西方对苏维埃政权的封锁导致了各种信息的阻滞，另一个原因是自从 20 年代中期以来，苏联的饥荒导致苏联政府更加关注应用研究，并对纯学术研究采取了低调的态度，加上李森科的横行霸道，许多正直的科学家成为他打击的对象，其中就包括契特维里柯夫及其学生。他们的研究被迫中止，最后，契特维里柯夫遭到逮捕和流放，他的学生不是结局相同，就是被迫离开俄国。

但是，他们的思想并没有泯灭，并且通过各种渠道传到了西方，其中起到重要作用的有俄裔美国遗传学家西奥多·杜布赞斯基。1929 年，杜布赞斯基来到了美国加州的摩尔根实验室。他虽然不是契特维里柯夫的学生，但是对于他和他的弟子们所进行的研究及他们的观点了如指掌，而且他对进化论也有着浓厚的兴趣。刚来到美国时，杜布赞斯基将主要精力用于遗传学的研究上，到了 20 世纪 30 年代初，他开始将更多的注意力放在进化问题的研究上。1937 年，他写成了综合进化论的奠基之作《遗传学与物种起源》。在这部书中，他主要从遗传学的角度论述了生物的多样性、群体的变异、自然选择、适应、多态现象、生物的地理分布、隔离机制、进化的式样等进化问题。他指出，遗传学家所揭示出的遗传原理与博物学家所观察到的自然现象并不矛盾，单个基因的传递是分离的，但是群体的变异则是呈渐变性，这主要由于在生物中存在着一个基因决定多个性状和多个基因决定一个性状的现象。同时他认为导致生物的进化机制有很多，像突变、外来基因的引入、群体大小的变化等，但是，自然选择是最主要的机制，因为唯有自然选择才会导致生物发生适应变化。在杜布赞斯基那里，自然选择的概念变得更加清晰，自然选择被表述为生物的差异性生殖，人们可以通过对适应值、选择值的计算和分析，定量化地解释选择的作用。

自从《遗传学与物种起源》问世以来，相继出现了多本从一个角度出发，结合多个领域成果的进化专著，其中可视为奠基之作的有德裔美国系统分类学家恩斯特•迈尔（Ernst Mayr，1904～　）的《系统分类学于物种起源》（1942年），英国博学的生物学家、托马斯•赫胥黎的孙子朱利安•赫胥黎（Julian Huxley，1887～1975）的《进化：一种综合的理论》（1942年），美国古生物学家辛普森的《进化的节奏与模式》（1944 年），德国系统分类学家伯恩哈特•伦施的《物种水平之上的进化》（1959年，英译本）和美国植物学家斯特宾斯的《植物的变异与进化》（1950 年）。这些著作虽然出自不同领域的学者之手，但是却表达了类似的观点：进化是一种逐渐的、群体的变化过程，在进化过程中，起主要作用的机制是自然选择，达尔文主义与孟德尔的遗传学可以相互统一。

毫无疑问，综合进化论复活了达尔文主义，并且真正理解了达尔文主义中的精髓——自然选择。但是，更重要的是，综合进化论将进化的研究推向了一个新的阶段，进化论成为一门成熟的科学——进化生物学。研究进化生物学的专家们有了自己的组织——进化协会，自己的杂志——《进化》杂志，大学开设了系统的进化生物学课程，还有了能够招收博士的机构。从此，进化生物学进入一个崭新的也是蓬勃发展的阶段。

当然，现在生物进化学中还有很多问题没有解决，甚至依然经常发生激烈的争论，但是这些是科学的争论，甚至多数争论是在达尔文进化论的基本框架中的争论，这种争论只会有利于而不会有害于进化生物学的发展。

纵观进化论的发展历史，我们可以看出，进化论发展的道路上曾经充满艰辛，只有那些睿智、眼界开阔、坚韧不拔并且敢于面对曲折、困难和挑战的人，才会有所收获。过去是这样，将来也一定会是这样。

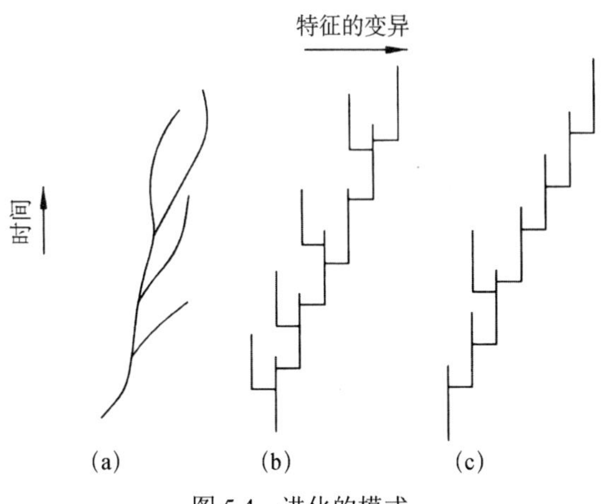

图 5.4　进化的模式

（a）正统的达尔文主义进化趋势论观，其中存在着一些物种形成，但是在作用于个体的选择压力指导下，所有的分支都沿着同样的方向行进。

（b）20 世纪 70 年代提出的物种选择的间断平衡模型。每一个分支一旦形成便固定下来，根据方向不同的进化趋势，物种形成是随机的，这导致在左边分支减少的基础上，右边的分支呈现不同的存活状况。

（c）间断平衡模型中由于“起点偏差”而影响进化趋势：由于影响变异的内在因素，右侧的物种形成比左侧的更容易。

参考文献

[1] 阎康年.原子论与近现代科学.北京：高等教育出版社，1993.

[2] 阎康年.卢瑟福与现代科学的发展.北京：科学技术文献出版社，1987.

[3] 周嘉华，张黎，苏永能.世界化学史.长春：吉林教育出版社，1998.

[4] 霍金.时间简史——从大爆炸到黑洞.许明贤，吴忠超译.长沙：湖南科学技术出版社，1992.

[5] 陆埮.宇宙——物理学的最大研究对象.长沙：湖南教育出版社，1994.

[6] 许靖华.地学革命风云录.北京：地质出版社，1985.

[7] 魏格纳.海陆的起源.北京：商务印书馆，1964.

[8] 田洺.未竟的综合——达尔文以来的进化论.济南：山东教育出版社，1998.

[9] 皮特 • J.鲍勒.进化思想史.田洺译.南昌：江西教育出版社，1999.

[10] 吴国盛.科学的历程.长沙：湖南科学技术出版社，1995.

〔席泽宗：《人类认识世界的五个里程碑》，北京：清华大学出版社，广州：暨南大学出版社，2000 年〕

谈谈“勤谨和缓”

去年我写了一本小册子《中国传统文化里的科学方法》（“名人讲演录”之一，上海科技教育出版社出版），出版后有人问：“你讲了这么多方法，哪个最重要、最管用？”这个问题不好回答，因为方法的运用具有灵活性，可以随时随地随事不同。不过，我想了想，觉得恐怕还是“勤、谨、和、缓”这四个字最具普遍性。这四个字是宋朝的一位参政（副宰相）讲“做官的四字诀”，胡适认为拿来做学问也是一个良好的方法。他说：“做学问有没有成绩，并不在于读了逻辑学没有，而在于有没有养成‘勤、谨、和、缓’的良好习惯。”（姚鹏、范桥编，《胡适讲演》第 23 页，中国广播电视出版社，1992 年）

勤，就是勤勤恳恳，不偷懒，老老实实地下苦功夫。唐代的韩愈说得好：“业精于勤，荒于嬉；行成于思，毁于随。”华罗庚说了几乎同样的话：“偶然的机遇，只能给那些学有素养的人，给那些善于独立思考的人，给那些具有锲而不舍的精神的人，而不会给懒汉。”

谨，就是严谨，不苟且，不潦草。孔子说的“执事敬”就是这个意思。行星运动三定律的发现，一则由于第谷的勤于观测和精于观测，二则由于开普勒的细心，事实上的椭圆和假设的平圆相差甚微，在经度上只有 8 个弧分，正如开普勒所说：就凭这 8 分的差异，便引起了天文学的全部革新。

和，就是虚心，不固执，不武断，不动火气。《尚书·大禹谟》中就有“满招损，谦受益”这句名言。王夫之说：“有不知则有知，无不知则无知。”巴甫洛夫在写《给青年们的一封信》中说：“无论在什么时候，永远不要以为自己知道了一切。不管人们对你们评价得多么高，但你们永远要有勇气对自己说，我自己是一个毫无所知的人。”他认为骄傲会使人在应该同意的场合固执起来，会拒绝有益的劝告和帮助，会失掉了客观标准。

缓，就是不急于求成，不轻易下结论，不轻易发表，凡是证据不充分或是自己不满意的东西，不妨“冷处理”“搁一搁”。达尔文的进化论在 1837 年就形成了，1842 年写成一个 35 页的提纲，1844 年又把它扩充到 230 页，但放在身边迟迟不发表，一直到 1858 年收到华莱士寄给他的一篇论文手稿，发现华莱士得出了和他同样的结论。达尔文立即把这份手稿转给莱尔，建议予以发表，并声明自己把发现权的荣誉让给华莱士。后经莱尔和植物学家约瑟夫·胡克妥善处理，同时公布了他们两人的成果。达尔文认为这样的处理远远超过了使他满意的程度，而华莱士则对达尔文非常钦佩，他说：“自己是一个匆忙急躁的少年，达尔文则是一个耐心的、下苦功夫的研究者，勤勤恳恳地搜集证据，来证明他发现的真理，不肯为争名而发表他的理论。”

达尔文的作风，是“缓”的一个典型，成为科学史上的佳话，大家学习的榜样。反观我国今日学术界，急于成文，急于发表，急于出名，急于得奖者，大有人在。为了端正学风，我认为讲讲“勤、谨、和、缓”这四个字是必要的，而这四个字中，缓又是关键，如果不能缓，也就不能勤，不肯谨，不肯和了。

〔《今晚报》，2000 年 6 月 10 日〕

席泽宗：科学史纵横谈

通过科学史做科普虽然不是唯一的办法，但是一个非常好的途径。有人统计过，一个大学的图书馆中的《居里夫人传》这本书，借的人最多，说明人们爱看，通过科学家的传记来宣传科学、宣传科学精神有无可估量的作用。

中国科学的落后始于清代

记者：据说您因上中学时读到一本普及读物《宇宙丛谈》，由此对天文学产生了兴趣，那么您又是如何走上天文学史的研究道路的？

席泽宗：我先考入中山大学天文系，毕业后分配到北京，到《科学通报》当编辑。当时《科学通报》属中国科学院编译局，1953 年苏联科学院来信，要求我们帮助调查中国历史上新星和超新星爆发的记录，当时中科院副院长竺可桢就把这件事交给我来做，从此我对天文学史的研究发生了兴趣，到了1956年年底科学史研究所成立后我就专门从事科学史的研究了。

记者：中国对天文学的研究是从何时开始的？

席泽宗：有历史记载就有天文学。恩格斯说：天文学是一门最早的学科。中国是农业大国，中国最早的天文学研究与农业发展有关系，传说的尧就开始了，具体是从新石器时代开始的。中国政府历来重视天文学的研究，到汉朝时，《史记》是我国第一部纪传体史书，其中就有三篇是专门讨论天文学的，这是别的国家少有的。以后，每个朝代的史书中都有天文学的记载。因此，中国有关天文学的记录也就保存得最多。

记者：我国古代的天文学研究是否与占卜术有关系？

席泽宗：与占卜术有关系。天文学可分两方面：一是与农业有关系的，预告时间，不误农时，这是很重要的；再一个就是与意识形态有关系，就是看天上的事情来预告人间的事情，按现在的说法就是占星术。当时研究天文，不是为了认识自然规律，而是为了解决人间的问题。看到天象的变化就会联想到人间的变化。

记者：您认为中国科学的落后是从清代开始的，康熙帝政策上的失误，使中国失去了有可能在科学上与欧洲近似于“同步起跑”机会。导致康熙帝科学政策失误的根源是什么？

席泽宗：许多人都从中国人的思维方式、中国的传统文化、人文意识等方面分析，这与中国的传统文化、人文意识不能说没关系，但关键是看矛盾的主要方面在哪儿，重点在什么地方。我是从康熙的政策入手，康熙正好与欧洲法王路易十四、俄国彼得大帝同时代，俄国开始也比较落后，但他很快就转变了落后局面。这涉及一个民族问题，你要说清朝不好，似乎是对满族人的轻视，但从当时的社会经济状况来看，满族的确是一个落后的民族。入关以后，对汉人不放心，与外界不交往，对科学发展起到了阻碍作用，资本主义萌芽被康熙帝扼杀了。

记者：在天文学领域中国目前处于一个什么样的水平？

席泽宗：比较落后。这不仅仅是思维的问题，资金也很重要。天文学观测基础很重要，它需要先进的设备，这就要花大钱，不像科学史研究不需要那么多设备，不需要花很多钱。我们现在的设备还比较落后，当然也可以拿别人的资料来用，但不能亲眼看到，比如人家 2.5 米的哈勃空间望远镜在天上已经飞 10 年了，我们在地面上的只有 2.1 米。

记者：作为科学史界的元老，您如何看待传统科学史研究与目前社会上、媒体上正热火朝天地讲的科普、科学文化、公众理解科学及科学传播等说法，以及对这些相关领域的评论？

席泽宗：对什么是科学史没有一个非常准确的定义，科学史研究的范围是很大的，现在有人有一种偏见：我认为什么是科学史？我做的就是科学史，你们那些都不是。我认为这种办法不是很好，你不要去界定什么是“是”，什么是“不是”，你认为是的你就去做，你认为这个是科学史你就去做这个，他认为那个是他就去做那个。百花齐放的方法才是好的方法，千万不要搞得你的研究就低一档，我的研究就高一档。传统做学问的方法比如具体考证的方法有它的价值，任何问题的研究你首先得搞清楚它本身是什么，然后你才能说它有什么社会背景。当然，现在科学史研究，要联系科学文化，要联系科学社会学，这都是可以的，可以去做的，要百花齐放，你认为什么是应该做的你就去做。

记者：请您具体谈谈科学史与科普、科学文化等的关系？

席泽宗：通过科学史做科普虽然不是唯一的办法，但是一个非常好的途径。有人统计过，一个大学的图书馆中的《居里夫人传》这本书，借的人最多，说明人们爱看，通过科学家的传记来宣传科学，宣传科学精神有无可估量的作用。比如说，你把一门科学知识像写教科书那样写给人们看，那是无味的，但是也需要这样按照逻辑系统来写。但你要把真正的科学成果是如何发现的，又是怎么发明的按一历史的手法来写，那会收到很好的效果。进入“五个一”工程的科学著作，科学史占了很大的比例，通过历史的手法来宣传科学知识、科学精神，会收到很好的效果，科学史是宣传科普知识的一个重要途径。

拓宽中国科学史研究

记者：中国科学史界与世界科学史界相比有什么差距？有什么优势？

席泽宗：有差距，但没有外面有的人说得那么严重，做学问的方式各种各样，各有不同。比如说，用考证的方法来研究学问，这也未尝不可。外国人搞近代科学史研究的，也搞基础资料研究，比如有人对天文学家第谷考证的资料详细得很。但从第二次世界大战以后，国外科学史的研究偏重于外史，即研究科学与社会的关系，这个我们以前做得少了些，当然现在有许多人在做。科学史按说应是一个历史学科的范畴，不能像技术科学那样具体地比，你比我前进多少，我比你落后多少，不能完全这么比，方向有所不同，侧重有所不同。但是我们国家科学史研究队伍人数是够多的了，另外政府的支持恐怕是我们科学史研究最大的优势。在国外，搞科学史研究的人找职业很困难，在中国就不成问题，只要好好干，总会有成绩的。

记者：我们应通过什么途径赶上世界先进水平？

席泽宗：我们研究的面太窄。我们搞中国科学史研究的项目很强，搞近代、世界科学史的研究就比较弱。比如说开国际会议跟别人对话就比较困难，我们就局限于中国科学史。中国科学史在中国人看来很重要，拿到世界上去就是一个角落，我们缺少专门研究某一国家科学史的人，比如说研究美国科学史的、研究巴比伦科学史的，而美国有研究埃及学、研究巴比伦学的专家权威。日本也有意识地培养科学史研究的人才，他们专门派人去印度留学，研究印度科学史，当然派的人不一定很多，但是有意识地培养。对于世界文明古国，像印度、巴比伦、埃及等，美国、日本都派专门人员去研究，他们派人到那里去考古、去挖掘。我们研究古代其他国家科学史的人就很少，像印度天文学史、巴比伦天文学史，我们没有这方面的专家。我们研究近代科学史也有一个难处，就是资料少。近代科学在欧洲发展，我们要想得到资料就比较困难。比如研究爱因斯坦、研究波尔，就不如人家资料丰富。我们研究的面太窄，我们应该在各个领域都有人研究，面要宽一点，方法上也应各种都有，有做考证的，有做科学社会学的，有做计量学的，大家的面要宽些。

记者：科学史研究目前在我国可以算是比较冷僻的科目，在这一专业中是否存在着后继乏人的问题？

席泽宗：比起其他学科来说，研究科学史的人还是相对少一些，比如说数学，每个大学都有数学系，研究数学的人也有很多。不过国外的大学里搞科学史研究的人也不多，美国科学院院士中属于科学史的人也只有两个。我们现在招收研究生来源比较困难。

记者：您有一个观点认为中国古代并非只有技术，没有科学，而前不久，科学传播界有年轻人对您中国古代有科学的观点在媒体上提出质疑，对此您有何评论？

席泽宗：科学与技术分不开。有人把科学与技术完全分开来，不合适。什么是科学，我认为科学就是对客观世界的东西由浅入深地进行观察、研究所得到的知识。

有不同的意见，这也没关系，我的徒弟就这样，认为中国古代没有天文学。这个问题是可以调和的，问题是定义不一样。比如，什么是科学，看法不一样，假如说科学就是必须做实验，就是有目的地做实验，实验以后再拿数字表示出来，再检验，以这套办法来定义科学，我也认为古代没有科学。但是我认为这个定义太窄，我认为科学就是人们对自然的认识。认识有一发展过程，只要有了人，就有科学。比如最早“钻木取火”，算不算科学技术，应该算，这是写科学史的第一条。“钻木取火”既是技术发明，又有人对自然界的一定的认识，当然最早有偶然性，慢慢地，摩擦才能增加温度，温度高才能取火，那时就有了科学。当然科学有简单的，也有复杂的，科学是一个历史发展的过程，是人们不断深入认识自然的过程，科学不等于正确，有人说你这个事情不科学，不科学就是不对，我认为这个说法不妥，对与错也没有严格界定，有时是历史的有条件的——托勒密的地心说，今天看来是错误的，但他是历史上的科学。有一个办法，可以把“钻木取火”这一类归为自然知识，在俄文、德文都有这个字。有人把前面这一段当成知识，这也不矛盾，这个事情可以统一起来，定义不一样，打架打得不得了，其实就是大家定义不一样。

“无用”的科学史

记者：我国科学史界的研究，从纯学术到普及的转化上有些什么问题？

席泽宗：科学史研究什么时候都是重要的：一个是做学术性的，有可能只有几个人能看懂，这也没关系；另一个是把这个成果写成普及书，科学史本身是可以普及的，这两件事不矛盾，一个人来做更好，一个人做不了，由两部分人来做也行，最好是由一个人来做，他既是科学史家，又是科普作家。在将科学史研究成果转化为科普知识的过程中也会有一些差错，这是难免的，任何时候都不能要求一本科普读物完全正确无误，当然写科普的人应该对他写的这门学科比较了解。

记者：以爱国主义作为科学史研究的目标，有许多人提出批评，对此您的观点是什么？

席泽宗：从爱国主义出发研究科学史，老一辈许多科学家都是这样的。从历史的角度来看，老一辈科学家从爱国主义出发研究科学史有其积极的作用。现在年轻人认为从爱国主义出发往往不是实事求是，或者把中国的历史夸大，或者把外国的历史压低，有片面性，他们说的也有道理。科学史是一门学科，它是科学研究，对某件事情得出结论，也可能对中国不利，那也没关系，爱国主义与实事求是哪个更重要？实事求是应该是第一的，做科学研究最好不要带有个人的感情色彩，是什么就是什么。过去有夸大中国科学成就的现象，这不单纯是因为从爱国主义出发，还因为作者念的书还少，他只看到这个东西中国多少多少年前就有了，他没有看看别的国家是不是也有类似的东西。

记者：中国科学史界在研究的观念、方法等方面与国际有些什么不同？有距离否？

席泽宗：没有很大的不同，过去我们侧重内史研究，侧重考证方面，国外接触外史比较多，就是结合社会背景、文化、经济等联系起来研究科学史，我们以前在这方面做得比较少。科学史现在基本上分为两种，一种是内史，从逻辑上去看科学本身是怎么发展，对外界的影响不管；外史就要联系当时的社会，这方面国外做得很多，我们做得很少。外史拓宽了科学史研究的道路，例如科学与宗教的关系、科学与文化的关系都可以研究。

记者：为什么国内科学史界搞纯研究的人多，关心普及的人相对要少，原因何在？与体制、评价体系等有无关系？

席泽宗：研究科学史的人比其他学科的人更关心科普，比如研究物理学的人，几乎没有时间写科普读物，而研究科学史的人相对来说还是有时间的。这与职业有关系，坐实验室，很少写东西，在笔头上下功夫的人少，因此写科普文章比较困难，要写也就是实验报告、观测结果，而且研究基础学的人，写科普文章不算科学成果，顶多算你的工作量，这已经了不起了，有的甚至还受批评。搞科普的人在外面很受欢迎，在研究所里就未必了，人家会说，有时间做点研究不是更好吗？

记者：您对科学史在科普中的位置、比例等有何看法？

席泽宗：通过科学史的途径来做科普工作是一个很好的办法。现在有许多人作为科学史研究者，同时也是科普工作者。我做过许多科普工作，在做科普工作的同时，也提高了自己。例如，在你给别人讲科普知识的时候，有人提出好多问题，是你根本没有想到的，你可以根据问题再进行研究。通过讲科普可以让别人对你这个学科有更多的了解，你通过和群众接触也可以提高你自己。

记者：如果从功利的角度看，像科学史这样的学科是“无用”的。那么，对于无用、有用等概念、意义及其相关的问题您作何评论？

席泽宗：看问题光从“无用”“有用”角度看不一定是合适的，没有用的东西或许是最有用的。

比如今天谁都承认电是最有用的东西，但在170年前当法拉第在做磁能否生电的实验的时候，许多人认为他是白白浪费时间，实验成功了，在做表演时，英国财政大臣不禁发问，你发明这个玩意儿有什么用？法拉第回答：新生婴儿有什么用？也许将来你还要收他的税呢！法拉第说这句话的时候，恐怕他自己都没有想到，这个新生婴儿后来成了改造世界、造福人类的科学巨人。

对科学研究的评价不应该以有用、无用来划分，而从长远来看，科学总是一种推动社会进步的革命力量。哥白尼的日心地动学说，当时被认为是高度的离经叛道；法拉第的电磁感应实验，当时被认为是一种无用的玩具；孟德尔的豌豆杂交实验，被埋没了35年，但是今天有目共睹，他们对人类社会的推动作用都是无法估量的。但是也不能就此得出一个片面性的结论，认为任何一项基础研究成果都将最终转化为某种意料之外的实用或最终实用是其出发点正确的证明。有些东西很难像大米、白面那样直接来估价，比如说唐朝，如果没有李白、杜甫、韩愈、柳宗元等这些诗人、文学家，唐朝也就不会在世界历史上有这么高的地位了。总的来说，要做科学研究要创新，不管有用没用，都应该去做，科普也是这样，有人读了科普书，成了科学家，现在有许多科学家就是这样的，这可以举出许多例子。不能单纯地看有用或无用。“海不辞水故能成其大，山不辞土石故能成其高”，看似无用的基础研究它应该得到支持，基础研究应该有一个宽松的环境和长期的展望，急于求成的管理方式是不适宜的。

记者：请您对我国的天文学及科学史做一个展望。

席泽宗：我是乐观主义者，我们国家还是很有希望的。1900年八国联军入侵北京以后，天文学研究不但现代的天文望远镜没有，就连古代的仪器都被人家抢跑了。科学史在100年以前还没有这个名词，中华人民共和国成立前也不成其为一个学科，那时只有科学家自己凭兴趣干，50 年代以后有了专业人员来做，而现在有许多专门的研究机构，有多种学术刊物。我们以后政治上进一步稳定，经济上进一步发展，聪明才智我们有，而且并不比外国人差，只要客观条件变好，21 世纪会有很大的发展。

〔《科学时报》(读书周刊 B3 版)，
2001 年 5 月 25 日，采访者：陈盈〕

科学精神就是“求是”

——席泽宗院士谈科学与宗教

记者：您曾是中国科技史学会的理事长，在中外科技史研究方面有很高的造诣，请您从科技史的角度谈一下，到底科学精神的内涵是什么？

席：关于科学精神的理论研究，美国科学社会学家默顿于 1942 年发表过一篇重要论文，题为“科学的规范结构”，他给科学精神下了一个定义。他说，科学的精神本质是有感情情调的一套约束科学家的价值和规范的综合。这个定义太抽象了，连默顿本人也觉得不能说明问题，于是他又提出四种惯例的规范作为科学精神的组成。其一是普遍性，对正在进入科学行列的假设的接受或排斥，不取决于该学说的倡导者的社会属性或个人属性，也就是说与他的种族、国籍、宗教、阶级和个人品质无关。其二是共有性，任何科研成果都是社会协作的产物，并且应该分配给全体社会成员，发现者和发明者不应据为私有。其三是无偏见性，反对欺骗、诡辩、夸夸其谈、滥用专家权威等。其四是有条理的怀疑性，坚持用经验和逻辑的标准，审查和裁决一切假说和理论，而决不盲从。

有很多学者认为科学精神是从外国来的，而且把它复杂化了。其实，从中国传统文化研究中也可以发现，科学精神在中国早就有，无非就是公正、客观、实事求是。我曾于 1994 年在《光明日报》上写过一篇文章，题为“中国传统文化中的科学精神”。文章一开始就说：“自然科学和社会科学虽然研究对象不同，所用方法也有差别，但为扩大认识领域，寻找真理、追求真理的精神是一致的，它们都要求公正、客观、实事求是，不允许伪造证据和做任何艺术的夸张，这种共性应该说就是科学精神。”

竺可桢是我国近代科学的主要推动者，他心目中的科学精神包括三个方面，是从近代科学家哥白尼、布鲁诺、伽利略、开普勒、牛顿、波义耳等人身上总结出来的。一是不盲从、不附和，一切以理智为归。如遇横逆之境遇，则不屈不挠，不畏强暴，只问是非，不计利害。二是虚怀若谷，不武断，不蛮横。三是专心一致。实事求是，不作无病之呻吟，严谨毫不苟且。这三点归纳成两个字：“求是。”

记者：现代社会中，人们的思想和文化更趋向于多元化，对科学与宗教问题都很感兴趣，但弄不清科学与宗教到底有何关系，您能否从科技史角度谈谈对此有什么看法？

席：我在科学出版社 2002 年新出版的《中国道教科学技术史——汉魏两晋卷》的序言中写道：“什么是宗教？什么是科学？要下个确切的定义，很难。简单地说，它们都是社会现象，都是人类文明的构成部分。宗教具有长期性、群众性、民族性、国际性和复杂性，要把它和科学的关系弄清楚，更难。历来研究者，基本上有三种不同的看法：一种认为宗教与科学是对立的；一种认为是和谐的；一种认为不可一概而论，它们之间既有对立和冲突，也有相互交叉和相互渗透，也有既不对立也不融洽、二者互不相干之时，一切皆以具体时空条件和涉及的问题为转移。”关于中国土生土长的道教与中国古代科学的关系，也不外乎以上几种看法。

记者：请您就道教与中国古代科学的关系，介绍一下中外学者的观点，以便我们有感性的认识，也算是普及一下科技史和科学思想，好吗？

席：可以。

疑古派学者钱玄同（1887～1939）把道教视为科学的死敌，他说：“欲祛除妖精鬼怪、炼丹画符的野蛮思想，当然以剿灭道教为唯一的办法。”

李约瑟却对道教哲学予以很高评价，认为它“虽含有政治集体主义、宗教神秘主义及个人修炼成仙的各种因素，但它却发展了科学态度的许多最重要的特点，因而对中国科学史有头等重要性……它深深地意识到变化和转化的普遍性，这是他们最深刻的科学洞见之一。”李约瑟甚至认为“道教思想乃是中国的科学和技术的根本”。

日本学者中山茂认为：“诚然，道教的资料的确提供了一块未开垦的肥沃土地……但从本质上讲，宗教与科学无关，因此要对它们之间的关系建立严格的法则，在实践上是不可能的。”

当然，还有美国的学者席文认为“道教与科学之间无任何关系”，沃尔科夫则举出元代科学家赵友钦为例对其予以反驳，等等。

根据中国学者的研究，我认为：道教以修道成仙为理想，其科学思想结构的特殊性，加重了理解和把握它与科学的内在关系的难度……剔除其宗教神秘主义成分，道教科学及其思想的合理成分可为人类科学的未来提供重要的思想资源。

记者：您认为科学的发展会给宗教带来什么影响？

席：应该讲，科学与宗教解决问题的领域有很大不同。科学是研究物质世界问题、总结规律的，它研究的对象很具体，要求能证明；而宗教研究终极关怀的问题，要求信仰。有神论是一种世界观，属于哲学范畴，它作为一种社会现象，满足了人们的依赖感。

随着科学的不断发展，神学的领地越来越小，虽然科学本身解决不了有神与无神问题，即无法证明神是否存在，但科学的进步，使人们的认识能力得到了提高，许多自然现象原来被认为是神的力量控制着，现在得到了科学的解读，人们不再惧怕那些风雨雷电等科学完全解释了的自然现象。可是，由于自然中有无限多的神秘现象，至今没有完全也不可能完全得到人们的认识，这依然为宗教留有活动的空间。另外，宗教的存在也还有社会根源，不能单独靠科学解决。

记者：您对前些年的特异功能问题怎样看？

席：我不信有什么特异功能，也不去看他们的表演。

我相信某个人在某一方面可能会超过一般人，有特殊的才能。比如有人记忆力很好，一目十行，过目不忘。但这只是说明他的记忆力超过一般人，仍属于人的正常功能，并没有超过人的功能极限。那种所谓的开天目、千里眼、透视、意念控制、搬运术等都是不可能的，根本没有科学根据的。

〔《科学与无神论》，2002 年第 5 期，采访者：秋实〕

不用为用　众用所基

——论基础研究的重要性

一、从《几何原本》到规范场

2000 年 7 月上海科学技术出版社翻译出版了英国天文学家约翰·巴罗的新书《不论——科学的极限和极限的科学》，书名“Impossibility”直译应为“不可能性”，然译者李新洲等匠心独具，意译为“不论”，引入遐思，颇有一番韵味。这确实是一本好书，这本书使我想起约 400 年前徐光启对欧几里得《几何原本》的翻译。1607 年徐光启在《刻〈几何原本〉序》中说：“顾惟先生（指意大利人利玛窦）之学略有三种：大者修身事天，小者格物穷理，物理之一端别为象数……而余乃亟传其小者。”这是中西文化的第一次沟通，从中可以看出，徐光启把利玛窦从欧洲带来的学问分为两大类：一种为修身事天之学，即神学和社会科学；一种为认识自然和改造自然的格物穷理之学，即科学技术。在后一种中，又有一门比较特殊的象数之学，或称“度数之学”，“所以穷方圆平直之情，尽规矩准绳之用”，即几何学，这门学问没有像天文、水利、农学、医学那样直接有用，但又是它们的基础，徐光启说：“不用为用，众用所基。一小用大用，实在其人。”

这可以说是中国人等一次讨论基础科学和应用科学的关系，说得多么精彩啊！与此相比，欧几里得本人当年的回答就简单了。当年有一位学生问学几何有什么用时，欧几里得说给三文钱让他走人。因为徐光启的这段话是用不字开头，可以说是400年前的“不论”。

徐光启认为，数学存在于一切有形有质的事物之中，是放之四海而皆准的真理，“五方万国，风习千变，至于算数，无弗同者”，当人们掌握了这门学问以后，又可以应用到各门科学技术中，发挥重大作用，1629年他在《条议历法修正岁差疏》中详细论述了“度数旁通十事”，指出数学可以启用的领域至少有：①天文学和气象学；②水利学；③音律和乐器制造；④兵器制造和防御工事建设；⑤会计和统计；⑥建筑学；⑦机械制造；⑧测绘、制图；⑨医药；⑩计时、测时仪器制造。

徐光启只知道欧几里得几何，他那时还没有非欧几何。非欧几何是从欧几里得几何中的第五公设（即平行公设）发展起来的。欧几里得在《几何原本》第一卷开头提出了23条定义，然后列出5个公设，第五条公设与其他四条公设相比，不论在辞句和内容方面都显得复杂，于是引起后来人们的注意，在2000多年中间不知花费了多少人的心血，但想用其余公设来推导出它的企图都失败了，匈牙利的数学家福尔考什·布里奥伊即其一例。当他得知自己的儿子亚诺什·布里奥伊又要干这件事时，他坚决反对，并写信劝阻，但是，亚诺什·布里奥伊不听劝告，抱着“我不入地狱谁入地狱”的态度，坚持工作下去，终于建立了非欧几何，1823年11月3日写信给他父亲说：“我已创造了个新奇的世界。”高斯看到亚诺什·布里奥伊的论文后，于1832年2月14日给他写了一封信，一面称赞他有极高的天分，一面又说这和自己40年来思考所得的结果不约而同。亚诺什·布里奥伊看到这封信后，不但高兴不起来，反而怀疑高斯剽窃他的成果，等到1840年看到罗巴切夫斯基著作的德文版时，更为愤怒，一气之下，便不再发表任何数学论文了。

罗巴切夫斯基也不是一帆风顺的。1826年2月23日，当他要在俄罗斯喀山大学数理系宣读他的论文《平行线定理的一个严格证明》时，他的论文要付审查，结果是石沉大海，连原稿也掉了，好在他还有手稿，后经修改，以更完备的形式，于 1829～1830 年发表在《喀山通报》（俄文）上，成为世界上公开发表最早的非欧几何文件。但和其他新鲜事物一样，当时并没有得到人们的赞扬，反而遭到嘲弄和打击，被称为“笑话”“对有学问的数学家的讽刺”等。直到高斯和罗巴切斯基都去世以后，人们在高斯的遗物中才发现，高斯从 15 岁起就注意这一问题，在 1813 年左右就形成了比较完整的思想，但由于担风险，始终没有发表。高斯在给舒马赫的信中对罗巴切夫斯基推崇备至，再加上以后的别人研究工作，罗巴切夫斯基成了公认的非欧几何创立者，有“几何学中的哥白尼”之称。

黎曼在世时，曾对牛顿的引力理论发生过怀疑，但并没有把他的几何学应用于引力理论。他去世后 50 年，爱因斯坦于 1915 年建立了新的引力理论——广义相对论，黎曼几何及其运算方法成了它的有效数学工具，一时间黎曼几何也成了数学界和物理学界研究的热门，从而也促进了微分几何的发展。1944～1945 年，陈省身巧妙地将微分几何与拓扑学相结合，发表了两篇划时代的文章，一为《黎曼流形的高斯——博内一般公式》，一为《埃尔米特流形的示性类论》。在这两篇论文中，他首创用纤维从概念于微分几何的研究，引进了后来通称的陈氏示性类或陈氏级。1974 年杨振宁惊奇地发现，纤维丛和他的规范场有密切联系，物理学家也有解陈氏级的必要。他觉得纤维丛与规范场的关系相当于欧几里得之于牛顿力学，黎曼几何之于广义相对论，因而于 1983 年赋诗一首《赞陈氏级》：“天衣岂无缝，匠心剪接成。浑然归一体，广邃妙绝伦。造化爱几何，四力纤维丛。千古寸心事，欧高黎嘉陈。”其中的“四力”是指电磁力、强力、弱力和引力，是规范研究的对象，最后一句的“嘉”是指法国大数学家嘉当，他对 20 世纪数学的发展有重大影响。

二、从《电学实验研究》到信息时代

规范场理论包括电弱统一理论、量子色动力学理论、大统一理论、引力场的规范理论等，非常复杂，最简单的规范场就是麦克斯韦的电磁场。杨振宁说：“像麦克斯韦那样的规范场，不仅可以用纤维丛的语言来表示，而且必须这样来表示，才能表达它们的全部含义。”

谈到麦克斯韦的电磁场，就不能不从近代电磁学的奠基者法拉第说起。这位出身于铁匠家庭，当过八年装订工的科学家，不爱金钱爱科学，不顾贫穷求探索，法拉第追求的目标是：磁能否生电？1831 年 10 月 17 日他的实验才获得成功。而法拉第的电磁实验实际上就成了一个最简单、最原始的直流发电机，但当时的人们都没有意识到这一点。当年圣诞节前夕，法拉第兴高采烈地把这个铜盘实验做公开表演时，英国财政大臣格拉斯通突然发问：“你发明这个玩意儿有什么用，”法拉第灵机一动，回答说“新生婴儿有什么用？也许将来你还要收他的税呢！”法拉第说这句话的时候，恐怕他自己也没有想到，这个“婴儿”后来成了改造世界和造福人类的科学巨人。20 世纪著名科学史家丹皮尔说得好：“法拉第的电磁实验，促成了发电机和其他电器的发明，这些发明又向科学提出新问题并给予科学解决这些新问题的量。”“在以前时代的大发明中，我们看见实际生活的需要推动技术家取得进一步的成就，那就是说，除了偶然发现所带来的发明之外，需要常在发明之先。但在这里我们看见了：为追求纯粹的知识而进行的科学研究，开始走在实际的应用与发明的前面，并且启发了实际的应用和发明。发明出现之后，又为科学研究与工业发展开辟新的领域。”

按照丹皮尔的说法，法拉第的实验就是意味着科学已经走在生产力的前面，科学可以转化为生产力的时代的到来。事实上，法拉第的《电学实验研究》也不知鼓舞了多少青年人去联想、去发现、去发明、去创造，其中最突出的两位就是麦克斯韦和爱迪生。爱迪生 21 岁的时候在波士顿的一家旧书摊上买到了一部《电学实验研究》，如获至宝，经常阅读，成了他从事发明的源泉，后来他说这是他一生中收益最大的一笔投资。

爱迪生因为发明了电灯，电影、留声机等许多日常用的东西而闻名天下，而麦克斯韦则不为一般老百姓所知。事实上，麦克斯韦的工作更重要。1965 年诺贝尔物理奖获得者之一，曾参加过美国第一颗原子弹研制的费因曼教授说：“从人类历史的一种长久观点来看——例如从自今以后一万年的观点来看，几乎毫无疑问的是，19 世纪中最主要的事件将被判定为麦克斯韦发现电动力学定律，而在和同一个十年中的这一重要科学事件相比，美国解放黑奴的内战就将褪色而成为只有地区性的意义了！”

麦克斯韦推论出了光波也是一种电磁波，它的预言在20多年以后得到了证实。1886年德国青年物理学家赫兹制成了一个电磁波接受器，探测到了电磁波的存在。1888年他又测出了电磁波的速度，结果是正好等于光速。接着，马可尼和波波夫分别于1895年和1896年进行了无线电波的传播实验，标志着人类进入了以电子学为基础的信息时代。而今，广播、电视、无线电通信、雷达、导航、电脑、网络，以及能源、交通，人人每天都生活在电的世界中。曾经担任过美国普林斯顿大学校长的弗莱克斯纳在回忆这段电学历史时说：“麦克斯韦和赫兹未能发明任何东西，但正是他们的无用理论被一位聪明的技术人员抓住，而且这种理论为通信、公共事业和娱乐创造了新的用品。”“麦克斯韦和赫兹究竟做了什么？一件事可以肯定，即他们做了研究工作，而没有想到实用。在整个科学史中，已最终证明，有益于人类的大多数真正的伟大发现，并不是由实用愿望推动的，而是由满足好奇心的愿望推动的。……学术机构应该致力于培养好奇心，它们偏离立竿见影的应用越远，它们对人类福利和智力兴趣的贡献会越大。”

EVCLIDIS
ELEMENTORVM
LIBRI XV.
Accessit XVI. de SOLIDORVM REGVLARIVM cuiuslibet intra quodlibet comparatione.
Omnes perspicuis DEMONSTRATIONIBVS, accuratisque SCHOLIIS illustrati, ac multarum rerum accessione locupletati:
Nunc tertiò editi, summaq; diligentia recogniti, atque emendati.
Auctore
CHRISTOPHORO CLAVIO BAMBERGENSI, è Societate IESV.
COLONIAE,
Expensis IOH. BAPTISTAE CIOTTI
cIↃ IↃ XCI.

法兰克福1580年出版的拉丁语的《欧几里得几何学纲要》

三、从《植物杂交试验》到遗传工程

在麦克斯韦发表《电场的动力学理论》的同年，在生物学领域也有一篇重要文章出现，那就是孟德尔的《植物杂交试验》。曾在维也纳大学学习过数理化和生物学知识的修道士孟德尔甘于寂寞，利用豌豆进行杂交，对它们的七对性状的逐代变化，不厌其烦地进行记录和统计分析，经过八年时间，得出了三条定律，即显性定律、分离定律和独立分配定律。这篇文章可以说是设计巧妙、方法新颖、实验无误、结论正确，确实是划时代的成就。但1865

法拉第的实验是意味着科学已经走在生产力的前面，科学可以转化为生产力的时代的到来

年他在布隆（今名布尔诺）博物学年会上宣读时，根本得不到听众的理解，只得中途停止。第二年他在该会会刊 *Verhandiugen* 上发表了他的论文，并且将抽印本寄给了全世界的许多学者，但也是石沉大海，得不到反应，据统计，在其后的 35 年里，引用这篇论文的作者不到五人，可谓引用率极低。1900 年是个转折点，这一年的春天，同时有三位植物学家分别独立地发表文章，宣布各以自己的试验结果证实了孟德尔的发现，他们都说孟德尔的研究比他们早而且细致，都把荣誉归于孟德尔，现在科学史家们把这种事称为孟德尔定律的重新发现，把 1900 年定为生命科学的新纪元。接着，1906 年出现了“遗传学”这个词汇，1909 出现了“基因”这个词汇。

孟德尔定律被重新发现以后，受到了植物育种学家们的普遍欢迎，可是在理论生物学界却遭到了冷遇。后来对遗传学做出了突出贡献的英国学者摩尔根起初就是一位反对者。他认为，孟德尔定律不能完全造就于动物，显隐性之间的区别在有些植物身上并不太明显，孟德尔所谓的“遗传因子”是什么，在哪里，也不清楚。但他到荷兰访问了德弗里斯的实验园回到美国以后，很快开始动物遗传的研究。起初使用老鼠、鸽子等都不太成功。后来接受卡斯特尔的建议，改以果蝇为实验材料，很快取得了突破性进展，不仅证实了孟德尔定律用在动物身上是正确的，而且还发现了控制果蝇性状的基因（即遗传因子）位于细胞的染色体上，并于 1911 年绘出了第一张基因在染色体上的分布图，因而获得了 1933 年的诺贝尔生理学/医学奖。

现在再回头来看遗传学发展的主流。基因，最初被称为遗传因子，可以传递遗传信息，而性状（即生物的形态特征和生理特性）则不能，这是孟德尔的伟大发现。在孟德尔看来，遗传因子决定性状，遗传因子具有单位性、纯洁性、等位性和重组性。但遗传因子在细胞中的什么位置，如何起作用，孟德尔都不清楚。后来摩尔根找到了基因存在的位置，基因就在染色体上。1944 年美国细菌学家艾弗里等把 DNA 称为转化因子，这种现象本身称为转化。

艾弗里等人用的虽然是转化因子，但实际上等于已经证明 DNA 是遗传信息的载体。可惜这一重要结论当时没有被学术界接受，反而引起一场争论。直到 1952 年美国噬菌体小组的主要成员赫尔希等人用噬菌体 T2 感染细胞做了一个判定性实验，这场争论才告结束。

以后的大量工作证明，生物界从最高等的人类到自己不能繁殖必须寄宿在细菌细胞内的噬菌体，其合成蛋白质的遗传密码竟几乎完全一致，所不同的只是排列组合的顺序，因而对各类生物，特别是人类的基因组测序就被提到日程上来了。1988 年美国政府决定投资 30 亿美元，制订出 15 年计划，要对人体细胞中 23 对染色体上的全部基因进行定位测序，要对全部碱基对（约 31 亿个）进行顺序测定。这个计划后来成为国际性的计划，中国也参加了。两大测序机构于 2000 年 6 月 26 日开始公布了人类基因组草图，2001 年 2 月 12 日联合正式公布了人类基因组序列及其初步分析结果。但是，这不等于这项工作的结束，要想完全弄清基因组在人类生物学上的作用，还有一段漫长的路要走。

网络只是对人类的信息沟通带来了巨大的革命，基因领域的发展将是 21 世纪科学发展的最热点，它不仅对生命科学、农业和医药发生重大影响，就是对工业，国防，甚至社会科学也将有不可预计的影响。而在新华社 2001 年 2 月 12 日播发的《基因及基因组研究大事记》中列榜首的就是 1860 至 1870 年孟德尔遗传定律的发现，这真是“不用为用，众用所基”，历时 35 年无人问津的一篇文章，其发展结果竟会改变人类社会的全部面貌！

四、从《天体运行论》到市场经济

1543 年哥白尼《天体运行论》的出版，标志着自然科学开始从神学中解放出来，因而受到全世界封建保守势力的反对，在中国，清代的阮元就是一个典型例子。将哥白尼学说第一次系统性地介绍到中国来的是法国耶稣会士蒋友仁，阮元在他主编的《畴人传》卷 46“蒋友仁”传的后面有一段评语颇为耐人寻味：第一，从世界观上，他坚决反对哥白尼学说，认为“其说上下易位，动静倒置，则离经叛道，不可为训，固未有若是甚焉者也。”第二，从方法论上，他反对西方的模型方法，谓“自欧罗向化远来，译其步天之术，于是有本轮、均轮、次轮之算，此盖假设形象以明均数之加减而已，而无认之徒，以其能言盈缩、迟疾、顺留伏逆之所以然，遂误认苍苍者天，具有如斯之轮者，斯真大惑矣。乃未几，而向所谓诸轮者，又易为椭圆面积之术，且以为地球动而太阳静，是西人亦不能坚守其前说也……夫如斯而曰西人之言天，能明其以然，则何如曰盈缩，曰迟疾，曰顺留伏逆，但言其当然，而不言其所以然者之终古无弊哉！”

“哥白尼学说撼动人类意识之深、自古以来无一种创见、无一种发明可与伦比。当大地是球形被哥伦布证实以后不久，地球为宇宙主宰的尊号也被剥夺了。自古以来没有这样天翻地覆地把人类意识倒转过来的。如果地球不是宇宙的中心，无数古人相信的事物将成为一场空了。谁还相信伊甸的乐园、赞美诗的歌颂、宗教的故事呢！”

——歌德

阮元这第二段话，恰恰暴露了中国传统科学的弱点。哥白尼和托勒密在世界观上虽是对立的，但所有的方法是一致的，用的都是几何模型方法，也就是假说。“假说”这种办法是从希腊人那里开始的，中国人不习惯，而这种办法恰是走向近代科学的重要一步。恩格斯说：“只要自然科学在思维着，它的发展形式就是假说。一个新的事实被观察到了它使得过去用来说明和它同类的事实的方式不中用了。从这一瞬间起，就需要新的说明方式了——它最初仅仅以有限数量的事实和观察为基础。进一步的观察材料会使这些假说纯化，取消一些，修正一些，直到最后纯粹地构成定律。如果要等待构成定律的材料纯粹化起来，那么这就是在此以前要把运用思维的研究停下来，而定律也就永远不会出现。”从托勒密的本轮均轮说到哥白尼的日心地动说，再到开普勒关于行星运动三定律的发现，正好反映了恩格斯在这里所说的通过假说的办法，由相对真理到绝对真理的一个过程，阮元反对这种方法，想以不变应万变，那就等于堵塞了科学前进的道路。

不但阮元不理解哥白尼学说的伟大意义，就是现在，也还有科学家错误地认为，哥白尼学说和托勒密学说的不同是在于坐标原点选取的不同。这种看法太片面了。关于哥白尼学说的真正意义，美国物理学家霍尔顿说得最深刻："哥白尼工作的真正意义在于这样一个事实，即太阳中心说为理解行星运动开辟了一条新途径。这种新途径是动力学的，而不是运动学的，它包括了联系力和运动的定律，以及这些定律在天体运动方面的应用……根据这个模型，以后的开普勒等人就可以用全新的方式来考虑行星的轨道了。在科学中，可能性的展开往往不能为开始改革的本人或者他的批评者所预见。"

开普勒在贫困中努力挣扎完成的行星运动三定律，为牛顿力学奠定了基础。近 300 年来，数理科学和工程技术的发展都是和牛顿力学分不开的，这是尽人皆知的事，但是很少有人知道在牛顿力学和市场经济之间也有亲缘关系，而其中的一个关键人物就是牛顿的好朋友约翰·洛克。洛克深受从哥白尼到牛顿的科学成就和科学精神的感召，想以规律意识和理性精神来观察社会。他首先提出，自然界的万物都受引力支配，那样有规律，而人类社会却如此混乱，似乎无规律可循。接着，他又认为，人类社会可能也有规律，但人们还没有发现，原因是人们把社会建立在非理性的传统和习俗之上。如果哥白尼不把地球从中心位置上推下来，也就发现不了行星运动三定律和万有引力定律。人类把上帝当作至高无上的中心，而上帝就其定义而言是不可知的。怎么能把治理社会的原则建立在一个不可知的基础上呢？于是，他以哥白尼为师，把颠倒了的中心颠倒过来，也就是阮元说的"上下易位"，提出人类社会的中心是人，不是上帝。政教应该分离，任何政府的唯一职责应该是保护人民用自己的劳动和智慧去创造财富。

马克思高度评价了洛克的这一学说，他说："洛克的哲学成了以后英国政治经济学的一切观念的基础。"马克思所说的英国政治经济学就是亚当·斯密的古典经济学，它是马克思主义的三个来源之一。亚当·斯密在他的《国富论》中说："人类社会受着一只看不见的手的指导，去尽力达到非他本意想达到的目的。也并不因非出于本意就对社会有害。他追求自己的利益，往往能使它比在真正出于本意的情况下，更有效地促进社会的利益。""我从来没有听说过，那些假装为公众幸福而经营贸易的人做了多少好事。"著名经济学家萨缪尔森说："亚当·斯密最大的贡献就是发现了一只看不见的手，即在经济世界中抓住了牛顿在物质世界中所观察到的规律，即自行调节的市场经济。"不搞计划控制，放手让企业家们在市场中各自大显身手，受着这只"看不见的手"的支配，就会把经济繁荣起来。

伽利略因支持哥白尼的日心说而受审

五、结论

"没有一个人能像马克思那样，对任何领域的每个科学成就，不管它是否已实际应用，都感到真正的喜悦。但是，他首先把科学看成是历史的有力的杠杆，看成是最高意义上的革命力量。"恩格斯为马克思写的这段悼词，充分体现了革命导师们的科学观。他们对科学研究的评价不是以"有用""无用"来划分，而是从长远来看，科学总是一种起推动社会进程的革命力量。哥白尼的日心地动说当时被认为是离经叛道，法拉第的电磁感应实验当时被认为是一种无用的玩具。孟德尔的豌豆杂交试验被埋没了35年，但是今天有目共睹，它们对人类社会的推动作用，都是无法估量的，但是，也不能由此得出一个片面性的结论，认为任何一项基础研究成果都将最终转化为某种意料之外的实用，或最终实用是其出发点正确的证明。我很同意丁肇中的比喻："人类的知识像个金字塔，塔的顶部由于新的应用在不断地增高，同时基础研究要不断地拓宽它的底部。基础研究越来越走到了金字塔最外面的角落，因此，有时候因为它远离日常生活而受到责难。只有在一段时间以后，当金字塔的应用部分长高了，公众对奇怪的新的现象熟悉了，它们才看上去比较'实际'"。

我的结论是：“海不辞水，故能成其大；山不辞土石，故能成其高”，看似无用的基础研究应该得到支持。基础研究应该有一个宽松的环境和长期的展望，急于求成的管理方式是不适宜的。

〔《科学中国人》，2002 年第 11 期〕

从密度波理论看学科交叉的必要性

最近，中国香港邵逸夫先生决定出资设立邵逸夫奖（The Shaw Prise），从2004起颁发。这项大奖共有三个奖项：数字科学奖、天文学奖、生命科学和医学奖，每个奖项每年100万美元，面向全世界，不分种族、国籍和宗教信仰，在这三个领域有突破性贡献的学者均可获得。

邵逸夫奖的总评委会主任是诺贝尔奖获得者杨振宁，天文学奖分评委会主任是美国科学院院士、曾经担任过美国天文学会会长、现任中国台湾“清华大学”校长的徐遐生。杨振宁先生一贯提倡学科交叉，而徐遐生研究的密度波理论就是受益者之一；1982年6月杨振宁在纽约州立大学石溪分校对中国访问学者和研究生的一次演讲中，关于治学方法提出的第一条建议就是“随时尽量把自己的知识面变广一些……不管多么忙，抽空去使自己知识宽广化，最后总是有好处的。”（《杨振宁文集》，华东师范大学出版社，1998年出版，第381页）。在一次与《光明日报》记者的谈话中，他又说：“要把视野像天线一样放开，发现了新东西就要一下抓住，吸收为自己的学问。”（同上书第1007页）。1958年他和流体力学大家林家翘在威斯康星大学相遇，邀请林到他所在的普林斯顿高等研究院访问一年。

普林斯顿高等研究院虽然人数不多，但名家云集，学科齐全，具有浓厚的学术气氛和不同学科交流的环境。林家翘到了普林斯顿高等研究院以后，遇到了丹麦天文学家斯多姆格林（1908～1987）。此人后来曾担任国际天文学联合会（IAU）主席，当时正为旋涡星系的“缠绕问题”所困惑。林家翘了解到这一情况以后，觉得他所掌握的数学、力学知识，在这里大有用武之地，于是改行从事天体物理研究，使他的后半生成了一位卓越的天文学家。

现在我们知道，太阳是银河系中的一颗普通恒星，银河系中大约有几千亿颗恒星，还有星际气体、星际磁场和宇宙线等物质。银河系又是正常的旋涡星系之一。被誉为星系天文学之父的哈勃把星系分为三大类：椭圆星系、旋涡星系和不规则星系。旋涡星系又分正常旋涡星系和棒旋星系两种。正常旋涡星系中心为凸透状的核，包围核的是扁平状的圆盘，叠加在盘上的是从中心向外延伸的旋臂。徐遐生等曾对著名的猎犬座旋涡星系（M51）的结构进行过理论计算。

猎犬座旋涡星系（M51）

旋涡星系中的旋臂，如何得以维持，一直存在着两种理论。最自然的一种想法是，旋臂是物质的，但这种想法遇到了难以解决的“缠绕问题”，即星系在自转时，是一种“较差自转”，离中心的距离不同，自然的角速度不同，越靠里越快，越靠外越慢。按照这种转法，旋臂就越缠越紧，旋转几圈以后就不存在，然而观测所见并非如此。为了解决这一矛盾，有人提出星际磁场可以约束旋臂，使它不至于越转越紧，但星际磁场又太弱，磁力也不足维持这种结构。在物质臂理论走投无路的情况下，瑞典天文学家林得布拉德（B.Lindblad，1895～1965）于 1942 年提出了密度波理论，认为旋臂并不是固定的物质，而是引力势最小的区域，恒星基本上绕星系核作圆周运动，遇到旋涡形的低势区，就倾向于在那里集中起来，这种集中反过来又加强了旋涡形的低势场。

密度波理论的一个重要特点是，旋臂中的恒星不是一成不变的，恒星有进有出，川流不息而旋臂图样则保持不变，旋臂不会缠卷起来。但是林德布拉德的这种观念太新颖，假设太多，所用数学太复杂，天文学家无人能够接受；1948 年国际天文学大会上，正式肯定了他们的理论，认为是“对星系的动力演化及恒星形成的天文学思想有革命性的影响”“是天文学中心领域的一个重大突破”。

林家翘的现代密度波理论不同于林德布拉德的是，林德布拉德所讨论的是单个恒星在星系引力场中的轨道，而林家翘所考虑的是星系物质的集合性质。林家翘提出了准稳螺旋结构假说，认为旋涡星系的结构主要由恒星和星际气体的质量分布（即空间密度）所决定，高速自转星系的极大离心力与引力的平衡基本上决定了星系中的质量分布，是主要的量级关系，但在这主要的量级关系上，还有一个微扰的螺旋引力场。在此微扰场的作用下，恒星和气体就会形成螺旋形的图样。在旋转坐标系中，所有微扰项都是准稳的，因而旋涡星系中的旋臂能够维持不变。在此假设下导出的一组线性渐近方程所描述的是一种波动现象，这种波称为密度波。

40 年来，林家翘和他的学生们在逐步完善密度波理论的同时，除比较成功地解决了旋臂能够长期维持的机制外，还用这一理论解释了许多观测现象，如旋涡星系中原子氢和电离氢的分布、星际气体的系统运动、恒星的弥散速度，而最主要的两件是：①利用与密度波相伴随的星际气体激波，给出恒星形成的一种新的机制，从而说明了年轻的亮星为什么集中于旋臂上；②将渐近分析方法的应用从正常旋涡星系扩展到棒旋星系，对哈勃的形态分类给出了定性的判据，从而增进了人们对星系分类的动力学理解。

林家翘进行学科交叉，由数学、力学领域转入天文学领域，开花结果，取得的这些成就，令全世界的华人天文学家为之骄傲。在1996年召开的“21世纪中华天文学讨论会”上，国内外天文学家们对林先生表现了崇高的敬意，认为不仅仅是他的现代密度波理论使星系结构的研究在“山重水复疑无路”的时候，出现了“柳暗花明又一村”的大好形势，而且他心系故土，1975年在“文化大革命”尚未结束的时候就来北京办密度波讨论班，开展基础研究，培养了一批人才，出了一批成果，其后他又鼓励和支持在我国台北建立天文学和天体物理学研究所，为海峡两岸的天文学发展和为两岸的学术交流做出了重要贡献，这也可以说是学科交叉的延伸。我们应该像林家翘这样，随时关心相邻学科的发展，关心祖国科学的发展，适应形势，调整自己的研究方向，而不应把自己封闭在象牙之塔中。

〔《科学中国人》，2003年第11期〕

院士慧眼观天文

——科技史学家访谈录之一

万：席先生，上次来拜访您时我给您讲过我们学报打算改版的事，当时得到您的大力支持，您还给了我一本您的自选集，后来陕西师大出版社，也寄来很多材料。使我们对您有了进一步了解，今天我想对您进行深度访谈，以便对您的科学思想和您的贡献了解得更深入一些，今天下午耽误您的时间了。

席：没有关系的，都是老朋友了，我们 1990 年在澳大利亚就已经认识了。

万：我想还是从《古新星新表》谈起，因为您的这部代表作发表距今已 50 多年了，全世界天文学界、天体物理学界及科技史界都给予高度评价，被引用了 1000 多次，它的影响是很大的。一部著作有这么大、这么长的影响确实是不容易的，所以我们想了解《古新星新表》的产生背景。

席：这是时代发展的要求，科学发展到一定水平，就会提出这种要求。100 多年前，那是不可能做这件事情的，到了 20 世纪 20 年代，有个瑞典科学家叫伦德马克，编了一个表，这个表就起了很大的作用。后来把 1054 年的超新星和蟹状星云联系起来，就是以这个表为参照的。这里面有一个关键人物就是哈勃，他是 20 世纪最伟大的天文学家，他看出了这一点，到 40 年代，大家意识到历史记载的重要性，那时。我们同美国断绝了关系，只和苏联有关系，当时苏联有一个大天文学家叫什克洛夫斯基，是莫斯科大学的射电天文学研究室主任、美国科学院的外籍院士，他把这个事情（中国古代新星记录研究）提出来，当时竺可桢副院长在苏联《自然》杂志上发表过一篇文章，题目是“中国古代天文学的伟大成就”，正好这时候我从哈尔滨学习俄文回来，竺老就让我做这件事。这事对我来说也很突然，因为当时学俄文的都想到苏联留学，我本来是学天体物理的，竺老既然交代这个事，我就从事了天文学史的研究了。

《古新星新表》这段实践使我走上了天文学史的道路。搞天文学史一干就是 50 年，一辈子。我刚开始做这个事情的时候，当时在北大的戴文赛教授（与席泽宗先生合作翻译《天体物理》）介绍我到北大东语系去找金克木，他对天文学有兴趣，曾经译过一本《通俗天文学》，是天文学会会员。金克木讲：“做翻译简单，你要做这个事情恐怕一辈子也弄不完”，那个时候在大学图书馆也有天文学史方面的书，但很少，我想那不过一两年就做完了，但是做起来真是应了金克木的话，一辈子都做不完。

万：后来虽然您换了一些岗位，但一直对科技史兴趣不减，像宋健先生讲的，您不但不减，而且成了整个中国科技史界的领军人物、学科带头人。我翻了您的力著，您还对中国科学思想史有研究，对中国现代科技政策也有研究，视野越来越广阔，您对整个科技史发展有比较全面的考虑，想请您谈一谈中国科技史这五十年来的发展特别是天文学史研究和发展的概况。

席：这五十年，中国天文学史的发展可谓突飞猛进。现在许多人认为我们不如西方国家，实际上，我们的科技史队伍比西方国家大得多，西方国家搞科技史都附属历史系，大部分都是教书的，专职从事研究的人不多。科技史工作者在国外找碗饭，要比在中国难，我们研究所出去的人大多数都改了行。上海天文台台长李衍临终前很感慨，有一次对我说：“你最早搞科技史时哪能想到科技史今天发展到这种程度。”那时没有一种科技史的刊物，我的文章都是在天文学报上发表的。那时竺可桢希望中国有一个人搞天文学史研究，当时只希望有一个人就不错了，现在搞天文学史研究的至少有 10 个人吧，比起老一辈的想象，我们现在的队伍要大得多。现在可以把世界科技史大会拿到中国来开，老一辈哪敢想象，亚洲也只在日本开过，没有别的国家敢做这件事情。我到中国台湾去，中国台湾的学者说：“中国大陆研究工作者们虽然遭遇困难，生活条件也很差，但是你们做了大量的工作，你们做的事情确实令人钦佩，你们科技史有了很多成就，这是功德无量的事。”中国台湾学者对大陆学者的评价很高。我们不能妄自菲薄，说我们这个不行那个不行，我们这五十年做了很多工作，现在刊物也有了，差不多有十种，比如《自然科学史研究》《农业考古》和《中华医史杂志》等，国外对我们的评价还是很高的，我们在世界科技史方面搞得少，这主要由于条件的限制，但总的说来我们的成就还是很大的。

万：您几十年的研究，陈久金先生概括了七大方面，您自己觉得陈先生评价是否恰如其分。

席：陈先生这篇文章（指《席泽宗：一个和七个》，见《科学时报》2003年7月31日）写得还是恰如其分，没有溢美之词，也没有欠缺，当然也不是绝对的。

万：请您谈谈您的“五星占”的发现、整理和研究方面的情况。

席：一个人做学问首先要求刻苦、安下心来，然后是机遇。《古新星新表》就是碰上了一个机会，这“五星占”也是，如果没有马王堆出土，就没有“五星占”。马王堆出土后，国家文物局组织一帮人去研究，我也在其中，当时的考古学家唐兰、李学勤都组织起来了。我做得还是比较快，我进去两个月就把文章赶出来了，两篇文章都在《文物》上发表。文章一发表就产生了不小的影响，“彗星图”影响更大。中国的“彗星图”是世界上最早，而且画得又多，画有各种形态的彗星，每个彗星的头都朝下。因为它是背对太阳的，日出之前或日落以后才能看见，这证明它不是随便画的，所以，这个彗星图在全世界很受天文学界注意，只要写彗星研究史的都要引用它，在悉尼召开的第四届国际中国科学史会议还拿这个彗星图作会标。

万：再有就是夏商周断代工程。这是近年来我们国家规模大、时间长的大课题，把社会科学和自然科学结合起来，组织了最精粹的力量，您是四位首席科学家之一。而且据我所知，您负责的天文学这一块完成得相当漂亮，请您说说天文学在夏商周断代工程中的特殊作用。

席：我在夏商周断代工程中只起了一个摇铃的作用，从选题到找人是我做的，但具体的研究都是别人做的。这里面也有机遇的成分，宋健先生觉得有些研究中国历史的人不争气，整天拿着书本抄来抄去，而且彼此打架，他想要拉一把，在他离开国家科委以前，把历史科学的地位提高一下。

万：宋健先生是很有远见的。

席：他对历史很有研究，司马迁的《史记》他熟得很，从头至尾看过。首席科学家由他选定，然后我们再选下边的人。

万：您选的人很得力，包括南京的张培瑜、北京的陈久金、西安的刘次沅、上海的江晓原。

席：他们做天文学史研究工作都是得心应手的。现在我们研究出来的结果，不是最后的结论，只是阶段性成果，而且有两个人提出不同意见，我认为也是好事。

万：不管怎么说，夏商周断代工程，至少部分地解决了过去比较模糊的事情。

席：夏商周断代工程推动了年代学的研究，年代学是历史学的一部分，也是天文学的一部分，这方面的研究，原来每年只有一两篇文章，现在这方面的文章是大量的了，推动了这个学科的发展。

万：《三个确定，一个否定》这篇文章还是很有意思的，请您谈谈“确定”什么，“否定”什么？

席：确定了武王克商的年代为公元前 1046 年；确定了商王武丁在位的年代，武丁在位 59 年，从公元前 1250 年到公元前 1192 年，因为，正好五次月食都在这个时间内，这五次月食经甲骨文排序不能变的，而且有一次月食是跨在两天的前半夜后半夜的，这在几百年内只能排出唯一一天；“天再旦”确定了懿王元年，为公元前 899 年。当然，也有人有不同的看法。但就目前来看，它们是最好的选择，一个否定是，“三焰食日”不是日全食的观测记录，而是谈天气问题。

万：从您的自选集后半部分看得出来，您比较多地关注科学思想史，实际上就是探寻科学发展的规律和本质，请您谈谈这方面的体会。

席：“文化大革命”期间我写过一本书，叫“中国历史上的宇宙理论”（跟郑文光合作），日本人要翻译没译成，后被译成意大利文，“文化大革命”以后，我们研究所的一位负责人建议我在《中国历史上的宇宙理论》的基础上，扩大研究范围，搞中国的科学思想史。2001 年出了一本《中国科学技术史·科学思想卷》，我任主编，我的主要观点放在导言里。我认为中国科学思想史最重要人物就是孔子。我与一个美籍华人合作写了一篇《孔子思想与科技》的文章，在这篇文章里我们认为孔子思想不会阻碍中国科学发展。我们的研究方法是这样：只选择《论语》这本书来研究孔子思想。《论语》不是孔子的著作，《论语》只有1.6万字，这1.6万字是他的弟子和再传弟子记录下来的。《论语》里面还有许多不是孔子说的话，比如说“死生有命，福贵在天”，这是孔子的弟子说的，不是孔子所说，这类话都要排除，留下的只有1万字左右，根据这1万字左右，从中分析他的理哲思想、治学精神、教育理论等，发现他的理论和实践对科技发展不但无害而且是有益的。现代中国科学不发达跟孔子没有关系，大棒不要打到2400年前的孔子那里去，要找别的原因。

在研究孔子的同时，我们顺便研究了一个事情，欧洲近代科学发展得益于希腊文化，但并不是有了希腊文化就有欧洲近代科学，卞毓麟就这两个结论于1996年1月在《科技日报》上写了一篇书评。吴文俊看到后，马上找我要书，后来写了一封信给我说：我以前也认为是孔子思想阻碍了中国科学的发展，看了您的文章以后，观念改变了，但我以为“破除比纠正孔子对中国科学阻碍之说更为重要，因此，我十分希望您老能抽出时间，专文阐明此说，最好能登诸报端，以正视听。”由此我写了一篇《关于“李约瑟难题”和近代科学源于希腊的对话》，希腊对欧洲科学发展的神话，与一般的看法都不一样，引起了争论。

万：“文化大革命”期间，往孔子身上泼污水，您这篇文章也起着拨乱反正的作用。

席：现在仍有很多人说孔子阻碍科学发展是中国落后的根源。

万：您对现代科技发展、科技政策给予很多关注，后来也做了领导，包括科学院在内的有关单位制定科技政策都向您咨询，您觉得科技史工作者对科技政策是否应该给予关注。

席：这就看你个人的兴趣，搞科技史的不一定要研究科技政策。我后来弄得越来越宽，也参加了一些讨论，我在科技政策方面写有两篇重要文章，一篇是《论康熙科技政策的失误》，在新加坡宣讲了以后，新加坡英文版的《海峡时报》用了一整版的篇幅来报道。现在国内把康熙吹得不得了，我以为康熙是科学的爱好者，作为国家领导他在科技发展方面没有做出应有的贡献。他的爱科学只是在宫廷里面，当时俄国的彼得大帝就到西方去考察，回来后成立俄国科学院，而康熙自己对这件事一点兴趣都没有，他连八旗子弟都不让学习外语，当时宫廷里就有外国人，学习很方便。当时一个中国人樊守义到国外转了28年回来了。他接见一下就完了，就算是王锡阐这些当时的大科学家都不在他的眼里。我觉得康熙政策的失误是很严重的，中国落后从那里就开始了。我的另一篇是《不用为用，众用所基——论基础研究的重要性》，借用徐光启的一句话，用近代西方科学史上的一些事实，说明基础研究的重要性，不可急功近利。

万：您觉得这些年对您影响最大的人是谁，影响最深的学术著作是什么？

席：我念书在兰州西北师大附中，那一段对我的影响最大。那时学校对考试无所谓，学校鼓励大家看课外书，晚上组织报告会，学术气氛很活跃，后来很多人成才。那时我看了张钰哲的《宇宙丛谈》，这本书算是中等科普读物，它使我走上了天文学的道路。至于人物，竺可桢和叶企孙先生对我的影响最大。这两个人都不求名，不求利，与人无争；学识渊博，善于培养人才。叶先生是北大的教授，一周来我们所里两次，两个人就在一个屋子里面。老先生每次来一般上午10点钟到，看两小时的书，然后我们就一块吃饭、聊天，无话不谈，言传身教，乐在其中。他培养出来的学生很多，国家“两弹一星”的功勋科学家有23人，其中11个是他的学生。

万：科技史界、天文学界，包括整个科学界对您的人品，做学问的态度都非常赞佩的，请您谈谈如何学习，如何做学问，如何做人。

席：我觉得一件事你故意去追求不一定能得到，不去追求反而可能成功。我们那个时候，名利思想是受批判的，组织让你干什么就干什么了。要能坐冷板凳，尤其是搞科学史的，你发不了财，要有坐冷板凳的功夫。现在的体制，要求做计划、报题目、弄钱，题目还没做完，就想去领奖什么的，这套管理办法不是很好。我觉得叶老的办法比较好，他生前对我说，一篇文章不要去评奖，过30年后这篇文章还有人看，就算行了。一个人写了100首诗，后人能记住一句两句，一首两首就了不起了。

万：董光璧先生在对您自选集的评价中有几句话我很欣赏，也就是对您的学术思想的一个概括——“传统与现代衔接，东方与西方会通，科学与人文融合”，今天我们访谈也听得出来，董光璧先生这几句话，既是对您《古新星新表与科学史探索》这部自选集的一个概括，也是对您做学问、为人的一个概括，不知道可不可以这么说。

席：我觉得还是可以的。

万：请您谈谈我国天文学史及整个科技史研究的现状如何，今后学科发展前景如何。

席：我觉得前景还是光明的。回顾100年的历史，也就是1903年的时候，那时谈不上什么科技史，现在科技史有这么大的队伍，一年出这么多书，我们的前辈们做梦也没有想到。我这么大年龄的人，真正念书的时间不多，新中国成立前夕念大学，又因学生运动，学的课程很少。到了科学院以后，经常政治学习和下放劳动，业务书看得不多，直到改革开放以后才转入正轨。现在年轻人的条件好了，再加上现在的手段先进了，比如《古新星新表》，我们是一本一本地查文献，现在利用计算机检索快得多。另外现在的精神和物质条件越来越好，随着方法的不断改进，年轻人做学问会越来越好。一些年轻人有浮躁的一面，但年轻人也有易于接受新事物的一面。

万：现在国外对现代科学家的科学思想和他的研究历程很关注，甚至带有抢救的性质，特别是美国把现代大科学家的东西都保留下来，有的不能写，就口述，对口述史也很重视，您认为有没有必要做这个。

席：有必要！

万：比如说"两弹一星"的元勋们，一些大的科学工程和重大的技术发明以及科学发现，都需要抓紧记录！这些工作现在有人做，但还做得不够系统不够完整，这个工作是不是也应该推动一下。

席：2002年，李学勤在全国政协做了一个提案，建立口述史研究机构，科技部也开过会议，但没有多大进展。口述史这个东西在科技史中很重要。

万：我们学报想把科技史界的老前辈、科技史界有影响的人物的贡献都介绍出来，同时也想把科技史研究的进展介绍出来，您觉得我们怎样做才能把这个事情做好，想听听您的指导。

席：假如你这个刊物以科技史为重点，想介绍科技史研究的进展，你得有人写文摘，写报道。要追踪前沿，要有前沿的东西，我们的刊物缺乏这方面的东西，都是研究文章，对国外缺乏报道，原来有《科学史译丛》，办得不理想停刊了。要找一些年轻人来关心这件事情，要他们翻译最新的文章，另外，要积累，要坚持，要广交科技界的朋友，多听取各方面的意见。

万：今天下午耽误您的时间了，非常感谢您接受我们的访谈。

席：不用客气，见到你我也很高兴。

〔《广西民族学院学报（自然科学版）》，2004年第一期，采访者：万辅彬〕

近代科学与传统文化无太大关系

——访中国科学院自然科学史研究所前所长席泽宗

到目前为止，对近代科学为何产生在西方而没有在中国萌芽的问题，学术界已经有了无数次的讨论与无数场的争辩。本刊与清华大学高等研究中心联合主办的“中国传统文化对中国科技的影响”论坛，可以看作是这场争论的延伸。回顾以往对这个问题的研究探讨，你会发现答案中大多是将原因归到文化的层面上，这些文化原因大体可归结为一句话：西方有灿烂的古希腊文明，而我们没有。而更深一层挖掘是：中国不仅没有古希腊文明，而且还有阻碍近代科学萌芽的中国传统文化中的官僚制度、封建压迫，方块字、儒家文化、缺乏逻辑思维、不重视实验、没有欧几里得的《几何学》、没有《逻辑学》……

对此，我们采访了本刊编委中国科学院院士、中国科学院自然科学史研究所前所长席泽宗，在这众多的回答中，席泽宗认为，中国没有产生近代科学的主要原因应该是社会原因，即当时的社会政治条件。

一、近代科学在欧洲兴起与希腊文化无太大关系

《科技中国》：许多人在讨论“李约瑟难题”（近代科学为何诞生在欧洲而没有产生于中国）时，认为欧洲人继承了古希腊文化，因而产生了近代科学。您认为是这样的吗？

席泽宗：欧洲人吸收希腊文化是从12世纪开始的，他首先被经院哲学家们所接受，以至于马丁·路德在进行宗教改革时，也埋怨在教会的学校里不讲《圣经》而讲亚里士多德的著作。与此相反，近代自然科学则是在反对古希腊科学的激烈斗争中诞生的。

在科学史中，以1543年为近代自然科学的开始。这一年出版了哥白尼的《天体运行论》和维萨留斯的《人体结构》两部著作。这两部著作的问世标志了以希腊托勒密和盖伦为代表的古希腊天文学和医学传统受到质疑与抨击。哥白尼的太阳中心说出现以后，在欧洲受到了很大的阻力，就连马丁·路德也反对。法国思想家博旦曾经说过：“没有一个具备普通知识（希腊知识）的人或学过一点物理学（亚里士多德的物理学）的人，会想象如此笨重庞大的地球竟能以太阳为中心上下运动。”为了证实和宣传哥白尼学说，为了推翻亚里士多德的物理学，伽利略写了两部名著：《关于托勒密和哥白尼两大世界体系的对话》和《关于两门新科学（力学和弹性学）的对话》。这两本书都是以三个人的对话形式来否定亚里士多德的物理学和天文学。由此可见，近代自然科学是在不断摆脱古希腊科学的束缚中诞生的。

二、《几何原本》对近代科学的影响很难评估

《科技中国》：如果希腊前期的自然科学与近代的观察、实验、推理为基础的系统科学不属同一范畴，也不可能直接产生近代科学。但是希腊后期却产生了欧几里得《几何原本》这样逻辑性很强的科学著作。杨振宁先生也认为近代科学诞生的标志——牛顿的巨著《自然哲学的数学原理》深受《几何原本》推理方法的影响。您怎样评价这种说法？

席泽宗：欧几里得的《几何原本》是什么样子，很难说清楚。现在用的希腊文本是1808年在梵蒂冈图书馆发现的公元10世纪的一个手抄本，无法

肯定它是1400多年前的原物，人们猜测，这个手抄本就是当时的人为教欧几里得几何而编的一个手稿。除了这个版本，其余阿拉伯文、拉丁文译本都是根据公元4世纪末赛翁的一个增订本，而这本书是没有图的。一部讲几何学的书没有图，很难想象是什么样子的。

其实，作为近代数学标志的微积分，也并不是从欧几里得几何学发展出来的。牛顿、莱布尼茨和他们的先辈们为了适应当时运动学、弹道学、光学和天文学的需要，大胆的不顾欧几里得关于严密性的要求，而发明了微积分。在微积分建立以后，反对微积分者正是那些受到欧几里得几何学束缚的人。关于这一点，在斯科特的《数学史》中有详细地记载。牛顿的《自然哲学的数学原理》虽然是按《几何原本》的模式写的，但那只是形式，牛顿自己曾经说过，读了《几何原本》对他没有多大帮助。

三、中国没有产生近代科学与中国传统文化无太大关系

《科技中国》：逻辑学可以使人们的思维得以系统和精密，并成为近代科学产生的必要条件。而一般认为，在中国古代没有对推演法的重要认识，即中国传统文化里无推演式的思维方法。对此很想听听您对这个问题的看法。

席泽宗：在杨振宁先生的几次演讲中，杨先生都反复地提到了中国没有产生近代科学与中国人的传统思维有关。我不是很同意杨先生把原因归结到人们的思维和知识层面上来。

逻辑和语法一样，是从人们的思维活动中抽象出来的。正如许多人没有学过语法也会说话一样，中国古代没有写出逻辑学著作，不等于中国人不会逻辑思维。再者，逻辑的严密性并不能保证结论的正确性，托马斯·阿奎那运用亚里士多德的逻辑学，对上帝的存在做出了五大证明，难道上帝真的存在吗？与此相反，作为近代科学开始的一系列新发现，却不是用逻辑推演出来的。如果说哥白尼的《天体运行论》还用了传统的方法，即逻辑的论证，维萨留斯则完全使用观察和实验的方法，得出和旧观念相反的结果。哈维对血液循环的发现，伽利略对木星卫星的发现，都与三段论法毫无关系。伽利略认为，在物理学中，基本原理必须来自观察和实验，逻辑和数学只是实验数据的工具和手段，而不是对先验目标的追求。这正是近代科学方法的精髓。再看看希腊人是怎么说的？柏拉图在他的《理想国》第七卷中说："一个真正

的天文学家不必去思考昼夜长短、日月运动以及其他天体的任何事物。在建立真理时，考虑这样多的事业是愚蠢的。天文学和几何学一样，如果我们要采取正确的方法研究问题，那就要把星空抛在一边。”接着，他又引用他的老师苏格拉底的话说：“声学的老师们想比较他们仅仅能听到的声音的和谐，这种试验也和天文学观测一样，是白费力气的。”

从这些方面看来，中国没有推演法并不构成中国没有产生近代科学的原因。

四、《周易》与孔孟对中国科技的影响是不同的

《科技中国》：在中国科技发展的过程中，中国的传统文化，如《周易》、孔孟之道，究竟起到了一个什么样的作用呢？

席泽宗：李约瑟认为，影响中国古代科学发展的三大哲学思想体系是阴阳理论、五行理论和《周易》，前两者对科学的发展是有益无害的，而《周易》的那种精致化了的符号体系几乎从一开始就是一种灾难性的障碍，它诱使那些对自然界感兴趣的人停留在根本不成其为解释的解释上。李约瑟对《周易》的评价我基本是赞同的。从天文学的发展研究来看，《周易》对中国古代科学是没有任何的促进作用。对那些盲目夸大《周易》作用的观点，如有些学者把现在发现的遗传密码、量子力学等等都用《周易》来解释，我更是不能赞同。

我认为，《周易》的影响没有孔子的思想影响大。《周易》是一本哲学著作，一般人很难读懂，而孔子的思想是潜移默化地影响到我们社会的方方面面，直到今天。孔子的思想对中国科技的影响是没有坏处的。以《论语》中的孔子言行为据，孔子的言行对科学的发展不但无害，而且是有益的，有关这方面的研究成果已有不少。13 世纪以前，中国科学技术在世界上的领先地位是多种原因造成的，孔子思想中的这些有益成分也是其中之一。

五、现实的需要和提供的条件是科学发展的主要原因

《科技中国》：中国没有产生近代科学既然与中国传统文化没有太大的关

系，那又是什么导致了中国最终没有产生近代科学？

席泽宗：我认为主要是社会原因，即当时的社会政治条件。按照明末发展的趋势，中国传统科学已经复苏，并有可能转变为近代科学。明末这一时期的科学相当注重数学化或定量化的描述，而这些又是近代实验科学萌芽的标志。如：李时珍《本草纲目》、朱载堉《律学新说》，潘季驯《河防一览》，程大位《算法统宗》，徐光启《农政全书》，宋应星《天工开物》，徐霞客《徐霞客游记》，吴有性《瘟疫论》等都是具有世界水平的著作。在短短的 67 年中（1578～1644 年）出现了这么多的优秀科学专著，其频率之高和学科范围之广，在中国历史上是空前的。

但是在这样的条件下，中国和英国走了两条完全不同的道路，1644 年是个转折点。这年，英国打败了封建王朝，为资产阶级革命的胜利奠定了基础，其后虽有反复，但 1688 年“光荣革命”成功以后，在君主立宪制度下，英国就在资本主义道路上前进。而中国由于清军入关，残酷的战争中断了科学发展的进程。落后的奴隶制游牧民族入关建立了清王朝。到了康熙时期，全国已基本上统一，经济也得到很大的发展，而且有懂科学的传教士在身旁帮忙，国内、国外的环境都不错，这时是一个机遇，是中国有可能在科学上与欧洲近似于“同步起跑”的时机。然而由于康熙一系列错误的科学政策，把我们本可以与欧洲“同步起跑”的机会失去了。如康熙在用人上，对汉人采取防范措施，致使一些科学家得不到重用；在培养人才和集体研究问题上，在有众多传教士的条件下，没有兴办外语学校，没有组织中国学者翻译外国科技书籍；在制造仪器和观测时，只是把所制成的仪器视为皇家礼器，只供皇帝本人使用，而没有用来进行观测；对于中国传统科学的弱点——系统性、理论性不强，康熙未予以重视，他只关心一些普通常识问题，对从欧洲传进来的一些理论问题，不管是托勒密体系、第谷体系还是哥白尼体系，都未重视去研究。康熙时期的科学政策是我们同欧洲科技发展拉大差距的起点，在之后的统治政策中也阻碍了中国科技的发展。如乾隆后的“复古”运动就崇尚一切都可以从古书中找到原因，包括科技。

中国科技在中华人民共和国成立后的发展也说明了一些问题。在中华人民共和国成立初期，种种社会原因，使我们的科技工作者没有条件全身心地投入科学研究中。以后的“文化大革命”时期，更谈不上社会为科技的发展提供了怎样的条件。而当时欧美科技工作者的研究条件就比国内好得多，在他们研究钻研时不会受到任何外界打扰。这种社会条件的差异，也是现在在诺贝尔奖获得者中，有中国人，但都是外籍华人的一个原因。

从这些看来，我还是偏重把社会原因作为中国没有产生近代科学，以致至今中国科技仍然落后于欧美的主要原因。

在采访结束后，席先生一再对记者强调说：近代科学产生在欧洲并得到迅速的发展是由当时当地的条件决定的，不必到1400多年以前的希腊去找原因。自16世纪以来，中国科学开始落后，也要从当时当地去找原因，不必一直追着孔子、孟子。

〔《科技中国》，2004年12月号，采访者：张伯玲〕

席泽宗：我不能同意杨振宁先生

7 月 24～30 日，来自世界各地的约 1000 名科学史学者会聚北京，参加第 22 届国际科学史大会。大会召开前夕，作为新中国科学史学科的创建人和领军人物之一的席泽宗院士接受本报专访，畅谈了他个人的学术生涯和对中国科学史事业及科学的看法。

谈到近年来文化界广泛关注的“李约瑟难题”的话题，席泽宗说：“把近代科学在欧洲的诞生归结为古希腊文化的影响，不能令人信服。”比如，人们常常谈到《几何原本》对近代科学的影响，但我们应该注意到，作为近代数学标志的微积分，并不是从欧几里得几何学发展出来的。牛顿的《自然哲学的数学原理》虽然是按《几何原本》的模式写的，但牛顿自己也说过，《几何原本》对他没有多大帮助。“把中国没有出现近代科学归结为中国传统文化的影响同样犯了文化决定论的错误，”席泽宗说，“我不能同意杨振宁先生提出的《易经》影响了中国科技发展的提法。《易经》的影响没有孔子思想的影响大，而以《论语》为据，孔子的言行对科学发展不但无害，而且是有益的。”他认为，谈论中国在近代科技为什么落后了，还是要从当时的社会、经济、政治条件出发进行综合分析。

席泽宗还从一个科学史家的角度谈及对伪科学、科学发展前景及科学与社会关系的看法。“一个东西是否是伪科学，还是要后来看。其实，科学大多都掺杂了不科学的东西。”席泽宗认为对新观点要保持足够的宽容。“以天文学来说，人类已经探索了几千年，但宇宙里 90%的物质（暗物质、暗能量）还看不到，还是未知。”科学的发展无法预测，科学对社会的影响也难以预料，“所以，科学远未终结”。

〔《中华读书报》，2005 年 7 月 27 日，记者：王洪波〕

席泽宗：我不同意杨振宁的“文化决定论”

科学还是同一性大。但是，现在的科学是否已经进化到最后的图景，还不能说。所谓臻于完善的科学方法也很难说，如果真是那样，今后就不会再有科学革命了。

《读书报》：大家对“李约瑟难题”的热情经久不衰，倒是反映了中国人的一种情结——一种以西方为参照标准，寻找文化自信，进行自我定位的一种努力，您认为呢？我们总在以西方为标准衡量自己，问中国古代有没有科学？中国古代有没有演绎逻辑？中医是不是科学？——诸如此类。我想问的是，能否跳出西方中心的立场来研究中国古代科学的历史呢？

席泽宗：我觉得不太可能。我们无法跳出我们现在所处的环境，无法对自己“洗脑”，也就无法放弃既定的眼光。比如研究古代天文学史，自然要用到我们学到的现代天文学知识。

《读书报》：您的博士生江晓原先生写了《天学外史》，以他的观点，中国古代没有天文学，只有天学；在古代，无论西方还是东方，占星术都差不多是天学的主流。以现代科学的观点来看，那些都是典型的伪科学吧？

席泽宗：我觉得还是不要滥用伪科学这个词。当然，伪科学我们要反对，但让它存在也不是不可以。一个东西是否是伪科学，还是要后来看。其实，从科学史来看，科学中大多都掺杂了一些不科学的东西。所以，对不同的观点应该宽容。

《读书报》：这次科学史大会的主题是“全球化与多样性——历史上科学与技术的传播”，我曾问过刘钝先生“多样性”是否指科学的多样性，他说“多样性”还是指文化的多样性。您认为科学有多样性吗？除了一个大写的、单数的科学（Science），有没有小写的、复数的科学（sciences）呢？还是说只有一个大一统的科学和一种已经臻于完善的科学方法存在？

席泽宗：我觉得科学还是同一性大。但是，现在的科学是否已经进化到最后的图景，还不能说：以天文学来说，人类已经探索了几千年，但宇宙里90%的物质（暗物质、暗能量）还看不到，还是未知。所谓臻于完善的科学方法也很难说，如果真是那样，今后就不会再有科学革命了。所以，科学远未终结。

人们说学习历史让人变得聪明，但是，科学史有没有那么高明，也不好说。

《读书报》：近年来科学史研究发生了很大变化，除了研究力量得到增强，国内科学史界对西方科技史、对科学思想史、对科技与社会关系等的关注，都是前所未有的。另外，像科学知识社会学、女性主义、后殖民主义等思潮都被引入，对中国科学史界影响很大。您如何看待这些变化？

席泽宗：百花齐放，百家争鸣，我觉得是好现象，是进步。有人要来规范科学史，要区分什么是科学史，什么不是，或者说规定大家怎么去研究科学史，我觉得没有必要。

《读书报》：在很多人看来，科学代表了正确、真理、进步，但是当代的科学史学者越来越关注科学史上科学对社会的负面影响，比如原子弹、毒气作为杀人武器，成为人类挥之不去的噩梦，比如DDT等发明导致了严重的环境问题。有人说科学产生的负面效应与科学无关，科学是无辜的，要怪只能怪人类没有用好科学。您怎么看？

席泽宗：科学发展不可完全预料，科学产生的后果也不可完全预料。比如汽车发明的时候，有人说今后城市将能够保持卫生，因为淘汰了马车之后，马粪就没有了。但有了汽车之后，尾气造成的空气污染问题更加严重。农药的发明和使用也是相似的情况。不过，科技带来的问题也还必须用发展科技来解决，毕竟人类不可能回到原始社会。人们说，学习历史让人变得聪明，科学史可以帮助我们理解和预测科技进展可能的后果，从而更好地规划科学的发展。但是，科学史有没有那么高明，也不好说。

《读书报》：这次大会对中国科学史界无疑是一个很大的推动，那它对科学史界之外的人文学界、科学界及公众有什么意义呢？

席泽宗：我想这次大会至少可以让更多的人知道有科学史这门学科。另外，人们在日常生活中使用科技成果，自然会对这些成果如何被发明、如何被发现感兴趣，所以每个人都会有兴趣了解一点儿科学史的。

〔《中华读书报》，2005 年 7 月 27 日，记者：王洪波〕